Springer-Lehrbuch

Jürgen Lindner

Informationsübertragung

Grundlagen der Kommunikationstechnik

Mit 276 Abbildungen

 Springer

Professor Dr.-Ing. Jürgen Lindner
Universität Ulm
Abteilung Informationstechnik
Albert-Einstein-Allee 43
89081 Ulm
E-Mail: juergen.lindner@e-technik.uni-ulm.de

Bibliografische Information Der Deutschen Bibliothek
Die Deutsche Bibliothek verzeichnet diese Publikation in der Deutschen Nationalbibliografie;
detaillierte bibliografische Daten sind im Internet über <http://dnb.ddb.de> abrufbar.

ISBN 3-540-21400-3 **Springer Berlin Heidelberg New York**

Springer ist ein Unternehmen von Springer Science+Business Media
springer.de
© Springer-Verlag Berlin Heidelberg 2005

Umschlaggestaltung: design & production GmbH, Heidelberg
Herstellung: PTP-Berlin Protago-TeX-Production GmbH, Germany
Satz: Digitale Druckvorlagen des Autors
Gedruckt auf säurefreiem Papier   7/3020/Yu - 5 4 3 2 1 0

Für Gioco

Vorwort

Dieses Buch gibt den Inhalt einer zweisemestrigen Vorlesung wieder, die ich an der Universität Ulm für Studierende mit den Fachrichtungen Elektrotechnik und Informationstechnik im Hauptstudium halte. Es kann auch von Entwicklungsingenieuren in der Praxis genutzt werden, die ihr Wissen auf dem Gebiet der Informationsübertragung auffrischen wollen, aber auch von Mathematikern, Physikern und Informatikern, die sich in dieses Gebiet einarbeiten möchten. Um dem Leser den Zugang zu erleichtern, gibt es das mit „Signale und Systeme" benannte erste Kapitel, das als kompakte Wiederholung des notwendigen Basiswissen gedacht ist. Es dient gleichzeitig dazu, in die später verwendete Terminologie einzuführen.

Der eigentliche Stoff der Vorlesung und der ausführlichere Teil des Buches beginnt mit Kapitel zwei. Behandelt werden zunächst die grundlegenden Verfahren zur Übertragung digitaler Signale und darauf aufbauend im Kapitel vier die konventionellen Verfahren zur Übertragung analoger Signale. Dies berücksichtigt die Tatsache, dass man heute Sprache, Bilder, Filme, Daten und Texte digital in einheitlicher Weise quasi fehlerfrei speichern und übertragen kann, und digitale Übertragungen inzwischen als Grundlage für konventionelle analoge Übertragungen angesehen werden können. Das unaufhaltsame Vordringen digitaler Übertragungen wird im Kapitel sieben mit der Informationstheorie auch theoretisch begründet.

Das Ziel des Buches ist, ein grundlegendes Verständnis für die Prinzipien zu vermitteln, die allen Verfahren zur Informationsübertragung gemeinsam sind, und die unabhängig von der momentan zur Realisierung verfügbaren Technologie weiterbestehen werden. Um diese Prinzipien besser herausarbeiten zu können, wird in den ersten vier Kapiteln ein Übertragungskanal vorausgesetzt, der nur Störungen in Form von additivem weißen gaußschen Rauschen hinzufügt. Der Stoff bis einschließlich Kapitel vier wird von mir in drei Semesterwochenstunden (SWS) Vorlesung und einer SWS Übung behandelt. An dieser Stelle ist ein Schnitt möglich. Für diejenigen, die nur eine Einführung in die grundlegenden Methoden der Informationsübertragung benötigen, reichen die ersten vier Kapitel.

Im Kapitel fünf stehen stochastisch-zeitvariante Kanäle im Vordergrund. Es ist vor dem Hintergrund zu sehen, dass Funk-Übertragungsmedien zunehmend wichtiger geworden sind und damit auch Verfahren zur adaptiven Entzerrung, die im darauf folgenden Kapitel behandelt werden. Auf der Grundlage des bis dahin vorhandenen Verständnisses wird dann in die abstrahierende Informationstheorie eingeführt und ebenso in die Gebiete der Kanal- und Quellencodierung, die hieraus hervorgegangen sind. Da Übertragungsmedien einem einzelnen Sender-Empfänger-Paar in der Praxis selten exklusiv zur Verfügung stehen, sind Multiplexverfahren wichtig, mit denen parallele Übertragungswege erzeugt werden können. Die hierfür notwendigen Methoden werden anschließend behandelt. Besonderes Gewicht hat dabei die Kombination von linearen Modulationsverfahren und Multiplex, die in der Praxis zunehmend an Bedeutung gewonnen hat, vor allem in den Ausprägungen „Orthogonal Frequency Division Multiplexing" (OFDM) und „Code Division Multiplexing" (CDM). Das letzte Kapitel führt schließlich in die Methoden und Verfahren ein, die wichtig werden, wenn viele Teilnehmer vorhandene Kanäle zu Informationsübertragung nutzen wollen. Wegen des nun auftretenden Wettbewerbs-Problems rücken die Theorie der Warteschlangen und Zugriffsprotokolle in den Vordergrund. Kapitel fünf bis neun werden von mir in vier SWS Vorlesung und zwei SWS Übung behandelt.

Zum Abschnitt „Vektorwertige Übertragung mit linearen Modulationsverfahren" innerhalb des Kapitels acht ist anzumerken, dass der hier dargestellte Stoff über die Vorlesung hinausgeht und von mir in umfassenderer Form im Rahmen einer Wahlvorlesung behandelt wird. Er schließt sich aber nahtlos an die zuvor erläuterten Multiplexverfahren an und stellt eine Überleitung zu aktuellen Forschungsthemen auf dem Gebiet der drahtlosen Informationsübertragung dar.

Zu jedem der neun Kapitel gibt es Übungsaufgaben. Um die Seitenzahl des Buches in Grenzen zu halten, sind die Lösungen nicht abgedruckt. Sie können jedoch von der Web-Adresse

http://www.springeronline.com/de/3-540-21400-3

abgerufen werden.

Viele Beschreibungen und Denkweisen in diesem Buch sind durch meinen verehrten Lehrer Hans Dieter Lüke geprägt, durch seine Schule. Ich möchte ihm dafür an dieser Stelle ganz besonders herzlich danken.

Der vorliegende Text ist aus einem Vorlesungsskript entstanden, dessen erster Teil bereits mehrfach Korrektur gelesen und durch Vorschläge ergänzt worden ist. Hierbei haben viele meiner ehemaligen wissenschaftlichen Mitarbeiter mitgewirkt. Ihnen allen bin ich zu Dank verpflichtet, vor allem aber auch den jetzigen wissenschaftlichen Mitarbeitern. Sie haben den aktuellen Buchtext gelesen und standen jederzeit für intensive fachliche Diskussionen zur Verfügung. Es ist schwer möglich, alle Beiträge detailliert aufzuführen und in gebührendem Maße zu würdigen, doch ich schätze jeden einzelnen sehr. Unserem Akademischen Oberrat, Herrn Dr. Werner Teich, danke ich ganz besonders für die vielen fruchtbaren Diskussionen in den vergangenen Jahren, aber auch für das kritische Lesen dieses Textes und die wertvollen Hinweise und Verbesserungsvorschläge. Im Rahmen dieses Buchprojekts hat sich Herr Dipl.-Ing. Ulrich Marxmeier um alle Latex-Belange gekümmert und an der endgültigen Fertigstellung des Buchtextes intensiv mitgewirkt. Auch ihm möchte ich hier für sein Engagement danken, aber auch Frau Rittinger, die uns in der Schlussphase noch unterstützt hat. Ganz besonderer Dank gebührt Frau Heike Schewe. Sie hat sämtliche Abbildungen erstellt und in Form von Hilfsblättern zur Vorlesung über viele Jahre hinweg betreut, ebenso das oben erwähnte Vorlesungsskript. Sie hat darüber hinaus diesem Buch die endgültige Form gegeben.

Ulm, Sommer 2004   *Jürgen Lindner*

Inhaltsverzeichnis

1   **Grundlagen: Signale und Systeme**   1
  1.1   Signale   1
    1.1.1   Definitionen   1
    1.1.2   Energie- und Leistungssignale, Korrelationsfunktionen..   3
    1.1.3   Signalräume   6
    1.1.4   Orthogonalreihen, Fourier-Transformation   9
    1.1.5   Elementarsignale und deren Spektren 11
    1.1.6   Stochastische Signale 13
  1.2   Systeme 21
    1.2.1   LTI-Systeme, Faltungsoperation 23
    1.2.2   Elementarsysteme 25
  1.3   Übertragung von stochastischen Signalen über LTI-Systeme .. 26
    1.3.1   Übertragung über allgemeine LTI-Systeme 26
    1.3.2   Übertragung von WGR über einen idealen Tiefpass .. 27
    1.3.3   WGR am Eingang von zwei LTI-Systemen 28
  1.4   BP-Signale und BP-Systeme im äquivalenten TP-Bereich 29
    1.4.1   Analytisches Signal und Hilbert-Transformation 29
    1.4.2   BP-TP-Transformation 30
    1.4.3   BP-Systeme im äquivalenten TP-Bereich 35
    1.4.4   BP-TP-Transformationen bei beliebigen Signalen 37
    1.4.5   BP-Rauschen und äquivalentes TP-Rauschen 39
    1.4.6   Korrelationsfunktionen, Energien und Leistungen bei
            äquivalenten TP-Signalen 41
  1.5   Abtasttheorem für bandbegrenzte Signale 45
  1.6   Zusammenfassung und bibliographische Anmerkungen........ 49
  1.7   Aufgaben 50

2   **Grundlegende Verfahren zur Übertragung digitaler Signale** 53
  2.1   Übertragungsmodelle, Kanäle 53
  2.2   Übertragung von Signalen und Information 56
  2.3   Binäre Übertragung 62

      2.3.1 Optimales Empfangsverfahren...................... 63
      2.3.2 Empfängerstrukturen 68
      2.3.3 Berechnung der Fehlerwahrscheinlichkeit 71
      2.3.4 Spezialfälle: bipolar, unipolar, orthogonal............ 74
      2.3.5 Kontinuierliche Übertragung, erstes Nyquist-Kriterium . 78
  2.4 M-wertige Übertragung 82
      2.4.1 Optimales Empfangsverfahren, Empfängerstrukturen... 82
      2.4.2 Fehlerwahrscheinlichkeiten......................... 84
      2.4.3 Verallgemeinertes erstes Nyquist-Kriterium 92
  2.5 Zusammenfassung und bibliographische Anmerkungen........ 94
  2.6 Anhang 95
      2.6.1 ML-Regel für zeitkontinuierliche Signale und für
             Signalvektoren 95
  2.7 Aufgaben... 98

3 Spezielle Verfahren zur Übertragung digitaler Signale 107
  3.1 Übertragungsmodell, Modulationsverfahren 107
      3.1.1 Übertragungsmodell 108
      3.1.2 Lineare Modulationsverfahren...................... 110
      3.1.3 Freiheitsgrade................................... 112
  3.2 Übertragung über TP-Kanäle 114
      3.2.1 TP-Kanäle 114
      3.2.2 Charakteristika einiger Modulationsverfahren 115
  3.3 Übertragung mit linearen Modulationsverfahren über
       BP-Kanäle 118
      3.3.1 BP-Kanäle 118
      3.3.2 Übertragungsmodelle mit BP-TP-Transformation...... 118
      3.3.3 Übertragungsmodell mit BP-Signalen 125
      3.3.4 Zwei-, Ein- und Restseitenband-Modulationsverfahren .. 128
      3.3.5 Charakteristika einiger Modulationsverfahren 131
      3.3.6 Kohärente und inkohärente Übertragung, DPSK 137
      3.3.7 Träger- und Taktsynchronisation 143
  3.4 Frequency-Shift-Keying-Übertragungsverfahren.............. 146
      3.4.1 FSK und Übertragung mit orthogonalen
             Elementarsignalen 146
      3.4.2 MSK und GMSK 148
      3.4.3 CPM und CPFSK 152
  3.5 Fehlerwahrscheinlichkeiten, Bandbreite- und
       Leistungsausnutzung................................... 155
  3.6 Zusammenfassung und bibliographische Anmerkungen........ 164
  3.7 Aufgaben... 165

4   Übertragung analoger Signale 179

4.1   Anwendung des Abtasttheorems 180

    4.1.1   Übertragung digitalisierter Abtastwerte, PCM 180

    4.1.2   Zeitdiskrete Übertragungsverfahren 184

4.2   Übertragung mit linearen Modulationsverfahren über BP-Kanäle 184

    4.2.1   QAM 184

    4.2.2   ZSB-AM ohne Träger 187

    4.2.3   ZSB-AM mit Träger, inkohärenter Empfang 188

    4.2.4   ESB-AM und RSB-AM 191

4.3   Winkelmodulationsverfahren 194

4.4   Störverhalten von Übertragungsverfahren für analoge Signale . 199

4.5   Zusammenfassung und bibliographische Anmerkungen 201

4.6   Aufgaben 202

5   Übertragungskanäle, Kanalmodelle 205

5.1   Übertragungskanäle mit linearen Verzerrungen 205

5.2   Zeitvariante und stochastisch-zeitvariante Kanäle, Fading 211

    5.2.1   Zeitvariante Stoßantwort 211

    5.2.2   Zeitvariante Übertragungsfunktion 216

    5.2.3   BP-TP-Transformation bei zeitvarianten Systemen 220

    5.2.4   Zusammenschaltungen bei zeitvarianten Systemen 221

    5.2.5   Fadingkanäle 223

    5.2.6   Systemfunktionen von zeitvarianten Kanälen 225

5.3   Kanalmodelle 231

    5.3.1   Rayleigh-Kanal (Rayleigh-Fading) 232

    5.3.2   Rice-Kanal (Rice-Fading) 239

    5.3.3   WSSUS-Kanal 240

5.4   Zusammenfassung und bibliographische Anmerkungen 242

5.5   Aufgaben 243

6   Digitale Übertragung über linear verzerrende Kanäle 249

6.1   Übertragungsmodell, Empfangsverfahren 249

    6.1.1   Maximum Likelihood Sequence Estimation (MLSE).... 249

    6.1.2   Empfangsverfahren mit Matched-Filter 252

6.2   Adaptive Entzerrung 256

    6.2.1   Ansätze für Nicht-ML-Empfangsalgorithmen 257

    6.2.2   Transversalentzerrer (TE) 258

    6.2.3   Entzerrer mit Entscheidungsrückführung (DFE) 260

    6.2.4   Optimale Koeffizienten beim DFE und TE 263

    6.2.5   MLSE-Entzerrung mit dem Viterbi-Algorithmus (VA) . . 270

6.3   Adaptive Echokompensation 279

6.4   Adaptionsverfahren, Kanalschätzung 281

    6.4.1   Gradientenverfahren bei DFE und TE 282

    6.4.2   Kanalschätzung 284

      6.4.3   Besonderheiten bei zeitvarianten Kanälen 285
6.5   Fehlerwahrscheinlichkeiten 287
6.6   Anhang 288
      6.6.1   Anmerkung zu diskreten Faltungsprodukten 288
6.7   Zusammenfassung und bibliographische Anmerkungen 289
6.8   Aufgaben 290

7   Informationstheorie, Quellen- und Kanalcodierung 301
7.1   Grundlagen der Informationstheorie 301
      7.1.1   Vorbetrachtung 301
      7.1.2   Informationsgehalt und Entropie 304
      7.1.3   Codierung 309
      7.1.4   Diskrete Kanäle, Kanalkapazität 310
      7.1.5   Kapazität von kontinuierlichen Kanälen 320
7.2   Einführung in die Quellencodierung 326
      7.2.1   Codierung von diskreten Quellen 326
      7.2.2   Codierung von kontinuierlichen Quellen 330
7.3   Einführung in die Kanalcodierung 334
      7.3.1   Grundlagen 334
      7.3.2   Blockcodes 349
      7.3.3   Faltungscodes 353
      7.3.4   Anmerkungen zur Kanalcodierung 357
7.4   Anhang 359
      7.4.1   Zur differentiellen Entropie der Gauß-Verteilung 359
      7.4.2   Additiver Gauß-Kanal:Verteilungsdichten, Entropien . . 360
7.5   Zusammenfassung und bibliographische Anmerkungen 362
7.6   Aufgaben 364

8   Teilungsverfahren, Multiplex 373
8.1   Grundlegende Multiplexverfahren 374
      8.1.1   Frequenzmultiplex (FDM) 374
      8.1.2   Zeitmultiplex (TDM) 376
      8.1.3   Multiplex bei räumlich verteilten Nutzern 379
8.2   Multiplex bei linearen Modulationsverfahren 380
      8.2.1   Allgemeiner Fall 380
      8.2.2   Spezialfälle FDM und TDM 382
      8.2.3   Spezialfall CDM 383
      8.2.4   Spezialfall OFDM 387
      8.2.5   Multiplex-Übertragung von Analogsignalen 395
8.3   Vektorwertige Übertragung mit linearen Modulationsverfahren 396
      8.3.1   Skalare Übertragung 397
      8.3.2   MIMO-Kanäle 399
      8.3.3   Vektor-Übertragungsmodell 401
      8.3.4   Vektor-Übertragungsmodell bei SISO-Kanälen 404
      8.3.5   Multiplexverfahren und Strukturen von R(k) 405

8.3.6   Zerlegung von R(k) 410

8.3.7   Diversität, räumliches Multiplex, Kanalkapazitäten 412

8.3.8   Vektordetektion 418

8.4   Zusammenfassung und bibliographische Anmerkungen........ 422

8.5   Aufgaben... 423

9   Vielfachzugriffsverfahren, Netze, Kommunikationssysteme . 427

9.1   Vielfachzugriff 427

9.1.1   Problemstellung.................................. 427

9.1.2   Theorie der Warteschlangen 430

9.1.3   Vielfachzugriff und Protokolle...................... 435

9.2   Kommunikationssysteme: Eine kurze Einführung 443

9.2.1   Kommunikationssysteme – Kommunikationsnetze...... 443

9.2.2   OSI-Modell...................................... 445

9.2.3   Verbindung von Netzen 448

9.3   Zusammenfassung und bibliographische Anmerkungen........ 450

9.4   Aufgaben... 451

Symbolverzeichnis 455

Literaturverzeichnis 461

Sachverzeichnis 467

1

Grundlagen: Signale und Systeme

Dieses Kapitel behandelt in zusammenfassender Weise das Thema „Signale und Systeme", als notwendige Grundlage für die Methoden und Verfahren zur Informationsübertragung, die Gegenstand der folgenden Kapitel sind. Es ist als Wiederholung und gleichzeitig als Einführung in die verwendete Terminologie gedacht. Auf Lehrbücher, die den Stoff ausführlicher behandeln, wird in Abschn. 1.6 eingegangen.

1.1 Signale

1.1.1 Definitionen

Signale sind sehr häufig Funktionen der Zeit, aber auch Funktionen des Ortes oder Funktionen von Zeit und Ort sind möglich. In praktischen Anwendungen treten sie z. B. als Spannungen, Ströme, Feldstärken, Schalldrücke oder Schwärzungen auf dem Papier auf, allgemein als physikalisch messbare Größen. So ist der Schalldruckverlauf vor einem Mikrofon ebenso ein Signal wie der zugehörige Spannungsverlauf am Ausgang des Mikrofons. Ein Beispiel mit der Zeit und zwei Ortsvariablen wäre ein Schwarz-Weiß-Film, der auf einem Bildschirm betrachtet wird. Die Werte des Signals entstammen hierbei einer Skala von Zahlen, denen auf dem Bildschirm entsprechende Grauwerte zugeordnet sind. Wenn x und y die zwei Ortskoordinaten sind und t die Zeit, dann schreibt man das Signal zweckmäßig als $s(x, y, t)$. Bei der Übertragung von Signalen nehmen wir häufig an, dass ausschließlich die Zeit t als unabhängige Variable vorkommt. Dies ist insofern gerechtfertigt, als in vielen technischen Anwendungen – so auch im Falle von Filmen – eine passende Umwandlung möglich ist. Als Beispiel sei das Fernsehen angeführt: Hier wird eine „bildweise" *Abtastung* in t-Richtung vorgenommen (25 Bilder/s), und anschließend werden die einzelnen Bilder schnell genug zeilenweise in x- bzw. y-Richtung abgetastet (625 Zeilen/Bild). Wir werden derartige Umwandlungen im Folgenden als gegeben annehmen und nur Signale betrachten, die die Zeit als unabhängige Variable besitzen. $s(t)$ ist dann z. B. ein solches Signal. Darüber hinaus werden wir etwas abstrahieren: Obwohl in praktischen Anwendungen Signale immer mit konkreten physikalischen Größen identisch sind, werden wir als Werte von $s(t)$ dimensionslose Zahlen annehmen und damit dem mathematischen Funktionsbegriff näher sein als der Physik.

Die folgende Tabelle zeigt eine übliche Klassifizierung von Signalen, die sich am Definitions- und Wertebereich von Funktionen orientiert. $\mathbb{R}$ ist dabei die Menge der reellen, $\mathbb{C}$ die Menge der komplexen und $\mathbb{Z}$ die Menge der ganzen Zahlen.

$Definitionsbereich$	$Wertebereich$ $\subseteq \mathbb{R}$ oder $\subseteq \mathbb{C}$	$Wertebereich$ $\subseteq \mathbb{Z}$
$\subseteq \mathbb{R}$	zeit- und wertkontinuierliche = **analoge Signale**	zeitkontinuierliche, wertdiskrete Signale
$\subseteq \mathbb{Z}$	zeitdiskrete, wertkontinuierliche Signale	zeit- und wertdiskrete = **digitale Signale**

Analoge Signale sind also zeit- und wertkontinuierlich, digitale Signale dagegen zeit- und wertdiskret. Analoge und digitale Signale, sowie zeitdiskrete wertkontinuierliche Signale werden im Folgenden sehr häufig vorkommen. Zeitkontinuierliche wertdiskrete dagegen werden wir kaum benötigen. Neben $s(t)$ sollen für analoge Signale die Schreibweisen

$$h(t), g(t), n(t), \dots \quad \text{mit} \quad t \in \mathbb{R} \qquad (1.1)$$

verwendet werden. Zeitdiskrete Signale, bei denen offen gelassen ist, ob ein kontinuierlicher oder diskreter Wertebereich vorliegt, sollen insofern anders geschrieben werden, als eine *diskrete* unabhängige Variable verwendet wird:

$$x(i), y(k), z(l), \dots \quad \text{mit } i, k, l \in \mathbb{Z}. \qquad (1.2)$$

In einigen Fällen wird es bei zeitdiskreten Signalen notwendig sein, den wertkontinuierlichen Charakter hervorzuheben. Dies soll durch eine Tilde ~ ausgedrückt werden:

$$\tilde{x}(i) \in \mathbb{R} \ oder \ \tilde{x}(i) \in \mathbb{C}, \quad \text{mit } i \in \mathbb{Z}. \qquad (1.3)$$

Um einen diskreten Wertebereich zu betonen, soll dagegen das Zeichen ^ verwendet werden:

$$\hat{x}(i) \in \mathbb{Z}, \quad \text{mit } i \in \mathbb{Z}. \qquad (1.4)$$

$\hat{x}(i)$ ist somit ein digitales Signal, während $\tilde{x}(i)$ zwar auch zeitdiskret, aber im Gegensatz zu $\hat{x}(i)$ wertkontinuierlich ist. Zeitdiskrete Signale können auch als

Zahlenfolgen aufgefasst werden. Bei endlichen derartigen Folgen oder sog. *zeit-begrenzten* zeitdiskreten Signalen bietet sich auch eine Vektorschreibweise an. Die Komponenten der Vektoren sind dann mit den Werten des zeitbegrenzten zeitdiskreten Signals identisch. Zu beachten ist hierbei die Lage des Signals auf der diskreten Zeitachse. Wenn $x(i)$ z. B. auf das Intervall $i_1 \leq i \leq i_2$ zeit-begrenzt ist (d. h. $x(i) = 0$ für $i < i_1 \lor i > i_2$), dann kann auch der Vektor

$$\underline{x} = (x(i_1),\ x(i_1 + 1),\ ...,\ x(i_2)) \tag{1.5}$$

verwendet werden. i_1 muss hierbei im Allgemeinen mit angegeben werden. Häufig ist die (absolute) zeitliche Lage aber von untergeordneter Bedeutung oder sie geht aus dem Kontext hervor, so dass i_1 nicht erwähnt werden muss.

Abhängig davon, wie man sich die Signale entstanden denkt oder wie sie aus einer Messung zugänglich sind, spricht man von determinierten (bzw. deterministischen) oder stochastischen (bzw. zufälligen) Signalen. Eine von $-\infty < t < \infty$ als gegeben angenommene cos-Funktion, d. h. $\cos(2\pi f_0 t)$, ist z. B. ein determiniertes Signal in diesem Sinne. Der Verlauf ist vollständig bekannt. Der oben als Beispiel genannte Spannungsverlauf an einem Mikrofon kann dagegen häufig nicht explizit angegeben werden. Hier ist die Vorstellung von einem zufälligen oder stochastischen Signal zweckmäßig.

In den folgenden Abschnitten sollen zunächst determinierte Signale ange-nommen werden. Stochastische Signale werden in Abschn. 1.1.6 behandelt.

1.1.2 Energie- und Leistungssignale, Korrelationsfunktionen

Häufig ist eine Beschreibung von Signalen zweckmäßig, die so weit gehen kann, dass man nur eine Zahl für ein ganzes Signal angibt. Zwei solcher Maßzahlen sollen hier eingeführt werden: die *Energie* sowie die *Leistung* eines Signals. Den mathematischen Hintergrund hierzu liefern die Funktionale, die in unserem Kontext durch folgende Abbildung F definiert sind:

$$F : s(t) \in \$ \rightarrow F\,[s(t)] \in \mathbb{R},\ \mathbb{Z},\ \text{oder } \mathbb{C}. \tag{1.6}$$

$\$$ ist hierbei eine Menge von Signalen und $\mathbb{R}$, $\mathbb{Z}$, $\mathbb{C}$ sind die zuvor bereits eingeführten Mengen von reellen, ganzen und komplexen Zahlen. Wichtig ist, dass einer ganzen Zeitfunktion eine einzige Zahl $F\,[.]$ zugeordnet wird. Die Abbildung ist deshalb im Allgemeinen nicht umkehrbar. Die *Energie* E_s eines Signals $s(t)$ ist das folgende spezielle Funktional

$$E_s = F\,[s(t)] = \int\limits_{-\infty}^{\infty} |s(t)|^2\ dt < \infty. \tag{1.7}$$

Voraussetzung für eine endliche Energie ist damit, dass $s(t)$ quadratisch in-tegrierbar ist. Ist diese Voraussetzung erfüllt, dann sprechen wir auch von *Energiesignalen*. Bei vielen in den folgenden Kapiteln vorkommenden Signa-len ist dies gegeben, bei einigen konvergiert das Integral aber nicht, z. B. bei dem Signal $s(t) = \cos(2\pi f_0 t)$. Bei solchen Signalen ist es zweckmäßig die *mittlere Leistung* eines Signals (kürzer oft auch einfach *Leistung* genannt) wie folgt zu definieren:

$$L_s = F\left[s(t)\right] = \lim_{T \to \infty} \frac{1}{2T} \int\limits_{-T}^{T} |s(t)|^2 \; dt < \infty. \tag{1.8}$$

Vorausgesetzt ist hier, dass dieser Grenzwert existiert. Ist dies der Fall, dann spricht man von *Leistungssignalen*. Für die späteren Anwendungen ist die Definition eines *Skalarprodukts* von Signalen von großer Bedeutung. Wenn $s(t)$ und $g(t)$ zwei Energiesignale sind, dann ist das Skalarprodukt wie folgt definiert:

$$(s(t), g(t)) = \int\limits_{-\infty}^{\infty} s(t) \; g^*(t) \; dt. \tag{1.9}$$

Formal entspricht diese Definition dem Skalarprodukt von zwei Vektoren, wenn man sich die Signale durch die Vektoren und das Integral durch eine Summe ersetzt denkt. Wie bei Vektoren werden zwei Signale als orthogonal zueinander bezeichnet, wenn ihr Skalarprodukt Null ist. Die formale Entsprechung zwischen Vektoren und Signalen ist unter bestimmten Bedingungen noch weitgehender. Wir werden dies im nächsten Abschnitt etwas vertiefen. Man bezeichnet das Skalarprodukt in Anlehnung an einen gleichartigen Ausdruck in der Statistik auch als (komplexen) *Kreuzkorrelationskoeffizienten* φ_{sg}^E der Energiesignale $s(t)$ und $g(t)$, d. h.

$$\varphi_{sg}^E = (s(t), g(t))^*. \tag{1.10}$$

Der Hochindex E soll dabei verdeutlichen, dass es sich um Energiesignale handelt und der hochgestellte * die Bildung der konjugiert komplexen Zahl (zur Definition von φ_{sg}^E s. auch die Anmerkung am Ende dieses Abschnitts). In der Statistik kann man diesen Kreuzkorrelationskoeffizienten als Maß für die Ähnlichkeit zwischen zwei zufälligen Verläufen auffassen. Dies gilt hier ebenso. Betrachtet man die Energie E_d des Differenzsignals $s(t) - g(t)$, dann folgt:

$$E_d = \int\limits_{-\infty}^{\infty} [s(t) - g(t)] \, [s(t) - g(t)]^* \; dt$$

$$= \int\limits_{-\infty}^{\infty} |s(t)|^2 \, dt + \int\limits_{-\infty}^{\infty} |g(t)|^2 \, dt - \int\limits_{-\infty}^{\infty} s(t) \, g^*(t) \, dt - \int\limits_{-\infty}^{\infty} s^*(t) \, g(t) \, dt$$

$$= E_s + E_g - 2\mathrm{Re}\left\{ \int\limits_{-\infty}^{\infty} s^*(t) \, g(t) \, dt \right\} = E_s + E_g - 2\mathrm{Re}\left\{ \varphi_{sg}^E \right\}. \tag{1.11}$$

Re bezeichnet hierbei die Realteilbildung. Mit Hilfe der Cauchy-Schwarz-Ungleichung, d. h.

$$|(s(t), g(t))|^2 \leq E_s \, E_g \tag{1.12}$$

wobei das Gleichheitszeichen bei $g(t) = \pm c \cdot s(t)$ gilt (mit einer beliebigen komplexen Konstanten c), folgt:

$$- |c| \, E_s \leq \mathrm{Re} \left\{ \varphi_{sg}^E \right\} \leq |c| \, E_s. \tag{1.13}$$

Offenbar ist der Betrag des Kreuzkorrelationskoeffizienten maximal, wenn die Signale proportional zueinander sind. Für den Spezialfall $c = 1$, d. h. $g(t) = s(t)$ und $E_s = E_g = E$, ergibt sich schließlich:

$$\mathrm{Re} \left\{ \varphi_{ss}^E \right\} = E \tag{1.14}$$
$$\mathrm{Im} \left\{ \varphi_{ss}^E \right\} = 0$$
$$E_d = 0.$$

Bei maximaler Ähnlichkeit im Sinne dieser *Quadratmittel*-Definition (d. h. bei $E_d = 0$!) ist der Kreuzkorrelationkoeffizient damit maximal. Er kann deshalb dazu benutzt werden, den Verlauf zweier Energiesignale auf ihre Ähnlichkeit zu untersuchen. In den Anwendungen hat es sich als zweckmäßig herausgestellt, diesen Vergleich insofern zu erweitern, als man eine Verschiebung des einen Signals gegenüber dem anderen um eine Zeit τ einführt. Dies ermöglicht, dass man eine evtl. vorhandene maximale Ähnlichkeit auch für Signale finden kann, die zeitlich gegeneinander verschoben sind. Man definiert die (komplexe) *Kreuzkorrelationsfunktion (KKF)* $\varphi_{sg}^E(\tau)$ wie folgt

$$\varphi_{sg}^E(\tau) = (s(t), g(t + \tau))^*$$
$$= \int\limits_{-\infty}^{\infty} s^*(t) \, g(t + \tau) \, dt. \tag{1.15}$$

Als Spezialfall ergibt sich für $g(t) = s(t)$ die *Autokorrelationsfunktion (AKF)* $\varphi_{ss}^E(\tau)$:

$$\varphi_{ss}^E(\tau) = \int\limits_{-\infty}^{\infty} s^*(t) \, s(t + \tau) \, dt. \tag{1.16}$$

Aus diesen Definitionen folgen die folgenden Eigenschaften:

$$\varphi_{sg}^E(\tau) = \varphi_{gs}^{E*}(-\tau)$$
$$\varphi_{ss}^E(\tau) = \varphi_{ss}^{E*}(-\tau)$$
$$\left| \varphi_{ss}^E(\tau) \right| \leq \varphi_{ss}^E(0) \tag{1.17}$$
$$\varphi_{ss}^E(0) = E_s \in \mathbb{R}$$
$$\mathrm{Re} \left\{ \varphi_{sg}^E(\tau_0) \right\} = 0 \Longleftrightarrow s(t) \perp g(t + \tau_0).$$

Die Abkürzung $\perp$ bedeutet dabei „ist orthogonal zu". Die AKF hat somit immer den größten Wert an der Stelle $\tau = 0$, und dieser Wert ist gleich der Signalenergie. Für zwei Leistungssignale $s(t)$ und $g(t)$ lässt sich eine KKF $\varphi_{sg}^L(\tau)$ in ähnlicher Weise definieren:

$$\varphi_{sg}^L(\tau) = \lim_{T\to\infty} \frac{1}{2T} \int\limits_{-T}^{T} s^*(t)\, g(t+\tau)\, dt. \qquad (1.18)$$

Zum Hinweis auf die hier angenommenen Leistungssignale wird der Hochindex L verwendet. Die oben für $\varphi_{sg}^E(\tau)$ aufgeführten Eigenschaften gelten hier in gleicher Weise, wenn man bei (1.17) nur beachtet, dass die Energie jetzt durch die Leistung ersetzt werden muss.

Anmerkung 1: Die Beziehung $\varphi_{ss}^E(0) = E_s$ in (1.17) birgt bei komplexwertigen Signalen eine Besonderheit. Mit $s(t) = s_R(t) + j s_I(t)$ ergibt sich

$$
\begin{aligned}
\varphi_{ss}^E(\tau) &= \varphi_{s_R s_R}^E(\tau) + \varphi_{s_I s_I}^E(\tau) + j\left[\varphi_{s_I s_R}^E(\tau) - \varphi_{s_R s_I}^E(\tau)\right] \\
\varphi_{ss}^E(0) &= \varphi_{s_R s_R}^E(0) + \varphi_{s_I s_I}^E(0) + j\left[\varphi_{s_I s_R}^E(0) - \varphi_{s_R s_I}^E(0)\right] \qquad (1.19) \\
E_s &= E_{s_R} + E_{s_I}\,.
\end{aligned}
$$

Hierbei ist die Beziehung $\varphi_{s_I s_R}^E(0) = \varphi_{s_R s_I}^E(0)$ verwendet worden, s. (1.17). Die Energie des komplexwertigen Signals ist somit die Summe der Energien von Realteil- und Imaginärteilsignal. Diese Definition ist willkürlich. E_s ist bei komplexwertigen Signalen eine fiktive Größe, die aus den beiden Einzelsignalen $s_R(t)$ und $s_I(t)$ – die beliebige Energiesignale sein dürfen – bestimmt wird. Im Abschn. 1.4 werden sog. *äquivalente Tiefpass-Signale* eingeführt, die komplexwertig sein können. Bei diesen Signalen ist es zweckmäßig, den halben Wert von E_s in (1.19) als Energie des äquivalenten Tiefpass-Signals zu definieren, s. auch Abschn. 1.4.6. ◄

Anmerkung 2: Die Definition des Kreuzkorrelationskoeffizienten in (1.10) sowie die hierauf aufbauende Definition der Kreuzkorrelationsfunktion in (1.15) sind in der Literatur nicht einheitlich. Üblich ist ebenfalls:

$$\varphi_{sg,alternativ}^E(\tau) = (s(t), g(t+\tau)) = \int\limits_{-\infty}^{\infty} s(t)\, g^*(t+\tau)\, dt. \qquad (1.20)$$

Die hier verwendete Definition passt besser zu der Anwendung in den kommenden Kapiteln im Zusammenhang mit dem sog. Korrelationsempfang von Signalen. ◄

1.1.3 Signalräume

Signalräume stellen ein wichtiges theoretisches Hilfsmittel dar, um die Eigenschaften und Grenzen der Übertragungsverfahren zu verstehen, die wir in den kommenden Kapiteln behandeln wollen. Solche Räume sind im Prinzip immer Mengen – bei uns Mengen von Signalen $ – über denen bestimmte Eigenschaften der Elemente und Rechenoperationen bezüglich der Elemente definiert sind. Abhängig von diesen Eigenschaften ergeben sich dabei unterschiedliche Räume. Die Eigenschaften werden in den späteren Anwendungen nicht immer explizit erwähnt, auch die genaue Bezeichnung des zugrundeliegenden Raumes nicht. In den meisten Fällen wird jedoch ein *unitärer* Raum $ vorausgesetzt, der Eigenschaften besitzt, die wir sehr gut nutzen können. Die Elemente der Menge, d. h. die Signale, können wir als Punkte in diesem Raum auffassen. Es gibt Abstände bzw. Distanzen zwischen den Elementen (d. h. zwischen Signalen!) und die *Dreiecksungleichung* gilt. Somit liegt eine geometrische Struktur vor. Das im vorherigen Abschnitt mit (1.9) definierte Skalarprodukt zwischen zwei Energiesignalen $s(t) \in $ und $g(t) \in $, d. h.

$$(s(t), g(t)) = \int\limits_{-\infty}^{\infty} s(t)\, g^*(t)\, dt$$

spielt dabei eine wesentliche Rolle. Wie in dem uns vertrauten dreidimensionalen euklidischen Vektorraum kann man

$$(s(t), g(t)) = 0 \tag{1.21}$$

so interpretieren, dass die Signale $s(t)$ und $g(t)$ „senkrecht" zueinander stehen oder *orthogonal* zueinander sind. Für die *Distanz d* zwischen den beiden Signalen gilt:

$$d = \|s(t) - g(t)\| = \sqrt{(s(t) - g(t), s(t) - g(t))}. \tag{1.22}$$

$\|...\|$ nennt man auch die *Norm*, hier die des Differenzsignals $s(t) - g(t)$. Bei $g(t) = 0$ folgt hieraus die Norm von $s(t)$

$$\|s(t)\| = \sqrt{(s(t), s(t))}. \tag{1.23}$$

Vergleicht man die Norm mit der Signalenergie nach (1.7), dann sieht man, dass Folgendes gilt:

$$\|s(t)\|^2 = E_s. \tag{1.24}$$

Hieran ist zu erkennen, dass nur Energiesignale in dieses Konzept passen. Bei Leistungssignalen müssen wir dies später beachten. Darüber hinaus besitzt dieser Raum eine algebraische Struktur, d. h. es gibt eine Addition und eine Multiplikation der Signale mit komplexen Zahlen:

$$\sum_i \alpha_i\, s_i(t) \in \$ \quad \text{mit } \alpha_i \in \mathbb{C},\ s_i(t) \in \$. \tag{1.25}$$

Ein System von M orthogonalen Signalen aus dem Raum kann als *Basis* oder *Koordinatensystem* eines M-*dimensionalen* Unterraumes $\$_u$ verwendet werden:

$$s_i(t) \in \$_u \,; \quad i = 0, 1, ..., M - 1$$

$$(s_i(t), s_k(t)) = \begin{cases} E_s \text{ für} & i = k \\ 0 & \text{sonst} \end{cases}, \qquad (1.26)$$

Hierbei sind gleiche Energien E_i für alle M Signale $s_i(t)$ vorausgesetzt worden. Wenn darüber hinaus für alle $E_i = 1$ gilt, spricht man von einem System *orthonormaler* Signale. Die *Koordinaten* a_i eines Signals $s(t)$ aus diesem M-dimensionalen Unterraum berechnen sich – wie im dreidimensionalen euklidischen Vektorraum auch – durch Projektion von $s(t)$ auf die M Achsen:

$$a_i = (s(t), s_i(t)) \,; \quad i = 0, 1, ..., M - 1$$

$$= \int_{-\infty}^{\infty} s(t)\, s_i^*(t)\, dt. \qquad (1.27)$$

Die Linearkombination der mit den a_i gewichteten Basissignalen $s_i(t)$ ergibt wieder $s(t)$:

$$s(t) = \sum_{i=0}^{M-1} a_i\, s_i(t). \qquad (1.28)$$

Anstatt mit den Signalen $s(t)$ aus dem M-dimensionalen Unterraum $\$_u$ zu rechnen, kann man auch die zugehörigen *Signalvektoren*

$$\underline{a}_s = (a_0, a_1, ..., a_{M-1}) \qquad (1.29)$$

heranziehen. Zu jedem Signal $s(t) \in \$_u$ gibt es somit umkehrbar eindeutig einen Signalvektor $\underline{a}_s$. Das gilt natürlich auch für die Basissignale $s_i(t)$ selbst, denen ein System von Einheitsvektoren zugeordnet ist. Dieses System von Einheitsvektoren spannt einen Vektorraum auf, den *Raum der Signalvektoren*. Er ist ein euklidischer Vektorraum $\mathbb{R}^M$, und wir können ihn offensichtlich stellvertretend für den Signalraum $\$$ nutzen. Bei $M \leq 3$ wird es uns somit möglich, eine anschauliche geometrische Vorstellung für den korrespondierenden Signalraum zu entwickeln. Wir werden dies in Beispielen später nutzen. Offenbar gilt bei einer orthonormalen Basis

$$s(t), g(t) \in \$_u \longleftrightarrow \underline{a}_s, \underline{a}_g \in \mathbb{R}^M$$

$$(s(t), g(t)) = (\underline{a}_s, \underline{a}_g). \qquad (1.30)$$

Es besteht somit eine umkehrbar eindeutige Korrespondenz zwischen Signalen aus $\$_u$ und Signalvektoren aus $\mathbb{R}^M$. Wegen der normierten Basis sind die Skalarprodukte zwischen den Signalen und den Signalvektoren gleich. Es bietet sich an, für das Skalarprodukt von Signalen und Vektoren die gleiche abgekürzte Schreibweise zu verwenden. Ein System von orthogonalen Basissignalen heißt *vollständig* in einem Unterraum $\$_u$, wenn für $M \to \infty$ der vollständige (∞-dimensionale) Unterraum $\$_u$ aufgespannt wird. Gleichung (1.30) bezeichnet man dann als (verallgemeinertes) *Parseval-Theorem*. Abbildung 1.1 veranschaulicht den Raum der Signalvektoren für ein Beispiel mit $M = 2$.

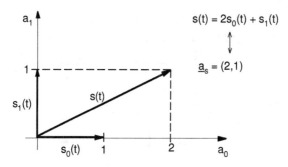

Abb. 1.1. Raum der Signalvektoren; Beispiel: M=2

1.1.4 Orthogonalreihen, Fourier-Transformation

Gleichung (1.28) kann man auch als Reihendarstellung von $s(t)$ auffassen. Da die $s_i(t)$ hier ein Orthogonalsystem bilden sollen, handelt es sich speziell um *Orthogonalreihen*. Die *Fourier-Reihe* kann hier als Beispiel herangezogen werden. Dazu muss man einen Unterraum $\$_u$ des Signalraumes $\$$ definieren, der alle auf $-\frac{T}{2} \leq t \leq \frac{T}{2}$ *zeitbegrenzten* Energiesignale enthält. Mit den Basissignalen

$$s_i(t) = \begin{cases} \frac{1}{\sqrt{T}} e^{j2\pi i \frac{t}{T}} & \text{für} \quad |t| \leq \frac{T}{2}; \ i = 0, \pm 1, \pm 2, \dots \\ 0 & \text{sonst} \end{cases} \tag{1.31}$$

aus dem gleichen Unteraum $\$_u$ ergibt sich die Fourier-Reihe für alle $s(t) \in \$_u$

$$s(t) = \sum_{i=-\infty}^{\infty} a_i \, e^{j2\pi i \frac{t}{T}}. \tag{1.32}$$

Zu beachten ist hier, dass trotz der Beschränkung auf das Intervall $-\frac{T}{2} \leq t \leq \frac{T}{2}$ der Unterraum ∞−dimensional ist. Die Koeffizienten a_i, die jetzt (komplexe) *Fourierkoeffizienten* genannt werden, berechnen sich entsprechend (1.27) zu

$$a_i = \frac{1}{\sqrt{T}} \left(s(t), s_i(t) \right); \quad -\infty \leq i \leq \infty$$

$$= \frac{1}{T} \int\limits_{-\frac{T}{2}}^{\frac{T}{2}} s(t) \, e^{-j2\pi i \frac{t}{T}} \, dt. \tag{1.33}$$

Als weiteres System von orthogonalen Basissignalen sei das System der *Walsh-Funktionen* angeführt – s. Abb. 1.2. Dieses Funktionensystem definiert ebenfalls den Unterraum der auf $-\frac{T}{2} \leq t \leq \frac{T}{2}$ zeitbegrenzten Energiesignale, in

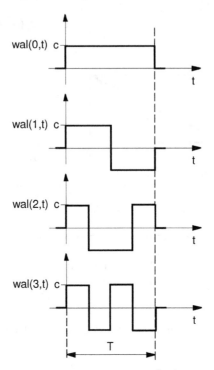

Abb. 1.2. Walshfunktionen; $c = \frac{1}{\sqrt{T}}$ (Normierung)

gleicher Weise wie das System der komplexen Exponentialfunktionen bei der Fourierreihe. Die *Walsh-Reihe* lautet

$$s(t) = \sum_{i=0}^{\infty} a_i \, \mathrm{wal}(i, t). \tag{1.34}$$

Es lässt sich zeigen, dass es sich bei der Walsh-Reihe ebenso wie bei der Fourierreihe um ein vollständiges Funktionensystem handelt, d. h. alle Signale aus dem Unterraum sind so darstellbar. Die a_i sind hierbei, im Gegensatz zu den Fourier-Koeffizienten, reell. Will man mit derartigen Reihendarstellungen den Raum aller im Intervall $-\infty < t < \infty$ möglichen Energiesignale erfassen, dann reicht die abzählbare Vielfalt der Koeffizienten a_i nicht aus. Notwendig ist vielmehr, auch für die a_i ein Kontinuum einzuführen. Dies soll hier als Motivation zur Einführung der *Fourier-Transformation* genügen. Als Verallgemeinerung von (1.32) ergibt sich

$$s(t) = \int_{-\infty}^{\infty} S(f) \, e^{j2\pi f t} \, df. \tag{1.35}$$

Die unendlich fein gestuften Werte $S(f)\,df$ können hierbei als formale Entsprechung der a_i aufgefasst werden, und die Summe entspricht dem Integral. Die Schreibweise $S(f)$ ist allgemein üblich und soll verdeutlichen, dass $S(f)$ zu $s(t)$ gehört. $S(f)$ bezeichnet man auch als die zu $s(t)$ gehörige *Fourier-Transformierte* oder als *Spektrum* von $s(t)$. $S(f)$ berechnet sich in Analogie zu (1.33)

$$S(f) = \int_{-\infty}^{\infty} s(t)\,e^{-j2\pi ft}\,dt. \tag{1.36}$$

Gleichung (1.35) bezeichnet man auch als *Fourier-Rücktransformation* und (1.36) als *Fourier-Hintransformation*. Für die Fourier-Transformation soll folgende symbolische Schreibweise verwendet werden

$$s(t) \; \circ\!\!-\!\!\bullet \; S(f). \tag{1.37}$$

Die folgende Tabelle 1.1 gibt in kompakter Form die für uns wichtigen Eigenschaften der Fourier-Transformation wieder.

1.1.5 Elementarsignale und deren Spektren

Elementarsignale sind determinierte Signale, d. h. ihr Verlauf ist für alle t bekannt. Ihre Definition begründet sich durch eine immer wiederkehrende Verwendung oder dadurch, dass man mit ihrer Hilfe andere Signale „zusammensetzen" kann, d. h. dass sie z. B. als Basisfunktionen eines Signalraumes verwendet werden können. $\sin(2\pi f_0 t)$ und $\cos(2\pi f_0 t)$ sind z. B. zwei solche Elementarsignale. Darüber hinaus werden wir einige weitere Funktionen als Elementarsignale definieren und sie mit den eingeführten Abkürzungen später verwenden. Der **Rechteckimpuls** $\mathrm{rect}(t)$ ist definiert als

$$\mathrm{rect}(t) = \begin{cases} 1 \text{ für} & |t| \leq \frac{1}{2} \\ 0 \text{ sonst} \end{cases} \tag{1.38}$$

und für den **Dreieckimpuls** $\Lambda(t)$ soll gelten:

$$\Lambda(t) = \begin{cases} 1 - |t| \text{ für} & |t| \leq 1 \\ 0 & \text{sonst} \end{cases}. \tag{1.39}$$

Beim **Diracstoß** $\delta(t)$ liegt eine Besonderheit vor:

$$\delta(t): \int_{-\infty}^{\infty} s(t-\tau)\,\delta(\tau)\,d\tau = s(t). \tag{1.40}$$

Tabelle 1.1. Eigenschaften der Fourier-Transformation

	Zeitfunktion $s(t)$	Fourier-Transformierte $S(f)$
Zeitfunktion:		
1. reellwertig,	$s_g(t) + s_u(t)$	$\mathrm{Re}\{S(f)\} + j\,\mathrm{Im}\{S(f)\}$
gerade	$s_g(t)$	$S_g(f) = \mathrm{Re}\{S(f)\}$
		$= \int\limits_{-\infty}^{\infty} s_g(t)\,\cos(2\pi f t)\,dt$
ungerade	$s_u(t)$	$S_u(f) = j\,\mathrm{Im}\{S(f)\}$
		$= -j \int\limits_{-\infty}^{\infty} s_u(t)\,\sin(2\pi f t)\,dt$
2. zeitinvers	$s(-t)$	$S(-f)$
3. zeitinvers, reell	$s(-t)$	$S^*(f)$
4. konjugiertkomplex	$s^*(t)$	$S^*(-f)$
5. zeitinvers, konjugiertkomplex	$s^*(-t)$	$S^*(f)$
6. Symmetrie	$S(t)$	$s(-f)$
7. Superposition	$a\,s(t) + b\,g(t)$	$a\,S(f) + b\,G(f)$
8. Ähnlichkeit	$s\left(\frac{t}{T}\right)$	$\lvert T \rvert\, S(T\,f)$
9. Zeitverschiebung	$s(t - t_0)$	$S(f)\,e^{-j2\pi f t_0}$
10. Frequenzverschiebung	$s(t)\,e^{j2\pi f t_0}$	$S(f - f_0)$
11. Differentiation	$\frac{d^n}{dt^n}\,s(t)$	$(j2\pi f)^n\,S(f)$
12. Integration	$\int_{-\infty}^{t} s(\tau)\,d\tau$	$\frac{1}{j2\pi f}\,S(f) + \frac{1}{2}\,S(0)\,\delta(f)$

Hier handelt es sich eigentlich nicht um ein Signal (bzw. eine Funktion), sondern um eine *verallgemeinerte Funktion* oder *Distribution*. Dies spiegelt sich darin wider, dass keine Funktionswerte explizit angegeben werden. In allen nachrichtentechnischen Anwendungen (und in der Regel auch allen Modellen und Beschreibungen) kommt der Diracstoß unter einem Integral vor, wie in dieser Definition. Trotzdem ist es in unseren Anwendungen manchmal zweckmäßig, sich den Diracstoß näherungsweise als unendlich hohen und unendlich schmalen Rechteckimpuls vorzustellen. Dies folgt aus der Definition: $\delta(t)$ blendet offensichtlich nur einen einzigen Wert aus der Funktion $s(t - \tau)$ unter dem Integral aus, und zwar den für $\tau = 0$. Mit $s(t) = 1$ folgt aus dieser Definition der Spezialfall

$$\int_{-\infty}^{\infty} \delta(\tau) \, d\tau = 1. \tag{1.41}$$

Die $\sin(x)/x$-Funktion mit $x = \pi t$, kurz die **si-Funktion,** kommt ebenfalls häufig vor:

$$\mathrm{si}(\pi t) = \frac{\sin(\pi t)}{\pi t}. \tag{1.42}$$

Die **Sprungfunktion** $\varepsilon(t)$ ist wie folgt definiert:

$$\varepsilon(t) = \begin{cases} 1 \text{ für } & t \geq 0 \\ 0 \text{ sonst} & \end{cases}. \tag{1.43}$$

Für die **Scha-Funktion** gilt:

$$\mathrm{III}(t) = \sum_i \delta(t - i). \tag{1.44}$$

Um Elementarsignale von den allgemeineren Signalen $s(t)$ zu unterscheiden, wollen wir für sie von Kap. 2 an die Bezeichnung $e(t)$ verwenden. In Abb. 1.3 sind die hier definierten Elementarsignale und deren Spektren dargestellt.

1.1.6 Stochastische Signale

Neben den bisher vorausgesetzten determinierten Signalen kommen in der Nachrichtentechnik häufig Signale vor, deren Verlauf man nicht konkret angeben kann. So ist z. B. bei der Konzeption eines Systems zur Übertragung von Sprachsignalen in der Regel zunächst nur bekannt, dass ein Mensch – oder genauer, der vom Gehirn gesteuerte Sprechtrakt eines Menschen – die Signalquelle darstellt. Ein konkreter Spannungsverlauf an einem Mikrofon kann z. B. nicht angegeben werden. Vorstellbar ist aber, dass es eine ganze Vielfalt an möglichen Verläufen geben wird, die alle einen gewissen Zufallscharakter besitzen. Der Zufall kommt ins Spiel, weil man im allgemeinen Fall ja nicht weiß, was jemand sagen will.

Neben solchen *Nutzsignalen*, die wegen ihrer informationstragenden Eigenschaften per Definition Zufallscharakter haben, gibt es eine weitere in der Nachrichtentechnik wichtige Gruppe von solchen *Zufallssignalen*, die *Stör-* und *Rauschsignale*. Sie treten z. B. als Wärmerauschen bei der Verstärkung von schwachen Nutzsignalen in Erscheinung und bewirken Veränderungen. Würde man ihren Verlauf für alle Zeiten kennen, könnte man sie immer perfekt wieder eliminieren, und man würde dann nicht von Störungen sprechen.

Elementarsignal　　　　Spektrum

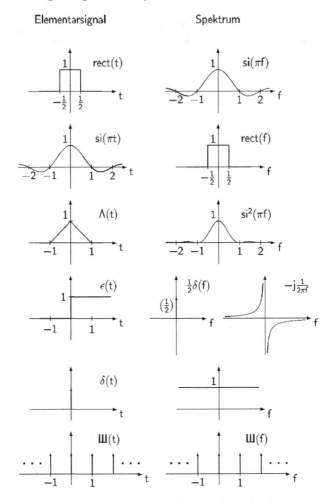

Abb. 1.3. Elementarsignale und deren Spektren

Bei Zufallssignalen oder, wie wir auch sagen, *stochastischen Signalen,* behilft man sich mit der Angabe von Wahrscheinlichkeiten oder hierauf basierenden Mittelwerten. Hiermit kommen die *Wahrscheinlichkeitsrechnung,* die *Wahrscheinlichkeitstheorie* und die Theorie der *stochastischen Prozesse* ins Spiel. Von diesen umfangreichen mathematischen Disziplinen werden wir im Folgenden nur einen kleinen Teil gebrauchen, und dies auch nur unter dem Blickwinkel der Nachrichtentechnik. Ein Verständnis der grundlegenden Zusammenhänge und Definitionen ist jedoch auch mit dieser Beschränkung auf die nachrichtentechnischen Anwendungen unerläßlich. Die folgende Zusammenfassung kann hier nur einen kleinen Beitrag leisten.

Stochastische Prozesse

Die Menge der möglichen Verläufe am Ausgang einer stochastischen Signalquelle wird *stochastischer Prozess* oder *Zufallsprozess* genannt. Um zu betonen, dass eine Vielzahl von möglichen Verläufen vorliegt, bezeichnet man
die Menge auch als *Schar* oder *Ensemble*. Ein einzelnes herausgegriffenes Zu-
fallssignal aus der Schar ist eine *Realisierung* oder eine *Musterfunktion* des
stochastischen Prozesses. Der stochastische Prozess kann somit auch als Menge aller Realisierungen bzw. Musterfunktionen aufgefasst werden. Um einzelne
Musterfunktionen zu kennzeichnen, verwendet man manchmal eine Nummerierung: $^k s(t)$ ist dann die k-te Musterfunktion des stochastischen Prozesses.
Abbildung 1.4 zeigt als Beispiel einige mögliche Verläufe von Musterfunktionen.

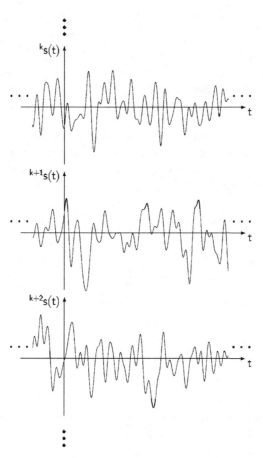

Abb. 1.4. Musterfunktionen eines stochastischen Prozesses

Statistische Beschreibungen

Wie kommt nun die Statistik ins Spiel? Hierzu gibt es zwei unterschiedliche Möglichkeiten. Die erste Möglichkeit besteht darin, dass man die Schar der Musterfunktionen zu einem Zeitpunkt $t = t_0$ betrachtet und versucht, eine statistische Beschreibung für die Vielfalt der möglichen Werte ${}^k s(t_0)$ zu erstellen. Die zweite, weiter unten behandelte Möglichkeit betrachtet dagegen die Statistik der Werte, die bei einer einzigen Musterfunktion auftreten.

$s(t_0)$ bezeichnet man auch als *Zufallsvariable*, d. h. es handelt sich um eine Variable, die zufällig die Werte ${}^k s(t_0)$ annehmen kann. In Anlehnung an die Definition einer Realisierung bei stochastischen Prozessen ist dann ein Wert ${}^k s(t_0)$ die Realisierung der Zufallsvariablen $s(t_0)$. Für eine solche Zufallsvariable kann man z. B. einen *Mittelwert* m berechnen:

$$m_{Schar}(t_0) = \widetilde{s(t_0)} = \lim_{n \to \infty} \frac{1}{2n + 1} \sum_{k=-n}^{n} {}^k s(t_0). \qquad (1.45)$$

Die Mittelwertbildung, genauer die *Scharmittelwertbildung* ist hierbei durch das Zeichen $\sim$ angedeutet. Offensichlich hängt dieser so gebildete Mittelwert im allgemeinen Fall vom Zeitpunkt t_0 ab, so dass man zu seiner vollständigen Beschreibung $m_{Schar}(t_0)$ für alle Zeitpunkte t_0 angeben muss. Der Mittelwert ist dann eine Funktion der Zeit.

Der als Beispiel hier angeführte Mittelwert, genauer der *lineare* Mittelwert, reicht zur vollständigen statistischen Beschreibung in der Regel nicht aus. Weitere für uns wichtige Mittelwerte sind die Folgenden. Der *quadratische Mittelwert* ist so definiert:

$$\widetilde{s^2(t_0)} = \lim_{n \to \infty} \frac{1}{2n + 1} \sum_{k=-n}^{n} {}^k s^2(t_0). \qquad (1.46)$$

Für die *Varianz* σ^2 gilt:

$$\sigma_s^2(t_0) = \widetilde{\left[\, s(t_0) - m_{Schar}(t_0) \right]^2}. \qquad (1.47)$$

Man kann zeigen, dass die bisher betrachteten drei Mittelwerte nicht unabhängig voneinander sind, vielmehr gilt:

$$\widetilde{s^2(t_0)} = \sigma_s^2(t_0) + m_{Schar}^2(t_0). \qquad (1.48)$$

Des Weiteren sind für uns *Verbundmittelwerte* von Bedeutung, insbesondere die, bei denen über Produkte von Werten gemittelt wird. Die *Autokorrelationfunktion* (AKF) ist wie folgt definiert:

$$\varphi_{ss}(t_0, \tau) = \widetilde{s(t_0)\, s(t_0 + \tau)}. \qquad (1.49)$$

Im Gegensatz zu der in Abschn. 1.1.2 für Energie- und Leistungssignale eingeführten ist dies die AKF im statistischen Sinn. Sie sagt etwas über die *linearen statistischen Bindungen* oder *Korrelationen* aus, die zwei Zufallsvariablen besitzen, die dem gleichen stochastischen Prozess zu verschiedenen Zeitpunkten – hier t_0 und $t_1 = t_0 + \tau$ – entnommen werden. Man bezeichnet die beiden Zufallsvariablen $s(t_0)$ und $s(t_1)$ als *orthogonal* zueinander, wenn dieser Verbundmittelwert Null ist. *Unkorreliert* oder *linear unabhängig* sind sie dagegen, wenn die *Kovarianzfunktion*

$$\mu_{ss}(t_0, \tau) = \overline{[s(t_0) - m_{Schar}(t_0)]\,[s(t_0 + \tau) - m_{Schar}(t_0 + \tau)]} \qquad (1.50)$$

verschwindet. Für $\tau = 0$ bzw. $t_1 = t_0$ ergibt sich der größte Wert für die AKF. Ähnlich wie sich bei der AKF für Energiesignale als größter Wert die Energie ergab, folgt hier

$$\varphi_{ss}(t_0, 0) = \overline{s(t_0)\,s(t_0)} = \overline{s^2(t_0)}. \qquad (1.51)$$

Dieser quadratische Mittelwert wird auch als *Augenblicksleistung* des stochastischen Prozesses zum Zeitpunkt t_0 bezeichnet. Will man in vergleichbarer Weise die linearen statistischen Bindungen von zwei unterschiedlichen stochastischen Prozessen erfassen, dann zieht man dazu die *Kreuzkorrelationsfunktion* (KKF) heran:

$$\varphi_{sg}(t_0, \tau) = \overline{s(t_0)\,g(t_0 + \tau)}. \qquad (1.52)$$

Wenn sich für alle Werte von t_0 und τ bei dieser Mittelwertbildung der Wert Null ergibt, dann sind die beiden *stochastischen Prozesse orthogonal zueinander*. *Unkorreliert* sind die beiden Prozesse, wenn die *Kreuzkovarianzfunktion*

$$\mu_{sg}(t_0, \tau) = \overline{[s(t_0) - m_{s,Schar}(t_0)]\,[g(t_0 + \tau) - m_{g,Schar}(t_0 + \tau)]} \qquad (1.53)$$

für alle Werte von t_0 und τ verschwindet. Oft werden auch die Fourier-Transformierten der AKF oder KKF benötigt. Die Fourier-Transformierte der AKF bezüglich τ ist das *Leistungsdichtespektrum* des stochastischen Prozesses, d. h.

$$\Phi_{ss}(t_0, f) = \int\limits_{-\infty}^{\infty} \varphi_{ss}(t_0, \tau)\,e^{-j2\pi f \tau}\,d\tau. \qquad (1.54)$$

Transformiert man die KKF $\varphi_{sg}(t_0, \tau)$ in den Frequenzbereich, dann erhält man das *Kreuzleistungsdichtespektrum*.

Neben den angesprochenen Mittelwerten gibt es noch weitere für uns wichtige Beschreibungsgrößen. Hier ist vor allem die *Verteilungdichtefunktion* sowie die *Verteilungsfunktion* zu nennen. Da beide sich hier auf „Amplituden" von Signalen beziehen, verwendet man auch manchmal diesen Zusatz. Die Verteilungsfunktion $P_s(x, t_0)$ gibt an, wie viel Prozent der Werte von $^k s(t_0)$ unterhalb oder auf einer Schwelle x liegen:

$$P_s(x, t_0) = \lim_{n \to \infty} \frac{n_x}{n}. \qquad (1.55)$$

Der Index s soll hierbei die Zufallsvariable kennzeichnen, n_x ist die absolute Zahl der Werte $^k s(t_0) \leq x$ und n die Gesamtzahl. Diese Definition kann man auch als *Wahrscheinlichkeit* deuten:

$$P_s(x, t_0) = \text{Prob} \left[^k s(t_0) \leq x \right]. \qquad (1.56)$$

Prob[·] ist hierbei eine Abkürzung für *Probability* (engl.: Wahrscheinlichkeit). Im Argument dieser Funktion steht ein *Ereignis*, das eintreten kann oder nicht, oder aber auch eine *Aussage*, die wahr oder falsch sein kann. Zu interpretieren ist dies so: $P_s(x, t_0) = \text{Prob}\left[^k s(t_0) \leq x\right]$ ist die Wahrscheinlichkeit dafür, dass die Aussage $^k s(t_0) \leq x$ wahr ist. Mit dieser Definition ergeben sich sofort die folgenden Eigenschaften:

$$P_s(x_1, t_0) \leq P_s(x_2, t_0) \leq 1 \quad \text{für } x_1 \leq x_2$$
$$P_s(\infty, t_0) = 1 \qquad (1.57)$$
$$P_s(-\infty, t_0) = 0.$$

$P_s(x, t_0)$ ist somit eine monoton steigende Funktion. Die Verteilungsdichtefunktion $p_s(x, t_0)$ ist die Ableitung der Verteilungsfunktion nach x:

$$p_s(x, t_0) = \frac{d}{dx} P_s(x, t_0). \qquad (1.58)$$

Dies kann man so deuten, dass $p_s(x, t_0) \cdot dx$ die Wahrscheinlichkeit dafür bedeutet, dass ein Wert $^k s(t_0)$ im Intervall von x bis $x + dx$ liegt. Da $P_s(x, t_0)$ monoton steigend ist, muss $p_s(x, t_0) \geq 0$ gelten. Ähnlich wie die Verbundmittelwerte lassen sich auch Verbundverteilungsfunktionen und Verbundverteilungsdichtefunktionen definieren. Für die Verbundverteilungsfunktion zweier stochastischer Prozesse mit den Musterfunktionen $^k s(t)$ und $^k g(t)$ gilt:

$$P_{sg}(x, t_0; y, t_1) = \lim_{n \to \infty} \frac{n_{xy}}{n}$$
$$= \text{Prob} \left[(s(t_0) \leq x) \wedge (g(t_1) \leq y) \right]. \qquad (1.59)$$

n_{xy} ist hierbei die Zahl der Wertepaare x, y für die $s(t_0) \leq x$ und gleichzeitig $g(t_1) \leq y$ gilt, und n ist die Gesamtzahl der Paare. Für die Verbundverteilungsdichtefunktion gilt:

$$p_{sg}(x, t_0; y, t_1) = \frac{\delta^2}{\delta x \, \delta y} P_{sg}(x, t_0; y, t_1). \qquad (1.60)$$

Die bisher vorausgesetzte Statistik bezog sich auf eine Betrachtung in *Scharrichtung*. Eine andere Art von statistischer Beschreibung erhält man, wenn man nicht die Werte $^k s(t)$ für $t = t_0 = $ konst. heranzieht, sondern die für $k = k_0 = $ konst., d. h. die in *Zeitrichtung* t bei einer einzigen Musterfunktion auftretenden Werte. Für den als Beispiel oben angenommenen linearen Mittelwert ergibt sich dann

$$m_{Zeit}(k_0) = \overline{k_0\,s(t)} = \lim_{T \to \infty} \frac{1}{2T} \int\limits_{-T}^{T} k_0\,s(t)\,dt. \qquad (1.61)$$

Im Gegensatz zur Scharmittelwertbildung nennt man diese Art der Mittelwertbildung *Zeitmittelwertbildung*. Wir wollen hierfür das Zeichen ‾ verwenden. Per Definition hängt der so entstehende Mittelwert von der Nummer k_0 der Musterfunktion ab. Er ist im allgemeinen Fall **nicht** mit dem oben in Scharrichtung gebildeten identisch.

Sämtliche oben angesprochenen statistischen Beschreibungsgrößen sind auch auf die Betrachtung der Werte einer Musterfunktion übertragbar, wie beim gerade erläuterten Mittelwert.

Stationarität und Ergodizität

Man bezeichnet einen stochastischen Prozess als *stationär*, wenn seine vollständige statistische Beschreibung nicht vom Zeitpunkt t_0 abhängt. Mit *schwach stationär* drückt man dagegen aus, dass nur die Autokorrelationsfunktion nicht von t_0 abhängt.

Ergodisch ist ein Prozess, bei dem die vollständige statistische Beschreibung in Scharrichtung mit der in Zeitrichtung identisch ist. Dies hat zur Folge, dass man nur eine Musterfunktion des stochastischen Prozesses benötigt, um alle notwendigen Aussagen zu gewinnen. Da dieser Fall in der Praxis von Vorteil ist – man hat meist nur **eine** Quelle und damit auch nur eine Musterfunktion zur Verfügung – macht man häufig eine *Ergodizitätsannahme*. D. h. man nimmt an, dass die für eine Musterfunktion geltende Statistik repräsentativ für den ganzen Prozess ist. Ob diese Annahme bei einer praktischen Aufgabe vernünftig ist, kann man in der Regel weder widerlegen noch beweisen.

Gauß-Verteilung, weißer Gauß-Rauschprozess

Die *Gauß-Verteilung* oder *Normalverteilung* ist in sehr vielen praktischen Anwendungen und theoretischen Ableitungen wichtig, so auch in den hier folgenden Kapiteln. Eine Zufallsvariable s – das kann z. B. $s(t_0)$ von oben sein – besitzt diese Verteilung, wenn die folgende Verteilungsdichtefunktion vorliegt:

$$p_s(x) = \frac{1}{\sqrt{2\pi\sigma^2}} \exp\left(-\frac{(x-m)^2}{2\sigma^2}\right). \qquad (1.62)$$

m ist hierbei der Mittelwert und σ^2 die Varianz. $\exp(\cdot)$ soll im Folgenden als alternative Schreibweise für $e^{(\cdot)}$ verwendet werden. Abbildung 1.5 zeigt diese Verteilungsdichtefunktion und die zugehörige Verteilungsfunktion

$$P_s(x) = \int\limits_{-\infty}^{x} p_s(\vartheta)\,d\vartheta. \qquad (1.63)$$

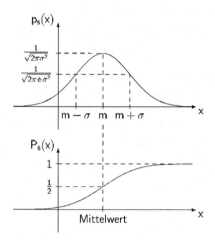

Abb. 1.5. Gauß-Verteilung

Dieses Integral über die Gauß-Verteilungsdichtefunktion ist nur nummerisch zu lösen. Man definiert in diesem Zusammenhang eine neue Funktion, die sog. *Error Function:*

$$\text{erf}(x) = \frac{2}{\sqrt{\pi}} \int\limits_0^x e^{-\vartheta^2} \, d\vartheta. \tag{1.64}$$

Deren Komplement, die Funktion

$$\text{erf}\,\text{c}(x) = 1 - \text{erf}(x) \tag{1.65}$$

lässt sich nun gut verwenden, um die Verteilungsfunktion auszudrücken:

$$P_s(x) = \frac{1}{2} \text{erfc}\left[\frac{m-x}{\sqrt{2\sigma^2}}\right]. \tag{1.66}$$

Ein *weißer gaußscher Rauschprozess* (WGR-Prozess) ist ein ergodischer Prozess mit einer Gauß-Verteilungsfunktion nach (1.62) und dem Leistungsdichtespektrum

$$\Phi_{ss}(t_0, f) = \Phi_{ss}(f) = N_0. \tag{1.67}$$

N_0 ist die *Rauschleistungsdichte*. Hieraus folgt zwangsläufig, dass der Mittelwert $m_s = 0$ ist. Für die AKF erhält man durch Fourier-Rücktransformation:

$$\varphi_{ss}(\tau) = N_0 \, \delta(\tau). \tag{1.68}$$

$\delta(\tau)$ ist hierbei der zuvor eingeführte Diracstoß. Die beiden Zufallsvariablen $^k s(t_0)$ und $^k s(t_0 + \tau)$ sind somit für $\tau \neq 0$ orthogonal. Da der Mittelwert Null ist, sind sie auch unkorreliert. Zu beachten ist, dass die Streuung beim WGR-Prozess keinen endlichen Wert besitzt, d. h. es gilt $\sigma_s^2 = \varphi_{ss}(0) \to \infty$. Da σ_s^2

mit der Leistung des WGR-Prozesses identisch ist, wird offensichtlich, dass ein WGR-Prozess nur als mathematisches Modell verwendet werden kann. Dass dieses Modell aber sinnvoll ist, wird in den späteren Kapiteln deutlich. Tabelle 1.2 enthält noch weitere Details zu Verbundprozessen.

1.2 Systeme

Systeme kommen in der Nachrichtentechnik in vielen Zusammenhängen vor. Eine allgemeine Systemdefinition besagt, dass ein System ein aus Komponenten oder Subsystemen zusammengesetztes Ganzes ist, derart, dass das „Ganze mehr ist als die Summe seiner Teile". Diese Definition könnten wir hier zwar auch verwenden, aber weit wichtiger ist für uns zunächst, von den Teilen oder dem „Innenleben" des Systems abzusehen und nur den Signalübertragungsaspekt hervorzukehren. Dies entspricht der sog. Black-Box-Betrachtungsweise, die sich in der Nachrichtentechnik (ebenso wie in vielen anderen Disziplinen) sehr bewährt hat. Sie versteckt den inneren Aufbau eines Systems und hat für uns zur Folge, dass zwei Systeme als gleich bezeichnet werden, wenn beide alle Signale am Eingang in gleicher Weise in Ausgangssignale abbilden. Signalübertragungssysteme sind somit durch eine mathematische Abbildung beschreibbar:

$$\text{System: } s(t) \in \$ \rightarrow g(t) \in \$. \tag{1.69}$$

Definitions- und Wertebereich dieser Abbildung ist die Menge \$, die Signale als Elemente enthält. Wenn im mathematischen Sinn hierauf noch die Eigenschaften eines Raumes definiert werden können – und dies wird manchmal zweckmäßig sein – dann bezeichnet man \$ auch gern als Signalraum – s. auch Abschn. 1.1.3. Abbildung 1.6 zeigt ein Modellbild, das im Folgenden hin und wieder für derartige Systeme verwendet werden soll.

Von den vielen denkbaren Abbildungen nach (1.69) sollen in diesem Abschnitt nur solche kurz erläutert werden, die in der Nachrichtentechnik die größte Bedeutung haben und in den folgenden Kapiteln häufiger vorkommen. Dies sind Abbildungen, die die Klasse der *linearen und zeitinvarianten Systeme* (engl. *linear time invariant systems*; *LTI-Systeme*) definieren.

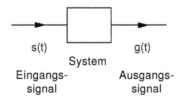

s(t)   g(t)

System

Eingangs-   Ausgangssignal   signal

Abb. 1.6. System

Tabelle 1.2. Verbundprozesse

Verbundverteilungsdichtefunktion von 2 stochastischen Prozessen mit den Musterfunktionen $^k s(t)$ und $^k g(t)$:

$p_{sg}(x, t_0, y, t_1)$;   Zufallsvariablen: $s(t_0), g(t_1)$

stationäre Prozesse:

$p_{sg}(x, y, \tau)$; $\tau = t_1 - t_0$

bei $\tau = 0$:

$p_{sg}(x, y, 0)$;   Abkürzung: $p_{sg}(x, y)$

Randverteilungsdichtefunktionen: über eine Variable integrieren

$$p_s(x) = \int\limits_{-\infty}^{\infty} p_{sg}(x, y)\, dy; \quad p_g(y) = \int\limits_{-\infty}^{\infty} p_{sg}(x, y)\, dx$$

statistische Unabhängigkeit der Zufallsvariablen:

$p_{sg}(x, y) = p_s(x) \cdot p_g(y)$

statistische Unabhängigkeit der Prozesse:

$p_{sg}(x, y, \tau) = p_s(x) \cdot p_g(y)$ für alle τ

Erweiterung auf M stationäre stochastische Prozesse:

Musterfunktionen: $y_i(t)$

Zeitpunkte: $t_0 = t_1 = ... = t_{M-1} = 0$

Zufallsvektor: $\underline{y} = (y_0, y_1, ..., y_{M-1})$; $y_i = y_i(0)$

Verbundverteilungsdichtefunktion: $p_{\underline{y}}(\underline{x})$

Variablenvektor: $\underline{x} = (x_0, x_1, ..., x_{M-1})$

Randverteilungsdichtefunktionen:

$$p_{y_i}(x_i) = \underbrace{\int\limits_{-\infty}^{\infty} ... \int\limits_{-\infty}^{\infty}}_{M-1 \text{ mal}} p_{\underline{y}}(\underline{x})\, dx_0\, dx_1 ... dx_{M-1}$$

statistische Unabhängigkeit: $p_{\underline{y}}(\underline{x}) = \prod_{i=0}^{M-1} p_{y_i}(x_i)$

Spezialfall: M stationäre unkorrelierte Gauß-Prozesse

Unkorreliertheit $\Rightarrow$ statistische Unabhängigkeit

Verbundverteilungsdichte:

$$p_{\underline{y}}(\underline{x}) = \prod_{i=0}^{M-1} \frac{1}{\sqrt{2\pi\sigma_i^2}} \cdot \exp\left(-\frac{(x_i - m_i)^2}{2\sigma_i^2}\right)$$

bei gleichen Streuungen $\sigma_i^2 = \sigma^2$:

$$p_{\underline{y}}(\underline{x}) = \left[\frac{1}{\sqrt{2\pi\sigma^2}}\right]^M \cdot \exp\left(-\frac{||\underline{x} - \underline{m}||^2}{2\sigma^2}\right); \quad \underline{m} = (m_0, m_1, ..., m_{M-1})$$

1.2.1 LTI-Systeme, Faltungsoperation

LTI-Systeme sind dadurch gekennzeichnet, dass zum einen das Superpositionsprinzip gilt (wegen der Linearität) und zum anderen eine Zeitinvarianz, also eine Unabhängigkeit der Systemeigenschaften von der Zeit. Mathematisch bedeutet die vorausgesetzte Linearität:

$$s_i(t) \in \$ \to g_i(t) \in \$$$
$$\sum_i s_i(t) \in \$ \to \sum_i g_i(t) \in \$. \tag{1.70}$$

Die Zeitinvarianz lässt sich so ausdrücken:

$$s(t) \in \$ \to g(t) \in \$$$
$$s(t - \tau) \in \$ \to g(t - \tau) \in \$. \tag{1.71}$$

τ ist hierbei eine beliebig zu wählende Verzögerungszeit. Bei einem um τ später an den Eingang des LTI-Systems angelegten $s(t)$ ergibt sich also immer ein gleichartig zeitverschobenes Ausgangssignal – das System hat seine Signalübertragungseigenschaften nach der Zeit τ nicht verändert. In einem der noch kommenden Kapitel, das sich mit der Modellierung von zeitvarianten Übertragungskanälen befasst, werden wir die Zeitinvarianz aufgeben müssen und auch zeitvariante Systeme zulassen. Auch nichtlineare Systeme haben eine sehr große praktische Bedeutung – sie sollen aber hier nicht betrachtet werden.

Es ist leicht einzusehen, dass die Linearität und die Zeitinvarianz bei LTI-Systemen dazu führen, dass Folgendes gilt:

$$\delta(t) \to h(t)$$
$$\int_{-\infty}^{\infty} s(t - \tau)\, \delta(\tau)\, d\tau \to \int_{-\infty}^{\infty} s(t - \tau)\, h(\tau)\, d\tau. \tag{1.72}$$

Das Integral auf der linken Seite ist mit $s(t)$ identisch – s. (1.40) – und das Integral auf der rechten Seite wird als *Faltungsintegral* bezeichnet. Da es bei uns sehr häufig vorkommen wird, soll die allgemein übliche abgekürzte Schreibweise

$$\int_{-\infty}^{\infty} s(t - \tau)\, h(\tau)\, d\tau = s(t) * h(t) \tag{1.73}$$

auch hier verwendet werden. Das LTI-System ist damit in kompakter Weise zu beschreiben:

$$s(t) \in \$ \to g(t) = s(t) * h(t) \in \$. \tag{1.74}$$

$h(t)$ nennt man die *Stoßantwort* des LTI-Systems, d. h. die Antwort auf den Diracstoß als *Test*-Eingangssignal – s. (1.72). Der $*$ wird auch als *Faltungsstern* bezeichnet und die Verknüpfung von $s(t)$ mit $h(t)$ zu $g(t)$ in (1.74) als

Faltungsoperation, Faltung oder *Faltungsprodukt*. Man sagt, dass „$s(t)$ gefaltet mit $h(t)$" $g(t)$ ergibt. Es lässt sich leicht zeigen, dass die Faltungsoperation kommutativ ist, d. h.

$$s(t) * h(t) = h(t) * s(t). \tag{1.75}$$

Sie ist außerdem distributiv:

$$h(t) * \sum_i s_i(t) = \sum_i [h(t) * s_i(t)]. \tag{1.76}$$

Darüber hinaus ist ebenfalls sehr leicht einzusehen, dass der Diracstoß das Einselement der Faltungsoperation ist:

$$s(t) * \delta(t) = s(t). \tag{1.77}$$

Wendet man die Fourier-Transformation auf ein Faltungsprodukt an, dann ergibt sich ein (gewöhnliches) Produkt:

$$s(t) * h(t) \circ\!\!-\!\!\bullet S(f) \cdot H(f). \tag{1.78}$$

Wenn $s(t)$ hierbei als Eingangssignal eines LTI-Systems mit der Stoßantwort $h(t)$ interpretiert wird, dann nennt man $H(f)$ die *Übertragungsfunktion* des LTI-Systems. Stoßantwort und Übertragungsfunktion sind also über die Fourier-Transformation verknüpft und sie können beide zur Beschreibung eines LTI-Systems verwendet werden.

Wenn dies nicht anders betont wird, ist im Folgenden mit der Bezeichnung „System" immer ein LTI-System gemeint. Abbildung 1.7 zeigt ein Modellbild, das sich von dem allgemeineren in Abb. 1.6 nur dadurch unterscheidet, dass die Stoßantwort $h(t)$ nun darauf hinweist, dass es sich um ein LTI-System handelt.

Anmerkung: Die in Abschn. 1.1.2 eingeführten Korrelationsfunktionen von Energiesignalen können mit Hilfe der Faltungsoperation ausgedrückt werden. Mit den Definitionen von $\varphi_{sg}^E(\tau)$ und $\varphi_{ss}^E(\tau)$, s. (1.15) sowie (1.16), gilt

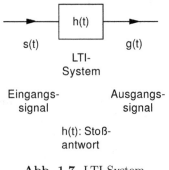

Abb. 1.7. LTI-System

$$\varphi_{sg}^{E}(\tau) = \int\limits_{-\infty}^{\infty} s^*(t)\,g(t+\tau)\,dt = \int\limits_{-\infty}^{\infty} s^*(-t)\,g(\tau-t)\,dt = s^*(-\tau) * g(\tau)$$

$$\varphi_{ss}^{E}(\tau) = s^*(-\tau) * s(\tau).$$

Diese Schreibweise wird in den kommenden Abschnitten und Kapiteln häufiger verwendet. ◄

1.2.2 Elementarsysteme

Ähnlich wie bei den Signalen gibt es einige elementare LTI-Systeme, die in verschiedensten Zusammenhängen immer wieder vorkommen. Sie sollen als *Elementarsysteme* bezeichnet werden. Da LTI-Systeme durch ihre Stoßantwort $h(t)$ eindeutig beschrieben sind und $h(t)$ ein Signal ist, können die Elementarsignale aus dem Abschn. 1.1.5 auch als Stoßantworten von LTI-Systemen aufgefasst werden. Die resultierenden Systeme müssen nicht zwangsläufig auch als Elementarsysteme definiert werden, aber bis auf den Dreieckimpuls besitzen LTI-Systeme mit diesen Stoßantworten tatsächlich spezielle, allgemein verwendete Bezeichnungen. Ein **ideales System** muss das Einselement der Faltungsoperation als Stoßantwort besitzen, d. h.:

$$h_{ideal}(t) = \delta(t). \tag{1.79}$$

Bei einem Signal $s(t)$ am Eingang eines solchen idealen Systems ergibt sich somit als Ausgangssignal:

$$g(t) = \delta(t) * s(t) = s(t). \tag{1.80}$$

Ein **Kurzzeitintegrator** besitzt die Stoßantwort

$$h_{KI}(t) = \mathrm{rect}\left(\frac{t-\frac{T}{2}}{T}\right); \quad T: \text{Integrationsdauer.} \tag{1.81}$$

Er bildet einen gleitenden Mittelwert mit einer Fensterlänge T über das Eingangssignal $s(t)$, d. h. das Faltungsintegral führt zu

$$g(t) = \mathrm{rect}\left(\frac{t-\frac{T}{2}}{T}\right) * s(t) = \int\limits_{t-T}^{t} s(\tau)\,d\tau. \tag{1.82}$$

Der **Integrator** hat eine Sprungfunktion als Stoßantwort:

$$h_{Int}(t) = \varepsilon(t). \tag{1.83}$$

Dies führt, im Gegensatz zum Kurzzeitintegrator, zu einem Integral über die gesamte Vergangenheit von $s(t)$:

$$g(t) = \varepsilon(t) * s(t) = \int\limits_{-\infty}^{t} s(\tau)\, d\tau. \tag{1.84}$$

Für den **idealen Tiefpass** gilt:

$$h_{TP}(t) = 2f_g \operatorname{si}(\pi 2 f_g t); \quad f_g: \text{Grenzfrequenz}. \tag{1.85}$$

Der **ideale Bandpass** besitzt die Stoßantwort

$$h_{BP}(t) = 2f_\Delta \operatorname{si}(\pi f_\Delta t) \cos(2\pi f_0 t) \tag{1.86}$$

$$f_\Delta : \text{Bandbreite}; \quad f_0: \text{Mittenfrequenz}.$$

Die Namensgebungen für den idealen Tiefpass und den idealen Bandpass (im Folgenden mit TP bzw. BP abgekürzt) werden erst verständlich, wenn man die zugehörigen Übertragungsfunktionen betrachtet:

$$H_{TP}(f) = \operatorname{rect}\left(\frac{f}{2f_g}\right)$$

$$H_{BP}(f) = \operatorname{rect}\left(\frac{f - f_0}{f_\Delta}\right) + \operatorname{rect}\left(\frac{f + f_0}{f_\Delta}\right). \tag{1.87}$$

Der ideale TP lässt offensichtlich nur Anteile des Eingangssignalspektrums bis zur Grenzfrequenz f_g ungehindert „passieren", während der BP dies nur für Anteile zulässt, die im Frequenzband $f_0 - \frac{f_\Delta}{2} \le |f| \le f_0 + \frac{f_\Delta}{2}$ liegen. Die entsprechenden Anteile bei negativem f gehören wegen des Formalismus der Fourier-Transformation natürlich mit dazu. Da die Stoßantworten Zeitfunktionen sind und die Übertragungsfunktionen die zugehörigen Fouriertransformierten, können die Elementarsignale und deren Spektren in Abb. 1.3 ebenfalls als Stoßantworten und Übertragungsfunktionen von Elementarsystemen aufgefasst werden.

1.3 Übertragung von stochastischen Signalen über LTI-Systeme

1.3.1 Übertragung über allgemeine LTI-Systeme

Bei der Übertragung von stochastischen Signalen über LTI-Systeme geht man zweckmäßigerweise von der Vorstellung aus, dass einzelne, in ihrem Verlauf bekannte Musterfunktionen übertragen werden. Die Signale sind damit determiniert und das Ausgangssignal für jede Musterfunktion $^k s(t)$ am Eingang eines LTI-Systems ist durch Faltung mit der Stoßantwort $h(t)$ berechenbar:

$$^k g(t) = h(t) * {}^k s(t). \tag{1.88}$$

Das Ausgangssignal ist damit wieder eine Musterfunktion, die jetzt zum Ausgangsprozess gehört. Man kann zeigen, dass sich hiermit für die AKF des Eingangs- und Ausgangsprozesses die folgende Beziehung ergibt:

$$\varphi_{gg}(\tau) = \varphi_{ss}(\tau) * \varphi_{hh}^E(\tau). \tag{1.89}$$

Dies ist die sog. *Wiener-Lee-Beziehung*. $\varphi_{hh}^E(\tau)$ ist die in Abschn. 1.1.2 eingeführte AKF von Energiesignalen, hier die des Energiesignals $h(t)$. Transformiert man (1.89) in den Frequenzbereich, dann ergibt sich:

$$\Phi_{gg}(f) = \Phi_{ss}(f) \, |H(f)|^2. \tag{1.90}$$

Hierbei ist das *Wiener-Khintchine-Theorem* verwendet worden, das besagt, dass das Leistungsdichtespektrum eines stationären stochastischen Prozesses mit der Fourier-Transformierten der AKF identisch ist. Es ist heute üblich, dies bei der Schreibweise bereits zu berücksichtigen, so dass z. B. die Gleichung

$$\varphi_{ss}(\tau) \circ\!\!-\!\!\bullet \Phi_{ss}(f)$$

trivial erscheint.

1.3.2 Übertragung von WGR über einen idealen Tiefpass

Für einen WGR-Prozess mit den Musterfunktionen $n(t)$ am Eingang eines LTI-Systems und den Musterfunktionen $n_e(t)$ am Ausgang folgt mit $\Phi_{nn}(f) = N_0$ – s. (1.67) – speziell:

$$\Phi_{n_e n_e}(f) = N_0 \, |H(f)|^2$$
$$\varphi_{n_e n_e}(\tau) = N_0 \, \varphi_{hh}^E(\tau). \tag{1.91}$$

Es lässt sich zeigen, dass die Verteilungsdichtefunktion des Ausgangsprozesses wiederum mit einer Gauß-Verteilung identisch ist. Der Mittelwert am Ausgang ist ebenfalls wieder Null, und für die Streuung gilt:

$$\sigma_{n_e}^2 = N_0 \, \varphi_{hh}^E(0) = N \cdot E_h. \tag{1.92}$$

$E_h = \varphi_{hh}^E(0)$ ist hierbei die Energie der Stoßantwort des LTI-Systems. Mit der Übertragungsfunktion eines idealen TP folgt speziell

$$\Phi_{n_e n_e}(f) = N_0 \, \text{rect}(\frac{f}{2f_g})$$
$$\Phi_{n_e n_e}(f) \bullet\!\!-\!\!\circ \varphi_{n_e n_e}(\tau) = N_0 \, 2f_g \, \text{si}(\pi 2f_g \tau) \tag{1.93}$$
$$\sigma_{n_e}^2 = N_0 \, 2f_g.$$

Bemerkenswert an diesem auf f_g bandbegrenzten WGR-Prozess ist die Interpretation der AKF: Bildet man aus dem betrachteten Prozess mit den Musterfunktionen $n_e(t)$ einen zweiten mit den Musterfunktionen $n_e(t + \tau)$, dann sind die beiden Prozesse für

$$\tau = k \, \frac{1}{2f_g} \, ; \quad k = \pm 1, \pm 2, \ldots \tag{1.94}$$

wegen $\varphi_{n_e n_e}(k \cdot \frac{1}{2f_g}) = 0$ für $k \neq 0$ unkorreliert. Die vorausgesetzte Gauß-Verteilung führt darüber hinaus dazu, dass die beiden Prozesse sogar noch statistisch unabhängig voneinander sind.

1.3.3 WGR am Eingang von zwei LTI-Systemen

Hin und wieder tritt der Fall auf, dass man etwas über die KKF zwischen zwei Prozessen aussagen will, die am Ausgang von zwei LTI-Systemen vorliegen, wenn am Eingang beider Systeme der gleiche Eingangsprozess anliegt, s. Abb. 1.8.

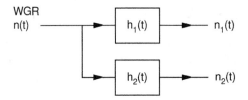

Abb. 1.8. Zwei LTI-Systeme mit gleichem Eingangsprozess

Man kann zeigen, dass jetzt als Verallgemeinerung der Wiener-Lee-Beziehung – s. (1.89) – gilt

$$\varphi_{n_{e1} n_{e2}}(\tau) = \varphi_{nn}(\tau) * \varphi_{h_1 h_2}^E(\tau). \tag{1.95}$$

Das erste LTI-System besitzt hierbei die Stoßantwort $h_1(t)$ und den Ausgangsprozess mit den Musterfunktionen $n_1(t)$ und beim zweiten LTI-System gelten entsprechend $h_2(t)$ und $n_2(t)$. Für WGR mit den Musterfunktionen $n(t)$ am Eingang ergibt sich damit

$$\varphi_{n_{e1} n_{e2}}(\tau) = N_0 \, \varphi_{h_1 h_2}^E(\tau). \tag{1.96}$$

Sind die beiden Stoßantworten orthogonal zueinander, dann gilt $\varphi_{h_1 h_2}^E(0) = 0$ und somit auch $\varphi_{n_{e1} n_{e2}}(0) = 0$, was wiederum bedeutet, dass die beiden Ausgangsprozesse unkorreliert und wegen der Gauß-Verteilung auch statistisch unabhängig voneinander sind.

1.4 BP-Signale und BP-Systeme im äquivalenten TP-Bereich

In vielen praktischen Anwendungen kommen Signale vor, deren Spektren nur in der Umgebung einer *Mittenfrequenz* f_0 über einem Intervall f_Δ – das man als *Bandbreite* bezeichnet – von Null verschieden sind. Solche Signale werden als *Bandpass-Signale* (*BP-Signale*) bezeichnet, da sie von einem passend definierten idealen Bandpass (s. Abschn. 1.2.2, Elementarsysteme) unverändert hindurchgelassen werden. Bei der Nachrichtenübertragung treten derartige Signale z. B. dann auf, wenn Funkübertragungskanäle vorliegen. In diesem Fall ist die Mittenfrequenz häufig sehr groß verglichen mit der Bandbreite. So liegt beim digitalen Mobiltelefon z. B. die Mittenfrequenz bei 900 MHz während die Bandbreite nur 200 kHz beträgt. Naheliegend ist daher, die Spektren der BP-Signale zur Frequenz Null zu verschieben und dann nur die resultierenden sog. *äquivalenten Tiefpass-Signale* (*äquivalente TP-Signale*) zu betrachten. Der grundlegende mathematische Formalismus mit seinen auf der Fourier-Transformation beruhenden Eigenheiten soll im Folgenden kurz erläutert werden.[1]

1.4.1 Analytisches Signal und Hilbert-Transformation

Bei einem reellwertigen Signal $s(t)$ ist der Realteil des Spektrums $S(f)$ eine gerade Funktion der Frequenz und der Imaginärteil eine ungerade. Diese Eigenschaft der Fourier-Transformation legt es nahe, nur den Anteil des Spektrums mit $f \geq 0$ zur Beschreibung der Signale heranzuziehen. Man definiert in diesem Zusammenhang wie folgt das *analytische Signal* $s_+(t)$ über dessen Spektrum $S_+(f)$:

$$S_+(f) = 2\,\varepsilon(f)\,S(f). \tag{1.97}$$

$\varepsilon(f)$ ist die Sprungfunktion im Frequenzbereich. Durch eine *symmetrische* oder *konjugiert komplexe Ergänzung* lässt sich hieraus wieder $S(f)$ berechnen:

$$S(f) = \frac{1}{2}\left[S_+(f) + S_+^*(-f)\right]. \tag{1.98}$$

Abbildung 1.9 illustriert im oberen Teil diese Definition für einen beispielhaften Verlauf des Spektrums $S(f)$. Durch Fourier-Rücktransformation erhält man aus (1.97):

$$s_+(t) = \left[\delta(t) + j\,\frac{1}{\pi t}\right] * s(t) = s(t) + j\,\frac{1}{\pi t} * s(t). \tag{1.99}$$

$\delta(t)$ ist der Diracstoß.

---

[1] Der Stoff dieses Abschnitts gehört in manchen Lehrbüchern nicht zum Thema „Signale und Systeme". Er kann auch – zur besseren Motivation – erst im Zusammenhang mit digitalen Übertragungsverfahren zu Beginn von Abschn. 3 erarbeitet werden.

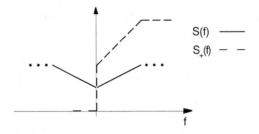

Modellbild:

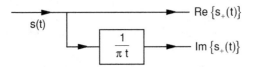

Abb. 1.9. Zum analytischen Signal

Die *Hilbert-Transformierte* eines Signals $s(t)$ ist definiert als

$$s_H(t) = \frac{1}{\pi t} * s(t). \qquad (1.100)$$

$s_+(t)$ lässt sich damit wie folgt schreiben:

$$s_+(t) = s(t) + j s_H(t) \qquad (1.101)$$

Manchmal benötigt man in diesem Zusammenhang noch die Fourier-Transformierte von $s_H(t)$:

$$S_H(f) = -j \operatorname{sgn}(f) S(f). \qquad (1.102)$$

$\operatorname{sgn}(\cdot)$ ist die Signum-Funktion. Das analytische Signal ist somit ein komplexwertiges Signal, dessen Real- und Imaginärteil über die Hilbert-Transformation miteinander verknüpft sind.

1.4.2 BP-TP-Transformation

Abb. 1.10 zeigt im oberen Teil das Spektrum eines BP-Signals mit der Mittenfrequenz f_0 und der Bandbreite f_Δ.
Der Einfachheit wegen ist für diesen beispielhaften Verlauf ein rein reellwertiges Spektrum gewählt. Da BP-Signale (nicht deren Spektren!) bei uns per Definition immer reellwertig sein sollen, muss der Realteil des Spektrums – wie in Abb. 1.10 gezeichnet – eine gerade Funktion der Frequenz sein und der im Bild nicht vorkommende Imaginärteil eine ungerade. Wie im vorangegangenen Abschnitt erläutert, liegt es hiermit nahe, das analytische Signal $s_+(t)$ zu verwenden, wenn man mit nur positiven Frequenzen rechnen möchte.

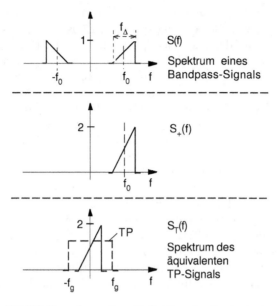

Abb. 1.10. BP-TP-Transformation; Definition des äquivalenten TP-Signals

In den praktischen Anwendungen ist ein weiterer Schritt aber noch bedeutender. Man kann $S_+(f)$ nach links zur Frequenz Null hin verschieben und erhält damit ein Signal, das nur „niederfrequente" Spektralanteile besitzt. Welche Vorteile dies hat, wird insbesondere in Kap. 3 deutlich.

$S_+(f)$ lässt sich bei BP-Spektren wie in Abb. 1.10 wie folgt berechnen:

$$S_+(f) = S(f)\, 2\,\mathrm{rect}(\frac{f - f_0}{2f_g})\,. \tag{1.103}$$

$\mathrm{rect}(\cdot)$ entspricht dem zuvor definierten rechteckförmigem Verlauf, der in Abschn. 1.2.2 auch als Übertragungsfunktion $H_{TP}(f)$ eines idealen Tiefpasses gedeutet wurde. Die Breite $2f_g$ des rect-Verlaufs muss so gewählt werden, dass der rechte Anteil des Spektrums „ausgeschnitten" wird. Der in in dieser Definition von $S_+(f)$ vorkommende Faktor 2 ist aus formalen Gründen notwendig , s. Anmerkungen hierzu am Ende von Abschn. 1.4.3. Verschiebt man $S_+(f)$ um die *Mittenfrequenz* f_0 nach links, dann ergibt sich das Spektrum $S_T(f)$ des *äquivalenten TP-Signals* $s_T(t)$:

$$S_T(f) = S_+(f + f_0) = S(f + f_0)\, 2\,\mathrm{rect}(\frac{f}{2f_g})\,. \tag{1.104}$$

Im Zeitbereich folgt für das *äquivalente TP-Signal* $s_T(t)$:

$$s_T(t) = [s(t)\, e^{-j2\pi f_0 t}] * 2\, h_{TP}(t)\,. \tag{1.105}$$

$h_{TP}(t) = 2f_g \operatorname{si}(\pi 2 f_g t)$ ist hierbei die Stoßantwort des idealen TP mit der Grenzfrequenz f_g. Zur Berechnung des Spektrums $S_T(f)$ des äquivalenten TP-Signals kann man demnach das Spektrum $S(f)$ des BP-Signals auch zunächst um f_0 nach links verschieben, und der ideale TP filtert anschließend den gewünschten TP-Anteil aus, s. Abb. 1.10. Im Zeitbereich entspricht die Verschiebung des Spektrums $S(f)$ um f_0 nach links der Multiplikation mit der komplexen Exponentialfunktion und die TP-Filterung der anschließenden Faltung mit $h_{TP}(t)$. Die Grenzfrequenz f_g des TP muss so gewählt werden, dass der Anteil des verschobenen Spektrums bei $-2f_0$ wegfällt. Im Beispiel von Abb. 1.10 also $\frac{f_\Delta}{2} \le f_g \le 2f_0 - \frac{f_\Delta}{2}$. Offensichtlich geht hierbei die ebenfalls frei wählbare Mittenfrequenz f_0 mit ein. In den meisten praktischen Anwendungen legt man f_0 in die Mitte des Intervalls, in dem $S_+(f)$ nicht identisch Null ist – wie in Abb. 1.10. f_g wählt man anschließend so klein wie möglich.

Die Bandbreite f_Δ ist ebenfalls in Grenzen frei wählbar. Vereinbart werden soll aber nun für die BP-TP-Transformation, dass das zu f_Δ gehörige Intervall auf der Frequenzachse symmetrisch bezüglich f_0 liegt, was in den späteren Anwendungen der BP-TP-Transformation keine Einschränkung darstellt. Für die Grenzen f_1 und f_2 dieses Intervalls ergibt sich damit die Bedingung

$$f_1 = f_0 - \frac{f_\Delta}{2} > 0$$

$$f_2 = f_0 + \frac{f_\Delta}{2}. \tag{1.106}$$

Die Definition von $S_T(f)$ bzw. $s_T(t)$ ergibt eine einfache Umkehrung, d. h. eine Vorschrift zur Transformation von äquivalenten TP-Signalen in BP-Signale. Abbildung 1.11 zeigt dies am Beispiel eines komplexwertigen Spektrums $S_T(f)$ bzw. $S(f)$.

Eine Verschiebung von $S_T(f)$ um f_0 nach rechts und eine konjugiert komplexe Ergänzung (s. auch (1.98) mit $S_+(f) = S(f - f_0)$) ergibt das Spektrum $S(f)$ des BP-Signals:

$$S(f) = \frac{1}{2}\left[S_T(f - f_0) + S_T^*(-f - f_0)\right]. \tag{1.107}$$

Durch Fourier-Rücktransformation erhält man hieraus

$$s(t) = \frac{1}{2}\left[s_T(t)\,e^{j2\pi f_0 t} + s_T^*(t)\,e^{-j2\pi f_0 t}\right] = \operatorname{Re}\{s_T(t)\,e^{j2\pi f_0 t}\}. \tag{1.108}$$

Die Multiplikation mit der komplexen Exponentialfunktion entspricht der Verschiebung von $S_T(f)$ um f_0 nach rechts und die Realteilbildung ergibt die gewünschte konjugiert komplexe Ergänzung im Frequenzbereich, wobei der notwendige Faktor $\frac{1}{2}$ hier mit enthalten ist.

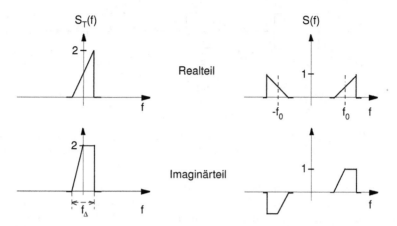

Abb. 1.11. Bildung des BP-Spektrums $S(f)$ aus dem äquivalenten TP-Spektrum $S_T(f)$

Abbildung 1.12 zeigt ein Blockbild wie es im Folgenden verwendet werden soll. Es entspricht direkt (1.105). Der vorgeschaltete ideale BP soll dafür sorgen, dass auch wirklich BP-Signale vorliegen.

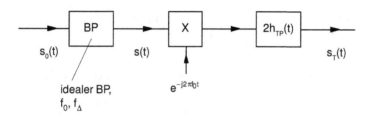

Abb. 1.12. Modell zur Bildung des äquivalenten TP-Signals aus dem BP-Signal

In Abb. 1.13 ist ein Modellbild für die umgekehrte Transformation dargestellt. Das äquivalente TP-Signal $s_T(t)$ wird im allgemeinen Fall – wenn der Verlauf $S_+(f)$ nicht symmetrisch bezüglich f_0 ist – komplexwertig sein. Das heißt, dass der Realteil von $S_T(f)$ trotz reellwertigem BP-Signal keine gerade Funktion der Frequenz sein muss, ebenso der Imaginärteil keine ungerade. Bei der Fourier-Rücktransformation ergibt sich somit im allgemeinen Fall:

$$s_T(t) = \mathrm{Re}\{s_T(t)\} + j\mathrm{Im}\{s_T(t)\}$$
$$= s_{TR}(t) + js_{TI}(t). \qquad (1.109)$$

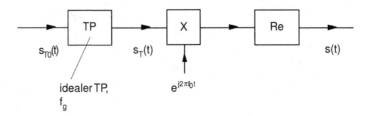

Abb. 1.13. Modell zur Bildung des BP-Signals aus dem äquivalenten TP-Signal

$s_{TR}(t)$ bezeichnet man als *Inphasen-Komponente* des BP-Signals, $s_{TI}(t)$ als *Quadraturkomponente*. Im Folgenden soll für beide Anteile die ebenfalls übliche Bezeichnung *Quadraturkomponenten* ohne weitere Differenzierung verwendet werden. $s_T(t)$ bezeichnet man in diesem Zusammenhang auch als *komplexe Hüllkurve* und $e^{j2\pi f_0 t}$ als *komplexen Träger*.

Abbildung 1.14 zeigt eine andere mögliche Darstellung von $s_T(t)$, und zwar nach Betrag und Phase.

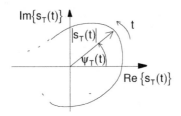

Abb. 1.14. Darstellung des äquivalenten TP-Signals als Ortskurve

Man zeichnet hierbei den Verlauf der Spitze des *Zeigers* $s_T(t)$ als *Ortskurve*, in gleicher Weise wie die bekanntere Ortskurve in den Grundlagen der Elektrotechnik, bei der eine Frequenz oder Kreisfrequenz als unabhängige Variable auftritt. Aus der Betrag-/Phasen-Darstellung folgt auch:

$$
\begin{aligned}
s(t) &= \mathrm{Re}\{s_T(t)\, e^{j2\pi f_0 t}\} \\
&= |s_T(t)|\,\cos(2\pi f_0 t + \psi_T(t)) \\
&\text{mit} \\
s_T(t) &= |s_T(t)|\, e^{j\psi_T(t)} \\
|s_T(t)|^2 &= s_{TR}^2(t) + s_{TI}^2(t) \\
\tan(\psi_T(t)) &= \frac{s_{TI}(t)}{s_{TR}(t)}.
\end{aligned}
\tag{1.110}
$$

Diese Darstellung von $s_T(t)$ lässt die Interpretation als *amplituden-* und *phasenmodulierte cos*-Schwingung zu. Die Amplitudenmodulation wird durch $|s_T(t)|$ bewirkt, die Phasenmodulation durch $\psi_T(t)$.

Anmerkung: In den Abbildungen 1.12 und 1.13 ist der eigentlichen BT→TP-Transformation bzw. TP→BP-Transformation eine idealer BP bzw. idealer TP vorgeschaltet. Sie sorgen dafür, dass $s(t)$ ein passendes BP-Signal ist und $s_T(t)$ ein passendes äquivalentes TP-Signal. „Passend" bezieht sich dabei auf die Parameter f_0 und f_Δ. ◄

1.4.3 BP-Systeme im äquivalenten TP-Bereich

Ein BP-System ist ein lineares zeitinvariantes System (LTI-System), dessen Stoßantwort $h(t)$ ein BP-Signal ist. Der Formalismus der BP-TP-Transformation ist somit auf $h(t)$ bzw. auf die zugehörige Übertragungsfunktion $H(f)$ anwendbar. Was dies für die Beziehung zwischen einem BP-Eingangssignal $s(t)$ und dem zugehörigen BP-Ausgangssignal $g(t)$ bedeutet, soll nun näher untersucht werden. Dabei bestätigt sich die Vermutung, dass das Ausgangssignal $g(t)$ auch über die äquivalenten TP-Signale berechnet werden kann.

Das Spektrum $G(f)$ des BP-Ausgangssignals berechnet sich allgemein als Produkt von $S(f)$ und $H(f)$, d.h. $G(f) = S(f) \cdot H(f)$. Mittels BP-TP-Transformation lässt sich hiermit das zu $G(f)$ gehörige Spektrum $G_T(f)$ im äquivalenten TP-Bereich bestimmen. Mit den Definitionen des vorhergehenden Abschnitts gilt offensichtlich (s. Abb. 1.10):

$$G_+(f) = \frac{1}{2} S_+(f) H_+(f).$$

(1.111)

Für $G_T(f)$ ergibt sich damit

$$G_T(f) = G_+(f + f_0) = \frac{1}{2} S_+(f + f_0) H_+(f + f_0)$$

$$= \frac{1}{2} S_T(f) H_T(f).$$

(1.112)

Im Zeitbereich folgt

$$g_T(t) = \frac{1}{2} s_T(t) * h_T(t).$$

(1.113)

Bis auf den Faktor $\frac{1}{2}$ entspricht diese Vorschrift der Berechnung des BP-Ausgangssignals $g(t)$ aus dem BP-Eingangssignal $s(t)$ mit Hilfe der BP-Stoßantwort $h(t)$. Gleichung (1.113) ist eine Alternative dazu. Führt man also beim Eingangssignal eine BP-TP-Transformation durch, dann lässt sich das Faltungsprodukt bei gegebenem $h_T(t)$ mittels der äquivalenten TP-Signale berechnen. Eine anschließende TP-BP-Transformation von $g_T(t)$ ergibt schließlich das BP-Ausgangssignal $g(t)$. Auf (1.113) werden wir bei der Behandlung von Verfahren zur Übertragung von digitalen Signalen über BP-Kanäle in Kap. 3 wieder zurückkommen.

Eine Besonderheit liegt vor, wenn ein BP-System eine Übertragungsfunktion $H(f)$ besitzt, bei der es ein f_0 gibt, das zu einem reellwertigen $h_T(t)$ führt. Der Realteil von $H_+(f)$ muss in diesem Fall eine gerade Funktion bezüglich dieser Mittenfrequenz f_0 sein und der Imaginärteil eine ungerade. Solche BP-Systeme werden *symmetrisch* genannt. Da Stoßantworten Signale sind, kann man in gleicher Weise *symmetrische BP-Signale* definieren.

Anmerkung 1: Der Faktor $\frac{1}{2}$ in (1.113) ist eine Folge des Faktors 2 in der Definition der BP-TP-Transformation und der Tatsache, dass hier kein Unterschied zwischen Signalen und Stoßantworten von LTI-Systemen gemacht wird. Wählt man für Signale und Stoßantworten von LTI-Systemen unterschiedliche Definitionen (mit und ohne den Faktor 2), dann lässt sich der Faktor $\frac{1}{2}$ in (1.113) vermeiden und die Berechnungsvorschriften im BP- und TP-Bereich sind gleich. Diese Variante ist ebenfalls in Lehrbüchern zu finden. Da bei einem Faltungsprodukt häufig nicht a priori festlegt, welches der beiden Signale Stoßantwort bzw. Eingangssignal ist, soll diese Variante hier aber nicht gewählt werden. Manchmal ist es sogar zweckmäßig, das eine oder das andere Signal als Stoßantwort aufzufassen. ◀

Anmerkung 2: Berechnet man die Energie E_s des BP-Signals im äquivalenten TP-Bereich muss der Faktor $\frac{1}{2}$ aus (1.113) ebenfalls berücksichtigt werden. Ein Beispiel soll dies demonstrieren:

$$s(t) = \text{si}(\pi \frac{t}{T_S}) \cos(2\pi f_0 t)$$

$$S(f) = T_S \, \text{rect}(f \, T_S) * \frac{1}{2} \left[\delta(f + f_0) + \delta(f - f_0)\right]$$

$$= \frac{T_S}{2} \left[\text{rect}\left((f + f_0) \, T_S\right) + \text{rect}\left((f - f_0) \, T_S\right)\right]$$

$$S_T(f) = T_S \, \text{rect}(f \, T_S)$$

Mit dem Parseval-Theorem lässt sich die Energie leicht berechnen. Im BP-Bereich folgt:

$$E_s = \varphi_{ss}^E(0) = s(-t) * s(t)|_{t=0} = (s(t), s(t))$$

$$= \int_{-\infty}^{\infty} s^2(t) \, dt = \int_{-\infty}^{\infty} |S(f)|^2 \, df = \left(\frac{T_S}{2}\right)^2 2 \frac{1}{T_S} = \frac{T_S}{2} \qquad (1.114)$$

Im äquivalenten TP-Bereich gilt:

$$E_{s_T} = \varphi_{s_T s_T}^E(0) = \frac{1}{2} s_T(-t) * s_T(t)|_{t=0} = \frac{1}{2} (s_T(t), s_T(t))$$

$$= \frac{1}{2} \int_{-\infty}^{\infty} s_T^2(t) \, dt = \frac{1}{2} \int_{-\infty}^{\infty} |S_T(f)|^2 \, df = \frac{1}{2} T_S^2 \frac{1}{T_S} = \frac{T_S}{2} \qquad (1.115)$$

Zu bemerken ist, dass im Kontext von BP-Signalen und zugehörigen äquivalenten TP-Signalen die Energie des BP-Signals nicht dem Skalarprodukt des äqivalenten TP-Signals mit sich selbst entspricht. Vielmehr muss der Faktor $\frac{1}{2}$ beachtet werden – s. Zeile 1 in (1.114) bzw. (1.115). Bei allgemein definierten Skalarprodukten ist der Faktor $\frac{1}{2}$ dagegen nicht üblich, s. Abschn. 1.1. In den folgenden Kapiteln wird – wenn nicht explizit anders vermerkt – vorausgesetzt, dass zu äquivalenten TP-Signalen auch zugehörige BP-Signale existieren und der Faktor $\frac{1}{2}$ somit bei der Berechnung von Faltungsprodukten, Korrelations- funktionen und Energien vorhanden sein muss. In Abschn. 1.4.6 wird noch einmal generell auf die Besonderheiten von Korrelationsfunktionen, Energien und Leistungen bei äquivalenten TP-Signalen eingegangen. ◄

1.4.4 BP-TP-Transformationen bei beliebigen Signalen

Bei der Definition der BT-TP-Transformation in Abschn. 1.4.2 bildeten BP-Signale den Ausgangspunkt. Ist ein BP-Signal gegeben, so kann man ein zu- gehöriges äquivalentes TP-Signal angeben. Die Mittenfrequenz f_0 ist dabei frei wählbar, und für die Bandbreite f_Δ muss (1.106) gelten. Das Spektrum eines BP-Signals muss dabei nicht unbedingt symmetrisch zu f_0 verlaufen. In jedem Fall ist sichergestellt, dass man – ausgehend vom BP-Signal – eindeutig ein äquivivalentes TP-Signal bestimmen kann. Zum äquivalenten TP-Signal gibt es dann auch eindeutig ein einziges zugehöriges BP-Signal. Diese umkehr- bar eindeutige Abbildung legte die Bezeichnung *Transformation* nahe, s. auch Anmerkung am Ende von Abschn. 1.4.2.

Nun gibt es bei der Anwendung der BP-TP-Transformation Fälle, in denen das Signal, von dem man ausgeht, kein BP-Signal ist. Bei einem Diracstoß ist dies z. B. so. Sein Spektrum ist unendlich ausgedehnt. Geht man beim Diracstoß von Abb. 1.12 aus, dann ergibt sich:

$$
\begin{aligned}
s(t) &= h_{BP}(t) * s_0(t) \\
&= h_{BP}(t) * \delta(t) \\
&= h_{BP}(t) = f_\Delta \operatorname{si}(\pi f_\Delta t)\, 2 \cos(2\pi f_0 t)\,.
\end{aligned}
\tag{1.116}
$$

f_0 ist hierbei die Mittenfrequenz des idealen BP, f_Δ die Bandbreite. Der BP am Eingang der BP→TP-Transformation sorgt dafür, dass $s(t)$ auch wirk- lich ein BP-Signal ist. Zu diesem $s(t)$ gibt es dann eindeutig ein zugehöriges äquivalentes TP-Signal $s_T(t)$:

$$
s_T(t) = 2 h_{TP}(t)\,.
\tag{1.117}
$$

$h_{TP}(t)$ ist dabei die Stoßantwort eines idealen Tiefpasses mit der Grenzfre- quenz $f_g = \frac{f_\Delta}{2}$. Mit $s_T(t)$ ist es damit nicht mehr möglich, $s_0(t)$ zu berechnen, nur die Korrespondenz $s(t) \longleftrightarrow s_T(t)$ gilt in umkehrbar eindeutiger Weise. Man kann somit für beliebige Signale eine BP-TP-Korrespondenz definieren, wobei sich diese Korrespondenz beim BP-Signal aber immer nur auf den Teil des Spektums bezieht, der sich innerhalb der Bandbreite f_Δ befindet. Geht man von einem äquivalenten TP-Signal aus, dann gelten ähnliche Überlegun- gen, s. Abb. 1.13.

Bei einem idealen BP mit der Mittenfrequenz f_0 und Bandbreite f_Δ gelten folgende Besonderheiten:

$$h_{BP}(t) * h_{BP}(t) * \ldots * h_{BP}(t) = h_{BP}(t) \,. \tag{1.118}$$

Definiert man $\$_{BP}$ als Menge aller BP-Signale mit f_0 und f_Δ, dann gilt

$$s(t) * h_{BP}(t) = s(t); \quad \text{für alle } s(t) \in \$_{BP} \,. \tag{1.119}$$

Der ideale BP mit der Stoßantwort $h_{BP}(t)$ verhält sich hier wie ein ideales System. Das Signal $s(t)$ am Eingang erscheint unverändert am Ausgang. $h_{BP}(t)$ hat damit für alle $s(t) \in \$_{BP}$ die Eigenschaft eines Einselements der Faltungsoperation, ähnlich wie dies beim Diracstoß für alle $s(t) \in \$$ zuvor erläutert wurde. Naheliegend ist deshalb die folgende Definition eines **BP-Diracstoßes**

$$\delta_{BP}(t) = h_{BP}(t) = 2\,f_\Delta\,\mathrm{si}(\pi f_\Delta t)\,\cos(2\pi f_0 t) \,. \tag{1.120}$$

Wichtig ist hierbei, dass es sich – im Gegensatz zu $\delta(t)$ – bei $\delta_{BP}(t)$ um ein normales Energiesignal handelt, nicht um eine Distribution. Die Rechtfertigung für den gleichen Variablennamen δ liefert nur die Tatsache, dass $\delta_{BP}(t)$ sich bei Signalen aus der Menge $\$_{BP}$ verhält wie $\delta(t)$ bei Signalen der Menge $\$$, nämlich als Einselement der Faltungsoperation und damit auch als Stoßantwort eines idealen Systems. Der ideale BP ist damit ein ideales System für alle $s(t) \in \$_{BP}$. Naheliegend ist, die zu (1.120) gehörige Korrespondenz im äquivalenten TP-Bereich herzustellen. Hierzu definiert man den **äquivalenten TP-Diracstoß**:

$$\delta_T(t) = 2\,h_{TP}(t) = 2\,f_\Delta\,\mathrm{si}(\pi f_\Delta t) \in \$_T \,. \tag{1.121}$$

Dann gilt die BP-TP-Korrespondenz $\delta_{BP}(t) \longleftrightarrow \delta_T(t)$. $\$_T$ ist hierbei die Menge aller äquivalenten TP-Signale, die sich mit der BP→TP-Transformation von allen Signalen aus $\$_{BP}$ ergeben. Für die Grenzfrequenz f_g des idealen TP mit der Stoßantwort $h_{TP}(t)$ gilt dabei offensichtlich: $2f_g = f_\Delta$. Der Faktor 2 ist hierbei wieder durch den Formalismus der BP-TP-Transformation bedingt. Wie bei $\delta_{BP}(t)$ hat der Variablenname δ auch hier nur formale Bedeutung, $\delta_T(t)$ ist ein Energiesignal. Es gilt somit in Übereinstimmung mit (1.113)

$$\delta_{BP}(t) * \delta_{BP}(t) * \ldots * \delta_{BP}(t) = \delta_{BP}(t)$$
$$\delta_T(t) * \frac{1}{2}\delta_T(t) * \ldots * \frac{1}{2}\delta_T(t) = \delta_T(t) \,. \tag{1.122}$$

Auch hier ist der fortlaufend bei der Faltungsoperation im äquivalenten TP-Bereich auftretende Faktor $\frac{1}{2}$ wieder dem Formalismus der BP-TP-Transformation zuzuschreiben. In der Anwendung dieser Definitionen in den Kapiteln 2 bis 8 wird die Zweckmäßigkeit dieser Defintionen deutlich.

1.4.5 BP-Rauschen und äquivalentes TP-Rauschen

BP-Rauschen liegt vor, wenn das Leistungsdichtespektrum des Rauschprozesses nur innerhalb eines Frequenzbandes mit der Bandbreite f_Δ von Null verschiedene Spektralanteile besitzt. Ein Spezialfall ist gegeben, wenn das Leistungsdichtespektrum in diesem Intervall konstant ist, d. h. wenn gilt

$$\Phi_{n_{BP}n_{BP}}(f) = N_0 \left[\text{rect}\left(\frac{f+f_0}{f_\Delta}\right) + \text{rect}\left(\frac{f-f_0}{f_\Delta}\right) \right]. \tag{1.123}$$

Man kann dies auch mit Hilfe des Wiener-Lee-Theorems (1.89) interpretieren: Wenn am Eingang eines idealen BP ein weißer Rauschprozess mit der Leistungsdichte N_0 anliegt, dann ergibt sich am Ausgang des BP ein Leistungsdichtespektrum nach (1.123). Mit dem Wiener-Khintchine-Theorem folgt daraus die AKF des BP-Rauschprozesses

$$\varphi_{n_{BP}n_{BP}}(\tau) = 2N_0 f_\Delta \, \text{si}\,(\pi f_\Delta \tau)\, \cos\,(2\pi f_0 \tau)\,. \tag{1.124}$$

Die Streuung (oder Leistung) des BP-Rauschprozesses ist also

$$\sigma^2_{n_{BP}} = \varphi_{n_{BP}n_{BP}}(0) = 2N_0 f_\Delta. \tag{1.125}$$

Abb. 1.15 zeigt die Übertragungsfunktion des idealen BP und das Leistungsdichtespektrum am Ausgang, wenn der Eingangsprozess ein weißes Leistungdichtespektrum besitzt.

Die Musterfunktionen $n_{BP}(t)$ des BP-Rauschprozesses sind determinierte BP-Signale und können somit in den äquivalenten TP-Bereich transformiert werden, womit gilt

$$n_{BP}(t) = \text{Re}\{n_T(t)\, e^{j2\pi f_0 t}\}. \tag{1.126}$$

$n_T(t)$ ist hierbei eine Musterfunktion des zum BP-Prozess gehörigen äquivalenten TP-Prozesses. Sie ist ein äquivalentes TP-Signal und deshalb i. Allg. komplexwertig:

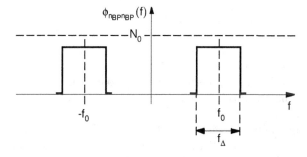

Abb. 1.15. Leistungsdichtespektrum am Ausgang eines idealen BP bei weißem Leistungsdichtespektrum am Eingang

$$n_T(t) = n_{TR}(t) + jn_{TI}(t). \tag{1.127}$$

Hiermit wird deutlich, dass der BP-Prozess durch zwei TP-Prozesse beschrieben wird: durch einen Realteil-Prozess und einen Imaginärteil-Prozess. Die beiden Quadraturkomponenten $n_{TR}(t)$ und $n_{TI}(t)$ sind dabei Musterfunktion dieser beiden TP-Prozesse.

Welches Leistungsdichtespektrum und welche AKF besitzt nun dieser äquivalente TP-Prozess? Die Anwort folgt aus den Definitionen und Ableitungen in Abschn.1.4.6:

$$\Phi_{n_{TR}n_{TR}}(f) = \Phi_{n_{TI}n_{TI}}(f) = N_0 \, \mathrm{rect}\left(\frac{f}{f_\Delta}\right)$$

$$\varphi_{n_{TR}n_{TR}}(\tau) = \varphi_{n_{TI}n_{TI}}(\tau) = N_0 \, f_\Delta \, \mathrm{si}\left(\pi f_\Delta \tau\right)$$

$$\varphi_{n_{TR}n_{TI}}(0) = 0 \tag{1.128}$$

$$\sigma^2_{n_{TR}} = \varphi_{n_{TR}n_{TR}}(0) = \sigma^2_{n_{TI}} = \varphi_{n_{TI}n_{TI}}(0) = N_0 \, f_\Delta$$

$$\sigma^2_{n_T} = \sigma^2_{n_{TR}} + \sigma^2_{n_{TI}} = \sigma^2_{n_{BP}} = \varphi_{n_{BP}n_{BP}}(0) = 2N_0 \, f_\Delta.$$

Die Leistung der beiden TP-Prozesse ist also gleich und die Summe ist darüber hinaus identisch mit der Leistung des BP-Prozesses. Des Weiteren sind die beiden TP-Prozesse unkorreliert. Nimmt man nun weiter an, dass das BP-Rauschen eine Gauß-Verteilung als Amplitudendichte besitzt, dann gehört auch zu den beiden TP-Prozessen eine Gauß-Verteilung, womit direkt folgt, dass diese beiden Prozesse auch statistisch unabhängig voneinander sind. Schreibt man die Musterfunktionen des äquivalenten TP-Prozesses nach Betrag und Phasenwinkel, d. h.

$$n_T(t) = n_{TR}(t) + jn_{TI}(t) = |n_T(t)|\, e^{j\psi(t)}, \tag{1.129}$$

dann lassen sich bei einer Gauß-Verteilung als Amplitudendichte aus (1.128) folgende Aussagen bezüglich der Verteilungsdichte des Betrags und der Phase gewinnen:

$$p_{|n_T|} = \varepsilon(x) \, \frac{x}{\sigma^2_{n_{BP}}} \, \exp\left(-\frac{x^2}{2\sigma^2_{n_{BP}}}\right)$$

$$p_\psi(x) = \frac{1}{2\pi} \, \mathrm{rect}\left(\frac{x}{2\pi}\right). \tag{1.130}$$

$\varepsilon(x)$ ist hierbei die Sprungfunktion. Abb. 1.16 zeigt den Verlauf dieser beiden Verteilungsdichtefunktionen. Die Verteilungsdichte des Betrags ist eine *Rayleigh-Verteilung*. Beim Phasenwinkel liegt dagegen eine *Gleichverteilung* vor, d. h. kein Phasenwinkel zwischen $-\pi$ und π ist bevorzugt.

Bei den Anwendungen wird später immer ein BP-Prozess vorliegen, der durch Bandbegrenzung aus einem WGR-Prozess hervorgegangen ist. Für den zugehörigen äquivalenten TP-Prozess, der dann auch als *komplexwertiger Gauß-Prozess* bezeichnet wird, gelten sämtliche hier angegebenen Beziehungen, insbesondere (1.130). Als Synonym zu *komplexwertiger Gauß-Prozess* verwendet man deshalb auch gern die Bezeichnung *Rayleigh-Prozess*.

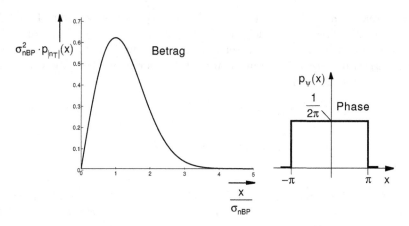

Abb. 1.16. Zum äquivalenten TP-Prozess gehörige Verteilungsdichtefunktionen: Betrag (Rayleighverteilung), Phase (Gleichverteilung)

1.4.6 Korrelationsfunktionen, Energien und Leistungen bei äquivalenten TP-Signalen

Bei Korrelationsfunktionen, Energien und Leistungen von äquivalenten TP-Signalen gibt es einige Besonderheiten, auf die hier kurz eingegangen werden soll. Hierbei werden die folgenden allgemein gültigen Beziehungen verwendet ($a(t)$ und $b(t)$ sind zwei beliebige komplexwertige Signale):

$$\mathrm{Re}\left\{a(t)\right\} * \mathrm{Re}\left\{b(t)\right\} = \frac{1}{2}\,\mathrm{Re}\left\{a(t) * b(t)\right\} + \frac{1}{2}\,\mathrm{Re}\left\{a(t) * b^*(t)\right\}$$

$$\mathrm{Re}\left\{a(t)\right\} \cdot \mathrm{Re}\left\{b(t)\right\} = \frac{1}{2}\,\mathrm{Re}\left\{a(t) \cdot b(t)\right\} + \frac{1}{2}\,\mathrm{Re}\left\{a(t) \cdot b^*(t)\right\}\,. \qquad (1.131)$$

BP- und TP-Energiesignale

Wenn $s(t)$ und $g(t)$ zwei BP-Energiesignale sind und $s_T(t)$ und $g_T(t)$ die zugehörigen äquivalenten TP-Energiesignale, dann gilt für die KKF zwischen $s(t)$ und $g(t)$:

$$
\begin{aligned}
\varphi_{sg}^E(\tau) &= s(-\tau) * g(\tau) \\
&= \mathrm{Re}\left\{s_T(-\tau)e^{-j2\pi f_0\tau}\right\} * \mathrm{Re}\left\{g_T(\tau)e^{j2\pi f_0\tau}\right\} \\
&= \mathrm{Re}\left\{s_T^*(-\tau)e^{j2\pi f_0\tau}\right\} * \mathrm{Re}\left\{g_T(\tau)e^{j2\pi f_0\tau}\right\}\,.
\end{aligned}
\qquad (1.132)
$$

Mit (1.131) ergibt sich

$$
\begin{aligned}
\varphi_{sg}^E(\tau) &= \frac{1}{2}\,\mathrm{Re}\left\{\left[s_T^*(-\tau)e^{j2\pi f_0\tau}\right] * \left[g_T(\tau)e^{j2\pi f_0\tau}\right]\right\} \\
&+ \frac{1}{2}\,\mathrm{Re}\left\{\left[s_T^*(-\tau)e^{j2\pi f_0\tau}\right] * \left[g_T^*(\tau)e^{-j2\pi f_0\tau}\right]\right\}\,.
\end{aligned}
\qquad (1.133)
$$

Transformiert man das Faltungsprodukt innerhalb der zweiten Realteil-Bildung in den Frequenzbereich, dann erkennt man sofort, dass es Null sein muss. Das erste Spektrum liegt bei $+f_0$ und das zweite bei $-f_0$, und da es sich bei $s_T(t)$ und $g_T(\tau)$ um äquivalente TP-Signale handelt, ergibt sich keine Überlappung. Damit gilt

$$
\begin{aligned}
\varphi_{sg}^{E}(\tau) &= \frac{1}{2}\,\mathrm{Re}\left\{\left[s_T^*(-\tau)e^{j2\pi f_0\tau}\right] * \left[g_T(\tau)e^{j2\pi f_0\tau}\right]\right\} \\
&= \frac{1}{2}\,\mathrm{Re}\left\{\left[s_T^*(-\tau) * g_T(\tau)\right] e^{j2\pi f_0\tau}\right\}
\end{aligned}
\tag{1.134}
$$

Die Gültigkeit der zweiten Zeile wird klar, wenn man – wie zuvor beim zweiten Realteil – beachtet, dass im Frequenzbereich zwei Spektren multipliziert werden, die beide bei f_0 liegen. Wenn man die folgende Definition der KKF von äquivalenten TP-Signalen nutzt, d. h.

$$
\varphi_{s_T g_T}^{E}(\tau) = \frac{1}{2}s_T^*(-\tau) * g_T(\tau),
\tag{1.135}
$$

dann ergibt sich sofort

$$
\varphi_{sg}^{E}(\tau) = \mathrm{Re}\left\{\varphi_{s_T g_T}^{E}(\tau)\, e^{j2\pi f_0\tau}\right\}.
\tag{1.136}
$$

Zwischen der KKF der BP-Signale und der KKF der äquivalenten TP-Signale besteht somit eine BP-TP-Transformations-Beziehung wie bei Signalen. Damit gilt auch

$$
\begin{aligned}
\varphi_{sg}^{E}(\tau) &= \mathrm{Re}\left\{\varphi_{sgT}^{E}(\tau)\, e^{j2\pi f_0\tau}\right\} \\
\varphi_{sgT}^{E}(\tau) &= \varphi_{s_T g_T}^{E}(\tau).
\end{aligned}
\tag{1.137}
$$

$\varphi_{sgT}^{E}(\tau)$ ist hierbei die KKF, die man erhält, wenn man die BP-KKF $\varphi_{sg}^{E}(\tau)$ berechnet und anschließend in den äquivalenten TP-Bereich transformiert. Im Gegensatz dazu wird $\varphi_{s_T g_T}^{E}(\tau)$ mit (1.135) berechnet, nachdem zuvor die Signale einzeln in den äquivalenten TP-Bereich transformiert worden sind. Mit den hier vorliegenden Definitionen ergibt sich aber, dass die beiden KKF gleich sind. Für die AKF sind diese Aussagen natürlich ebenfalls gültig, d. h. auch (1.134) bis (1.137):

$$
\begin{aligned}
\varphi_{ss}^{E}(\tau) &= \mathrm{Re}\left\{\varphi_{s_T s_T}^{E}(\tau)\, e^{j2\pi f_0\tau}\right\} = \mathrm{Re}\left\{\varphi_{ssT}^{E}(\tau)\, e^{j2\pi f_0\tau}\right\} \\
\varphi_{s_T s_T}^{E}(\tau) &= \frac{1}{2}s_T^*(-\tau) * s_T(\tau) = \varphi_{ssT}^{E}(\tau).
\end{aligned}
\tag{1.138}
$$

Für die AKF gilt auch

$$\varphi^E_{s_T s_T}(\tau) = \frac{1}{2} s_T^*(-\tau) * s_T(\tau) \tag{1.139}$$

$$= \frac{1}{2} s_{TR}(-\tau) * s_{TR}(\tau) + \frac{1}{2} s_{TI}(-\tau) * s_{TI}(\tau)$$

$$+ j \left[\frac{1}{2} s_{TR}(-\tau) * s_{TI}(\tau) - \frac{1}{2} s_{TI}(-\tau) * s_{TR}(\tau) \right]$$

$$= \varphi^E_{s_{TR} s_{TR}}(\tau) + \varphi^E_{s_{TI} s_{TI}}(\tau) + j \left[\varphi^E_{s_{TI} s_{TR}}(\tau) - \varphi^E_{s_{TR} s_{TI}}(\tau) \right] .$$

Da allgemein $\varphi^E_{s_{TI} s_{TR}}(0) = \varphi^E_{s_{TR} s_{TI}}(0)$ gilt, folgt für die Energie des äquivalenten TP-Signals $s_T(t)$:

$$E_{s_T} = \varphi^E_{s_T s_T}(0) = \frac{1}{2} s_T^*(-\tau) * s_T(\tau)|_{\tau=0}$$

$$= \varphi^E_{s_{TR} s_{TR}}(0) + \varphi^E_{s_{TI} s_{TI}}(0)$$

$$= E_{s_{TR}} + E_{s_{TI}} . \tag{1.140}$$

Dies ist formal der gleiche Ausdruck, wie der in Abschn. 1.1.2 bei allgemeinen komplexwertigen Signalen bereits eingeführte und dort kurz diskutierte. Ein Unterschied besteht jedoch darin, dass die Energien $E_{s_{TR}}$ und $E_{s_{TI}}$ hier den Faktor $\frac{1}{2}$ enthalten, womit sich bei gleichen komplexwertigen Signalen hier nur die halbe Energie ergibt. Auch hier gilt, dass E_{s_T} eine fiktive Größe ist, da $s_{TR}(t)$ und $s_{TI}(t)$ zwei unabhängige, eigenständige Signale sind. Die Summe der Energien der Einzelsignale hat a priori keine Bedeutung. Relativiert wird die vorliegende Willkür hier aber dadurch, dass die Energie E_{s_T} mit der Energie E_s des BP-Signal identisch ist. Mit (1.138) und (1.140) gilt nämlich

$$E_s = \varphi^E_{ss}(0) = \text{Re} \left\{ \varphi^E_{s_T s_T}(0) \right\} = \varphi^E_{s_T s_T}(0)$$

$$= E_{s_T} = E_{s_{TR}} + E_{s_{TI}} . \tag{1.141}$$

BP-Prozesse und äquivalente TP-Prozesse

Für die Korrelationsfunktionen im statistischen Sinn und die Leistung von äquivalenten TP-Prozessen ergeben sich ähnliche Zusammenhänge. Hier soll nur die AKF betrachtet werden. Wenn $n_{BP}(t)$ Musterfunktion eines BP-Rauschprozesses ist, gilt für die AKF des BP-Prozesses

$$\varphi_{n_{BP} n_{BP}}(\tau) = \overline{n_{BP}(t)\, n_{BP}(t+\tau)}$$

$$= \overline{\text{Re} \left\{ n_T^*(t)\, e^{-j2\pi f_0 t} \right\} \text{Re} \left\{ n_T(t+\tau)\, e^{j2\pi f_0 (t+\tau)} \right\}} . \tag{1.142}$$

Mit (1.131) folgt

$$
\begin{aligned}
\varphi_{n_{BP}n_{BP}}(\tau) &= \frac{1}{2}\,\mathrm{Re}\left\{\overbrace{n_T^*(t)\,e^{-j2\pi f_0 t}\cdot n_T(t+\tau)\,e^{j2\pi f_0(t+\tau)}}\right\} \\
&\quad + \frac{1}{2}\,\mathrm{Re}\left\{\overbrace{n_T^*(t)\,e^{-j2\pi f_0 t}n_T^*(t+\tau)\,e^{-j2\pi f_0(t+\tau)}}\right\} \\
&= \frac{1}{2}\,\mathrm{Re}\left\{\overbrace{n_T^*(t)\,n_T(t+\tau)}\,e^{j2\pi f_0\tau}\right\} \\
&\quad + \frac{1}{2}\,\mathrm{Re}\left\{\overbrace{n_T^*(t)\,n_T^*(t+\tau)}\,e^{-j2\pi 2f_0(t+\frac{\tau}{2})}\right\}.
\end{aligned}
\tag{1.143}
$$

Man kann zeigen, dass der zweite Summand in dieser Gleichung Null ist. Mit der naheliegenden Definition der AKF des TP-Prozesses

$$
\varphi_{n_T n_T}(\tau) = \frac{1}{2}\,\overline{n_T^*(t)\,n_T(t+\tau)}
\tag{1.144}
$$

ergibt sich

$$
\varphi_{n_{BP}n_{BP}}(\tau) = \mathrm{Re}\left\{\varphi_{n_T n_T}(\tau)\,e^{j2\pi f_0\tau}\right\}.
\tag{1.145}
$$

Ähnlich wie bei Energiesignalen ergibt sich auch hier, dass zwischen der AKF des TP-Prozesses und der des BP-Prozesses eine BP-TP-Transformations-Beziehung wie bei normalen Signalen oder Musterfunktionen besteht. Damit gilt in Analogie zu (1.138)

$$
\begin{aligned}
\varphi_{n_{BP}n_{BP}}(\tau) &= \mathrm{Re}\left\{\varphi_{n_T n_T}(\tau)\,e^{j2\pi f_0\tau}\right\} = \mathrm{Re}\left\{\varphi_{nnT}(\tau)\,e^{j2\pi f_0\tau}\right\} \\
\varphi_{n_T n_T}(\tau) &= \frac{1}{2}\,\overline{n_T^*(t)\,n_T(t+\tau)} = \varphi_{nnT}(\tau).
\end{aligned}
\tag{1.146}
$$

Die AKF kann man auch aus den Quadraturkomponenten berechnen:

$$
\begin{aligned}
\varphi_{n_T n_T}(\tau) &= \frac{1}{2}\,\overline{n_T^*(t)\,n_T(t+\tau)} \\
&= \frac{1}{2}\,\overline{n_{TR}(t)\,n_{TR}(t+\tau)} + \frac{1}{2}\,\overline{n_{TI}(t)\,n_{TI}(t+\tau)} \\
&\quad + j\left[\frac{1}{2}\,\overline{n_{TR}(t)\,n_{TI}(t+\tau)} - \frac{1}{2}\,\overline{n_{TI}(t)\,n_{TR}(t+\tau)}\right] \\
&= \varphi_{n_{TR}n_{TR}}(\tau) + \varphi_{n_{TI}n_{TI}}(\tau) + j\left[\varphi_{n_{TI}n_{TR}}(\tau) - \varphi_{n_{TR}n_{TI}}(\tau)\right].
\end{aligned}
\tag{1.147}
$$

Da allgemein $\varphi_{n_{TI}n_{TR}}(0) = \varphi_{n_{TR}n_{TI}}(0)$ gilt, folgt für die Leistung des äquivalenten TP-Prozesses:

$$
\begin{aligned}
\overline{|n_T|^2} &= \varphi_{n_T n_T}(0) \\
&= \varphi_{n_{TR}n_{TR}}(0) + \varphi_{n_{TI}n_{TI}}(0) \\
&= \overline{n_{TR}^2} + \overline{n_{TI}^2}.
\end{aligned}
\tag{1.148}
$$

Mit (1.146) und (1.148) gilt

$$
\widetilde{|n_{BP}|}^2 = \varphi_{n_{BP}n_{BP}}(0) = \mathrm{Re}\left\{\varphi_{n_T n_T}(0)\right\} = \varphi_{n_T n_T}(0)
$$

$$
= \widetilde{|n_T|}^2 = \widetilde{n_{TR}^2} + \widetilde{n_{TI}^2}\,. \tag{1.149}
$$

Wiener-Lee-Theorem bei BP-Prozessen

Wenn ein stochastischer Prozess am Eingang eines BP-LTI-Systems liegt, kann man mit der Wiener-Lee-Beziehung (1.89) die AKF $\varphi_{n_e n_e}(\tau)$ des Prozesses am Ausgang aus der AKF $\varphi_{nn}(\tau)$ am Eingang berechnen:

$$
\varphi_{n_e n_e}(\tau) = \varphi_{nn}(\tau) * \varphi_{hh}^E(\tau)
$$

$$
\varphi_{hh}^E(\tau) = h(-\tau) * h(\tau)\,. \tag{1.150}
$$

$\varphi_{hh}^E(\tau)$ ist hierbei die AKF der Stoßantwort $h(t)$des BP-Systems. $\varphi_{n_e n_e}(\tau)$ und $\varphi_{nn}(\tau)$ unterscheiden sich in (1.150) im Prinzip nicht von Signalen. Wenn das Leistungsdichtespektrum des Eingangsprozesses Anteile im Durchlassbereich des BP-Systems hat, dann ergibt sich ein von Null verschiedener Ausgangsprozess. Angenommen werden soll, dass der Eingangsprozess in diesem Sinne ein zum BP-System passender BP-Prozess ist. Damit können alle in (1.150) vorkommenden Funktionen wie BP-Signale aufgefasst werden, zu denen es äquivalente TP-Signale gibt:

$$
\varphi_{nn}(\tau) = \mathrm{Re}\left\{\varphi_{nnT}(\tau)\, e^{j2\pi f_0 \tau}\right\}
$$

$$
\varphi_{n_e n_e}(\tau) = \mathrm{Re}\left\{\varphi_{n_e n_e T}(\tau)\, e^{j2\pi f_0 \tau}\right\}
$$

$$
\varphi_{hh}^E(\tau) = \mathrm{Re}\left\{\varphi_{hhT}(\tau)\, e^{j2\pi f_0 \tau}\right\}\,. \tag{1.151}
$$

Die Faltungsoperation in (1.150) kann somit auch im äquivalenten TP-Bereich durchgeführt werden:

$$
\varphi_{n_e n_e T}(\tau) = \frac{1}{2}\varphi_{nnT}(\tau) * \varphi_{hhT}^E(\tau)\,. \tag{1.152}
$$

Mit (1.146) gilt $\varphi_{n_e n_e T}(\tau) = \varphi_{n_{Te} n_{Te}}(\tau)$ und $\varphi_{nnT}(\tau) = \varphi_{n_T n_T}(\tau)$, und mit der ebenfalls leicht einzusehenden Beziehung $\varphi_{hhT}^E(\tau) = \varphi_{h_T h_T}^E(\tau)$ – s. (1.138) – folgt auch

$$
\varphi_{n_{Te} n_{Te}}(\tau) = \frac{1}{2}\varphi_{n_T n_T}(\tau) * \varphi_{h_T h_T}^E(\tau)\,. \tag{1.153}
$$

Dies ist die Form der Wiener-Lee-Beziehung, bei der die AKF der Prozesse aus den TP-Musterfunktionen berechnet werden.

1.5 Abtasttheorem für bandbegrenzte Signale

Das Abtasttheorem ermöglicht es, *bandbegrenzte*, zeitkontinuierliche Signale durch zeitdiskrete Signale umkehrbar eindeutig zu beschreiben. Die Eigenschaft „bandbegrenzt" bedeutet dabei, dass die Signale ein Spektrum besitzen, das oberhalb einer Grenzfrequenz f_g identisch Null wird. Wenn $s(t)$ ein solches bandbegrenztes Signal ist, dann gilt somit für das zugehörige Spektrum:

$$S(f) \equiv S(f)\,\text{rect}(\frac{f}{2f_g})\,. \tag{1.154}$$

Eine Abtastung von $s(t)$ lässt sich elegant durch eine Multiplikation mit einer Scha-Funktion $\text{III}(t)$ ausdrücken:

$$s_a(t) = \frac{1}{T}\,\text{III}(\frac{t}{T})\,s(t) = \sum_i s(iT)\,\delta(t - iT)\,. \tag{1.155}$$

$s(iT)$ ist das bei der Abtastung entstehende zeitdiskrete Signal und $s_a(t)$ die zugehörige gewichtete Folge von Diracstößen. Im Gegensatz zu $s(iT)$ ist $s_a(t)$ für alle $t \in \mathbb{R}$ definiert und somit ein zeitkontinuierliches Signal.

Abbildung 1.17 zeigt ein Beispiel. Nach Abschn. 1.1.5 ist die Fourier-Transformierte der Scha-Funktion wieder eine Scha-Funktion, womit für das Spektrum der Diracstoßfolge $s_a(t)$ gilt:

$$\begin{aligned}
S_a(f) &= \text{III}(T\,f) * S(f) \\
&= \frac{1}{T} \sum_i S(f) * \delta(f - i\,\frac{1}{T}) \\
&= \frac{1}{T} \sum_i S(f - i\,\frac{1}{T}) \\
&= \frac{1}{T} S^{per}(f)\,.
\end{aligned} \tag{1.156}$$

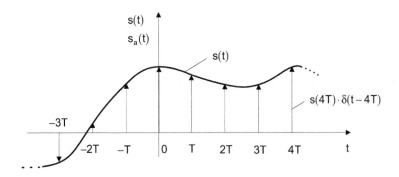

Abb. 1.17. Zum Abtasttheorem, Beispiel

Offensichtlich führt die Abtastung im Zeitbereich zu einer periodischen Wiederholung des Spektrums im Frequenzbereich. Wenn die einzelnen Perioden sich nicht überlappen, entstehen keine Mehrdeutigkeiten (kein *Aliasing*). Da die Periode $\frac{1}{T}$ ist, ergibt sich als notwendige Bedingung für das Abtastintervall T:

$$T \leq \frac{1}{2f_g}. \tag{1.157}$$

Ist diese Bedingung erfüllt, dann kann mit Hilfe eines TP die Periode bei $f = 0$ ausgeblendet und somit das Signal $s(t)$ wiedergewonnen werden:

$$S(f) = T \cdot \text{rect}(\frac{f}{2f_{gint}}) \cdot S_a(f) \tag{1.158}$$

$$f_g \leq f_{gint} \leq \frac{1}{T} - f_g.$$

f_{gint} ist die Grenzfrequenz dieses *Interpolations-TP*. Abbildung 1.18 verdeutlicht die Zusammenhänge, und Abb. 1.19 zeigt, wie das Abtasttheorem symbolisch als Modellbild dargestellt und genutzt werden kann.

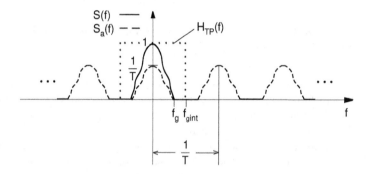

Abb. 1.18. Zum Abtasttheorem, Spektren

Der *Anti-Aliasing*-TP sorgt dafür, dass das Signal $s(t)$ auch wirklich auf f_g bandbegrenzt ist und das Abtasttheorem angewendet werden darf. Die Folge von gewichteten Diracstößen $s_a(t)$ kann nun eine *Signalverarbeitung (SV)* durchlaufen, die z. B. ein LTI-System nachbildet. Man verwendet hierzu praktisch nur die Gewichtsfaktoren der Diracstöße, d. h. das zeitdiskrete Signal $s(iT)$. Wenn nach der Verarbeitung aus dem zeitdiskreten Ausgangssignal $g(iT)$ wieder die zugehörige Diracstoßfolge $g_a(t)$ erzeugt wird und man diese zu einem zeitkontinuierlichem Ausgangssignal $g(t)$ interpoliert, dann ist auf diese Weise ein zeitkontinuierliches LTI-System zeitdiskret realisiert worden. Man kann nun noch einen Schritt weiter gehen und kommt damit zu der praktisch meist eingesetzten digitalen *Signalverarbeitung*: Indem man die Abtastwerte $s(iT)$ quantisiert und damit durch ganze Zahlen darstellt. In Abb. 1.19 ist dies durch den Index q gekennzeichnet.

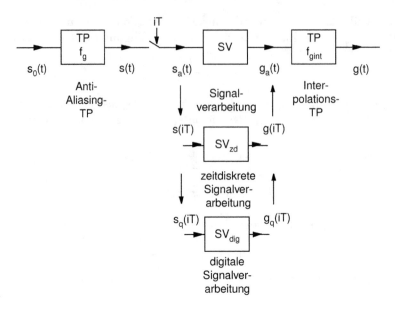

Abb. 1.19. Zum Abtasttheorem, Darstellung als Modell-Blockbild

Die digitale SV ergibt dann ein digitales Ausgangssignal $g_q(iT)$ und die anschließende Interpolation bewirkt, dass aus der Folge von gewichteten Diracstößen ein zeitkontinuierliches Signal entsteht. Die Quantisierung bewirkt, dass die hieraus gewonnenen zeitkontinuierlichen Signale nicht völlig mit denen übereinstimmen, die sich bei einer zeitdiskreten Verarbeitung ohne Quantisierung ergeben. Durch eine genügend große Anzahl von Quantisierungsstufen lässt sich jedoch praktisch jede gewünschte Genauigkeit erreichen.

Aus (1.158) ergibt sich für das Signal $s(t)$ die folgende Darstellung:

$$
\begin{aligned}
s(t) &= T\,2f_{gint}\,\mathrm{si}(\pi 2 f_{gint}t) * s_a(t) \\
&= T\,2f_{gint}\,\mathrm{si}(\pi 2 f_{gint}t) * \sum_i s(iT) \cdot \delta(t - iT) \\
&= T\,2f_{gint} \sum_i s(iT)\,\mathrm{si}\left(\pi 2 f_{gint}(t - iT)\right) \\
&= T\,2f_g \sum_i s(iT)\,\mathrm{si}\left(\pi 2 f_g(t - iT)\right).
\end{aligned}
\tag{1.159}
$$

Die Gültigkeit der letzten Zeile dieser Gleichung wird mit Abb. 1.18 deutlich. Die Grenzfrequenz des Interpolationstiefpasses ist in Grenzen frei wählbar, insbesondere ist auch $f_{gint} = f_g$ erlaubt. Eine Konsequenz dieser Darstellung ist, dass eine Kette Anti-Aliasing-TP/Abtastung/Interpolation (TP mit f_{gint}!) mit einem Anti-Aliasing-TP identisch ist. Vor allem bei theoretischen Betrachtungen wählt man häufig den Grenzfall

$$T = \frac{1}{2f_g} \implies f_{gint} = f_g. \tag{1.160}$$

1.6 Zusammenfassung und bibliographische Anmerkungen

Der in diesem Kapitel behandelte Stoff „Signale und Systeme" dient in den folgenden Kapiteln als unerlässliche Grundlage, und er wurde nur insoweit erläutert, wie er für die Nachrichtentechnik wichtig ist. Behandelt wurden determinierte und stochastische Signale, lineare zeitinvariante Systeme, die Übertragung von Signalen über solche Systeme, Bandpass-Signale und Bandpass-Systeme sowie das Abtasttheorem für bandbegrenzte Signale. Elementarsignale und deren Spektren treten im Zusammenhang mit digitalen Übertragungsverfahren immer wieder auf, die Fourier-Transformation wird in den folgenden Kapiteln ein wichtiges Hilfsmittel sein, und stochastische Signale liegen bei jeder Nachrichtenübertragung in Form von zu übertragenden Quellensignalen oder Störsignalen vor. Die Erläuterungen zum Thema „Signalräume" werden helfen, ein grundlegendes Verständnis für digitale Übertragungsverfahren zu entwickeln. Bandpass-Signale und Bandpass-Systeme wiederum sind zur Beschreibung von Bandpass-Übertragungsverfahren notwendig, einer großen, in der Praxis wichtigen Gruppe von Übertragungsverfahren. Das Abtasttheorem schließlich wird es gestatten, von zeitkontinuierlichen zu zeitdiskreten Signalen und umgekehrt zu wechseln.

Wie bereits betont, ist dieses Kap. 1 nur als Wiederholung von Grundlagen gedacht, die in den folgenden Kapiteln benötigt werden. Auf eine tiefergehende Behandlung des Stoffs wurde verzichtet, insbesondere auf Beweise von Aussagen bzw. Theoremen. In einer Reihe von guten Lehrbüchern wird das Thema „Signale und Systeme" gründlicher als hier abgedeckt, so z. B. in den Büchern von Franks [34], Marko [67], Oppenheim/Willsky [72], Papoulis [73] und Rupprecht [88]. Zum Themengebiet „Wahrscheinlichkeitstheorie und stochastische Prozesse" gibt es ebenfalls weiterführende Lehrbücher. Als Beispiel seien die im Literaturverzeichnis aufgeführten Bücher von Hänsler [41] und Papoulis [74] genannt. Hervorzuheben ist das inzwischen in der 8. Auflage vorliegende Buch „Signalübertragung" von H. D. Lüke, das den gesamten Stoff in der hier erforderlichen Tiefe abdeckt und darüber hinaus auch bereits einige Teilthemen der folgenden Kapitel.

1.7 Aufgaben

Aufgabe 1.1

Gegeben sei ein stochastischer Prozess mit den Musterfunktionen

$$^k s(t) = c_k,$$

wobei $c_k \in \{1, 2, 3, 4, 5, 6\}$ durch Würfeln zufällig festgelegt wird.

a) Skizzieren Sie drei Musterfunktionen.
b) Ist der Prozess stationär?
c) Ist der Prozess ergodisch?

Berechnen Sie

d) den linearen Scharmittelwert sowie den linearen Zeitmittelwert.
e) den quadratischen Scharmittelwert sowie den quadratischen Zeitmittelwert.
f) die Verteilungsfunktion und die Verteilungsdichtefunktion.
g) die AKF und das Leistungsdichtespektrum.

Aufgabe 1.2

Gegeben sei die Verteilungsdichtefunktion eines streng stationären Zufallsprozesses $s(t)$

$$p_s(x) = b \operatorname{rect}\left(\frac{x}{2a}\right)$$

a) Wie groß muss b sein, wenn a vorgegeben ist?
b) Skizzieren Sie die zum gegebenen $p_s(x)$ gehörige Verteilungsfunktion $P_s(x)$.

Allen Musterfunktionen des stochastischen Prozesses werde ein „Gleichanteil" $s_0(t) = c \neq 0$ hinzugefügt, d. h.

$$^k g(t) = {}^k s(t) + {}^k s_0(t) = {}^k s(t) + c$$

c) Berechnen und skizzieren Sie die resultierende Verteilungsfunktion $P_g(x)$ sowie die zugehörige Verteilungsdichtefunktion $p_g(x)$.
d) Skizzieren Sie Verteilungs- und Verteilungsdichtefunktion eines stochastischen Prozesses, bei dem die Musterfunktionen mit gleicher Wahrscheinlichkeit nur die Amplitudenwerte $-a$ und a annehmen können.

Aufgabe 1.3

Ein rect-Impuls der Dauer T werde durch einen Zufallsvorgang innerhalb eines vorgegebenen Zeitintervalls verschoben:

$$^k s(t) = \text{rect}\left(\frac{t - T_0}{T}\right) \qquad -T \leq T_0 \leq T$$

Von der zufälligen zeitlichen Verschiebung T_0 sei bekannt, dass alle Werte für T_0 innerhalb des Intervalls $|T_0| \leq T$ mit gleicher Wahrscheinlichkeit vorkommen. Zur mathematischen Beschreibung dieses Vorganges soll ein stochastischer Prozess definiert werden, der die möglichen Impulse als Musterfunktionen enthält.

a) Skizzieren Sie 4 verschiedene Musterfunktionen.
b) Ist der Prozess stationär?
c) Ist der Prozess ergodisch?
d) Berechnen Sie den linearen Scharmittelwert $\widetilde{s(t_0 = 0)}$.
    Hinweis: Sortieren Sie die Musterfunktionen in systematischer Weise und beachten Sie, dass alle Musterfunktionen mit gleicher Wahrscheinlichkeit vorkommen.
e) In welchen Grenzen kann t_0 in d) variiert werden, ohne dass sich der berechnete Mittelwert ändert?

Aufgabe 1.4

Berechnen Sie

a) die Augenblickleistung,
b) die Verteilungsfunktion,
c) die Verteilungsdichtefunktion

des in Aufgabe 1.3 definierten stochastischen Prozesses als Funktion von t_0 für

$$-\infty < t_0 < \infty.$$

Aufgabe 1.5

An den Eingang eines LR-Systems werde weißes gaußsches Rauschen mit der Leistungsdichte N_0 angelegt.

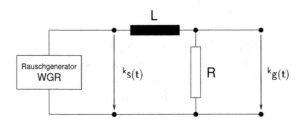

a) Welche Verteilungsdichtefunktion besitzt der Ausgangsprozess?
b) Wie lautet das Leistungsdichtespektrum $\Phi_{gg}(f)$?
c) Welche Leistung besitzen Eingangs- und Ausgangsprozess?
d) Wie lautet die AKF des Ausgangsprozesses?

2

Grundlegende Verfahren zur Übertragung digitaler Signale

Dieses Kapitel behandelt Verfahren zur Übertragung digitaler Signale, die als Basis sämtlicher möglichen und praktisch genutzten Verfahren angesehen werden können: die allgemeine Binärübertragung mit den Spezialfällen unipolar, bipolar und orthogonal sowie die M-wertige Übertragung, bei der der Spezialfall einer Übertragung mit M orthogonalen Funktionen ausführlicher betrachtet wird. Um das Wesentliche besser herausarbeiten zu können, wird ein Kanal vorausgesetzt, der dem gesendeten Signal $s(t)$ nur additives weißes gaußsches Rauschen (WGR) hinzufügt. Vorangestellt sind zwei Abschnitte, in denen erläutert wird, was wir unter einem *Übertragungsmodell* und einem *Kanal* verstehen und wie eine *Informationsübertragung* mit einer *Signalübertragung* zusammenhängt.

2.1 Übertragungsmodelle, Kanäle

Abbildung 2.1 zeigt ein *Modell* für eine Übertragung digitaler Quellensignale über einen *Funkkanal*. Wir werden solche Modelle im Folgenden verwenden, um zu beschreiben, wie die Signale bei einer Übertragung umgeformt werden müssen.

Die dargestellten Blöcke entsprechen in der Regel weder Geräten noch sonstigen Hard- oder Software-Komponenten. Sie sind vielmehr als *Funktionsblöcke* zu verstehen und besitzen daher ein direktes mathematisches Äquivalent, ähnlich wie die LTI-Systeme des vorhergehenden Abschnitts. Um dieses abstrakte Modell etwas zu konkretisieren, soll im Folgenden eine Fax-Übertragung als Beispiel herangezogen werden. Auf der Sendeseite wird hierbei ein Text oder ein Bild auf dem Papier durch einen Abtaster zeilenförmig in eine Folge von Schwarz-Weiß-Werten zerlegt und jedem Wert anschließend eine Zahl (im Falle von ausschließlich schwarz-weiß z. B. 0 und 1) zugeordnet. Diese Folge von Zahlen kann als Ausgangssignal einer *digitalen Quelle* definiert werden, s. Abb. 2.1. Die sich anschließende *Quellencodierung* sorgt dafür, dass nur soviel Zahlen pro Sekunde übertragen werden, wie es die Aufgabe erfordert. Bei einem Fax häufig vorkommende lange Folgen von gleichen Werten (z. B. dauernd der Wert für „weiß") wird man sicher kürzer beschreiben können. Man kann z. B. angeben, wie viel gleichartige Werte nach dem ersten noch folgen. Man sagt, die Quellencodierung entferne *Redundanz.* Der in Abb. 2.1 auf die Quellencodierung folgende Block, die *Kanalcodierung,* sorgt dafür, dass in gezielter Weise wieder etwas mehr Zahlen übertragen werden, als unbedingt notwendig. Hiermit erreicht man, dass nicht mehr alle Kombinationen bei den zu übertragenden Zahlenfolgen bzw. den digitalen Signalen ausgeschöpft werden: Die Zahlenfolgen werden wieder redundant. Auf der Empfangsseite kennt man die nicht zugelassenen Kombinationen und kann – sofern eine solche nicht zulässige Kombination vorkommt – erkennen, dass ein Übertragungsfehler vorliegen muss. Wählt man die Verfahren bei der Kanalcodierung und die Redundanz in passender Weise, dann kann man sogar Fehler korrigieren. Die hier kurz angesprochenen Gebiete der Quellen- und der Kanalcodierung werden in einem späteren Kapitel behandelt.

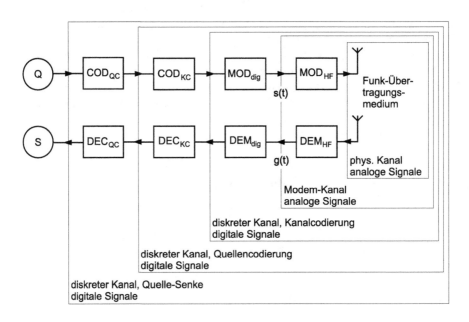

Q   digitale Quelle   S   digitale Senke
COD$_{QC}$ Quellencodierung   DEC$_{QC}$ Quellendecodierung
COD$_{KC}$ Kanalcodierung   DEC$_{KC}$ Kanaldecodierung
MOD$_{dig}$ Modulation, digitale Übertragung DEM$_{dig}$ Demodulation, digitale Übertragung
MOD$_{HF}$ Modulation, HF-Sender   DEM$_{HF}$ Demodulation, HF-Empfänger

Abb. 2.1. Übertragungsmodell, Kanäle und Signale; Beispiel: Übertragung digitaler Quellensignale

Die Übertragung digitaler Signale, die wir in diesem Kapitel betrachten wollen, betrifft die beiden Blöcke in Abb. 2.1, die mit MOD_{dig} und DEM_{dig} bezeichnet sind. Beide Blöcke zusammen bezeichnet man auch als *Modem*, ein Kunstwort, das durch Zusammenfassung von *Modulation* und *Demodulation* gebildet worden ist. Die Bezeichnungen „Modulation" und „Demodulation" wiederum entstammen der Welt der Übertragung analoger Signale, in der die Modulation meist der TP-BP-Transformation und die Demodulation der BP-TP-Transformation entspricht. Bei einem heutigen Modem (jetzt als Gerät gemeint) sind diese beiden Anteile zwar meist auch vorhanden, bilden aber nur einen recht kleinen Anteil am gesamten, zu einer digitalen Übertragung erforderlichen Verfahren. Die Bezeichnung „Modem" werden wir deshalb im Folgenden als Synonym für *Übertragung digitaler Signale* auffassen.

Der Block MOD_{HF} verschiebt das Spektrum des analogen Modem-Sendesignals $s(t)$, d. h. des Ausgangssignals von MOD_{dig}, in ein Frequenzband, das mittels Funk über eine Antenne als elektromagnetische Welle abgestrahlt werden kann. Zusammen mit einer Antenne empfängt DEM_{HF} das gesendete HF-Signal und verschiebt das Spektrum wieder in eine Frequenzlage, die der Block DEM_{dig} erwartet. MOD_{HF} und DEM_{HF} entsprechen damit ebenfalls einer TP-BP-Transformation bzw. einer BP-TP-Transformation.

Die Zusammenfassung von Funktionen zu Blöcken in Modellbildern wie in Abb. 2.1 ist willkürlich. Sie hat, wie oben bereits betont, per Definition nicht direkt etwas mit Geräten oder Baugruppen zu tun, die bei einer *Realisierung* von Verfahren vorkommen. Sie wird bei uns vielmehr der jeweiligen Betrachtung angemessen sein. Die Folge einer solchen flexiblen Zusammenfassung ist, dass Begriffe wie *Sender, Empfänger, Quelle, Sendesignal* usw. nicht immer die gleiche Bedeutung besitzen müssen. In der Regel werden wir den oberen Teil in Abb. 2.1 als Sender bezeichnen, den unteren als Empfänger, dabei die Quelle und die Senke aber nicht mit einbeziehen.

Darüber hinaus ist zu beachten, dass es auch unterschiedliche Kanäle gibt: Der Kanalcodierer „sieht" einen sog. *diskreten Kanal*, der Quellencodierer ebenfalls einen derartigen diskreten Kanal, der sich in seinen Eigenschaften aber von dem des Kanalcodierers und natürlich erst recht vom physikalischen Kanal (Funk im Beispiel) unterscheidet.

In diesem und im nächsten Kapitel wollen wir unter *Sendesignal* immer das zeit- und wertkontinuierliche (oder analoge) Signal $s(t)$ am Ausgang von MOD_{dig} verstehen, das Empfangssignal $g(t)$ als das Signal am Eingang von DEM_{dig}. Die Abbildung $\tilde{\ } s(t) \rightarrow g(t)$ ist der *Übertragungskanal*, der sich – s. Abb. 2.1 – von dem physikalisch genutzten Übertragungsmedium unterscheiden kann. Er soll bei uns nun als *additiver weißer gaußscher Rauschkanal (AWGR-Kanal)* angenommen werden, d. h.

$$g(t) = s(t) + n(t). \tag{2.1}$$

$n(t)$ ist hierbei Musterfunktion eines WGR-Prozesses (s. Abschn. 1.1.6). In praktischen Anwendungen bedeutet dies z. B., dass das Sendesignal – von den additiven Störungen abgesehen – in seiner Form unverändert zum Empfänger gelangt, bei dem Modell in Abb. 2.1 also bis zum Eingang des Blocks DEM_{dig}. Der WGR-Prozess kann dann so interpretiert werden, dass er das Rauschen modelliert, das durch die ersten Stufen eines realen Funkempfängers hinzugefügt wird.

Um eine grundlegende Betrachtung von Verfahren zur Übertragung digitaler Signale zu ermöglichen, müssen wir von dem Modell nach Abb. 2.1 noch etwas abstrahieren. Wir stellen uns dazu vor, dass die zu übertragende Folge von Zahlen am Eingang von MOD_{dig} von einer Quelle erzeugt wird, die sämtliche davor liegenden Details beinhaltet. Auf der Empfangsseite gibt es als Gegenstück dazu eine *Senke*, die die Zahlenfolgen am Ausgang von DEM_{dig} entgegennimmt. Vereinfachend soll angenommen werden, dass diese neue Quelle alle durch den Wertebereich bedingten Kombinationsmöglichkeiten bei ihrem digitalen Ausgangssignal zulässt.

2.2 Übertragung von Signalen und Information

Die folgenden Erläuterungen stellen eine kurze Einführung in die grundlegenden Ideen der Informationstheorie dar. Ausführlicher wird die Informationstheorie in einem späteren Kapitel behandelt.

Die Grundidee, eine Informationsübertragung einer mathematischen Beschreibung zugänglich zu machen, ist die folgende: Ein Sender wählt aus einer Menge A_e von Elementarsignalen $e_i(t)$ eines aus und schickt dieses als Sendesignal $s(t) = e_i(t)$ über den Kanal zum Empfänger. Der Empfänger entscheidet bei vorliegendem Empfangssignal $g(t) = s(t) + n(t)$, welches der möglichen Elementarsignale aus A_e gesendet wurde. Hierzu muss ihm das Alphabet A_e natürlich bekannt sein. $n(t)$ ist eine Musterfunktion des WGR-Prozesses. Was ist damit „übertragen" worden? Wenn die Entscheidung des Empfängers richtig war, kennt er die vom Sender getroffene Wahl, oder, anders ausgedrückt, er kennt nun die Nr. i des Elementarsignals. *Information* ist in diesem Sinne so zu verstehen, dass der Empfänger nach der Übertragung darüber *informiert* ist, welches Elementarsignal der Sender ausgewählt hat. Interpretieren wir i als einen Wert der im vorhergehenden Abschnitt erwähnten zu übertragenden Zahlenfolge, dann erkennt man, dass hiermit genau ein solcher Wert der Zahlenfolge (oder gleichbedeutend: des *digitalen Signals*) von der Sendeseite zur Empfangsseite übertragen worden ist. Schreibt man die Zahl i in binärer Darstellung als Anordnung von binären Ziffern (*Binary Digits* oder *Bits*), dann bedeutet dies wiederum, dass eine Anzahl von Bits vom Sender zum Empfänger übertragen wurde. *Sender* und *Empfänger* stellen in dieser Betrachtung offensichtlich eine noch weitergehende Abstraktion dar: Der Sender liefert das Signal $s(t)$ in Abb. 2.1, und der Empfänger nimmt das Empfangssignal $g(t)$ entgegen.

Wenn M die Zahl der Elementarsignale in A_e ist und der Sender bei der Auswahl im Mittel kein Elementarsignal bevorzugt, dann werden mit jedem Elementarsignal im Mittel

$$m = \log_2(M) \text{ bit} \tag{2.2}$$

übertragen. Abbildung 2.2 veranschaulicht dies am Beispiel einer Übertragung mit $M = 4$ Elementarsignalen. Gewählt wurden hier Ausschnitte von cos-Verläufen, die durch eine Phasenverschiebung von jeweils 90 Grad auseinander hervorgehen. Aus $M = 4$ folgt, dass mit jedem Elementarsignal $\log_2(M) = 2$ bit übertragen werden können. Damit der Empfänger entscheiden kann, welches der vier möglichen Elementarsignale gerade gesendet wurde, benötigt er ein *Maß*, das er zur Entscheidung heranziehen kann. Hierzu definiert man z. B. ein Maß für die *Ähnlichkeit* des gerade vorliegenden Empfangssignals $g(t)$ mit den vier möglichen Verläufen und erklärt das Elementarsignal als das empfangene, das die größte Ähnlichkeit ergibt. In Abb. 2.3 ist dies symbolisch dargestellt.

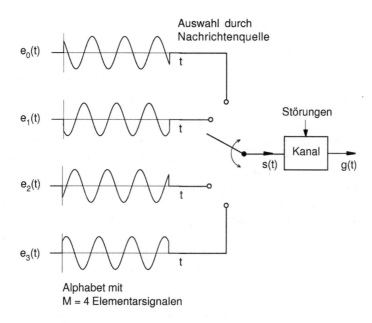

Abb. 2.2. Übertragung mit $M = 4$ Elementarsignalen, Beispiel: 4 PSK

Eine Ähnlichkeit ins Spiel zu bringen ist deshalb sinnvoll, weil man davon ausgehen muss, dass der Übertragungskanal die gesendeten Elementarsignale im allgemeinen Fall in ihrer Form verändern und vom jeweiligen Signal unabhängige Störungen hinzufügen wird. Da die Störungen wiederum zufälliger

Natur sind, wird eine *Wahrscheinlichkeit* sicher ein zweckmäßiges Maß für die Ähnlichkeit sein. Das gerade genutzte Beispiel kommt in der Praxis vor: Es handelt sich um die sog. *4-Phasenumtastung* (engl. *4 Phase Shift Keying*, *4 PSK*).

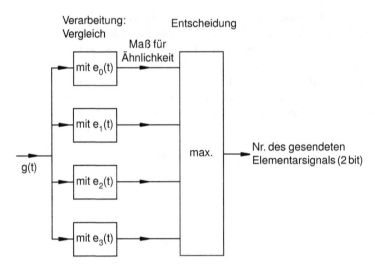

Abb. 2.3. Übertragung mit $M = 4$ Elementarsignalen, Beispiel: 4 PSK, Empfänger

Anmerkung: Information zu übertragen bedeutet in der gerade beschriebenen Weise also, Nummern von Elementarsignalen (bzw. die zugehörigen Bitkombinationen) zu übertragen. Im Sinne der von Shannon begründeten Informationstheorie ist dies nur als Spezialfall zu verstehen, bei dem angenommen ist, dass die Wahrscheinlichkeiten, mit der der Sender ein bestimmtes Elementarsignal auswählt, alle gleich sind. Wir haben hierzu am Ende des vorhergehenden Abschnitts vorausgesetzt, dass die Quelle alle Kombinationsmöglichkeiten bei den zu übertragenden Zahlenfolgen zulässt. Hier muss jedoch noch ergänzt werden, dass alle Kombinationsmöglichkeiten auch noch mit gleicher Wahrscheinlichkeit vorkommen müssen. Des Weiteren sollte hier bereits betont werden, dass die Informationstheorie den Begriff *Information* nicht definiert. Sie gibt lediglich ein Maß für den *Informationsgehalt* (in bit) an, was in den technischen Anwendungen völlig ausreicht. Der Informationsbegriff der Umgangssprache, bei dem meist die Bedeutung (oder *Semantik*) im Vordergrund steht, ist nicht Gegenstand der Informationstheorie. Es ist mit „Information" vielmehr nur qualitativ das gemeint, was den Auswahlvorgang im Sender und den Entscheidungsvorgang im Empfänger kennzeichnet. Was die Auswahl- und Entscheidungsvorgänge und die hiermit verbundenen übertragenen Bitkombinationen bedeuten, werden wir im Folgenden nicht betrachten. ◄

Zusammenfassend lässt sich somit Folgendes sagen:

- Zur Übertragung von Information sind $M \geq 2$ voneinander verschiedene Elementarsignale notwendig. Praktisch werden die Elementarsignale durch Verläufe von physikalischen Größen repräsentiert, z. B. durch Spannungen, Ströme, Schwärzungen auf Papier.
- *Information* entsteht durch den **Auswahlvorgang** auf der Sendeseite sowie den **Entscheidungsvorgang** auf der Empfangsseite.
- Störungen und daraus resultierende Verfälschungen der Elementarsignale durch den Kanal können Fehlentscheidungen auf der Empfangsseite bewirken. Dies hat zur Folge, dass die Information nicht immer korrekt übertragen wird.
- Der *Vergleich* auf der Empfangsseite sowie das Maß für die Ähnlichkeit werden zweckmäßig im statistischen Sinn definiert: als **Wahrscheinlichkeiten**.
- Wenn keine Störungen bzw. Verfälschungen der Elementarsignale vorkommen und alle Elementarsignale mit gleicher Wahrscheinlichkeit auftreten (wenn alle die gleiche *A-Priori-Wahrscheinlichkeit* besitzen), dann werden mit jedem Elementarsignal $m = \log_2(M)$ Bit übertragen.
- Die über einen zufälligen Auswahl- bzw. Entscheidungsvorgang im technischen Sinn definierte und hier vorausgesetzte „Information" ist nicht mit der im allgemeinen Sprachgebrauch identisch. Es fehlt der semantische Aspekt.

Die Form der Elementarsignale ist bei dieser Art von Informationsübertragung offensichtlich nicht entscheidend, die Elementarsignale müssen nur voneinander unterscheidbar sein. Für zwei weitere Beispiele mit $M = 4$ sind die Elementarsignal-Alphabete in Abb. 2.4 dargestellt. Das links dargestellte gehört zu einer sog. *diskreten Pulsamplitudenmodulation* (*diskrete PAM*), bei der man von einem einzigen Elementarsignal ausgeht und mit Hilfe unterschiedlicher Amplitudenfaktoren die verschiedenen Elementarsignale des Alphabets A_e erzeugt.

Als Beispiel ist hier ein rect-Elementarsignal als Ausgangspunkt gewählt worden – jedes andere der in Abschn. 1.1.5 eingeführten könnte aber ebenso herangezogen werden, sogar auch solche, die auf der Zeitachse unendlich ausgedehnt sind (z. B. si(πt)). Bei der diskreten PAM liegt per Definition immer ein System von linear abhängigen Elementarsignalen vor.

Rechts in Abb. 2.4 ist ein Alphabet mit orthogonalen Funktionen dargestellt. Die ebenfalls hier als Beispiel zu verstehenden Walsh-Funktionen sind bereits in Abschn. 1.1.4 eingeführt worden, s. Abb. 1.2.

Ein letztes Beispiel soll hervorheben, dass die im nächsten Abschnitt genutzten mathematischen Methoden allgemeiner sind, als sie hier verwendet werden. Sie sind vor allem auch bei der sog. *Mustererkennung* zu nutzen, bei der es darum geht, gegebene *Muster* in *Klassen* einzuordnen. Solche Muster können z. B. handgeschriebene Ziffern sein. Sie entsprechen unseren Elementarsignalen und die Klassen wiederum den Nummern der Elementarsignale.

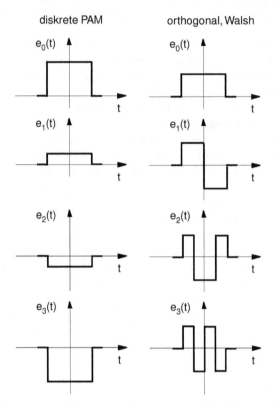

Abb. 2.4. Weitere Beispiele für Elementarsignalalphabete mit $M = 4$: 4 PAM und Übertragung mit 4 Walsh-Funktionen

In Abb. 2.5 ist ein Modell skizziert, das als Beispiel das Erkennen von 4 handgeschriebenen Ziffern (0, 1, 2, 3) in unseren Kontext einer Informations-übertragung übersetzt. Hierzu muss man sich vorstellen, dass die individuell unterschiedlich geschriebenen Ziffern immer aus *Referenzziffern* hervorgehen und die individuellen, durch den Schreibvorgang hervorgerufenen Unterschiede durch Störungen auf einem (real nicht existenten) Übertragungskanal nachgebildet werden.

Die Referenzziffern entsprechen dann unseren Elementarsignalen auf der Sendeseite, die wirklich vorliegenden handgeschriebenen Zeichen denen am Eingang des Empfängers. Zu beachten sind natürlich Unterschiede im De-tail: Die Störungen des Kanals sind sicher nicht ganz unabhängig von den Zeichen selbst, und darüber hinaus sind sie sicher nicht a priori durch einen Gauß-Prozess nachzubilden, den wir häufig bei der Informationsübertragung voraussetzen. Aber deutlich wird hiermit bereits, dass es nicht abwegig ist, Methoden der Mustererkennung auf dem Gebiet der Informationsübertragung anzuwenden und umgekehrt. Als aktuelles Beispiel kann man hier die künstlichen neuronalen Netze anführen, die auf beiden Gebieten verwendet werden können.

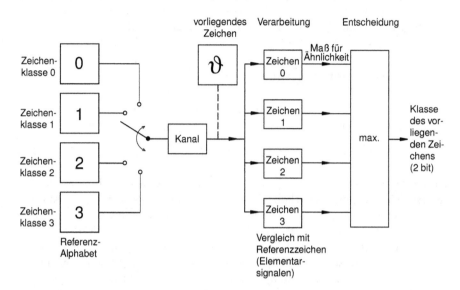

Abb. 2.5. Übertragung mit Elementarsignalen und Erkennen von handgeschriebenen Ziffern

In den bisherigen Erläuterungen dieses Abschnitts war vorausgesetzt, dass ein Elementarsignal einmalig gesendet wird. Bei jeder realen Übertragung wird man kontinuierlich Elementarsignale (und damit Bits) senden wollen. Hiermit ergibt sich das Problem, dass sich vor allem benachbarte Elementarsignale – abhängig von der gewählten Form – gegenseitig beeinflussen können. Es resultieren sog. *Eigenstörungen* oder *Intersymbolinterferenzen* (ISI). Wir werden dies erst in einem späteren Kapitel betrachten und uns zunächst auf das einmalige Senden und den einmaligen Empfang eines Elementarsignals beschränken. Das gerade beschriebene Grundprinzip einer Informationsübertragung mit Hilfe von Elementarsignalen wird aber in jedem Falle durchgängig Gültigkeit behalten.

Die betrachtete Übertragung digitaler Quellensignale wird abgekürzt gerne als *digitale Übertragung* bezeichnet, was aber Missverständnisse bewirken kann: Es ist nicht mehr deutlich, worauf sich „digital" bezieht, nämlich auf die Quellensignale und nicht auf die Elementarsignale, die wiederum mit der „Übertragung" viel enger verbunden sind. Elementarsignale werden bei uns – so wie in jeder praktischen Anwendung – analog sein. Trotz dieser möglichen

Missverständnisse soll die Bezeichnung „digitale Übertragung" im Folgenden benutzt werden.

Eine Übertragung von analogen Quellensignalen, z. B. von Sprachsignalen, die in gleicher Weise nicht ganz korrekt auch *analoge Übertragung* genannt wird, wird erst später behandelt. Dies hat den Vorteil, dass die analogen Übertragungsverfahren aus den digitalen herzuleiten sind.

2.3 Binäre Übertragung

Bei einer binären Übertragung kann die Nachrichtenquelle zwischen zwei Elementarsignalen wählen. Für das *Elementarsignalalphabet* A_e gilt somit:

$$A_e = \{e_0(t), e_1(t)\}. \tag{2.3}$$

Welche konkreten Elementarsignale hier gewählt werden, ist für das Prinzip der Binärübertragung unerheblich. Es muss lediglich sichergestellt werden, dass sich $e_0(t)$ und $e_1(t)$ voneinander unterscheiden. Wie dieser „Unterschied" zu messen ist und wie er sich auf die Resistenz gegen das AWGR auswirkt, wird später deutlich werden. Wichtig ist aber jetzt bereits, ein *Gütemaß* für die Binärübertragung zu definieren, über dessen Optimierung wir zu optimalen Empfangsalgorithmen bzw. zu optimalen Empfängerstrukturen gelangen. Ein in der Praxis wichtiges Gütemaß, das auch hier verwendet werden soll, ist die mittlere Zahl von richtig übertragenen Bits, die es zu maximieren gilt. Das wahrscheinlichkeitstheoretische Äquivalent hierzu ist die Wahrscheinlichkeit, mit der ein Bit – oder, hiermit korrespondierend, ein Elementarsignal – richtig empfangen wird.

Die zu lösende Aufgabe besteht also darin, eine Vorschrift zu finden, mit der das wahrscheinlichst gesendete Elementarsignal bei gegebenem Empfangssignal bestimmt werden kann.

Im Folgenden werden wir zunächst ein einmaliges Aussenden eines Elementarsignals zum Zeitpunkt $t = 0$ und den korrespondierenden einmaligen Empfang betrachten. Die in einem solchen „Experiment" auftretenden Signale werden dabei als Musterfunktionen von stochastischen Prozessen aufgefasst. Alle vorkommenden Wahrscheinlichkeiten sind somit in Ensemblerichtung über die verschiedenen Musterfunktionen zum Zeitpunkt $t = 0$ gebildet zu verstehen und die Musterfunktionen entstehen durch (gedankliches) Wiederholen des Experiments.

Die Verallgemeinerung auf ein fortlaufendes Aussenden von Elementarsignalen, wie es in praktischen Anwendungen auftritt, wird in Abschn. 2.3.5 vorgenommen.

2.3.1 Optimales Empfangsverfahren

Abbildung 2.6 zeigt das vorausgesetzte Modell der Binärübertragung.
Die Nachrichtenquelle wählt zwischen den beiden Elementarsignalen $e_0(t)$ und
$e_1(t) \neq e_0(t)$ aus und sendet das ausgewählte über den AWGR-Kanal zum
Empfänger. Wenn das ausgewählte Elementarsignal mit $e_i(t)$ bezeichnet wird
($i = 0$ oder $i = 1$), dann ergibt sich am Eingang des Empfängers das Signal

$$g(t) = e_i(t) + n(t). \tag{2.4}$$

$n(t)$ ist hierbei, wie oben bereits erläutert, eine Musterfunktion des WGR-
Prozesses. Der Empfänger berechnet nun zwei Wahrscheinlichkeiten:

$$P_0 = \mathrm{Prob}\,[e_0(t) \text{ gesendet} \mid g(t) \text{ empfangen}]$$
$$P_1 = \mathrm{Prob}\,[e_1(t) \text{ gesendet} \mid g(t) \text{ empfangen}]\,. \tag{2.5}$$

P_0 und P_1 sind *bedingte Wahrscheinlichkeiten*, bei denen vorausgesetzt ist,
dass das Ereignis rechts von $\mid$, d. h. „$g(t)$ empfangen", bereits eingetreten ist.
Auf den hier vorliegenden zeitlichen Ablauf bezogen spricht man bei P_0 und
P_1 auch von *A-Posteriori*-Wahrscheinlichkeiten. Neben der Schreibweise nach
(2.5) ist es üblich, eine abgekürzte Schreibweise zu verwenden:

$$P_i = \mathrm{Prob}\,[e_i(t) \mid g(t)]\,; \quad i = 0, 1. \tag{2.6}$$

Wir wollen sie im Folgenden auch nutzen und dabei beachten, dass im Argument von Prob[·] *Ereignisse* stehen. Die vom Empfänger anzuwendende
Entscheidungsregel lautet somit

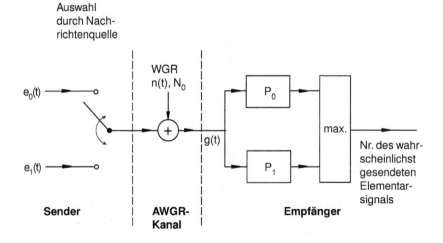

Abb. 2.6. Einfaches Modell für eine Binärübertragung über einen AWGR-Kanal

$$\max_{i=0,1}\{\text{Prob}\,[e_i(t)\,|\,g(t)]\} = P_k \tag{2.7}$$

$\Rightarrow e_k(t)$ mit größter Wahrscheinlichkeit gesendet.

Wegen der hier vorkommenden A-Posteriori-Wahrscheinlichkeiten wird diese Regel auch *Maximum-A-Posteriori-Entscheidungsregel* oder kurz *MAP-Entscheidungsregel* genannt. Nun sind die beiden hier auftretenden A-Posteriori-Wahrscheinlichkeiten nicht direkt zu berechnen. „$e_i(t)$ gesendet" ist die Ursache für das sich anschließende Ereignis „$g(t)$ empfangen". Wenn aber „$g(t)$ empfangen" bereits eingetreten ist, dann müssen die beiden Ereignisse in (2.6) als *Hypothesen* aufgefasst werden, aufgrund deren das Ereignis „$g(t)$ empfangen" eingetreten ist. Die Wahrscheinlichkeiten sind somit Wahrscheinlichkeiten für Hypothesen, die einer Berechnung hier nicht zugänglich sind. Mit dem *Satz von Bayes* wird es aber möglich, das hier vorgegebene Übertragungsmodell ins Spiel zu bringen und die gesuchten Wahrscheinlichkeiten indirekt doch zu berechnen. Der Satz von Bayes lautet bei der hier vorgegebenen Aufgabe:

$$\text{Prob}\,[e_i(t)\,|\,g(t)] = \text{Prob}\,[e_i(t)]\,\frac{\text{Prob}\,[g(t)\,|\,e_i(t)]}{\text{Prob}\,[g(t)]}\,;\quad i = 0, 1. \tag{2.8}$$

Prob$[e_i(t)]$ auf der rechten Seite ist eine *A-Priori*-Wahrscheinlichkeit. Sie gibt an, mit welcher Wahrscheinlichkeit die Nachrichtenquelle das Elementarsignal $e_i(t)$ auswählt. Sie muss im voraus bekannt sein. Prob$[g(t)\,|\,e_i(t)]$ ist – im Gegensatz zu Prob$[e_i(t)\,|\,g(t)]$ – mit dem vorgegebenen Übertragungsmodell über ein Gedankenexperiment bestimmbar: Man nimmt an, dass $e_0(t)$ gesendet wird und bestimmt mit dem Wissen über den AWGR-Prozess die Wahrscheinlichkeit Prob$[g(t)\,|\,e_0(t)]$. Mit dem Senden von $e_1(t)$ wiederholt man das Gedankenexperiment und bestimmt in gleicher Weise Prob$[g(t)\,|\,e_1(t)]$. Bis auf Prob$[g(t)]$ sind somit alle Wahrscheinlichkeiten auf der rechten Seite von (2.8) bekannt bzw. bestimmbar. Für die Maximierungsaufgabe nach (2.7) ist diese letztere Wahrscheinlichkeit irrelevant, da sie nicht von i abhängt. Die MAP-Entscheidungsregel kann daher auch so ausgedrückt werden:

$$\max_{i=0,1}\{\text{Prob}\,[e_i(t)]\,\text{Prob}\,[g(t)\,|\,e_i(t)]\} = \text{Prob}\,[e_k(t)]\,\text{Prob}\,[g(t)\,|\,e_k(t)]$$

$\Rightarrow e_k(t)$ mit größter Wahrscheinlichkeit gesendet. $\tag{2.9}$

Beim Entwurf eines digitalen Übertragungssystems geht man in der Regel davon aus, dass die zu übertragenden Bits alle mit gleicher Wahrscheinlichkeit auftreten. Als Rechtfertigung für diese Annahme wird meist die *Transparenz* angeführt: Das Übertragungssystem soll für alle Arten von Quellen ohne jeweils neue Anpassung in gleicher Weise gut funktionieren. Mit dieser Annahme liegen die A-Priori-Wahrscheinlichkeiten Prob$[e_i(t)]$ fest: Sie sind gleich. Für den hier vorliegenden binären Fall bedeutet dies:

$$\text{Prob}\,[e_0(t)] = \text{Prob}\,[e_1(t)] = \frac{1}{2}. \tag{2.10}$$

Da somit bei den A-Priori-Wahrscheinlichkeiten ebenfalls keine Abhängigkeit von i mehr vorliegt, können sie bei der Maximierungsaufgabe auch weggelassen werden. Die Entscheidungsregel nach (2.9) vereinfacht sich somit zu

$$\max_{i=0,1} \left\{ \text{Prob}\left[g(t) \mid e_i(t) \right] \right\} = \text{Prob}\left[g(t) \mid e_k(t) \right]$$

$\Rightarrow e_k(t)$ mit größter Wahrscheinlichkeit gesendet.   (2.11)

Diese neue Entscheidungsregel wird *Maximum-Likelihood-Entscheidungsregel* oder kurz *ML-Regel* genannt. „Likelihood" bedeutet dabei so viel wie „Glaubwürdigkeit" oder „Verlässlichkeit". Im Anhang zu diesem Kapitel wird gezeigt, dass diese ML-Regel durch eine korrespondierende ML-Regel ausgedrückt werden kann, in der anstelle der zeitkontinuierlichen Signale nur noch Signalvektoren vorkommen:

$$\max_{i=0,1} \left\{ p_{\underline{g}}(\underline{x} = \underline{g} \mid \underline{e}_i) \right\} = p_{\underline{g}}(\underline{x} = \underline{g} \mid \underline{e}_k)$$

$\Rightarrow e_k(t)$ mit größter Wahrscheinlichkeit gesendet.   (2.12)

Die zwei Wahrscheinlichkeiten Prob[·] aus (2.11) sind jetzt durch zwei N-dimensionale bedingte Wahrscheinlichkeitsdichten $p_{\underline{g}}(\underline{x} \mid \underline{e}_0)$ und $p_{\underline{g}}(\underline{x} \mid \underline{e}_1)$ ersetzt. $\underline{g}$ ist der zu $g(t)$ gehörige Empfangssignalvektor, die Vektoren $\underline{e}_0$ und $\underline{e}_1$ ersetzen die beiden zeitkontinuierlichen Elementarsignale. $\underline{x}$ ist der Variablenvektor der Wahrscheinlichkeitsdichte. Die Wahrscheinlichkeitsdichten leiten sich aus dem AWGR auf dem Kanal ab:

$$p_{\underline{g}}(\underline{x} \mid \underline{e}_i) = p_{\underline{n}}(\underline{x} - \underline{e}_i)$$

$$= \left[\frac{1}{\sqrt{2\pi\,(N_0\,2f_g)^2}} \right]^N \exp\left(-\frac{\|\underline{x} - \underline{e}_i\|^2}{2(N_0 2f_g)^2} \right).$$ (2.13)

f_g ist hierbei die Grenzfrequenz der als bandbegrenzt angenommenen Elementarsignale, N_0 die Rauschleistungsdichte auf dem Kanal, und für die Dimension N des Signalraumes gilt:

$$N = 2f_g\,T,$$ (2.14)

wobei T wiederum die Dauer der Elementarsignale ist.

Die Entscheidungsregel (2.12) besagt somit, dass man von einem empfangenen Vektor $\underline{g}$ jeweils $\underline{e}_0$ bzw. $\underline{e}_1$ subtrahieren muss um dann durch Einsetzen der beiden Differenzen in die mehrdimensionale Gauß-Verteilung (2.13) den größeren der beiden Wahrscheinlichkeitsdichte-Werte zu bestimmen. Der Vektor $\underline{e}_k$, der zum größeren der beiden Werte gehört, entspricht dem wahrscheinlichst gesendeten Elementarsignal $e_k(t)$.

Abbildung 2.7 soll dies als Beispiel für Signalvektoren mit $N = 2$ Komponenten veranschaulichen. Die hier relevante zweidimensionale Gauß-Verteilung ist an den rotationssymmetrischen Glockenkurven zu erkennen. Die Leistungsdichte N_0 des AWGR auf dem Kanal ist so angenommen, dass die Wahrscheinlichkeitsdichten $p_{\underline{g}}(\underline{x} \mid \underline{e}_0)$ und $p_{\underline{g}}(\underline{x} \mid \underline{e}_1)$ sehr schnell abfallen und sich kaum durchdringen.

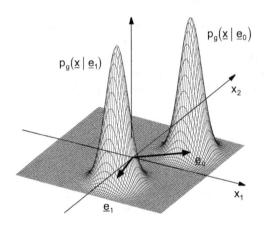

Abb. 2.7. Verteilungsdichtefunktion im Signalraum bei binärer Übertragung

Abbildung 2.8 zeigt das gleiche Bild „von oben". Eingezeichnet sind Linien gleicher Wahrscheinlichkeit und als Beispiel ein aktuell empfangener Vektor $\underline{x} = \underline{g}$.

Die größere von beiden Wahrscheinlichkeitsdichten ist für diesen Empfangsvektor $\underline{g}$ offensichtlich die zu $\underline{e}_0$ gehörende. Die ML-Regel (2.12) teilt die Ebene in zwei Gebiete: Wo die beiden Dichten gleich groß sind ergibt sich eine Trennlinie, die *Entscheidungsgrenze*. Vektoren $\underline{g}$ auf der einen Seite der Entscheidungsgrenze führen zur Entscheidung „$e_0(t)$ mit größter Wahrscheinlichkeit gesendet", solche auf der anderen Seite zu „$e_1(t)$ mit größter Wahrscheinlichkeit gesendet". Da die Gauß-Glocken die gleiche Höhe besitzen, ergibt sich als Entscheidungsgrenze eine Gerade. Sie ist identisch mit der Mittelsenkrechten der Verbindungsgeraden $\underline{e}_0 - \underline{e}_1$.

Setzt man die beiden hier vorkommenden Wahrscheinlichkeitsdichten ins Verhältnis und bildet anschließend den natürlichen Logarithmus, d. h.

$$\log\left[\frac{p_{\underline{n}}(\underline{g} - \underline{e}_0)}{p_{\underline{n}}(\underline{g} - \underline{e}_1)}\right] = \frac{\|\underline{g} - \underline{e}_1\|^2 - \|\underline{g} - \underline{e}_0\|^2}{2\sigma_n^2}, \qquad (2.15)$$

dann wird offensichtlich, dass zwei euklidische Distanzen verglichen werden und die ML-Entscheidungsregel in eine *Minimaldistanz-Regel* umformuliert werden kann:

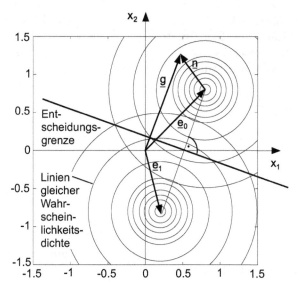

Abb. 2.8. Verteilungsdichtefunktion im Signalraum bei binärer Übertragung; Schnitt

$$d_0 = \|\underline{g} - \underline{e}_0\|$$
$$d_1 = \|\underline{g} - \underline{e}_1\| \tag{2.16}$$
$$\min\{d_0, d_1\} = d_k$$

$\Rightarrow e_k(t)$ mit größter Wahrscheinlichkeit gesendet,

d. h. man sucht den Elementarsignalvektor aus, der die kleinste euklidische Distanz d_i zum empfangenen Vektor $\underline{g}$ besitzt.

Gleichung (2.15) wird auch als *Log-Likelihood-Verhältnis* bezeichnet. Die Umformungen und Erläuterungen gelten für Vektoren mit beliebig vielen Komponenten bzw. für beliebig hochdimensionale Vektor- oder Signalräume. Die euklidischen Distanzen sind Folge der Gauß-Verteilung, die wiederum durch den angenommenen AWGR-Kanal bedingt ist. Andere Arten von Störungen müssen nicht zu euklidischen Distanzen führen, d. h. die letzten Umformungen sind sicher Spezialfälle. Andererseits legt Abb. 2.7 nahe, dass auch andere Typen von Verteilungsdichtefunktionen zu einer Geraden als Entscheidungsgrenze führen können, die wiederum mit der abgeleiteten Minimaldistanz-Regel (2.16) konform ist. Bei Dimensionen größer als 2 wird aus der Entscheidungsgrenze eine Ebene bzw. Hyperebene, und die Linien gleicher Wahrscheinlichkeitsdichte werden bei der Gauß-Verteilung zu Kugelschalen bzw. Hyperkugelschalen. Beliebige Verteilungsdichtefunktionen der Störungen führen schließlich zu allgemeinen Entscheidungsflächen im N-dimensionalen Raum der Signalvektoren, und die Minimaldistanz-Regel gilt dann nicht mehr. Dieser Fall ist jedoch bereits allgemeiner als der hier vorausgesetzte mit AWGR-Störungen.

2.3.2 Empfängerstrukturen

Die Berechnung der beiden quadratischen Distanzen ergibt:

$$
\begin{aligned}
d_i^2 &= ||\underline{g} - \underline{e}_i||^2 \\
&= (\underline{g} - \underline{e}_i, \underline{g} - \underline{e}_i) \\
&= (\underline{g}, \underline{g}) + (\underline{e}_i, \underline{e}_i) - (\underline{g}, \underline{e}_i) - (\underline{e}_i, \underline{g}).
\end{aligned}
\tag{2.17}
$$

$(.,.)$ bedeutet das Skalarprodukt zwischen den im Argument stehenden Signalvektoren. Für $(\underline{e}_i, \underline{g})$ gilt beispielsweise

$$
(\underline{e}_i, \underline{g}) = \sum_{l=1}^{N} e_{il}\, g_l^*.
$$

Angenommen werden soll nun ein System mit orthonormalen Basisfunktionen, das den Übergang vom Signalraum zum hier betrachteten, korrespondierenden Raum der Signalvektoren ermöglicht, z. B. das zuvor bereits genutzte System von si-Funktionen (Abtasttheorem). Die Orthonormalität bewirkt, dass die Vektor-Skalarprodukte in (2.17) mit den korrespondierenden Skalarprodukten im Signalraum direkt identisch sind (s. Abschn. 1.1.3, Parseval-Theorem). Die ersten beiden Skalarprodukte stellen somit die Energien E_g und E_{e_i} der Signale $g(t)$ und $e_i(t)$ dar. Für die Berechnung der minimalen Distanz ist E_g offensichlich irrelevant. Mit der allgemein gültigen Beziehung $(\underline{g}, \underline{e}_i) = (\underline{e}_i, \underline{g})^*$ folgt, dass die Summe der beiden rechten Skalarprodukte mit dem doppelten Realteil eines Skalarprodukts identisch ist und die Entscheidungsregel wie folgt formuliert werden kann:

$$
\max_{i=0,1}\{\mathrm{Re}\{(\underline{g}, \underline{e}_i)\} - \frac{1}{2} E_{e_i}\} = \mathrm{Re}\{(\underline{g}, \underline{e}_k)\} - \frac{1}{2} E_{e_k}
$$

$$
\Rightarrow \underline{e}_k(t) \text{ mit größterWahrscheinlichkeit gesendet.}
\tag{2.18}
$$

Wir werden in späteren Abschnitten auf diese Entscheidungsregel zurückkommen, zunächst aber nur reellwertige Signale voraussetzen, d. h. keine äquivalenten TP-Signale. Für das Skalarprodukt in (2.18) gilt mit dem Parseval-Theorem (1.30)

$$
(\underline{g}, \underline{e}_i) = \sum_{l} g_l\, e_{il} = \int_{T} g_{f_g}(t)\, e_i(t)\, dt.
\tag{2.19}
$$

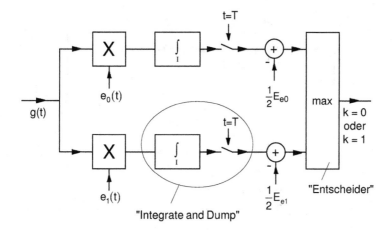

Abb. 2.9. Optimaler Empfänger bei einer Binärübertragung; Korrelation

Beachtet man, dass die $e_i(t)$ außerhalb des Integrationsintervalls der Dauer T identisch Null sein sollen, dann gilt weiter

$$(\underline{g}, \underline{e}_i) = \int\limits_{-\infty}^{\infty} g_{f_g}(t)\, e_i(t)\, dt. \tag{2.20}$$

Schließlich kann man die Bandbegrenzung der $e_i(t)$ auf f_g berücksichtigen, womit das auf f_g bandbegrenzte Eingangssignal $g_{f_g}(t)$ auch durch das Eingangssignal $g(t)$ selbst ersetzt werden kann:

$$(\underline{g}, \underline{e}_i) = \int\limits_{-\infty}^{\infty} g(t)\, e_i(t)\, dt. \tag{2.21}$$

Diese Berechnungsvorschrift bezeichnet man auch als *Korrelation*. Sie kann wie in Abb. 2.9 dargestellt realisiert werden. Nach der Integrationszeit T darf der Wert des Skalarprodukts ausgegeben werden, woraus sich auch die Bezeichnung *Integrate and Dump* ableitet, die in der Praxis üblich ist. Eine weitere Möglichkeit ergibt sich, wenn man das Skalarprodukt als Ausgangsignal eines LTI-Systems zum Zeitpunkt $t = 0$ auffasst:

$$(\underline{g}, \underline{e}_i) = e_i(-t) * g(t)|_{t=0}. \tag{2.22}$$

Das LTI-System besitzt hierbei eine Stoßantwort, die dem *zeitinversen* des jeweils vorausgesetzten Elementarsignals $e_i(t)$ entspricht. Ein solches LTI-System wird auch als *Korrelationsfilter* bezeichnet, oder als *Matched Filter*

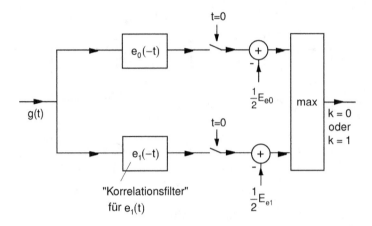

Abb. 2.10. Optimaler Empfänger bei einer Binärübertragung; Korrelationsfilter, Matched Filter (MF)

(MF), was so viel wie *angepasstes Filter* (an $e_i(t)$) bedeutet. Ein MF für $e_i(t)$ ist also ein LTI-System mit der Stoßantwort $e_i(-t)$. Abbildung 2.10 zeigt ein entsprechendes Blockbild.

Da nur zwei Skalarprodukte gebildet werden müssen, kann die Entscheidungsregel auch lauten:

$$(\underline{g}, \Delta \underline{e}_{10}) \begin{cases} \geq \frac{1}{2}\Delta E_{10} \Rightarrow e_1(t) \text{ gesendet} \\ < \frac{1}{2}\Delta E_{10} \Rightarrow e_0(t) \text{ gesendet.} \end{cases} \tag{2.23}$$

Hierbei sind die Abkürzungen $\Delta \underline{e}_{10} = \underline{e}_1 - \underline{e}_0$ und $\Delta E_{10} = E_{e_1} - E_{e_0}$ verwendet worden. Die hieraus resultierende Struktur eines Empfängers zeigt Abb. 2.11. Der Block nach dem Abtaster ist der *Entscheider*, der die Grenze im Signalraum realisiert. Abbildung 2.12 zeigt dies als Beispiel in einem Vektorraum mit zwei Dimensionen.

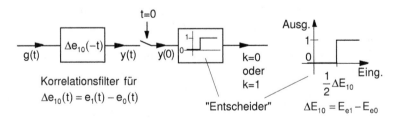

Abb. 2.11. Optimaler Empfänger bei einer Binärübertragung; Variante mit Differenzsignalen

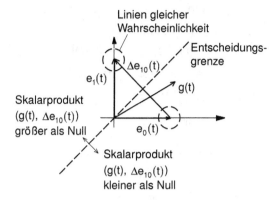

Abb. 2.12. Optimaler Empfänger bei einer Binärübertragung; Signalvektoren im Falle von orthogonalen Elementarsignalen gleicher Energie

Diese dritte Variante eines optimalen Empfängers bei einer Binärübertragung soll im Folgenden benutzt werden, um die Wahrscheinlichkeit für mögliche Fehlentscheidungen zu berechnen. Verwendet wird dabei die gerade schon erläuterte Gleichwertigkeit der Skalarprodukte von Signalvektoren und der zugehörigen zeitkontinuierlichen Signale (Parseval-Theorem).

2.3.3 Berechnung der Fehlerwahrscheinlichkeit

Die Entscheidungen des optimalen Empfängers sind im statistischen Sinn zu deuten. Das AWGR auf dem Kanal bewirkt, dass bei der Entscheidung auf $e_0(t)$ oder $e_1(t)$ Fehler vorkommen können. Die Wahrscheinlichkeit für solche Fehlentscheidungen – von nun an kurz mit *Fehlerwahrscheinlichkeit* bezeichnet – kann berechnet werden, wenn man beachtet, dass das Übertragungsmodell und die zuvor behandelten Empfangsverfahren gegeben sind.

Am Ausgang des Korrelationsfilters – s. Abb. 2.11 – ergibt sich das Signal

$$y(t) = g(t) * \Delta e_{10}(-t)$$
$$= s(t) * \Delta e_{10}(-t) + n(t) * \Delta e_{10}(-t). \tag{2.24}$$

Für den rechten Term, den Rauschsignalanteil in $y(t)$, soll die Abkürzung $n_e(t)$ verwendet werden, d. h.

$$n_e(t) = n(t) * \Delta e_{10}(-t). \tag{2.25}$$

Der Abtastwert von $y(t)$ zum Zeitpunkt $t = 0$, d. h.

$$y(0) = y(0)|_{n_e(t)=0} + n_e(0) \tag{2.26}$$

ist die sog. *Entscheidungsvariable*. Je nachdem, ob $e_0(t)$ oder $e_1(t)$ gesendet wird, ergibt sich für den *Nutzsignalanteil*, d. h. für $y(0)$ bei $n_e(0) = 0$, ein anderer Wert. Wird $e_0(t)$ gesendet, dann gilt:

$$
\begin{aligned}
y_0 &= y(0)|_{n_e(t)=0 \,\wedge\, s(t)=e_0(t)} \\
&= e_0(t) * \Delta e_{10}(-t)|_{t=0} \\
&= e_0(t) * [e_1(-t) - e_0(-t)]_{t=0} \\
&= \varphi^E_{e_1 e_0}(0) - \varphi^E_{e_0 e_0}(0) \\
&= \varphi^E_{e_1 e_0}(0) - E_{e_0}.
\end{aligned}
\tag{2.27}
$$

Bei Senden von $e_1(t)$ gilt entsprechend:

$$
\begin{aligned}
y_1 &= y(0)|_{n_e(t)=0 \,\wedge\, s(t)=e_1(t)} \\
&= E_{e_1} - \varphi^E_{e_0 e_1}(0).
\end{aligned}
\tag{2.28}
$$

Ein Fehler tritt bei der Entscheidung dann auf, wenn bei gesendetem $e_0(t)$ gilt

$$
y(0) = y_0 + n_e(0) \geq \frac{1}{2}\,\Delta E_{10} = \frac{1}{2}\,(y_0 + y_1).
\tag{2.29}
$$

Wurde dagegen $e_1(t)$ gesendet, dann führt

$$
y(0) = y_1 + n_e(0) < \frac{1}{2}\,\Delta E_{10}
\tag{2.30}
$$

zu einem Fehler. Für die *Entscheidungsschwelle* c gilt offensichtlich

$$
c = \frac{1}{2}\,\Delta E_{10} = \frac{1}{2}\,(y_0 + y_1).
\tag{2.31}
$$

Für die Fehlentscheidungen ist die Zufallsvariable $n_e(0)$ verantwortlich, deren Statistik durch den AWGR-Prozess auf dem Kanal bestimmt ist. Zur Berechnung der Fehlerwahrscheinlichkeit ist es notwendig, diese Statistik zu kennen.

In Abschn. 1.3 wurde erläutert, dass ein Gauß-Prozess am Eingang eines LTI-Systems am Ausgang ebenfalls zu einem Gauß-Prozess führt. Beide Prozesse besitzen lediglich unterschiedliche Streuungen. Die Streuung $\sigma^2_{n_e}$ des Ausgangsprozesses kann mit Hilfe des Wiener-Lee-Theorems (s. (1.89)) einfach berechnet werden:

$$
\begin{aligned}
\sigma^2_{n_e} &= \varphi_{nn}(t) * \varphi^E_{ww}(t)|_{t=0} \\
&= N_0\,\delta(t) * \varphi^E_{ww}(t)|_{t=0} \\
&= N_0\,E_w.
\end{aligned}
\tag{2.32}
$$

N_0 ist hierin wieder die Leistungsdichte des WGR auf dem Kanal und E_w die Energie der Stoßantwort des Korrelationsfilters, die mit der Energie des Differenz-Elementarsignals identisch ist:

$$
\begin{aligned}
E_w &= \int |w(t)|^2\, dt; \quad w(t) = \Delta e_{10}(-t) = e_1(-t) - e_0(-t) \\
&= E_{e_1} + E_{e_0} - \varphi^E_{e_1 e_0}(0) - \varphi^E_{e_0 e_1}(0) \\
&= y_1 - y_0.
\end{aligned}
\tag{2.33}
$$

Die Stationarität des Eingangsprozesses und somit auch des Ausgangsprozesses führt dazu, dass die Rauschleistung $\sigma_{n_e}^2$ zu beliebigen Zeitpunkten als Scharmittel berechnet werden kann, auch zum Zeitpunkt $t = 0$. Der gerade berechnete Wert für $\sigma_{n_e}^2$ ist deshalb identisch mit der Streuung der Zufallsvariablen $n_e(0)$. Für $y(0)$ ergeben sich somit zwei bedingte Verteilungsdichten, die beide Gauß-Verteilungen darstellen, jedoch mit unterschiedlichen Mittelwerten:

$$p_{y(0)}\left(x \mid e_0(t)\right) = \frac{1}{\sqrt{2\pi\sigma_{n_e}^2}} \exp\left(-\frac{(x - y_0)^2}{2\sigma_{n_e}^2}\right)$$

$$p_{y(0)}\left(x \mid e_1(t)\right) = \frac{1}{\sqrt{2\pi\sigma_{n_e}^2}} \exp\left(-\frac{(x - y_1)^2}{2\sigma_{n_e}^2}\right). \tag{2.34}$$

Abbildung 2.13 zeigt diese beiden bedingten Verteilungsdichtefunktionen.

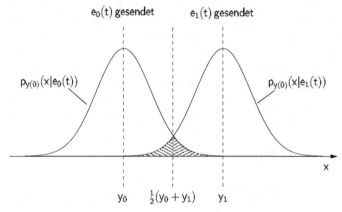

Abb. 2.13. Wahrscheinlichkeitsdichtefunktionen am Ausgang des Korrelationsfilters

Wie oben bereits erläutert, entsprechen die beiden schraffierten Flächen den jeweils auftretenden Fehlerwahrscheinlichkeiten. Wenn $e_1(t)$ gesendet wird gilt:

$$P_{e_1} = \int\limits_{-\infty}^{c} p_{y(0)}\left(x \mid e_1(t)\right)\, dx; \quad c = \frac{1}{2}\Delta E_{10} = \frac{1}{2}\left(y_0 + y_1\right). \tag{2.35}$$

c ist die Entscheidungsschwelle. Dieses Integral über die Gauß-Verteilung ist mit der in Abschn. 1.1.6 eingeführten Verteilungsfunktion (1.66) an der Stelle $x = c$ identisch, wenn man für den Mittelwert $m = y_1$ einsetzt, d. h.

$$P_{e_1} = P_{y(0)}(c) = \frac{1}{2}\operatorname{erfc}\left(\frac{y_1 - c}{\sqrt{2\sigma_{n_e}^2}}\right). \tag{2.36}$$

erfc($\cdot$) ist die ebenfalls in Abschn. 1.1.6 eingeführte komplementäre Error Function. Einsetzen von c und $\sigma_{n_e}^2$ aus (2.32) ergibt:

$$P_{e_1} = \frac{1}{2}\,\mathrm{erfc}\left(\sqrt{\frac{(y_1 - y_0)}{8N_0}}\right). \tag{2.37}$$

In der gleichen Weise ließe sich die Fehlerwahrscheinlichkeit P_{e_0} bestimmen, was aber zum gleichen Ergebnis führte, s. Abb. 2.13. Die *mittlere Fehlerwahrscheinlichkeit* P_e ergibt sich als Mittelwert zwischen P_{e_0} und P_{e_1}. Wegen der vorausgesetzten ML-Regel sind die zur Mittelwertbildung heranzuziehenden A-Priori-Wahrscheinlichkeiten gleich, so dass sich wieder der gleiche Wert ergibt, d. h. $P_e = P_{e_0} = P_{e_1}$.

Ein sehr wichtiges und bemerkenswertes Ergebnis ist, dass die Fehlerwahrscheinlichkeit nicht von der Form der verwendeten Elementarsignale abhängt. Insbesondere bedeutet dies, dass die *Breite* der Spektren keinen Einfluss besitzt. Ob die Elementarsignale ein sehr breites Band auf der Frequenzachse belegen oder ein sehr schmales, ist ohne Bedeutung. Zu beachten ist bei dieser Aussage, dass wir bisher nur ein einmaliges Aussenden eines Elementarsignals zum Zeitpunkt $t = 0$ betrachtet haben. Bei einem fortlaufenden Aussenden, das wir im übernächsten Abschnitt behandeln wollen, wird sich bezüglich der zulässigen Formen von Elementarsignalen noch eine etwas einschränkende Bedingung ergeben. Der Kern der Aussage wird dabei aber erhalten bleiben.

2.3.4 Spezialfälle: bipolar, unipolar, orthogonal

Im Folgenden sollen drei grundlegende Spezialfälle der zuvor behandelten allgemeinen Binärübertragung erläutert werden. Alle drei bilden eine Basis für Binär-übertragungsverfahren, die in der Praxis wichtig sind. Sie unterscheiden sich nur in der Festlegung der Elementarsignale $e_0(t)$ und $e_1(t)$.

Vorbemerkung: Signal-/Rauschleistungsverhältnisse
In den Anwendungen ist es üblich, nicht die zuvor zur Ableitung der Fehlerwahrscheinlichkeiten verwendeten Parameter y_1, y_0 und N_0 separat anzugeben, sondern sog. *Signal-/Rauschleistungsverhältnisse*. Bei allen relevanten konkreten Verfahren ist eine hierzu notwendige passende Umformung des Arguments der erfc-Funktion in (2.37) möglich. Das mittlere Signal-/ Rauschleistungsverhältnis SNR_a zum Abtastzeitpunkt ist wie folgt definiert:

$$SNR_a = \frac{\frac{1}{2}(y_0^2 + y_1^2)}{\sigma_{n_e}^2}. \tag{2.38}$$

Im Zähler steht die mittlere Nutzleistung, im Nenner die mittlere Rauschleistung. Zu beachten ist die Mittelwertbildung bei der Nutzleistung: Der Faktor $\frac{1}{2}$ ist identisch mit den als gleich angenommenen A-Priori-Wahrscheinlichkeiten für das Senden des einen oder des anderen Elementarsignals. Zum

Vergleich von Übertragungsverfahren eignet sich meist das Verhältnis von mittlerer *Energie pro Bit zu Rauschleistungsdichte* besser als SNR_a:

$$\frac{E_b}{N_0} = \frac{\widetilde{E_e}}{\log_2(M)\,N_0}. \tag{2.39}$$

$\widetilde{E_e}$ ist die mittlere Elementarsignal-Energie und M die Zahl der Elementarsignale. Da hier eine Binärübertragung ($M = 2$) behandelt wird, sind E_b und E_e identisch.◄

Für die *bipolare Übertragung* gilt:

$$
\begin{array}{ll}
e_0(t) = -e(t) & e_1(t) = e(t) \\
\Delta e_{10}(t) = 2\,e(t) & \varphi^E_{e_1 e_0}(0) = -E_e \\
y_0 = -2\,E_e & y_1 = 2\,E_e \\
SNR_a = \frac{E_e}{N_0} & \frac{E_b}{N_0} = \frac{E_e}{N_0}
\end{array}
$$

$$
\begin{aligned}
P_b &= \tfrac{1}{2}\,\mathrm{erfc}\left(\sqrt{\tfrac{1}{2}\tfrac{E_e}{N_0}}\right) \\
&= \tfrac{1}{2}\,\mathrm{erfc}\left(\sqrt{\tfrac{1}{2}SNR_a}\right) \\
&= \tfrac{1}{2}\,\mathrm{erfc}\left(\sqrt{\tfrac{1}{2}\tfrac{E_b}{N_0}}\right)
\end{aligned}
\tag{2.40}
$$

Die beiden hier verwendeten speziellen Elementarsignale gehen einfach durch Vorzeichenwechsel auseinander hervor. Vom Vorzeichen abgesehen gibt es nur ein Elementarsignal. Die *unipolare Übertragung* ist wie folgt definiert:

$$
\begin{array}{ll}
e_0(t) = 0 & e_1(t) = e(t) \\
\Delta e_{10}(t) = e(t) & \varphi^E_{e_1 e_0}(0) = 0 \\
y_0 = 0 & y_1 = E_e \\
SNR_a = \tfrac{1}{2}\frac{E_e}{N_0} & \frac{E_b}{N_0} = \tfrac{1}{2}\frac{E_e}{N_0}
\end{array}
$$

$$
\begin{aligned}
P_b &= \tfrac{1}{2}\,\mathrm{erfc}\left(\sqrt{\tfrac{1}{2}\tfrac{E_e}{4N_0}}\right) \\
&= \tfrac{1}{2}\,\mathrm{erfc}\left(\sqrt{\tfrac{1}{4}SNR_a}\right) \\
&= \tfrac{1}{2}\,\mathrm{erfc}\left(\sqrt{\tfrac{1}{2}\tfrac{E_b}{2N_0}}\right)
\end{aligned}
\tag{2.41}
$$

Die unipolare Übertragung verwendet wie die bipolare Übertragung das Elementarsignal $e(t)$, statt $-e(t)$ aber das spezielle Elementarsignal $e_0(t) = 0$. Für eine *Übertragung mit orthogonalen Elementarsignalen gleicher Energie* (d. h. $E_{e_0} = E_{e_1} = E_e$) ergibt sich:

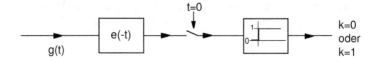

Abb. 2.14. Optimaler Empfänger bei einer Binärübertragung; Spezialfall: bipolare Übertragung

$$(e_0(t), e_1(t)) = 0$$
$$\Delta e_{10}(t) = e_1(t) - e_0(t) \quad \varphi^E_{e_1 e_0}(0) = 0$$
$$y_0 = -E_e \qquad\qquad y_1 = E_e$$
$$SNR_a = \frac{1}{2}\frac{E_e}{N_0} \qquad\qquad \frac{E_b}{N_0} = \frac{E_e}{N_0}$$

$$P_b = \frac{1}{2}\,\text{erfc}\left(\sqrt{\frac{1}{2}\frac{E_e}{2N_0}}\right)$$
$$= \frac{1}{2}\,\text{erfc}\left(\sqrt{\frac{1}{2}SNR_a}\right)$$
$$= \frac{1}{2}\,\text{erfc}\left(\sqrt{\frac{1}{2}\frac{E_b}{2N_0}}\right)$$

(2.42)

In den Abbildungen 2.14 bis 2.16 sind die resultierenden speziellen Blockbilder der Empfänger dargestellt. Hierbei ist bei der bipolaren Übertragung gegenüber (2.40) eine kleine Modifikation vorgenommen worden: Die Entscheidungsvariable $y(0)$ wurde durch 2 dividiert. Da hiermit das Nutzsignal und das Rauschen in gleicher Weise skaliert werden, ändert sich an SNR_a und dem hiervon abhängigen P_e nichts. Andererseits ergibt sich aber erst so die allgemein übliche Darstellung der bipolaren Übertragung.

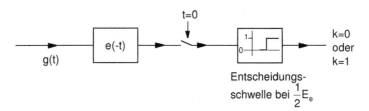

Abb. 2.15. Optimaler Empfänger bei einer Binärübertragung; Spezialfall: unipolare Übertragung

Abbildung 2.17 zeigt die Bitfehlerwahrscheinlichkeiten für die drei hier betrachteten speziellen Binärübertragungen. Als unabhängige Variable ist hier das oben definierte Verhältnis von mittlerer Energie pro Bit E_b zur Rauschleistungsdichte N_0 auf dem AWGR-Kanal verwendet worden. Zu erkennen ist, dass die unipolare Übertragung und die Übertragung mit zwei orthogonalen

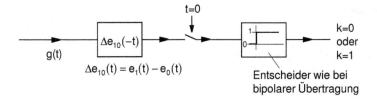

Abb. 2.16. Optimaler Empfänger bei einer Binärübertragung; Spezialfall: Übertragung mit orthogonalen Elementarsignalen gleicher Energie

Elementarsignalen zum gleichen Verlauf führen und beide für eine vorgegebene Bitfehlerwahrscheinlichkeit 3 dB mehr an Energie für jedes zu übertragende Bit aufwenden müssen als eine bipolare Übertragung.

Um die unterschiedlichen Fehlerwahrscheinlichkeiten noch einprägsamer zu begründen, sind in Abb. 2.18 die maßgebenden Verteilungsdichtefunktionen noch einmal qualitativ gegenübergestellt. In Übereinstimmung mit (2.36) ist zu erkennen, dass die bipolare Übertragung zum kleinsten P_e führt, während die beiden übrigen das gleiche, aber größere P_e ergeben. Bei der unipolaren Übertragung ist bei einem derartigen Vergleich aber zu beachten, dass bei

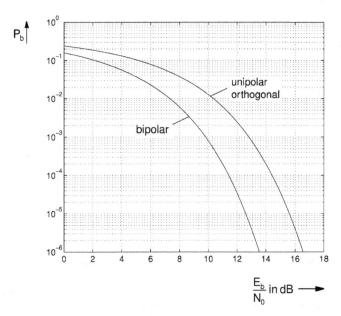

Abb. 2.17. Bitfehlerwahrscheinlichkeiten bei bipolarer, unipolarer und orthogonaler Übertragung

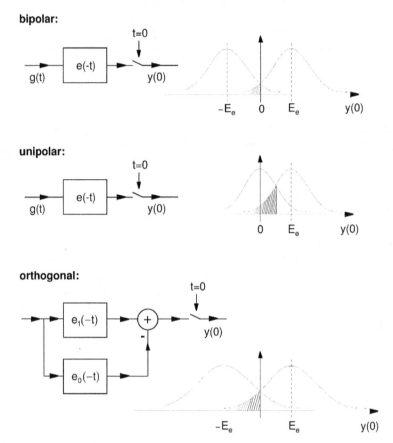

Abb. 2.18. Zur Bitfehlerwahrscheinlichkeit bei bipolarer, unipolarer und orthogonaler Übertragung

gleichwahrscheinlichen Elementarsignalen in der Hälfte der Fälle die Energie 0 zur Übertragung aufgewendet werden muss. Ein genauerer Vergleich dieser und weiterer Verfahren erfolgt erst im letzten Abschnitt dieses Kapitels. Zur weiteren Veranschaulichung zeigt Abb. 2.19 eine ungestörte sowie eine gestörte bipolare Übertragung mit einem Rechteckimpuls als Elementarsignal $e(t)$.

2.3.5 Kontinuierliche Übertragung, erstes Nyquist-Kriterium

Bisher wurde ein einmaliges Senden eines Elementarsignals $e_i(t)$ zum Zeitpunkt $t = 0$ vorausgesetzt. Sämtliche Betrachtungen und Berechnungen (z. B. die Berechnung der Fehlerwahrscheinlichkeit P_e) basierten auf der Ensemble-Vorstellung der beteiligten stochastischen Prozesse. Herangezogen wurde die Statistik für $t = 0$. Bei jeder praktischen Übertragung werden im Gegen-

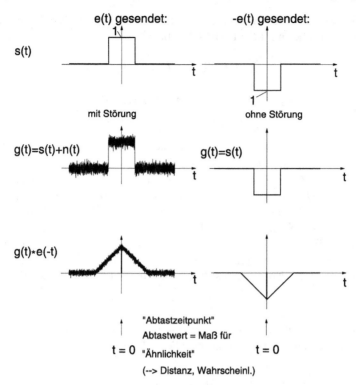

Abb. 2.19. Binärübertragung; Beispiel: bipolare Übertragung mit *rect*-Elementarsignal

satz dazu kontinuierlich zeitlich nacheinander Elementarsignale gesendet. Im Folgenden wird gezeigt, dass unter bestimmten Bedingungen die zuvor abgeleiteten Ergebnisse auch im Fall einer solchen *kontinuierlichen Übertragung* gültig bleiben. Betrachtet werden dabei zunächst nur die bipolare und die unipolare Übertragung mit reellwertigen Elementarsignalen. Die Verallgemeinerung der Aussagen dieses Abschnitts auf Übertragungsverfahren mit zwei und mehr orthogonalen sowie komplexwertigen Elementarsignalen wird später vorgenommen.

Eine kontinuierliche Übertragung bedeutet, dass zu äquidistanten Zeitpunkten kT_S Elementarsignale gesendet werden $(-\infty < k < \infty)$. T_S ist hierbei das *Symbolintervall* oder die *Symboldauer*. Sie darf nicht verwechselt werden mit einer „Dauer" von Elementarsignalen (die auch ∞ sein kann und darf, z. B. wenn si-Funktionen verwendet werden). Im Falle von rechteckförmigen Elementarsignalen wird T_S häufig mit der Dauer oder Breite des Rechteckverlaufs gleichgesetzt, jedoch ist dies ein Spezialfall. Elementarsignale für solche Übertragungen, die eine vorgegebene Bandbreite möglichst gut ausnutzen, besitzen immer eine größere Dauer als T_S.

Das Sendesignal für eine kontinuierliche bipolare sowie unipolare Übertragung lässt sich in kompakter Form schreiben:

$$s(t) = \sum_k x(k)\, e(t - k\, T_S); \quad x(k) \in A_x \qquad (2.43)$$

$$A_x = \{0, 1\} : \text{unipolare Übertragung}$$

$$A_x = \{-1, 1\} : \text{bipolare Übertragung.}$$

$\sum_k$ bedeutet, dass die Summe von $-\infty$ bis ∞ laufen soll. Diese Abkürzung wird im Folgenden durchgängig verwendet. $x(k)$ ist die *Folge von Sendesymbolen* oder *Sendefolge*. Ein Element aus dieser Folge, das (kontextabhängig) ebenfalls mit $x(k)$ bezeichnet werden soll, ist ein *Sendesymbol*. A_x ist das *Sendesymbolalphabet* oder einfach das *Sendealphabet*. Diese Darstellung von $s(t)$ ist bereits etwas allgemeiner als bei einer Binärübertragung notwendig. Sie wird deshalb in späteren Abschnitten in gleicher Form wieder vorkommen, lediglich A_x wird dann allgemeiner sein.

Am Ausgang des Korrelationsfilters – s. Abb. 2.14 – ergibt sich das Signal

$$y(t) = [s(t) + n(t)] * e(-t). \qquad (2.44)$$

Die Abtastung von $y(t)$ darf jetzt nicht nur zum Zeitpunkt $t = 0$ vorgenommen werden, sondern zu allen Zeitpunkten lT_S, d. h.

$$y(l \cdot T_S) = \sum_k x(k)\, e(t - k\, T_S) * e(-t)|_{t=l \cdot T_S}$$

$$+ n(t) * e(-t)|_{t=l \cdot T_S}$$

$$= \sum_k x(k)\, \varphi_{ee}^E(l\, T_S - k\, T_S) + n_e(l\, T_S)$$

$$= \underbrace{E_e\, x(l)}_{\text{Nutzanteil}} + \underbrace{\sum_{k \neq l} x(k)\, \varphi_{ee}^E(l\, T_S - k\, T_S)}_{\text{Intersymbolinterferenz}} + \underbrace{n_e(l\, T_S)}_{\text{Rauschen}}. \qquad (2.45)$$

$\varphi_{ee}^E(t)$ ist hier die AKF des Elementarsignals $e(t)$. Der unerwünschte zweite Term in der letzten Zeile dieser Gleichung wird mit *Intersymbolinterferenz* (ISI) bezeichnet. Die ISI stellt eine gegenseitige Störung der kontinuierlich gesendeten Symbole $x(k)$ dar. Man kann zeigen, dass sie zu größeren Fehlerwahrscheinlichkeiten als zuvor berechnet führt – sofern eine beliebige Statistik bei den $x(k)$ vorausgesetzt wird. Als einzige Möglichkeit, die ISI zum Verschwinden zu bringen, bleibt die Wahl eines passenden Elementarsignals $e(t)$. Gleichung (2.45) liefert ein hinreichendes Kriterium. Die AKF von $e(t)$ muss wie folgt gewählt werden

$$\varphi_{ee}^E(k\, T_S) = \begin{cases} E_e & \text{für} \quad k = 0 \\ 0 & \text{sonst} \end{cases}. \qquad (2.46)$$

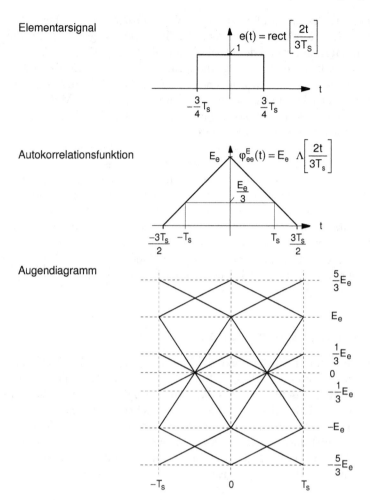

Abb. 2.20. Zum ersten Nyquist-Kriterium, Augendiagramm bei bipolarer Übertragung; das erste Nyquist-Kriterium ist hier nicht erfüllt

Diese Gleichung bezeichnet man als das *erste Nyquist-Kriterium*. Erfüllt ein Elementarsignal dieses Kriterium, dann verschwindet die ISI. Beim Entwurf eines digitalen Übertragungssystems wählt man deshalb in der Regel Elementarsignale, die (2.46) erfüllen. Wir werden später Elementarsignale dieser Art kennenlernen, die auch in der Praxis verwendet werden.

Als Beispiel zeigt Abb. 2.20 ein Elementarsignal $e(t)$, das das erste Nyquist-Kriterium **nicht** erfüllt. Die auftretende ISI ist leicht am *Augendiagramm* oder *Augenmuster* zu erkennen. Das Augendiagramm erhält man, wenn man den Verlauf des Signals $y(t)$ bei $n(t) = 0$ für alle Intervalle der Dauer $2T_S$ in ein einziges derartiges Intervall einzeichnet. Wenn das Signal $y(t)$ bei $n(t) = 0$ in der Praxis einer Messung mit einem Oszillographen zugänglich ist, entsteht das Augendiagramm, wenn der Oszillograph mit $2T_S$ getriggert wird. Das freie Intervall in senkrechter Richtung, die „Augenöffnung", kann als Maß für die noch zulässigen additiven Störungen – $n_e(l\,T_S)$ in (2.45) – angesehen werden. In waagerechter Richtung kann die verbleibende Breite als Maß für die notwendige Genauigkeit der *Taktsynchronisation* $(k\,T_S)$ angesehen werden, auf die später noch kurz eingegangen wird.

Verwendet man Elementarsignale, die das erste Nyquist-Kriterium erfüllen, dann verdeutlichen die obigen Betrachtungen, dass zu allen Zeitpunkten $k\,T_S$ die gleichen Voraussetzungen vorliegen wie bei einer einmaligen Übertragung von Elementarsignalen zum Zeitpunkt $t = 0$. Die statistische Beschreibung ist immer die gleiche. Mathematisch betrachtet handelt es sich nun um einen *zyklostationären* stochastischen Prozess: Zu äquidistanten Zeitpunkten $k\,T_S$ ist der Prozess stationär. Als Konsequenz folgt daraus sofort, dass die zuvor berechneten Fehlerwahrscheinlichkeiten auch bei einer kontinuierlichen Übertragung von Elementarsignalen gelten, sofern die Abtastzeitpunkte genügend genau eingehalten werden.

2.4 M-wertige Übertragung

Die Ergebnisse und Erläuterungen der Übertragung mit $M = 2$ Elementarsignalen sollen nun auf den Fall $M > 2$ erweitert werden. Der Spezialfall $M = 2$ wird dabei mit eingeschlossen. Um das Grundprinzip besser herausarbeiten zu können, wird – wie in Abschn. 2.3 auch – zunächst ein einmaliges Aussenden eines Elementarsignals zum Zeitpunkt $t = 0$ betrachtet. Wahrscheinlichkeiten sind deshalb auch hier wieder in *Ensemblerichtung* zum Zeitpunkt $t = 0$ zu verstehen. Die Erweiterung der Ergebnisse auf ein kontinuierliches Aussenden von Elementarsignalen wird am Ende des Abschn. 2.4 vorgenommen.

2.4.1 Optimales Empfangsverfahren, Empfängerstrukturen

Es gilt hier im Prinzip das gleiche Übertragungsmodell wie zuvor für $M = 2$ – s. Abb. 2.6. Die Nachrichtenquelle wählt jedoch jetzt aus einem Alphabet

$$A_e = \{e_0(t), e_1(t), ..., e_{M-1}(t)\} \tag{2.47}$$

mit $M \geq 2$ Elementarsignalen eines aus, das dann zum Empfänger geschickt wird. Der AWGR-Kanal fügt, wie zuvor, additives WGR mit der Musterfunktion $n(t)$ hinzu. Am Eingang des Empfängers liegt daher das Signal

$$g(t) = s(t) + n(t); \quad s(t) \in A_e \tag{2.48}$$

an. Der Unterschied zum Abschn. 2.3 besteht jetzt nur darin, dass es für den Empfänger mehr als zwei alternative Elementarsignale gibt. Er muss bei vorliegendem $g(t)$ das Elementarsignal $e_k(t) \in A_e$ von M möglichen bestimmen, das mit größter Wahrscheinlichkeit gesendet wurde.

Vorausgesetzt werden soll im Folgenden, dass die Elementarsignale mit gleicher Wahrscheinlichkeit gesendet werden, womit die ML-Regel angewendet werden kann. In Erweiterung von (2.12) lautet die ML-Regel jetzt:

$$\max_{i=0,1,\ldots,M-1} \{p_{\underline{g}}(\underline{x}\,|\,\underline{e}_i)\} = p_{\underline{n}}(\underline{g} - \underline{e}_k)$$

$$= \left[\frac{1}{\sqrt{2\pi\,\sigma_{\underline{n}}^2}}\right]^N \exp\left(-\frac{||\underline{g} - \underline{e}_k||^2}{2\sigma_{\underline{n}}^2}\right) = p_{\underline{g}}(\underline{x}\,|\,\underline{e}_k)$$

$$\Rightarrow e_k(t) \text{ mit größter Wahrscheinlichkeit gesendet.} \qquad (2.49)$$

N ist wieder die Zahl der Komponenten der beteiligten Vektoren. Die meisten grundlegenden Erläuterungen aus Abschn. 2.3 gelten auch hier, insbesondere auch das Konzept des Signalraumes und des zugehörigen Raumes der Signalvektoren. Ein zu Abb. 2.7 korrespondierendes Bild hätte statt zwei Gauß-Glocken jetzt M Gauß-Verteilungsdichten in einem N-dimensionalen Vektorraum. Linien gleicher Wahrscheinlichkeit sind in diesem Fall die Oberflächen von N-dimensionalen Hyperkugeln.

In der gleichen Weise wie für $M = 2$ lässt sich aber aus (2.49) eine *Minimaldistanz-Regel* ableiten: Das Elementarsignal mit der kleinsten euklidischen Distanz zum empfangenen Signal ist das wahrscheinlichst gesendete. Ein Empfänger muss bei gegebenem $\underline{g}$ also M Distanzen berechnen:

$$d_i = ||\underline{g} - \underline{e}_i||\,; \quad i = 0, 1, \ldots, M - 1. \qquad (2.50)$$

Ähnlich wie zuvor für $M = 2$ folgen hieraus Empfängerstrukturen. Abbildung 2.21 zeigt als Beispiel die Struktur für den Fall, dass alle Elementarsignale die gleiche Energie besitzen. Diese Empfängerstruktur ist die Verallgemeinerung der in Abb. 2.10 dargestellten. Man spricht bei den so angeordneten

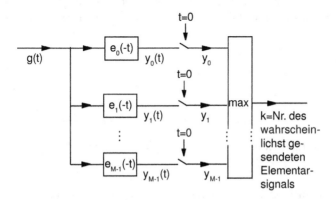

Abb. 2.21. Optimaler Empfänger für Elementarsignale gleicher Energie

Korrelationsfiltern auch von einer *Bank von Korrelationsfiltern* oder von einer *Matched-Filter-Bank*. Im Falle von unterschiedlichen Energien kann man Abb. 2.21 in analoger Weise verallgemeinern. Vor der Maximum-Entscheidung müssen von den Entscheidungsvariablen y_i noch die halben Energien E_{e_i} der zugehörigen Elementarsignale subtrahiert werden.

In der Praxis ist eine Vielzahl von Verfahren üblich, die alle in das hier erläuterte Modell passen. Spezielle Elementarsignalalphabete für $M > 2$ und daraus resultierende Empfängerstrukturen werden wir im nächsten Kapitel behandeln. Fehlerwahrscheinlichkeiten lassen sich für $M > 2$ leider nicht in allgemeiner Form berechnen. Für jedes Alphabet von speziellen Elementarsignalen ist eine gesonderte Betrachtung notwendig, wobei die Berechnung zum Teil leicht durchzuführen ist, zum Teil aber auch mit etwas mehr mathematischem Aufwand. Wir werden am Ende des nächsten Kapitels zusammenfassend die Fehlerwahrscheinlichkeiten für die wichtigsten in der Praxis vorkommenden Verfahren kennenlernen, ohne sie jedoch alle im Einzelnen zu berechnen.

Zwei Ausnahmen sollen hiervon jedoch gemacht werden. Für eine *Übertragung mit M orthogonalen Elementarsignalen gleicher Energie* sowie der hiermit korrespondierenden *Biorthogonal-Übertragung* sollen im nächsten Abschnitt die Fehlerwahrscheinlichkeiten bestimmt werden. Diese beiden Spezialfälle sind für das grundlegende Verständnis digitaler Übertragungsverfahren von großer Bedeutung, und sie liefern grundlegende Einsichten, die in den folgenden Kapiteln sehr hilfreich sein werden.

2.4.2 Fehlerwahrscheinlichkeiten

Wenn das Elementarsignalalphabet A_e orthogonale Elementarsignale gleicher Energie $E_{e_i} = E_e$ enthält, entspricht der Empfänger dem in Abb. 2.21 dargestellten. Die dort eingezeichneten Entscheidungsvariablen $y_0, y_1, ..., y_{M-1}$ müssen zur Berechnung von Fehlerwahrscheinlichkeiten näher betrachtet werden. Wie im Falle von $M = 2$ bereits erläutert, gilt auch hier, dass die y_i Zufallsvariablen mit einer Gauß-Verteilung sind. Für die Streuungen gilt:

$$\sigma_i^2 = N_0 \, E_e. \tag{2.51}$$

Diese Beziehung ist bereits in Abschn. 2.3 verwendet und erläutert worden (s. auch Kap. 1, Wiener-Lee-Theorem, (1.89)). Als Mittelwerte ergeben sich die *Nutzsignalanteile*. Sie sind wegen der vorausgesetzten Orthogonalität alle Null, bis auf den, der dem aktuell gesendeten Elementarsignal entspricht:

$$e_k(t) \text{ gesendet} \Longrightarrow m_i = 0; \quad i = 0, 1, ..., M-1; \quad i \neq k$$
$$m_k = E_e. \tag{2.52}$$

Die Orthogonalität der Elementarsignale und die Gauß-Verteilungen haben noch eine weitere Konsequenz: Die Zufallsvariablen y_i sind statistisch unabhängig voneinander. Wir haben dies für den Fall $M = 2$ bereits gezeigt

– s. Abschn. 1.3.3 – und wollen uns den Beweis für $M > 2$ ersparen. Die statistische Unabhängigkeit führt dazu, dass man die hier zu betrachtende M-dimensionale Verbundwahrscheinlichkeitsdichte der Zufallsvariablen y_i als Produkt der Randverteilungen schreiben kann, was weiter unten genutzt werden soll.

Zur Berechnung der Fehlerwahrscheinlichkeit soll nun angenommen werden, dass das Elementarsignal $e_0(t)$ gesendet wurde. Der Mittelwert der Zufallsvariablen y_0 ist somit gleich E_e, die übrigen Mittelwerte sind Null. Zweckmäßig ist es hier, statt der Wahrscheinlichkeit für eine falsche Entscheidung die für eine korrekte zu berechnen. Die Entscheidung ist korrekt, wenn das folgende Ereignis E eintritt

$$\text{E} : (y_1 < y_0) \wedge (y_2 < y_0) \dots \wedge (y_{M-1} < y_0). \tag{2.53}$$

y_0 tritt hierbei als Schwelle auf. Zu beachten ist dabei, dass y_0 eine Zufallsvariable ist, deren Werte einer Gauß-Verteilung zu entnehmen sind.
Abbildung 2.22 zeigt, in welcher Relation die vorkommenden Verteilungsdichtefunktionen zueinander stehen. Die schraffierten Flächen bei den Zufallsvariablen y_i, $i \neq 0$ stellen die Wahrscheinlichkeit dar, mit der diese Zufallsvariablen kleiner als $y_0 = a$ sind. Nimmt man nun an, dass y_0 zufällig diesen Wert a angenommen hat, dann gilt:

$$\text{Prob} [\text{E}] = P\acute{y}(\underline{\acute{a}}). \tag{2.54}$$

$P\acute{y}(\underline{\acute{a}})$ ist die zu y_1 bis y_{M-1} gehörige Verbundverteilungsfunktion. Der Strich soll bedeuten, dass y_0 hier nicht mit enthalten ist. $\underline{\acute{a}}$ ist ein Vektor mit $M - 1$ Komponenten, die alle gleich a sind. Die oben bereits erwähnte statistische Unabhängigkeit der y_i führt dazu, dass die Verbundverteilungsfunktion als Produkt der Randverteilungsfunktionen geschrieben werden kann, wobei die Randverteilungsfunktionen sogar noch alle gleich sind:

$$\text{Prob} [\text{E}] = \prod_{i=1}^{M-1} P_{y_i}(a) = \left[P_{y_1}(a) \right]^{M-1}. \tag{2.55}$$

P_{y_1} entspricht einer der schraffierten Flächen in Abb. 2.22 und sie steht hier stellvertretend für die übrigen, identischen Verteilungsfunktionen an der Stelle a. In Abschn. 1.1.6 wurde die zur Gauß-Verteilung gehörige Verteilungsfunktion bereits berechnet, s. (1.66). Mit $\sigma_i^2 = N_0 \cdot E_e$ folgt:

$$P_{y_1}(a) = P_n(x = a); \quad m = 0$$

$$= \frac{1}{2} \text{erfc} \left(\frac{-a}{\sqrt{2\,N_0\,E_e}} \right)$$

$$= 1 - \frac{1}{2} \text{erfc} \left(\frac{a}{\sqrt{2\,N_0\,E_e}} \right). \tag{2.56}$$

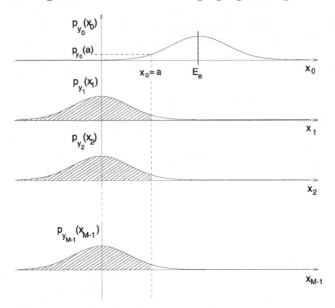

Abb. 2.22. Zur Fehlerwahrscheinlichkeit bei einer Übertragung mit orthogonalen Elementarsignalen gleicher Energie

Eingesetzt in (2.54) ergibt sich die Wahrscheinlichkeit für das Ereignis E. Nun muss aber beachtet werden, dass zu dem Wert a, bei dem vorausgesetzt wurde, dass die Zufallsvariable y_0 ihn gerade angenommen hat, eine Wahrscheinlichkeitsdichtefunktion gehört. Die gesuchte Wahrscheinlichkeit für einen korrekten Empfang von $e_0(t)$ ergibt sich deshalb erst, wenn man den Mittelwert über $P\underline{\acute{y}}(\underline{\acute{a}})$ bezüglich aller möglichen Werte a bildet. Wenn P_{e_0} nun die gesuchte Fehlerwahrscheinlichkeit bezeichnet, dann gilt:

$$1 - P_{e_0} = \int\limits_{-\infty}^{\infty} p_{y_0}(a) \, \text{Prob}\,[\text{E}] \cdot da$$

$$= \int\limits_{-\infty}^{\infty} \frac{1}{\sqrt{2\pi N_0 E_e}} \exp\left(-\frac{(a - E_e)^2}{2N_0 E_e}\right) \cdot$$

$$\cdot \left[1 - \frac{1}{2}\,\text{erfc}\left(\frac{a}{\sqrt{2\,N_0\,E_e}}\right)\right]^{M-1} da. \qquad (2.57)$$

Das hier vorkommende Integral ist nur nummerisch zu lösen. Führt man wie bei der Binärübertragung den Parameter

$$\frac{E_b}{N_0} = \frac{E_e}{N_0 \log_2 M} \qquad (2.58)$$

ein, dann lässt sich P_{e_0} als Funktion von $\frac{E_b}{N_0}$ und M darstellen. Wenn anstelle des bisher vorausgesetzten Elementarsignals $e_0(t)$ ein anderes Elementarsignal gesendet wird, ändert sich an der Berechnung im Prinzip nichts, für alle P_{e_i} ergibt sich der gleiche Wert. Die vorausgesetzten gleichen Wahrscheinlichkeiten für alle $e_i(t)$, die zur Anwendbarkeit der ML-Regel führten, bewirken, dass die mittlere Fehlerwahrscheinlichkeit P_e mit P_{e_0} identisch ist, d. h.

$$P_e = P_{e_0}. \tag{2.59}$$

Diese Wahrscheinlichkeit wird im Folgenden auch mittlere *Symbolfehlerwahrscheinlichkeit* genannt, und anstelle des Index e soll von nun an ein s verwendet werden. Die Bezeichnung „Symbol" ist hierbei als Verallgemeinerung des zuvor eingeführten „Bit" zu verstehen. Da „Bit" bisher zweideutig verwendet wurde, nämlich als Einheit und zur Bezeichnung der Größe, die diese Einheit besitzt, werden wir künftig bei den zu übertragenden Bits bzw. Bitkombinationen von Symbolen sprechen. Vereinbart werden soll dabei zunächst, dass der Wert eines solchen Symbols einem Elementarsignal zugeordnet ist.

Will man aus dieser mittleren Symbolfehlerwahrscheinlichkeit die mittlere Bitfehlerwahrscheinlichkeit P_b bestimmen, so muss man beachten, dass die Elementarsignale zueinander alle die gleichen Distanzen haben. Die mittlere Zahl von Bitfehlern bei einem Symbolfehler wird deshalb gleich der Zahl der Binärstellen sein, mit der sich zwei Binärzahlen mit $m = \log_2(M)$ Stellen im Mittel voneinander unterscheiden. Um diese Zahl zu bestimmen, nimmt willkürlich eine Binärzahl an (als zufällig gesendete Bitkombination) und vergleicht sie mit allen übrigen $M - 1$ Binärzahlen mit m Stellen. Jeder einzelne Vergleich kann dabei durch eine stellenweise mod$_2$- Addition und anschließendes Zählen der Einsen geschehen. Wenn die Zahl i_0 der gesendeten Bitkombination entspricht, dann ergibt sich bei den $M - 1$ Vergleichen als Gesamtzahl der unterschiedlichen Stellen:

$$n_f = \sum_{l=1}^{M-1} QS(i_0 \oplus i_l). \tag{2.60}$$

$\oplus$ steht hierbei für die stellenweise mod$_2$-Addition und $QS(\cdot)$ („Quersumme") für das Zählen der Einsen im jeweiligen Ergebnis. Wie man leicht einsehen kann, kommen bei den im Argument von QS entstehenden Ergebnissen der mod$_2$-Addition genau alle Zahlen von 1 bis $M - 1$ vor. n_f ist also die Zahl der Einsen in allen Binärzahlen mit m Binärziffern. Wie man ebenfalls leicht einsehen kann, ist diese Zahl gleich $m \frac{M}{2}$. Variiert man die hier als zufällig gesendet angenommene Bitkombination i_0, dann ergibt sich immer wieder das gleiche Ergebnis. Dividiert man n_f durch die Zahl $M - 1$ der Vergleiche, dann erhält man die gesuchte mittlere Zahl von fehlerhaften Bits, die mit einem Symbolfehler verbunden sind. Im letzten Schritt muss man nun noch beachten, dass mit einem Symbol m Bit übertragen wurden, womit sich als Umrechnung zwischen Symbolfehler- und Bitfehlerwahrscheinlichkeit die folgende Beziehung ergibt:

$$P_b = \frac{M}{2(M-1)}\, P_s. \tag{2.61}$$

Die Kurven $P_b(\frac{E_b}{N_0}, M)$ sind in Abb. 2.23 dargestellt. Bemerkenswert ist an diesen Kurven, dass sie sich für wachsendes M immer mehr einem Verlauf annähern, der durch eine senkrechte und eine waagerechte Gerade gebildet wird. Für $M \to \infty$ ergibt sich für Werte von $\frac{E_b}{N_0} > 1{,}42\,$dB eine fehlerfreie Übertragung, obwohl die gesamte vom Empfänger aufgenommene Rauschleistung ebenfalls gegen unendlich strebt und die Energie der Elementarsignale konstant ist. Der Grund für die proportional zu M wachsende Rauschleistung ist darin zu sehen, dass eine direkte Proportionalität zwischen M und der Bandbreite sowie der Bandbreite und der Rauschleistung besteht. Da die Zahl der Bit pro Elementarsignal nur mit $\log_2(M)$ zunimmt, strebt die Zahl der bit/s pro Hz Bandbreite (die *Bandbreiteausnutzung*) mit wachsendem M gegen Null. Möglich wird hiermit aber ein Austausch zwischen Bandbreite- und *Leistungsausnutzung* ($\frac{E_b}{N_0}$), was typisch für digitale Übertragungen ist. Am Ende des nächsten Kapitels werden in Abschn. 3.5 die Zusammenhänge zwischen Bandbreite- und Leistungsausnutzung noch detaillierter betrachtet.

Warum die Übertragung mit wachsendem M bei $\frac{E_b}{N_0} > 1{,}42\,$dB fehlerfrei wird, lässt sich leicht anschaulich erklären: Die auf M normierten Beträge der Rauschvektoren $\underline{n}$ streben mit wachsendem M gegen einen konstanten Wert:

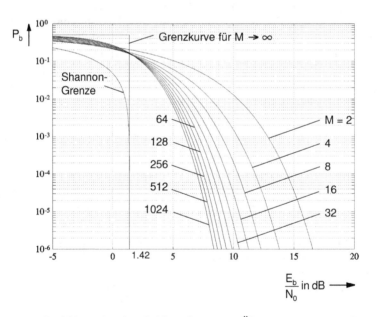

Abb. 2.23. Bitfehlerwahrscheinlichkeit bei einer Übertragung mit orthogonalen Elementarsignalen gleicher Energie

$$\lim_{M \to \infty} \frac{||\underline{n}||^2}{M} = N_0.$$ (2.62)

Diese Beziehung ist nicht verwunderlich, sagt sie doch nur, dass die so über M Werte gemittelte Leistung der Rauschabtastwerte n_i (=Komponenten von $\underline{n}$) gegen die wahre mittlere Leistung strebt. Im Signalraum bedeutet dies allerdings, dass die *Rausch-Hyperkugeln*, deren Mittelpunkte die Vektoren sind, die zu den Elementarsignalen gehören, relativ immer „härter" werden. Bei großem M liegen nahezu alle Endpunkte von Rauschvektoren auf der Schale einer Hyperkugel. Sie besitzt den auf M normierten Radius N_0. Da der Empfänger auf minimale euklidische Distanz hin entscheidet, wird eine fehlerfreie Übertragung dann möglich, wenn sich Hyperkugeln mit unterschiedlichen Mittelpunkten nicht berühren, s. Abb. 2.24.

Grenzen, wie wir sie hier gerade für den AWGR-Kanal (der eine unendliche Bandbreite besitzt!) diskutieren, treten bei gestörten Übertragungskanälen immer auf, und es wird mit eine der Aufgaben des Kapitels „Informationstheorie" sein, sich mit solchen Grenzen auseinanderzusetzen. Die Definition einer sog. *zeitbezogenen Kanalkapazität* C^* eines Übertragungskanals sei hier bereits vorweggenommen. Sie ist die theoretisch maximal mögliche Übertragungsrate in bit/s, bei der noch eine fehlerfreie Übertragung möglich ist. Für den hier vorliegenden (unendlich breitbandigen) AWGR-Kanal ergibt sich (ohne Beweis):

$$C_\infty^* = \frac{S}{2 \, N_0 \ln(2)}.$$ (2.63)

S ist die mittlere Sendeleistung, für die im hier vorliegenden Fall gilt:

$$S = \frac{E_e}{T_S}.$$ (2.64)

Als *Shannon-Grenze* dieses Kanals bezeichnet man das hieraus abgeleitete kleinste $\frac{E_b}{N_0}$, bei dem eine fehlerfreie Übertragung noch möglich ist. Es lässt

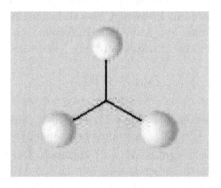

Abb. 2.24. Rauschkugeln

sich zeigen, dass dies für den AWGR-Kanal genau die in Abb. 2.23 eingezeichneten 1,42 dB sind. Das wiederum bedeutet, dass eine Übertragung mit M orthogonalen Elementarsignalen ein Verfahren darstellt, mit dem man sich dieser theoretischen Grenze annähern kann. Im Bereich $\frac{E_b}{N_0} < 1{,}42\,$dB ist dieses Verfahren nicht geeignet, sich dem Verlauf der Grenzkurve für $M \to \infty$ zu nähern. Im Gegenteil: Die Kurven für $M = 2$ liegen erkennbar besser als die für z. B. $M = 1024$. Der Verlauf der Shannon-Grenze in diesem Bereich soll hier ebenfalls nicht abgeleitet werden.

Anstelle eines Systems von orthogonalen Elementarsignalen kann man auch *biorthogonale* verwenden. Ein solches System entsteht, wenn man jedem Elementarsignal eines Orthogonalsystems die jeweiligen negativen Elementarsignale hinzufügt. Da hiermit die Zahl der Signale verdoppelt wird, kann man ein Bit pro Elementarsignal mehr übertragen als mit orthogonalen Elementarsignalen. Da die Bandbreite (Dimension des Signalraumes, M) nicht wächst, steigt die Bandbreiteausnutzung entsprechend. Darüber hinaus werden die euklidischen Distanzen nicht kleiner. Zu jedem Signal gibt es jetzt lediglich $2(M - 1)$ Nachbarn im gleichen Abstand, statt $M - 1$ im orthogonalen Fall, sowie ein weiter entferntes Signal: das zum jeweils betrachteten negative (oder bipolare).

Abbildung 2.25 zeigt die Symbolfehlerwahrscheinlichkeit P_s in Abhängigkeit von $\frac{E_b}{N_0}$. Wie zu erwarten, ergibt sich qualitativ ein ähnlicher Verlauf wie bei einer Übertragung mit orthogonalen Elementarsignalen. Zu beachten ist, dass der Fall $M = 2$ eine bipolare Übertragung bedeutet.

Die Umrechnung von der hier angegebenen Symbolfehlerwahrscheinlichkeit in eine Bitfehlerwahrscheinlichkeit ist bei einer Biorthogonal-Übertragung nicht mehr die gleiche wie im orthogonalen Fall. Der Grund ist darin zu sehen, dass nun nicht mehr alle Distanzen zueinander gleich sind und die Zahl der unterschiedlichen Binärstellen in den Nummern der Elementarsignale hat sich ebenfalls verändert. Die Art der Zuordnung zwischen Elementarsignal und Nummer beeinflusst die Bitfehlerwahrscheinlichkeit bei gleicher Symbolfehlerwahrscheinlichkeit. Eine „klassische" und praktisch häufig genutzte derartige Zuordnung ist die sog. *Gray-Codierung*. Hierbei ist die Idee, die Nummern so zu verteilen, dass Signale mit kleinstem Abstand zueinander sich auch nur in einer Binärstelle unterscheiden. Abbildung 2.26 zeigt dies am Beispiel $M = 4$. Allgemein lässt sich bei einer Gray-Codierung jedoch noch folgende Aussage machen:

$$P_b|_{bi-\perp} \le P_b|_{\perp}. \tag{2.65}$$

Der Fall $M = 4$ besitzt eine wichtige Besonderheit, auf die noch kurz eingegangen werden soll: Die Bitfehlerwahrscheinlichkeitskurve $P_b\!\left(\frac{E_b}{N_0}\right)$ ist mit der einer bipolaren Übertragung ($M = 2$) identisch. Der Grund hierfür liegt darin, dass eine Biorthogonalübertragung mit $M = 4$ direkt zwei voneinander unabhängigen bipolaren Übertragungen entspricht (s. Abschn. 1.4, BP-TP-

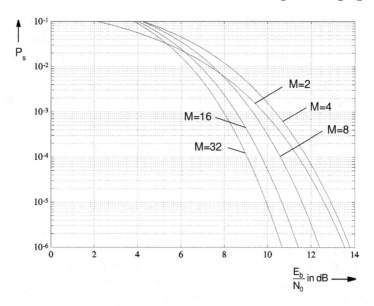

Abb. 2.25. Symbolfehlerwahrscheinlichkeit bei einer Übertragung mit biorthogonalen Elementarsignalen gleicher Energie

Transformation). Für die Symbolfehlerwahrscheinlichkeit P_s gilt im Falle von zwei unabhängigen bipolaren Übertragungen:

$$1 - P_s = \text{Prob}\{\text{beide Bits richtig}\} = (1 - P_b)^2. \qquad (2.66)$$

P_b ist hierbei die Bitfehlerwahrscheinlichkeit der bipolaren Übertragung. Hieraus folgt

$$P_s = 2P_b - P_b^2. \qquad (2.67)$$

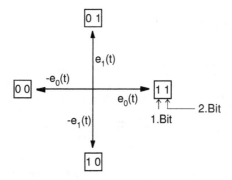

Abb. 2.26. Gray-Codierung bei einer Biorthogonal-Übertragung mit $M = 4$

Geht man nicht von der Unabhängigkeit der beiden bipolaren Übertragungen aus, dann muss P_s durch eine Integration über die beteiligte zweidimensionale Gauß-Verteilung bestimmt werden. Man kann zeigen, dass dies zum gleichen Ergebnis führt.

Eine Biorthogonalübertragung mit $M = 4$ stellt den einzigen einfachen Fall dar, bei dem eine Vergrößerung der Bandbreiteausnutzung um einen Faktor (hier 2) durch den gleichen Faktor an höherer Sendeleistung erkauft werden kann: Mit 3 dB mehr Sendeleistung lässt sich die Datenrate bei konstanter Bandbreite und Bitfehlerwahrscheinlichkeit gegenüber einer bipolaren Übertragung verdoppeln.

2.4.3 Verallgemeinertes erstes Nyquist-Kriterium

Ähnlich wie in Abschn. 2.3.5 für die bipolare und die unipolare Übertragung soll hier nun der Fall einer kontinuierlichen M-wertigen Übertragung betrachtet werden. Der in Abschn. 2.3.5 zurückgestellte Fall einer Übertragung mit $M = 2$ orthogonalen Elementarsignalen wird hier mit erfasst. Zum Verständnis dieses Abschnitts ist es notwendig, das erste Nyquist-Kriterium (Abschn. 2.3.5) bereits zu kennen.

Das Sendesignal $s(t)$ bei einer M-wertigen Übertragung mit kontinuierlicher Aussendung lässt sich wie folgt schreiben:

$$s(t) = \sum_k e_{i(k)}(t - kT_S); \quad e_{i(k)}(t) \in A_e = \{e_0(t), e_1(t), ..., e_{M-1}(t)\}. \quad (2.68)$$

T_S ist wieder die Symboldauer. In Erweiterung von (2.43) tritt hier der Index i der Elementarsignale wieder explizit auf. Da die Nachrichtenquelle für jedes Symbolintervall (Nr. k) eines der M möglichen Elementarsignale auswählen kann, muss der Index i von k abhängen.

Betrachtet man am Ausgang des m-ten Korrelationsfilters (s. Abb. 2.21) die Folge der Abtastwerte zu den Zeitpunkten $l \cdot T_S$, dann ergibt sich in Verallgemeinerung von (2.45) (hier zur Verdeutlichung bei $n(t) = 0$)

$$y_m(l\,T_S) = \sum_k \varphi^E_{e_{i(k)}e_m}(l\,T_S - k\,T_S). \quad (2.69)$$

Ohne die Allgemeinheit der folgenden Aussagen beschränken zu müssen, soll nun angenommen werden, dass im Symbolintervall mit der Nr. $k = l$ das Elementarsignal $e_m(t)$ gesendet wird (d. h. $i(k = l) = m$). Dann gilt

$$y_m(l\,T_S) = \varphi^E_{e_m e_m}(0) + \sum_{k \neq l} \varphi^E_{e_{i(k)}e_m}(l\,T_S - k\,T_S). \quad (2.70)$$

Der erste Term auf der rechten Seite dieser Gleichung ist erwünscht, der zweite stellt eine Verallgemeinerung der unerwünschten ISI aus (2.45) dar. Man kann nun ein *verallgemeinertes erstes Nyquist-Kriterium* formulieren, das eine notwendige (und hinreichende) Bedingung dafür darstellt, dass diese verallgemeinerte ISI verschwindet: Die KKFs zwischen allen M Elementarsignalen müssen zu allen Abtastzeitpunkten kT_S gleich Null sein. Kompakt formuliert bedeutet dies:

$$\varphi_{e_i e_l}^E(k\,T_S) = \delta(k)\,\delta(i-l)\,E_{e_i}, \quad i = 0, 1, ..., M-1, \quad l = 0, 1, ..., M-1. \quad (2.71)$$

$\delta(k)$ ist hierbei der (zeitdiskrete) Einsimpuls (oder zeitdiskrete Diracstoß) und E_{e_i} die Energie des i-ten Elementarsignals. Interpretiert man dieses Kriterium zur Festlegung der Elementarsignale, dann erkennt man zunächst, dass das (nicht verallgemeinerte) erste Nyquist-Kriterium hier natürlich ebenfalls erfüllt sein muss, jetzt aber für alle Elementarsignale ($i = l$ in (2.71)). Dies ist von Bedeutung, wenn, durch die Statistik der Nachrichtenquelle bedingt, einmal mehrfach hintereinander das gleiche Elementarsignal gesendet wird. Darüber hinaus besteht aber auch die Möglichkeit, dass verschiedene Elementarsignale sich gegenseitig stören können ($i \neq l$ in (2.71)). Der einfachste Fall einer solchen gegenseitigen Störung unterschiedlicher Elementarsignale lag bereits beim einmaligen Aussenden zum Zeitpunkt $t = 0$ vor. Hier war es die Orthogonalität der Elementarsignale, die eine solche gegenseitige Störung verhindern konnte. In diesem Fall ergab sich am Ausgang der Korrelationsfilter zum Abtastzeitpunkt jeweils nur ein Nutzsignalbeitrag, der dem jeweiligen gesendeten Elementarsignal entsprach. Diese Orthogonalität muss nun wegen des kontinuierlichen Aussendens auch für beliebige Verschiebungen der Elementarsignale um ganzzahlig Vielfache der Symboldauer T_S gegeneinander gelten.

Soll das verallgemeinerte erste Nyquist-Kriterium also erfüllt sein, dann müssen alle AKFs und KKFs der Elementarsignale zu den Zeitpunkten kT_S verschwinden mit der (selbstverständlichen!) Ausnahme $k = 0$ bei den AKFs.

Eine weitere hin und wieder ebenfalls benötigte Form des ersten Nyquist-Kriteriums soll noch kurz erläutert werden. Multipliziert man die zeitkontinuierliche KKF mit der *Scha*-Funktion und dividiert durch die Symboldauer, dann ergibt sich eine abgewandelte Form von (2.71):

$$\varphi_{e_i e_l}^E(t)\,\frac{1}{T_S}\,\text{III}(\frac{t}{T_S}) = \delta(i - l)\,E_{e_l}\,\delta(t). \quad (2.72)$$

Auf der linken Seite dieser Gleichung „sieht" die Scha-Funktion die Abtastwerte von $\varphi_{e_i e_l}^E(t)$ im Raster kT_S aus. Wenn das verallgemeinerte erste Nyquist-Kriterium erfüllt ist, dann wird für $k = 0 \wedge i = l$ der Diracstoß $k = 0$ aus der Scha-Funktion ausgeblendet. Mittels Fourier-Transformation folgt aus der linken Seite eine periodische Wiederholung des Kreuzenergiedichtespektrums und auf der rechten Seite für $i = l$ die konstante Energie E_{e_l}:

$$\frac{1}{T_S}\,E_i(f)\,E_l^*(f)|_{per(\frac{1}{T_S})} = \delta(i - l)\,E_{e_l}. \quad (2.73)$$

In Worten bedeutet dies, dass das periodisch wiederholte Produkt der Elementarsignalspektren (eines von beiden konjugiert komplex) für $i \neq l$ verschwinden und für $i = l$ eine Konstante ergeben muss. Der Spezialfall eines

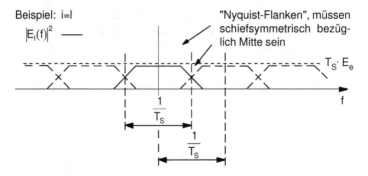

Abb. 2.27. Beispiel zum verallgemeinerten ersten Nyquist-Kriterium im Frequenzbereich, $i = l$

einzigen Elementarsignals $e(t)$, der auf der linken Seite dieser Gleichung zu einer periodischen Wiederholung des Energiedichtespektrums $|E(f)|^2$ führt, entspricht der Formulierung des nicht verallgemeinerten ersten Nyquist-Kriteriums (2.46) im Frequenzbereich. Abbildung 2.27 zeigt hierzu ein Beispiel für $i = l$. Zu erkennen ist die sog. *Nyquistflanke*. Sie darf beliebig verlaufen, wenn nur sichergestellt ist, dass sie bezüglich der Mitte schiefsymmetrisch ist. Ist diese Schiefsymmetrie gegeben, dann ergänzen sich – wie gefordert – die periodisch wiederholten Energiedichtespektren zu einer Konstanten.

2.5 Zusammenfassung und bibliographische Anmerkungen

In diesem Kapitel wurden grundlegende Verfahren zur Übertragung digitaler Signale behandelt: die allgemeine Binärübertragung mit den Spezialfällen unipolarer, bipolarer und orthogonaler Elementarsignale, sowie die M-wertige Übertragung mit dem Spezialfall eines Alphabets von orthogonalen Elementarsignalen. Wert wurde auf ein grundlegendes Verständnis gelegt, da hiermit die Vielfalt der praktisch genutzten Verfahren – von denen einige im nächsten Kapitel behandelt werden – Oszillograph wird und Unterschiede leichter beurteilt werden können. Das Prinzip der Übertragung von Information mit Hilfe von Elementarsignalen bildete dabei den Kern. Es bedeutet, dass der Sender aus einer vereinbarten Menge von Elementarsignalen eines auswählt und der Empfänger entscheiden muss, welches Elementarsignal der Sender ausgewählt hat. Wegen des angenommenen additiven weißen gaußschen Rauschens auf dem Übertragungskanal bedeutete dies zweckmäßigerweise eine Optimierung im statistischen Sinn mit Methoden der statistischen Entscheidungstheorie. Ausgehend von der Maximierung der Wahrscheinlichkeit für eine richtige Entscheidung des Empfängers wurden optimale Empfängerstrukturen abgeleitet.

Durch die Verteilungsdichtefunktion des WGR bedingt ergab sich die minimale euklidische Distanz im Signalraum als resultierendes Kriterium und daraus abgeleitet wiederum der Korrelations- bzw. Matched-Filter-Empfänger. „Information" trat hierbei in Form von Nummern (oder Bitkombinationen) von Elementarsignalen auf. Die im folgenden Kapitel zu behandelnden speziellen Verfahren nutzen die Ergebnisse dieses Kapitels.

Ähnliche Ableitungen wie in diesem Kapitel sind in einer Reihe von Büchern zu finden, so z. B. in Blahut [12], Gallagher [37], Proakis [84]. Einen Teil dieses Kapitels deckt auch das Buch von Lüke [66] ab. Das Modell einer Übertragung mit Elementarsignalen wurde ursprünglich von Kotelnikov angegeben und in vielen Variationen später verwendet. Viterbi [106] hat die Übertragung mit M orthogonalen Elementarsignalen als erster ausführlicher behandelt und gezeigt, dass man sich mit diesem Verfahren der Kanalkapazität des unendlich breitbandigen AWGR-Kanals nähern kann.

2.6 Anhang

2.6.1 ML-Regel für zeitkontinuierliche Signale und für Signalvektoren

Im Folgenden wird gezeigt, dass die ML-Regel (2.11) für zeitkontinierliche Signale durch eine ML-Regel ersetzt werden kann, in der nur noch die jeweiligen korrespondierenden Signalvektoren vorkommen.

$g(t)$ im Argument der Wahrscheinlichkeit in (2.11) ist eine Abkürzung für „$g(t)$ empfangen". Einzusetzen ist hier das konkrete, gerade vorliegende Empfangssignal $g(t)$, und Prob[·] muss somit für jeden der möglichen $g(t)$-Verläufe einen Wert liefern. Mit welcher Wahrscheinlichkeit kommt nun bei der hier vorliegenden Aufgabe ein bestimmter Verlauf von $g(t)$ vor? Um diese Frage beantworten zu können, muss man (2.4) beachten. Durch die Musterfunktionen $n(t)$ des AWGR bedingt gibt es eine doppelt unendliche Vielfalt. Der Wertebereich und der Definitionsbereich von $n(t)$ sind Teilmengen der Menge der reellen Zahlen. Für den Wertebereich ist die Konsequenz, dass anstelle der bisher vorausgesetzten Wahrscheinlichkeiten nun Wahrscheinlichkeitsdichten verwendet werden müssen (s. Abschn. 1.1.6). Das Problem der unendlichen Vielfalt in Zeitrichtung kann mit Hilfe der Signalraumdarstellung gelöst werden – s. Abschn. 1.1.3. Hierzu definiert man ein geeignetes System von Basissignalen für den Signalraum und beschreibt die Signale anschließend durch ihre Signalvektoren. Zu beachten ist dabei, dass die Signale endliche Energie besitzen müssen, was bei den Musterfunktionen $n(t)$ des WGR-Prozesses in der Regel nicht gegeben ist. Üblicherweise geht man wie folgt vor und trifft damit auch die Anwendungen in der Praxis:

- Man begrenzt den WGR-Prozesses auf die Bandbreite f_g der Elementarsignale

- und die Musterfunktionen des WGR-Prozesses auf die Dauer T der Elementarsignale.

Sämtliche nicht relevanten Anteile des Rauschens in Zeit und Frequenz sind damit eliminiert. Die Bandbegrenzung ermöglicht, dass das Abtasttheorem angewendet werden darf. Wenn $n_{f_g}(t)$ eine Musterfunktion des auf f_g bandbegrenzten WGR-Prozesses ist, dann gilt

$$n_{f_g}(t) = \sum_i n_{f_g}(i\,\Delta t)\,\mathrm{si}(\pi\frac{t - i\,\Delta t}{\Delta t}); \quad \Delta t \leq \frac{1}{2f_g}.$$

Die Basisfunktionen für den nun relevanten Teil des gesamten Signalraumes sind somit si-Funktionen und die Komponenten der Signalvektoren Abtastwerte. i läuft in dieser Summe im allgemeinen Fall von $-\infty$ bis ∞. Für einen Ausschnitt $n_{f_g T}(t)$ der Dauer T aus einer solchen Musterfunktion ergeben sich jedoch nur (für den Fall $\Delta t = \frac{1}{2f_g}$)

$$N = \frac{T}{\Delta t} = 2f_g T \tag{2.74}$$

Abtastwerte. Für die Elementarsignale gilt die Betrachtung in gleicher Weise. Da die Zahl von Abtastwerten mit der Zahl der Komponenten der Signalvektoren identisch ist, darf N auch als Dimension eines Signal-Unterraumes angesehen werden, in dem die Elementarsignale (plus Rauschen) liegen können. Sämtliche vorkommenden Signale können somit durch ihre zugehörigen Signalvektoren ersetzt werden:

$$e_i(t) \longleftrightarrow \underline{e}_i \tag{2.75}$$
$$n_{f_g T}(t) \longleftrightarrow \underline{n}$$
$$g_{f_g T}(t) = e_i(t) + n_{f_g T}(t) \longleftrightarrow \underline{g} = \underline{e}_i + \underline{n}.$$

Anstelle von (2.4) können wir also

$$\underline{g} = \underline{e}_i + \underline{n} \tag{2.76}$$

zur Bestimmung der Fehlerwahrscheinlichkeit heranziehen. Hierzu benötigen wir im nächsten Schritt aber noch die Wahrscheinlichkeitsdichtefunktion der Empfangsvektoren g unter der Bedingung, dass $\underline{e}_i$ gesendet wurde – s. (2.11). Da der Raum der Signalvektoren die Dimension N hat, handelt es sich um eine N-dimensionale bedingte Wahrscheinlichkeitsdichte. Wir wollen sie mit $p_g(\underline{x}\,|\,\underline{e}_i)$ bezeichnen. $\underline{x}$ ist hierbei ein Variablenvektor, der als Variation aller möglichen g-Vektoren aufzufassen ist. Der Index g gibt an, dass der zugehörige stochastische Prozess die Mustervektoren $\underline{g}$ besitzt. $p_g(\underline{x}\,|\,\underline{e}_i)$ multipliziert mit einem kleinen Volumenelement des N-dimensionalen Raumes ergibt somit die Wahrscheinlichkeit, dass ein g-Vektor in diesem kleinen Raumbereich an der Stelle $\underline{x}$ vorkommt.

Wie lautet nun diese N-dimensionale Wahrscheinlichkeitsdichtefunktion? Um diese Frage beantworten zu können, muss man sich daran erinnern, dass die Komponenten von $\underline{n}$ Abtastwerte der Musterfunktionen $n_{f_g}(t)$ sind, die zu einem stationären Gauß-Prozess gehören. Die Streuung (oder Leistung) dieser Abtastwerte entspricht somit der Leistung $\sigma^2_{n_{f_g}}$ des auf f_g bandbegrenzten WGR:

$$\sigma^2_{n_{f_g}} = N_0\, 2f_g. \tag{2.77}$$

N_0 ist die Leistungsdichte des WGR auf dem Übertragungskanal. Zu beachten ist, dass keine Komponente oder Raumrichtung bevorzugt ist. Jede Komponente von $\underline{n}$ besitzt diese Streuung. Für die AKF dieses Prozesses gilt mit der Wiener-Lee-Beziehung (1.89):

$$\varphi_{n_{f_g} n_{f_g}}(\tau) = N_0\, 2f_g\, \mathrm{si}(\pi 2 f_g \tau). \tag{2.78}$$

Abtastwerte, die dem Prozess in Abtastraster $\Delta t = \frac{1}{2f_g}$ entnommen werden und für die τ somit ein ganzzahlig Vielfaches von Δt ist, sind bis auf $\tau = 0$ unkorreliert. Wegen der Gauß-Verteilung bedeutet dies, dass sie auch statistisch unabhängig voneinander sind. Für die N-dimensionale Wahrscheinlichkeitsdichte des Rauschens gilt deshalb – s. Tabelle 1.2:

$$p_{\underline{n}}(\underline{x}) = \left[\frac{1}{\sqrt{2\pi\sigma^2}}\right]^N \exp\left(-\frac{\|\underline{x} - \underline{m}\|^2}{2\sigma^2}\right); \quad \sigma^2 = \sigma^2_{n_{f_g}}; \quad \underline{m} = \underline{0}. \tag{2.79}$$

Beim hier vorliegenden mittelwertfreien Rauschen ist der Mittelwertsvektor $\underline{m}$ mit dem Nullvektor $\underline{0}$ identisch. Die gesuchte bedingte Wahrscheinlichkeitsdichte des g-Prozesses erhält man hieraus durch eine einfache Überlegung: Wenn in einem Gedankenexperiment $\underline{e}_i$ immer wieder gesendet wird um die Fehlerwahrscheinlichkeit zu bestimmen, dann ergibt sich für den g-Prozess der gleiche Gauß-Prozess wie der gerade betrachtete, jedoch mit dem Unterschied, dass der Mittelwertsvektor jetzt mit $\underline{e}_i$ identisch ist. Es gilt somit

$$p_{\underline{g}}(\underline{x}\,|\,\underline{e}_i) = \left[\frac{1}{\sqrt{2\pi\sigma^2}}\right]^N \exp\left(-\frac{\|\underline{x} - \underline{e}_i\|^2}{2\sigma^2}\right); \quad \sigma^2 = \sigma^2_{n_{f_g}}. \tag{2.80}$$

Anmerkung 1: Es lässt sich zeigen, dass die hier angenommene Bandbegrenzung bei gleichzeitiger Zeitbegrenzung theoretisch nicht möglich ist. Zeitbegrenzte Signale können nicht bandbegrenzt sein und bandbegrenzte nicht zeitbegrenzt. In den Anwendungen ist jedoch durch entsprechende Wahl von f_g und T immer eine beliebig gute Näherung möglich. ◀

Anmerkung 2: Manchmal benötigt man in diesem Kontext die folgenden Beziehungen. Für die mittlere Energie E_n der Rauschmusterfunktion $n_{f_g T}(t)$ gilt

$$E_n = \sigma^2_{n_{f_g}}\, T = N_0\, 2f_g\, T = N_0\, N. \tag{2.81}$$

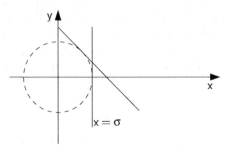

Abb. 2.28. Zu Aufgabe 2.1 c)

$\sigma^2_{n_{f_g}}$ ist hierbei die Streuung oder Leistung von $n_{f_g}(t)$. Mit dem Parseval-Theorem (1.30) ist diese Energie identisch mit der quadrierten mittleren Norm der Vektoren $\underline{n}$, d. h.

$$\|\underline{n}\| = (N_0\,N)^{\frac{1}{2}}. \qquad (2.82)$$

Pro Raumdimension und damit pro Komponente g_l des Empfangsvektors $\underline{g}$ ergibt sich die Streuung $\sigma^2_{n_l} = N_0$, um einen Mittelwert, der wiederum durch die jeweilige Komponente e_{il} des gesendeten Vektors $\underline{e}_i$ gegeben ist. ◄

2.7 Aufgaben

Aufgabe 2.1

Gegeben seien zwei voneinander statistisch unabhängige Gauß-Prozesse $s(t)$ und $g(t)$ mit den zeitunabhängigen Verteilungsdichtefunktionen

$$p_s(x) \;=\; \frac{1}{\sqrt{2\pi\sigma_s^2}}\,e^{-\frac{x^2}{2\sigma_s^2}}, \qquad p_g(y) \;=\; \frac{1}{\sqrt{2\pi\sigma_g^2}}\,e^{-\frac{y^2}{2\sigma_g^2}}.$$

a) Berechnen Sie die Verteilungsdichtefunktion $p_{sg}(x,y)$ des Verbundprozesses.

Im Folgenden gelte $\sigma_s^2 = \sigma_g^2 = \sigma^2$.

b) Skizzieren Sie in der x-y-Ebene Linien mit konstanter Verteilungsdichte, d. h. $p_{sg}(x,y) = konst$. Kennzeichnen Sie die Linie besonders, die durch den Punkt $x = \sigma$, $y = 0$ geht. In welcher Weise würden sich die Linien konstanter Verteilungsdichte bei $\sigma_s^2 \neq \sigma_g^2$ ändern?

c) Zeichnen Sie in das Bild nach b) die Gerade $x = \sigma$ ein. Mit welcher Wahrscheinlichkeit nimmt der Verbundprozess Werte x, y an, die rechts von der Geraden $x = \sigma$ liegen. Ändert sich etwas an der berechneten Wahrscheinlichkeit, wenn die Gerade im x-y-Koordinatensystem in ihrer Lage „verdreht" wird (s. Abb.2.28)?

d) Gegeben sei nun eine Binärübertragung mit den Elementarsignalen $e_0(t)$ und $e_1(t)$, die zu der folgenden Konstellation im Raum der Signalvektoren auf der Empfangsseite führt (s. Abb.2.29).

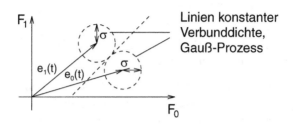

Abb. 2.29. Zu Aufgabe 2.1 d)

Wie groß ist die Bitfehlerwahrscheinlichkeit bei dieser Übertragung?

Aufgabe 2.2

Für eine Binärübertragung sollen zwei orthogonale Elementarsignale $e_0(t)$ und $e_1(t)$ mit gleicher Energie E_s und Dauer T_S verwendet werden.

a) Die zwei Elementarsignale $e_0(t)$ und $e_1(t)$ können als Basis eines Unterraums des Signalraums $ aufgefasst werden. Zeichnen Sie den zugehörigen zweidimensionalen Raum der Signalvektoren.

Die Elementarsignale werden nun wie folgt über einen Kanal übertragen:

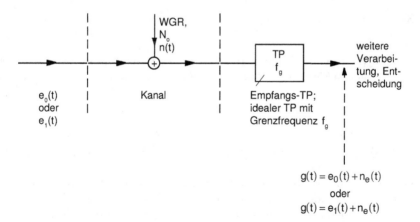

Die Grenzfrequenz f_g des idealen Tiefpasses sei so groß gewählt, dass $e_0(t)$ und $e_1(t)$ näherungsweise unverändert durchgelassen werden.

b) Berechnen Sie die Rauschleistung $n_e^2(t) = \overline{n_e^2(t)}$ am Ausgang des Empfangs-TP-Filters.

c) Beschreiben Sie die zum Ausgangsprozess des Empfangs-TP-Filters gehörige Verteilungsdichtefunktion (Form, Mittelwert, Streuung), wenn kein Elementarsignal gesendet wird.

Am Ausgang des Empfangs-TP-Filters werde nun ein „Beobachtungsintervall" der Dauer T_S angenommen, in dem sich $e_0(t)$ oder $e_1(t)$ befindet.

d) Ausschnitte („Beobachtungsintervalle") von Musterfunktionen des Zufallsprozesses $n_e(t)$ werden in Musterwerte eines Zufallsvektors in dem betrachteten zweidimensionalen Raum der Signalvektoren (s. a)) projiziert („Rauschmustervektoren"). Zeichnen Sie in den Raum der Signalvektoren mögliche, durch $n_e(t)$ Beobachtungsintervall definierte, „Rauschmustervektoren" ein. Skizzieren Sie Linien, auf denen mit gleicher Wahrscheinlichkeitsdichte jeweils Endpunkte von Rauschmustervektoren liegen können (schwierig).

e) Wie würde man im Raum der Signalvektoren zweckmäßig die „Entscheidungsgrenze" zwischen „$e_0(t)$ gesendet" und „$e_1(t)$ gesendet" legen? Geben Sie ein zugehöriges Modellbild für den Empfänger an.

Aufgabe 2.3

Bei einer Binärübertragung über einen AWGR-Kanal werden die folgenden beiden Elementarsignale verwendet:

$$e_0(t) = \text{rect}(t) \quad , \quad e_1(t) = 2\,\text{rect}\left(2t - \frac{1}{2}\right).$$

a) Skizzieren Sie $e_0(t)$ und $e_1(t)$.

$e_0(t)$ und $e_1(t)$ liegen in einem Unterraum $\$_u$ des Signalraums $\$$. Als Basis für $\$_u$ sollen folgende Signale gewählt werden (sgn = Signumfunktion):

$$b_0(t) = \text{rect}(t) \quad , \quad b_1(t) = \text{sgn}(t) \cdot \text{rect}(t).$$

b) Skizzieren Sie $e_0(t)$ und $e_1(t)$ im Raum der Signalvektoren. Zeichnen Sie ebenfalls die optimale Entscheidungsgrenze zwischen „$e_0(t)$ gesendet" und „$e_1(t)$ gesendet" ein.

c) Geben Sie ein Blockbild zur Bestimmung der „Koordinaten" von $e_0(t)$ und $e_1(t)$ an. Verwenden Sie hierzu LTI-Systeme und Abtaster.

d) Skizzieren Sie das Blockbild eines Empfängers, der die optimale Trennlinie (s. b)) realisiert.

e) $e_1(t)$ soll nun so verändert werden, dass bei gleichbleibender Energie E_{e1} die Fehlerwahrscheinlichkeit minimiert wird. Wie lautet das neue Elementarsignal $e_1(t)$? Zeichnen Sie dieses $e_1(t)$ in den Raum der Signalvektoren (s. b)) ein. Berechnen Sie die Vergrößerung der Distanz in Prozent bezogen auf die ursprüngliche Distanz.

Aufgabe 2.4

Betrachtet werden sollen drei Arten von Binärübertragungen

1. unipolar: $e_0(t) = 0;$ $e_1(t) = e(t) = \text{rect}\left(\frac{t}{T_S}\right)\cos\left(2\pi\frac{t}{2T_S}\right)$
2. orthogonal: $e_0(t) = e(t);$ $e_1(t) \perp e_0(t);$ $E_{e1} = E_{e0} = E_e$
3. bipolar: $e_0(t) = -e(t); e_1(t) = e(t)$

a) Skizzieren Sie $e(t)$.

Die normierten Elementarsignale $\frac{e_0(t)}{\sqrt{E_e}}$ und $\frac{e_1(t)}{\sqrt{E_e}}$ der orthogonalen Übertragung sollen im Folgenden als zwei Basisfunktionen des Signalraums verwendet werden.

b) Skizzieren Sie den so definierten zweidimensionalen Raum der Signalvektoren. Zeichnen Sie die Signalvektoren für die drei Arten von Binärübertragung ein.
c) Berechnen Sie die drei Distanzen, die beim jeweiligen Verfahren für die Fehlerwahrscheinlichkeit maßgebend sind.
d) Skizzieren Sie die drei auf das jeweilige Verfahren zugeschnittenen Blockbilder der Empfänger.

Der AWGR-Kanal füge nun weißes Rauschen mit der Leistungsdichte $N_0 = \frac{T_S}{2}$ hinzu. Im Raum der Signalvektoren kann dies so interpretiert werden, dass zum Signalvektor ein zufälliger Rauschvektor addiert wird. Die Verteilungsdichtefunktion der Endpunkte dieses Rauschvektors ist eine zweidimensionale Gauß-Verteilung:

σ der zweidimensionalen Gauß-Verteilung

Signalvektor

e) Berechnen Sie das Verhältnis $\frac{d^2}{\sigma^2}$ in dB (d ist die unter c) berechnete Distanz), das für die Fehlerwahrscheinlichkeit beim jeweiligen Verfahren maßgebend ist. Welches Verfahren führt zur kleinsten Fehlerwahrscheinlichkeit?

Aufgabe 2.5

Bei einer bipolaren Übertragung über einen AWGR-Kanal wird das Elementarsignal

$$e(t) = a \, \text{si} \left(\pi \frac{t}{T_S} \right) \quad \text{mit} \quad a = 1\,V, \; T_S = 1\,\mu s$$

verwendet. Für die Leistungsdichte des WGR gilt: $N_0 = 10^{-7} \dfrac{V^2}{Hz}$

a) Skizzieren Sie ein Blockbild der vollständigen Übertragung.

b) Wie groß sind die Rauschleistungen am Eingang und am Ausgang des Empfangsfilters?

c) Berechnen Sie das Signal-/Rauschleistungsverhältnis zum Abtastzeitpunkt (SNR_a). Welche Bitfehlerwahrscheinlichkeit P_b ergibt sich bei optimaler Entscheidungsschwelle?

d) Angenommen werde nun, dass sich die Entscheidungsschwelle durch einen unerwünschten „Offset" um 20% verschiebe (Bezug: Sollabtastwert vor dem Entscheider, ohne Störungen). Dadurch erhöht sich die Wahrscheinlichkeit P_{10}, dass ein gesendetes Elementarsignal $e(t)$ als $-e(t)$ erkannt wird. Wie viel mehr (in %) an Sendeleistung ist erforderlich, wenn die Bitfehlerwahrscheinlichkeit P_{10} unverändert bleiben soll? Wie groß ist der neue Wert für a zu wählen?

e) Geben Sie ein Blockbild der vollständigen Übertragung an, wenn das AWGR zu Null angenommen wird. Das Blockbild soll nur ein einziges LTI-System enthalten.

Welche maximale Datenrate (in bit/s) ist möglich, wenn kein „Eigennebensprechen" auftreten darf?

Aufgabe 2.6

Gegeben sei eine unipolare Übertragung über einen AWGR-Kanal, bei der das Elementarsignal

$$e(t) = \text{rect} \left(\frac{t}{T_S} \right)$$

verwendet wird. Betrachtet wird kontinuierliches Senden in Abstand kT_S. Für die Zuordnung zwischen den zu übertragenden binären Quellsymbolen $q(k)$ und den Elementarsignalen gelte:

$$q(k) = \begin{cases} 0 & \leftrightarrow & 0 \\ 1 & \leftrightarrow & e(t - kT_S) \end{cases}$$

a) Geben Sie einen mathematischen Ausdruck an, aus dem hervorgeht, wie das Sendesignal $s(t)$ aus $e(t)$ und $q(k)$ gebildet wird.

b) Skizzieren Sie einen Ausschnitt aus dem Sendesignal $s(t)$ für den Ausschnitt „... 0 1 0 1 1 ..." aus der Quellfolge $q(k)$.

c) Welche Stoßantwort muß das Empfangsfilter besitzen, wenn die Bitfehlerwahrscheinlichkeit bei der Übertragung minimal sein soll? Skizzieren Sie den Signalverlauf am Ausgang des Empfangsfilters für den unter b) definierten Ausschnitt aus $q(k)$.

d) Skizzieren Sie das zu c) gehörige Augenmuster.

e) Das Empfangsfilter sei nun statt auf $e(t)$ fälschlicherweise auf $e(\frac{1}{2}t)$ eingestellt, womit sich am Ausgang dieses Filters ein Signalverlauf einstellt, der gegenüber c) verändert ist. Skizzieren Sie diesen veränderten Verlauf und das resultierende Augenmuster.

Aufgabe 2.7

Betrachtet werde nun eine Biorthogonal-Übertragung mit $M = 4$. Das Elementarsignal $e_0(t)$ soll folgendes Spektrum $E_0(f)$ besitzen:

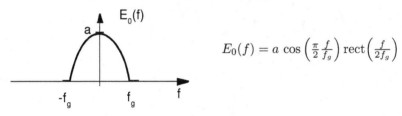

$$E_0(f) = a \cos\left(\frac{\pi}{2}\frac{f}{f_g}\right) \mathrm{rect}\left(\frac{f}{2f_g}\right)$$

a) Berechnen Sie $e_0(t)$.

b) Wie groß muss die Symbolrate $\frac{1}{T_S}$ als Funktion von f_g gewählt werden, damit $e_0(t)$ das 1. Nyquist-Kriterium erfüllt?

c) Formulieren Sie das 1. Nyquist-Kriterium für $e_0(t)$ im Frequenzbereich mit Hilfe der Darstellung

$$\varphi_{ee}^E(k\,T_S) = \begin{cases} E_e \text{ für } k = 0 \\ 0 \text{ sonst} \end{cases} \leftrightarrow \varphi_{ee}^E(t)\frac{1}{T_S}\,\mathrm{III}\left(\frac{t}{T_S}\right) = E_e\,\delta(t) \quad (*)$$

Skizzieren Sie die linke und die rechte Seite der Gleichung $(*)$ im Frequenzbereich.

Für $e_1(t)$ gelte: $e_1(t) = -e_0(t)$.

d) Geben Sie ein *reellwertiges* Elementarsignal $e_2(t)$ an, das aus $e_0(t)$ durch eine möglichst kleine Verschiebung des Spektrums $E_0(f)$ hervorgeht. Wie lautet $e_3(t)$?

e) Skizzieren Sie das Blockbild des optimalen Empfängers.

f) Wie groß ist die mittlere Bitfehlerwahrscheinlichkeit P_b für

$$N_0 = 45.6\,\frac{\mathrm{V}^2}{\mathrm{Hz}}, \qquad a = 1\,\mathrm{Vs}, \qquad f_g = 1\,\mathrm{kHz} \quad ?$$

Aufgabe 2.8

a) Gegeben sei ein optimaler Empfänger für ein Alphabet mit orthogonalen Elementarsignalen gleicher Energie. Betrachtet werden die Zufallsvariablen y_i vor der Maximum-Entscheidung.
   Zeigen Sie, dass die Zufallsvariablen y_0 und y_1 unkorreliert sind.

b) Für einen reellwertigen, gaußverteilten Zufallsvektor $\underline{y} = \begin{bmatrix} y_0 \\ y_1 \end{bmatrix}$ gilt allgemein folgende Verbund-Verteilungsdichtefunktion ($M = 2$):

$$p_{\underline{y}}(\underline{x}; \underline{m}, K) = \frac{1}{\sqrt{(2\pi)^M \det K}} \, e^{-\frac{1}{2}(\underline{x}-\underline{m})^T K^{-1}(\underline{x}-\underline{m})}$$

$$K = \mathrm{E}\left\{ \begin{bmatrix} y_0 \\ y_1 \end{bmatrix} [\, y_0 \ y_1 \,] \right\} = \begin{bmatrix} \sigma_{y_0}^2 & C_{y_0 y_1} \\ C_{y_1 y_0} & \sigma_{y_0}^2 \end{bmatrix}$$
Kovarianzmatrix

$$\mu = \frac{C_{y_0 y_1}}{\sigma_{y_0} \sigma_{y_1}} = \frac{C_{y_1 y_0}}{\sigma_{y_0} \sigma_{y_1}}$$
normierter Korrelationskoeffizient zwischen y_0 und y_1

$$\underline{m} = \begin{bmatrix} m_{y_0} \\ m_{y_1} \end{bmatrix} : \text{Mittelwerte} \quad \sigma_{y_0}^2, \ \sigma_{y_1}^2 : \text{Streuungen}$$

Sind die Zufallsvariablen y_0 und y_1 (s. oben) statistisch unabhängig voneinander? Kann man hieraus schließen, dass gilt:

$$p_{\underline{y}}(\underline{x}) = \prod_{i=0}^{M-1} p_{y_i}(x_i)$$

c) Zeigen Sie, dass bei einer Übertragung mit M orthogonalen Elementarsignalen gleicher Energie bei gegebener Symbolfehlerwahrscheinlichkeit P_s für die mittlere Bitfehlerwahrscheinlichkeit P_b gilt:

$$P_b = \frac{M}{2(M-1)} P_s$$

Hinweis: In einem Binärwert der Länge $m = \log_2 M$ Bit gibt es $\binom{m}{k}$ Möglichkeiten für k Bitfehler. Ferner gilt:

$$\sum_{k=0}^{m} k \binom{m}{k} = m \, 2^{m-1}$$

d) Gegeben sei eine biorthogonale Übertragung mit $M = 4$, wobei die Elementarsignale gleiche Energie besitzen. Die Wahrscheinlichkeit, dass ein gesendetes Elementarsignal in eines der beiden nächstliegenden Elementarsignale verfälscht wird sei P_1, die Wahrscheinlichkeit, dass es in das entferntere Elementarsignal verfälscht wird sei P_2. Berechnen Sie die mittlere Symbolfehlerwahrscheinlichkeit und die mittlere Bitfehlerwahrscheinlichkeit.

Aufgabe 2.9

Ein Impulsradar bestimmt die Entfernung zwischen Radarantenne und einem Objekt, das elektromagnetische Wellen reflektiert, dadurch, dass kurze elektromagnetische Impulse gesendet werden und die Laufzeit der Echos gemessen wird. Über die Ausbreitungsgeschwindigkeit im freien Raum ergibt sich die Entfernung. Wichtig für die Genauigkeit der Entfernungsmessung ist das äquivalente Tiefpasssignal $e(t)$, insbesondere die Energie der empfangenen Reflexion. Folgendes Modell im äquivalenten Tiefpassbereich soll gelten:

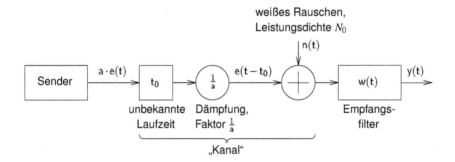

Alle auftretenden Signale sollen reellwertig sein; der Index T soll zur Vereinfachung der Schreibweise weggelassen werden.

a) Bestimmen Sie die Stoßantwort $w(t)$ des Empfangsfilters so, dass zum Zeitpunkt $t = t_0$ am Ausgang dieses Filters das Signal-/Rauschleistungsverhältnis $SNR_a(t_0)$ maximiert wird.

b) Welchen Einfluss hat die Verteilungsdichtefunktion des Rauschprozesses auf das unter a) gefundene Ergebnis?

c) Der „Abtastzeitpunkt" t_0 ist hier per Definition unbekannt. Wie würden Sie das Signal $y(t)$ am Ausgang des Empfangsfilters weiterverarbeiten, um die Laufzeit t_0 möglichst exakt zu bestimmen?

d) Ändert sich etwas an dem unter a) gefundenen Ergebnis, wenn mehrere Reflexionen sich am Empfangsort so überlagern, dass keine „Überlappungen" auftreten?

3

Spezielle Verfahren zur Übertragung digitaler Signale

Im vorhergehenden Kapitel wurde die Übertragung digitaler Signale in grundlegender Weise behandelt. Spezialfälle wurden nur insofern angesprochen, als sie ebenfalls noch als grundlegend angesehen werden müssen: die unipolare Übertragung, die bipolare Übertragung sowie die Übertragung mit orthogonalen und biorthogonalen Funktionen. Deutlich wurde, dass die Wahl des Elementarsignalalphabets einen relativ großen Freiraum lässt. Beachtet werden musste lediglich das erste Nyquist-Kriterium. Dieser Freiraum bei der Wahl der Elementarsignale hat in den Anwendungen den Vorteil, dass eine Anpassung an praktisch vorgegebene Randbedingungen möglich wird. So kann z. B. berücksichtigt werden, in welchem Frequenzband ein vorgegebener Kanal Signale übertragen kann. Wir werden deshalb z. B. zwischen Verfahren (bzw. Elementarsignalalphabeten) für Tiefpass- und Bandpass-Kanäle unterscheiden. Von den vielen in der Praxis genutzten Verfahren werden wir nicht alle behandeln können und müssen. Es werden vielmehr auch wieder typische Gruppen von Verfahren vorkommen, z. B. solche, bei denen nur mit reellwertigen Elementarsignalen gearbeitet wird, und solche, bei denen die Elementarsignale im äquivalenten TP-Bereich komplexwertig sind. Um dabei das Wesentliche besser hervorheben zu können, werden wir uns – wie im vorhergehenden Abschnitt auch – auf Kanäle beschränken, die innerhalb des zur Übertragung genutzten Frequenzbandes nur AWGR hinzufügen.

3.1 Übertragungsmodell, Modulationsverfahren

In diesem Abschnitt soll die Auswahl der Elementarsignale nach dem bisherigen Übertragungsmodell zunächst in eine etwas besser nutzbare formale Beschreibung umgeformt werden. Dabei wird der Begriff *Modulation* ins Spiel kommen, der vor allem durch die „klassischen" analogen Übertragungsverfahren (die erst in Kap. 4 behandelt werden) geprägt ist. Bei digitalen Übertragungsverfahren ist eine Verallgemeinerung dieses Begriffs notwendig, die in der modernen Nachrichtentechnik jedoch leider nicht ganz einheitlich vorgenommen worden ist. Hier soll eine Definition verwendet werden, die sich an die „klassische" Definition bei analogen Übertragungsverfahren anlehnt und den digitalen Übertragungsverfahren weitgehend gerecht wird, auch in den praktischen Anwendungen.

3.1.1 Übertragungsmodell

Bei einer allgemeinen M-wertigen Übertragung lässt sich das Sendesignal entsprechend (2.68) schreiben:

$$s(t) = \sum_k e_{i(k)}(t - kT_S); \quad e_{i(k)}(t) \in A_e = \{e_0(t), e_1(t), ..., e_{M-1}(t)\}. \quad (3.1)$$

k ist hierbei die diskrete Zeitvariable, die das Symbolintervall zählt, und die Nummer $i(k) \in \{0, 1, ..., M-1\}$ gibt an, welches der möglichen Elementarsignale vom Sender im k-ten Symbolintervall ausgewählt wurde. Für die digitale Übertragung ist wichtig – wie dies vorher bereits ausführlich erläutert wurde – dass die Folge $i(k)$ von Elementarsignalnummern vom Sender zum Empfänger übertragen wird. Deshalb ist es zweckmäßig, sie als digitales Signal aufzufassen, das von einer *digitalen Quelle* auf der Sendeseite erzeugt und von einer *digitalen Senke* auf der Empfangsseite entgegengenommen wird. Wir wollen dieses zu übertragende *Quellensignal* von nun an mit $q(k)$ bezeichnen. Ein Wert $q(k) \in A_q$ ist ein *Quellensymbol*, wobei $A_q = \{0, 1, ..., M-1\}$ als *Quellensymbolalphabet* bezeichnet werden soll.

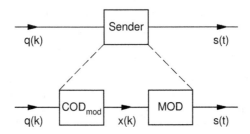

Abb. 3.1. Sender, Aufteilung in modulationsspezifische Codierung und Modulation

Um die vielen theoretisch möglichen und praktisch üblichen Verfahren besser beschreiben zu können, hat es sich als zweckmäßig herausgestellt, noch eine weitere Zahlenfolge einzuführen, die *Sendefolge* $x(k)$, die im allgemeinen Fall komplexwertig sein kann. Ein Wert dieser Folge wird als *Sendesymbol* bezeichnet. Zwischen der Quellenfolge $q(k)$ und der Sendefolge $x(k)$ soll eine umkehrbar eindeutige Abbildungsvorschrift eingeführt werden, die *modulationsspezifische Codierung* – s. Abb. 3.1:

$$\text{COD}_{\text{mod}} : q(k) \in A_q \leftrightarrow x(k) \in A_x. \tag{3.2}$$

A_x ist hierbei das Sendesymbolalphabet. Der restliche Teil des Senders, der als *Modulator* bezeichnet wird, führt die folgende Abbildung aus:

$$\text{MOD} : x(k) \in A_x \leftrightarrow s(t) = \sum_k e_{x(k)}(t - kT_S) \in \$$$
$$e_{x(k)}(t) \in A_e = \{e_0(t), e_1(t), ..., e_{M-1}(t)\}. \tag{3.3}$$

Bis auf die Umbenennung von $i(k)$ in $x(k)$ ist diese Gleichung mit (3.1) identisch. Im Falle einer unipolaren Übertragung gilt für die modulationsspezifische Codierung z. B.

$$\text{COD}_{\text{mod}} : q(k) = 0 \leftrightarrow x(k) = 0$$
$$q(k) = 1 \leftrightarrow x(k) = 1 \tag{3.4}$$

und für eine bipolare:

$$\text{COD}_{\text{mod}} : q(k) = 0 \leftrightarrow x(k) = -1$$
$$q(k) = 1 \leftrightarrow x(k) = 1. \tag{3.5}$$

Bei beiden Verfahren ist die Abbildung MOD gekennzeichnet durch

$$e_{x(k)}(t) = x(k) \cdot e(t)$$
$$\Rightarrow$$
$$s(t) = \sum_k e_{x(k)}(t - kT_S)$$
$$= \sum_k x(k) \, e(t - kT_S). \tag{3.6}$$

$e(t)$ ist hierbei ein passend gewähltes Elementarsignal. Bei einer Übertragung mit orthogonalen oder biorthogonalen Elementarsignalen lässt sich (3.3) nicht vereinfachen. Für eine modulationsspezifische Codierung hatten wir bei der Biorthogonal-Übertragung mit $M = 4$ bereits ein Beispiel kennengelernt: die Gray-Codierung. Sie bewirkte, dass beim fehlerhaften Empfang eines Elementarsignals die Wahrscheinlichkeit groß ist, dass hierdurch nur ein Bitfehler verursacht wird. Die Codierung orientierte sich dabei an der Verteilung der euklidischen Distanzen im Signalraum – s. Abb. 2.26.

Abbildung 3.2 zeigt das Modell einer digitalen Übertragung, wie wir es im Folgenden voraussetzen wollen. Die *erkannten* oder *detektierten Sendesymbole* $\hat{x}(k)$, ebenso wie die zugehörigen *erkannten* bzw. *detektierten Quellensymbole* $\hat{q}(k)$ auf der Empfangsseite müssen, da der Kanal Übertragungsfehler verursachen kann, nicht vollständig mit den gesendeten übereinstimmen.

Eine Besonderheit stellt die *geschätzte Sendefolge* $\tilde{x}(k)$ in Abb. 3.2 dar. Ihre Werte entstammen noch nicht dem Sendesymbolalphabet A_x, sondern der Menge der reellen oder komplexen Zahlen. Erst der Entscheider (ENT) sorgt dafür, dass die Symbole $\hat{x}(k)$ wieder aus dem Alphabet A_x sind. Lässt man für $\tilde{x}(k)$ vektorwertige Symbole z. B. aus $\mathbb{R}^M$ zu und definiert ENT als Maximum-Entscheidung, dann deckt dieses Modell auch den Empfänger für eine allgemeine Übertragung mit M Elementarsignalen ab, so wie er in Abschn. 2.4 behandelt wurde. Ein vektorwertiges Symbol vor dem Entscheider ist dann mit dem Vektor $\underline{y}$ von Entscheidungsvariablen aus Abschn. 2.4 identisch, und DEM ist z. B. die Bank von Korrelationsfiltern inklusive der Symboltaktabtaster – s. Abb. 2.21.

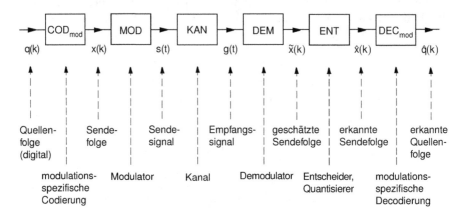

Abb. 3.2. Modell für die Übertragung digitaler Signale

Nun könnte man auf die Idee kommen, einen Empfänger zu konzipieren, der einfach die auf der Sendeseite festgelegten Abbildungen umkehrt. Dass ein solcher Empfänger im allgemeinen Fall nicht optimal ist, ist uns schon bekannt – die im vorhergehenden Kapitel abgeleiteten Strukturen sind anders. Abbildung 3.3 verdeutlicht dies noch einmal. Eine umkehrbar eindeutige modulationsspezifische Codierung COD_{mod} bedeutet, dass DEC_{mod} die zugehörige inverse Abbildung darstellen kann. Bei der Abbildung MOD ist dies jedoch nicht möglich. Der Grund dafür ist, dass die Empfangssignale $g(t)$ im allgemeinen Fall keinem der vorkommenden Sendesignale $s(t)$ exakt entsprechen: das additive WGR auf dem Kanal führt zu einer weitaus größeren Vielfalt. Wenn W_s die Menge der möglichen Sendesignale darstellt und W_g die der möglichen Empfangssignale, dann ist W_s bei einem AWGR-Kanal immer nur eine Teilmenge von W_g.

3.1.2 Lineare Modulationsverfahren

Unter *linearen Modulationsverfahren* (im engeren Sinn) wollen wir eine Abbildung MOD auf der Sendeseite verstehen, die Elementarsignale $e_{x(k)}(t)$ nach (3.6) verwendet. Für das Sendesignal gilt somit das dort angegebene

$s(t)$. Die Sendesymbole $x(k)$ treten hier als „Amplitudenfaktor" eines einzigen Elementarsignals $e(t)$ (oder Impulses) auf, weshalb man auch von Pulsamplitudenmodulation (PAM) spricht. Um zu betonen, dass eine digitale Übertragung vorliegt, wählt man üblicherweise noch den Zusatz „diskret". Zu beachten ist, dass die Sendesymbole $x(k)$ auch komplexwertig sein dürfen, womit nicht nur Amplituden-, sondern auch Phasenvariationen durch ein passend gewähltes Alphabet A_x möglich werden. Die dann entstehenden komplexwertigen Sendesignale müssen dann jedoch als äquivalente TP-Signale aufgefasst werden, aus denen ein reellwertiges Sendesignal erst durch eine TP-BP-Transformation entsteht. Wir werden auf diese allgemeineren PAM-Verfahren in Abschn. 3.3 zurückkommen. Das Besondere an den linearen Modulationsverfahren liegt auf der Empfangsseite: Die Abbildung DEM ist beim optimalen Empfänger linear. Dies hat zur Folge, dass die Summe von Nutz- und Rauschsignal am Empfängereingang in eine entsprechende Summe vor dem Entscheider abgebildet wird. Auf diese nützliche Eigenschaft werden wir später noch öfter zurückkommen. Die Abb. 3.4 und 3.5 zeigen zwei im Folgenden häufig verwendete symbolische Darstellungen von MOD und DEM im Falle von linearen Modulationsverfahren.

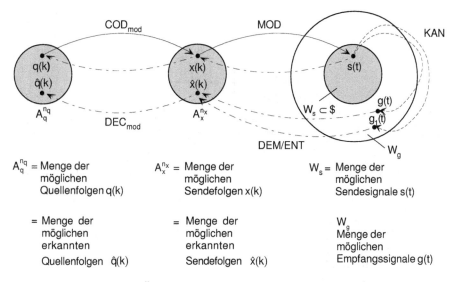

Abb. 3.3. Modell für die Übertragung digitaler Signale, Definitions- und Wertebereich der beteiligten Abbildungen bei AWGR-Kanälen

Bei einer Übertragung mit orthogonalen, biorthogonalen oder allgemeineren Elementarsignalen muss auf (3.3) zurückgegriffen werden. Derartige Verfahren sollen hier als *verallgemeinert linear* bezeichnet werden. Auf nichtlineare Modulationsverfahren soll hier nicht in allgemeiner Form eingegangen werden. Im Zusammenhang mit *Continuous Phase Modulation* werden wir uns in Abschn. 3.4.3 unter speziellen Gegebenheiten hiermit jedoch noch etwas auseinandersetzen müssen.

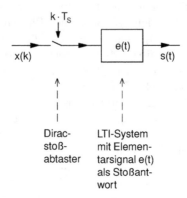

Abb. 3.4. Modellbild für den Modulator (MOD) bei linearen Modulationsverfahren

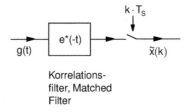

Abb. 3.5. Modellbild für den Demodulator (DEM) bei linearen Modulationsverfahren

3.1.3 Freiheitsgrade

Bei linearen Modulationverfahren im engeren Sinn, d. h. solchen, bei denen sich das Sendesignal $s(t)$ durch (3.6) beschreiben lässt, bestehen drei Freiheitsgrade:

- bei der Wahl des Elementarsignals $e(t)$
- bei der Wahl der modulationsspezifischen Codierung COD_{mod}
- bei der Wahl des Sendesymbolalphabets A_x

Berechnet man das Leistungsdichtespektrum des Sendesignals, dann ergibt sich der folgende Ausdruck:

$$\Phi_{ss}(f) = \frac{1}{T_S} |E(f)|^2 \Phi_{xx}(f). \tag{3.7}$$

Hierin ist T_S die Symboldauer, $|E(f)|^2$ das Energiedichtespektrum des Elementarsignals $e(t)$ und $\Phi_{xx}(f)$ die zum zeitdiskreten stochastischen Sendefolgen-Prozess mit der Musterfunktion $x(k)$ gehörende Fourier-Reihe der AKF:

$$\Phi_{xx}(f) = \sum_k \varphi_{xx}(k) \, e^{-j2\pi f k T_S} \tag{3.8}$$

$$\varphi_{xx}(k) = \overline{x^*(i) \, x(i+k)}.$$

In der Praxis ist es immer notwendig, dieses Leistungsdichtespektrum einem vorgegebenen Übertragungskanal anzupassen. Der bisher vorausgesetzte AWGR-Kanal ist – wenn überhaupt – immer nur über ein gewisses Frequenzband gültig. Wenn $\Phi_{ss}(f)$ jedoch an die Lage dieses *Übertragungs-Frequenzbandes* angepasst wird und der Kanal nur innerhalb dieses Übertragungsbandes WGR hinzufügt, dann ist die Annahme eines AWGR-Kanals gerechtfertigt: Das Empfangs-Korrelationsfilter besitzt die Übertragungsfunktion $E^*(f)$, die genau nur den Nutzanteil des Sendesignalspektrums hindurchlässt und das Rauschen ebenfalls auf dieses Band begrenzt. Ein auf dem Kanal als weiß angenommenes Leistungsdichtespektrum des Rauschens ändert hieran nichts. Hinter dem Empfangs-Korrelationsfilter ergibt sich immer der gleiche Störprozess.

Zweckmäßig ist, zwei Typen von Übertragungskanälen zu unterscheiden: Basisband- oder Tiefpass-Kanäle und Bandpass-Kanäle. Das Modulationsverfahren, insbesondere das Spektrum des Elementarsignals, muss zu dem jeweils vorgegebenen Typ von Übertragungskanal passen. Im nächsten Abschnitt wird dies für Basisbandkanäle, im übernächsten für Bandpass-Kanäle näher erläutert, inklusive der hieraus folgenden Konsequenzen für die Empfangsseite.

Zu erkennen ist an (3.7) auch, wie sich die modulationsspezifische Codierung COD_{mod} auf das Leistungsdichtespektrum des Sendesignals auswirkt: über die Statistik der Sendesymbole $x(k)$. Diese Möglichkeit wird praktisch vor allem bei der Übertragung über Basisbandkanäle genutzt.

Das Sendesymbolalphabet wählt man in der Regel so, dass vorgegebene Forderungen bezüglich der Übertragungsrate (in bit/s) und Bitfehlerwahrscheinlichkeit erfüllt werden.

Bei verallgemeinerten linearen Modulationverfahren gelten diese Erläuterungen im Prinzip in gleicher Weise. Bei nichtlinearen Modulationsverfahren kann die Berechnung des Leistungsdichtespektrums $\Phi_{ss}(f)$ nicht in so allgemeiner Form durchgeführt werden. Bezüglich der Freiheitsgrade gibt es jedoch ähnliche Möglichkeiten wie bei linearen. Hierauf werden wir bei der Behandlung der wichtigsten nichtlinearen Modulationverfahren in Abschn. 3.4 zurückkommen.

3.2 Übertragung über TP-Kanäle

Betrachtet werden sollen hier nur die linearen Modulationverfahren im engeren Sinn, d. h. solche, bei denen sich das Sendesignal $s(t)$ durch (3.6) beschreiben lässt. Alle drei im letzten Abschnitt kurz diskutierten Freiheitsgrade werden im Folgenden genutzt, um Übertragungsverfahren zu definieren, die an eine gegebene praktische Aufgabenstellung möglichst gut angepasst sind. Bei der Wahl des Elementarsignals wird man in der Regel das erste Nyquist-Kriterium erfüllen. Die Lage des Sendesignalspektrums kann dabei noch durch den Typ des Elementarsignals (BP- oder TP-Signal) angepasst werden, aber auch durch die modulationsspezifische Codierung COD_{mod}.

3.2.1 TP-Kanäle

Tiefpass-Kanäle (TP-Kanäle) sind lineare zeitinvariante Übertragungskanäle, die dadurch gekennzeichnet sind, dass ihre Übertragungsfunktion $H(f)$ Tiefpass-Charakter besitzt:

$$H(f) \equiv H(f)\,H_{TP}(f). \tag{3.9}$$

$H_{TP}(f)$ ist hierbei die Übertragungsfunktion eines idealen Tiefpasses. Abbildung 3.6 zeigt hierzu ein Beispiel. Gleichung (3.9) bedeutet nicht, dass unbedingt auch Spektralanteile sehr nahe bei Null von dem Kanal durchgelassen werden.

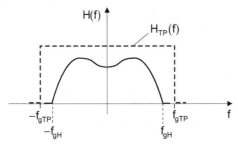

Abb. 3.6. Übertragungsfunktion $H(f)$ eines Tiefpass-Kanals, Beispiel

Üblich ist es jedoch, bei einer hinreichend großen Lücke um $f = 0$ den Kanal bereits als Bandpass-Kanal (BP-Kanal) zu bezeichnen. Der zur konventionellen analogen Sprachübertragung genutzte Telefonkanal, der ein Frequenzband von 300 Hz bis 3400 Hz übertragen kann, wird im Zusammenhang mit digitalen Übertragungen üblicherweise nicht als TP-Kanal, sondern als BP-Kanal aufgefasst, obwohl nur „niedrige Frequenzen" übertragen werden und eine Formulierung entsprechend (3.9) auch möglich ist. TP-Kanäle liegen in der Praxis

z. B. beim Telefon (aber nur vom Teilnehmer zur Ortsvermittlungsstelle), bei
der Magnetaufzeichnung (Band, Platte), bei jeder direkten Verbindung über
Leitungen sowie bei leitungsgebundenen lokalen Netzen vor.

3.2.2 Charakteristika einiger Modulationsverfahren

Einige in der Praxis vorkommende Modulationsverfahren für TP-Kanäle sind
in Abb. 3.7 aufgeführt. Bei der Modulation verwenden die meisten Übertragungsverfahren, die häufig auch mit *Leitungscodierung* bezeichnet werden,
ein rect-Elementarsignal, wie das in Zeile 1 aufgeführte NRZ-Verfahren. Das
beim bekannten lokalen Netz *Ethernet* verwendete *Manchester*, *Biphase* oder
Splitphase genannte Verfahren (Zeile 3 in Abb. 3.7) nutzt einen negativen
rect-Impuls, der mit einer Signumfunktion multipliziert ist. Hiermit ist sichergestellt, dass das Sendesignal immer gleichanteilfrei ist und die „Flanke"
bei $t = 0$ kann bei einer Realisierung gut zur Synchronisation und (suboptimalen) Detektion herangezogen werden. Als Nachteil muss man beachten,
dass die doppelte Bandbreite verglichen mit NRZ notwendig ist.

Verfahren	COD_{mod} Vorschrift	Ge-dächt-nis	Modulation $e(t)$	Beispiel (+ ^ 1,- ^ -1):	Bemerkung

NRZ
 	
Non Return to Zero
	q(k) <--> x(k)
	  0 - 1
	  1 1
		nein	$rect\left(\dfrac{t}{T_s}\right)$	q (k) 0 1 1 0 1 0
				x (k) - + + - + -
				
				s (t)
					bipolare Über-tragung

NRZI	Differenzcodierung a) $q_x(k) = q(k) \oplus q_x(k-1)$ b) $q_x(k) \leftrightarrow x(k)$ wie NRZ ⊕: mod 2	ja	$rect\left(\dfrac{t}{T_s}\right)$	q (k) 0 1 1 0 1 0 q_x (k) [0] 0 1 0 0 1 1 s (t)	Differenzdecodier.: Neigung zu Dop-pelfehlern; größere P_b
Manchester, Biphase, Splitphase	wie NRZ	nein	T_s	wie NRZ mit anderem e(t)	Spektr. = 0 bei f = 0 doppelte Band-breite von NRZ
Alternate Mark Inversion AMI	a) wie NRZI b) $x(k) = q_x(k) - q_x(k-1)$	ja	$rect\left(\dfrac{t}{T_s}\right)$	q (k) 0 1 1 0 1 0 q_x (k) [0] 0 1 0 0 1 1 x (k) 0 1 -1 0 1 0 s (t)	Pseudo-Ternär-code; ISDN-Basisan-schluss

Abb. 3.7. Übertragung über Tiefpass-Kanäle, Beispiele für Modulationsverfahren
und modulationsspezifische Codierungen

Die spektrale Formung des Leistungsdichtespektrums von $s(t)$ ist bei vielen
Verfahren zur Übertragung über TP-Kanäle eine der Hauptaufgaben auf der
Sendeseite. Ein gleichanteilfreies Sendesignal $s(t)$ als Spezialfall einer solchen

spektralen Formung ist in der Praxis häufig wünschenswert, was zum einen durch ein gleichanteilfreies Elementarsignal – wie beim Manchester-Verfahren – erreicht werden kann, zum anderen aber auch durch eine passend gewählte modulationsspezifische Codierung COD$_{mod}$, mit der man die AKF $\varphi_{xx}(k)$ – s. (3.8) – beeinflussen kann. Ein Beispiel hierfür ist das mit *Alternate Mark Inversion (AMI)* bezeichnete Verfahren in Abb. 3.7. Die dort angegebene Vorschrift bedeutet anschaulich, dass eine längere Folge von 1-Bits in $q(k)$ durch einen andauernden Wechsel von +1 und −1-Impulsen ersetzt wird während eine längere Folge von 0-Bits zum Sendesignal Null führt. Offensichtlich entsteht im allgemeinen Fall ein dreistufiges (*ternäres*) Sendesignal $s(t)$. Die Abbildung COD$_{mod}$ muss dabei ein *Gedächtnis* besitzen.

Eine sog. *Differenzcodierung* wird häufig in der Praxis verwendet, um Vorzeichen-Unsicherheiten von Übertragungsverfahren auszugleichen, die bewirken, dass statt eines 0-Bits ein 1-Bit und statt eines 1-Bits ein 0-Bit empfangen wird. Die Vorschrift für COD$_{mod}$ bei einer solchen Differenzcodierung ist in Abb. 3.7 beim NRZI-Verfahren angegeben. Den Vorteil der Sicherheit gegen Vorzeichen-Übertragungsfehler muss man mit dem Nachteil erkaufen, dass eine Neigung zu Doppelfehlern entsteht, die wiederum zu einer größeren mittleren Bitfehlerwahrscheinlichkeit führen (verglichen mit einem bipolaren Verfahren, wie z.B. NRZ). Abbildung 3.8 zeigt als Beispiel, wie COD$_{mod}$ für die Differenzcodierung mit Hilfe von einfachen Verzögerungen und mod$_2$-Addierern modelliert werden kann. Deutlich wird beim Decodierer, warum ein Bitfehler bei der Übertragung zu einem Doppelfehler beim Empfang führen kann. Ein fehlerhaftes Bit wird noch einmal zur Bildung des folgenden Bits verwendet, der Differenz-Decodierer hat ein Gedächtnis.

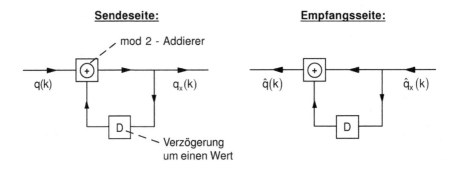

Abb. 3.8. COD$_{mod}$ und DEC$_{mod}$ bei einer Differenzcodierung: Beschreibung durch mod$_2$-Addierer und Verzögerungen

Abbildung 3.9 zeigt zusammenfassend die Leistungsdichtespektren von drei unterschiedlichen Verfahren. Angenommen wurde für die Amplitude des jeweiligen Elementarsignals der Wert Eins, und des Weiteren unkorrelierte, gleichwahrscheinliche binäre Quellensymbole. Damit kann (3.7) zur Berechnung genutzt werden. Bei NRZ und beim Manchester-Code ist der zu erwartende $|E(f)|^2$-Verlauf zu erkennen, da COD_{mod} ohne Gedächtnis ist und die Statistik der Quellensymbole somit der Statistik der Sendesymbole entspricht, d. h. dass $\varphi_{xx}(k) = \delta(k)$ gilt. Als weiteres, nicht in der Tabelle aufgeführtes Beispiel ist das Leistungsdichtespektrum für den sog. *Miller-Code* eingetragen. Hier ist ein sehr schmalbandiger Verlauf zu erkennen, der durch eine modulationsspezifische Codierung bewirkt wird, die im Hinblick auf einen solchen Verlauf entworfen wurde.

Anmerkung: Die TP-Übertragungsverfahren haben etwas an Bedeutung verloren, weil auch beim wichtigsten Einsatzgebiet, der Verbindung von Teilnehmern beim Telefonnetz mit der nächsten Ortsvermittlungsstelle, zunehmend BP-Übertragungsverfahren eingesetzt werden. ◄

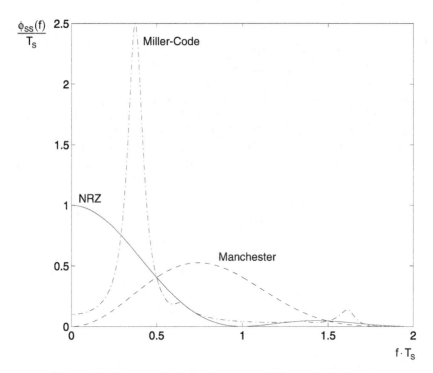

Abb. 3.9. Leistungsdichtespektren von Tiefpass-Sendesignalen

3.3 Übertragung mit linearen Modulationsverfahren über BP-Kanäle

In diesem Abschnitt sollen wieder lineare Modulationsverfahren (im engeren Sinn) vorausgesetzt werden und die wichtigsten Besonderheiten herausgearbeitet werden, die bei Bandpass-Kanälen gelten. Dabei wird es notwendig sein, auf die BP-TP-Transformation von Signalen und Systemen zurückzugreifen, die in Kap. 1 erläutert wurde.

3.3.1 BP-Kanäle

Ähnlich wie TP-Kanäle mit Hilfe der Übertragungsfunktion eines idealen Tiefpasses definiert wurden – s. (3.9) – lassen sich *Bandpass-Kanäle* (*BP-Kanäle*) mit der Übertragungsfunktion $H_{BP}(f)$ eines idealen Bandpasses charakterisieren:

$$H(f) \equiv H(f)\,H_{BP}(f) \tag{3.10}$$

$H(f)$ ist die Übertragungsfunktion des BP-Kanals. Da $H_{BP}(f)$ die Frequenz $f = 0$ ausschließt, ist ein prinzipieller Unterschied zu TP-Kanälen gegeben. Ein beispielhafter Verlauf für $H(f)$ ist in Abb. 3.10 zu sehen. In den meisten praktischen Anwendungen liegen die Mittenfrequenzen f_0 des idealen BP verglichen mit der Bandbreite sehr hoch. Beim digitalen Mobiltelefon (GSM) gilt für die Übertragung eines Teilnehmersignals z. B.: $f_0 \approx 900\,\text{MHz}$ und $f_\Delta = 200\,\text{kHz}$. Typische BP-Übertragungskanäle kommen in der Praxis bei der Übertragung mittels Funk oder Licht vor, d. h. in Fällen, in denen die Ausbreitung von elektromagnetischen Wellen genutzt wird.

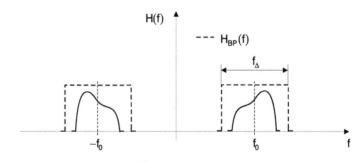

Abb. 3.10. Beispiel für die Übertragungsfunktion eines Bandpass-Kanals

3.3.2 Übertragungsmodelle mit BP-TP-Transformation

Lässt man auf der Sendeseite eine TP-BP-Transformation zu, dann darf trotz reellwertigem BP-Sendesignal $s(t)$ das zugehörige äquivalente TP-Sendesignal

$s_T(t)$ komplexwertig sein. Das eröffnet für die linearen Modulationsverfahren neue Möglichkeiten: Die Sendesymbole $x(k)$ dürfen jetzt komplexwertig sein, ebenso das Elementarsignal. Um dies beim Elementarsignal zu betonen, soll von nun an – wie bei äquivalenten TP-Signalen üblich – ein T als Index verwendet werden. Für $s_T(t)$ ist also der folgende Ansatz möglich:

$$s_T(t) = \sum_k x(k)\, e_T(t - k\, T_S); \quad x(k) \in A_x \subset \mathbb{C}; \quad e_T(t) \in \mathbb{C}. \qquad (3.11)$$

A_x ist hierbei das zuvor bereits definierte Sendesymbolalphabet, das die möglichen $x(k)$-Werte enthält, die jetzt auch komplexe Zahlen sein dürfen. Viele in der Praxis wichtige Spezialfälle nutzen zwar komplexwertige Sendesymbole, setzen aber ein reellwertiges $e_T(t)$ voraus. In der Praxis nicht so häufig ist die Kombination reellwertiger $x(k)$ und komplexwertiger $e_T(t)$. In Abschn. 3.3.4 werden *Einseitenband-* und *Restseitenband*-Verfahren näher betrachtet, bei denen $e_T(t)$ komplexwertig ist. Dort wird auch verdeutlicht, dass es keinen Sinn macht, $x(k)$ und $e_T(t)$ gleichzeitig als komplexwertig anzunehmen.

Auf der Empfangsseite ist nach einer passenden BP-TP-Transformation zu erwarten, dass sich hinter dem Korrelationsfilter nach der Abtastung im Symbolraster kT_S Werte ergeben, die mit den Sendesymbolen $x(k)$ bis auf einen möglichen Proportionalitätsfaktor identisch sind, sofern kein Rauschen auf dem Kanal hinzugefügt wird und das erste Nyquist-Kriterium erfüllt ist. Abbildung 3.11 zeigt ein entsprechendes Übertragungsmodell.

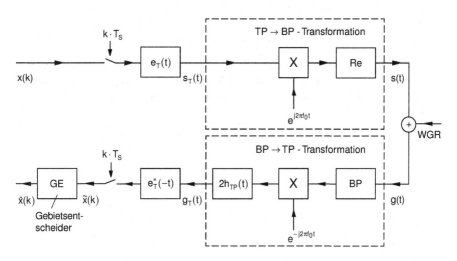

Abb. 3.11. Digitale Übertragung über BP-Kanäle; Übertragungsmodell für lineare Modulationsverfahren

Für die Schätzwerte $\widetilde{x}(k)$ der gesendeten Symbole $x(k)$ gilt

$$\widetilde{x}(k) = \frac{1}{2}\, g_T(t) * e_T^*(-t)|_{t=k \cdot Ts}$$

$$= \frac{1}{2}\, [s_T(t) + n_T(t)] * e_T^*(-t)|_{t=k \cdot Ts}. \qquad (3.12)$$

$n_T(t)$ ist eine Musterfunktion des äquivalenten TP-Rauschprozesses, der zu dem bandbegrenzten AWGR-Prozess auf dem Kanal gehört – s. hierzu auch Kap. 1, Abschn. 1.4.5. Setzt man $s_T(t)$ aus (3.11) in (3.12) ein, dann folgt

$$\widetilde{x}(k) = \frac{1}{2}\left[\sum_l x(l)\, e_T(t - l\,T_S) + n_T(t)\right] * e_T^*(-t)|_{t=k \cdot Ts}$$

$$= \left[\sum_l x(l)\, \varphi_{e_T e_T}^E(t - l\,T_S) + n_{Te}(t)\right]_{t=k \cdot T_S} \qquad (3.13)$$

$$= \sum_l x(l)\, \varphi_{e_T e_T}^E(k\,T_S - l\,T_S) + n_{Te}(k\,T_S).$$

Die Ableitung entspricht der in Abschn. 2.3.5, in dem das erste Nyquist-Kriterium erläutert wurde. Eine Erweiterung liegt hier nur insofern vor, als dass die vorkommenden Signale und die AKF jetzt auch komplexwertig sein können. $n_{Te}(t)$ ist eine Musterfunktion des äquivalenten TP-Rauschprozesses hinter dem Empfangs-Korrelationsfilter. Wenn $e_T(t)$ das erste Nyquist-Kriterium erfüllt, dann folgt

$$\widetilde{x}(k) = E_{e_T}\, x(k) + n_{Te}(k\,T_S). \qquad (3.14)$$

E_{e_T} ist die Energie des Elementarsignals. Zur Illustration soll nun als Beispiel ein in der Praxis vorkommendes Verfahren betrachtet werden. Es handelt sich dabei um die sog. 4-fache Phasenumtastung (engl. 4 Phase Shift Keying, 4 PSK).

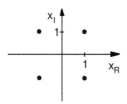

Abb. 3.12. Übertragung mit 4 PSK, Sendesymbolalphabet A_x

Abbildung 3.12 zeigt das Sendesymbolalphabet A_x in Form von Punkten in der komplexen Zahlenebene. A_x in dieser Form darzustellen ist üblich. Die zu den Punkten gehörigen *Zeiger* unterscheiden sich nur in der Phase, daher der Name dieses speziellen Modulationsverfahrens. Während das Elementarsignal bei 4 PSK reellwertig ist, liegt die spezielle Form nicht fest. Es können alle TP-Impulse verwendet werden, die das erste Nyquist-Kriterium erfüllen. Um einen leichteren Einblick in die prinzipiellen Signalverläufe zu bekommen, wird in diesem Beispiel ein Rechteckimpuls verwendet, d. h.

$$e_T(t) = \text{rect}(\frac{t}{T_S}). \tag{3.15}$$

Anmerkung: In der Praxis wird man dieses Elementarsignal nur näherungsweise verwenden können, da sein Spektrum unendlich ausgedehnt ist (si-Funktion!). Verfahren mit möglichst guter Ausnutzung einer vorgegebenen Bandbreite nutzen daher andere Elementarsignale, z. B. solche aus der Gruppe der sog. Raised-Cosine-Elementarsignale, die wir in Abschn. 3.3.5 kennenlernen werden. Hinzu kommt, dass dieses $e_T(t)$ streng genommen auch kein äquivalentes TP-Signal ist. Wählt man die Mittenfrequenz f_0 jedoch genügend groß, dann kann die Näherung hinreichend gut sein. ◀

Für das äquivalente TP-Sendesignal ergibt sich somit:

$$s_T(t) = \sum_k x(k) \, \text{rect}\left(\frac{t - kT_S}{T_S}\right)$$

$$= \sum_k x_R(k) \, \text{rect}\left(\frac{t - kT_S}{T_S}\right) + j \sum_k x_I(k) \, \text{rect}\left(\frac{t - kT_S}{T_S}\right). \tag{3.16}$$

Abbildung 3.13 zeigt den Verlauf der beiden Quadraturkomponenten $s_{TR}(t)$ und $s_{TI}(t)$ für eine beispielhaft angenommene Sendesymbolfolge $x(k)$. Offensichtlich liegen zwei bipolare Übertragungungen vor: eine im Realteil und eine weitere im Imaginärteil. Bei den grundlegenden Erläuterungen zur BP-TP-Transformation wurde dies bereits in allgemeinerer Form angesprochen. Die beiden Quadraturkomponenten eines BP-Signals können immer zur unabhängigen Übertragung von zwei beliebigen TP-Signalen genutzt werden, sofern der Übertragungskanal linear ist.

Die Ortskurve von $s_T(t)$ ist in Abb. 3.14 dargestellt. Wegen des rechteckförmigen Verlaufs des Elementarsignals verweilt $s_T(t)$ während der gesamten Symboldauer T_S in den entsprechenden $x(k)$-Punkten, und der Übergang in einen anderen Punkt geschieht unendlich schnell. Das BP-Sendesignal berechnet sich in diesem Beispiel zu

$$s(t) = \text{Re}\left\{s_T(t) \, e^{j2\pi f_0 t}\right\} = \text{Re}\left\{\sum_k x(k) \, e_T(t - kT_S) \, e^{j2\pi f_0 t}\right\}$$

$$x(k) = |x(k)| \, e^{j\psi(k)} \; ; \quad \psi(k) \in \left\{\pm\frac{\pi}{4}, \pm\frac{3}{4}\pi\right\} \; ; \quad e_T(t) = \text{rect}\left(\frac{t}{T_S}\right)$$

$$s(t) = \sum_k |x(k)| \, \text{Re}\left\{e^{j(2\pi f_0 t + \psi(k))}\right\} \text{rect}\left(\frac{t - kT_S}{T_S}\right). \tag{3.17}$$

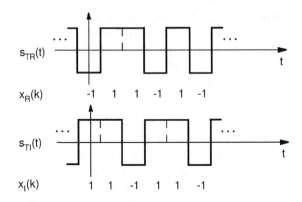

$s_{TR}(t)$

$x_R(k)$ -1   1   1   -1   1   -1

$s_{TI}(t)$

$x_I(k)$ 1   1   -1   1   1   -1

Abb. 3.13. Beispiel: Übertragung mit 4 PSK, Verlauf der Quadraturkomponenten

Mit $|x(k)| = \sqrt{2}$ folgt:

$$s(t) = \sqrt{2} \sum_k \cos\left(2\pi f_0 t + \psi(k)\right) \operatorname{rect}\left(\frac{t - k T_S}{T_S}\right). \tag{3.18}$$

$s_{TI}(t)$

$s_{TR}(t)$

$-\,-$: Übergänge unendlich schnell

Verweilen in Punkten • während
gesamter Symboldauer

Abb. 3.14. Beispiel: Übertragung mit 4 PSK, Darstellung von $s_T(t)$ als Ortskurve

Abbildung 3.15 zeigt einen Ausschnitt aus dem prinzipiellen Verlauf des BP-Sendesignals $s(t)$. Während der Symboldauer T_S ist er cos-förmig, wobei Amplitude und Phase des cos dem Betrag und der Phase des jeweiligen komplexen Sendesymbols $x(k)$ entsprechen. $x(k)$ kann deshalb auch als *komplexe Amplitude* des cos-Verlaufs aufgefasst werden. Offensichtlich treten – abhängig von den zu übertragenden $x(k)$ – Phasensprünge auf, weshalb man auch von *harter Phasenumtastung* (oder harter PSK) spricht. Die Phasensprünge sind durch das rect-Elementarsignal bedingt, und sie lassen sich nur vermeiden, wenn Elementarsignale mit „glatterem" Verlauf gewählt werden. Bei solchen, in praktischen Anwendungen bevorzugten Elementarsignalen lassen sich die Sendesymbole $x(k)$ dann aber nicht mehr so einfach wie in diesem Beispiel aus dem BP-Sendesignal $s(t)$ ablesen.

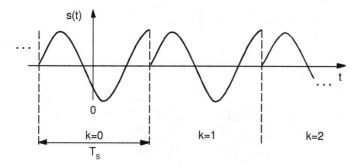

Abb. 3.15. Beispiel: Übertragung mit 4 PSK, prinzipieller Verlauf des Sendesignals

Anmerkung: Der Anschaulichkeit wegen ist die Mittenfrequenz f_0 des BP-Sendesignals in Abb. 3.15 viel zu niedrig gewählt. Die gezeichneten Verläufe können keine BP-Signale in dem Sinne sein, wie sie in Kap. 1 definiert wurden. Dort war verlangt, dass das Spektrum eines BP-Signals bei $f = 0$ verschwindet, so dass die beiden Anteile bei positiven und negativen f eindeutig zu trennen sind. Bei rect-Elementarsignalen ist diese Bedingung natürlich nur näherungsweise für genügend großes f_0 zu erfüllen. ◄

Auf der Empfangsseite ergibt sich im ungestörten Fall als äquivalentes TP-Empfangssignal $g_T(t)$ der gleiche Verlauf wie der von $s_T(t)$ – s. Abb. 3.11. Die Werte $\tilde{x}(k)$ sind bis auf den Faktor $E_{e_T} = \frac{T_S}{2}$ mit denen von $x(k)$ identisch. Liegen Störungen vor, d. h., gilt $n_{Te}(t) \neq 0$, dann addieren sich „Rauschzeiger" $n_e(k\,T_S)$ zu den jeweils erwünschten $x(k)$-Werten. Da Real- und Imaginärteil von $n_{Te}(t)$ durch unkorrelierte einzelne Gauß-Prozesse zu beschreiben sind, ergeben sich zweidimensionale, rotationsinvariante Gauß-Verteilungen bei den jeweiligen 4 Sollpunkten $x(k) \in A_x$ in der komplexen Zahlenebene – s. Abb. 3.16. Eingezeichnet sind hier als Beispiel 8000 Werte für $\tilde{x}(k)$ bei einem SNR von ca. 10 dB.

Der Entscheider ist jetzt ein *Gebietsentscheider*. Er legt die Gebiete in der komplexen Zahlenebene fest, die den Sendesymbolen $x(k)$ bei der Entscheidung zugeordnet sind – s. Abb. 3.16. Da in diesem Beispiel zwei (linear) unabhängige bipolare Übertragungen vorliegen, ergeben sich auch zwei voneinander unabhängige einzelne Vorzeichenentscheider. Die Entscheidungsgrenzen in der komplexen Ebene sind somit durch das Achsenkreuz gegeben.

Anmerkung: Das zu $g_T(t)$ in Abb. 3.11 korrespondierende BP-Signal ist das Ausgangssignal des Bandpasses, an dessen Eingang das Empfangssignal $g(t)$ liegt. $g(t)$ selbst ist – wegen des WGR – kein BP-Signal, weshalb auch kein korrespondierendes äquivalentes TP-Signal angebbar ist. Bezeichnet man das BP-Ausgangssignal mit $g_{BP}(t)$ dann gilt generell die folgende Abbildungs-Kette

$$g(t) \rightarrow g_{BP}(t) \longleftrightarrow g_T(t)\,. \tag{3.19}$$

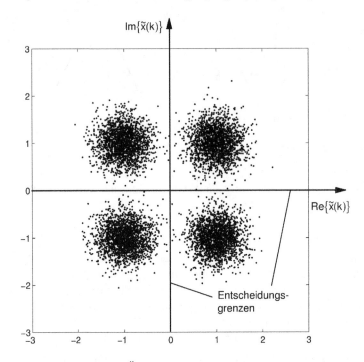

Abb. 3.16. Beispiel: Übertragung mit 4 PSK, Gebietsentscheider

Sie stellt nur im zweiten Teil eine „Transformation" dar. Damit kann man zwar $g_T(t)$ als das zu $g(t)$ gehörige äquivalente TP-Signal definieren, aber zu $g_T(t)$ gehört anschließend das BP-Signal $g_{BP}(t)$, nicht $g(t)$. Wenn das Eingangssignal eines Empfängers im Folgenden mit $g(t)$ bezeichnet wird und keine weiteren Anmerkungen vorliegen, soll die Korrespondenz $g(t) \rightarrow g_T(t)$ in diesem Sinn verstanden und $g_T(t)$ als das zu $g(t)$ gehörige äquivalente TP-Signal bezeichnet werden. Siehe hierzu auch (1.4.4). ◀

Nach dieser Anmerkung bietet sich die Defintion eines zum AWGR-Kanal korrespondierenden Kanals im äquivalenten TP-Bereich an. Er soll mit *AWGR-Kanal*$_\mathrm{T}$ abgekürzt werden:

$$\text{AWGR-Kanal}_\mathrm{T}: \quad g_T(t) = s_T(t) + n_T(t). \tag{3.20}$$

An seinem Eingang liegt das äquivalente TP-Sendesignal $s_T(t)$ und an seinem Ausgang das äquivalente TP-Empfangssignal $g_T(t)$, s. Abb. 3.17. $n_T(t)$ ist eine Musterfunktion des sog. *WGR*$_\mathrm{T}$-Prozesses, der zu dem WGR-Prozess des AWGR-Kanals gehört. Damit kann man symbolisch in Analogie zu (3.19) schreiben:

$$\text{AWGR-Kanal} \rightarrow \text{AWGR-Kanal}_\mathrm{BP} \longleftrightarrow \text{AWGR-Kanal}_\mathrm{T}. \tag{3.21}$$

Zum AWGR-Kanal$_{BP}$ gehört ein BP-Rauschprozess WGR$_{BP}$, der umkehrbar eindeutig mit WGR$_T$ korrespondiert. Diese Korrepondenz wurde bereits in Abschn. 1.4.5 behandelt. Dort ergab sich, dass WGR$_T$ durch komplexwertige Musterfunktionen beschrieben wird, wobei der Realteil-Prozess und der Imaginärteil-Prozess statistisch unabhängig voneinander sind. Für die Streuungen (= Rauschleistungen) ergab sich, das Summe der Quadraturprozess-Leistungen mit der Streuung bzw. Leistung des BP-Rauschprozess WGR$_{BP}$ identisch sind. Für das Leistungsdichtespektrum folgte, dass es innerhalb der Bandbreite f_Δ konstant ist, was seinen Grund in dem weißen Leistungsdichtespektrum des WGR hat. Bei komplexen Zahlen kann man natürlich auch den Betrag bilden, was von den beiden statistisch unabhängigen Gauß-Verteilungen zu einer Rayleigh-Verteilung für den $|n_T(t)|$-Prozess führte. Für die Phasenwinkel folgte eine Gleichverteilung, was sofort einleuchtet, da kein Phasenwinkel gegenüber anderen ausgezeichnet ist.

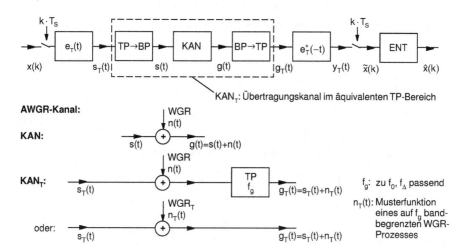

Abb. 3.17. Übertragungsmodell bei linearen Modulationsverfahren; Darstellung mit äquivalenten TP-Signalen

3.3.3 Übertragungsmodell mit BP-Signalen

Das im Folgenden erläuterte Übertragungsmodell verwendet ausschließlich reellwertige Signale. Es kann als Alternative zu dem gerade erläuterten Modell angesehen werden, bei dem eine BP-TP-Transformation benutzt wurde und bei dem deshalb zwangsläufig komplexwertige Signale vorkamen. Es ist aber auch zum tieferen theoretischen Verständnis von Bedeutung. Insbesondere stellt es eine Verbindung zu einer Übertragung mit zwei orthogonalen

Elementarsignalen her, sowie generell zu einer Mehrfachnutzung von Übertragungskanälen (Multiplex), einem Thema, dass in Kap. 8 behandelt wird.
Um zu einer reellwertigen Darstellung des BP-Sendesignals $s(t)$ zu gelangen,
sind einige mathematische Umformungen notwendig. $s(t)$ lässt sich wie folgt
schreiben

$$s(t) = \mathrm{Re}\left\{s_T(t)\,e^{j2\pi f_0 t}\right\} = \mathrm{Re}\left\{\sum_k x(k)\,e_T(t - kT_S)\,e^{j2\pi f_0 t}\right\}. \quad (3.22)$$

Zu $e_T(t)$ lässt sich ein BP-Elementarsignal angeben:

$$e(t) = \mathrm{Re}\left\{e_T(t)\,e^{j2\pi f_0 t}\right\}. \quad (3.23)$$

Das hierzu gehörige analytische Signal $e_+(t)$ – s. Abschn. 1.4.1 – wird ebenfalls
benötigt

$$e_+(t) = e_T(t)\,e^{j2\pi f_0 t} = e(t) + je_H(t). \quad (3.24)$$

$e_H(t)$ ist die zu $e(t)$ gehörige Hilbert-Transformierte, d. h.

$$e_H(t) = e(t) * \frac{1}{\pi t}. \quad (3.25)$$

Definiert man nun noch eine *BP-Sendefolge*

$$x_{BP}(k) = x(k)\,e^{j2\pi f_0 kT_S}, \quad (3.26)$$

dann lässt sich das BP-Sendesignal $s(t)$ wie folgt schreiben

$$s(t) = \mathrm{Re}\left\{\sum_k x_{BP}(k)\,e_+(t - k \cdot T_S)\right\}$$

$$= \sum_k x_{BPR}(k)\,e(t - kT_S) \;-\; \sum_k x_{BPI}(k)\,e_H(t - kT_S). \quad (3.27)$$

Das BP-Sendesignal setzt sich offenbar aus zwei einzelnen Teil-Sendesignalen
zusammen, die beide durch lineare Modulationsverfahren gebildet werden.
Wenn sich nun zeigen ließe, dass die beiden beteiligten Elementarsignale $e(t)$
und $e_H(t)$ das verallgemeinerte erste Nyquist-Kriterium erfüllen, dann wäre
daraus zu folgern, dass mit den beiden zugehörigen Korrelationsfiltern, einer
anschließenden Abtastung im Symboltakt und zwei unabhängigen Entscheidern die Folgen $x_{BPR}(k)$ und $x_{BPI}(k)$ unabhängig voneinander wiedergewonnen werden können.

Voraussetzung ist im Folgenden, dass $e_T(t)$ das erste Nyquist-Kriterium
erfüllt. Dass dann $e(t)$ und $e_H(t)$ das verallgemeinerte erste Nyquist-Kriterium
wirklich erfüllen, lässt sich mit der im Frequenzbereich formulierten Version
zeigen. Gleichung (2.73) lautet hier

$$|E_H(f)|^2_{per(\frac{1}{T_S})} = T_S \, E_e \qquad (3.28)$$

$$|E(f)|^2_{per(\frac{1}{T_S})} = T_S \, E_e$$

$$[E_H(f) \, E^*(f)]_{per(\frac{1}{T_S})} = 0. \qquad (3.29)$$

E_e ist hierbei die Energie der Elementarsignale $e(t)$ und $e_H(t)$. Transformiert man (3.25) in den Frequenzbereich, dann erhält man für die Spektren der beiden hier vorkommenden Elementarsignale die Beziehung

$$E_H(f) = -j \, \mathrm{sgn}(f) \, E(f). \qquad (3.30)$$

sgn($\cdot$) ist hierbei die Signum-Funktion. Beide Elementarsignale sind Bandpass-Signale, deren Spektren man umkehrbar eindeutig in eine Summe von jeweils zwei Teilspektren zerlegen kann: Ein Teilspektrum für $f < 0$ und eines für $f > 0$. Die periodische Fortsetzung darf deshalb auch für diese beiden Anteile getrennt durchgeführt werden. Da jeder dieser Anteile bis auf einen Faktor $\frac{1}{2}$ aber identisch ist mit dem um f_0 bzw. $-f_0$ verschobenen Spektrum von $e_T(f)$, erfüllt auch jeder dieser Anteile das erste Nyquist-Kriterium, sofern $e_T(t)$ das erste Nyquist-Kriterium erfüllt. Gleichung (3.28) ist somit erfüllt. Die sgn-Funktion bewirkt, dass (3.29) ebenfalls erfüllt ist. Durch die periodische Wiederholung ergibt sich zu jedem positiven Beitrag ein entsprechend negativer, so dass insgesamt Null resultiert.

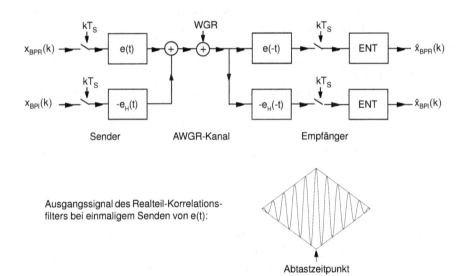

Abb. 3.18. Übertragungsmodell mit BP-Signalen

Abbildung 3.18 zeigt das resultierende Übertragungsmodell mit einem beispielhaften Signalverlauf am Ausgang eines Korrelationsfilters. Vorausgesetzt ist hier ein einmaliges Senden eines Symbols $x_{BPR}(k)$ zum Zeitpunkt $t = 0$ sowie ein rechteckförmiges Elementarsignal $e_T(t)$. Das rect-Elementarsignal im äquivalenten TP-Bereich ergibt eine cos-Funktion mit einer rect-*Hüllkurve*. Diese rect-Hüllkurve wiederum führt am Ausgang des $e(t)$-Korrelationsfilters zu der in Abb. 3.18 gezeigten dreieckförmigen Hüllkurve (AKF des rect-Verlaufs!). Da die Ausgangssignale der Korrelationsfilter BP-Signale mit einer meist sehr hohen (verglichen mit $\frac{1}{T_S}$) Mittenfrequenz f_0 sind, müssen die Abtastzeitpunkte sehr genau bekannt sein. Kleinste Abweichungen von den Soll-Abtastzeitpunkten können zu erheblichen Abweichungen von den gewünschten Abtastwerten führen.

Die beiden Sendefolgen $x_{BPR}(k)$ und $x_{BPI}(k)$ können natürlich auch direkt ohne Berücksichtigung von (3.26) zur Übertragung verwendet werden.

3.3.4 Zwei-, Ein- und Restseitenband-Modulationsverfahren

Die bisher im äquivalenten TP-Bereich vorausgesetzten Elementarsignale $e_T(t)$ waren reellwertig. Diese Reellwertigkeit führt zu einem *symmetrischen* BP-Elementarsignal $e(t)$ – s. hierzu auch Abschn. 1.4.3. „Symmetrisch" bedeutet, dass das Spektrum $E_+(f)$ bezüglich der Mittenfrequenz f_0 eine Symmetrie besitzt: Der Realteil ist eine gerade Funktion bezüglich f_0, der Imaginärteil eine ungerade. Bei einer weißen Sendefolge $x(k)$ ist das Leistungsdichtespektrum $\Phi_{ss}(f)$ des BP-Sendesignals $s(t)$ proportional zu $|E(f)|^2$ und es ergibt sich ein gleichartiger Verlauf – s. (3.7). Bei solchen $\Phi_{ss}(f)$, die links und rechts von f_0 Spektralanteile besitzen, spricht man von *Zweiseitenband (ZSB)*-Signalen. Links von f_0 ist das *untere Seitenband*, rechts von f_0 das *obere Seitenband*. Wenn $E(f)$ beide Seitenbänder belegt, spricht man auch von *Zweiseitenband*-Elementarsignalen.

Wegen der Symmetrie von Zweiseitenband-Elementarsignalen bezüglich f_0 könnte man nun auf die Idee kommen, andere Elementarsignale zu nutzen, die zu einem Leistungsdichtespektrum $\Phi_{ss}(f)$ führen, bei dem nur ein Seitenband von Null verschieden ist. Damit wäre eine Bandbreiteeinsparung um den Faktor 2 möglich. Solche *Einseitenband (ESB)*-Übertragungen sind realisierbar, jedoch muss man bestimmte Konsequenzen in Kauf nehmen. Dies soll nun näher betrachtet werden.

Abbildung 3.19 zeigt in qualitativer Weise zwei beispielhafte Verläufe für die Energiedichtespektren $|E_T(f)|^2$ von Zweiseitenband-Elementarsignalen. Eine Symmetrie zu $f = f_0$ bei den BP-Spektren bedeutet im äquivalenten TP-Bereich natürlich eine entsprechende Symmetrie zu $f = 0$. Zu beachten ist die zu $\pm\frac{1}{2T_S}$ symmetrische *Nyquistflanke*, die sich als Konsequenz aus dem ersten Nyquist-Kriterium in der Formulierung im Frequenzbereich ergibt. Es besagt – s. Abschn. 2.4.3 – dass das periodisch mit $\frac{1}{T_S}$ wiederholte Energiedichtespektrum des Elementarsignals sich zu einer Konstanten ergänzen muss. Bei ZSB-Elementarsignalen kann dies durch eine passend geformte Nyquistflanke jederzeit erreicht werden.

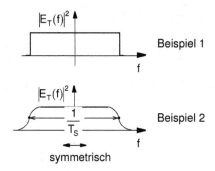

Abb. 3.19. Zweiseitenband-Elementarsignale, beispielhafte Verläufe des Energiedichtespektrums

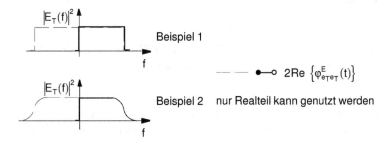

Abb. 3.20. Einseitenband-Elementarsignale, beispielhafte Verläufe des Energiedichtespektrums

Das Energiedichtespektrum eines Einseitenband-Elementarsignals im äquivalenten TP-Bereich ist in Abb. 3.20 dargestellt. Untersucht man nun, ob mit solchen Elementarsignalen das erste Nyquist-Kriterium zu erfüllen ist, dann muss man die periodische Fortsetzung mit $\frac{1}{T_S}$ vornehmen. Da das Spektrum aber nur in einem Intervall der Breite $\frac{1}{2T_S}$ ungleich Null ist, ergibt sich nie eine Konstante. Das erste Nyquist-Kriterium ist also mit derartigen Elementarsignalen nicht erfüllbar. Es gibt aber einen Weg, dieses Problem zu umgehen.

Abbildung 3.21 zeigt ein einfaches Übertragungsmodell im äquivalenten TP-Bereich für den ungestörten Fall ($n(t) = 0$). Für die Folge $\widetilde{x}(k)$ gilt somit

$$\widetilde{x}(k) = \sum_i x\,(i)\;\varphi_{e_T e_T}^E\,(k\,T_S - i\,T_S)\,. \tag{3.31}$$

Eine Aufspaltung in Real- und Imaginärteil ergibt

$$\widetilde{x}_R(k) = \sum_i x_R\,(i)\;\mathrm{Re}\left\{\varphi_{e_T e_T}^E\,(k\,T_S - i\,T_S)\right\}$$

$$-\sum_i x_I(i)\,\mathrm{Im}\left\{\varphi^E_{e_T e_T}(k\,T_S - i\,T_S)\right\}$$

$$\widetilde{x}_I(k) = \sum_i x_R(i)\,\mathrm{Im}\left\{\varphi^E_{e_T e_T}(k\,T_S - i\,T_S)\right\}$$

$$+\sum_i x_I(i)\,\mathrm{Re}\left\{\varphi^E_{e_T e_T}(k\,T_S - i\,T_S)\right\}. \tag{3.32}$$

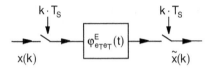

Abb. 3.21. Übertragungsmodell im äquivalenten TP-Bereich bei $n(t) = 0$

Wegen der Asymmetrie bezüglich f_0 sind bei ESB-Elementarsignalen sowohl $\mathrm{Re}\{\varphi^E_{e_T e_T}(t)\}$, als auch $\mathrm{Im}\{\varphi^E_{e_T e_T}(t)\}$ vorhanden. Zu erkennen ist an diesen beiden Gleichungen aber Folgendes: Es ist sicher hinreichend, wenn auf der Sendeseite $x_I(k) = 0$ gesetzt und $\widetilde{x}_I(k)$ auf der Empfangsseite ignoriert wird. Betrachtet man dann $\widetilde{x}_R(k)$ in (3.32), so erkennt man, dass das erste Nyquist-Kriterium nur noch an $\mathrm{Re}\{\varphi^E_{e_T e_T}(t)\}$ überprüft werden muss. Der Realteil von $\varphi^E_{e_T e_T}(t)$ besitzt aber immer ein symmetrisches Spektrum bezüglich $f = 0$ (was $f = f_0$ im BP-Bereich entspricht): Die Realteilbildung im Zeitbereich bedeutet ja gerade eine symmetrische Ergänzung im Frequenzbereich. In Abb. 3.20 ist dies durch den gestrichelt gezeichneten Verlauf angedeutet. Es entsteht so ein dem Zweiseitenband-Elementarsignal gleichwertiges Energiedichtespektrum.

Konsequenz dieser Betrachtung ist, dass bei einer Einseitenband-Übertragung nur ein Quadraturkanal zur Übertragung genutzt werden kann. Von der Ausnutzung einer gegebenen Bandbreite her gesehen ergibt sich somit kein prinzipieller Vorteil gegenüber einer Zweiseitenbandübertragung, bei der beide Quadraturkanäle bei doppelter Bandbreite zur Übertragung von Sendesymbolen genutzt werden können.

Der unendlich steile Abfall des Einseitenband-Energiedichtespektrums bei $f = 0$ (bzw. $f = f_0$) kann praktisch nicht realisiert werden. Auch eine hinreichend gute Näherung bedeutet in der Regel einen sehr hohen Aufwand. Nimmt man nun eine kleine Abwandlung vor und lässt noch (kleine) Spektralanteile im anderen Seitenband zu, dann lässt sich dieses Problem entschärfen. Abbildung 3.22 zeigt zwei Beispiele für solche *Restseitenband* (RSB)-Elementarsignale. Zu beachten ist bei der Gestaltung des Verlaufs bei $f = 0$, dass die symmetrische Ergänzung hier zu einer Konstanten führen muss. Andernfalls wäre das erste Nyquist-Kriterium wieder nicht erfüllbar d. h. bei $f = 0$ entsteht eine weitere *RSB-Nyquistflanke*. Natürlich kann der rechteckförmige

Verlauf bei $f = 0$ im Falle von ESB-Signalen auch als Grenzfall einer Nyquistflanke angesehen werden, so wie dies bereits in Abb. 3.20 für das erste Nyquist-Kriterium bei ZSB-Elementarsignalen getan wurde.

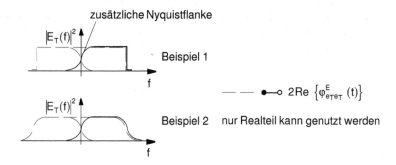

Abb. 3.22. Restseitenband-Elementarsignale, beispielhafte Verläufe des Energiedichtespektrums

3.3.5 Charakteristika einiger Modulationsverfahren

Im Folgenden sollen einige wichtige lineare Modulationsverfahren mit ihren Charakteristika kurz erläutert werden. Per Definition können sich die Verfahren nur im Elementarsignal $e(t)$ bzw. $e_T(t)$ und im Sendesymbolalphabet A_x unterscheiden. Bei den Elementarsignalen bilden reellwertige Signale die wichtigste Gruppe, wobei in praktischen Anwendungen vor allem das *Raised-Cosine*(rc)-Elementarsignal verwendet wird. Abbildung 3.23 zeigt das Energiedichtespektrum dieses Elementarsignals sowie die dazu im Zeitbereich gehörende AKF. Die Besonderheit bei diesem Impuls ist, dass er in seiner spektralen Breite bzw. seinem An- und Ausschwingverhalten mit Hilfe eines Parameters, des *Roll-Off-Faktors* α, variiert und praktischen Gegebenheiten angepasst werden kann. Bei $\alpha = 0$ ergibt sich ein rect-Verlauf im Frequenzbereich und eine si-Funktion im Zeitbereich, während sich bei $\alpha = 1$ im Frequenzbereich eine um den konstanten Anteil 0,5 „angehobene" cos-Schwingung der Amplitude 0,5 ergibt (daher der Name rc). Wegen der exakten Bandbegrenztheit ergibt sich für jedes α im Zeitbereich ein Signal, das im gesamten Intervall $-\infty < t < \infty$ Werte ungleich Null besitzt. In praktischen Anwendungen strebt man an, möglichst schmalbandige $e(t)$ zu verwenden um eine vorgegebene Bandbreite möglichst gut auszunutzen. Dies würde für $\alpha = 0$ sprechen. Abbildung 3.23 zeigt aber auch bereits das damit verbundene Problem: Der rc-Impuls ist dann mit der si-Funktion identisch und belegt damit auf der Zeitachse eine relativ großes Intervall mit signifikanten Werten. $\alpha = 1$ wiederum ist hier wesentlich günstiger, die Bandbreite ist aber auch doppelt so groß. In der Praxis werden als Kompromiss Werte von α um $\frac{1}{2}$ häufig verwendet. Für alle Werte von α ist das erste Nyquist-Kriterium erfüllt: Die Nullstellen der AKF verändern sich nicht mit α.

Das in Abb. 3.23 dargestellte Energiedichtespektrum lässt für das Spektrum des Elementarsignals selbst noch einen großen Spielraum; zum $|E(f)|^2$-Verlauf gibt es beliebig viele $E(f)$-Verläufe. Praktisch verwendet man jedoch die Quadratwurzel aus $|E(f)|^2$ mit nur positiven Werten für alle f und spricht dann auch von einem „Wurzel-rc"-Elementarsignal.

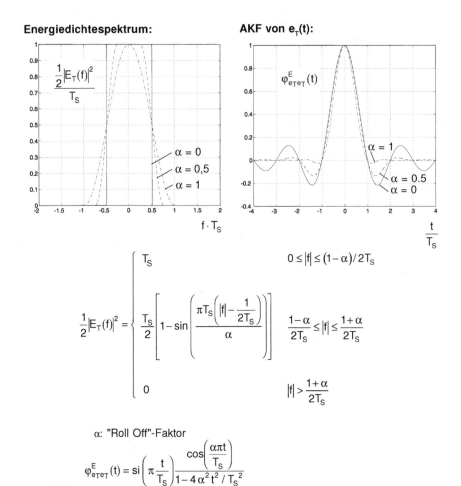

Abb. 3.23. Raised-Cosine-Spektrum

In den Abbildungen 3.24 und 3.25 sind einige Modulationsverfahren aufgelistet. Die erste Spalte enthält typische Abkürzungen, die in praktischen

Anwendungen benutzt werden, die zweite das mit diesen Abkürzungen verbundene Sendesymbolalphabet A_x. Die dritte Spalte sagt – bis auf die letzte Zeile in Abb. 3.25 – lediglich aus, dass ein beliebiges Elementarsignal verwendet werden kann, das das erste Nyquist-Kriterium erfüllt, z.B. das rc-Elementarsignal. In der vierten Spalte sind beispielhafte Verläufe (Musterfunktionen) des Sendesignals im äquivalenten TP-Bereich zu sehen. Um das Wesentliche hier besser hervorheben zu können, sind rect-Impulse als Elementarsignal verwendet worden.

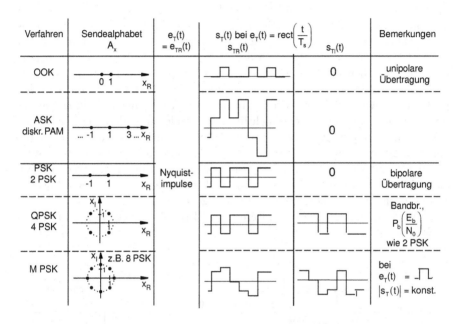

Abb. 3.24. Beispiele für lineare Modulationsverfahren (1)

On-Off-Keying (OOK, Ein-/Austastung)
entspricht einer unipolaren Übertragung. Dieses Verfahren ist sehr einfach, wenn man die Modulation direkt im BP-Bereich vornimmt: Ein cos-Signal mit der BP-Mittenfrequenz f_0 wird passend ein- und wieder ausgeschaltet. Vor allem in Verbindung mit einem geeigneten suboptimalen Empfänger (der im nächsten Abschnitt behandelt wird) lässt sich sehr einfach eine digitale Übertragung realisieren.

Amplitude Shift Keying (ASK, Amplitudenumtastung)
oder *diskrete Pulsamplitudenmodulation (PAM)* kann als M-wertige Verallgemeinerung einer bipolaren Übertragung angesehen werden. Genutzt wird nur der Realteil der Sendesymbole. Üblich ist hier, zwischen den möglichen Symbolwerten Stufen von 2 vorzusehen.

Phase Shift Keying (PSK, Phasenumtastung)

Diese Verfahren bilden eine weitere Gruppe von Übertragungsverfahren. *2 PSK* oder *BPSK* (*Binary PSK*) ist gleichbedeutend mit einer bipolaren Übertragung. *4 PSK* oder *QPSK* (*Quadrature PSK*) entspricht einer Biorthogonalübertragung mit $M = 4$, weshalb hier alle Erläuterungen aus Abschn. 2.4.2 gelten, insbesondere die bezüglich Bandbreite und Bitfehlerwahrscheinlichkeit bei $M = 4$. 2 PSK und 4 PSK sind in diesem Sinne gleichwertig, wobei aber zu beachten ist, dass bei 4 PSK die Bandbreiteausnutzung gegenüber 2 PSK verdoppelt ist, auf Kosten einer doppelten Sendeleistung. Bei M PSK mit $M > 4$ ist der Zuwachs an Bandbreiteausnutzung nur mit einer überproportional erhöhten Sendeleistung zu erkaufen. 4 PSK kann auch als zwei unabhängige bipolare Übertragungen betrachtet werden. Bei M PSK mit $M > 4$ lägen in diesem Sinne zwei Mehrpegelübertragungen in den beiden Quadraturkanälen vor, die aber nicht unabhängig voneinander sind und keine äquidistanten Amplitudenstufen besitzen. PSK-Verfahren können in den praktischen Anwendungen vorteilhaft sein, wenn nichtlineare Senderendstufen verwendet werden. Solche nichtlinearen Senderendstufen werden (wegen des hohen Wirkungsgrades) z. B. in Satelliten in Form von Wanderfeldröhren genutzt. Zu beachten ist dabei aber, dass in diesem Fall die Form des verwendeten Elementarsignals (bzw. Nyquist-Impulses) möglichst dem rect-Verlauf entspricht – wie im Bild als Beispiel aufgeführt. Nur so ist die bei nichtlinearen Sendern erforderliche konstante Hüllkurve gegeben.

Abbildung 3.25 zeigt zwei weitere in der Praxis verwendete Modulationsverfahren.

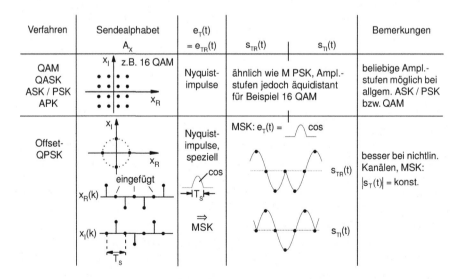

Abb. 3.25. Beispiele für lineare Modulationsverfahren (2)

Quadraturamplitudenmodulation (QAM)

Hier werden beide Quadraturkomponenten in der Amplitude moduliert. Dabei wird in der Regel vorausgesetzt, dass dies mit Hilfe von zwei unabhängigen ASK- oder diskreten PAM-Verfahren geschieht. Damit ergibt sich zwangsläufig ein Sendealphabet wie im Bild für 16 QAM als Beispiel angegeben: Die Sendesymbole liegen in der komplexen Ebene auf einem Gitter mit gleichbleibender Maschenweite. Es ist in der Praxis auch üblich, bei allgemeineren Sendesymbolalphabeten als dem hier dargestellten von QAM zu sprechen. M PSK wäre dann ein Spezialfall von QAM. Um zu betonen, dass Amplituden- und Phasen gemeinsam genutzt werden (d. h. die Quadraturkomponenten sind abhängig), verwendet man auch die Abkürzung *ASK/PSK-Verfahren* oder *APK* (*Amplitude and Phase Keying*). Eigentlich ist die Bezeichnung QAM hier nicht ganz korrekt, da sie vor allem auch bei analogen Übertragungsverfahren verwendet wird. Genauer müsste es hier, wie bei der PAM auch, *diskrete QAM* heißen.

Offset-QPSK, Minimum Shift Keying (MSK)

Offset-QPSK ist im unteren Teil von Abb. 3.25 aufgeführt. Dieses Verfahren kann als Basis für ein in der Praxis inzwischen wichtiges Verfahren angesehen werden, für *Minimum Shift Keying (MSK)*. Es entsteht aus QPSK (oder 4 PSK), indem man die Imaginärteil-Quadraturkomponente des Sendesignals $s(t)$ gegenüber der Realteil-Komponente um eine halbe Symboldauer verzögert. Die Verschiebung um eine halbe Symboldauer lässt sich auch deuten als eine QAM-Übertragung mit der halben Symboldauer und einem speziellen 4 PSK-Sendesymbolalphabet:

$$A_x = \{\pm 1, \pm j\} \tag{3.33}$$

Notwendig ist darüber hinaus eine modulationsspezifische Codierung COD_{mod}, die dafür sorgt, dass alternierend auf ein reelles Symbol (± 1) immer ein imaginäres ($\pm j$) folgt – s. Abb. 3.25. Wählt man als Elementarsignal speziell eine *cos*-Halbwelle der Dauer T_S, dann erhält man das oben bereits erwähnte Minimum Shift Keying (MSK). Die komplexe Hüllkurve $s_T(t)$ hat jetzt – wie man leicht sieht – einen konstanten Betrag. MSK ist in der hier angestellten Betrachtung ein spezielles lineares Modulationsverfahren mit einer zugehörigen speziellen modulationsspezifischen Codierung. Man kann MSK aber auch als spezielles nichtlineares Modulationsverfahren deuten. Dann gehört es zur Gruppe der „Frequenzumtastverfahren mit kontinuierlicher Phase" (*Continuous Phase Frequency Shift Keying, CPFSK*). Zusammen mit diesen CPFSK-Verfahren wird MSK deshalb im Abschn. 3.4 noch einmal ausführlicher behandelt.

Anmerkung: Offset-QPSK ist zuerst als gut geeignetes Verfahren im Falle von nichtlinearen Sendern vorgeschlagen worden, da hiermit eine nahezu konstante Hüllkurve des Sendesignals erreicht werden kann. Die Motivation für die Verzögerung ist, dass man bei QPSK mit rect-Elementarsignalen – s. oben – den rect-Verlauf wegen der endlichen zur Verfügung stehenden Bandbreite praktisch nicht erreichen kann. Als Folge davon treten unerwünschte Einbrüche in der Hüllkurve $|s_T(t)|$ auf – s. auch Abb. 3.27, die zum zweiten Beispiel gehört. Da mit der Verschiebung um eine halbe Symboldauer die Maxima im Real- und Imaginärteil in gerade passender Weise gegeneinander verschoben auftreten, ist – mit $|s_T(t)|^2 = s_{TR}^2(t) + s_{TI}^2(t)$ – zu erwarten, dass die Einbrüche in $|s_T(t)|$ abgeschwächt werden. ◄

In den Abbildungen 3.26 und 3.27 soll nun als Beispiel eine Übertragung mit 4 PSK betrachtet werden, ähnlich wie zuvor in Abschn. 3.3.2.

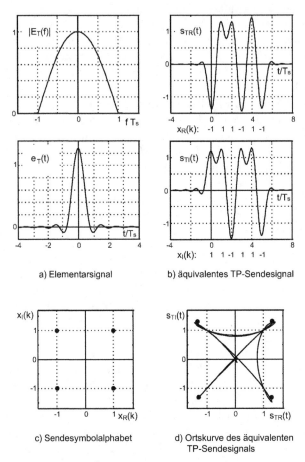

a) Elementarsignal   b) äquivalentes TP-Sendesignal

c) Sendesymbolalphabet   d) Ortskurve des äquivalenten TP-Sendesignals

Abb. 3.26. Beispiel: 4 PSK-Übertragung mit einem Raised Cosine-Elementarsignal; $\alpha=1$ (1)

Im Gegensatz zum dort verwendeten rect-Elementarsignal wird hier ein rc-Elementarsignal mit $\alpha = 1$ verwendet – s. Abb. 3.23. Zu beachten ist, dass in Abb. 3.23 das Energiedichtespektrum des Elementarsignals dargestellt ist, während Abb. 3.26 a) oben die für alle f positive Wurzel aus diesem Verlauf zeigt. Wegen der Wurzelbildung ist dies nicht der einzig mögliche Verlauf des Elementarsignal-Spektrums, aber der üblicherweise verwendete. Man spricht dann auch manchmal von einem Root Raised-Cosine-Verlauf. Wie in Abschn. 3.3.2 ist in den Abbildungen 3.26 und 3.27 als Beispiel eine Sendefolge $x(k)$ angenommen: 0,..., 0, (-1+j), (1+j), (1- j), (-1+j), (1+j), (-1-j), 0,...,0. Dargestellt sind neben dem Elementarsignal-Spektrum $E(f)$ das zugehörige Elementarsignal $e(t)$, das Sendesymbolalphabet, die Verläufe von Real- und Imaginärteil des äquivalenten TP-Sendesignals $s_T(t)$, die Ortskurve von $s_T(t)$, das BP-Sendesignal $s(t)$ und die Ortskurve des MF-Ausgangssignals $y_T(t)$. In Abb. 3.26 d) ist zu erkennen, dass die Ortskurve von $s_T(t)$ nicht durch die vier möglichen Sollpunkte zum Abtastzeitpunkt läuft: Dass das erste Nyquist-Kriterium erfüllt ist, lässt sich erst auf der Empfangsseite hinter dem Korrelationsfilter an der Ortskurve von $y_T(t)$ erkennen. Wie an der Ortskurve von $s_T(t)$ deutlich wird, sind beim BP-Sendesignal $s(t)$ die Amplitude und die Phase moduliert. Bei Phasensprüngen um π geht die Amplitude durch Null – ein in der Praxis oft unerwünschtes Verhalten. Das oben erwähnte Offset-QPSK-Verfahren und der Spezialfall MSK können dies vermeiden, was insbesondere bei nichtlinearen Sendeverstärkern von Vorteil sein kann – s. auch Anmerkung oben.

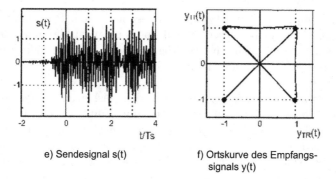

e) Sendesignal s(t)

f) Ortskurve des Empfangssignals y(t)

Abb. 3.27. Beispiel: 4 PSK-Übertragung mit einem Raised Cosine-Elementarsignal; $\alpha=1$ (2)

3.3.6 Kohärente und inkohärente Übertragung, DPSK

Bisher wurde angenommen, dass der AWGR-Kanal das Sendesignal $s(t)$ ohne Verzögerung zum Empfänger weiterleitet. Jeder physikalische Kanal bewirkt aber wegen der endlichen Ausbreitungsgeschwindigkeit elektromagnetischer Wellen eine gewisse Verzögerung des Sendesignals, die im Idealfall unabhängig von der Frequenz ist. Dieser Idealfall soll im Folgenden vorausgesetzt werden.

Bezeichnet man die Verzögerungszeit mit t_0, dann gilt bei verschwindender additiver Störung ($n(t) = 0$) für das Empfangssignal

$$g(t) = s(t - t_0).$$ (3.34)

Für das äquivalente TP-Empfangssignal folgt hieraus

$$\begin{aligned}
g_T(t) &= \left[s(t - t_0)\, e^{-j2\pi f_0 t} \right] * 2h_{TP}(t) \\
&= e^{-j2\pi f_0 t_0} \left[\left[s(t - t_0)\, e^{-j2\pi f_0 (t - t_0)} \right] * 2h_{TP}(t) \right] \\
&= e^{-j2\pi f_0 t_0}\, s_T(t - t_0).
\end{aligned}$$ (3.35)

Die Verzögerung um t_0 bewirkt somit einen komplexen Faktor im äquivalenten TP-Empfangssignal, der einer Phasendrehung um $\psi_0 = -2\pi f_0 t_0$ entspricht. Im äquivalenten TP-Bereich ergibt sich somit nicht nur das Signal $s_T(t - t_0)$, wie man es bei zeitinvarianten Systemen erwarten würde. Der komplexe Faktor bedeutet vielmehr, dass die BP-TP-Transformation *zeitvariant* ist.

Anmerkung: Wie man leicht einsehen kann, ist die Kettenschaltung von TP-BP- und BP-TP-Transformation zeitinvariant. Das bedeutet, dass eine Verzögerung des Sendesignals im äquivalenten TP-Bereich, d. h. $s_T(t - t_0)$, auch zu einer Verzögerung des Empfangssignals im äquivalenten TP-Bereich, d. h. zu $g_T(t - t_0)$ führt. ◄

Um den komplexen Faktor bzw. die korrespondierende Phasendrehung auf der Empfangsseite zu eliminieren, ist Folgendes möglich: Man muss den komplexen Träger $e^{-j2\pi f_0 t}$ auch um t_0 verzögern. Dann wird der Faktor in (3.35) wieder kompensiert. Notwendig ist dazu eine Kenntnis von t_0 bzw. ψ_0 auf der Empfangsseite.

Diese Betrachtung sollte verdeutlichen, dass bisher angenommen wurde, dass die komplexen Träger auf der Sende- und Empfangsseite bei der TP-BP- bzw. BP-TP-Transformation in der korrekten Phasenlage und Frequenz verwendet werden. Sobald ψ_0 auf der Empfangsseite und/oder f_0 nicht korrekt eingestellt sind, ergibt sich nicht das gewünschte äquivalente TP-Signal $g_T(t)$. Eine Übertragung wird *kohärent* genannt, wenn die komplexen Träger andauernd in der korrekten Frequenz- und Phasenlage verwendet werden.

Wie sich eine kleine Abweichung in der Frequenz f_0 auswirkt, lässt sich ebenfalls leicht abschätzen. In Abb. 3.28 ist die Annahme gemacht, dass auf der Empfangsseite der komplexe Träger in der Phasenlage unbekannt ist und die Abweichung der willkürlichen Empfangs-Phasenlage gegenüber der Sollphasenlage $\Delta\psi$ beträgt. Die Frequenzabweichung Δf wird klein genug angenommen, so dass sichergestellt ist, dass das Spektrum des äquivalenten TP-Signals nicht außerhalb des Durchlassbereichs des TP zu liegen kommt, der in der BP-TP-Transformation auf der Empfangsseite verwendet wird. Wenn, wie dies praktisch immer der Fall ist, die Grenzfrequenz f_g dieses TP etwas größer gewählt wird als die Grenzfrequenz des äquivalenten TP-Sendesignals $s_T(t)$, dann ist dies mit der Einschränkung

$$\frac{\Delta f}{f_g} \ll 1 \qquad (3.36)$$

sicher hinreichend gut formuliert. Wenn Δf außerdem so klein ist, dass sich während der Faltungsoperation mit der Stoßantwort des idealen TP der Faktor $e^{-j2\pi\Delta f t}$ nicht wesentlich ändert, dann gilt

$$g_T(t, \Delta f, \Delta\psi) = g_T(t)\, e^{-j[2\pi\Delta f t + \Delta\psi]} = g_T(t)\, e^{-j2\pi\Delta f t}\, e^{-j\Delta\psi}. \qquad (3.37)$$

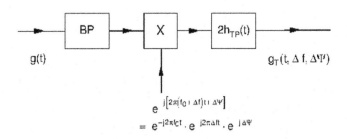

Abb. 3.28. BP-TP-Transformation mit kleiner Frequenzabweichung Δf und beliebiger Phasenabweichung $\Delta\psi$

Die geforderte Zeitinvarianz des Faktors $e^{-j2\pi\Delta f t}$ während der Faltungsoperation lässt sich theoretisch nicht erfüllen, da die Stoßantwort, d. h. die si-Funktion, theoretisch nie Null wird. Praktisch wird (3.37) aber genügend genau gelten, wenn die si-Funktion nur über ein genügend großes Intervall, z. B. in $-5\frac{1}{2f_g} < t < 5\frac{1}{2f_g}$, approximiert und außerhalb zu Null gesetzt wird. Dann muss die Änderung des Phasenwinkels $2\pi\Delta f t$ innerhalb dieses Intervalls nur klein genug sein, was z. B. auf

$$\frac{5\,\Delta f}{f_g} \ll 1 \qquad (3.38)$$

führt. Dies ist gegenüber (3.36) eine kleine Verschärfung.

$g_T(t)$ in (3.37) ist das äquivalente TP-Empfangssignal, das sich bei exakt bekannter Frequenz und Phasenlage des komplexen Trägers auf der Empfangsseite ergäbe. Die von Δf abhängige Exponentialfunktion kann als „Rotation" von $g_T(t)$ gedeutet werden, die zweite Exponentialfunktion als Anfangsphasenverschiebung. Abbildung 3.29 zeigt ein Modell für (3.37).

DPSK

Ein Übertragungsverfahren, das $\Delta f \ll \frac{1}{T_S}$ toleriert und bei dem $\Delta\psi$ keinen Einfluss hat, ist *Differenz-PSK* (*DPSK*). Die Idee bei DPSK ist, nur Phasendifferenzen zur Informationsübertragung zu nutzen anstatt der bei PSK

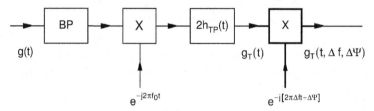

Abb. 3.29. Modell der BP-TP-Transformation mit kleiner Frequenzabweichung Δf und beliebiger Phasenabweichung $\Delta \psi$

notwendigen absoluten Phasenwinkel. Auf der Sendeseite bedeutet dies für die zu sendenden komplexen Sendesymbole

$$x(k) = |x(k)|\ e^{j\psi_k} \in A_x \qquad (3.39)$$
$$\psi_k = \psi_{k-1} + \Delta\psi_k.$$

A_x ist hierbei ein übliches PSK-Symbolalphabet, z. B. das in vorherigen Abschnitten als Beispiel öfter verwendete 4 PSK-Alphabet. Wirklich zur Informationsübertragung werden aber nicht die $x(k)$ direkt benutzt, sondern Differenzsymbole, die zum Phasendifferenzwinkel $\Delta\psi_k$ gehören:

$$\Delta x(k) = e^{j\Delta\psi_k} \in A_{x_0}. \qquad (3.40)$$

Das Alphabet A_{x_0} enthält damit die Symbole, die den zu übertragenden, informationstragenden Sendesymbolen von zuvor entsprechen. Wenn, wie bei PSK üblich, die Beträge der Sendesymbole Eins sind, dann lässt sich die *Differenz-Vorcodierung* auch wie folgt ausdrücken:

$$x(k) = x(k-1) \cdot \Delta x(k). \qquad (3.41)$$

Auf der Empfangsseite gehört dazu die *Differenzdecodierung*

$$\begin{aligned}
\Delta\widetilde{x}(k) &= \widetilde{x}(k)\ \widetilde{x}^*(k-1) \\
&= |\widetilde{x}(k)|\ e^{j\widetilde{\psi}_k}\ |\widetilde{x}(k-1)|\ e^{-j\widetilde{\psi}_{k-1}} \\
&= |\widetilde{x}(k)|\ |\widetilde{x}(k-1)|\ e^{j[\widetilde{\psi}_k - \widetilde{\psi}_{k-1}]} \\
&= |\widetilde{x}(k)|\ |\widetilde{x}(k-1)|\ e^{j\Delta\widetilde{\psi}_k}. \qquad (3.42)
\end{aligned}$$

Abbildung 3.30 zeigt als Beispiel Sendesymbole in der komplexen Zahlenebene, wie sie bei einer 4 DPSK-Übertragung auftreten können. Hierbei ist jedoch das Rauschen auf dem Kanal zu Null angenommen worden, um den Einfluss einer unbekannten Anfangsphase bzw. eines kleinen Frequenzoffsets zu verdeutlichen. Die unbekannte Anfangsphase hat keine Bedeutung, da sie nach Differenzdecodierung entsprechend (3.42) in $\Delta\widetilde{x}(k)$ nicht mehr enthalten ist.

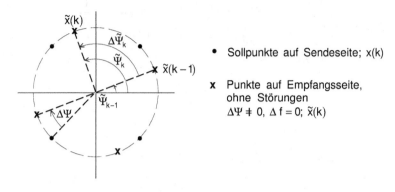

Abb. 3.30. Beispiel: 4 DPSK

Kleine Frequenzoffsets führen dazu, dass der zu $\Delta\tilde{x}(k)$ gehörende Phasendifferenzwinkel $\Delta\tilde{\psi}_k$ kleiner oder größer werden kann als der gesendete. Solange dabei die Sektoren-Entscheidungsgrenzen nicht überschritten werden, treten im ungestörten Fall (d. h. bei $n(t) = 0$)) bei der Übertragung keine Fehler auf. In der Praxis wird man aber genügend Abstand für evtl. auftretende additive Störungen vorsehen.

Inkohärente Übertragung, inkohärente Empfänger
Eine weitere Möglichkeit, den Einfluss von Δf und $\Delta\psi$ tolerieren zu können, besteht darin, nur die Beträge der Sendesymbole $x(k)$ zur Informationsübertragung heranzuziehen. Voraussetzung hierfür ist, dass reellwertige Elementarsignale verwendet werden. Auf der Sendeseite bedeutet dies

$$x(k) = |x(k)| = |x_R(k)| = x_R(k) \geq 0; \quad d.h. \; x_I(k) = 0. \tag{3.43}$$

Ein so eingeschränktes Sendesymbolalphabet entspricht damit einer ASK bzw. diskreten PAM mit Werten ≥ 0. Für das BP-Sendesignal gilt

$$s(t) = \mathrm{Re}\left\{ s_T(t)\, e^{j2\pi f_0 t} \right\} \tag{3.44}$$
$$s_T(t) = \sum_k x(k)\, e_T(t - kT_S).$$

Da $x(k)$ und $e_T(t)$ reellwertig sind, ist folgende Vereinfachung möglich:

$$s(t) = \sum_k x(k)\, e_T(t - kT_S)\, \cos(2\pi f_0 t). \tag{3.45}$$

In Abb. 3.31 ist ein entsprechendes Blockbild des Modulators dargestellt. Auf der Empfangsseite ergibt sich mit den gleichen Voraussetzungen

$$y_T(t) = \left[g_{BP}(t)\, e^{-j2\pi[(f_0 + \Delta f)t + \Delta\psi]}\right] * 2h_{TP}(t) * \frac{1}{2}e_T(-t)$$

$$= [g_{BP}(t)\cos(2\pi(f_0 + \Delta f)t + \Delta\psi)] * e_T(-t)$$

$$- j\,[g_{BP}(t)\sin(2\pi(f_0 + \Delta f)t + \Delta\psi)] * e_T(-t). \qquad (3.46)$$

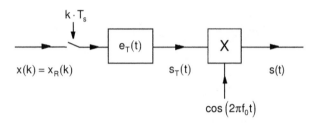

Abb. 3.31. Inkohärente Übertragung, Modell des Modulators

Hier sind wieder die Ungenauigkeiten in Frequenz und Phase mit berücksichtigt. Abbildung 3.32 zeigt ein Modell für den auf dieser Gleichung basierenden *optimalen Hüllkurvenempfänger*. Die Wurzel-Operation kann natürlich auch wegfallen, wenn die Entscheidung auf den Quadraten der möglichen Sendesymbole basiert.

Wegen der Betragsbildung toleriert dieser Empfänger kleine Frequenzabweichungen Δf, und die Ungenauigkeit des Phasenwinkels $\Delta\psi$ ist irrelevant. Verglichen mit einer kohärenten Übertragung bei gleichem Sendesymbolalphabet ist diese inkohärente Übertragung mit einem Hüllkurvenempfänger bei Bitfehlerwahrscheinlichkeiten in der Größenordnung 10^{-3} ca. 1 dB schlechter. Die Verschlechterung ist dadurch bedingt, dass das Rauschen vor dem Entscheider eine Rayleigh-Verteilungsdichte besitzt (s. Abschn. 1.4.5) anstatt der Gauß-Verteilung beim kohärenten Empfänger.

Eine weitere, einfachere Variante eines inkohärenten Empfängers, der *suboptimale Hüllkurvenempfänger*, ist in Abb. 3.33 dargestellt. Er besteht im Prinzip aus einem BP-Korrelationsfilter für das BP-Elementarsignal $e(t)$, einer Betragsbildung und einem TP. Der sich anschließende Abtaster und der Entscheider sind wieder Elemente, die bei jeder digitalen Übertragung notwendig sind. Beim suboptimalen Hüllkurvenempfänger müssen etwa 1 dB$-$2 dB mehr an $\frac{E_b}{N_0}$ für eine gegebene Fehlerwahrscheinlichkeit aufgewendet werden als bei einer kohärenten Übertragung. Anzumerken ist, dass die Betragsbildung – sofern analoge Bauelemente zur Realisierung verwendet werden – mit einem Zweiweggleichrichter oder sogar einem Einweggleichrichter vorgenommen werden kann.

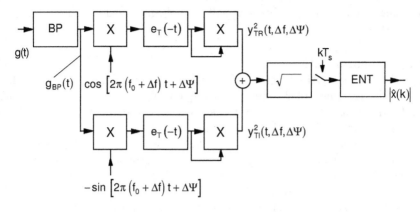

Abb. 3.32. Optimaler Hüllkurvenempfänger

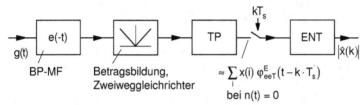

Abb. 3.33. Suboptimaler Hüllkurvenempfänger

Anmerkung 1: Bei einem Übertragungsmodell mit BP-Signalen – s. Abschn. 3.3.3 – ist keine BP-TP-Transformation notwendig, obwohl eine Äquivalenz zu einer kohärenten Übertragung besteht. Die Mittenfrequenz f_0 und der Anfangsphasenwinkel ψ_0 müssen auf der Empfangsseite nicht bekannt sein. $y_R(t)$ und $y_I(t)$ sind aber mit f_0 oszillierende BP-Signale, womit der Abtastzeitpunkt $k \cdot T_S$ sehr genau bekannt sein muss. Dies entspricht der genauen Kenntnis von Δf und $\Delta \psi$ in Abschn. 3.3.4. ◄

Anmerkung 2: Eine inkohärente Übertragung bzw. ein inkohärenter Empfang ist insbesondere auch bei M orthogonalen BP-Elementarsignalen möglich. Hier ergeben sich Verschlechterungen in der gleichen Größenordnung von 1 dB−2 dB. Ein solcher Empfänger wird in Abschn. 3.4 im Zusammenhang mit speziellen Elementarsignalen noch einmal angesprochen. ◄

3.3.7 Träger- und Taktsynchronisation

Während die Taktsynchronisation direkt mit der zeitlichen Diskretisierung verbunden ist, die zum Begriff „digital" gehört, ist die Trägersynchronisation nur notwendig, wenn kohärent übertragen wird. Zu beiden Themen gibt es eine umfangreiche Literatur und es würde den hier vorgegebenen Rahmen sprengen, wenn beide Themen in gebührender Tiefe abgehandelt werden sollten.

Auf einige wenige Grundprinzipien soll im Folgenden jedoch kurz eingegangen werden.

Trägersynchronisation

Im vorhergehenden Abschnitt wurde davon ausgegangen, dass bei einer kohärenten Übertragung üblicherweise die Frequenz f_0 und die Phase ψ_0 auf der Empfangsseite a priori nur bis auf einen Fehler Δf bzw. $\Delta \psi$ bekannt sind, wobei der Bereich für $\Delta \psi$ sich in den meisten Fällen von $-\pi$ bis π erstreckt. Δf setzt sich häufig aus zwei Anteilen zusammen. Der erste Anteil stammt von den vorliegenden physikalischen Übertragungskanälen, und er wird durch Dopplereffekte hervorgerufen, die wiederum durch Bewegungsvorgänge bewirkt werden. Bei einer Kurzwellen-Funkübertragung z. B. bewegen sich die an der Ausbreitung beteiligten Ionosphärenschichten, was zu Werten für Δf in der Größenordnung von 1 Hz oder auch etwas mehr führen kann. Bei mobilen Funksystemen können sich Sender und Empfänger bewegen, wodurch ebenfalls Dopplerverschiebungen auftreten. So ergeben sich beim digitalen GSM-Mobilfunk-Telefonsystem z. B. bis 230 Hz. Häufig sind die vom physikalischen Kanal verursachten Frequenzverschiebungen jedoch zeitlich nicht konstant und man muss sie als stochastische zeitliche Änderung der meist vorliegenden nicht idealen Kanalstoßantwort auffassen. Auf die Modellierung derartiger Kanäle wird in Kap. 5 eingegangen.

Der zweite Anteil stammt von praktisch verwendeten Oszillatoren, deren relative Genauigkeit $\frac{\Delta f}{f_0}$ bei Modems häufig in der Größenordnung 10^{-4} bis 10^{-5} liegt. Wenn zusätzlich Funkgeräte mit eigenen Oszillatoren beteiligt sind, kann deren Beitrag meist vernachlässigt werden. Ausnahmen bilden hier bestehende ESB- oder RSB-Übertragungsysteme für analoge Sprachsignale, die im nachhinein für die Übertragung von Modemsignalen genutzt werden. Als Beispiele hierfür kann man das konventionelle Telefonnetz sowie die oben bereits erwänten Kurzwellen-Funkübertragungen anführen. Während man beim Telefonnetz mit Frequenzverschiebungen in der Größenordnung um 1 Hz oder weniger rechnen muss ergeben sich beim KW-Funk Abweichungen von 10 Hz und mehr.

All diese Abweichungen verursachen zusammen, dass die Mittenfrequenz f_0 auf der Empfangsseite um einen Gesamtfehler Δf korrigiert werden muss, sofern ein kohärenter Empfang bei der digitalen Übertragung vorgenommen werden soll.

Bei der Phase ist die a priori meist unbekannte Laufzeit t_0 der Signale, von der Multiplikation mit dem komplexen Träger auf der Sendeseite bis zur entsprechenden Multiplikation auf der Empfangsseite, der Grund für die Phasenabweichung $\Delta \psi$. Aus dem vorhergehenden Abschnitt ergab sich mit den Voraussetzungen (3.36) im äquivalenten TP-Empfangssignal $g_T(t)$ ein komplexer *Drehfaktor*, den es zu kompensieren gilt:

$$g_T(t, \Delta f, \Delta \psi) = g_T(t)\, e^{-j[2\pi \Delta f t + \Delta \psi]}$$
$$= g_T(t)\, e^{-j2\pi \Delta f t}\, e^{-j\Delta \psi}. \tag{3.47}$$

Diese Kompensation ist bereits zu Beginn der digitalen Übertragung notwendig, wozu man Δf und $\Delta \psi$ kennen muss. Darüber hinaus ist es in vielen praktischen Anwendungen so, dass sich Δf und $\Delta \psi$ im Verlauf einer Übertragung ändern können, wenn auch meist nur relativ langsam. Es hat sich deshalb als zweckmäßig erwiesen, bei der Trägersynchronisation zwei Phasen zu unterscheiden (mit der Bezeichnung „Phase" sind dabei zeitlich aufeinanderfolgende Abschnitte bezeichnet, keine Phasenwinkel!):

Akquisitionsphase (acquisition phase)
Dies ist die Anfangsphase. Der Empfänger schätzt mit geeigneten Algorithmen/Verfahren aus dem momentan vorliegenden Empfangssignal die Werte für Δf und $\Delta \psi$ so genau, dass die kohärente Datenübertragung möglich wird. Hierzu wird in der Praxis meist ein Vorspann-Signal, eine *Präambel* gesendet. Die Präambel ist dem Empfänger bekannt, und sie unterstützt oder ermöglicht die Akquisition von Δf und $\Delta \psi$.

Nachführungsphase (tracking phase)
Diese Phase, die sich an die Akquisitionsphase anschließt, hat zum Ziel, die oben angesprochenen (langsamen) Änderungen von Δf und $\Delta \psi$ auszugleichen. Die hierzu verwendeten Algorithmen gehen häufig davon aus, dass die Datenübertragung bereits mit der gewünschten relativ kleinen Bitfehlerwahrscheinlichkeit (von z. B. 10^{-5}) läuft. Dann können die (nur selten falschen) empfangenen Datensymbole als Wissen über das Sendesignal mit in die Algorithmen einfließen. Bei Kanälen mit nicht-stationären Störungen (wie bei den meisten Funkkanälen), kann es zweckmäßig sein, von Zeit zu Zeit eine „Mini"-Akquisitionsphase einzufügen. Übertragen werden dann Datenblöcke, in die periodisch wiederkehrende bekannte *Testfolgen* eingebettet sind.

Eine weitere im Labor oder in seltenen praktischen Anwendungen nutzbare Alternative besteht darin, den komplexen Träger zur Empfangsseite über einen separaten Übertragungskanal zu übertragen. Das Problem hierbei ist, dass der separate Übertragungskanal die gleiche Laufzeit besitzen muss wie der zur Informationsübertragung verwendete. Praktisch angewendet werden kleine Abwandlungen hiervon: Beim UKW-Stereo-Rundfunk wird mitten im Übertragungsband in einer kleinen Lücke ein *Pilotton* übertragen, der auf der Empfangsseite dazu dient, das zusätzlich übertragene Differenzsignal zwischen den beiden Stereokanälen phasenrichtig wiederzugewinnen. Die Farbinformation beim Farbfernsehen wird ebenfalls mit einem kohärenten Verfahren übertragen, wobei aber zur Trägersynchronisation nur Ausschnitte (*Bursts*) gesendet werden. Bei beiden hier angesprochenen Beispielen werden analoge Quellensignale übertragen, und die Verfahren gehören zu der Gruppe der analogen Übertragungsverfahren, die erst im nächsten Kapitel behandelt werden.

Taktsynchronisation
Bei der Taktsynchronisation gibt es ebenfalls eine Vielzahl von Verfahren,

deren Behandlung den hier vorgesehenen Rahmen sprengen würde. Hervorzuheben sind aber solche Verfahren, die die Taktsynchronisation mit einer *Kanalschätzung* verbinden und die zu einem sehr robusten Verhalten führen. Aufgabe der Kanalschätzung ist es, bei einem linear verzerrenden Kanal vor Beginn der Übertragung die Stoßantwort zu schätzen, um sie anschließend beim Datenempfang zu verwenden. Dies wird üblicherweise mit Hilfe der oben erwähnten Präambeln und Testfolgen im äquivalenten TP-Bereich vorgenommen. Verwendet man die geschätzte oder gemessene Kanalstoßantwort als Stoßantwort eines Empfangs-Korrelationsfilters, dann wird zum einen die unbekannte Anfangsträgerphase automatisch korrigiert und zum anderen die unbekannte zeitliche Anfangslage des Abtasttaktes. Voraussetzung ist lediglich, dass die geschätzte Kanalstoßantwort in ihrer Lage zum willkürlich zu wählenden Zeitnullpunkt auf der Empfangsseite vollständig bekannt ist. Praktisch wählt man hierzu ein *Messfenster* von endlicher Dauer, in dem sich die geschätzte Kanalstoßantwort vollständig befinden muss. Verschiebungen des Abtasttaktes, die praktisch nur durch die Frequenzdifferenz der im Sender und Empfänger verwendeten Taktgeneratoren bedingt ist, äußern sich in einer Verschiebung der geschätzten Kanalstoßantwort in diesem Messfenster. Eine Nachsynchronisation des Taktes besteht dann nur noch darin, dafür zu sorgen, dass die geschätzte Kanalstoßantwort nicht aus dem Messfenster „wandert". Verschiebungen innerhalb des Fensters sind ohne Bedeutung.

3.4 Frequency-Shift-Keying-Übertragungsverfahren

Die im Folgenden behandelten Verfahren nutzen die *Frequenzumtastung (Frequency Shift Keying, FSK)*. Sie besitzen in den praktischen Anwendungen eine relativ große Bedeutung, weil sie in der Regel sehr einfach zu realisieren sind. Darüber hinaus sind ihre modernsten Varianten (wie GMSK, Gaussian MSK) in europäischen Standards enthalten, so z. B. in den Standards für digitale schnurlose Telefone (DECT, Digital European Cordless Telephone) oder den digitalen Mobilfunk (GSM, Global System for Mobile Communication).

3.4.1 FSK und Übertragung mit orthogonalen Elementarsignalen

FSK in seiner Grundform gehört zu den verallgemeinert linearen Modulationsverfahren (s. Abschn. 3.1) mit M Elementarsignalen. Bei einer M FSK, d. h. einer FSK mit M Elementarsignalen, haben die Elementarsignale die Form

$$e_i(t) = a(t) \cos(2\pi f_{e_i} t); \quad i = 0, 1, ..., M - 1. \tag{3.48}$$

Im Frequenzbereich gehört dazu

$$E_i(f) = \frac{1}{2} \left[A(f - f_{e_i}) + A(f + f_{e_i}) \right]. \tag{3.49}$$

Zwei grundlegende Typen von FSK-Verfahren ergeben sich durch die Wahl der Hüllkurve $a(t)$. Bei

$$e_i(t) = \text{rect}(\frac{t}{T_S})\,\cos(2\pi f_{e_i}t) \tag{3.50}$$

$$e_i(t) \circ\!\!-\!\!\bullet\ E_i(f) = T_S\,\text{si}\,(\pi f T_S) * \frac{1}{2}\,[\delta(f - f_{e_i}) + \delta(f + f_{e_i})]$$

spricht man von *harter FSK* und bei

$$e_i(t) = \text{si}\left(\pi\frac{t}{T_S}\right)\,\cos\left(2\pi f_{e_i}t\right)$$

$$e_i(t) \circ\!\!-\!\!\bullet\ E_i(f) = T_S\,\text{rect}\,(f T_S) * \frac{1}{2}\,[\delta\,(f - f_{e_i}) + \delta\,(f + f_{e_i})] \tag{3.51}$$

als anderem Extremfall von *weicher FSK*. Als weiche FSK bezeichnet man darüber hinaus auch alle weiteren FSK-Verfahren, bei denen $a(t)$ stetig ist. Abbildung 3.34 zeigt als Beispiel für eine harte M FSK die Spektren, die zu zwei Elementarsignalen gehören. Durch passende Wahl von T_S (in Relation zu f_{e_i}) ist hier der weitere wichtige Spezialfall von orthogonalen Elementarsignalen erreicht.

Das bedeutet insbesondere, dass die in Abschn. 2.4.2 berechneten Fehlerwahrscheinlichkeiten hier gelten. Im Gegensatz zur harten M FSK zeigt Abb. 3.35 zwei Spektren bei einer weichen, ebenfalls orthogonalen M FSK, bei denen $a(t)$ eine si-Funktion ist.

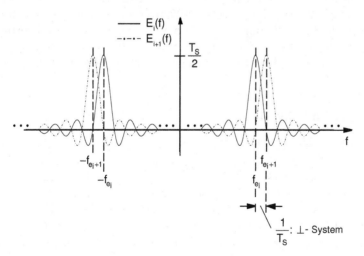

Abb. 3.34. Spektren von Elementarsignalen bei harter MFSK

Mit den grundlegenden Erläuterungen des Abschn. 2.4 gelten folgende Schlüsse und **Anmerkungen:**

- Bei nicht-orthogonalen Elementarsignalen ist das verallgemeinerte erste Nyquist-Kriterium nicht erfüllt, woraus sich eine Verschlechterung in den Bitfehlerwahrscheinlichkeitskurven $P_b(E_b/N_0)$ ergibt.
- Bei orthogonalen Elementarsignalen gilt:

$$M = 2 : \quad P_b(\tfrac{E_b}{N_0}) \quad 3\,\mathrm{dB} \text{ schlechter als } 2\,\mathrm{PSK} \text{ oder } 4\,\mathrm{PSK}$$
$$M \to \infty : P_b(\tfrac{E_b}{N_0}) \quad \text{-Verläufe nähern sich der Shannon-Grenze}$$
$$\text{des (unendlich breitbandigen) AWGR-Kanals.}$$

- Bei harter FSK hat das Sendesignal $s(t)$ eine konstante Hüllkurve und ist somit gut für nichtlineare Sender geeignet.
- Die BP-Korrelationsfilter sind bei weicher FSK mit si-förmiger Hüllkurve identisch mit idealen Bandpässen, die die Mittenfrequenzen f_{e_i} besitzen und die Bandbreiten $f_\Delta = \frac{1}{T_S}$.
- In praktischen Anwendungen wird oft eine Bank von suboptimalen Hüllkurvenempfängern verwendet.
- FSK-Verfahren gehören bei gleichzeitiger Betrachtung von Bandbreite- und Leistungsausnutzung nicht zu den attraktivsten Verfahren, sind aber relativ leicht und kostengünstig zu realisieren. In den Praxis werden sie deshalb häufig dort eingesetzt, wo Kosten niedrig sein sollen oder wo andere Verfahren kaum einsetzbar sind.
- FSK ist das „klassische" Modulationsverfahren für die digitale Übertragung über Funk, z. B. über Kurzwelle mit 75 bit/s. ◄

Als verallgemeinerte Form einer FSK-Übertragung kann man in diesem Zusammenhang auch das Mehrfrequenz-Wahlverfahren beim Telefon und die entsprechende Signalisierung bei der Fernabfrage von Anrufbeantwortern anführen. Gesendet wird hier immer eine Summe von zwei orthogonalen FSK-Elementarsignalen, und der Empfänger detektiert die gerade vorliegende Kombination.

3.4.2 MSK und GMSK

MSK wurde bereits in Abschn. 3.3.4 als spezielles lineares Modulationsverfahren kurz erläutert. Hier soll dies ein wenig mehr vertieft werden.

MSK kann so dargestellt werden wie in Abb. 3.25. Im halben Symbolintervall ($\frac{T_S}{2}$) wird jeweils abwechselnd der Realteil und dann der Imaginärteil zu einer bipolaren Übertragung verwendet. Dazwischen werden Nullen übertragen. Als Elementarsignal wird eine cos-Halbwelle der Dauer T_S verwendet. Mit diesen Festlegungen ergeben sich für die beiden Quadraturkomponenten $s_{TR}(t)$ und $s_{TI}(t)$ Signale, die betragsmäßig aus cos-Halbwellen zusammengesetzt und um $\frac{\pi}{2}$ gegeneinander phasenverschoben sind. Der Betrag von $s_T(t)$ ist damit konstant.

Abbildung 3.36 zeigt den zugehörigen optimalen Empfänger. Er basiert auf der Darstellung mit Quadraturkomponenten, die um $\frac{T_S}{2}$ gegeneinander

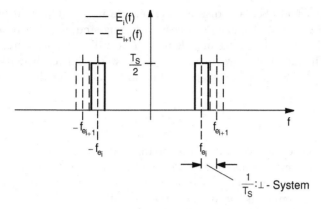

Abb. 3.35. Spektren von Elementarsignalen bei weicher MFSK

verschoben sind. Die Verschiebung wird dadurch berücksichtigt, dass in einem Quadraturzweig mit kT_S abgetastet wird (wie bei 4 PSK) und im anderen mit einem um $\frac{T_S}{2}$ verschobenen Abtastraster. Die modulationsspezifische Decodierung verschachtelt die aus den beiden Entscheidern kommenden Bits wieder zur erkannten binären Quellenfolge $\hat{q}(k)$.

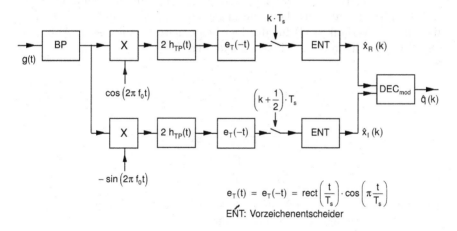

Abb. 3.36. Modell eines MSK-Empfängers

Ursprünglich wurde MSK als FSK-Modulationsverfahren mit kleinstmöglichem Modulationsindex (Erläuterung weiter unten) vorgeschlagen. Dies soll nun näher betrachtet werden. In Abb. 3.37 ist im oberen Teil der zuvor bereits verwendete, beispielhafte Verlauf der Quadraturkomponenten von $s_T(t)$ zu sehen, rechts daneben die Ortskurve. Zu erkennen ist der konstante Betrag.

Eingezeichnet sind ebenfalls diskrete Zeitpunkte im $\frac{T_S}{2}$-Raster (0 bis 5). Da die Verläufe von $s_{TR}(t)$ und $s_{TI}(t)$ cos/sin-förmig sind, dreht sich der Zeiger in der Ortskurvendarstellung in jedem $\frac{T_S}{2}$-Intervall mit konstanter Drehgeschwindigkeit oder Frequenz um $\Delta\psi = \frac{\pi}{2}$, entweder im mathematisch positiven Sinn (mit Δf) oder entgegengesetzt (mit $-\Delta f$). Für die Frequenz Δf gilt dabei

$$\Delta f = \frac{\Delta\psi}{2\pi \frac{T_S}{2}} = \frac{1}{2\,T_S}. \tag{3.52}$$

Der zugehörige Phasenverlauf in diesen Intervallen der Dauer $\frac{T_S}{2}$ ist linear – s. Abb. 3.37 unten. Eingezeichnet ist hier auch noch der Verlauf des BP-Sendesignals $s(t)$ – zur Veranschaulichung für eine extrem kleine Mittenfrequenz f_0. Zu erkennen ist an diesem $s(t)$-Verlauf, dass die Zahl der Perioden in nebeneinanderliegenden Intervallen der Dauer $\frac{T_S}{2}$ entweder gleich ist oder dass sie sich genau um eine halbe Periode unterscheiden. In Abb. 3.37 treten z. B. entweder 5/4 Perioden oder 3/4 Perioden auf.

Diese halbe Periode Differenz ist unabhängig von der Mittenfrequenz f_0. Ausdrücken kann man dies durch den *Modulationsindex*

$$h = \Delta f\, T_S = \frac{1}{2}. \tag{3.53}$$

Betrachtet man MSK als ein Verfahren, bei dem die Frequenz einer cos-Funktion moduliert wird, dann ist es notwendig, die Frequenzänderungen in den $\frac{T_S}{2}$-Intervallen als zeitliche Änderungen einer *Momentanfrequenz* f_m aufzufassen. Der Verlauf $f_m(t)$ für das hier behandelte Beispiel ist in Abb. 3.38 dargestellt. Es gilt in diesem Beispiel offensichtlich

$$f_m(t) = \Delta f \sum_k x(k)\, \mathrm{rect}(\frac{t - kT - \dfrac{T}{2}}{T}) \tag{3.54}$$

$$T = \frac{T_S}{2}; \quad x(k) \in \{\pm 1\}$$

$$\Delta f = \frac{1}{2T_S} = \frac{1}{4T}.$$

Die Momentanfrequenz bei MSK kann somit auch als bipolares Sendesignal mit rect-Elementarsignalen aufgefasst werden.

Statt der Symboldauer T_S tritt aber jetzt $T = \frac{T_S}{2}$ auf, wobei T das Intervall ist, in dem ein Bit übertragen wird. Für den Phasenverlauf $\psi(t)$ und die Momentanfrequenz $f_m(t)$ gilt allgemein die Beziehung

$$f_m(t) = \frac{1}{2\pi} \frac{d}{dt} \psi(t). \tag{3.55}$$

Schreibt man das MSK-Sendesignal $s(t)$ in der Form

$$s(t) = \mathrm{Re}\left\{ s_T(t)\, e^{j2\pi f_0 t} \right\}$$
$$= \mathrm{Re}\left\{ |s_T(t)|\, e^{j\psi(t)}\, e^{j2\pi f_0 t} \right\}$$
$$= |s_T(t)| \cos\left(2\pi f_0 t + \psi(t)\right), \qquad (3.56)$$

dann erkennt man deutlich, dass die Informationsübertragung mit Hilfe der Phase $\psi(t)$ geschieht. Da $\psi(t)$ durch Integration über den Momentanfrequenzverlauf entsteht, ergibt sich ein stetiger (kontinuierlicher) Verlauf. Dieser kontinuierliche Phasenverlauf ist der Schlüssel zu den Verfahren, die im kommenden Abschnitt behandelt werden sollen. Ein möglichst „glatter" Phasenverlauf $\psi(t)$ führt nämlich – und dies sei hier ohne Beweis angeführt – zu einem

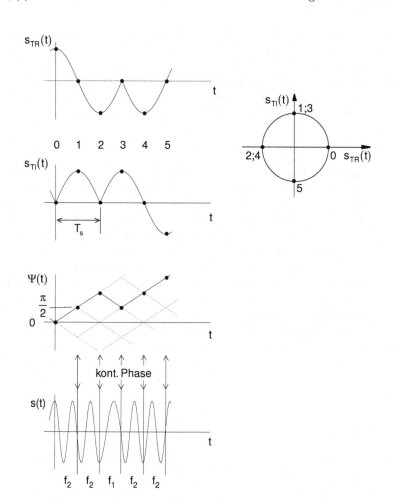

Abb. 3.37. MSK als Spezialfall eines FSK-Verfahrens mit kontinuierlicher Phase

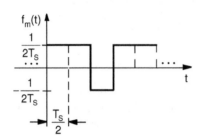

Abb. 3.38. Momentanfrequenzverlauf bei MSK

„schmalen" Leistungsdichtespektrum des Sendesignals, was in praktischen Anwendungen angestrebt wird.

Gaussian MSK (GMSK) ist eine MSK-Abwandlung, bei der der Momentanfrequenzverlauf von MSK ein wenig mehr „geglättet" wird. Man erreicht dies, indem man $f_m(t)$ durch einen sog. *Gauß-Tiefpass* leitet. Der Gauß-TP ist ein LTI-System mit einer Gauß-Glocke als Stoßantwort, d. h.

$$h_{TPGauss}(t) = e^{-(B\,t)^2} \ . \tag{3.57}$$

Der Parameter B ist ein Maß für die Bandbreite. Man definiert in diesem Zusammenhang gerne die auf T normierte Bandbreite als $B\,T$. Je kleiner $B\,T$ ist, desto glatter ist der Phasenverlauf und desto schmaler ist das Leistungsdichtespektrum. Der MSK-Empfänger nach Abb. 3.36 ist für GMSK nur suboptimal. Wählt man aber als Kompromiss $B\,T$ nicht zu klein, dann kann der MSK-Empfänger beibehalten werden, bei noch akzeptablen Verlusten in $\frac{Eb}{N0}$. So gilt beim GSM-System z. B. $B\,T = 0,25$, bei einem Verlust von etwa $0,74\,dB$. Dieses $B\,T$ ergibt andererseits bereits einen guten Verlauf des Leistungsdichtespektrums. Hierauf wird zusammenfassend am Ende des nächsten Abschnitts noch einmal eingegangen.

MSK und GMSK sind spezielle Varianten von Verfahren mit kontinuierlichem Phasenverlauf, den sog. *CPFSK-Verfahren* (CPFSK: Continuous Phase Frequency Shift Keying) bzw. *CPM-Verfahren* (CPM: Continuous Phase Modulation). CPFSK und CPM sollen im nächsten Abschnitt gesondert betrachtet werden.

3.4.3 CPM und CPFSK

Wir haben im letzten Abschnitt gesehen, dass bei MSK ein stetiger Phasenverlauf vorliegt. Der Grund hierfür kann leicht am Momentanfrequenzverlauf abgelesen werden – s. (3.54). Da der Phasenverlauf aus dem Momentanfrequenzverlauf durch Integration gebildet wird, entstehen mit den bei MSK vorliegenden rect-Elementarsignalen stetige lineare Phasenverläufe. CPFSK ist nun insofern eine Verallgemeinerung, als auch M ASK-Alphabete für $x(k)$ zugelassen sind:

$$\text{CPFSK:} \quad \begin{aligned} f_m(t) &= \Delta f \sum_k x\,(k)\,\text{rect}\left(\frac{t - kT}{T}\right) \\ x\,(k) &\in \{\pm 1, \pm 3, \,...,\pm (2M - 1)\} \\ T&: \quad \text{Symboldauer} . \end{aligned} \quad (3.58)$$

Die Symboldauer T wurde bereits im vorherigen Abschnitt als Bitdauer bei der MSK-Übertragung eingeführt. Eine weitergehende Verallgemeinerung besteht darin, auch andere reellwertige Elementarsignale als rect zuzulassen:

$$\text{CPM:} \quad \begin{aligned} f_m(t) &= \sum \Delta f(k)\,x\,(k)\,e\,(t - kT\,) \\ x\,(k) &\in \{\pm 1, \pm 3, \,...,\pm (2M - 1)\} \\ e\,(t)&: \text{reellwertiges Basisband-} \\ & \quad \text{Elementarsignal} \\ T&: \quad \text{Symboldauer.} \end{aligned} \quad (3.59)$$

Dies entspricht formal dem Sendesignal eines linearen Modulationsverfahrens zur Übertragung über Basisbandkanäle, jedoch mit der Besonderheit, dass die Symbole $x(k)$ im allgemeinen Fall noch mit von k abhängigen Frequenzverschiebungen gewichtet werden. Durch Integration ergibt sich hieraus der Phasenverlauf

$$\begin{aligned} \psi(t) &= 2\,\pi \int\limits_{-\infty}^{t} f_m\,(\tau)\,d\tau \\ &= \pi\,\frac{1}{T} \int\limits_{-\infty}^{t} \sum_k 2\,T\,\Delta f(k)\,x\,(k)\,e\,(\tau - kT)\,d\tau \\ &= \pi\,\frac{1}{T} \int\limits_{-\infty}^{t} \sum_k h(k)\,x\,(k)\,e\,(\tau - kT)\,d\tau \\ &= \pi\,\frac{1}{T} \sum_k h(k)\,x\,(k)\,u\,(t - kT)\,. \end{aligned} \quad (3.60)$$

$h(k)$ ist eine noch zu definierende Folge von Modulationsindizes, wobei im Spezialfall auch $h(k) = h$ gelten kann. Bei $h(k) \neq h$ spricht man auch von Multi-h-CPM (oder -CPFSK bei rect-Elementarsignalen). Für $u(t)$ gilt:

$$u\,(t) = \int\limits_{-\infty}^{t} e\,(\tau)\,d\tau = \varepsilon\,(t) * e\,(t)\,. \quad (3.61)$$

$u(t)$ kann in (3.60) als neues Elementarsignal aufgefasst werden, wobei aber zu beachten ist, dass es in der Regel nicht das erste Nyquist-Kriterium erfüllt. Für den Spezialfall MSK gilt: $\Delta f = \frac{1}{4T}$ und $h(k) = h = 2\,T\,\Delta f = \frac{1}{2}$.

Abbildung 3.39 zeigt eine Möglichkeit, wie ein CPM-Modulator realisiert werden kann. Entsprechend (3.58) wird zunächst die Momentanfrequenz $f_m(t)$ gebildet. Mit $f_m(t)$ wird anschließend ein spannungsgesteuerter Oszillator (Voltage Controlled Oscillator, VCO) beaufschlagt. Der VCO schwingt bereits auf einer Mittenfrequenz f_0, und die Momentanfrequenz $f_m(t)$ des äquivalenten TP-Signals an seinem Eingang erhöht oder erniedrigt dieses f_0 entsprechend. Somit ergibt sich am Ausgang des VCO direkt das Sendesignal $s(t)$.

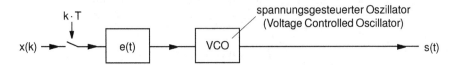

Abb. 3.39. Modell zur Realisierung eines CPM-Modulators, Variante 1

Eine Alternative hierzu ist in Abb. 3.40 dargestellt. Hier wird zunächst der Phasenverlauf $\psi(t)$ gebildet. Aus $\psi(t)$ werden dann über die nichtlinearen Abbildungen „COS" und „SIN" die beiden Quadraturkomponenten $s_{TR}(t)$ und $s_{TI}(t)$ gebildet. Die anschließende TP-BP-Transformation erzeugt daraus das Sendesignal $s(t)$.

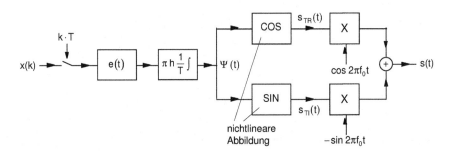

Abb. 3.40. Modell zur Realisierung eines CPM-Modulators, Variante 2

In Abb. 3.41 sind einige CPM-Verfahren mit ihren Charakteristika aufgeführt. Dargestellt sind die $f_m(t)$-Elementarsignale $e(t)$ sowie beispielhafte $f_m(t)$- und $\psi(t)$-Verläufe. Hervorzuheben ist der glatte Phasenverlauf von TFM, der zu einem sehr günstigen spektralen Verhalten führt – s. Abb. 3.42. In diesem Bild sind auch noch die Leistungsdichtespektren von MSK und GMSK ($BT = 0{,}25$) mit eingezeichnet. Hier ist der vorteilhafte Verlauf von GMSK deutlich zu erkennen, obwohl TFM noch etwas günstiger verläuft.

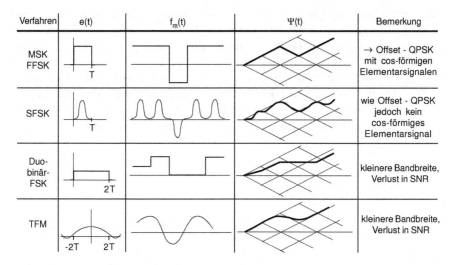

Verfahren	e(t)	$f_m(t)$	$\Psi(t)$	Bemerkung
MSK FFSK				→ Offset - QPSK mit cos-förmigen Elementarsignalen
SFSK				wie Offset - QPSK jedoch kein cos-förmiges Elementarsignal
Duo-binär-FSK				kleinere Bandbreite, Verlust in SNR
TFM				kleinere Bandbreite, Verlust in SNR

Abb. 3.41. Spezielle CPM-Verfahren. Abkürzungen:
Minimum Shift Keying (MSK); Fast Frequency Shift Keying (FFSK);
Sinusoidal Frequency Shift Keying (SFSK); Tamed Frequency
Modulation (TFM)

Anmerkung: Obwohl wir MSK in Abschn. 3.3.5 als lineares Modulations-
verfahren kennengelernt haben, kann es mit den Erläuterungen des letzten
Abschnitts auch – wegen des stetigen Phasenverlaufs – als einfachstes CPFSK-
Verfahren angesehen werden. Mit der Ausnahme von MSK sind CPFSK- und
CPM-Verfahren nichtlineare Modulationsverfahren. Dies hat zur Folge, dass lineare Empfänger (bis zum Entscheider) wie bei linearen Modulationsverfahren
nicht mehr möglich sind, wohl aber solche, die bei verallgemeinerten linearen
Modulationsverfahren genutzt werden – siehe z. B. M-wertige Übertragung
mit orthogonalen Elementarsignalen. Diese allgemeinen CPFSK-Empfänger
sollen hier aber nicht behandelt werden. Neben dem kontinuierlichen (glat-
ten) Phasenverlauf und dem resultierenden kompakten Leistungsdichtespektrum haben CPFSK- und CPM-Verfahren insbesondere auch eine konstante
Einhüllende $|s_T(t)|$. Wie bereits zuvor betont, können solche Sendesignale
von großem Vorteil sein, wenn nichtlineare Sendeendstufen verwendet werden müssen. Bei digitalen Funksystemen ist dies häufig der Fall, weil lineare
Sendeendstufen u. U. schwer zu realisieren bzw. teuer sind. ◄

3.5 Fehlerwahrscheinlichkeiten, Bandbreite- und Leistungsausnutzung

In diesem Abschnitt sollen Bitfehlerwahrscheinlichkeiten P_b für einige wichtige
Modulationsverfahren gegenübergestellt werden. Mit einem geforderten P_b ist

eine notwendige Energie pro Bit verbunden, womit sich wiederum die Ausnutzung einer gegebenen Sendeleistung, die *Leistungsausnutzung*, bestimmen lässt. Sie ist eine wichtige Größe zur Beurteilung von digitalen Übertragungsverfahren, aber nicht die einzige. Ebenso wichtig ist in praktischen Anwendungen, welche Bandbreite für eine geforderte Übertragungsrate notwendig ist. Die *Bandbreiteausnutzung* in bit/s/Hz ist hier die passende Größe. Zwischen diesen beiden Größen muss in der Regel ein passender Kompromiss gefunden werden. Dies soll am Ende dieses Abschnitts diskutiert werden.

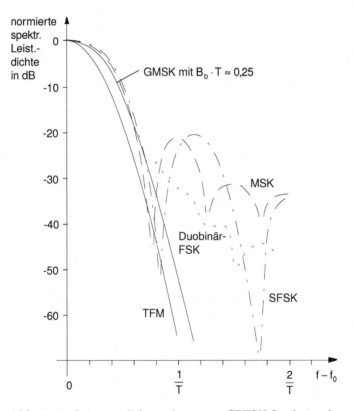

Abb. 3.42. Leistungsdichtespektren von CPFSK-Sendesignalen

Zuvor sollen jedoch noch zwei wichtige Hilfsmittel erläutert werden, die bei der Abschätzung von Fehlerwahrscheinlichkeiten verwendet werden können. Das erste setzt lineare Modulationsverfahren mit einem (QAM-) Sendesymbolalphabet A_x voraus. Es ist immer dann gut anwendbar, wenn ein neues Alphabet vorliegt, von dem die Fehlerwahrscheinlichkeitskurven nicht bekannt sind, eine schnelle Abschätzung aber erforderlich ist. Dies soll am Beispiel einer 8 PSK erläutert werden.

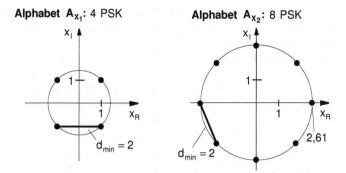

Abb. 3.43. Vergleich von QAM-Sendesymbolalphabeten; Abschätzung der $\frac{E_b}{N_0}$-Differenz bei gleichen Fehlerwahrscheinlichkeiten

Als Bezug benötigt die Abschätzung einen $P_b(\frac{E_b}{N_0})$-Verlauf und das zugehörige Alphabet für ein anderes Verfahren, z. B. für 4 PSK wie in Abb. 3.43. Links ist dieses 4 PSK-Bezugsalphabet zu sehen, rechts das von 8 PSK, von dem der $P_b(\frac{E_b}{N_0})$-Verlauf gesucht ist. Die notwendige Voraussetzung ist in Abb. 3.43 hervorgehoben: Das Bezugsalphabet und das abzuschätzende müssen gleiche minimale Distanzen besitzen. Im Beispiel gibt es bei 4 PSK und 8 PSK zu jedem Symbol jeweils 2 Nachbarsymbole in genau dieser Minimaldistanz. Diese Anzahl, hier 2, muss bei beiden Alphabeten gleich sein. Die Abschätzung macht nun die Annahme, dass nur diese Minimaldistanzen die Fehlerwahrscheinlichkeit bestimmen. Für genügend große Werte von $\frac{E_b}{N_0}$ ist dies wegen der Gauß-Verteilung des Rauschens sicher gut erfüllt. Man geht im nächsten Schritt nun davon aus, dass bei beiden Alphabeten ein Symbol gesendet wird, das die maximale Anzahl von Nachbarsymbolen im Mindestabstand besitzt. Im hier betrachteten Beispiel können bei beiden Alphabeten alle Symbole als gesendete Symbole herangezogen werden. Da nur die Minimaldistanzen die Fehlerwahrscheinlichkeit bestimmen sollen, liegen bei gleichen Rauschleistungsdichten auf dem Kanal zwei identische Symbolübertragungen vor, d. h. die Symbolfehlerwahrscheinlichkeiten sind gleich:

$$P_s(A_{x_2}) = P_s(A_{x_1}). \tag{3.62}$$

P_s ist hierbei die Symbolfehlerwahrscheinlichkeit, A_{x_2} das 8 PSK- und A_{x_1} das 4 PSK-Alphabet.

Im nun folgenden Schritt kann das Mehr an Sendeleistung berechnet werden, das 8 PSK gegenüber 4 PSK für diese gleiche Symbolfehlerwahrscheinlichkeit benötigt. Da die Sendeleistungen proportional zu den Streuungen σ_x^2 der Sendefolgen sind, berechnet man diese zuerst:

$$\sigma_x^2(A_{x_2}) = 6,8 \tag{3.63}$$
$$\sigma_x^2(A_{x_1}) = 2.$$

Für das Verhältnis der beiden Sendeleistungen folgt damit ein Wert von ca. 3,4. Will man hieraus das Verhältnis der erforderlichen $\frac{E_b}{N_0}$-Werte bestimmen, dann ist zu beachten, dass bei 4 PSK zwei Bit mit jedem Symbol übertragen werden, bei 8 PSK dagegen drei. Der Wert von 3,4 muss somit noch mit dem Faktor $\frac{2}{3}$ multipliziert werden, was einen Wert von 2,3 ergibt. Er entspricht einer Verschiebung der 4 PSK-Kurve um $10\log 10(2,3)\mathrm{dB} = 3,6\,\mathrm{dB}$ nach rechts. Obwohl hierbei gleiche Symbolfehlerwahrscheinlichkeiten den Ausgangspunkt bildeten, führt die Umrechnung bei einer Gray-Codierung in den Bitfehlerwahrscheinlichkeiten zu keinem großen Unterschied, insbesondere bei genügend großem $\frac{E_b}{N_0}$. Wenn nicht alle Symbole des jeweiligen Alphabets die gleiche Anzahl von Nachbarsymbolen mit der Mindestdistanz besitzen, was im Beispiel gegeben war, wird diese einfache Abschätzung etwas ungenauer.

Eine weitere häufig gut brauchbare Abschätzung von Fehlerwahrscheinlichkeiten liefert der sog. *Union-Bound*:

$$\mathrm{Prob}\{\bigcup_i E_i\} \leq \sum_i \mathrm{Prob}\{E_i\}. \tag{3.64}$$

E_i sind hierbei Ereignisse, und die linke Seite dieser Gleichung gibt die Wahrscheinlichkeit dafür an, dass mindestens eines der Ereignisse E_i eintritt. Wenn die Ereignisse disjunkt sind, dann gilt das Gleichheitszeichen. Sofern die Wahrscheinlichkeit auf der linken Seite in einer Aufgabenstellung auftritt, kann man die rechte Seite für eine Abschätzung dieser Wahrscheinlichkeit nach oben benutzen. Liegt bei einer digitalen Übertragung im Signalraum die minimale Distanz d_{min} vor, dann kann das Ereignis E_i wie folgt definiert werden: Man sendet eines der beiden an d_{min} beteiligten Elementarsignale und definiert E_i als den Fehlerfall. Die hiermit verbundene Symbolfehlerwahrscheinlichkeit ist leicht anzugeben (s. auch (2.37)):

$$P_{s12} = \frac{1}{2}\,\mathrm{erfc}\left(\sqrt{\frac{d_{min}^2}{8\,\sigma_{n_e}^2}}\right). \tag{3.65}$$

Dies ist die Wahrscheinlichkeit dafür, dass das Elementarsignal $e_2(t)$ empfangen wird, obwohl $e_1(t)$ gesendet wurde. $\sigma_{n_e}^2$ ist die Streuung des gaußschen Rauschens im Signalraum. Nimmt man nun an, dass alle Signale die gleiche minimale Distanz zueinander haben, dann liefert der Union-Bound:

$$P_s \leq \frac{1}{2}\,(M-1)\,\mathrm{erfc}\left(\sqrt{\frac{d_{min}^2}{8\,\sigma_{n_e}^2}}\right). \tag{3.66}$$

Für eine QAM-Übertragung mit

$$d_{min}^2 = d_{min}^2(A_x)\,E_e \tag{3.67}$$

ergibt sich speziell:

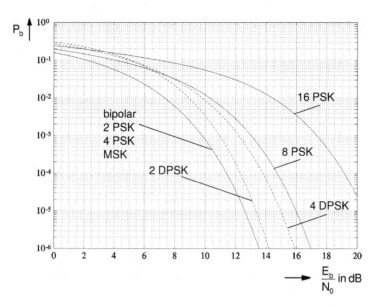

Abb. 3.44. Bitfehlerwahrscheinlichkeiten für lineare Modulationsverfahren bei AWGR-Kanälen (1)

$$P_s \le \frac{1}{2}\,(M-1)\,\mathrm{erfc}\left(\sqrt{\frac{d_{\min}^2(A_x)\,E_e}{8\,\sigma_{n_e}^2}}\right). \tag{3.68}$$

$d_{\min}^2(A_x)$ ist die minimale Distanz zwischen den möglichen Sendesymbolen $x(k)$ im Symbolalphabet A_x und E_e die Energie des verwendeten Elementarsignals.

Die Abbildungen 3.44 bis 3.47 zeigen Bitfehlerwahrscheinlichkeiten P_b in Abhängigkeit von $\frac{E_b}{N_0}$ für Übertragungsverfahren, die in den vergangenen Abschnitten erläutert worden sind. In Abb. 3.44 sind Kurven für PSK-Verfahren zu sehen, wobei eine bipolare Übertragung als Vergleichsmaßstab dient. 2 PSK und 4 PSK entsprechen einer bipolaren Übertragung, weshalb die Kurven zusammenfallen. Das gilt in gleicher Weise für MSK, wenn ein optimaler Empfänger eingesetzt wird. 2 DPSK und 4 DPSK sind etwas schlechter, was bereits in Abschn. 3.3.5 diskutiert worden ist. Bei 4 DPSK sind für ein P_b von 10^{-5} z. B. 2,3 dB mehr an $\frac{E_b}{N_0}$ aufzuwenden als bei 4 PSK. Die zuvor abgeschätzten 3,6 dB, die bei 8 PSK mehr für die gleiche Bitfehlerwahrscheinlichkeit aufzuwenden sind, können ebenfalls abgelesen werden. Zu erkennen ist des Weiteren, dass für eine Erhöhung der Datenrate bei konstanter Bandbreite und konstantem P_b bei M PSK mit $M > 4$ überproportional mehr Sendeleistung benötigt wird. Um dies einzusehen, muss man sich an die Beziehungen

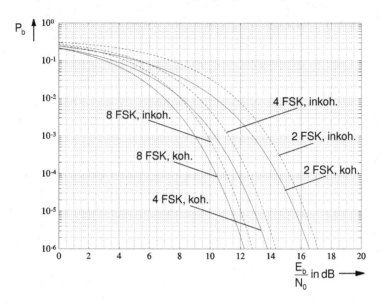

Abb. 3.45. Bitfehlerwahrscheinlichkeiten für lineare Modulationsverfahren bei AWGR-Kanälen (2)

$$r_{\ddot{u}} = \frac{\log_2(M)}{T_S} \tag{3.69}$$

$$\frac{E_s}{N_0} = \frac{E_b}{N_0} \log_2(M)$$

erinnern. $r_{\ddot{u}}$ ist die Übertragungsrate in bit/s, T_S die Symboldauer und E_s die mittlere Symbolenergie. So ergibt beispielsweise 16 PSK die 4-fache Übertragungsrate $r_{\ddot{u}}$ verglichen mit 2 PSK – bei gleicher Symboldauer T_S – benötigt dafür bei gleicher Bitfehlerwahrscheinlichkeit P_b aber auch nahezu 8 dB mehr in $\frac{E_b}{N_0}$, s. Abb. 3.44. Die Umrechnung $\frac{E_b}{N_0} \rightarrow \frac{E_s}{N_0}$ ergibt weitere 6 dB, was zu 14 dB Mehr an Symbolenergie und damit auch an Sendeleistung führt. Die 4-fache Übertragungsrate erkauft man sich somit durch eine um den Faktor 25 (entsprechend 14 dB) erhöhte Sendeleistung! Beim Übergang von 2 PSK auf 4 PSK muss man im Gegensatz dazu für die doppelte Übertragungsrate auch die doppelte Sendeleistung aufwenden. Der Grund für dieses sehr günstige Verhalten beim Übergang von 2 PSK auf 4 PSK ist darin zu suchen, dass bei 4 PSK eine weitere (orthogonale) Koordinatenachse bzw. Dimension des Signalraumes genutzt wird.

Abbildung 3.45 zeigt die $P_b(\frac{E_b}{N_0})$-Kurven für einige FSK-Verfahren, wobei die gestrichelt gezeichneten Kurven für den inkohärenten Empfang gelten. Zu erkennen ist, dass die Kurven sich mit wachsendem M nach links verschieben. Dies ist genau das entgegengesetzte Verhalten von M PSK, s. oben. Im Grenzfall $M \rightarrow \infty$ ist zu erwarten, dass die Kurven sich immer mehr der Shannon-

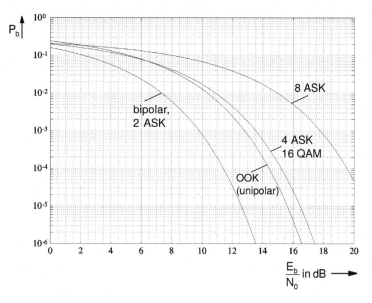

Abb. 3.46. Bitfehlerwahrscheinlichkeiten für lineare Modulationsverfahren bei AWGR-Kanälen (3)

Grenze für den (unendlich breitbandigen) AWGR-Kanal von ca. 1,4 dB nähern. Im Gegensatz zu den PSK-Verfahren steigt die Bandbreiteausnutzung dabei nicht, vielmehr geht sie gegen Null.

Einige Kurven für ASK- und QAM-Verfahren sind in Abb. 3.46 zu sehen. Die bipolare Übertragung ist hier wieder als Referenz eingezeichnet, ebenso die Kurve für OOK, die der einer unipolaren Übertragung entspricht. Die 2 ASK-Kurve ist – wie zu erwarten – identisch mit der der bipolaren Übertragung. Ähnlich wie bei den PSK-Verfahren ist mit steigendem M bei den ASK-Verfahren ein überproportionaler Zuwachs an Sendeleistung notwendig, sofern man gleiche Bandbreite und gleiches P_b voraussetzt. Weicht man dagegen in die zweite noch zur Verfügung stehende Dimension aus und nutzt z. B. statt 4 ASK eine Übertragung mit 16 QAM, was wegen der Orthogonalität zwei voneinander unabhängigen 4 ASK-Übertragungen entspricht, dann ist für die doppelte Übertragungsrate auch nur die doppelte Sendeleistung erforderlich. Siehe hierzu auch die Erläuterungen zu 2 PSK und 4 PSK oben. Abbildung 3.47 zeigt schließlich die Kurve für GMSK mit einer normierten Bandbreite von $BT = 0{,}25$ im Vergleich zu MSK und 2 FSK. Der früher bereits genannte Verlust von ca. 0,74 dB gegenüber MSK ist zu erkennen und ebenfalls der Unterschied von 3 dB zwischen MSK und 2 FSK. Als Beispiel für eine Verbesserung der $P_b\left(\frac{E_b}{N_0}\right)$-Kurven mit hier nicht behandelten komplexeren Übertragungsverfahren ist noch eine Kurve eingezeichnet, bei der eine sog.

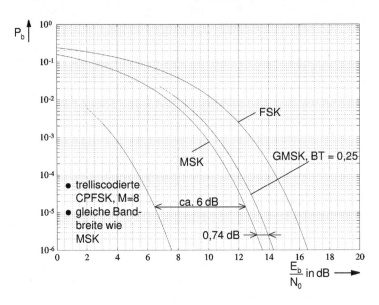

Abb. 3.47. Bitfehlerwahrscheinlichkeiten für lineare Modulationsverfahren bei AWGR-Kanälen (4)

trelliscodierte CPFSK mit $M = 8$ verwendet wurde. Hier ergibt sich durch das komplexere Verfahren ein Gewinn von ca. 6 dB gegen MSK.

Die bisher in den Vordergrund gestellte Abhängigkeit der Bitfehlerwahrscheinlichkeiten P_b von $\frac{E_b}{N_0}$ betrifft die oben erwähnte *Leistungsausnutzung*. Die zweite oben erwähnte, ebenfalls wichtige Größe ist die *Bandbreiteausnutzung*. Wir hatten bei der Diskussion der Übertragung mit M orthogonalen Elementarsignalen bereits erkannt, dass der unendlich breitbandige Kanal für $M \to \infty$ zwar mit bestmöglicher Leistungseffizienz genutzt werden kann (s. auch Abschn. 2.4.2, Shannon-Grenze), dass aber die Bandbreiteausnutzung gegen Null geht. Dieser Zusammenhang ist tiefergehender. Beide Ausnutzungen sind immer in gewisser Weise gegenläufig zueinander. Mit bestmöglichen Übertragungsverfahren kann man jedoch diesen „Trade-Off" auf ein höheres Niveau heben. Dies ist seit langem ein Ziel der Forschungsarbeiten auf diesem Gebiet. Wir werden diesen Punkt später immer wieder aufgreifen.

Für einige der bisher behandelten Übertragungsverfahren soll dieser Zusammenhang mit Abb. 3.48 diskutiert werden. Im oberen Teil dieses Bildes ist eine normierte Sendeleistung logarithmisch über einer normierten, ebenfalls logarithmisch dargestellten Übertragungsrate aufgetragen, wobei eine Bitfehlerwahrscheinlichkeit von 10^{-6} angenommen wurde. Die Bezugsgrößen sind zweckmäßig definiert. Zu erkennen ist bei einzelnen Verfahren, dass für größere Übertragungsraten entsprechend größere Sendeleistungen notwendig sind. Will man hiervon abweichen, muss das Verfahren gewechselt werden. Hier-

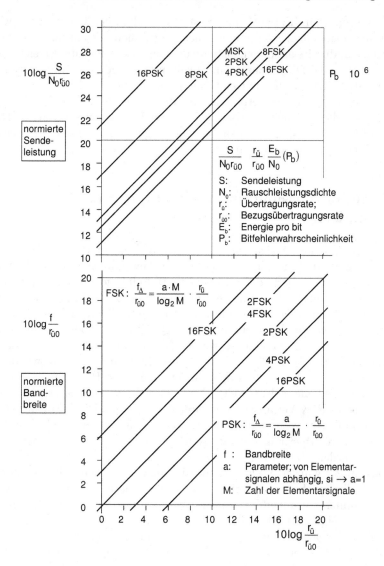

Abb. 3.48. Digitale Übertragungsverfahren: Sendeleistung und Bandbreite

bei wird ein zuvor bereits diskutierter Zusammenhang wieder deutlich: FSK-Verfahren ergeben eine bessere Leistungsausnutzung als PSK-Verfahren. Mit steigendem M verhalten sich diese beiden Arten von Übertragungsverfahren gegensätzlich. Das Verhalten kehrt sich um, wenn man die Zusammenhänge im unteren Teil des Bildes betrachtet. Hier ist statt der normierten Sendeleistung eine passend normierte Bandbreite aufgetragen. Während die Bandbreiteausnutzung bei den PSK-Verfahren mit wachsendem M steigt, sinkt sie bei den

FSK-Verfahren. Beim Entwurf eines Systems zur digitalen Übertragung wird man in der Regel einen Kompromiss suchen zwischen der Ausnutzung einer gegebenen Bandbreite auf der einen Seite und einer Leistung zum Erreichen einer gewünschten Bitfehlerwahrscheinlichkeit auf der anderen. Zu beachten ist an dieser Stelle, dass bisher nur einfache, grundlegende Verfahren betrachtet worden sind. Übertragungsverfahren mit *Kanalcodierung*, die Kap. 7 erläutert werden sollen, können hierbei zu besseren Kompromissen führen. Dies gilt auch für solche Fälle, in denen der Übertragungskanal nicht durch einen AWGR-Kanal modelliert werden kann.

3.6 Zusammenfassung und bibliographische Anmerkungen

Dieses Kapitel befasste sich mit Verfahren und Gruppen von Verfahren zur Übertragung digitaler Signale, die in den Anwendungen von Bedeutung sind. Eine große Gruppe bildeten die linearen Modulationsverfahren, die den Vorteil besitzen, dass der optimale Empfänger bis zum Entscheider linear ist. Zu dieser Gruppe gehören sämtliche Verfahren, die auf der Quadraturamplitudenmodulation beruhen: nur eine Quadraturkomponente nutzende ASK-Verfahren und 2 PSK ebenso wie Verfahren, die beide Quadraturkomponenten nutzen, z. B. M PSK oder M QAM. MSK und seine Abwandlung GMSK, die beide in heutigen Anwendungen eine große Bedeutung besitzen, wurden ebenfalls behandelt. Gezeigt wurde, dass MSK als lineares, aber auch als nichtlineares FSK-Verfahren betrachtet werden kann. Die Betrachtung als lineares Modulationsverfahren hatte zur Folge, dass der optimale Empfänger ohne weitere Ableitung mit den Kenntnissen aus dem Vorkapitel sofort angegeben werden konnte.

Etwas kürzer wurden Verfahren zur digitalen Übertragung im Basisband betrachtet, die üblicherweise auch mit „Leitungscodierung" umschrieben werden. Sie kommen vor allem dort zum Einsatz, wo relativ kurze Entfernungen bei der Übertragung zu überbrücken sind.

Ebenfalls betrachtet wurden FSK-Übertragungsverfahren. Sie werden in den einfachsten Formen in der Praxis vor allem dort eingesetzt, wo es um eine wenig aufwendige Realisierung geht, die Bandbreiteausnutzung nicht im Vordergrund steht und möglicherweise nichtlineare Sendeverstärker zum Einsatz kommen sollen. Anschließend wurden die aufwendigeren CPFSK- und CPM-Verfahren in ihren Grundprinzipien erläutert, und es wurde verdeutlicht, dass sie den Nachteil der schlechten Bandbreiteausnutzung der FSK-Verfahren zu einem gewissen Teil wieder aufheben können.

Ein Vergleich der wichtigsten digitalen Übertragungsverfahren im Hinblick auf ihre Bandbreite und Leistungsausnutzung bildete den Abschluss des Kapitels. Einige praktisch gut brauchbare Fehlerwahrscheinlichkeitsabschätzungen wurden hier ebenfalls erläutert, z. B. die Union-Bound-Abschätzung.

Die Erläuterungen in diesem Kapitel sind zum Teil in Lehrbüchern zu finden, siehe z. B. [12], [53], [60], [64], [66], [80], [84], [96], [99].

3.7 Aufgaben

Aufgabe 3.1

Beim ISDN (Integrated Services Digital Network), dem digitalen Telefonfestnetz, wird für die Übertragung zwischen Teilnehmeranschluss und Endeinrichtung ein Basisband-Übertragungsverfahren eingesetzt, das den AMI-Code verwendet.

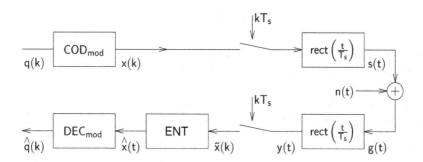

a) $\mathrm{COD_{mod}}$ lässt sich durch zwei zeitdiskrete LTI-Systeme beschreiben, eines im Galois-Feld GF(2) und ein weiteres im Körper der reellen Zahlen. Skizzieren Sie ein Blockbild für die modulationsspezifische Codierung $\mathrm{COD_{mod}}$.

b) Skizzieren Sie in gleicher Weise wie unter a) ein Blockbild für die modulationsspezifische Decodierung $\mathrm{DEC_{mod}}$. Zeigen Sie, dass sich am Ausgang von $\mathrm{DEC_{mod}}$ wieder die Quellfolge $q(k)$ ergibt, wenn bei der Übertragung keine Fehler vorkommen. Beschreiben Sie qualitativ was geschieht, wenn Übertragungsfehler vorliegen, d. h. wenn die entschiedenen Symbole $\hat{x}(k)$ nicht immer identisch mit den gesendeten $x(k)$ sind. Betrachtet werde nun ein Ausschnitt aus einer Quellfolge $q(k)$:

$$q(k) : 1\ 1\ 1\ 1\ \dots\ 1\ \ 0\ \ 0\ \ 0\ \dots\ \ 0$$
$$k\ \ :\ 0\ 1\ 2\ 3\ \dots\ 9\ 10\ 11\ 12\ \dots\ 19$$

c) Skizzieren Sie den zugehörigen Ausschnitt aus dem Sendesignal $s(t)$. Nehmen Sie hierzu als Startwert für $q_x(k)$ den Wert 0 an.

d) Skizzieren Sie das Augenmuster, das man in diesem Fall am Ausgang des Empfangs-Korrelationsfilters messen kann.

Aufgabe 3.2

Das „Ethernet" ist ein lokales Netz (LAN, Local Area Network), bestehend aus einem Koaxialkabel, an das bis zu 1024 Teilnehmer angeschlossen werden können. Mit Hilfe einer bipolaren Übertragung und einer Rate von 10 Mbit/s werden die Daten „paketweise" von Teilnehmer zu Teilnehmer übertragen, wobei ein Manchester- oder Biphase-Elementarsignal $e(t)$ verwendet wird:

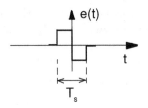

a) Das gewählte $e(t)$ benötigt auf dem Kabel eine doppelt so große Bandbreite wie ein rect-Impuls der Dauer T_S. Welchen Vorteil besitzt $e(t)$ gegenüber einem rect-Impuls?

b) Skizzieren Sie das Augenmuster.

c) Skizzieren Sie das Sendesignal $s(t)$ für $x(k)$:

$$\ldots \quad 1 \quad 1 \quad -1 \quad 1 \quad -1 \quad -1$$

d) Rauschen und sonstige Störungen können beim Ethernet vernachlässigt werden, so dass kein optimaler Empfänger notwendig ist. Geben Sie ein möglichst einfaches Prinzip an, nach dem man aus dem Empfangssignal die Datenbits und den Symboltakt gleichzeitig wiedergewinnen kann.
Hinweis: Beachten Sie die „Flanken" in der Mitte von $e(t)$.

e) Berechnen und skizzieren Sie das mittlere Leistungsdichtespektrum $\Phi_{ss}(f)$ des Sendesignals $s(t)$, wenn eine unendlich lange Folge von Sendesymbolen $x(k)$ mit statistisch voneinander unabhängigen Symbolen gesendet wird (schwieriger!).
Hinweis: Es handelt sich hier um einen zyklostationären oder periodisch stationären Prozess. Deshalb ist die AKF des Sendesignals abhängig von zwei Variablen t und τ, wobei in Abhängigkeit von t eine Periodizität vorliegt. Das mittlere Leistungsdichtespektrum kann aus der über eine Periode gemittelten AKF berechnet werden.

Aufgabe 3.3

Bei einer biorthogonalen Übertragung sollen folgende Elementarsignale verwendet werden:

$$e_0(t) = \text{si}\left(\pi\frac{t}{T_S}\right)\cos\left(2\pi f_0 t\right) \quad ; \quad e_1(t) = -e_0(t)$$

$$e_2(t) = \text{si}\left(\pi\frac{t}{T_S}\right)\sin\left(2\pi f_0 t\right) \quad ; \quad e_3(t) = -e_2(t)$$

$$T_S = \text{Symboldauer} \quad ; \quad f_0 \gg \frac{1}{T_S}$$

a) Skizzieren Sie die 4 Elementarsignale mit Angabe der wichtigsten Merkmale bzw. Punkte.

b) Zeigen Sie, daß alle 4 Elementarsignale die gleiche Energie besitzen. Wie groß ist diese Energie E_e?

c) Einige Kombinationen von je 2 Elementarsignalen können als Basisfunktionen eines zweidimensionalen Unterraumes des Signalraums aufgefasst werden. Skizzieren Sie für eine beispielhaft ausgewählte Kombination alle 4 Elementarsignale im zugehörigen Raum der Signalvektoren.

d) Wie viel Bit können mit jedem Elementarsignal übertragen werden? Zeichnen Sie in den unter c) skizzierten Raum der Signalvektoren eine mögliche Zuordnung zwischen den zu übertragenden Bit und den Elementarsignalen ein. Die Zuordnung soll so sein, daß sich im Mittel die kleinstmögliche Bitfehlerwahrscheinlichkeit einstellt.

e) Im Folgenden sei ein optimaler Empfänger vorausgesetzt.
Berechnen Sie das für die Bitfehlerwahrscheinlichkeit maßgebende SNR_a, wenn ein AWGR-Kanal mit $N_0 = \frac{E_e}{8}$ vorliegt. Wie groß ist die mittlere Symbolfehlerwahrscheinlichkeit? Verwenden Sie die Fehlerwahrscheinlichkeitskurve der biorthogonalen Übertragung.

Aufgabe 3.4

Die Biorthogonal-Übertragung aus Aufgabe 3.3 soll nun im äquivalenten Tiefpassbereich betrachtet werden.

a) Wie lauten die zu $e_0(t)$ bis $e_3(t)$ gehörigen Elementarsignale im äquivalenten Tiefpassbereich?

b) Geben Sie ein möglichst einfaches Blockbild für die gesamte Übertragung an. Verwenden Sie die TP-BP-Transformation auf der Sendeseite und die BP-TP-Transformation auf der Empfangsseite.

c) Zeigen Sie, dass das erste Nyquist-Kriterium erfüllt ist.

Aufgabe 3.5

Gegeben seien zwei voneinander unabhängige bipolare Übertragungen, die beide das gleiche Elementarsignal

$$e_T(t) = \text{rect}\left(\frac{t}{T_S}\right)\cos\left(\pi\frac{t}{T_S}\right)$$

verwenden. Zur Übertragung der beiden TP-Sendesignale sollen nun die beiden „Quadraturkanäle" einer BP-Übertragung verwendet werden.

a) Skizzieren Sie $e_T(t)$. Erfüllt $e_T(t)$ das erste Nyquist-Kriterium?
b) Geben Sie eine mathematische Beschreibung für den Realteil $s_{TR}(t)$ und den Imaginärteil $s_{TI}(t)$ des äquivalenten TP-Sendesignals $s_T(t)$ an. Vorkommen sollen hierin die beiden zu übertragenden reellwertigen Sendefolgen $x_R(k)$ und $x_I(k)$.

Im Folgenden sollen zwei korrespondierende Ausschnitte aus Musterfunktionen der Sendefolgen betrachtet werden:

$$
\begin{array}{ccccccc}
x_R(k): & -1 & 1 & 1 & -1 & 1 & -1 \\
x_I(k): & 1 & 1 & -1 & 1 & 1 & -1 \\
k: & 0 & 1 & 2 & 3 & 4 & 5
\end{array}
$$

c) Skizzieren Sie die zugehörigen Ausschnitte für Real- und Imaginärteil des äquivalenten TP-Sendesignals $s_T(t)$.
d) Skizzieren Sie die zu c) gehörige Ortskurve des äquivalenten TP-Signals $s_T(t)$. Kennzeichnen Sie die Zeitpunkte

$$
t \in \left\{ 0, \frac{1}{2}T_S, T_S, \frac{3}{2}T_S, 2T_S \right\}
$$

$t = 0$ soll dabei in der Mitte des Symbolintervalls mit $k = 0$ liegen.

Aufgabe 3.6

Bei einer 4 PSK-Übertragung über einen AWGR-Kanal soll gelten:
Elementarsignal: $e_T(t) =$ Raised-Cosine, $\quad \alpha = 1, \quad$ Amplitude $= a$
Symboldauer: $T_S = 1$ ms
Modulationsspezifische Codierung: Gray

a) Nutzen Sie die Realteil-Achse und die Imaginärteil-Achse der äquivalenten Tiefpasssignale als Basis des Signalvektorraumes. Zeichnen Sie die vier Elementarsignale als Vektoren ein. Beschriften Sie jeden Signalvektor mit der zugehörigen Kombination von zu übertragenden Bits.
b) Zeichnen Sie in den Raum der Signalvektoren (s. a)) für die Endpunkte der Empfangsvektoren Linien gleicher Wahrscheinlichkeitsdichte ein. Nehmen Sie dabei an, dass für die KKF $\varphi_{Re\{n_T\}Im\{n_T\}}(\tau) = 0$ gilt. Wo liegen die Entscheidungsgrenzen des Gebietsentscheiders?
c) Skizzieren Sie ein Modellbild der Übertragung in drei Varianten:
   - mit BP-TP-Transformation
   - mit BP-Signalen
   - im äquivalenten TP-Bereich
d) Welche mittlere Symbolfehlerhäufigkeit P_s stellt sich ein, wenn gilt:

$$
N_0 = 33{,}8 \ \frac{V^2}{Hz} \ , \qquad a = 1\,Vs \ ?
$$

e) Berechnen und skizzieren Sie das Leistungsdichtespektrum $\Phi_{ss}(f)$ des Sendesignals $s(t)$, wenn eine unendlich lange Folge von Sendesymbolen $x(k)$ mit statistisch voneinander unabhängigen Symbolen gesendet wird (schwieriger).

Aufgabe 3.7

Zur Übertragung digitaler Quellensignale sollen $M = 8$ Elementarsignale benutzt werden. Die Spektren $E_i(f)$ dieser Elementarsignale seien wie folgt beschrieben:

$$E_i(f) = A_i(f) + A_i^*(-f) \quad \text{mit} \quad i = 0, 1, \dots, 7$$

$$A_i(f) = \text{si}\left[\pi\left(f - f_0 - i\frac{1}{T_S}\right)T_S\right]$$

Dabei gilt: $f_0 \gg \dfrac{1}{T_S}$

$$f_0 = n\frac{1}{T_S} \quad \text{mit} \quad n \in \mathbb{N}$$

$T_S =$ „Symboldauer"

a) Skizzieren Sie $E_0(f)$ und $E_1(f)$ qualitativ.
b) Zeigen Sie, dass zwei beliebige der $M = 8$ vorgegebenen Elementarsignale orthogonal zueinander sind.
c) Skizzieren Sie die zu $E_0(f)$ und $E_1(f)$ gehörigen Elementarsignale $e_0(t)$ und $e_1(t)$ qualitativ. Beachten Sie dabei die Bedingung $f_0 \gg \frac{1}{T_S}$.
d) Wie viele Bits können mit jedem Elementarsignal übertragen werden?
e) Welche maximale Übertragungsrate r_{max} (in bit/s) ergibt sich, wenn nacheinander gesendete Elementarsignale sich gerade noch nicht überlagern sollen und $T_S = 1$ ms gilt?
f) Was ändert sich an den Antworten zu b), d) und e), wenn statt der oben vorgegebenen Elementarsignale solche verwendet werden, bei denen die Spektren $A_i(f)$ wie folgt definiert sind:

$$A_i(f) = \text{rect}\left[\left(f - f_0 - i\frac{1}{T_S}\right)T_S\right]$$

Aufgabe 3.8

Die in Aufgabe 3.7 behandelte Übertragung soll nun im äquivalenten Tiefpass-Bereich betrachtet werden. Für die Bandpass-Signale, gelte wie in Aufgabe 3.7f):

$$E_i(f) = A_i(f) + A_i^*(-f) \quad \text{mit} \quad A_i(f) = \text{rect}\left[\left(f - f_0 - i\frac{1}{T_S}\right)T_S\right];$$

$$i = 0, \dots, 7$$

a) Skizzieren Sie die zu $E_0(f)$ und $E_1(f)$ gehörigen Spektren $E_{T0}(f)$ und $E_{T1}(f)$ der äquivalenten Tiefpass-Signale. Als Mittenfrequenz soll die oben angegebene Frequenz f_0 gewählt werden. Sind die zugehörigen Zeitfunktionen $e_{T0}(t)$ und $e_{T1}(t)$ reellwertig oder komplexwertig? Sind $e_{T0}(t)$ bis $e_{T7}(t)$ „echte" TP-Signale?

b) Bilden die äquivalenten Tiefpass-Signale $e_{T0}(t)$ bis $e_{T7}(t)$ ebenfalls ein Orthogonalsystem?

Im Folgenden werden die $e_i(t)$ über einen idealen Bandpass-Kanal mit der Bandbreite f_Δ übertragen. Die Mittenfrequenz des BP-Filters soll mit dem oben angegebenen f_0 identisch sein. f_Δ soll so klein wie möglich gewählt werden, jedoch so, dass die Elementarsignale gerade ohne Verzerrung übertragen werden.

c) Wie groß sind f_Δ und die zugehörige Grenzfrequenz f_g im äquivalenten TP-Bereich? Welches System im äquivalenten TP-Bereich entspricht dem idealen BP?

d) Wenn für die BP-TP-Transformation eine andere Mittenfrequenz f_{0BP} als die oben angegebene Frequenz f_0 verwendet wird, ergibt sich eine andere Grenzfrequenz f_g im äquivalenten TP-Bereich. Welches f_{0BP} führt zu einem minimalen Wert von f_g?

Aufgabe 3.9

Realisiert werden soll ein möglichst einfaches Verfahren zur Übertragung von Daten über einen „Audio-Kanal" oder „NF-Kanal", der die folgende Übertragungsfunktion besitzt:

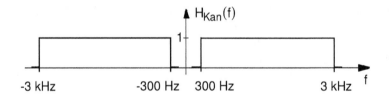

Erste Vorüberlegungen haben dazu geführt, dass ein Verfahren mit M speziellen BP-Elementarsignalen geeignet sein könnte:

$$e_i(t) = \mathrm{si}\left(\pi \frac{t}{T_S}\right) \cos\left(2\pi f_{ei} t\right) \quad ; \qquad i = 0, \ldots, M-1$$

a) Skizzieren Sie das Spektrum $E_i(f)$ *eines* Elementarsignals. Wählen Sie T_S und f_{ei} so, dass dieses Elementarsignal über den vorgegebenen Übertragungskanal auch übertragen werden kann.

b) Die Werte für T_S, f_{ei} und M sollen nun so gewählt werden, dass
   • alle $e_i(t)$ orthogonal zueinander sind

- zwischen zwei benachbarten Spektren und zu den Bandgrenzen (300 Hz und 3 Hz) hin eine relative Lücke der Breite x entsteht (Bezugswert = Breite eines Spektrums).

Geben Sie einen allgemeinen Ausdruck für die erreichbare Datenrate (in bit/s) an. Vorkommen sollen in diesem Ausdruck die noch frei wählbaren Größen.

Im Folgenden soll mit dem Ergebnis von b) der Spezialfall $M = 8$ und $x = 11.1\%$ weiter betrachtet werden.

c) Mit welcher Bitfehlerwahrscheinlichkeit muss man rechnen, wenn der Kanal durch AWGR so gestört wird, dass sich ein $\frac{E_b}{N_0} = 9$ dB einstellt?

d) Geben Sie ein Blockbild des optimalen Empfängers für AWGR an. Um welche Elementarsysteme handelt es sich bei den Korrelationsfiltern?

e) Welches Ausgangssignal ergibt sich an den Ausgängen der Korrelationsfilter $i = 1, \ldots, 7$, wenn $e_0(t)$ gesendet wird?

f) Der Empfänger nach d) hat bei einer Realisierung den Nachteil, dass die Abtastzeitpunkte $k \cdot T_S$ sehr genau bekannt sein müssen. Welche minimale Verschiebung t_0 führt im ungestörten Fall zum Wert Null am Ausgang eines angesprochenen Korrelationsfilters?

g) Der „suboptimale Hüllkurvenempfänger" besitzt den in f) angesprochenen Nachteil nicht. Geben Sie ein Blockbild des gesamten Empfängers (für M Elementsignale) an, bei dem anstelle der optimalen BP-Korrelationsfilter suboptimale Hüllkurvenempfänger verwendet werden. Begründen Sie, warum dieses Ersetzen der BP-Korrelationfilter erlaubt ist.
Hinweis: Beachten Sie das Ergebnis von e).
Ergibt sich jetzt bei gleichem $\frac{E_b}{N_0}$ auch wieder die gleiche Bitfehlerwahrscheinlichkeit wie in c)?

h) Wie groß ist die Bandbreiteausnutzung in bit/(s Hz)?

i) Kann man bei der Realisierung des Verfahrens auch reale Bandpässe verwenden?
Hinweis: Beachten Sie die Lücke x zwischen den Spektren der Elementarsignale. Wie muss man die bisher hier nicht beachtete Kausalität von realen Bandpässen berücksichtigen?

Aufgabe 3.10

Bei einer binären Übertragung mit „weicher" Frequenzumtastung (FSK, Frequency Shift Keying) über einen AWGR-Kanal werden die beiden folgenden Elementarsignale verwendet:

$$e_0(t) = \text{si}\left(\pi\frac{t}{T_S}\right)\cos\left(2\pi f_{e0}t\right) \quad f_{e0} = f_0 - \frac{1}{2}\Delta f$$

$$e_1(t) = \text{si}\left(\pi\frac{t}{T_S}\right)\cos\left(2\pi f_{e1}t\right) \quad f_{e1} = f_0 + \frac{1}{2}\Delta f$$

$$f_0 \gg \frac{1}{T_S}$$

a) Skizzieren Sie die zu $e_0(t)$ und $e_1(t)$ gehörigen Spektren $E_0(f)$ und $E_1(f)$ für $\Delta f = \frac{2}{T_S}$.

b) Bestimmen Sie den kleinstmöglichen Wert für Δf, bei dem $e_0(t)$ noch orthogonal zu $e_1(t)$ ist. Ist $e_0(t)$ dann auch orthogonal zu einer zeitlich beliebig verschobenen Version von $e_1(t)$?

c) Geben Sie ein Blockbild für den optimalen Empfang von $e_0(t)$ und $e_1(t)$ an. Um welche Elementarsysteme handelt es sich bei den beiden Korrelationsfiltern?

Um den Empfänger aus c) digital realisieren zu können, soll mit der folgenden Schaltung eine Verschiebung der Spektren zu niedrigeren Frequenzen bewirkt werden.

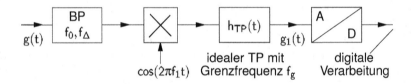

d) Skizzieren Sie das Spektrum $G_1(f)$ des Signals $g_1(t)$ für den Fall, dass $e_0(t)$ oder $e_1(t)$ gesendet wird und die Störung auf dem AWGR-Kanal zu Null angenommen wird. Hierbei soll gelten:

- f_Δ, f_1 und f_g so klein wie möglich
- Bis auf die Quantisierungseffekte bei der digitalen Verarbeitung soll der Empfänger wie in c) optimal sein.

Welche Mindest-Abtastrate muss bei der A/D-Umsetzung verwendet werden?

e) Beschreiben Sie qualitativ, was sich in a) bis d) ändert, wenn statt der „weichen" Frequenzumtastung eine „harte" verwendet wird. Die si-Funktion in $e_0(t)$ und $e_1(t)$ wird dann durch $\text{rect}\left(\frac{t}{T_S}\right)$ ersetzt.

f) Wie groß ist die „Bandbreiteausnutzung" in bit/s pro Hz Bandbreite bei der weichen Frequenzumtastung?

Aufgabe 3.11

Bei einem Bandpass-Übertragungsverfahren bedeutet ein konstanter Betrag $|s_T(t)|$ der „komplexen Hüllkurve" $s_T(t)$, dass das BP-Sendesignal $s(t)$ eine cos-Funktion mit konstanter Amplitude ist. Die zu übertragende Information drückt sich dann nur noch durch eine variierende Phase aus. Von großem Vorteil ist eine solche „konstante Einhüllende", wenn bei der Realisierung aus Gründen der Leistungsbilanz (tragbare Funkgeräte mit Batterie) ein stark nichtlinearer Sendeverstärker verwendet werden soll. Die in Aufgabe 3.5 behandelte Übertragung soll nun leicht modifiziert werden, mit dem Ziel, $|s_T(t)| = const.$ zu erreichen.

a) Um welche Zeitdauer ΔT muss man den Imaginärteil von $s_T(t)$ gegenüber dem Realteil verschieben, damit sich $|s_T(t)| = const.$ ergibt?

b) Skizzieren Sie für die unter a) gefundene Verschiebung ΔT die Ortskurve des äquivalenten TP-Sendesignals $s_T(t)$. Kennzeichnen Sie, wie in Aufgabe 3.5, die Zeitpunkte

$$t \in \left\{0, \frac{1}{2}T_S, T_S, \frac{3}{2}T_S, 2T_S\right\}$$

c) Geben Sie ein Blockbild für den gesamten Empfänger an (d. h. $g(t) \rightarrow q(k)$). Benutzen Sie ein ideales Laufzeitglied mit der Laufzeit T um die Verschiebung zwischen den beiden Quadraturkanälen wieder rückgängig zu machen.

d) Modifizieren Sie das unter c) gefundene Blockbild so, dass man auf das Laufzeitglied verzichten kann.
   Hinweis: Voraussetzung ist die richtige Lösung von a). Erhöhen Sie die Abtastrate um den Faktor 2 und versetzen Sie die Abtastzeitpunkte in den beiden Quadraturkanälen passend.

e) Welche Bezeichnungen sind für die hier betrachteten Übertragungsverfahren üblich?

Aufgabe 3.12

Untersucht werden sollen die Unterschiede zwischen Sendesymbol-Alphabeten bei einer QAM-Übertragung, wozu als Vergleichsalphabet das von 4 PSK mit der minimalen Distanz d_{min} herangezogen werden soll. Für die hier verlangte Abschätzung genügt es, die jeweils erforderliche Sendeleistung bei gleicher Fehlerwahrscheinlichkeit und gleicher minimaler Distanz als Kriterium zu nutzen.

a) Schätzen Sie ab, wie viel dB mehr an Sendeleistung und Energie pro Bit aufzubringen sind, wenn man statt 2 bit/Sendesymbol bei 4 PSK jetzt 3 bit/Sendesymbol mit 8 PSK übertragen will.

b) Führen Sie die gleiche Abschätzung wie in a) für 8 ASK statt 8 PSK durch. Vergleichen Sie das Ergebnis mit den exakten Werten.

c) Es gibt eine günstigere Anordnung als die unter a) und b) behandelten, die sich dadurch auszeichnet, dass die vier zusätzlichen Punkte auf einem konzentrischen Kreis um den Nullpunkt liegen. Wie hoch ist hier der Verlust in dB gegenüber 4 PSK?

d) Schätzen Sie mit Hilfe der Union-Bound die Bitfehlerwahrscheinlichkeit für die unter c) gefundene Anordnung ab und vergleichen Sie den Wert mit demjenigen Wert, den man aus der Verschiebung der 4 PSK-Kurven erhält (Ergebnis c)). Setzen Sie eine Gray-Codierung voraus und benutzen Sie den vereinfachten Zusammenhang zwischen P_s und P_b für große Werte von $\frac{E_b}{N_0}$.

Bei allen kohärenten Übertragungen sind Schwankungen der Phase des Empfangsoszillators („Phasenjitter") unvermeidlich. Durch Vergrößern des Realisierungsaufwands kann dieser Phasenjitter meist verkleinert werden, jedoch sind hiermit in der Regel auch höhere Kosten verbunden. Der Phasenjitter macht sich auf der Empfangsseite in folgender Weise bemerkbar (ohne zusätzliche additive Störungen):

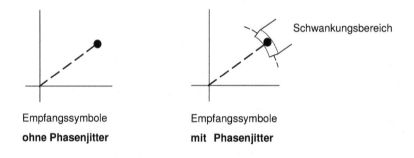

Empfangssymbole
ohne Phasenjitter

Empfangssymbole
mit Phasenjitter

e) Welche der drei oben untersuchten Anordnungen mit 3 bit/Sendesymbol besitzt die größte Resistenz gegen Phasenjitter? Begründen Sie Ihre Antwort.
Hinweis: Beachten Sie die unterschiedlichen Entscheidungsgrenzen.

Aufgabe 3.13

Vorgegeben sei eine Funkübertragung für Sprachsignale, die einen „NF-Kanal" definiert:
Mit Hilfe eines Modems soll dieser NF-Kanal nun für eine Datenübertragung genutzt werden:
Der NF-Kanal soll die gleiche Übertragungsfunktion $H_{Kan}(f)$ besitzen, wie sie in Aufgabe 3.9 vorausgesetzt wurde. Im Folgenden sollen die wichtigsten grundsätzlichen Verfahrensdetails herausgearbeitet werden, die man für eine *digitale Realisierung* von Modemsender und Modemempfänger benötigt.

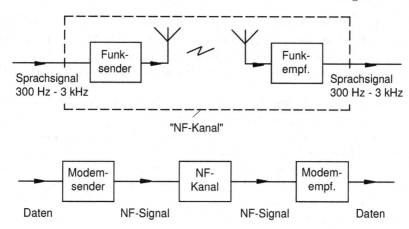

"NF-Kanal"

Einige Details seien bereits vorgegeben:

- Modulationsverfahren   4 PSK
- Elementarsignal $e_T(t)$: Raised-Cosine
- Geforderte Datenrate   3600 bit/s

a) Wie hoch ist die Symbolrate $\frac{1}{T_S}$ in baud = Symbole pro Sekunde?

b) Welcher Roll-Off-Parameter α muss bei $e_T(t)$ gewählt werden, und wie groß ist die BP-Mittenfrequenz f_0? Wie ist die Bandbreiteausnutzung in bit/s/Hz ?

Um die Einflüsse von Störungen und die erreichbaren Entfernungen abschätzen zu können, wurde bei einer Entfernung von 1 km für eine Sprachsignal-Übertragung ein Signal-/Rauschleistungsverhältnis von $SNR = 10$ dB am Ausgang des Funkempfängers gemessen.

c) Welche Entfernung ist maximal möglich, wenn die Bitfehlerwahrscheinlichkeit 10^{-3} nicht überschreiten soll und AWGR angenommen wird? Angenommen werden soll des Weiteren, dass der Funksender das Daten-Sendesignal mit der gleichen Leistung abstrahlen kann wie das Sprachsignal.
   Hinweis: $SNR \sim d^{-2}$ mit der Entfernung d zwischen Sender und Empfänger.

d) Geben Sie Blockbilder für Modemsender und Modemempfänger an. Verwenden Sie eine TP-BP-Transformation im Modemsender und eine BP-TP-Transformation im Modemempfänger und nehmen Sie an, dass die Datenfolgen am Eingang und Ausgang des Modems in binärer Form vorliegen.

Der Modemsender soll nun so weit wie möglich digital mit Hilfe eines Mikroprozessors realisiert werden.

e) Wie muss die Abtastrate gewählt werden, wenn
- das Sendesignal $s(t)$ bezüglich der Abtastung als TP-Signal mit der Grenzfrequenz $f_g = 3{,}6\,\text{kHz}$ aufgefasst werden soll,
- mit vierfacher Überabtastung gearbeitet werden soll ($\Rightarrow$ einfacher IP-Tiefpass),
- die Zahl der Abtastwerte pro Symboldauer T_S eine ganze Zahl ergeben soll (einfacher bei der Realisierung)?

f) Skizzieren Sie ein Blockbild des vollständigen Modemsenders, aus dem die zeitdiskrete Signalverarbeitung und die noch verbleibende zeitkontinuierliche hervorgehen. Nehmen Sie an, dass der Symboltakt kT_S mit dem Abtasttakt $i\,\Delta t$ verkoppelt ist (*ein* Taktgenerator) und beachten Sie, dass 16 Abtastwerte pro Symboldauer T_S vorliegen. Schreiben Sie an die Funktionsblöcke der zeitdiskreten Verarbeitung explizit die zu realisierenden Algorithmen.

g) Skizzieren Sie ein Flussdiagramm, das als Basis für die anschließende Software-Realisierung der digitalen Signalverarbeitung genutzt werden kann.

h) **Zusatzaufgabe**

Vor dem digitalen Teil des Empfängers wird das Empfangssignal so abgetastet, dass 4 Abtastwerte pro Symbol vorliegen. Wievielfache Überabtastung wird hier verwendet? Bearbeiten Sie f) und g) in gleicher Weise für den Modememfänger. Nehmen Sie hierzu an, dass die Verfahren zum Entdecken des Beginns der Datenübertragung und zum Messen von Anfangswerten für Frequenz und Phase des komplexen Trägers („Acquisition") sowie für die Nachsynchronisation („Tracking") bereits als SW-Modul vorliegen. Gleiches soll für den Symboltakt gelten:

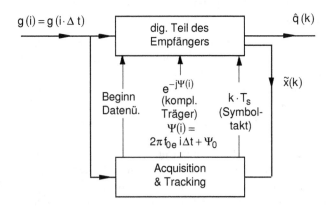

Anmerkung: Die Lösung dieser Aufgabe in der geforderten Weise setzt voraus, dass der oben definierte „NF-Kanal" linear und zeitinvariant ist. Manche reale Funkübertragungen für analoge Sprachsignale nutzen jedoch nichtlineare Modulationsverfahren (FM), was vor allem bei schwachen Empfangssignalen zu nichtlinearen Verzerrungen führt. Des Weiteren werden häufig nichtlineare Sender verwendet, denn das Sprachsignal ist unempfindlicher als ein PSK-Datensignal. Auch bei einem im Prinzip linearen NF-Kanal kann es sein, dass in den Funkgeräten Oszillatoren verwendet werden, die zu starke Schwankungen („Jitter") aufweisen oder einen relativ großen Frequenzoffset bewirken (bei ESB, RSB). Diese Effekte bedeuten eine Zeitvarianz, die eine kohärente Übertragung erschweren oder sogar unmöglich machen kann. ◄

4

Übertragung analoger Signale

In diesem Kapitel werden konventionelle Verfahren zur Übertragung von analogen Quellensignalen behandelt. Obwohl diese Verfahren in der Praxis zunehmend durch digitale verdrängt werden, sind sie heute und auch in Zukunft zum Verständnis des gesamten Gebiets der Nachrichtenübertragung notwendig. Bei der Behandlung des Themas wird uns die Kenntnis der Verfahren zur Übertragung von digitalen Signalen sehr nützen. Es wird sich dabei zeigen, dass viele Details in nahezu gleicher Form wieder vorkommen und deshalb kürzer abgehandelt werden können.

Analoge Signale – genauer analoge Quellensignale – sind zeit- und wertkontinuierliche Signale, die in realen Anwendungen z. B. als Sprach- oder Musiksignale vorkommen. Derartige Signale sind praktisch immer bandbegrenzt, so dass es sich anbietet, das Abtasttheorem anzuwenden. Die entstehenden zeitdiskreten Signale sind noch wertkontinuierlich. Diskretisiert (oder quantisiert) man die Abtastwerte mit genügend vielen Stufen, dann können die kontinuierlichen Abtastwerte beliebig genau angenähert werden. Die so gebildeten digitalen Signale können anschließend mit allen in Kap. 2 bzw. 3 behandelten Verfahren übertragen werden. Auf der Empfangsseite können aus den digitalen Signalen wieder Folgen von Abtastwerten gebildet werden, die nach einer Interpolation wieder ein analoges Signal ergeben. Diese Methode wird in der Praxis verwendet, und sie soll im Folgenden als erste erläutert werden.

Es ist aber auch möglich, zeitdiskrete wertkontinuierliche Signale zu übertragen, ohne die Abtastwerte vorher zu quantisieren. Auch solche Verfahren werden praktisch verwendet und im Folgenden beschrieben. Sie stellen den Übergang zu den anschließend behandelten analogen Übertragungsverfahren im engeren Sinne dar. Wie bereits in den Kap. 2 und 3 soll auch hier ein AWGR-Kanal als Übertragungskanal vorausgesetzt werden.

4.1 Anwendung des Abtasttheorems

4.1.1 Übertragung digitalisierter Abtastwerte, PCM

Abbildung 4.1 zeigt ein Modellbild für eine Übertragung analoger Quellensignale mit digitalen Übertragungsverfahren. Zunächst wird mit Hilfe eines Anti-Aliasing-TP der Grenzfrequenz f_g ein bandbegrenztes Quellensignal $q(t)$ – das zu übertragende analoge Quellensignal – gebildet. Der sich anschließende Block (A/D-Umsetzung) sorgt für die Abtastung mit einer Rate $\geq 2f_g$ und ebenfalls für die Quantisierung der so entstehenden Abtastwerte. Die schließlich resultierende Folge $q(i)$ ist somit ein digitales, d. h. zeit- und wertdiskretes Signal. $q(i)$ wird dann mit Verfahren nach Kap. 2 bzw. 3 übertragen, und auf der Empfangsseite wird die erkannte digitale Quellenfolge $\hat{q}(i)$ mit Hilfe der D/A-Umsetzung und einer Interpolation wieder in ein analoges Signal umgewandelt.

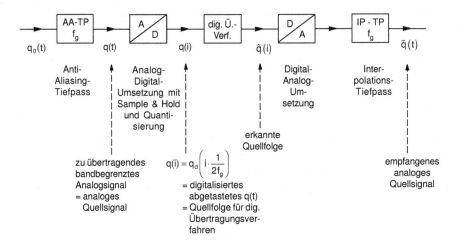

Abb. 4.1. Übertragung analoger Quellensignale mit digitalen Übertragungsverfahren

Abbildung 4.2 zeigt als Beispiel und etwas weitergehende Konkretisierung die Sendeseite im Falle einer diskreten PAM mit rect-Elementarsignalen. Bei der Quantisierung der Abtastwerte entstehende Stufen werden hier direkt als Sendesymbolalphabet verwendet. Als Konsequenz ergibt sich eine Symboldauer T_S, die mit dem Abtastintervall nach dem Abtasttheorem identisch ist. Das rect-Elementarsignal muss in seiner Dauer T nur klein genug sein, d. h. $T \leq T_S$.

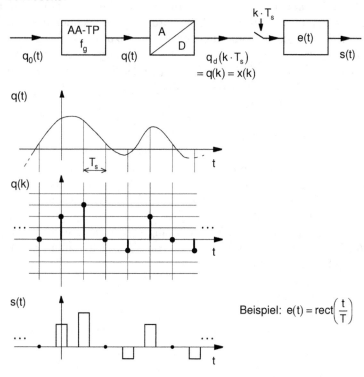

Abb. 4.2. Übertragung von Analogsignalen mittels diskreter PAM

Anmerkung: Die Bezeichnung „PCM" ist im Zusammenhang mit den ersten Übertragungen von Analogsignalen in der gerade beschriebenen Weise eingeführt worden. Im engeren Sinn verstand man darunter bei der digitalen Übertragung ein binäres Verfahren. In jedem Fall war aber immer die Übertragung von Analogsignalen mittels digitaler Verfahren gemeint. Häufig wurde mit PCM sogar noch ein *Zeitmultiplex* in Verbindung gebracht: Wählt man T genügend klein gegen T_S – s. Abb. 4.2 – dann lassen sich in den Pausen weitere Übertragungen der gleichen Art bewerkstelligen. Ein einziger gegebener Übertragungskanal kann somit mehrfach genutzt werden (Das Thema „Mehrfachnutzung" oder „Multiplex" wird erst in Kap. 8 behandelt). In konventionellen Telefonnetzen sind solche *PCM-Systeme* seit langem im Einsatz, z. B. solche mit 32 Sprachkanälen. Jedes Sprachsignal wird hier auf $f_g = 4\,\mathrm{kHz}$ bandbegrenzt, mit 8 kHz abgetastet und mit 8 Bit pro Abtastwert quantisiert. Das entstehende, pro Sprachquellensignal zu übertragende digitale Signal ergibt somit eine Übertragungsrate von 64 kbit/s. Bei 32 Sprachsignalen ist auf dem Kanal somit eine Übertragungsrate von 2,048 Mbit/s notwendig. ◄

Die Verfahren zur Umwandlung eines analogen Quellensignals in ein digitales – die sog. *Quellencodierungsverfahren* – sind seit der ersten Einführung von PCM sehr stark weiterentwickelt worden. Man rechnet deshalb heute PCM mehr diesen Quellencodierungsverfahren hinzu und vollzieht eine Trennung von der sich anschließenden digitalen Übertragung. Setzt man eine lineare Quantisierungskennlinie mit K Bit pro Abtastwert voraus, dann lässt sich das SNR für das Sprachsignal auf der Empfangsseite berechnen

$$SNR_q = \frac{1}{2^{-2K} + 4P_b}. \tag{4.1}$$

Der Index q soll beim SNR darauf hinweisen, dass die Störleistung einen Quantisierungsfehler mit beinhaltet. P_b ist die Bitfehlerwahrscheinlichkeit des digitalen Übertragungsverfahrens. Diese Gleichung besagt, dass bei sehr kleinen, durch die digitale Übertragung bedingten Fehlerwahrscheinlichkeiten das SNR_q nur durch die Zahl K der Bit pro Abtastwert begrenzt ist, während bei großen Werten von P_b eine Vergrößerung von K u.U. keine Veränderung in SNR_q bewirkt. Dieses Störverhalten von PCM wird zum Schluß dieses Kapitels noch einmal diskutiert.

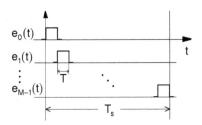

Abb. 4.3. Elementarsignale bei diskreter Pulslagemodulation (PPM)

In den Abbildungen 4.3 bis 4.5 sind die Elementarsignale von drei weiteren digitalen Übertragungsverfahren zu sehen, die in diesem Kontext häufig genannt werden. Die Elementarsignale der diskreten *Pulslagemodulation* (engl. *Puls Position Modulation, PPM*) gehen aus einem einzigen Impuls – im Bild einem Rechteckimpuls durch zeitliche Verschiebung hervor. Wie in diesem Beispiel wählt man den Impuls zweckmäßig so, dass das verallgemeinerte erste Nyquist-Kriterium erfüllt ist. Dann liegt offensichtlich eine Übertragung mit orthogonalen Elementarsignalen gleicher Energie vor, die in Abschn. 2.4 behandelt worden ist und deren Bitfehlerwahrscheinlichkeitskurven in Abhängigkeit von $\frac{E_b}{N_0}$ in Abb. 2.23 dargestellt sind. Vergleicht man bei gleicher *Spitzen-Sendeleistung* (bzw. gleicher Amplitude der Elementarsignale) die Elementarsignalenergie in diesem Beispiel mit der einer allgemeineren Übertragung mit orthogonalen Elementarsignalen, deren Dauer das ganze Intervall T_S belegt (z. B. mit Walsh-Funktionen), dann erkennt man, dass im gleichen

Zeitintervall die M-fache Elementarsignalenergie untergebracht werden kann. In $\frac{E_b}{N_0}$ bedeutet dies einen Gewinn von $10 \log_2 M$ dB. Bei großem M schneidet PPM damit bei einem solchen Vergleich sehr schlecht ab. Bezüglich der mittleren aufzuwendenden Sendeleistung liegt jedoch kein Unterschied vor.

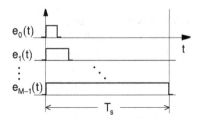

Abb. 4.4. Elementarsignale bei diskreter Pulsdauermodulation (PDM)

Aus den in Abb. 4.4 für die *Pulsdauermodulation* (engl. *Pulse Duration Modulation, PDM*) dargestellten Elementarsignalen erkennt man, dass bei einigen Elementarsignalen die Energie größer ist als bei der PPM, dass aber die Orthogonalität auch nicht mehr gegeben ist. Zu erwarten sind deshalb Fehlerwahrscheinlichkeitskurven, die rechts von denen verlaufen, die für eine Übertragung mit orthogonalen Elementarsignalen gilt. Bei der *diskreten Pulsfrequenzmodulation* (*Pulse Frequency Modulation, PFM*) schließlich handelt es sich i. Allg. ebenfalls um ein nicht-orthogonales Funktionensystem mit unterschiedlichen Energien der einzelnen Elementarsignale, s. Abb. 4.5. Bezüglich der Fehlerwahrscheinlichkeiten kann man somit qualitativ die gleichen Schlüsse ziehen wie bei PDM.

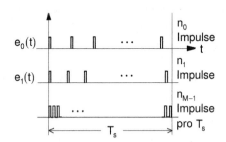

Abb. 4.5. Elementarsignale bei diskreter Pulsfrequenzmodulation (PFM)

Bei allen drei Verfahren steht in praktischen Anwendungen die Fehlerwahrscheinlichkeit meist nicht im Vordergrund, vielmehr die einfache Realisierungsmöglichkeit mit Hilfe von suboptimalen Empfängern. So kann man

z. B. die Lage eines Impulses bei PPM u.U. einfach durch eine Zeitmessung bestimmen und die Zahl der Impulse pro Elementarsignal bei PFM durch einen Impulszähler.

4.1.2 Zeitdiskrete Übertragungsverfahren

Die diskrete QAM und PAM, ebenso wie die gerade kurz erläuterten Verfahren PPM und PDM, lassen es zu, die Zahl M der Elementarsignale beliebig groß zu wählen. Hält man das gesamte verfügbare Amplitudenintervall konstant, dann ergibt sich für $M \to \infty$ ein Kontinuum innerhalb dieses Intervalls, auf das Abtastwerte eines kontinuierlichen Quellensignals abgebildet werden können. Eine Quantisierung der Abtastwerte des zu übertragenden Quellensignals wie zuvor ist dann nicht mehr notwendig. Wir sprechen in diesem Fall von zeitdiskreten Übertragungsverfahren. Als Beispiel sei das Sendesignal einer (jetzt nicht diskreten) PAM angeführt:

$$s(t) = \sum_k q(k)\, e(t - k\, T_S); \quad q(k) \in \mathbb{R}. \tag{4.2}$$

$q(k)$ darf jetzt also wertkontinuierlich sein. $e(t)$ ist ein beliebiges Elementarsignal, das das erste Nyquist-Kriterium erfüllt, und die Symboldauer T_S muss dem Abtastintervall entsprechen, d. h. $T_S \leq \frac{1}{2f_g}$. Es lässt sich zeigen, dass der optimale Empfänger dem der digitalen Übertragung entspricht, mit dem einzigen Unterschied, dass der Entscheider jetzt mit unendlich feinen Amplitudenstufen arbeiten muss. Dies ist aber identisch mit einem direkten Weiterreichen des kontinuierlichen Abtastwertes vor dem Entscheider, d. h. der Entscheider entfällt. $\tilde{q}(k) \in \mathbb{R}$ ist damit bei einem AWGR-Kanal der optimale Empfangs-Abtastwert. Da jetzt keine Fehlentscheidungen wie bei einer digitalen Übertragung vorkommen können, ist „optimal" jetzt auch so zu deuten, dass das SNR maximal wird. Bei der PFM ist zu beachten, dass ein Kontinuum nur näherungsweise möglich ist.

4.2 Übertragung mit linearen Modulationsverfahren über BP-Kanäle

In diesem Abschnitt sollen nun die „klassischen" analogen Übertragungsverfahren erläutert werden, und zwar als Spezialfall der gerade behandelten zeitdiskreten Übertragungsverfahren PAM bzw. QAM.

4.2.1 QAM

Bei einer zeitdiskreten QAM kann man das folgende äquivalente TP-Sendesignal $s_T(t)$ bilden:

$$s_T(t) = \sum_k q(k)\, e_T(t - k\,T_S); \quad q(k) \in \mathbb{C}. \tag{4.3}$$

Die zu übertragende Quellenfolge $q(k)$ darf jetzt also komplexwertig sein:

$$q(k) = q_R(k) + j q_I(k). \tag{4.4}$$

Wie bei der digitalen QAM-Übertragung muss $e_T(t)$ hier auch ein reellwertiges Elementarsignal sein. Wählt man als Elementarsignal speziell

$$e_T(t) = \mathrm{si}\left(\pi \frac{t}{T_S}\right); \quad T_S = \frac{1}{2f_g}, \tag{4.5}$$

dann kann man den Anti-Aliasing-TP mit der Grenzfrequenz f_g, den Diracstoßabtaster und das LTI-System mit der Stoßantwort $e_T(t)$ auf der Sendeseite zu einem einzigen TP mit der Grenzfrequenz f_g zusammenfassen, s. Abb. 4.6.

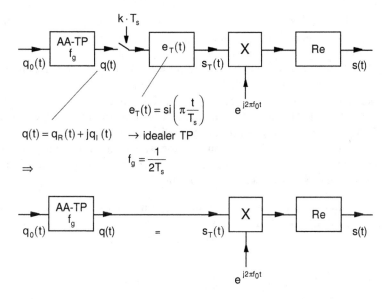

Abb. 4.6. Zeitdiskrete QAM mit si-Elementarsignalen und Übertragung komplexwertiger analoger Quellensignale, Sendeseite

Das LTI-System mit der Stoßantwort $e_T(t)$ stellt dabei den Interpolations-TP dar, der den notwendigen Faktor T_S bereits beinhaltet – s. auch Abschn. 1.5. Es gilt somit

$$s_T(t) = \left[\sum_k q(kT_S)\,\delta(t - kT_S) \right] * \mathrm{si}\left(\pi \frac{t}{T_S} \right)$$

$$= \sum_k q(kT_S)\,\mathrm{si}\left(\pi \frac{t - kT_S}{T_S} \right)$$

$$= q(t). \tag{4.6}$$

Der Abtaster und damit die Bildung eines zeitdiskreten Quellensignals sind somit entfallen. Auf der Empfangsseite kann man ähnlich vorgehen und erhält dann das in Abb. 4.7 dargestellte Blockbild. Hierbei ist der rechts vorhandene ideale TP durch die Zusammenfassung von Korrelationsfilter, Abtaster und Interpolations-TP entstanden. Der Abtaster muss dabei als Diracstoß-Abtaster vorausgesetzt werden und der Interpolations-TP beinhaltet einen Faktor, der dem Inversen der Elementarsignalenergie $E_e = \frac{T_S}{2}$ entspricht – s. auch (3.14). Im störungsfreien Fall folgt dann: $\tilde{q}(k) = q(k)$. Zusammenfassend ergeben sich die folgenden Schlussfolgerungen:

- Die beiden *Quadraturkanäle* können für die Übertragung von zwei unabhängigen analogen Quellensignalen $q_R(t)$ und $q_I(t)$ verwendet werden, was manchmal auch als *Quadraturmultiplex* bezeichnet wird.
- Da es sich um ein kohärentes Übertragungsverfahren handelt, ist eine Trägersynchronisation notwendig. Die Taktsynchronisation, die bei einer digitalen QAM zusätzlich notwendig ist, entfällt hier dagegen.
- Der Empfänger ist optimal bezüglich SNR_a und damit (o. Beweis) auch optimal bezüglich SNR beim kontinuierlichen $\tilde{q}(t)$.
- QAM ist ein lineares Modulationsverfahren, was zur Folge hat, dass gilt: $\tilde{q}(t) = q(t) + n_e(t)$. $n_e(t)$ ist hierbei eine Musterfunktion des additiven Rauschprozesses am Ausgang des Empfangs-TP.

In den folgenden Abschnitten werden die bekanntesten in der Praxis vorkommenden Spezialfälle von QAM behandelt.

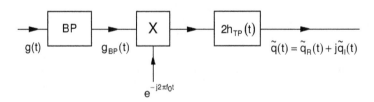

Abb. 4.7. Zeitdiskrete QAM mit si-Elementarsignalen und Übertragung komplexwertiger analoger Quellensignale, Empfangsseite

4.2.2 ZSB-AM ohne Träger

Bei diesem Spezialfall von QAM gilt:

$$q(t) = q_R(t) \in \mathbb{R}. \tag{4.7}$$

Es sind also nur reellwertige Quellensignale $q(t)$ zugelassen.

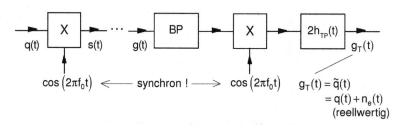

Abb. 4.8. ZSB-AM ohne Träger, Übertragungsmodell

Mit dieser Voraussetzung lässt sich das BP-Sendesignal $s(t)$ wie folgt schreiben:

$$s(t) = \text{Re}\{s_T(t)\, e^{j2\pi f_0 t}\} = q(t)\, \cos(2\pi f_0 t). \tag{4.8}$$

Die Empfangsseite vereinfacht sich in ähnlicher Weise. Abbildung 4.8 zeigt das resultierende Übertragungsmodell und Abb. 4.9 zeigt beispielhafte Verläufe

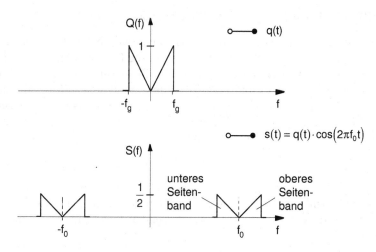

Abb. 4.9. ZSB-AM ohne Träger, Spektren von Quellen- und Sendesignal (beispielhafte Verläufe)

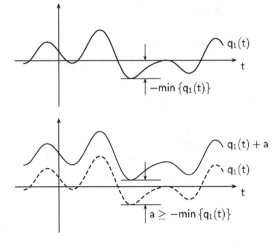

Abb. 4.10. Bildung von q(t) aus $q_1(t)$

für die Spektren von $q(t)$ bzw. $s(t)$. Am Spektrum von $s(t)$ ist zu erkennen, dass es sich um ein symmetrisches BP-Signal handelt, d. h. die Anteile bei f_0 und $-f_0$ sind symmetrisch bezüglich f_0 bzw. $-f_0$. Allgemein – d. h. auch bei QAM – bezeichnet man den Anteil links von f_0 als *unteres Seitenband* und den rechts von f_0 als *oberes Seitenband*. Zu beachten ist, dass es sich um ein kohärentes Übertragungsverfahren handelt, d. h., der cos-Träger auf der Empfangsseite muss mit der Sendeseite synchronisiert sein.

4.2.3 ZSB-AM mit Träger, inkohärenter Empfang

Hier soll nun eine weitere Spezialisierung der gerade behandelten ZSB-AM ohne Träger vorgenommen werden. Das resultierende Verfahren ZSB-AM *mit Träger* besitzt insofern eine große praktische Bedeutung, als es das übliche Verfahren beim LW-, MW- und KW-Rundfunk darstellt. Die Spezialisierung besteht darin, nur Quellensignale zur Übertragung zuzulassen, die positive Werte annehmen. Das hat zur Folge, dass nur Beträge übertragen werden müssen. Auf der Sendeseite bedeutet dies:

$$q(t) = |q(t)| = |q_R(t)| = q_R(t) \geq 0. \tag{4.9}$$

Üblicherweise hat man aber Quellensignale, die positive und negative Werte annehmen können. Wir wollen sie mit $q_1(t)$ bezeichnen. Nur positive Werte erhält man durch Hinzufügen eines passenden Gleichanteils a – s. auch Abb. 4.10

$$q(t) = q_1(t) + a \tag{4.10}$$
$$a \geq -\min\{q_1(t)\}.$$

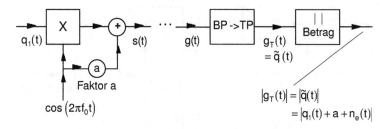

Abb. 4.11. ZSB-AM mit Träger, Übertragungsmodell

Für das BP-Sendesignal ergibt sich hiermit

$$s(t) = q(t)\,\cos(2\pi f_0 t)$$
$$= q_1(t)\,\cos(2\pi f_0 t) + a\,\cos(2\pi f_0 t). \tag{4.11}$$

Abbildung 4.11 zeigt das resultierende Übertragungsmodell. Auf der Empfangsseite darf mit diesen Voraussetzungen der Betrag des äquivalenten TP-Empfangssignals gebildet werden:

$$|g_T(t)| = |\widetilde{q}(t)| = |q_1(t) + a + n_e(t)| \tag{4.12}$$

In Abb. 4.12 sind die gleichen beispielhaften Verläufe von $Q(f)$ und $S(f)$ dargestellt wie bei ZSB-AM ohne Träger mit dem Unterschied, dass jetzt in

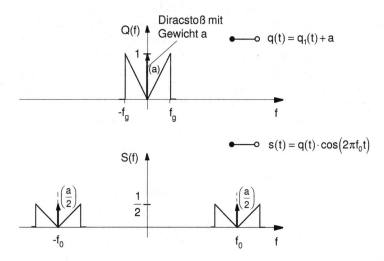

Abb. 4.12. ZSB-AM mit Träger, Spektren von Quellen- und Sendesignal (beispielhafte Verläufe)

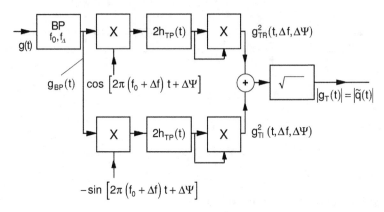

Abb. 4.13. Inkohärenter Empfang von AM-Signalen, optimaler Hüllkurvenempfänger

$Q(f)$ ein Diracstoß bei $f = 0$ auftritt (das ist der Gleichanteil) und in $S(f)$ bei f_0 und $-f_0$. Die beiden Diracstöße mit den Gewichten $\frac{a}{2}$ korrespondieren mit der *cos*-Funktion im Zeitbereich, d. h. mit dem hinzugefügten *Träger*.

Abbildung 4.13 zeigt etwas detaillierter, wie die Betragsbildung nach (4.12) vorgenommen werden kann. Ähnlich wie bei den korrespondierenden digitalen Übertragungsverfahren ist eine Trägersynchronisation nicht notwendig. Ein inkohärenter Empfang mit dem Hüllkurvenempfänger toleriert vielmehr beliebige Phasenverschiebungen und kleine Frequenzabweichungen.

Der suboptimale Hüllkurvenempfänger (s. Abb. 4.14), der auch *Geradeausempfänger* genannt wird, ergibt eine kleine Verschlechterung, ist aber in der Realisierung wesentlich einfacher. Praktisch eingesetzt wird eher die dritte, in Abb. 4.15 dargestellte Variante, der suboptimale Hüllkurvenempfänger mit einer Frequenzumsetzung in eine *Zwischenfrequenzlage*, der sog. *Überlagerungs-Empfänger*. Er hat den Vorteil, dass die notwendigen BP nicht in ihrer Mittenfrequenz verändert werden müssen, wenn Sender mit unterschiedlichen Mittenfrequenzen f_0 empfangen werden sollen. Die Annäherung an ideale BP wird hiermit erleichtert, was wiederum eine bessere Trennung von benachbarten Sendern zur Folge hat.

Abb. 4.14. Inkohärenter Empfang von AM-Signalen, suboptimaler Hüllkurvenempfänger (Geradeausempfänger)

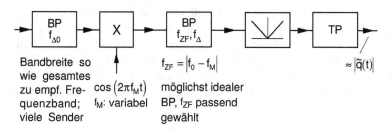

Abb. 4.15. Inkohärenter Empfang von AM-Signalen, suboptimaler Hüllkurvenempfänger mit Frequenzumsetzung (Überlagerungsempfänger)

4.2.4 ESB-AM und RSB-AM

Abbildung 4.16 zeigt, wie aus dem Spektrum $S_{ZSB}(f)$ eines ZSB-Sendesignals mit Hilfe eines ESB-Bandpasses das obere Seitenband ausgefiltert werden kann.

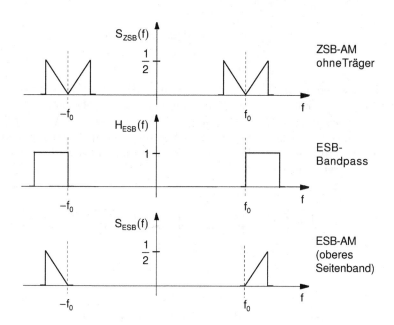

Abb. 4.16. ESB-AM, Spektrum des Sendesignals

Dieses Einseitenband-Spektrum $S_{ESB}(f)$ enthält noch die gleiche Information wie das ZSB-Spektrum. Wie bei den digitalen Übertragungsverfahren erläutert wurde (s. Abschn. 3.3.4), darf das Quellensignal $q(t)$ aber nur reellwertig sein. Ein entsprechendes Modell des resultierenden ESB-Senders ist in Abb. 4.17 dargestellt. Zunächst wird durch die Multiplikation mit dem cos-Träger das ZSB-Sendesignal $s_{ZSB}(t)$ erzeugt, und der sich anschließende ESB-Bandpass liefert an seinem Ausgang das ESB-Sendesignal $s_{ESB}(t)$. Die Empfangsseite kann ähnlich einfach dargestellt werden. Nach einer BP-TP-Transformation ergibt eine Realteilbildung das empfangene Quellensignal $\tilde{q}(t)$, d.h.

$$\begin{aligned}
\tilde{q}(t) &= \mathrm{Re}\left\{\left[g_{BP}(t)\,e^{-j2\pi f_0 t}\right] * 2h_{TP}(t)\right\} \\
&= \left[g_{BP}(t)\,\cos(2\pi f_0 t)\right] * 2h_{TP}(t).
\end{aligned} \tag{4.13}$$

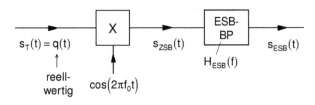

Abb. 4.17. ESB-AM, Modell des Senders

$g_{BP}(t)$ ist das Signal am Ausgang des Empfangs-BP, wobei der BP mit dem auf der Sendeseite korrespondiert. Der Empfänger muss jetzt natürlich wieder – wie der allgemeine QAM-Empfänger – kohärent sein, s. Abb. 4.18. In Abb. 4.19 sind die gleichen beispielhaften Verläufe von Spektren verwendet. Verdeutlicht werden soll, wie die Operationen der Empfänger im Frequenzbereich zu interpretieren sind.

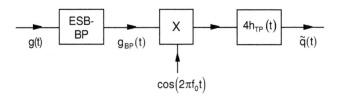

Abb. 4.18. ESB-AM, Modell des Empfängers

Anmerkungen:

- Die ESB-Übertragung mit halber Bandbreite gegenüber einer QAM-Übertragung wird möglich, weil nur ein reellwertiges Quellensignal zugelassen wird. ZSB-AM bedeutet in diesem Sinn eine Vergeudung von

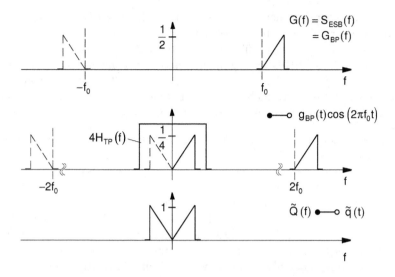

Abb. 4.19. ESB-AM, Spektren (OSB, ohne Störungen)

Bandbreite, kann aber aus Realisierungsgründen, vor allem wenn noch ein Träger hinzugefügt wird und inkohärenter Empfang möglich wird, trotzdem von Vorteil sein.

- Das ESB-Sendesignal ist kein symmetrisches BP-Signal.
- Statt des oberen Seitenbandes kann auch das untere übertragen werden. Belegt man beide Seitenbänder mit unterschiedlichen ESB-Übertragungen, dann entsteht eine Gesamtübertragung, die mit QAM vergleichbar (aber nicht identisch) ist.
- Bei der Realisierung von ESB-Sendern und Empfängern gibt es Möglichkeiten, einige Modellvarianten zu erzeugen. So ist der ESB-Bandpass auf der Sendeseite in Abb. 4.17 natürlich auch durch einen Hochpass zu ersetzen, denn das ZSB-Spektrum ist zu hohen Frequenzen hin von sich aus begrenzt. Es sind aber auch weitergehende Modifikationen möglich, vor allem wenn man die Hilbert-Transformation und das analytische Signal ins Spiel bringt.
- Obwohl das Übertragungsverfahren kohärent ist, gibt es bei einigen analogen Quellensignalen Besonderheiten zu beachten. So kann man bei Sprachsignalen beliebige Phasenverschiebungen zulassen und kleine Frequenzverschiebungen bis zu einigen $10\,\mathrm{Hz}$ tolerieren. Mit genügend genau eingestelltem f_0 auf der Empfangsseite ist dann keine Trägersynchronisation notwendig. Typische Beispiele aus der Praxis findet man hierfür bei Sprachübertragungen über KW-Funk. Nutzt man solche, ursprünglich für analoge Sprachübertragungen gedachten Funkgeräte für eine digitale Übertragung mit kohärenten Verfahren, dann muss die Trägersynchronisation im

Empfänger der digitalen Übertragung in der Lage sein, diese Phasen- und Frequenzverschiebungen zu korrigieren.

- Da Sprachübertragungen über das konventionelle analoge Telefonnetz in der Regel auch ESB-Übertragungen beinhalten können, muss man bei einer kohärenten digitalen Übertragung über solche 3 kHz-Sprachkanäle mit beliebigen Phasenverschiebungen und Frequenzverschiebungen in der Größenordnung von bis zu einigen Hz rechnen. ◄

ESB-Übertragungen werden immer dann schwer realisierbar, wenn das Spektrum des Quellensignals bei $f = 0$ nicht verschwindet. Bei Sprachsignalen ist dieses Problem nicht gegeben, da hier tiefere Frequenzen als etwa 300 Hz kaum vorkommen. Will man aber beispielsweise ein Fernsehbild in der konventionellen Weise abtasten und dann das entstehende analoge Signal mit ESB übertragen, dann muss man beachten, dass die mittlere Helligkeit eines Bildes zu einem Gleichanteil im Fernseh-Quellensignal führt, der übertragen werden muss. In diesem Fall ist eine RSB-Übertragung – die bei den digitalen Übertragungsverfahren ebenfalls erläutert wurde – günstiger. Abbildung 4.20 zeigt das Spektrum $Q(f)$ eines Quellensignals und ein RSB-Spektrum am Ausgang des RSB-Empfangs-BP sowie die Bildung von $Q(f)$ durch symmetrische Ergänzung (oder Realteilbildung im Zeitbereich). Die Nyquistflanke sorgt dafür, dass bei der symmetrischen Ergänzung wieder das richtige, dem Quellensignal entsprechende Spektrum entsteht. Zum Vergleich sind in Abb. 4.20 die Spektren eingezeichnet, die sich bei einer ZSB-, bzw. ESB-Übertragung ergäben. Zu erkennen ist die unrealistische unendlich steile Flanke im ESB-Fall.

Zu beachten ist bei einer RSB-Übertragung, dass die Nyquistflanke sich erst auf der Empfangsseite vor der symmetrischen Ergänzung ergeben muss. Dies ergibt einen gewissen Spielraum bei der Gestaltung der RSB-BP auf der Sende- und Empfangsseite. Bei konventionellen analogen Fernsehbildübertragungen wird hiervon Gebrauch gemacht.

4.3 Winkelmodulationsverfahren

Bei den *Winkelmodulationverfahren* wird der Phasenwinkel einer cos-Funktion zur Übertragung des analogen Quellensignals herangezogen, ähnlich wie dies bei den CPFSK-Verfahren in Abschn. 3.4.3 bereits für digitale Übertragungen erläutert wurde. Für das Sendesignal $s(t)$ ist damit der folgende Ansatz möglich:

$$s(t) = \mathrm{Re}\left\{s_T(t)\, e^{j2\pi f_0 t}\right\} = |s_T(t)|\, \cos\left[2\pi f_0 t + \psi(t)\right]. \qquad (4.14)$$

Hierbei ist für $s_T(t)$ die Darstellung nach Betrag und Phase genutzt worden:

$$s_T(t) = |s_T(t)|\, e^{j\psi(t)}. \qquad (4.15)$$

Für die Momentanfrequenz des äquivalenten TP-Sendesignals gilt:

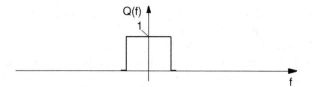

Empfangsseite, Spektren hinter Empfangs-BP (ohne Störungen):

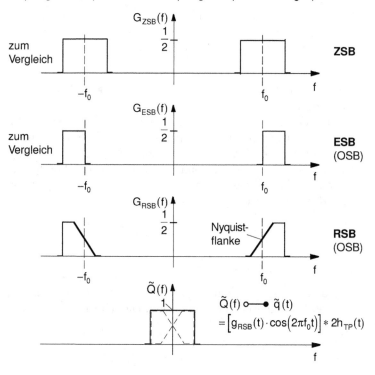

Abb. 4.20. RSB-AM, Spektren

$$f_m(t) = \frac{1}{2\pi} \frac{d}{dt} \psi(t). \tag{4.16}$$

Zwei unterschiedliche Verfahren sind vorstellbar. Bei der *Phasenmodulation* (*PM*) wählt man eine Proportionalität zwischen dem zu übertragenden Quellensignal $q(t)$ und dem Phasenverlauf $\psi(t)$:

$$\psi_{PM}(t) = \Delta\psi\, q(t). \tag{4.17}$$

$\Delta\psi$ bezeichnet man hierbei als den *Phasenhub*. Bei der *Frequenzmodulation* (*FM*) gilt ein proportionaler Zusammenhang zwischen der Momentanfrequenz $f_m(t)$ und $q(t)$:

$$f_{mFM}(t) = \Delta F\, q(t). \tag{4.18}$$

ΔF ist hierbei der *Frequenzhub*. PM und FM sind über (4.16) miteinander verknüpft. Im Folgenden soll deshalb nur die FM weiter betrachtet werden, die auch in der Praxis wichtiger ist. Der Betrag des äquivalenten TP-Sendesignals $|s_T(t)|$ ist bei FM-Verfahren konstant, und er soll im Folgenden gleich A gesetzt werden. Für das FM-Sendesignal ergibt sich somit zusammenfassend:

$$s(t) = |s_T(t)| \, \cos\left[2\pi f_0 t + \psi(t)\right]$$
$$= A \, \cos\left[2\pi f_0 t + \psi(t)\right] \tag{4.19}$$

$$\psi(t) = 2\,\pi\,\Delta F \int\limits_{-\infty}^{t} q(\tau)\,d\tau. \tag{4.20}$$

Der Index FM ist hierbei weggelassen. Auf der Sendeseite können die beiden gleichen Prinzipvarianten zur Bildung von $s(t)$ genutzt werden, die bei den digitalen Verfahren in Abschn. 3.4.3 beschrieben worden sind: mittels VCO oder mittels Vorverarbeitung und anschließender BP-TP-Transformation. Das Grundprinzip auf der Empfangsseite einer konventionellen FM-Übertragung kann man relativ leicht verstehen, wenn man zunächst das Rauschen auf dem Kanal zu Null annimmt. Differenziert man nun das Empfangsignal unter Verwendung der Kettenregel, dann ergibt sich mit $g(t) = s(t)$

$$\frac{d}{dt}s(t) = -A \, \sin\left[2\pi f_0 t + \psi(t)\right] \left[2\pi f_0 + \frac{d}{dt}\psi(t)\right]$$
$$= 2\pi\, A\, \left[f_0 + \Delta F\, q(t)\right] \cos\left[2\pi f_0 t + \psi(t) + \frac{\pi}{2}\right]. \tag{4.21}$$

Der Term vor der cos-Funktion ändert sich „langsam" verglichen mit der sich „schnell" zeitlich ändernden cos-Funktion. Die schnellen Änderungen sind

Sender:

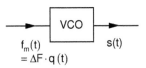

$f_m(t)$
$= \Delta F \cdot q(t)$ $s(t)$

Empfänger:

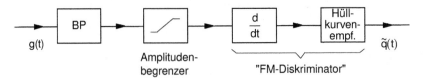

$g(t)$ Amplituden-begrenzer   "FM-Diskriminator" $\tilde{q}(t)$

Abb. 4.21. Zum Prinzip einer FM-Übertragung

durch die Mittenfrequenz f_0 bedingt, die in praktischen Anwendungen meist sehr hoch ist (z. B. 100 MHz). Mit sehr guter Näherung kann man deshalb das nach dem Differenzieren entstehende Signal als ein Signal auffassen, das einem ZSB-AM-Signal mit Träger entspricht. Zur Demodulation können damit alle Varianten von AM-Hüllkurvenempfängern verwendet werden. Abbildung 4.21 zeigt ein prinzipielles Modellbild eines FM-Empfängers, der auf diesem Prinzip basiert. Der Eingangs-BP kann hier – wie zuvor bei den linearen Modulationsverfahren erläutert – auch durch einen Überlagerungs-Empfänger ersetzt werden, was in allen praktischen Anwendungen auch getan wird. Der sich anschließende Begrenzer sorgt dafür, dass additive Störungen – vor allem impulsartige Störungen – unterdrückt werden.

Die Differentiation kann mit Hilfe eines Diffenzierers durchgeführt werden, der nur im Bereich der Mittenfrequenz f_0 eine Diffenzierer-Übertragungsfunktion besitzt. Abbildung 4.22 zeigt den Verlauf der Übertragungsfunktion eines solchen *Differenzier-BP*, den man zusammen mit dem AM-Hüllkurvenempfänger auch als *FM-Diskriminator* bezeichnet.

Das Quellensignal $\tilde{q}(t)$, das am Ausgang eines solchen FM-Empfängers entsteht, ist auch bei veschwindenden additiven Störungen auf dem Kanal nur näherungsweise mit dem gesendeten $q(t)$ identisch. Die Näherung führt zu linearen und nichtlinearen Verzerrungen, die jedoch praktisch sehr klein gehalten werden können. Die im Folgenden kurz erläuterte, praktisch erforderliche Bandbegrenzung des FM-Sendesignals $s(t)$ hat hierbei auch ihren Anteil.

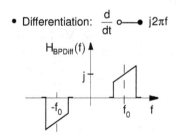

Abb. 4.22. Übertragungsfunktion des Differenzier-Bandpasses

Das Spektrum eines FM-Signals soll hier nur für den Fall eines cos-förmigen Quellensignals mit der Frequenz f_g berechnet werden. Mit

$$q(t) = \cos(2\pi f_g t) \qquad (4.22)$$

folgt für den Phasenwinkel

$$\psi(t) = 2\pi \Delta F \int_{-\infty}^{t} q(\tau)\, d\tau = \frac{\Delta F}{f_g}\, \sin(2\pi f_g t) - \psi(-\infty)\,. \qquad (4.23)$$

Den Anfangswinkel $\psi(-\infty)$ kann man frei wählen. Er soll hier willkürlich zu Null angenommen werden. Für das Sendesignal $s(t)$ gilt damit

$$
\begin{aligned}
s(t) &= A \cos\left[2\pi f_0 t + \frac{\Delta F}{f_g} \sin(2\pi f_g t)\right] \\
&= A \cos\left[2\pi f_0 t + h \sin(2\pi f_g t)\right].
\end{aligned}
\tag{4.24}
$$

Hierbei ist die konstante Amplitude mit A abgekürzt worden und der zuvor in Abschn. 3.4.2 erläuterte Modulationsindex h verwendet worden. Von diesem Signal $s(t)$ kann das zugehörige Spektrum $S(f)$ nicht auf direktem Wege durch Einsetzen in die Fourier-Transformations-Vorschrift bestimmt werden. Das entstehende Fourier-Integral wäre nur nummerisch berechenbar. Nun kann man aber die folgende mathematische Beziehung

$$
\cos\left[\alpha + x \cdot \sin(\beta)\right] = \sum_{i=-\infty}^{\infty} J_i(x) \cdot \cos(\alpha + i \cdot \beta)
\tag{4.25}
$$

dazu nutzen, $s(t)$ als Summe von cos-Funktionen darzustellen. $J_i(x)$ bezeichnet hierin die Besselfunktion i-ter Ordnung an der Stelle x. Für $s(t)$ kann man somit schreiben:

$$
s(t) = A \sum_{i=-\infty}^{\infty} J_i(h) \cos(2\pi f_0 t + i\, 2\pi f_g t).
\tag{4.26}
$$

Hieraus ergibt sich mit Hilfe der Fourier-Transformation das Spektrum

$$
S(f) = A \sum_{i=-\infty}^{\infty} J_i(h) \frac{1}{2}\left[\delta(f - f_0 - i\, f_g) + \delta(f + f_0 + i\, f_g)\right].
\tag{4.27}
$$

Abbildung 4.23 zeigt als Beispiel für einen Modulationindex $h = 5$ den Verlauf dieses Spektrums. Zu erkennen ist eine relativ große Breite im Bereich um f_0 und ein dann folgender schneller Abfall auf kleine Werte. Die sog. *Carson-Bandbreite* hat man als Maß für die Bandbreite eines FM-Signals festgelegt:

$$
f_{\Delta Carson} = 2(f_g + \Delta F).
\tag{4.28}
$$

Wenn man ein Quellensignal mit der Bandbreite f_g mittels FM in der hier beschriebenen Weise überträgt, dann ergeben sich durch die Bandbegrenzung auf $f_{\Delta Carson}$ auf dem Übertragungskanal nichtlineare Verzerrungen in $\tilde{q}(t)$, die die Qualität einer Musikübertragung unhörbar beeinflussen (Klirrfaktor 1%). Beim üblichen UKW-Rundfunk gelten

$$
h = 5, \quad f_g = 15\,\text{kHz},
\tag{4.29}
$$

woraus eine Carson-Bandbreite von

$$
f_{\Delta Carson} = 180\,\text{kHz}
\tag{4.30}
$$

und ein Frequenzhub von

$$
\Delta F = h \cdot f_g = 75\,\text{kHz}
\tag{4.31}
$$

folgt.

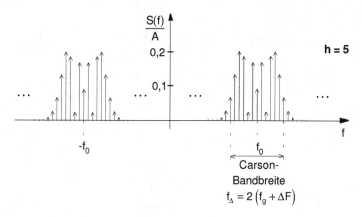

Abb. 4.23. Spektrum eines FM-Sendesignals bei cos-förmigem Quellensignal

4.4 Störverhalten von Übertragungsverfahren für analoge Signale

Abbildung 4.24 zeigt zusammenfassend noch einmal, welche Signal-/Rausch-leistungs- bzw. Signal-/Störleistungsverhältnisse sich bei der Übertragung von analogen Quellensignalen ergeben. Als unabhängige Variable tritt hierbei das *Signal-/Rauschleistungsverhältnis* auf dem Kanal auf. Zu seiner Definition muss man zunächst die Nutzsignalleistung am Empfängereingang betrachten

$$S_K = \frac{1}{d^2}\,\overline{s^2(t)}\,, \tag{4.32}$$

die sich bei $n(t) = 0$ ergibt. d ist hierbei ein Dämpfungsfaktor, der praktisch vorkommt, aber in den bisherigen Kapiteln meist zu Eins angenommen wurde. Die Rauschleistung auf dem Kanal ist wegen des vorausgesetzten WGR unendlich groß. Es ist aber zweckmäßig und allgemein üblich, die Rauschleistung hinter dem Empfangs-BP oder -TP zu berechnen, d. h. nur das Rauschen innerhalb der Bandbreite des Nutzsignals zu berücksichtigen. Für diese Rauschleistung ergibt sich der Wert

$$N_K = 2f_\Delta\,N_0, \tag{4.33}$$

womit das Signal-/Rauschleistungsverhältnis auf dem Kanal definiert werden kann:

$$SNR_K = \frac{S_K}{N_K} = \frac{\frac{1}{d^2}\,\overline{s^2(t)}}{2f_\Delta\,N_0}. \tag{4.34}$$

Wenn $\widetilde{q}(t)$ das analoge Signal am Ausgang des Empfängers ist und $q(t)$ das zu übertragende Quellensignal, dann lässt sich die Differenz $\widetilde{q}(t) - q(t)$ als

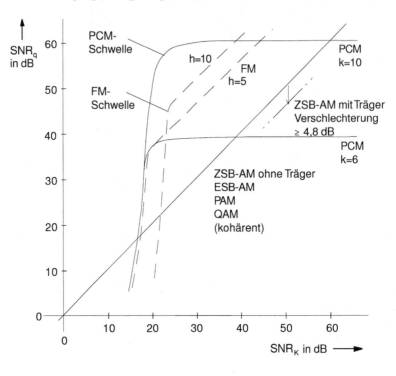

Abb. 4.24. Übertragung analoger Signale, erreichbares SNR am Ausgang des Empfängers für verschiedene Verfahren

Fehler- oder Störsignal interpretieren. Die Verteilungsdichtefunktion dieses Störsignals wird im allgemeinen Fall sicher nicht einer Gauß-Verteilung entsprechen, und zwei gleiche Störleistungen müssen z. B. bei einem Sprachsignal nicht unbedingt zu einem gleichen Höreindruck führen. Trotzdem liefert das Signal-/Störleistungsverhältnis

$$SNR_q = \frac{\overline{q^2(t)}}{\overline{[\widetilde{q}(t) - q(t)]^2}} \qquad (4.35)$$

zumindest eine erste Möglichkeit für einen quantitativen Vergleich von Verfahren. Abbildung 4.24 zeigt den Verlauf von SNR_q in Abhängigkeit von SNR_K. Wie zu erwarten, ergibt sich für QAM und sämtliche Spezialfälle davon ein linearer Zusammenhang. Zu bemerken ist bei ZSB-AM mit Träger die Parallelverschiebung nach rechts: Der zu übertragende Träger erfordert für gleiches SNR_q ein entsprechend höheres SNR_K. Bei FM verlaufen die

Kurven für großes SNR_K oberhalb und parallel zu den AM-Kurven, mit sinkendem SNR_K ist jedoch ein Schwelleffekt (die *FM-Schwelle*) zu erkennen: So verschlechtert sich SNR_q für den Modulationsindex $h = 5$ ab einem SNR_K von weniger als 20 dB rapide, und ab ca. 16 dB wird die FM-Übertragung schlechter als AM. Dies ist ein typisches Verhalten von Verfahren mit *Bandbreitedehnung* oder *Spreizung*. Bei FM mit $h = 5$ ist die Carson-Bandbreite 180 kHz, d. h., die Bandbreite des Quellensignals von 15 kHz wurde um den Faktor 12 gedehnt. Als Vorteil bekommt man für genügend große SNR_K einen Gewinn im SNR_q von ca. 15 dB. In der Praxis bedeutet dies – anders als bei AM – eine quasi ungestörte Übertragung in diesem Bereich. Die FM-Schwelle macht sich in der Praxis dadurch bemerkbar, dass bei kurzzeitigen Einbrüchen des Empfangssignalpegels das Rauschen der Empfänger-Eingangsstufen extrem störend bemerkbar wird. Mit größerem Modulationsindex h steigt die Carson-Bandbreite und ebenfalls das SNR_q rechts von der FM-Schwelle. Die FM-Schwelle schiebt sich aber gleichzeitig nach rechts.

Zum Vergleich ist die Übertragung eines analogen Quellensignals mittels PCM eingezeichnet. Hier ist ein ähnliches Schwellenverhalten wie bei FM zu erkennen: Links von dieser Schwelle ist die endliche Bitfehlerwahrscheinlichkeit dominierend, und der steile Anstieg im SNR_q korrespondiert mit dem exponentiellen Abfall der Bitfehlerwahrscheinlichkeiten bei der digitalen Übertragung. Bei genügend großem SNR_K ist die Bitfehlerwahrscheinlichkeit so klein, dass nur noch die Quantisierung der Abtastwerte (K im Bild) das SNR_q begrenzt, und jetzt unabhängig von SNR_K. Dieses Verhalten entspricht (4.1).

4.5 Zusammenfassung und bibliographische Anmerkungen

Behandelt wurden in diesem Kapitel Verfahren zur Übertragung analoger Quellensignale über AWGR-Kanäle. Mit der Kenntnis der Kapitel, in denen digitale Übertragungsverfahren behandelt wurden, war es dabei möglich, durch Anwendung des Abtasttheorems und Quantisierung der Abtastwerte Verfahren abzuleiten, die analoge Quellensignale mit digitalen Verfahren übertragen. Erläutert wurde in diesem Zusammenhang die PCM, die man heute eher als Quellencodierungsverfahren ansieht. Die sich anschließende Behandlung von Methoden zur Übertragung nicht-quantisierter Abtastwerte war zu verstehen als eine digitale Übertragung mit Elementarsignalalphabeten, bei denen ein Parameter kontinuierlich variiert werden kann. Durch Wahl von si-Elementarsignalen mit einem kontinuierlichen Amplitudenfaktor und Beachtung des Abtasttheorems ergaben sich schließlich die konventionellen AM-Verfahren zur Übertragung analoger Quellensignale in ihren Varianten: QAM, AM mit und ohne Träger, sowie ESB und RSB. Hierbei wurde deutlich, dass die konventionellen AM-Empfänger optimal bezüglich des Empfangs-SNR sind – natürlich nur für das (willkürlich) gewählte si-Elementarsignalalphabet. Eingegangen wurde auf den in der Praxis wichtigen inkohärenten Empfang von amplitudenmodulierten Signalen mit Träger. Bei den anschließend erläuterten Winkelmodulationsverfahren wurde vor allem die FM näher betrachtet und verdeutlicht, dass eine FM-Übertragung in der Praxis immer mit einer Bandbreitedehnung verbunden ist, beim üblichen UKW-Rundfunk z. B. um einen Faktor 12. Zum Abschluss des Kapitels wurde auf den Vorteil eingegangen, den die Bandbreitedehnung beinhaltet: eine wesentlich weniger gestörte Übertragung als bei AM-Verfahren, bei denen keine Bandbreitedehnung vorliegt. Zum Vergleich wurde ebenfalls eine Übertragung mittels PCM herangezogen, die ein qualitativ ähnliches Verhalten wie FM besitzt.

Die konventionellen AM- und FM-Übertragungsverfahren werden in einer Vielzahl von Lehrbüchern behandelt. Hervorzuheben ist das Buch von H. D. Lüke [66], das den Stoff in ähnlicher Weise mit einer direkten Verbindung zu den digitalen Übertragungsverfahren behandelt.

4.6 Aufgaben

Aufgabe 4.1

Ein Sprachsignal mit einer Grenzfrequenz von $f_g = 4\,\mathrm{kHz}$ soll mit Hilfe von PCM über einen AWGR-Kanal übertragen werden. Für die Quantisierung der Abtastwerte gelte: $n = 8$ bit, linear.

a) Skizzieren Sie ein Modell der Übertragung, in dem das digitale Übertragungsverfahren als Block vorkommt.

b) Welche Übertragungsrate $r_{\ddot{u}}$ in bit/s muss das digitale Übertragungsverfahren bereitstellen?

Als digitales Übertragungsverfahren werde nun 4 DPSK, Raised-Cosine mit $\alpha = \frac{1}{2}$ und Gray-Codierung vorausgesetzt.

c) Welche Mindestbandbreite f_Δ auf dem Übertragungskanal ist notwendig, wenn ein Elementarsignal ohne in der Form verändert zu werden (bei AWGR = 0) übertragen werden soll?

d) Berechnen Sie den Bandbreitedehnfaktor $\beta = \frac{f_\Delta}{f_g}$.

e) Skizzieren Sie den Zusammenhang zwischen dem Signal-/Rauschleistungsverhältnis $SNR_k = \frac{S_k}{2f_\Delta N_0}$ am Ausgang des Empfangs-BP (Empfängereingang) und dem Signal-/Störleistungsverhältnis SNR_q am Empfängerausgang, das für das empfangene Sprachsignal gilt. Erklären Sie qualitativ den Unterschied zwischen SNR_k und SNR_q.

Aufgabe 4.2

Zwei analoge Sprachsignale (Tiefpass-Signale) $s_0(t)$ und $s_1(t)$ mit der Grenzfrequenz f_g sollen gleichzeitig über einen idealen BP-Übertragungskanal mit der Mittenfrequenz $f_0 \gg f_g$ übertragen werden.

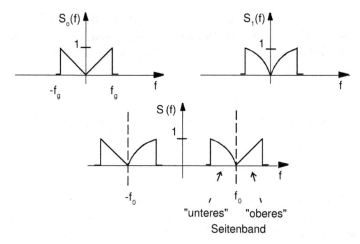

Abb. 4.25. Zu Aufgabe 4.2: Spektren von Musterfunktionen

Ausgenutzt werden soll zunächst die Eigenschaft der BP-TP-Transformation, dass zwei voneinander unabhängige reellwertige Signale als Real- und Imaginärteil („Quadraturkomponenten") eines äquivalenten Tiefpass-Signals auftreten können.

a) Skizzieren Sie zwei Modelle der Übertragung, eines mit reellwertigen und eines mit komplexwertigen Signalpfaden.

b) Die empfangsseitig zur BP-TP-Transformation verwendete komplexe Exponentialfunktion sei gegenüber der auf der Senderseite verwendeten zum Zeitpunkt $t = 0$ um 90° phasenverschoben. Berechnen Sie die auf der Empfangsseite auftretenden Quadraturkomponenten und deren Zusammenhang mit den beiden Sprachsignalen $s_0(t)$ und $s_1(t)$. Beschreiben Sie qualitativ die Effekte bei beliebigen Phasenverschiebungen. Wie wirkt sich ein kleiner Frequenzoffset $\Delta f << f_0$ zwischen Sende- und Empfangsseite aus?

Die beiden Sprachsignale $s_0(t)$ und $s_1(t)$ werden nun mit Hilfe der analytischen Signale $s_{0+}(t)$ und $s_{1-}(t)$ zu einem anderen äquivalenten TP-Signal $s_T(t)$ zusammengefasst und als BP-Signal $s(t)$ übertragen. Zur Veranschaulichung dient Abb. 4.25. Gezeigt sind Spektren von Musterfunktionen.

c) Beschreiben Sie die Bildung des BP-Signals $s(t)$ aus den Signalen $s_0(t)$ und $s_1(t)$ durch ein Modellbild. Verwenden Sie reellwertige Signale und ein LTI-System mit der Stoßantwort $\frac{1}{\pi t}$ als Hilbert-Transformator.

Aufgabe 4.3

Beim Mittelwellen-Rundfunk (MW) wird das Frequenzband

$$535\,\text{kHz} \leq f_0 \leq 1605\,\text{kHz}$$

genutzt. Das Übertragungsverfahren ist ZSB-AM mit Träger und für die „Kanalbandbreite" gilt $f_\Delta = 9\,\text{kHz}$. In dieser Aufgabe soll ein nicht-kohärenter, suboptimaler Hüllkurvenempfänger in der Überlagerungs-Version näher betrachtet werden.

a) Skizzieren Sie das Blockbild des Empfängers.

b) Welche Bandbreiten $f_{\Delta 0}$ und f_Δ sind für den Eingangs-BP und den ZF-BP vernünftig?

c) Geben Sie den Zusammenhang zwischen der Mittenfrequenz f_0 eines Senders, der variablen Frequenz f_M und der Zwischenfrequenz f_{ZF} in allgemeiner Form an.

d) Zeigen Sie, dass der Überlagerungs-Empfänger ohne den Eingangs-BP im allgemeinen Fall neben dem gewünschten Sender mit der Mittenfrequenz f_0 gleichzeitig einen zweiten mit der Mittenfrequenz f_{0S} („Spiegelfrequenz") empfängt.

e) Wie groß muss f_{ZF} mindestens sein, damit die Spiegelfrequenz f_{0S} außerhalb des MW-Bereichs liegt? Welche Zwischenfrequenz ergibt sich unter den gleichen Bedingungen für den UKW-Rundfunk
(88 MHz bis 108 MHz)?

f) In welchem Bereich muss der im Empfänger verwendete Oszillator in seiner Frequenz f_M variiert werden können (f_{ZF} aus e))?

g) Welche Grenzfrequenz f_g darf das zu übertragende Quellensignal $q(t)$ maximal haben?

5

Übertragungskanäle, Kanalmodelle

5.1 Übertragungskanäle mit linearen Verzerrungen

Abbildung 5.1 zeigt ein Modellbild für den bisher vorausgesetzen AWGR-Kanal. In allen Anwendungen ist das Eingangssignal dieses Kanals, das Sendesignal $s(t)$, bandbegrenzt. Wenn man dem AWGR-Kanal deshalb einen passend gewählten idealen BP oder idealen TP – je nach Art des Sendesignals – am Eingang hinzufügt, entsteht ein neuer Kanal, der *bandbegrenzte AWGR-Kanal*, s. Abb. 5.1. Für ihn gelten definitionsgemäß alle Resultate, die in den vorangegangenen Kapiteln für den AWGR-Kanal abgeleitet wurden.

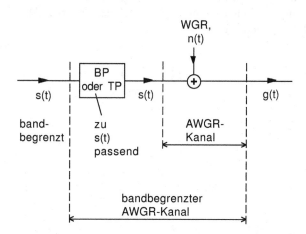

Abb. 5.1. Bandbegrenzter AWGR-Kanal

Die Übertragungsfunktion des bandbegrenzten AWGR-Kanals (ohne Rauschen!) ist mit der Übertragungsfunktion des idealen BP bzw. idealen TP identisch. Obwohl dieser Fall praktisch vorkommt, zumindest näherungsweise, muss man jedoch eher damit rechnen, dass die Übertragungsfunktion von der eines idealen BP oder TP stärker abweicht. Dies hat zur Folge, dass bei verschwindendem Rauschen das Empfangssignal $g(t)$ nicht mehr mit dem Sendesignal $s(t)$ identisch ist. Statt des idealen BP bzw. TP muss ein allgemeineres LTI-System verwendet werden. Der so entstehende neue Kanal ist ein *AWGR-Kanal mit linearen zeitinvarianten Verzerrungen* – s. Abb. 5.2.

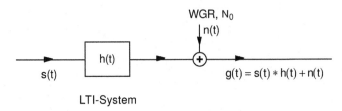

Abb. 5.2. AWGR-Kanal mit linearen Verzerrungen

Die linearen Verzerrungen werden jetzt durch ein LTI-System mit der Stoßantwort $h(t)$ repräsentiert. Häufig lässt man *zeitinvariant* und *AWGR* in diesem Kontext noch weg und spricht nur von einem *Kanal mit linearen Verzerrungen*. Den Grund für die linearen Verzerrungen bilden nicht-ideale Filter in Sendern und Empfängern ebenso wie *dispersive Übertragungsmedien*. Kabel und Leitungen gehören zu solchen dispersiven Übertragungsmedien, aber auch Glasfasern und vor allem Funk-Übertragungskanäle.

Abb. 5.3 zeigt als Beispiel eine typische Übertragungsfunktion, die sich bei analogen Telefonnetzen ergibt.

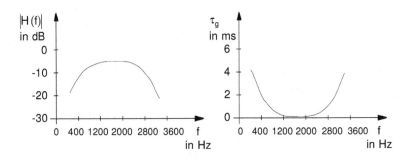

Abb. 5.3. Beispiel 1: Übertragungsfunktion bei einem analogen Telefonnetz

Spektralanteile eines 3 kHz breiten Sprachsignals werden bei tiefen und höheren Frequenzen abgeschwächt und es werden nur Signale im Band von 300 Hz bis 3300 Hz übertragen. Des Weiteren verläuft die Phase der Übertragungsfunktion dieses Kanals nicht linear, wie es bei einer reinen Laufzeit gegeben wäre. Für die *Gruppenlaufzeit*, die man in diesem Zusammenhang gern verwendet, ergeben sich häufig Verläufe wie in Abb. 5.3. Sie ist definiert als:

$$\tau_g = -\frac{1}{2\pi} \cdot \frac{d\psi_H(f)}{df}\,. \tag{5.1}$$

$\psi_H(f)$ ist hierbei der Phasenverlauf der Übertragungsfunktion $H(f)$. Schmale Frequenzbänder (Frequenzgruppen) in der Nähe der Bandgrenzen werden offensichtlich stärker verzögert als solche in der Mitte des gesamten Übertragungsbandes. Ein weiteres Beispiel für einen Kanal mit linearen Verzerrungen ist in Abb. 5.4 zu sehen.

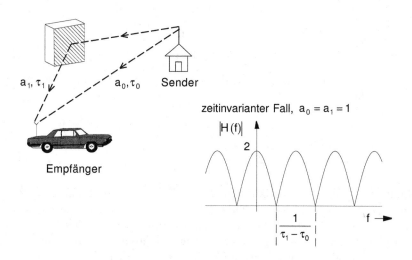

Abb. 5.4. Beispiel 2: Funkübertragung mit einer Reflexion

Hier handelt es sich um eine Funkübertragung, bei der das Sendesignal über einen direkten Weg zum Empfänger gelangt und zusätzlich über eine Reflexion an einem Gebäude. Man spricht in diesem Fall von einer *Zweiwegeausbreitung*. Die beiden hier vorkommenden Signale überlagern sich am Empfängereingang. Betrachtet man das Verhalten des Kanals vom Senderausgang bis zum Eingang des Empfängers im rauschfreien Fall, dann gilt für die Stoßantwort:

$$h(t) = a_0 \cdot \delta(t - \tau_0) + a_1 \cdot \delta(t - \tau_1)\,. \tag{5.2}$$

Der erste Summand auf der rechten Seite dieser Gleichung steht für den direkten Weg vom Sender zum Empfänger und der zweite für den Umweg über die Reflexion an dem Gebäude. Die Koeffizienten a_i beschreiben die Abschwächungen der Amplituden und die τ_i die auftretenden Verzögerungen. Abbildung 5.5 zeigt ein Modellbild für diese Zweiwegeausbreitung.

Modell:

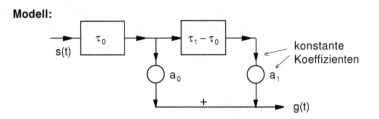

Abb. 5.5. Modell für eine Zweiwegeausbreitung

Für die Übertragungsfunktion ergibt sich:

$$H(f) = a_0 \cdot e^{-j2\pi f \tau_0} + a_1 \cdot e^{-j2\pi f \tau_1}$$
$$= e^{-j2\pi f \tau_0} \cdot \left(a_0 + a_1 \cdot e^{-j2\pi f \triangle \tau} \right) . \tag{5.3}$$

$\triangle \tau = \tau_1 - \tau_0$ ist hierbei die Laufzeitdifferenz zwischen den beiden Wegen. Für den Spezialfall $a_0 = a_1 = 1$ folgt:

$$H(f) = e^{-j2\pi f \tau_0} \cdot e^{-j2\pi f \frac{\triangle \tau}{2}} \cdot \left(e^{j2\pi f \frac{\triangle \tau}{2}} + e^{-j2\pi f \frac{\triangle \tau}{2}} \right)$$

$$|H(f)| = 2 \left| \cos \left(2\pi f \frac{\triangle \tau}{2} \right) \right| . \tag{5.4}$$

Abbildung 5.6 zeigt den Verlauf von $|H(f)|$ für diesen Spezialfall einer Zweiwegeausbreitung mit gleichen Pfadamplituden. Typisch sind die Nullstellen im Abstand $\frac{1}{\triangle \tau}$, die durch den cos-Verlauf bedingt sind. Sie bedeuten, dass die zugehörigen Spektralanteile des Sendesignals durch den Kanal ausgelöscht werden: Die Übertragungsfunktion dieses Kanals weist ein *frequenzselektives Verhalten* auf, bestimmte Frequenzen werden bevorzugt, andere benachteiligt. Ein solches frequenzselektives Verhalten ist typisch für Kanäle mit *Mehrwegeausbreitung*, auch im Falle von mehr als zwei Wegen. Dabei müssen nicht immer so ausgeprägte Nullstellen in der Übertragungsfunktion auftreten, wie im Falle von zwei Wegen mit $a_0 = a_1$. Die Grundlaufzeit τ_0 hat offensichtlich keinen Einfluss auf das frequenzselektive Verhalten von $|H(f)|$.

Mehrwegeausbreitung tritt nicht nur bei Funkkanälen auf. Auch durch Impedanzsprünge bedingte Reflexionen (Echos) auf Leitungen oder auch durch sog. Gabelschaltungen, die bei einer Vollduplex-Sprachübertragung über konventionelle Zweidrahtleitungen verwendet werden, ergibt sich Mehrwegeausbreitung. In all diesen Fällen besitzt die Übertragungsfunktion ein mehr oder weniger ausgeprägtes frequenzselektives Verhalten.

Anmerkung: An dieser Stelle bietet es sich an, eine Methode zur Messung der Kanalstoßantwort kurz zu erläutern, die in zunehmendem Maße bei digitalen Übertragungssystemen verwendet wird, insbesondere auch beim Mobilfunk. Bei dieser *Korrelationsmethode* verwendet man anstelle von nicht praktikablen Diracstößen länger andauernde Mess- bzw. Testsignale mit Amplituden, die technisch realisierbar sind. Um den gleichen Effekt wie mit einem Diracstoß am Eingang des Kanals zu erreichen, müssen die Signale eine diracstoßförmige AKF besitzen. Zumindest näherungsweise lassen sich solche Signale konstruieren. Das Prinzip der Korrelationsmethode lässt sich einfach beschreiben. Für das Signal $g(t)$ am Kanalausgang gilt – s. Abb. 5.2:

$$g(t) = s(t) * h(t) + n(t) \,. \tag{5.5}$$

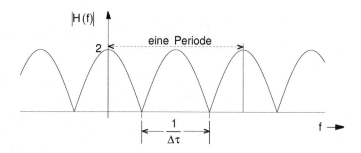

Abb. 5.6. Betrag der Übertragungsfunktion einer Zweiwegeausbreitung mit gleichen Pfadamplituden

Setzt man für $s(t)$ ein Energiesignal voraus und korreliert das Empfangssignal mit diesem $s(t)$, dann folgt:

$$g(t) * s^*(-t) = [s(t) * h(t) + n(t)] * s^*(-t)$$
$$= \varphi_{ss}^{E}(t) * h(t) + n_e(t) \,. \tag{5.6}$$

$\varphi_{ss}^{E}(t)$ ist hierbei die AKF des Sendesignals $s(t)$ und $n_e(t)$ ist das Rauschen nach dieser Korrelation. Die Faltung mit $s^*(-t)$ kann natürlich – s. Kap. 1 – als Filterung von $g(t)$ mit dem zu $s(t)$ gehörigen Korrelationsfilter aufgefasst werden. Wählt man $s(t)$ so, dass

$$\varphi_{ss}^{E}(t) = E_s \cdot \delta(t) \tag{5.7}$$

gilt, dann folgt aus (5.6):

$$g(t) * s^*(-t) = E_s \cdot \delta(t) * h(t) + n_e(t)$$
$$= E_s \cdot h(t) + n_e(t) \,. \tag{5.8}$$

Gleichung (5.7) ist bei Energiesignalen nur näherungsweise zu erfüllen. Lässt man jedoch periodische Signale $s^{per}(t)$ zu, dann wird aus (5.7):

$$\varphi_{ss}^{Eper}(t) = E_s \cdot \text{III}(t) \,. \tag{5.9}$$

III(t) ist die früher bereits eingeführte Sha-Funktion, die einer periodischen Wiederholung von Diracstößen entspricht. Gesendet wird in diesem Fall das periodische Signal $s^{per}(t)$ und korreliert wird auf der Empfangsseite mit einer Periode $s(t)$ von $s^{per}(t)$. E_s ist die Energie von $s(t)$. In der Praxis kann man sog. *Pseudo-Noise-Folgen (PN-Folgen)* verwenden, um (5.9) gut anzunähern. Wie man mit Hilfe von PN-Folgen eine solche Messung im Zusammenhang mit einer digitalen Übertragung durchführen kann, zeigt Abb. 5.7.

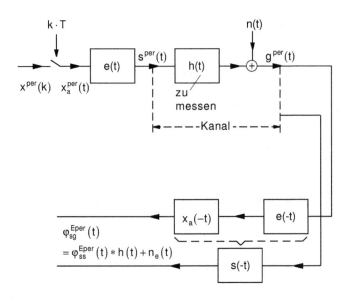

Abb. 5.7. Modell-Blockbild für die Messung einer Kanalstoßantwort mit der Korrelationsmethode

PN-Folgen sind quasi-zufällige Folgen mit Werten aus $\{1, -1\}$. Ihre (zeitdiskrete) *periodische AKF* ist gleich -1 für alle Verschiebungen, die nicht Null oder ein ganzzahlig Vielfaches der Periodendauer sind. In Abb. 5.8 ist der Verlauf einer periodischen AKF für eine PN-Folge der *Länge* (=Periode) $N_{PN} = 15$ dargestellt, wobei als Elementarsignal ein rect-Impuls der Dauer T verwendet wurde. Bei genügend großer Energie $E_s = N_{PN} \cdot T$ kann die für PN-Folgen typische -1 in den Nebenwerten vernachlässigt werden und es lässt sich eine periodisch wiederholte Folge von Diracstößen gut annähern. Nach der Korrelation von $g(t)$ mit $s(t)$ ergibt sich somit eine periodische Wiederholung $h^{per}(t)$ der Kanalstoßantwort $h(t)$. Wichtig ist, die Periodendauer $N_{PN} \cdot T$ größer zu wählen als die Dauer der Kanalstoßantwort, sonst ergeben sich Überlappungen bei den einzelnen Perioden. Wenn man – wie dies bei einer digitalen Übertragung in der Regel der Fall ist – nur an der Stoßantwort des *zeitdiskreten Ersatzkanals* interessiert ist (dies wird in Kap. 6 behandelt), dann lässt sich die Messung im rauschfreien Fall auch exakt durchführen.

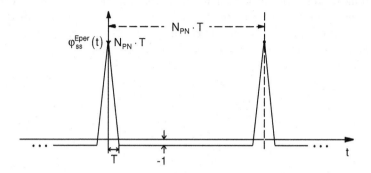

Abb. 5.8. Periodische AKF einer PN-Folge mit rect-Subimpulsen

Die zunächst angenommene unendliche periodische Wiederholung braucht man praktisch nur so oft vornehmen, dass sich die gewünschte Stoßantwort innerhalb eines Messfensters befindet. Praktisch werden neben PN-Folgen auch solche verwendet, die innerhalb dieses Messfensters einen idealen Verlauf der AKF besitzen. Die lineare Interpolation, die in dem Verlauf von $\varphi_{ss}^{Eper}(t)$ in Abb. 5.8 zu erkennen ist, hat ihre Ursache in dem als Beispiel gewählten rect-Elementarsignal. Andere Elementarsignale sind jedoch auch möglich und in der Praxis üblich (z. B. „Raised Cosine", s. Kap. 3).◄

5.2 Zeitvariante und stochastisch-zeitvariante Kanäle, Fading

Durch die zunehmende Bedeutung von Mobilfunksystemen und anderen drahtlosen Übertragungssystemen sind Funkkanäle immer mehr in den Vordergrund gerückt. In der Regel liegt bei Funkkanälen eine Mehrwegeausbreitung vor, d. h. das Sendesignal gelangt über mehrere Wege vom Sender zum Empfänger. Wegen der Mobilität kommt aber noch ein weiterer Effekt ins Spiel, die *Zeitvarianz*. Sie bedeutet, dass die Mehrwege-Stoßantworten nicht immer gleich bleiben, sie verändern sich vielmehr mit der Bewegung von Sendern und/oder Empfängern. Zur Beschreibung dieser Zeitabhängigkeit ist eine zweite Zeitvariable erforderlich.

5.2.1 Zeitvariante Stoßantwort

Betrachtet werden soll zunächst das einfachste *zeitvariante System* $s(t) \rightarrow g(t)$, der *Multiplizierer* – s. Abb. 5.9. Dabei soll gelten, dass zwischen $a(t)$ und $s(t)$

keine Abhängigkeit besteht. Die durch $a(t)$ gegebene Zeitvarianz des System-
verhaltens ist offensichtlich. Je nach Art der Signale $s(t)$ und $a(t)$ kann $g(t)$
determiniert oder stochastisch sein. Ist $a(t)$ ein stochastisches Signal, d. h. als
Musterfunktion eines stochastischen Prozesses aufzufassen, dann gehört der
Multiplizierer zur Klasse der *stochastisch-zeitvarianten Systeme*. In diesem
Fall ist – unabhängig davon, ob $s(t)$ stochastisch oder determiniert ist – $g(t)$
ebenfalls Musterfunktion eines stochastischen Prozesses.

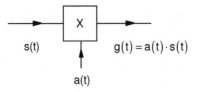

Abb. 5.9. Der Multiplizierer als einfachstes zeitvariantes System

Das nun betrachtete zweite Beispiel, das *zeitvariante Transversalfilter*, stellt
eine Verallgemeinerung des Multiplizierer-Systems dar. Es soll dazu dienen,
allgemeine zeitvariante Systeme einführen und verstehen zu können. Abbildung 5.10 zeigt, wie bei diesem speziellen zeitvarianten System zeitverzögerte
Versionen des Eingangssignals mit *Gewichtsfaktoren* multipliziert und aufsummiert werden.

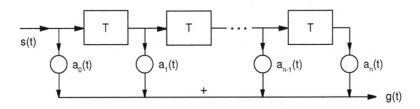

Abb. 5.10. Zeitvariantes Transversalfilter

Die Zeitvarianz kommt dadurch zum Ausdruck, dass sich die Gewichtsfaktoren zeitlich ändern. Der zuvor kurz betrachtete Multiplizierer ist hier mehrfach
vorhanden – das Signal $x(t)$ von zuvor entspricht jetzt den zeitlich veränder-
lichen Gewichtsfaktoren $a_i(t)$. Das Ausgangssignal dieses Systems lässt sich
sofort angeben:

$$g(t) = \sum_i a_i(t)s(t - iT).$$
(5.10)

Hier treten die zuvor bereits erwähnten zwei veschiedenartigen Zeiten auf.
Neben der Zeit t, die auch als *absolute Zeit* bezeichnet wird, ist dies die *Ver-*

zögerungszeit $\tau = iT$. Die Verzögerungszeit τ kann in diesem Beispiel nur diskrete Werte annehmen. Lässt man bei konstanter Gesamtlaufzeit nT die Zahl der Koeffizienten $a_i(t)$ und die Zahl der Laufzeitglieder gegen unendlich streben, dann erreicht man, dass τ kontinuierlich wird und alle reellen Zahlenwerte annehmen kann. Jedes $a_i(t)$, das nun besser als $a(\tau, t)$ geschrieben wird, trägt einen infinitesimalen Anteil zum Ausgangssignal $g(t)$ bei. Für das Ausgangssignal folgt somit die Integraldarstellung

$$g(t) = \int_{-\infty}^{\infty} a(\tau, t)\, s(t - \tau)\, d\tau \,. \tag{5.11}$$

Hierbei tritt die Verzögerungszeit als Integrationsvariable auf, weshalb sie manchmal auch *Integrationszeit* genannt wird. Gleichung (5.11) soll nun mit Hilfe von drei Spezialfällen interpretiert werden.

Spezialfall 1: zeitinvariantes Transversalfilter
Für das Ausgangssignal gilt:

$$g(t) = \sum_i a_i\, s(t - iT) \,. \tag{5.12}$$

Wählt man

$$a(\tau, t) = \sum_i a_i\, \delta(\tau - iT) \tag{5.13}$$

dann folgt für $g(t)$ nach (5.11):

$$\begin{aligned}
g(t) &= \int_{-\infty}^{\infty} \sum_i a_i\, \delta(\tau - iT)\, s(t - \tau)\, d\tau \\
&= \sum_i a_i \int_{-\infty}^{\infty} \delta(\tau - iT)\, s(t - \tau)\, d\tau \\
&= \sum_i a_i\, s(t - iT) \,.
\end{aligned} \tag{5.14}$$

Der letzte Schritt in dieser Gleichung, der zum erwarteten Ergebnis führt, beruht auf der Definition des Diracstoßes bzw. auf der Siebeigenschaft – s. Kap. 1.◄

Spezialfall 2: zeitvariantes Transversalfilter
Das Ausgangssignal berechnet sich wieder nach (5.11). Macht man für $a(\tau, t)$ hier den Ansatz

$$a(\tau, t) = \sum_i a_i(t)\, \delta(\tau - iT) \tag{5.15}$$

dann ergibt sich in ähnlicher Weise wie beim zeitinvarianten Transversalfilter das gewünschte Ergebnis, s. (5.10):

$$g(t) = \int_{-\infty}^{\infty} \sum_i a_i(t)\,\delta(\tau - iT)\,s(t - \tau)\,d\tau$$

$$= \sum_i a_i(t) \int_{-\infty}^{\infty} \delta(\tau - iT)\,s(t - \tau)\,d\tau$$

$$= \sum_i a_i(t)\,s(t - iT)\,. \tag{5.16}$$

Spezialfall 3: Multiplizierer
Der Multiplizierer kann nun auch als zeitvariantes Transversalfilter mit einem Koeffizienten aufgefasst werden, d. h.

$$g(t) = a_0(t)\,s(t)\,. \tag{5.17}$$

Mit dem hier zweckmäßigen Ansatz

$$a(\tau, t) = a_0(t)\,\delta(\tau) \tag{5.18}$$

lässt sich wiederum mit (5.11) das Ausgangssignal $g(t)$ berechnen:

$$g(t) = \int_{-\infty}^{\infty} a_0(t)\,\delta(\tau)\,s(t - \tau)\,d\tau$$

$$= a_0(t) \int_{-\infty}^{\infty} \delta(\tau)\,s(t - \tau)\,d\tau$$

$$= a_0(t)\,s(t)\,. \tag{5.19}$$

Die Ansätze für $a(\tau, t)$ sind bei diesen drei Spezialfällen bereits in Kenntnis des resultierenden Ergebnisses gewählt worden. Verdeutlicht werden sollte damit, dass es zweckmäßig ist, die Funktion $a(\tau, t)$ als *zeitvariante Stoßantwort* des Systems $s(t) \rightarrow g(t)$ zu bezeichnen. t ist die *absolute Zeit*, τ die *Verzögerungszeit* oder *Integrationszeit*. In Anlehnung an die bei zeitinvarianten Systemen benutzte Schreibweise soll statt $a(\tau, t)$ von nun an $h(\tau, t)$ verwendet werden. Gleichung (5.11) schreibt sich damit wie folgt:

$$g(t) = \int_{-\infty}^{\infty} h(\tau, t)\,s(t - \tau)\,d\tau\,. \tag{5.20}$$

Diese Gleichung stellt offenbar die Verallgemeinerung des Faltungsintegrals dar – s. Kap. 1. Eine symbolische Schreibweise mit dem Faltungsstern ($*$) – wie bei zeitinvarianten Systemen üblich – soll hier nicht mehr verwendet werden, weil dies zu Missverständnissen bei der Integrationsvariablen führen kann. Für die Stoßantwort eines LTI-Systems sind nun als Spezialfall mehrere Schreibweisen denkbar:

$$\text{LTI:} \quad h(\tau, t) = h(\tau, t_0) = h(\tau, \tau) = h(\tau, 0) = h(\tau)\,. \tag{5.21}$$

$h(\tau)$ ist hierbei als Abkürzung zu verstehen. Im Gegensatz zu der bei LTI-Systemen eingeführten Schreibweise steht jetzt aber im Argument der Stoßantwort nicht die absolute Zeit t sondern die Verzögerungs- oder Integrationszeit τ. In ein Faltungsintegral ist $h(\tau)$ somit direkt einzusetzen:

$$\text{LTI:} \quad g(t) = \int_{-\infty}^{\infty} h(\tau)\, s(t-\tau)\, d\tau\,. \tag{5.22}$$

In diesem Spezialfall kann natürlich wieder der Faltungsstern verwendet werden, d. h.:

$$\text{LTI:} \quad g(t) = h(t) * s(t)\,. \tag{5.23}$$

Zu beachten ist bei (5.23) der symbolische Wechsel der Zeitvariablen, der in den vorangegangenen Kapiteln in der gleichen Weise auftrat.

In Abb. 5.11 ist die *zeitvariante Faltungsoperation* nach (5.20) bildlich dargestellt. Zu sehen sind Schnitte für $t = konst.$ durch eine als Beispiel angenommene zeitvariante Stoßanwort $h(\tau, t)$ zusammen mit dem für das jeweilige t geltende verschobene Eingangssignal.

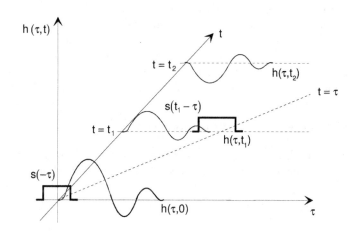

Abb. 5.11. Veranschaulichung der zeitvarianten Faltungsoperation

Der Einfachheit wegen ist in diesem Beispiel ein rect-Verlauf für $s(t)$ angenommen. Die gezeichneten Funktionen müssen entsprechend (5.20) multipliziert werden, anschließend erfolgt die Integration über τ. Im Gegensatz zur zeitinvarianten Faltungsoperation muss hier für jedes t eine andere Stoßantwort herangezogen werden. Das Eingangssignal verschiebt sich somit auf einer 45-Grad-Linie durch die τ-t-Ebene. Die Verzögerungszeit τ und die absolute Zeit t laufen bei der Faltungsoperation gleichzeitig. Legt man einen Diracstoß an den Eingang eines derartigen zeitvarianten Systems, dann ergibt sich folgendes Ausgangssignal:

$$g(t) = \int_{-\infty}^{\infty} h(\tau, t)\, \delta(t - \tau)\, d\tau$$

$$= h(t, t)\,. \tag{5.24}$$

Verzögert man den Diracstoß am Eingang um eine Zeit t_0, dann gilt:

$$g(t) = \int_{-\infty}^{\infty} h(\tau, t)\, \delta(t - t_0 - \tau)\, d\tau$$

$$= h(t - t_0, t)\,. \tag{5.25}$$

Diese beiden Gleichungen beschreiben Schnitte unter 45 Grad durch die Funktion $h(\tau, t)$ und gleichzeitig eine Messvorschrift zur näherungsweisen Bestimmung von $h(\tau, t)$. Mit genügend vielen „Stützfunktionen" $h(t - t_i, t)$ lässt sich die gesamte Funktion hinreichend genau bestimmen. In praktischen Anwendungen liegt meist ein extremer Sonderfall vor: die zeitliche Variation der Stoßantworten (in t-Richtung!) geht nur sehr langsam vor sich. So ist die Zeitskala in τ-Richtung beim digitalen Mobilfunk in μs, während die t-Skala zweckmäßigerweise in ms betrachtet wird, um Änderungen in t-Richtung zu erkennen. Das bedeutet, dass während der zeitvarianten Faltungsoperation näherungsweise eine zeitlich nicht veränderliche Stoßantwort vorliegt. Die zeitvariante Faltungsoperation entspricht dann mit dieser momentan vorliegenden Stoßantwort der zeitinvarianten Faltungsoperation von früher. Man spricht in diesem Fall auch von *langsam zeitvarianten Systemen* und bezeichnet $h(t - t_i, t) = h_{t_i}(t)$ als *Kurzzeitstoßantwort* zum Zeitpunkt t_i.

5.2.2 Zeitvariante Übertragungsfunktion

Der vorherige Abschnitt hat verdeutlicht, dass die Verzögerungzeit τ der Zeit entspricht, die zuvor bei zeitinvarianten Systemen mit t bezeichnet wurde. Die *zeitvariante Übertragungsfunktion* wird deshalb zweckmäßig als Fouriertransformierte bezüglich τ definiert:

$$h(\tau, t) \,\circ\!\!-\!\!\bullet\, H(f, t) = \int_{-\infty}^{\infty} h(\tau, t)\, e^{-j2\pi f\tau}\, d\tau \tag{5.26}$$

$$H(f, t) \,\bullet\!\!-\!\!\circ\, h(\tau, t) = \int_{-\infty}^{\infty} H(f, t)\, e^{j2\pi f\tau}\, df\,.$$

Abbildung 5.12 zeigt ein einfaches Beispiel für einen zeitvarianten Übertragungskanal. Es knüpft an die zuvor behandelte Zweiwegeausbreitung an. Das Sendesignal gelangt hier ebenfalls über zwei Wege zum Empfänger, jedoch bewegt sich der Reflektor jetzt. Diese Bewegung verursacht die Zeitvarianz dieses Kanals.

Der Einfachheit wegen soll die Bewegung als gleichförmig angenommen werden. Die Laufzeiten sollen so groß sein, dass Änderungen der Laufzeit des

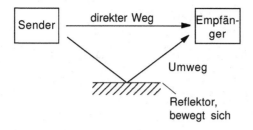

Abb. 5.12. Beispiel für eine zeitvariante Zweiwegeausbreitung

zweiten Weges, verursacht durch die Bewegung des Reflektors, vernachlässigbar sind. Des Weiteren soll angenommen werden, dass BP-Signale vorliegen, deren Bandbreite klein gegenüber der Mittenfrequenz ist. Diese Voraussetzungen haben zur Folge, dass ein sehr einfacher zeitvarianter Kanal entsteht, der im äquivalenten TP-Bereich die folgende zeitvariante Stoßantwort besitzt:

$$h_T(\tau, t) = 2h_{TP}(\tau) + e^{j2\pi f_d t} 2h_{TP}(\tau - \Delta\tau). \tag{5.27}$$

$h_{TP}(\tau)$ ist die Stoßantwort eines idealen TP. Er stellt den bandbegrenzenden Anteil in der Stoßantwort $h_T(\tau, t)$ dar. Der erste Summand steht für den direkten Weg vom Sender zum Empfänger, der zweite für den Umweg über den Reflektor. $\Delta\tau$ ist die Differenz zwischen der Umweg-Laufzeit und der Laufzeit des direkten Weges. Die gemeinsame Grundlaufzeit hat für das prinzipielle Verhalten von $h_T(\tau, t)$ keine Bedeutung, weshalb sie zu Null angenommen wurde. Die komplexe Exponentialfunktion im zweiten Summanden beschreibt die Dopplerverschiebung im äquivalenten TP-Bereich. Sie bewirkt die Zeitvarianz dieses Kanals. Dass sich diese äquivalente TP-Stoßantwort für den oben angenommenen BP-Kanal wirklich ergibt, wird erst im nächsten Abschnitt verständlich. Gleichung (5.27) beschreibt die zeitvariante Stoßantwort der Kettenschaltung eines idealen TP mit dem (nicht bandbegrenzten) zeitvarianten Zweiwege-Kanal $h_{T0}(\tau, t)$:

$$h_{T0}(\tau, t) = \delta(\tau) + e^{j2\pi f_d t} \delta(\tau - \Delta\tau). \tag{5.28}$$

Betrachtet werden soll im Folgenden nur $h_{T0}(\tau, t)$. Die zugehörige zeitvariante Übertragungsfunktion lautet:

$$H_{T0}(f,t) = \int_{-\infty}^{\infty} h_{T0}(\tau,t)\, e^{-j2\pi f\tau}\, d\tau$$

$$= \int_{-\infty}^{\infty} \left[\delta(\tau) + e^{j2\pi f_d t}\,\delta(\tau - \Delta\tau)\right] e^{-j2\pi f\tau}\, d\tau$$

$$= \int_{-\infty}^{\infty} \delta(\tau)\, e^{-j2\pi f\tau}\, d\tau + \int_{-\infty}^{\infty} e^{j2\pi f_d t}\,\delta(\tau - \Delta\tau)\, e^{-j2\pi f\tau}\, d\tau$$

$$= 1 + e^{j2\pi f_d t}\, e^{-j2\pi f\Delta\tau}$$

$$= 1 + e^{j2\pi(f_d t - f\Delta\tau)}. \tag{5.29}$$

Hieraus folgt für den Betrag:

$$|H_{T0}(f,t)| = \left| e^{j2\pi\frac{f_d t - f\Delta\tau}{2}} \left(e^{-j2\pi\frac{f_d t - f\Delta\tau}{2}} + e^{j2\pi\frac{f_d t - f\Delta\tau}{2}} \right) \right|$$

$$= 2 \left| \cos\left(2\pi\frac{f_d t - f\Delta\tau}{2} \right) \right|$$

$$= 2 \left| \cos\left(2\pi\frac{f\Delta\tau - f_d t}{2} \right) \right|. \tag{5.30}$$

$H_{T0}(f,t)$ kann gedeutet werden als ein cos-Verlauf bezüglich f mit der Anfangsphase $\pi f_d t$. Abbildung 5.13 veranschaulicht diesen Verlauf für $|H_{T0}(f,t)|$.

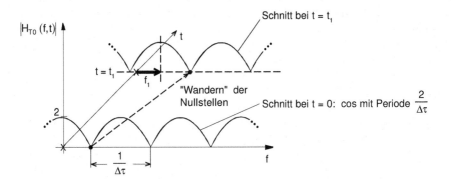

Abb. 5.13. Betrag der zeitvarianten Übertragungsfunktion in der f-t-Ebene; Beispiel aus vorhergehendem Bild

Wie in Abb. 5.13 zu sehen ist, "wandern"die Nullstellen des cos-Verlaufs in der Zeit-Frequenz-Ebene auf Geraden. Wenn die Frequenz f_1 in Abb. 5.13 so gewählt wird, dass sie dem Abstand der Nullstellen in f-Richtung entspricht, dann gilt mit (5.30)

$$f_1 \Delta\tau - f_d t_1 = 0$$

$$f_1 = \frac{1}{\Delta\tau}$$

$$\Longrightarrow$$

$$t_1 = \frac{1}{f_d} \,. \tag{5.31}$$

Das bedeutet, dass der Abstand der Nullstellen in f-Richtung dem Inversen der Laufzeitdifferenz entspricht, und in t-Richtung dem Inversen der Dopplerverschiebung.

Es soll nun noch kurz untersucht werden, welche Bedeutung eine allgemeine zeitvariante Übertragungsfunktion $H(f,t)$ bei schmalbandigen Eingangssignalen $s(t)$ besitzt. Aus (5.20) folgt für das Ausgangssignal $g(t)$ die leicht zu zeigende Beziehung:

$$g(t) = \int_{-\infty}^{\infty} H(f,t)\, S(f)\, e^{j2\pi ft}\, df \,. \tag{5.32}$$

Nimmt man als Grenzfall eines schmalbandigen Eingangssignals ein cos-Signal mit der Frequenz f_0 an, dann ergibt sich für das Spektrum $S(f)$:

$$S(f) = \frac{1}{2} \left[\delta(f - f_0) + \delta(f + f_0)\right] \,. \tag{5.33}$$

Eingesetzt in (5.32) erhält man für $g(t)$:

$$\begin{aligned}
g(t) &= \frac{1}{2} \int_{-\infty}^{\infty} H(f,t) \left[\delta(f - f_0) + \delta(f + f_0)\right] e^{j2\pi ft}\, df \\
&= \frac{1}{2} \left[H(f_0,t)\, e^{j2\pi f_0 t} + H(-f_0,t)\, e^{-j2\pi f_0 t}\right] \,.
\end{aligned} \tag{5.34}$$

Bei reellwertigem $h(\tau,t)$ sind die beiden Summanden in der Klammer konjugiert komplex zueinander, womit folgt:

$$\begin{aligned}
g(t) &= \operatorname{Re}\left\{H(f_0,t)\, e^{j2\pi f_0 t}\right\} \\
&= \operatorname{Re}\left\{|H(f_0,t)|\, e^{j\psi_H(f_0,t)}\, e^{j2\pi f_0 t}\right\} \\
&= |H(f_0,t)| \cos\left[2\pi f_0 t + \psi_H(f_0,t)\right] \,.
\end{aligned} \tag{5.35}$$

Der Betrag $|H(f_0,t)|$ der zeitvarianten Übertragungsfunktion bewirkt somit eine Amplitudenmodulation, während die Phase $\psi_H(f_0,t)$ eine Phasenmodulation verursacht. Beide führen zu einer spektralen Verbreiterung des Eingangssignals. Für BP-Signale mit einer kleinen relativen Bandbreite (bezogen auf die Mittenfrequenz f_0) gilt diese Aussage ebenfalls.

5.2.3 BP-TP-Transformation bei zeitvarianten Systemen

Die in Kap. 1 eingeführte und in den vorhergehenden Kapiteln häufig verwendete BP-TP-Transformation lässt sich auch auf zeitvariante Systeme übertragen. Als Ausgangspunkt bietet sich wieder die Übertragungsfunktion an, die im Gegensatz zum zeitinvarianten Fall jetzt zeitvariant ist. Abbildung 5.14 erläutert in der Zeit-Frequenz-Ebene eine zweckmäßige Definition der BP-TP-Transformation für zeitvariante Systeme. Die schraffierten Bereiche sollen bedeuten, dass hier die zugelassenen zeitvarianten Übertragungsfunktionen ungleich Null sein dürfen, während sie in den übrigen Bereichen identisch Null sind. Zeitvariante BP-Übertragungsfunktionen belegen somit Streifen der Breite $f_\triangle$ in der Zeit-Frequenz-Ebene, wobei die Streifen in Zeitrichtung beliebig ausgedehnt sein dürfen. Wendet man nun das von zeitinvarianten Systemen bekannte Prinzip der BP→TP-Transformation an, dann bedeutet dies hier, dass der Streifen von der Mittenfrequenz f_0 nach $f = 0$ verschoben und mit dem Faktor 2 multipliziert werden muss. Die zugehörige mathematische Formulierung ist wie folgt:

$$H_T(f,t) = H(f + f_0, t) \cdot 2 \operatorname{rect}\left(\frac{f}{2f_g}\right).\tag{5.36}$$

Hieraus folgt für die BP→TP-Transformation im Zeitbereich:

$$h_T(\tau,t) = \int_{-\infty}^{\infty} h(\vartheta,t)e^{-j2\pi f_0\vartheta}2\,h_{TP}(\tau - \vartheta)d\vartheta.\tag{5.37}$$

Für die TP→BP-Transformation ergibt sich:

$$h(\tau,t) = \operatorname{Re}\left\{h_T(\tau,t)e^{j2\pi f_0\tau}\right\}.\tag{5.38}$$

Zu beachten ist hier, dass die Zeitvariable t von früher jetzt durch τ ersetzt ist.

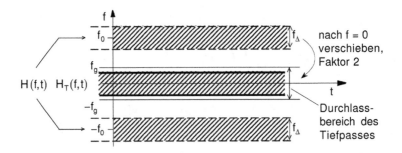

Abb. 5.14. Zur BP-TP-Transformation bei zeitvarianten Systemen

Anmerkung: Bei der BP-TP-Transformation sind im Fall von großen Dopplerspreizungen einige Punkte zu beachten. Die Dopplerspreizung führt dazu, dass das Spektrum des Empfangssignals breiter ist als das des Sendesignals. In praktisch relevanten Fällen ist die relative Verbreiterung jedoch meist so klein, dass die Bandbreite des Empfangs-BP und des zugehörigen TP in der BP→TP-Transformation praktisch nicht verändert werden müssen. Bei sehr großen spektralen Verbreiterungen muss man dies jedoch beachteten. Als Extremfall ist vorstellbar, dass die Verbreiterung so groß ist, dass Frequenzanteile bei $f = 0$ entstehen, womit die Vorbedingung für BP-Signale nicht mehr erfüllt ist. In solchen Fällen ist es zweckmäßig, mit analytischen Signalen (s. Abschn. 1.4.1) zu arbeiten, und nicht mit der BP-TP-Transformation.◄

5.2.4 Zusammenschaltungen bei zeitvarianten Systemen

Bei zeitvarianten Systemen können ähnliche Blockbilder zur Veranschaulichung herangezogen werden wie bei zeitinvarianten Systemen. Es sind jedoch einige Besonderheiten zu beachten, die damit zusammenhängen, dass in Kette geschaltete zeitvariante Systeme in ihrer Reihenfolge nicht vertauscht werden dürfen. Um dies diskutieren zu können, soll zunächst die resultierende zeitvariante Gesamt-Stoßantwort von zwei in Kette geschalteten LTV-Systemen berechnet werden.[1]

Wenn $h_1(\tau, t)$ und $h_2(\tau, t)$ die Stoßantworten der beiden LTV-Systeme sind, dann gilt für das Ausgangssignal $g_2(t)$ des zweiten LTV-Systems:

$$g_2(t) = \int\limits_{-\infty}^{\infty} h_2(\tau, t)\, s_2(t - \tau)\, d\tau \,. \tag{5.39}$$

$s_2(t)$ ist hierbei das Eingangssignal des zweiten LTV-Systems, das mit dem Ausgangssignal des ersten LTV-Systems identisch ist. Damit gilt

$$g_2(t) = \int\limits_{-\infty}^{\infty} h_2(\tau, t) \left[\int\limits_{-\infty}^{\infty} h_1(\vartheta, t - \tau)\, s_1(t - \tau - \vartheta)\, d\vartheta \right] d\tau$$

$$= \int\limits_{-\infty}^{\infty} \int\limits_{-\infty}^{\infty} h_2(\tau, t)\, h_1(\vartheta, t - \tau)\, s_1(t - \tau - \vartheta)\, d\vartheta\, d\tau \,. \tag{5.40}$$

Mit der Substition $\eta = \tau + \vartheta$ erhält man

$$g_2(t) = \int\limits_{-\infty}^{\infty} \int\limits_{-\infty}^{\infty} h_2(\tau, t)\, h_1(\eta - \tau, t - \tau)\, s_1(t - \eta)\, d\eta\, d\tau$$

$$= \int\limits_{-\infty}^{\infty} \left[\int\limits_{-\infty}^{\infty} h_2(\tau, t)\, h_1(\eta - \tau, t - \tau)\, d\tau \right] s_1(t - \eta)\, d\eta \,. \tag{5.41}$$

---

[1] Die Abkürzung LTV-System soll im Folgenden für lineare zeitvariante Systeme verwendet werden.

In der zweiten Zeile dieser Gleichung steht in eckigen Klammern die zeitvariante Stoßantwort der Kettenschaltung. Um bei dieser resultierenden Gesamt-Stoßantwort wieder die Variablen τ und t zu erhalten, müssen die Variablennamen getauscht werden. Nach diesem Tausch ergibt sich für die zeitvariante Stoßantwort der Kettenschaltung von zwei LTV-Systemen

$$\text{LTV} - \text{LTV:} \quad h_{ges}(\tau, t) = \int\limits_{-\infty}^{\infty} h_2(\vartheta, t)\, h_1(\tau - \vartheta, t - \vartheta)\, d\vartheta \,. \tag{5.42}$$

Die folgenden Spezialfälle kann man damit ebenfalls direkt angeben:

$$\text{LTI} - \text{LTV:} \quad h_{ges}(\tau, t) = \int\limits_{-\infty}^{\infty} h_2(\vartheta, t)\, h_1(\tau - \vartheta)\, d\vartheta$$

$$\text{LTV} - \text{LTI:} \quad h_{ges}(\tau, t) = \int\limits_{-\infty}^{\infty} h_2(\vartheta)\, h_1(\tau - \vartheta, t - \vartheta)\, d\vartheta \tag{5.43}$$

$$\text{LTI} - \text{LTI:} \quad h_{ges}(\tau) = \int\limits_{-\infty}^{\infty} h_2(\vartheta)\, h_1(\tau - \vartheta)\, d\vartheta = h_2(\tau) * h_1(\tau) \,.$$

Der letzte Spezialfall (LTI – LTI) führt auf das bei LTI-Systemen zu erwartende Faltungsprodukt. Während man bei LTI – LTI die beiden Stoßantworten und damit in einem Blockbild auch die beiden Blöcke in der Reihenfolge vertauschen darf, gilt dies in den anderen Fällen nicht. Abbildung 5.15 zeigt drei Beispiele für Blockbilder mit je einem LTV-System und einem LTI-System.

Beispiel 1 kann man z. B. in der Weise konkretisieren, dass das LTI-System ein idealer TP ist und das LTV-System ein zeitvarianter Übertragungskanal im äquivalenten TP-Bereich. Obwohl man diese Systeme streng genommen nicht vertauschen darf, wird man dies in der Praxis zulassen dürfen, wenn der Kanals sich nicht zu schnell ändert (verglichen mit der Grenzfrequenz des TP). Der hierbei auftretende Fehler kann beliebig klein sein. Darüber hinaus ist ein Vertauschen möglich, wenn die Dopplerspreizung des Kanals zu einer Grenzfrequenz im Spektrum des Ausgangssignals führt, die kleiner ist als die des idealen TP.

Beispiel 2 ist ein Spezialfall von Beispiel 1. Wenn man für das LTI-System wieder einen idealen TP als Beispiel heranzieht und für $a(t)$ eine komplexe Exponentialfunktion mit einer (hohen) BP-Mittenfrequenz f_0, dann ist offensichtlich ein Vertauschen nicht möglich. Beispiel 2 ist in diesem Fall der erste Teil einer TP $\rightarrow$ BP-Transformation.

Auch das Laufzeitglied in Beispiel 3 darf man nicht mit dem LTV-System vertauschen. Deutlich wird dies, wenn man τ_0 sehr groß annimmt und das LTV-System als so langsam zeitvariant, dass man eine zeitinvariante Faltung für die Dauer der Faltungsopration annehmen kann. Wenn zum Zeitpunkt

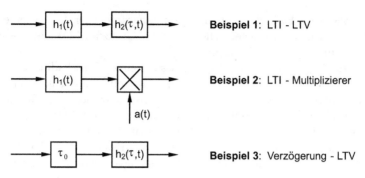

Abb. 5.15. Beispiele für Zusammenschaltungen bei zeitvarianten Systemen

Null ein Signal auf den Eingang des Laufzeitgliedes gegeben wird, erscheint es mit τ_0 verzögert am Ausgang und damit am Eingang des LTV-Systems. Da vom Zeitpunkt Null gezählt inzwischen viel Zeit vergangen ist, hat das LTV-System auch eine andere Stoßantwort als zum Zeitpunkt Null. Vertauscht man die Systeme hingegen, dann wird das Eingangsignal sofort mit der zum Zeitpunkt Null akuellen Stoßantwort gefaltet. Das Ausgangssignal ist damit nicht mit dem von zuvor identisch. Die sich anschließende Verzögerung ändert daran nichts. Eine weitere Konkretisierung dieses Beispiels wurde bereits im Zusammenhang mit kohärenten Übertragungen in Kap. 2 behandelt.

Anmerkung: Die Aussage, dass man in Blockbildern mit LTV-Systemen die LTV-Blöcke i. Allg. nicht verschieben darf – s. oben – hat ein Äquivalent bei Matrizen. Im Zeitdiskreten lassen sich zeitvariante Systeme durch Matrizen darstellen und die zeitvariante Faltungsoperation durch ein Matrix-Vektor-Produkt. Das Äquivalent besteht dann darin, dass man die Reihenfolge der Matrizen in einem Matrizen-Produkt i. Allg. nicht vertauscht darf.◄

5.2.5 Fadingkanäle

Im Zusammenhang mit zeitvarianten Übertragungskanälen wird häufig die Bezeichnung *Fading (Schwund)* verwendet. Man will damit deutlich machen, dass im Ausgangssignal des Kanals zeitliche – in der Regel stochastische – Schwankungen auftreteten, insbesondere auch Auslöschungen. Wenn von den Schwankungen alle Frequenzen innerhalb der Bandbreite des Sendesignals in gleicher Weise betroffen sind, spricht man *frequenzunabhängigem Fading* oder von *Flat Fading*.

Ein Kanal mit Flat Fading wird in der Regel bei größeren Bandbreiten (vom Sendesignal abhängig!) zu einem Kanal mit *frequenzselektivem Fading*, der unterschiedliche Spektralanteile oder Frequenzbänder des Eingangssignals in unterschiedlicher Weise überträgt. Alle realen Fadingkanäle werden bei genügend großer Bandbreite frequenzselektiv. Manchmal spricht man auch von frequenzselektivem Fading, wenn nur sehr langsame oder sogar keine zeitlichen Veränderungen vorliegen. Dies kann als Grenzfall betrachtet werden, s. Abb. 5.6 am Beginn dieses Kapitels.

Zusammenfassend kann man sagen, dass bei einem Flat-Fading-Kanal das gesamte Sendesignal mit allen seinen Frequenzanteilen in der gleichen Weise vom Fading betroffen ist, während bei einem frequenzselektiven Fadingkanal unterschiedliche Frequenzanteile unterschiedlich übertragen werden.

Fading tritt in der Praxis bei Funkübertragungen auf. Die zuvor als Beispiel betrachtete Mehrwegeausbreitung führt zu einem frequenzselektiven Verhalten, während gleichzeitig vorhandene Bewegungsvorgänge eine zeitliche Variation bewirken. Häufig sind bewegte Sender und/oder Empfänger die Ursache, aber auch Bewegungsvorgänge im Übertragungsmedium selbst. So ist bei allen Funkübertragungen in den Frequenzbereichen VLF (Längstwelle), LF (Langwelle), MF (Mittelwelle), HF (Kurzwelle) und bedingt auch noch im VHF-Bereich (Ultra-Kurzwelle) die Ionosphäre an der Ausbreitung der elektromagnetischen Wellen beteiligt. Die Ionosphäre befindet sich in einer Höhe von etwa 100 km bis zu mehreren 100 km über dem Erdboden. Sie enthält freie Ladungsträger, die durch die Sonneneinstrahlung erzeugt werden. Die freien Ladungsträger bewirken eine Leitfähigkeit, wodurch zusammen mit der Erdoberfläche ein sphärischer Hohlleiter entsteht. Er kann von einer Antenne abgestrahlte elektromagnetische Wellen zu allen Punkten der Erdoberfläche führen. Insbesondere im HF-Band (3 − 30 MHz) liegen dabei zum Teil sehr kleine Dämpfungen vor, so dass sich hier ein weltweiter Funkverkehr anbietet. Dabei kann in diesem Frequenzband in guter Näherung ein strahlenoptisches Ausbreitungsmodell verwendet werden: Von einer Antenne auf der Erde abgestrahlte Wellen werden an der Ionosphäre reflektiert und gelangen von dort wieder zur Erdoberfläche zurück. Der Erdboden wirkt bei diesen Frequenzen ebenfalls wie ein Leiter, womit die Wellen wieder in Richtung Ionosphäre reflektiert werden, usw.. Die Wellen können so einen Zick-Zack-Weg um die Erde zurücklegen. Da die freien Ladungsträger in der Ionosphäre stochastischen Schwankungen unterliegen und die vorhandenen Schichten sich ständig bewegen, entsteht ein zeitvarianter Übertragungskanal. Die stochastischen Änderungen können sich dabei im Bereich von Zehntel Sekunden und weniger bemerkbar machen, aber auch im Bereich von mehreren Sekunden. Die resultierenden Dopplerspreizungen liegen damit bei wenigen Zehntel Hz bis zu 10 Hz und mehr.

Bei extrem hohen Frequenzen, z. B. im SHF-Bereich (mm-Wellen, 3 GHz bis 30 GHz) kann eine Funk-Übertragungskanal dadurch zeitvariant werden, dass Reflexionen an kleinen bewegten Streuzentren vorliegen, z. B. den vom Wind bewegten Blättern eines Baumes. Ursachen können aber auch Erschütterungen von Antennen und die dadurch verursachten kleinen Bewegungen sein. Optische Freiraumausbreitung kann durch variierende Dichten der Atmosphäre zeitvariant werden und Reflexion, Beugung und Streuung führen zu Dispersion und damit zu einem frequenzselektivem Verhalten.[2]

5.2.6 Systemfunktionen von zeitvarianten Kanälen

Die zeitvariante Soßantwort und die zeitvariante Übertragungsfunktion sind zwei von insgesamt vier Beschreibungsfunktionen *determinierter* zeitvarianter Systeme. Abbildung 5.16 zeigt die restlichen zwei und die Zusammenhänge über die Fouriertransformation.

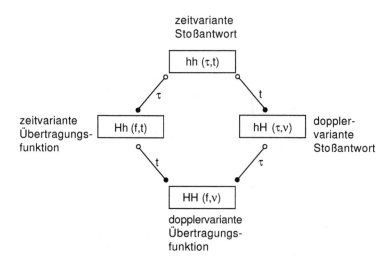

Abb. 5.16. Zusammenhänge zwischen den Systemfunktionen bei zeitvarianten Systemen

Die *dopplervariante Stoßantwort* erhält man, wenn man die zeitvariante Stoßantwort bezüglich der Zeitvariablen t in den Frequenzbereich transformiert. Die hierzu gehörige Frequenzvariable ist mit ν bezeichnet. Die *dopplervariante Übertragungsfunktion* erhält man schließlich auf zwei möglichen Wegen: Entweder durch eine Fouriertransformation der zeitvarianten Übertragungsfunktion bezüglich t, oder aber durch eine Fouriertransformation der dopplervarianten Stoßantwort bezüglich τ.

Abbildung 5.16 verdeutlicht auch die Bedeutung der einzelnen Variablen. Die Verzögerungszeit τ und die Frequenz f gehören als Fouriertransforma-

---

[2] Eine andere Systematik bezeichnet Flat-Fading-Kanäle, insbesondere solche mit vollständigen Auslöschungen, als *zeitselektive Kanäle*. Zeitinvariante (!) Kanäle mit nicht-konstanten Übertragungsfunktionen innerhalb der Bandbreite des Sendesignals werden entsprechend als *frequenzselektive Kanäle* bezeichnet, insbesondere wenn Nullstellen in der Übertragungsfunktionen vorkommen.

tionspaar zusammen. Sie entsprechen der Zeit und Frequenz bei zeitinvarianten Systemen. Das bedeutet, dass hiermit zeitliche Verbreiterungen oder zeitliche Verschiebungen ausgedrückt werden. In vergleichbarer Weise gehören t und ν zusammen. Die Abhängigkeit von t bzw. ν beschreibt spektrale Verbreiterungen bzw. Verschiebungen (= Dopplerverschiebungen). Der Übersichtlichkeit wegen sind in Abb. 5.16 Doppelbuchstaben verwendet worden. Der erste Buchstabe bezieht sich auf das Variablenpaar τ und f, der zweite auf t und ν. Im jeweiligen Zeitbereich wird der kleine Buchstabe geschrieben, im Frequenzbereich der große.[3]

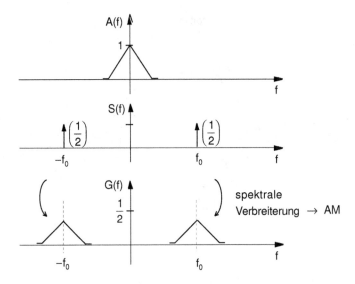

Abb. 5.17. Amplitudenmodulation als spektrale Verbreiterung

Zur Vertiefung des gerade erläuterten Stoffes soll nun als Beispiel wieder der Multiplizierer betrachtet werden, und zwar auf zwei verschiedene Weisen: zunächst so, wie in den vorhergehenden Kapiteln, dann als zeitvariantes System. In elementarer Weise gilt:

$$g(t) = a(t) \cdot s(t)$$
$$G(f) = A(f) * S(f) \, . \tag{5.44}$$

Abbildung 5.17 zeigt die Spektren $A(f)$, $S(f)$ und $G(f)$ bei einem Eingangssignal $s(t) = cos(2\pi f_0 t)$. Als Beispiel ist für $A(f)$ ein dreieckförmiger Verlauf gewählt worden. Deutlich wird an diesem Beispiel, dass die Spektrallinien

---

[3] Die Variable ν wird im Folgenden nicht ganz konsequent verwendet. Für die Dopplerverschiebung soll auch weiterhin f_d genutzt.

des Eingangsspektrums durch die Multiplikation mit $a(t)$ verbreitert werden, und zwar so, wie durch $A(f)$ vorgegeben. Im Kap. 4 hatten wir eine derartige Multiplikation als Amplitudenmodulation ohne Träger bezeichnet, sofern man $a(t)$ als das zu übertragende analoge Quellensignal auffasst und $g(t)$ als das Sendesignal – $s(t)$ ist dann der Träger. Wegen der Faltungsoperation im Frequenzbereich verbreitert der Multiplizierer, sofern man ihn als zeitvariantes System $s(t) \rightarrow g(t)$ auffasst, das Spektrum des Eingangssignals in diesem Beispiel – s. (5.44). Man kann auch sagen, dass die Zeitabhängigkeit eine spektrale Verbreiterung bewirkt, die man als *Dopplerspreizung* bezeichnet.

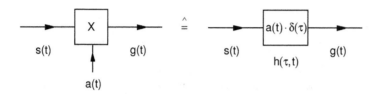

Abb. 5.18. Multiplizierer: Zwei Darstellungsmöglichkeiten

Eine zeitliche Verbreiterung der Stoßantwort und eine korrespondierende Frequenzabhängigkeit der zeitvarianten Übertragungsfunktion ist in diesem Beispiel offensichtlich nicht gegeben. Für den Multiplizierer ergeben sich somit zwei alternative symbolische Darstellungen – s. Abb. 5.18. Tabelle 5.1 erläutert noch einmal zusammenfassend die Bedeutung der vier Systemfunktionen des Multiplizierers. Die linke Spalte beschreibt die Abhängigkeiten von τ und f. Offensichtlich ist der Multiplizierer bezüglich τ und f ein ideales System. Die zweite Spalte zeigt die doppler-relevanten Abhängigkeiten. Bei der dopplervarianten Übertragungsfunktion tritt die Fouriertransformierte von $a(t)$ auf, die generell die spektrale Verbreiterung oder Dopplerspreizung beschreibt. Je schneller sich $a(t)$ ändert, umso größer ist die Dopplerspreizung.

Die Abb. 5.19 und 5.20 zeigen für zwei Beispiele die vier Systemfunktionen von zeitvarianten Systemen. Die Beträge der Funktionen sind in einer Grauskala dargestellt, bei der Schwarz den größten Wert bedeutet, Weiß den Wert Null. Beim ersten Beispiel handelt es sich um den zeitvarianten Zweiwegekanal von zuvor.

Der Laufzeitunterschied von 0,3 ms und die Dopplerverschiebung von 0,3 Hz sind besonders gut an der dopplervarianten Stoßantwort abzulesen. Während dieser Kanal determiniert (periodisch) zeitvariant ist, handelt es sich beim zweiten Beispiel um einen stochastisch-zeitvarianten Kanal, den sog. „Typical Urban"-Kanal. Er wurde im Zusammenhang mit der Entwicklung des GSM-Mobilfunksystems definiert und soll die typische Fahrt eines Fahrzeugs durch eine Stadt nachbilden. Die in Abb. 5.20 dargestellten Verläufe sind bzw. basieren auf Ausschnitten von Musterfunktionen des zugehörigen stochastischen Prozesses.

Tabelle 5.1. Systemfunktionen des Multiplizierers

$hh(\tau, t)$	$=$	$\delta(\tau)$	$\cdot$	$a(t)$	zeitvariante Stoßantwort
$Hh(f, t)$	$=$	1	$\cdot$	$a(t)$	zeitvariante Übertragungs-funktion
$HH(f, \nu)$	$=$	1	$\cdot$	$A(\nu)$	dopplervariante Übertragungs-funktion
$hH(\tau, \nu)$	$=$	$\delta(\tau)$	$\cdot$	$A(\nu)$	dopplervariante Stoßantwort

keine Frequenz-abhängigkeit (f) (keine Frequenz-selektivität)	spektrale Ver-breiterung (ν)
$\Longleftrightarrow$	$\Longleftrightarrow$
keine zeitliche Verbreiterung (τ)	Zeitabhängig-keit (t) (Zeitselekti-vität)

Die bisher erläuterten vier Systemfunktionen gehen von einzelnen Musterfunktionen aus. Da die Abhängigkeit von t bei praktisch relevanten zeitvarianten Systemen – in der Regel Übertragungskanälen – meist stochastischer Natur ist, ergeben einzelne Musterfunktionen natürlich keine vollständige Beschreibung. Wie bei stochastischen Prozessen auch, ist es zweckmäßig, statistische Beschreibungen heranzuziehen. Neben Verteilungsdichtefunktionen sind dies Korrelationsfunktionen und Leistungdichtespektren, die Mittelwerte über eine Vielzahl von Musterfunktionen darstellen. Für die Verteilungsdichte der im Folgenden vorkommenden Zufallsvariablen soll grundsätzlich eine Gauß-Verteilung angenommen werden, was die praktische Anwendung gut widerspiegelt.

Im Folgenden sollen nur die wichtigsten neuen Größen kurz erläutert werden, wobei die gleiche Systematik wie in Abb. 5.16 verwendet werden soll. An die Stelle der zeitvarianten Stoßantwort aus Abb. 5.16 tritt hier das *Verzögerungs-Leistungs-Spektrum* (engl. *Delay Power Spectrum*). Dies ist die AKF der zeitvariante Stoßantwort $h_T(\tau, t)$:

$$\varphi\varphi(\tau_1, \tau_2, \Delta t) = \frac{1}{2} h_T^*(\tau_1, t) \, h_T(\tau_2, t + \Delta t). \tag{5.45}$$

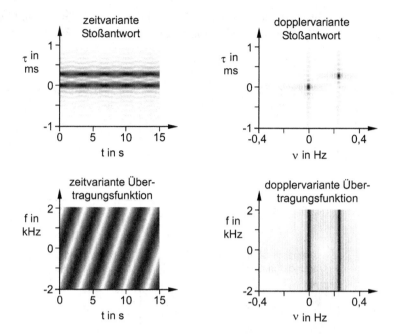

Abb. 5.19. Die vier Systemfunktionen für Ausschnitte von Musterfunktionen eines determiniert-zeitvarianten Systems; Zweiwege-Kanal, Beispiel aus Text

Vorausgesetzt ist hierbei bereits eine *schwache Stationarität* (engl. *Wide Sense Stationarity*, WSS), d. h. es gibt keine Abhängigkeit von t. Bei vielen realen Kanälen ist zu beobachten, dass bei vorgegebenem Δt die beiden Zufallsvariablen $h_T(\tau_1, t)$ und $h_T(\tau_2, t + \Delta t)$ für $\tau_1 \neq \tau_2$ unkorreliert sind (für beliebiges t, schwache Stationarität). Dies wird mit *Uncorrelated Scattering (US)* umschrieben. Praktisch bedeutet dies z. B., dass bei einer Mehrwegeausbreitung ein erster Pfad mit der Verzögerungszeit τ_1 und ein zweiter mit der Verzögerungszeit τ_2 unkorreliert stochastisch schwanken. Beim ionoshärischen KW-Funkkanal ist dies z. B. in der Regel so, da die Reflexionen an der Ionosphäre bei beiden Pfaden an räumlich verschiedenen Positionen erfolgen, s. auch Abschn. 5.2.5. WSS und US ergeben zusammmen die *WSSUS-Annahme*, die im Folgenden gelten soll. Damit lässt sich (5.45) folgendermaßen schreiben:

$$\varphi\varphi(\tau_1, \tau_2, \Delta t) = \varphi\varphi(\tau_1, \Delta t)\, \delta(\tau_1 - \tau_2). \tag{5.46}$$

$\varphi\varphi(\tau_1, \Delta t = 0)$ ist die mittlere Leistung am Ausgang des Kanals für eine gegebene Verzögerungszeit τ_1, wenn am Kanaleingang Diracstöße anliegen und der Kanal sich während der Messung nicht ändert. Jeder Diracstoß ergibt dabei eine neue Musterfunktion der Kanalstoßantwort. $\varphi\varphi(\tau, \Delta t = 0) = \varphi\varphi(\tau)$ ist das Verzögerungs-Leistungs-Spektrum im engeren Sinn. Praktisch ist $\varphi\varphi(\tau)$ häufig eine schnell mit τ kleiner werdende Funktion, wobei der Wert Null aber nicht exakt erreicht wird. Den Wert $\tau = T_m$, bei dem $\varphi\varphi(\tau)$ hinreichend klein wird, nennt man die *Mehrwege-Verbreiterung* (engl. *Delay Spread, Multipath Spread*).

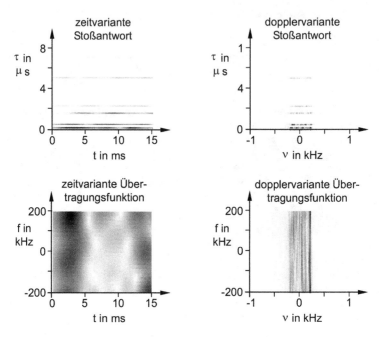

Abb. 5.20. Die vier Systemfunktionen für Ausschnitte aus den Musterfunktionen eines stochastisch-zeitvarianten Kanals; GSM, Typical Urban

Abbildung 5.21 zeigt, wie man – ausgehend von $\varphi\varphi(\tau, \Delta t)$ – durch Fourier-transformationen zu weiteren statistischen Systemfunktionen gelangen kann. Offensichtlich ist, dass jede der insgesamt vier Funktionen als Ausgangspunkt gewählt werden kann, um die anderen zu berechnen. Beachten muss man dabei, dass Größen wie die Mehrwege-Verbreiterung T_m sich aus ihrer zugehörigen Systemfunktion berechnen lassen. So gibt es die mit T_m korrespondierende *Kohärenzbandbreite* (engl. *Coherence Bandwidth*) Δf_c, die zur Frequenz-Zeit-Korrelationsfunktion gehört. Wegen der Fourier-Korrespondenz gilt dabei $T_m \Delta f_c \approx 1$. Am Doppler-Leistungs-Spektrum kann man wiederum die *Dopplerbandbreite* (engl. *Doppler Spread*) σ_d ablesen (meist als 3 dB-Bandbreite definiert). Wegen der Fourier-Korrespondenz gilt hier $\sigma_d \Delta t_c \approx 1$, wobei Δt_c die *Kohärenzzeit* ist (engl. *Coherence Time*).

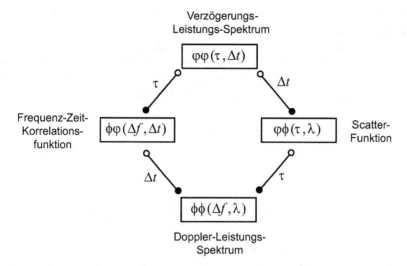

Abb. 5.21. Zusammenhänge zwischen den statistischen Systemfunktionen bei zeitvarianten Systemen

5.3 Kanalmodelle

Im Zusammenhang mit der Entwicklung immer komplexerer und leistungsfähigerer digitaler Übertragungssysteme wurde es zunehmend wichtiger, für reale physikalische Übertragungskanäle eine möglichst gute mathematische Beschreibung (oder *Modellierung*) zu finden. Da Signale übertragen werden, bedeutet dies, anzugeben, wie das Ausgangssignal des Kanals so aus dem Eingangssignal berechnet werden kann, dass sich eine möglichst gute Übereinstimmung mit der Realität ergibt. Real vorliegende Eigenschaften der physikalischen Kanäle müssen hierbei natürlich berücksichtigt werden. Bei Leitungen ebenso wie bei Funkkanälen ist dies z. B. die Linearität, womit sich lineare Systeme zur Modellierung anbieten. Wie im vorhergehenden Abschnitt bereits erläutert, kommt bei Funkkanälen häufig eine Zeitvarianz hinzu, weshalb sich die gerade zuvor behandelten linearen zeitvarianten Systeme anbieten.

Im Vordergrund stehen soll in den folgenden Abschnitten die Modellierung von Funk-Übertragungskanälen. Nichtlineare Effekte, die in der Praxis meist von nichtlinearen Kennlinien der Sendeverstärker verursacht werden, sollen hier nicht betrachtet werden. Die hierfür notwendigen nichtlinearen Kanalmodelle besitzen in der Praxis noch eine untergeordnete Bedeutung.

Liegt die mathematische Beschreibung oder Modellierung eines Kanals vor, dann ist ein nächster wichtiger Schritt relativ einfach: Man realisiert das mathematische Modell auf einem Rechner in Software und nutzt es bei der Simulation von Übertragungsverfahren. Wichtig sind derartige Simulationen deshalb, weil man im Rahmen einer Entwicklung von digitalen Übertragungssystemen nicht mehr alle gewünschten Detailaussagen über eine explizite Berechnung gewinnen kann.

In der Praxis haben sich einige grundlegende Typen von zeitvarianten Kanalmodellen als zweckmäßig herausgestellt. Sie sollen nun kurz vorgestellt werden. Betrachtet wird dabei nur die Signalübertragung, obwohl zu den vollständigen Kanalmodellen auch noch das AWGR am Kanalausgang gehört.

5.3.1 Rayleigh-Kanal (Rayleigh-Fading)

Der *Rayleigh-Kanal* kann zur Modellierung von realen stochastisch-zeitvarianten Übertragungskanälen verwendet werden, wenn bestimmte Bedingungen erfüllt sind. Als typisches Beispiel wird in diesem Zusammenhang häufig eine Übertragung von einer Basisstation zu einem Auto betrachtet, das durch eine Stadt fährt. Eine erste Bedingung ist hierbei, dass eine Mehrwegeausbreitung mit einer großen Anzahl von Pfaden vorliegt und zwischen dem Auto und der Basisstation keine Sichtverbindung besteht. Die elektromagnetischen Wellen dürfen nur über Reflexionen an Gebäuden oder anderen Reflektoren zum Empfänger gelangen. Die zweite Bedingung betrifft die Bandbreite des Sendesignals, es muss „schmalbandig" sein. Konkret bedeutet diese Schmalbandigkeit, dass der Rayleigh-Kanal nur dann die Realität gut widerspiegelt, wenn die Bandbreite des Sendesignals klein ist gegenüber dem Kehrwert der größten vorkommenden Laufzeitdifferenz. Die Schmalbandigkeit ist in jedem Fall gewährleistet, wenn man als Sendesignal $s(t) = cos(2\pi f_s t)$ verwendet, d. h. ein Signal mit der Bandbreite Null.

Im Bandpass-Bereich bedeuten diese Vorbemerkungen, dass bei einem zunächst beliebigen BP-Sendesignal $s(t)$ sich folgendes BP-Empfangssignal ergibt:

$$g(t) = \sum_{i=1}^{\infty} a_i(t)\, s(t - t_{0i}(t)) \,. \tag{5.47}$$

Angenommen sind hier unendlich viele Ausbreitungspfade. $a_i(t)$ ist der zum i-ten Pfad gehörige Dämpfungsfaktor und $t_{0i}(t)$ die zugehörige Laufzeit. Die Zeitabhängigkeit der a_i und t_{0i} kommt in dem Beispiel von oben dadurch zustande, dass sich das Auto bewegt. Mit dem Sendesignal $s(t) = cos(2\pi f_s t)$ (Schmalbandigkeit!) ergibt sich:

$$g(t) = \sum_{i=1}^{\infty} a_i(t)\, \cos\left[2\pi f_s t - \psi_i(t)\right] \,;\; \psi_i(t) = 2\pi f_s\, t_{0i}(t) \,. \tag{5.48}$$

Gleichung (5.48) kann auch wie folgt geschrieben werden:

$$g(t) = \mathrm{Re}\left\{ \sum_{i=1}^{\infty} a_i(t)\, e^{j[2\pi f_s t - \psi_i(t)]} \right\}$$

$$= \mathrm{Re}\left\{ \left[\sum_{i=1}^{\infty} a_i(t)\, e^{-j\psi_i(t)} \right] e^{j2\pi f_s t} \right\} \,. \tag{5.49}$$

Wenn f_0 die BP-Mittenfrequenz einer BP-TP-Transformation ist, dann kann für den Spezialfall $f_0 = f_s$ der Faktor in eckigen Klammern als äquivalentes TP-Signal aufgefaßt werden, d. h.

$$g_T(t) = \sum_{i=1}^{\infty} a_i(t)\, e^{j\psi_i(t)} \tag{5.50}$$

$g_T(t)$ entsteht somit zu einem festen Zeitpunkt $t = t_1$ durch eine Überlagerung von unendlich vielen Zeigern mit zufälliger Phasenlage und zufälliger Länge. Um das Zufalls-Verhalten des Kanals $s_T(t) \rightarrow g_T(t)$ beschreiben zu können, ist die Definition eines passenden stochastischen Prozesses notwendig. Hierbei ist zu beachten, dass unterschiedliche Effekte bei der zeitlichen Variation beteiligt sind. Wenn sich das Auto aus dem Beispiel von oben bewegt, ist zu erwarten, dass die Dämpfungen $a_i(t)$ sich relativ langsam ändern im Vergleich zu den Phasen $\psi_i(t)$. Bei den Phasen genügen Wegstrecken von einer Wellenlänge um einen Bereich von 0 bis 2π zu durchlaufen – bei $f_0 = 1$ GHz sind dies 30 cm. In jedem Falle überlagern sich im Real- und Imaginärteil von $g_T(t)$ unendlich viele zufällige Anteile, so dass der zentrale Grenzwertsatz gilt und sich Gauß-Verteilungen ergeben. Da keine Winkel ausgezeichnet sind, folgt weiter, dass eine rotationssymmetrische zweidimensionale Gauß-Verteilung sicher ein guter Ansatz zur Beschreibung von $g_T(t)$ ist. Dies ist aber identisch mit der Beschreibung des komplexwertigen äquivalenten TP-Rauschprozesses aus Kap. 3, bei dem sich komplexwertige Musterfuntionen $n_T(t)$ ergaben. Damit gilt für die Beziehung zwischen dem Eingangs- und Ausgangssignal des Rayleigh-Kanals bei $f_0 = f_s$:

$$s_T(t) = 1 \rightarrow g_T(t) = n_T(t)\,. \tag{5.51}$$

$s_T(t) = 1$ gehört dabei zu dem oben verwendeten Bandpass-Eingangssignal $s(t) = cos(2\pi f_0 t)$. Es ist leicht einzusehen, dass es bei $f_0 \neq f_s$ sinnvoll ist, den gleichen Zusammenhang anzunehmen, da lediglich ein Drehfaktor $e^{j2\pi(f_0 - f_s)t}$ bei $g_T(t)$ ins Spiel kommt. Dieser Drehfaktor verändert aber die Gauß-Statistik nicht.

Die Abstraktion beim Rayleigh-Kanal besteht nun darin, dass ein derartiger Zusammenhang zwischen $s_T(t)$ und $g_T(t)$ auch bei Sendesignal-Bandbreiten angenommen wird, die größer als Null sind. Dies ist gleichbedeutend mit der Annahme eines rein multiplikativen Einflusses von $n_T(t)$ auf $g_T(t)$, womit sich

$$g_T(t) = s_T(t) \cdot n_T(t) \tag{5.52}$$

ergibt. Da $n_T(t)$ Musterfunktion eines komplexwertigen Gauß-Rauschprozesses ist, wird der Rayleigh-Kanal im Hinblick auf diese Gleichung manchmal auch als Kanal mit multiplikativem Rauschen bezeichnet. Zu beachten ist dabei, dass der Rauschprozess komplexwertig sein muss. Real- und Imaginärteil sind jeweils reelle Gauß-Prozesse, die statistisch unabhängig voneinander sind und gleiche Streuungen sowie den Mittelwert Null besitzen. In den Kapiteln 1 und

3 wurde gezeigt, dass der Betrags-Prozess mit den Musterfunktionen $|n_T(t)|$ eine Rayleigh-Verteilung besitzt und die Phase eine Gleichverteilung. Der Rayleigh-Kanal hat seinen Namen von der Verteilungdichte der Beträge. Die zeitvariante Stoßantwort des Rayleigh-Kanals folgt direkt aus (5.52):

$$g_T(t) = \frac{1}{2} \left[\int_{-\infty}^{\infty} 2h_{TP}(\tau)\, s_T(t-\tau) d\tau \right] \cdot n_T(t)$$

$$= \frac{1}{2} \int_{-\infty}^{\infty} [2h_{TP}(\tau)\, n_T(t)]\, s_T(t-\tau)\, d\tau\,.$$

Hierbei wurde die Stoßantwort $h_{TP}(t)$ eines idealen TP hinzugefügt, um sicherzustellen, dass die sich ergebende Stoßantwort auch wirklich ein äquivalentes TP-Signal ist. Der Term in eckigen Klammern unter dem Integral ist offensichtlich die zeitvariante Stoßantwort im äquivalenten TP-Bereich – vergl. mit (5.20). Das heißt es gilt:

$$h_T(\tau, t) = 2h_{TP}(\tau)\, n_T(t)$$

$$= \delta_T(\tau)\, n_T(t)\,. \tag{5.53}$$

Diese Gleichung entspricht formal der bereits zuvor als Beispiel behandelten zeitvarianten Stoßantwort des Multiplizierers – s. (5.53). Die notwendige Bandbegrenzung mit $h_{TP}(t)$ führt dazu, dass anstelle des Diracstoßes nun die Stoßantwort des idealen TP bzw. der TP-Diracstoß $\delta_T(\tau)$ steht, s. Kap. 1. Da $n_T(t)$ Musterfunktion eines stochastischen komplexwertigen Gauß-Prozesses ist, ist auch $h_T(\tau, t)$ als eine solche Musterfunktion zu verstehen. Offensichtlich ist, dass die stochastischen Eigenschaften des Kanals sich auf die Zeitvariable t beziehen. In Abb. 5.22 ist ein Modellbild für den Rayleigh-Kanal dargestellt.

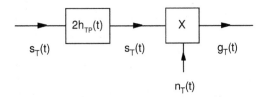

Abb. 5.22. Modell für einen Rayleigh-Kanal

Die zeitvariante Übertragungsfunktion des Rayleigh-Kanals erhält man aus (5.53) durch eine Fouriertransformation bezüglich τ:

$$H_T(f, t) = 2H_{TP}(f)\, n_T(t)\,. \tag{5.54}$$

An dieser Gleichung ist zu erkennen, dass innerhalb des Übertragungsbandes keine Frequenzabhängigkeit vorliegt, so wie dies als Annahme mit (5.52) eingeführt wurde. In Abschn. 5.2.5 wurde eine derartige Eigenschaft von Fading-Kanälen bereits erläutert, und es wurde hierfür die Bezeichnung *Flat-Fading* eingeführt. Das bedeutet, dass alle Frequenzanteile eines Eingangssignals entsprechend $n_T(t)$ multiplikativ verändert werden. Wie oben bereits betont, ist dabei zu beachten, dass eine komplexwertige Multiplikation vorliegt, was eine Amplituden- und Phasenmodulation bewirkt.

Abbildung 5.23 zeigt als Beispiel den Betragsverlauf für den Ausschnitt aus einer Musterfunktion $H_T(f, t)$.

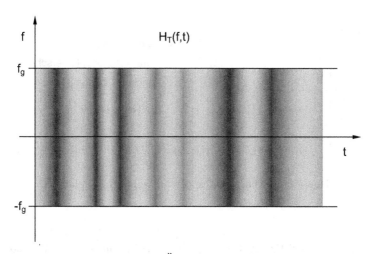

Abb. 5.23. Betrag der zeitvarianten Übertragungsfunktion eines Rayleigh-Kanals, Ausschnitt aus einer Musterfunktion. Skala: große Werte hell, kleine dunkel

Ein cos-förmiges Sendesignal führt somit bei einem Rayleigh-Kanal auf der Empfangsseite zu einer Hüllkurve, die entsprechend einer Rayleigh-Verteilung schwankt.

Zur vollständigen Beschreibung des Kanals gehört noch eine Angabe, die etwas über die Änderungsgeschwindigkeit des Kanals aussagt. Da die Änderungen stochastischer Natur sind, bietet es sich an, wie bei stochastischen Prozessen üblich, das Leistungsdichtespektrum oder die zugehörige AKF anzugeben – s. Kap. 1.

Als Beispiel zeigt Abb. 5.24 in qualitativer Weise das Leistungsdichtespektrum eines einzelnen Ausbreitungspfades, der bei einer Funkübertragung über die Ionosphäre im Kurzwellen-Band vorkommen kann. Ein solcher Pfad kann sehr gut als Rayleigh-Kanal modelliert werden. Das Leistungsdichtespektrum besitzt hier typischerweise eine Form, die einer Gaußglocke ähnlich ist. Die 3 dB-Bandbreite des Leistungsdichtespektrums bezeichnet man als *Dopplerbandbreite*. Sie ist so zu deuten: Ein gesendetes cos-Signal mit der Frequenz f_s, das im Frequenzbereich zu einem Diracstoss bei $-f_s$ und f_s führt, wird auf der Empfangsseite zu einem stochastischen Signal mit dem Leistungsdichtespektrum nach Abb. 5.24. Die Diracstöße des Sendesignals, die man auch gerne als

Spektrallinien bezeichnet, werden „aufgeweitet" oder „gespreizt". Da die Ionosphäre sich – zusätzlich zu den stochastischen Schwankungen – in der Regel auch noch mit einer mittleren Geschwindigkeit bewegt, ergibt sich zusätzlich eine korrespondierende mittlere Dopplerverschiebung (f_d in Abb. 5.24). Abb. 5.24 zeigt das Leistungsdichtespektrum des äquivalenten TP-Prozesses mit den Musterfunktionen $g_T(t) = n_T(t)$.

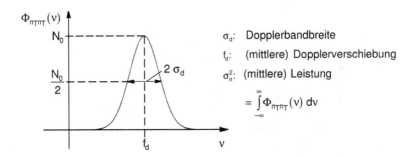

Abb. 5.24. Doppler-Leistungsdichtespektrum eines Ionosphären-Ausbreitungspfades

Ein weiteres Beispiel für ein Leistungsdichtespektrum ist in Abb. 5.25 zu sehen. Hier handelt es sich um den oben erwähnten schmalbandigen Mobilfunkkanal.

Angenommen ist bei diesem Leistungsdichtespektrum, dass die Wellen von allen Seiten in gleicher Weise auf die Empfangsantenne treffen, keine Richtung ist bevorzugt. Mit dieser Annahme ergibt sich die folgende mathematische Beschreibung für das Leistungsdichtespektrum (ohne Ableitung, s. Zusammenfassung und bibliographische Anmerkungen):

$$\Phi_{n_T n_T}(\nu) = \begin{cases} \dfrac{\text{konst}}{\pi \sqrt{\nu_{\max}^2 - \nu^2}} & \text{für } |\nu| \leq \nu_{\max} \\ 0 & \text{sonst} \end{cases} . \tag{5.55}$$

$\nu_{\max}$ ist in dieser Gleichung die Fahrzeug-Geschwindigkeit bezogen auf die Wellenlänge. Häufig wird mit dem Rayleigh-Kanal oder dem *Rayleigh-Fading* nur dieses Leistungsdichtespektrum verbunden, obwohl die Bezeichnung Rayleigh-Kanal oder Rayleigh-Fading noch nichts über die spektralen Eigenschaften des multiplikativen Rauschprozesses aussagt. Die größte Leistungsdichte ergibt sich bei (5.55) in Fahrtrichtung von vorn und von hinten, s. Abb. 5.25. Höhere Dopplerverschiebungs-Anteile als $\nu_{\max}$ sind physikalisch nicht möglich.

Modelle zur Simulation von Rayleigh-Kanälen:

Zwei unterschiedliche Möglichkeiten zur Simulation von Rayleigh-Kanälen sollen kurz erläutert werden. Die erste geht von Abb. 5.22 aus – s. Abb. 5.26.

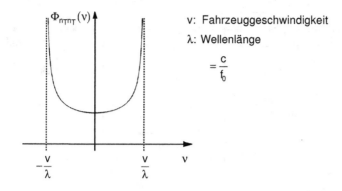

Abb. 5.25. Jakes-Doppler-Leistungsdichtespektrum

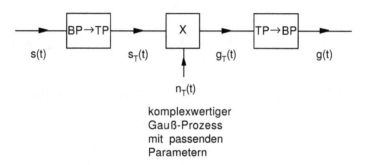

Abb. 5.26. Modell zur Realisierung eines Rayleigh-Kanals im äquivalenten TP-Bereich

Aus dem BP-Eingangssignal wird mittels BP→TP-Transformation zunächst das Eingangssignal im Äquivalenten TP-Bereich gebildet. Dieses Signal ist bereits passend bandbegrenzt, so dass direkt mit den Musterfunktionen des komplexwertigen Gaußprozesses multipliziert werden kann. Eine anschließende TP→BP-Transformation ergibt das BP-Ausgangssignal.

Abbildung 5.27 beschreibt, wie man die Musterfunktionen $n_T(t)$ aus WGR-Quellen durch Bandbegrenzung erzeugen kann. Die mit WGR bezeichneten Quellen erzeugen WGR für den Real- und Imaginärteil und mit zwei gleichen Filtern wird jeweils das Leistungsdichtespektrum des Realteils und Imaginärteils geformt. Hierzu müssen die Betragsquadrate der Übertragungsfunktionen die Form des gewünschten Leistungsdichtespektrum besitzen, z. B. die des Jakes-Spektrums, s. (5.25). Die Rauschleistung bzw. Streuung σ_n^2 wird mit den Amplitudenfaktoren eingestellt, die auch gleich sein müssen. Um den allgemeinen Fall abzudecken, ist zusätzlich noch eine Frequenzverschiebung vorgesehen.

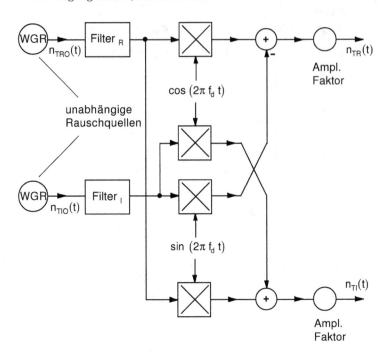

Abb. 5.27. Modell zur Realisierung des Rayleigh-Prozesses

Eine weitere Möglichkeit zur Realisierung eines Rayleigh-Kanals, besteht darin, nur mit BP-Signalen zu arbeiten. Man umgeht damit die BP→TP- und die anschließende TP→BP-Transformation. Die Basis hierfür bildet die folgende mathematische Umformung:

$$
\begin{aligned}
g(t) &= \mathrm{Re}\left\{g_T(t)\,e^{j2\pi f_0 t}\right\} \\
&= \mathrm{Re}\left\{s_T(t)\,n_T(t)\,e^{j2\pi f_0 t}\right\} \\
&= \mathrm{Re}\left\{s_T(t)\,e^{j2\pi f_0 t}\right\}\cdot n_{TR}(t) - \mathrm{Im}\left\{s_T(t)\,e^{j2\pi f_0 t}\right\}\cdot n_{TI}(t).
\end{aligned}
\tag{5.56}
$$

Der im ersten Summand der letzten Zeile stehende Realteil ist mit dem BP-Eingangssignal $s(t)$ identisch und der rechts stehende Imaginärteil mit der Hilberttransformierten $s_H(t)$ von $s(t)$, d. h.:

$$
g(t) = s(t)\cdot n_{TR}(t) - s_H(t)\cdot n_{TI}(t).
\tag{5.57}
$$

$n_{TR}(t)$ und $n_{TI}(t)$ sind hierbei die Quadraturkomponenten des komplexenwertigen Gaußprozesses. Zur Hilberttransformation s. Kap. 1.

Abbildung 5.28 zeigt ein entsprechendes Modellbild. Zu bemerken ist, dass das Leistungsdichtespektrum des $n_T(t)$-Prozesses unverändert ist. Ob BP- oder TP-Modell, die Änderungsgeschwindigkeiten des Kanals werden durch die BP-TP-Transformation nicht beeinflusst.

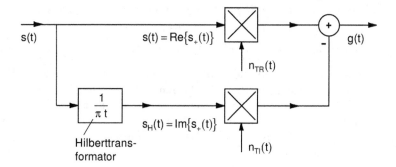

Abb. 5.28. Modell zur Realisierung eines Rayleigh-Kanals im BP-Bereich

Anmerkung: Zu Beginn dieses Abschnitts wurde die Bedingung der Schmalbandigkeit erläutert, die vorliegen muss, wenn der Rayleigh-Kanal als Modell verwendet werden soll. Erhöht man in dem Szenario von oben – der Empfänger (Auto) bewegt sich in einer Stadt – die Bandbreite des Sendesignals, dann werden ab einer gewissen Bandbreite die einzelnen Wege der Mehrwegeausbreitung zeitlich aufgelöst. Die Bandbreite muß hierzu größer sein als das Inverse der aufzulösenden Laufzeitdifferenzen. Im Frequenzbereich bedeutet dies, dass die zeitvariante Übertragungsfunktion des Kanals innerhalb der Bandbreite des Sendesignals (d. h. bezüglich f) nicht mehr konstant ist, der Kanal wird frequenzselektiv. Das am Anfang dieses Kapitels behandelte Beispiel einer Zweiwegeausbreitung veranschaulichte bereits den Zusammenhang zwischen der Laufzeitdifferenz und dem frequenzselektiven Verhalten der Übertragungsfunktion. Bei Mobilfunkübertragungen mit Bandbreiten von bis zu etwa 20 kHz ist das Rayleigh-Modell in Städten aber hinreichend gut, während bei Systemen mit Übertragungs-Bandbreiten von 200 kHz (z. B. GSM) dies nur mit Einschränkungen noch gilt. Bei Systemen mit 5 MHz Bandbreite (z. B. UMTS) gilt das Rayleigh-Modell nicht mehr.

5.3.2 Rice-Kanal (Rice-Fading)

Der *Rice-Kanal* (oder das *Rice-Kanalmodell*) ist eine Verallgemeinerung des Rayleigh-Kanals. Er entsteht aus dem Rayleigh-Kanal durch Hinzufügen eines zeitunabhängigen Pfades. Bei einer Funkübertragung bedeutet dieser direkte Pfad eine direkte Sichtverbindung vom Sender zum Empfänger, die man auch als *Line of Sight (LOS)*-Komponente oder *LOS-Pfad* bezeichnet. Für die zeitvariante Stoßantwort des Rice-Kanals ergibt sich daher im äquivalenten TP-Bereich:

$$h_T(\tau, t) = a_{0T} \cdot [\delta(\tau) * 2h_{TP}(\tau)] + a_{1T}(t) \cdot [\delta(\tau - \triangle\tau) * 2h_{TP}(\tau)]$$
$$= a_{0T} \cdot 2h_{TP}(\tau) + a_{1T}(t) \cdot 2h_{TP}(\tau - \triangle\tau)$$
$$= a_{0T} \cdot \delta_T(\tau) + a_{1T}(t) \cdot \delta_T(\tau - \triangle\tau) \,. \tag{5.58}$$

Der erste Summand korrespondiert mit dem direkten, zeitunabhängigen Pfad, der zweite mit dem Rayleigh-Pfad. Im Gegensatz zu vorher ist hier die Bezeichnung $a_{1T}(t)$ statt von $n_T(t)$ verwendet worden. Die Faltung mit der Stoßantwort des idealen TP sorgt wieder für die notwendige Bandbegrenzung, wobei die Faltungsoperation bezüglich der Verzögerungszeit τ zu verstehen ist. In der letzten Zeile dieser Gleichung wurde wieder die Abkürzung $\delta_T(\tau)$ für $2h_{TP}(\tau)$ genutzt. Abbildung 5.29 zeigt ein entsprechendes Modellbild.

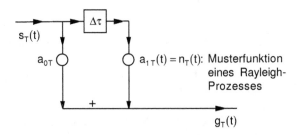

Abb. 5.29. Modell für einen Rice-Kanal

5.3.3 WSSUS-Kanal

Eine noch weitergehende Verallgemeinerung des Rayleigh-Kanals besteht darin, ein zeitvariantes Transversalfiltermodell wie in Abb. 5.10 zu nutzen, bei dem die Gewichtsfaktoren durch unabhängige Rayleigh-Prozesse variiert werden. Abbildung 5.30 zeigt ein solches Modell. Für die zeitvariante Stoßantwort im äquivalenten TP-Bereich gilt:

$$h_T(\tau, t) = \sum_i a_{iT}(t) \cdot [\delta(\tau - \tau_i) * 2h_{TP}(\tau)] \,; \qquad \tau_i = \sum_{k=1}^i \triangle\tau_k$$
$$= \sum_i a_{iT}(t) \cdot \delta_T(\tau - \tau_i) \,. \tag{5.59}$$

Die hier auftretenden Laufzeiten τ_i können mit physikalisch messbaren Laufzeiten identisch sein. Beim zuvor bereits erwähnten ionosphärischen Kurzwellenfunk ist dies z. B. der Fall. Hier sind – abhängig vom Sonnenstand und dem momentanen Zustand der Ionosphäre – typisch bis zu vier und manchmal auch mehr unabhängige Rayleigh-Ausbreitungspfade keine Seltenheit. Abbildung 5.31 zeigt Ausschnitte aus gemessenen zeitvarianten Übertragungsfunktionen des KW-Funkkanals. Im oberen Beispiel erkennt man zwischen 160 s

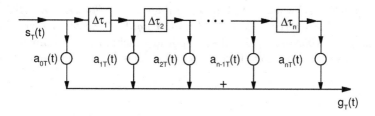

Abb. 5.30. Modell für einen WSSUS-Kanal

und 190 s vier ausgeprägte Nullstellen innerhalb der Übertragungsbandbreite von 3 kHz, deren Lage sich innerhalb dieses Zeitintervalls so gut wie nicht verändert. Der Abstand der Nullstellen beträgt etwa 600 Hz. Macht man die plausible Annahme, dass die Übertragungsfunktion zu einer Zweiwegeausbreitung gehört, dann würde dies zu einer Laufzeitdifferenz von 1,67 ms führen. Da die Lage der Nullstellen sich nicht verändert, ist die Dopplerverschiebung zwischen den beiden Pfaden Null. Ab etwa 200 s driften die Nullstellen mit ca. 3 kHz in 20 s nach oben. Mit (5.31) ergibt sich daraus eine Dopplerverschiebung von 0,25 Hz.

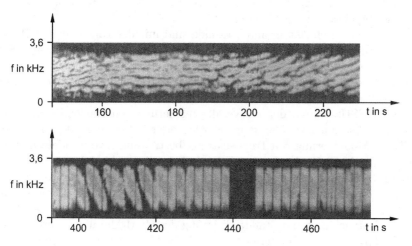

Abb. 5.31. Ausschnitt aus gemessenen zeitvarianten Übertragungsfunktionen des KW-Funkkanals; Skala: große Werte hell, kleine dunkel

Die $\triangle\tau_i$ in (5.59) können auch alle gleich gewählt werden. Das System ist dann so zu verstehen, dass es ein physikalisch gegebenes zeitvariantes System approximiert. Als $a_{iT}(t)$-Prozesse können im Prinzip beliebige stochastische Prozesse bei diesem Modell genutzt werden. Das in den Anwendungen häufig genutzte sog. *WSSUS-Modell* macht jedoch Einschränkungen: Die $a_{iT}(t)$-

Prozesse müssen schwach stationär sein (*Wide Sense Stationary*, WSS) und gegenseitig unkorreliert (*Uncorrelated Scattering*, US). Zusätzlich wird in der Regel eine Gauß-Verteilung für die Amplitudendichten angenommen, womit Rayleigh-Prozesse zur Modellierung der einzelnen Pfade verwendet werden können.

5.4 Zusammenfassung und bibliographische Anmerkungen

Behandelt wurde in diesem Kapitel die Modellierung von Übertragungskanälen mit linearen Verzerrungen. Sie bewirken, dass das empfangene Signal nicht mit dem gesendeten übereinstimmt, auch wenn kein additives Rauschen vorhanden ist. Ausführlicher betrachtet wurden dabei Kanäle, bei denen sich die linearen Verzerrungen zeitlich ändern, was zu zeitvarianten linearen Systemen führte. Es stellte sich heraus, dass die Zeitvariable in der Stoßantwort von LTI-Systemen als „Verzögerungszeit" verstanden werden muss, und dass eine weitere Zeitvariable, die „absolute" Zeit, zur Beschreibung der Zeitabhängigkeit zusätzlich erforderlich ist. Ein besonderes Gewicht wurde auf die Beschreibung und Modellierung solcher Kanäle gelegt, bei denen die Abängigkeit von der absoluten Zeit zufälliger Natur ist, was wiederum durch stochastische Prozesse beschrieben werden konnte.

Die stochastisch-zeitvarianten Kanäle sind mit der zunehmenden Bedeutung der Mobilkommunikation immer wichtiger geworden, weshalb in diesem Kapitel drei Modelle behandelt wurden, die in diesem Zusammenhang in der Theorie und der Praxis grundlegend sind: der Rayleigh-, der Rice- und der WSSUS-Kanal.

Der WSSUS-Kanal, der als Verallgemeinerung von Rayleigh- und Rice-Kanälen verstanden werden kann, wurde bereits Mitte der 60-er Jahre von *Bello* zur Modellierung von Troposcatter-Übertragungen verwendet und theoretisch abgehandelt [5]. In der Folge wurde dieses Modell vor allem bei der Entwicklung von Verfahren zur digitalen Übertragung über Kurzwellen-Funkkanäle verwendet. Mit der Verifikation und der praktischen Einsetzbarkeit im Kurzwellen-Kontext ist vor allem der Name Watterson verknüpft [110]. Bei der Entwicklung und Standardisierung des GSM-Mobilfunksystems wurde das Thema einem breiteren Kreis von Fachleuten bekannt, und es wurden für GSM WSSUS-Modelle mit speziellen, auf den Einsatzfall bezogenen Parametersätzen definiert (z. B. „Typical Urban", „Hilly Terrain") [21]. Während Watterson gezeigt hat, dass bei der Übertragung über Ionosphären-Kurzwellen-Funkkanäle ein Gauß-Leistungsdichtespektrum bei den einzelnen Rayleigh-Pfaden gut geeignet ist, hat Jakes das beim schmalbandigen Mobilfunkkanal meistens verwendete Leistungsdichtespektrum entsprechend (5.55) vorgeschlagen [47].

Die zur Beschreibung von stochastisch-zeitvarianten Kanälen notwendigen Korrelationsfunktionen und deren Fouriertransformierte wurden nur kurz behandelt. Weiterführend ist hier z. B. das Buch [77], auch Kapitel 7 von [84] enthält etwas mehr Details als die hier erläuterten.

5.5 Aufgaben

Aufgabe 5.1

Gegeben sei die folgende Stoßantwort $h(t)$ eines linear verzerrenden AWGR-Kanals:

$$h(t) = \sum_{i=-1}^{1} a_i \,\delta(t - iT) \quad \text{mit} \quad a_{-1} = a_1 = 1,\, a_0 = 4\,.$$

a) Skizzieren Sie $h(t)$.

b) Berechnen und skizzieren Sie die Übertragungsfunktion $H(f)$. Welcher spezielle Verlauf ergibt sich, wenn man $a_0 = 0$ setzt (statt 4 wie oben angegeben)?

Der vorgegebene Kanal soll nun für eine bipolare Übertragung mit der Symboldauer $T_S = T$ genutzt werden. Folgendes Elementarsignal werde verwendet:

$$e(t) = \text{si}\left(\pi \frac{t}{T_S}\right)\,.$$

c) Skizzieren Sie ein Blockbild für die gesamte Übertragung von $x(k)$ nach $\hat{x}(k)$.

d) Wie hängt die sich ergebende Empfangsfolge $\tilde{x}(k)$ von der Sendefolge $x(k)$ ab (Intersymbolinterferenz!)? Mit welchen Werten muss man zu den Abtastzeitpunkten rechnen, wenn das AWGR zu Null angenommen wird? Berechnen Sie die Verteilungsdichtefunktion der Abtastwerte unter der Annahme, dass $e(t)$ und $-e(t)$ mit gleicher Wahrscheinlichkeit gesendet werden.

Aufgabe 5.2

Folgender zeitvariante Übertragungskanal sei gegeben:

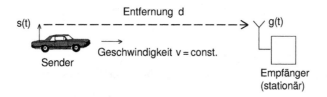

Bestimmt werden soll die zeitvariante Stoßantwort $h(\tau, t)$ des Kanals $s(t) \to g(t)$, wobei τ die „Verzögerungszeit" und t die „absolute Zeit" sein soll. Allgemein gilt, dass man bei einem Diracstoß zum Zeitpunkt $t = t_0$ am Eingang eines zeitvarianten Systems, d. h. mit $\delta(t - t_0)$, als Ausgangssignal $g(t)$ einen „Schnitt" unter 45° durch die Funktion $h(\tau, t)$ erhält. Es gilt somit

$$s(t) = \delta(t - t_0) \quad \to \quad g(t) = h(t - t_0, t).$$

Dieser Zusammenhang soll zur auszugsweisen Messung der zeitvarianten Stoßantwort genutzt werden. Zum Zeitpunkt $t = 0$ gelte für die Entfernung $d(0) = d_0$. Weiterhin wird angenommen, dass, unabhängig von der Entfernung, die gesamte Sendeleistung beim Empfänger ankommt.

a) Für die drei Entfernungen $d = d_0$, $d = d_0/2$ und $d = 0$ werde am Eingang des Systems jeweils ein Diracstoß $\delta\left[t - t_0(d)\right]$ angelegt. Skizzieren Sie die sich ergebenden Ausgangssignale $g(t)$.

b) Skizzieren Sie die τ-t-Ebene, und tragen Sie an den Stellen ein Kreuz ein, an denen die Messungen von $g(t)$ auf 45°-Schnitten liegen. Wo liegen die Diracstöße, die man bei weiteren Messungen erhalten würde? Wie lautet $h(\tau, t)$?

c) Praktisch gibt es häufig Fälle, bei denen man annehmen kann, dass die Änderung der Entfernung Δd innerhalb eines bestimmten Zeitraumes Δt immer klein gegen d_0 bleibt, d. h. $\Delta d \ll d_0$. Wo liegen die Diracstöße dann in der τ-t-Ebene?

d) Berechnen Sie das Ausgangssignal $g(t)$ des hier betrachteten zeitvarianten Systems, wenn am Eingang das Signal $s(t)$ anliegt. Wie lautet $g(t)$ für den Spezialfall $s(t) = \cos(2\pi f_0 t)$?

Aufgabe 5.3

Folgendes System $s(t) \to g(t)$ sei gegeben:

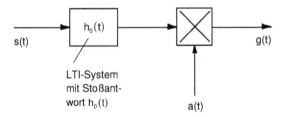

a) Zeigen Sie, dass das System für allgemeine Zeitfunktionen $a(t)$ zeitvariant ist. Berechnen Sie hierzu das Ausgangssignal $g_1(t)$ für $s_1(t) = \delta(t)$ und $g_2(t)$ für $s_2(t) = s_1(t - t_0) = \delta(t - t_0)$, und zeigen Sie, dass $g_2(t) \neq g_1(t - t_0)$ gilt.

b) Wie lauten die zeitvariante Stoßantwort $h(\tau, t)$ und die zeitvariante Übertragungsfunktion $H(f, t)$ des Systems?

c) Welche Stoßantwort ergibt sich, wenn das LTI-System und der Multiplizierer in der Reihenfolge vertauscht werden?

Das LTI-System sei nun ein idealer Bandpass mit der Mittenfrequenz f_0 und der Bandbreite f_Δ. Es gelte die Reihenfolge LTI-System $\rightarrow$ Multiplizierer (wie oben in der Abbildung).

d) Bestimmen Sie die äquivalente TP-Stoßantwort $h_T(\tau, t)$.

Aufgabe 5.4

Betrachtet werde das folgende äquivalente TP-System $s_T(t) \rightarrow g_T(t)$:

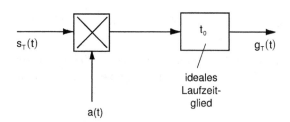

$s_T(t)$ und $g_T(t)$ seien äquivalente TP-Signale.

a) Wie lautet die zeitvariante Stoßantwort $h_T(\tau, t)$? Für das Eingangssignal gelte im Folgenden

$$s_T(t) = e^{j2\pi f_s t}.$$

b) Berechnen Sie das Ausgangssignal $g_T(t)$, wenn für $a(t)$ gilt

$$a(t) = e^{j2\pi f_d t}.$$

c) Welches Ausgangssignal $g_T(t)$ stellt sich ein, wenn $a(t)$ wie folgt lautet:

$$a(t) = |a(t)| \cdot e^{j\varphi_a(t)} \qquad \text{mit } |a(t)| \text{ und } \varphi_a(t) \text{ beliebig.}$$

d) Welches BP-System $s(t) \rightarrow g(t)$ gehört zu $s_T(t) \rightarrow g_T(t)$, wenn die Mittenfrequenz f_0 groß genug angenommen wird? $a(t)$ soll jetzt eine beliebige komplexwertige Zeitfunktion sein. Geben Sie ein Modellbild an.

Aufgabe 5.5

Bei einer digitalen Übertragung über Funk liege folgendes physikalische Modell vor:
Die Übertragung des Sendesignals über den 1. Weg soll als ideal angenommen werden. Der 2. Übertragungspfad sei durch seine variable, von der Geschwindigkeit v des Fahrzeugs abhängige Laufzeit gekennzeichnet. Beide Pfade sollen das Signal nicht abschwächen. Für den auftretenden Dopplereffekt gelten folgende vereinfachende Annahmen:

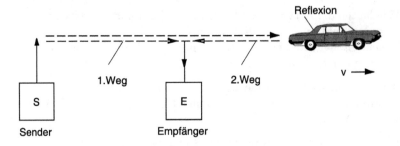

- $\frac{f_\Delta}{f_0} \ll 1$ mit f_Δ :   Bandbreite des BP–Sendesignals

    f_0 :   Mittenfrequenz des BP–Sendesignals
- $\frac{v}{c} \ll 1$
- Veränderung der Laufzeit des 2. Weges relativ zur Grundlaufzeit vernachlässigbar.

Mit diesen vereinfachenden Annahmen kann ein Transversalfiltermodell mit konstanten Laufzeiten zur Nachbildung des Übertragungskanals herangezogen werden.

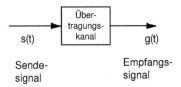

a) Berechnen Sie die zeitvariante Stoßantwort $h_T(\tau, t)$ und die zugehörige zeitvariante Übertragungsfunktion $H_T(f, t)$.
b) Geben Sie das spezielle, hier zweckmäßige Transversalfiltermodell *im äquivalenten TP-Bereich* an.
c) Skizzieren Sie den Verlauf der Nullstellen von $|H_T(f, t)|$ in der t-f-Ebene, und zeichnen Sie die Parameter ein, die den Kanal eindeutig kennzeichnen (Laufzeiten, ...). Vorausgesetzt werden soll dabei, dass beide Wege das Sendesignal weder verstärken noch abschwächen.
d) Es soll nun ein Kanalsimulator aufgebaut werden, der das bisher erarbeitete Modell im äquivalenten TP-Bereich verwendet, BP-Signale mit einer Mittenfrequenz von $f_0 = 900$ MHz nutzt und die Bandbreite $f_\Delta = 50$ MHz verarbeiten kann. Geben Sie ein Blockschaltbild an, das als Basis für eine Realisierung verwendet werden kann.

Aufgabe 5.6

Realisiert werden soll ein UHF-Mobilfunk-Kanalsimulator, der den Übertragungskanal nachbildet, der beim Empfang von Funksignalen in einer Stadt maßgebend ist. Angenommen werden soll hierbei, dass zwischen Sender und Empfänger kein direkter Ausbreitungsweg existiert und dass der Empfänger sich mit der Geschwindigkeit v durch das Interferenzfeld bewegt.

Folgende Angaben liegen bereits vor:

- $f_0 = 400$ MHz
- $f_\Delta = 25$ kHz $\Rightarrow$ Rayleigh-Modell passend
- $v \leq 80$ km/h, Reserve bis $v_{max} = 240$ km/h vorsehen
- zusätzlich berücksichtigen: diskrete Dopplerverschiebung bis f_d (v_{max})

Die Grundlaufzeit zwischen Sender und Empfänger kann zu Null angenommen werden. Zunächst soll eine Realisierung mittels BP-TP-Transformation betrachtet werden.

a) Skizzieren Sie ein Modellbild, das als Grundlage für die Realisierung genutzt werden kann.

b) Skizzieren Sie ein weiteres Modellbild zum Erzeugen des multiplikativen Rauschprozesses. Beschreiben Sie, wie man ein vorgegebenes (z. B. gemessenes) Leistungsdichtespektrum $\Phi_{n_T n_T}(\nu)$ berücksichtigen muss.

c) Geben Sie ein Blockbild an, das eine möglichst weitgehende digitale Signalverarbeitung nutzt. Eingesetzt werden können A/D- und D/A-Umsetzer mit Abtastraten ≤ 100 kHz. Schätzen Sie die Zahl der notwendigen Rechenoperationen pro Sekunde bei der digitalen Signalverarbeitung ab.

Die analog/digitale Realisierung des Kanalsimulators soll nun einer analogen im BP-Bereich gegenübergestellt werden.

d) Skizzieren Sie die zu a) und b) äquivalenten Modellbilder.

Aufgabe 5.7

Der Kanalsimulator aus Aufgabe 5.6 soll nun insofern erweitert werden, als dass auch ein direkter Ausbreitungsweg zwischen Sender und Empfänger berücksichtigt wird.

a) Wie lautet der Name des nun passenden Kanalmodells?

b) Lösen Sie Aufgabe 5.6 a) bis d) entsprechend.

Aufgabe 5.8

Die spektrale Leistungsdichte $\Phi_{nn_T}(f)$ des Rayleigh-Prozesses aus Aufgabe 5.6 soll nun praktisch gemessen werden, wozu ein Fahrzeug mit einer Messanordnung und konstanter Geschwindigkeit durch eine Stadt fahren soll. Die Messanordnung soll im Folgenden konzipiert werden, und es soll aufgezeigt werden, welche Messgrößen insgesamt erfasst werden müssen.

a) Geben Sie ein zweckmäßiges Sendesignal $s(t)$ an. Beachten Sie die „Schmalbandigkeit" des Rayleigh-Modells, die zur Folge hat, dass die zeitvariante Übertragungsfunktion innerhalb der hier relevanten Bandbreite f_Δ keine Frequenzabhängigkeit aufweist („Flat Fading").

b) Geben Sie ein Modellbild an, aus dem hervorgeht, wie $n_T(t)$ aus $g(t)$ bestimmt werden kann.

Die weitere Verarbeitung bzw. Speicherung von $n_T(t)$ soll nun digital mit Hilfe eines PCs erfolgen.

c) Skizzieren Sie ein Blockbild der gesamten Messanordnung.
d) Beschreiben Sie, wie $\Phi_{nnT}(f)$ mit Hilfe des PCs bestimmt werden kann.
e) Könnte man zusätzlich auch die Amplituden- und Phasen-Verteilungsdichte bestimmen und so die Rayleigh-Annahme überprüfen?
f) Müssen zur Kanalcharakterisierung neben den Musterfunktionen $n_T(t)$ noch weitere Parameter erfasst werden?

6
Digitale Übertragung über linear verzerrende Kanäle

Aufbauend auf den vorhergehenden Kapiteln soll nun die Übertragung digitaler Signale über Kanäle behandelt werden, die neben dem AWGR lineare Verzerrungen besitzen. Die linearen Verzerrungen werden dabei zunächst als zeitinvariant angenommen. Auf die Besonderheiten bei zeitvarianten Kanälen wird erst in Abschn. 6.4 separat eingegangen. Des Weiteren sollen die in der Praxis fast ausschließlich verwendeten linearen Modulationsverfahren im Vordergrund stehen.

6.1 Übertragungsmodell, Empfangsverfahren

Abbildung 6.1 zeigt das Blockbild für eine Übertragung mit linearen Modulationsverfahren im äqivalenten TP-Bereich. $x(k)$ ist die Folge der zu übertragenden komplexwertigen Sendesymbole, T_S die Symboldauer und $e_T(t)$ das Elementarsignal. Die Stoßantwort $h_{KT}(t)$ repräsentiert die linearen Verzerrungen des Kanals. Wegen dieser linearen Verzerrungen ist auf der Empfangsseite zunächst offen, welche Verfahren nun anstelle der Verfahren eingesetzt werden müssen, die zuvor für den AWGR-Kanal abgeleitet wurden. Die Frage nach optimalen Empfangsverfahren ist dabei wieder naheliegend. Sie soll in den folgenden beiden Abschnitten im Vordergrund stehen. „Optimal" wird dabei wieder gleichbedeutend mit Maximum Likelihood (ML) sein – wie in den vorhergehenden Kapiteln auch.

6.1.1 Maximum Likelihood Sequence Estimation (MLSE)

Wenn nur endlich viele Sendesymbole gesendet werden, dann ergibt sich direkt ein Zugang zu der Frage nach dem optimalen Empfangsverfahren. Hierbei kann der in Kap. 2 abgeleitete optimale Empfänger für AWGR-Kanäle auf den hier vorliegenden Fall übertragen werden.

Zweckmäßig ist es, zunächst die beiden in Kette geschalteten LTI-Systeme mit den Stoßantworten $e_T(t)$ und $h_{KT}(t)$ in Abb. 6.1 zu einem System mit der Stoßantwort $h_T(t)$ zusammenzufassen:

$$h_T(t) = \frac{1}{2}e_T(t) * h_{KT}(t)\,. \tag{6.1}$$

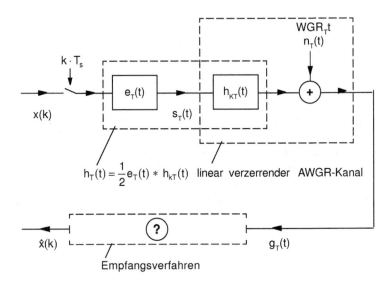

Abb. 6.1. Übertragungsmodell

Damit wird deutlich, dass man Abb. 6.1 auch als Modell für eine Übertragung mit dem neuen Elementarsignal $h_T(t)$ auffassen kann, wobei der Kanal dann ein einfacher AWGR-Kanal ist – s. Abb. 6.1. Die Kanalstoßantwort $h_{KT}(t)$ wird i. Allg. beim Entwurf eines Übertragungssystems unbekannt sein, weshalb man nicht erwarten darf, dass $h_T(t)$ das erste Nyquistkriterium erfüllt. Verwendet man – wie in den vorhergehenden Kapiteln – ein zu $h_T(t)$ passendes Korrelationsfilter auf der Empfangsseite, dann muss man mit Intersymbol-Interferenz (ISI) rechnen.

Mit dem Verständnis aus den vorhergehenden Kapiteln lässt sich aber trotz der ISI auch für diesen Fall ein optimaler Empfänger leicht angeben. Geht man, wie oben bereits erwähnt, von einer Sendefolge $x(k)$ mit endlicher Länge L aus, dann ist eine Tabelle vorstellbar, in der alle kombinatorisch möglichen $x(k)$ in der ersten Spalte stehen. Die korrespondierenden, jeweils mit $h_T(t)$ gebildeten Signale vor der Addition des Rauschens, s. Abb. 6.1, stehen in der zweiten Spalte. Für die Tabelle gilt damit:

$$\left[{}^1x(1), {}^1x(2), ..., {}^1x(L) \right] \quad \leftrightarrow \quad {}^1g_{TL}(t) = \sum_{k=1}^{L} {}^1x(k)\, h_T(t - kT_S)$$

$$\vdots \qquad\qquad\qquad \vdots \qquad\qquad \vdots \qquad\qquad\qquad (6.2)$$

$$\left[{}^Nx(1), {}^Nx(2), ..., {}^Nx(L) \right] \quad {}^Ng_{TL}(t) = \sum_{k=1}^{L} {}^Nx(k)\, h_T(t - kT_S)$$

Es gibt $N = M^L$ Zeilen, wobei M die Zahl der möglichen Sendesymbolwerte und L die Länge der Sendefolge in Symbolen ist. Jedes Signal ${}^ig_{TL}(t)$ in der rechten Spalte gehört somit umkehrbar eindeutig zu einer speziellen Sendefolge ${}^ix(k)$ der Länge L. Damit kann man sich ein Elementarsignal-Alphabet vorstellen, das alle Signale ${}^ig_{TL}(t)$ enthält. Mit diesem Alphabet und dem AWGR ergibt sich nun eine Übertragung mit $N = M^L$ Elementarsignalen über einen AWGR-Kanal, womit die Ergebnisse aus Kap. 2 direkt verwendet werden können. Abbildung 6.2 zeigt ein Blockbild des optimalen Empfängers für das nun vorliegende Elementarsignal-Alphabet. Er besteht aus einer Bank von Korrelationsfiltern, wobei jedes einzelne Korrelationsfilter zu einem der N Elementarsignale ${}^ig_{TL}(t)$ gehört und damit auch eindeutig zu einer Sendefolge ${}^ix(k)$. Zu beachten ist, dass die Elementarsignale i. Allg. weder orthogonal zueinander sind noch gleiche Energien besitzen.

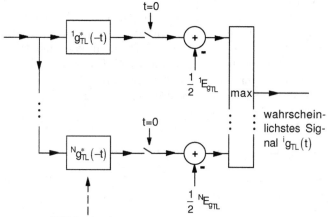

"MF-Bank" für alle kombinatorisch möglichen
Empfangssignale ohne Rauschen

Abb. 6.2. MLSE-Empfänger mit MF-Bank

Dieser Empfänger bestimmt das wahrscheinlichste der N Elementarsignale und somit auch die wahrscheinlichste Folge (oder Sequenz) von gesendeten Symbolen ${}^ix(k)$. Er wird *MLSE-Empfänger* genannt, wobei MLSE für *Maxi-*

mum Likelihood Sequence Estimation steht. Dies Bezeichnung soll verdeutlichen, dass nicht einzelne Sendesymbole detektiert werden, sondern Folgen von Symbolen als Ganzes.

Die hier vorausgesetzte Art von Übertragung kommt in der Praxis vor. Sie wird *Block-Übertragung* genannt, wobei mit *Block* die Sendefolge mit L Symbolen gemeint ist. Damit die Blöcke unabhängig voneinander übertragen werden können, fügt man zwischen den Blöcken sog. *Schutzzeiten* ein. Hierauf wird in Kap. 8 noch einmal näher eingegangen. Das Problem bei diesem Empfänger besteht darin, dass sein Realisierungsaufwand exponentiell mit der Länge L der Sendefolge (oder der Größe des Blocks) anwächst. Ein Beispiel verdeutlicht dies: Bei einer 4PSK-Übertragung ist $M = 4$. Nimmt man eine zu sendende Folge von $L = 256$ Sendesymbolen an – dies kommt bei Block-Übertragungen in der Praxis vor – dann ergeben sich $N = 4^{256} \approx 10^{150}$ mögliche Sendefolgen und ebenso viele mögliche Elementarsignale ${}^i g_{TL}(t)$. Der MLSE-Empfänger nach Abb. 6.2 besitzt somit ebenfalls $\approx 10^{150}$ parallele Korrelationsfilter – eine mehr als unrealistische Zahl. Die Zahl der Atome im Weltall wird auf ca. 10^{80} geschätzt, d. h. die hier vorliegende Zahl von Korrelationsfiltern ist um den Faktor 10^{70} größer! Man könnte nun meinen, dass der MLSE-Empfänger generell unrealistisch ist oder nur zu theoretischen Abschätzungen verwendet werden kann. Wir werden aber später sehen, dass dies unter bestimmten Bedingungen nicht so ist. Durch die Stoßantwort $h_{KT}(t)$ des Kanals werden Abhängigkeiten in den Elementarsignalen ${}^i g_{TL}(t)$ erzeugt, die sich in der Realität immer nur über endlich viele Symbolintervalle erstrecken. Wenn die Zahl dieser Symbolintervalle – die auch mit *Gedächtnis* des Kanals bezeichnet wird – nicht zu groß ist, dann kann mit Hilfe des sog. *Viterbi-Algorithmus* sogar für $L \to \infty$ ein MLSE-Empfang realisiert werden. Dies wird Gegenstand von Abschn. 6.2.5 sein. Zuvor ist es jedoch noch notwendig, eine geeignete Struktur des optimalen Empfängers zu entwickeln, die von der MF-Bank in Abb. 6.2 abweicht.

6.1.2 Empfangsverfahren mit Matched-Filter

Ein möglicher Weg, auch bei großem L zu einem realisierbaren Empfänger zu gelangen, besteht darin, aus dem Empfangssignal $g_T(t)$ in einem ersten Schritt eine Folge von Schätzwerten $\tilde{x}_0(k)$ zu gewinnen und daraus in einem zweiten Schritt die wahrscheinlichst gesendete Folge $\hat{x}(k)$. Die Folge $\tilde{x}_0(k)$ sollte hierzu noch so viel Information über die gesendeten $x(k)$ enthalten, dass mit einer passenden Verarbeitung von $\tilde{x}_0(k)$ ein optimaler Gesamtempfänger noch möglich ist. Man sagt, die $\tilde{x}_0(k)$ müssen in diesem Fall eine *hinreichende Statistik* (engl. *Sufficient Statistic*) bilden.

Dass ein optimaler Empfang in dieser Weise in zwei Schritten wirklich möglich ist, lässt sich mit den Erläuterungen des vorhergehenden Abschnitts leicht einsehen. Hierzu muss man sich daran erinnern, dass die Entscheidungen des Empfängers nach Abb. 6.2 auch als Suche nach der minimalen euklidischen Distanz zwischen dem aktuell vorliegenden Empfangsignal $g_T(t)$ und den möglichen Signalen $^i g_{TL}(t)$ vor dem Addieren des Rauschens aufgefasst werden kann. Wegen des AWGR war dies eine direkte Konsequenz des ML-Ansatzes. Für eine Folge von L Sendesymbolen lässt sich das Quadrat der euklidischen Distanz zwischen $g_T(t)$ und $^i g_{TL}(t)$ leicht berechnen:

$$d^2\left[g_T(t),^i g_{TL}(t)\right] = \left\| g_T(t) - {}^i g_{TL}(t) \right\|^2 ; \quad i = 1, ..., M^L$$

$$= \int_{t_1}^{t_2} \left| g_T(t) - {}^i g_{TL}(t) \right|^2 dt$$

$$= \int_{t_1}^{t_2} \left| g_T(t) \right|^2 dt + \int_{t_1}^{t_2} \left| {}^i g_{TL}(t) \right|^2 dt$$

$$- 2\,\mathrm{Re}\left\{ \int_{t_1}^{t_2} g_T(t)\,{}^i g_{TL}^*(t)\,dt \right\}$$

$$= 2 E_{g_T} + 2 E_{{}^i g_{TL}} - 2\,\mathrm{Re}\left\{ \int_{t_1}^{t_2} g_T(t)\,{}^i g_{TL}^*(t)\,dt \right\} . \quad (6.3)$$

Eine vergleichbare Distanzberechnung wurde in Kap. 2 bei Herleitung des optimalen Empfängers für den AWGR-Kanal vorgenommen. Das Intervall $[t_1, t_2]$ über $g_T(t)$ ist hier so zu wählen, dass das gesendete Signal sich vollständig darin befindet. Außerhalb des Intervalls darf nur Rauschen vorhanden sein. Der Einschwingvorgang und ebenso der Ausschwingvorgang – die beide durch eine nicht ideale Kanalstoßantwort hervorgerufen werden – liegen innerhalb des Intervalls. Des Weiteren ist angenommen, dass perfekte Synchronisation vorliegt. Das bedeutet, dass das gesendete und auf der Empfangsseite unbekannte Signal $^l g_{TL}(t)$ zeitlich exakt die gleiche Lage hat wie die möglichen Signale $^i g_{TL}(t), i = 1, ..., M^L$. E_{g_T} ist die Energie von $g_T(t)$ im Intervall $[t_1, t_2]$ und $E_{{}^i g_{TL}}$ die Energie von $^i g_{TL}(t)$.[1] Durch Einsetzen von (6.2) ergibt sich schließlich:

$$\frac{1}{2} d^2 [.] = E_{g_T} + E_{{}^i g_{TL}} - \mathrm{Re}\left\{ \sum_{k=1}^{L} {}^i x^*(k) \int_{t_1}^{t_2} g_T(t)\,h_T^*(t - kT_S)\,dt \right\}$$

$$= E_{g_T} + E_{{}^i g_{TL}} - 2\,\mathrm{Re}\left\{ \sum_{k=1}^{L} {}^i x^*(k)\,\tilde{x}_0(k) \right\} . \quad (6.4)$$

$\tilde{x}_0(k)$ ist hierbei die Abkürzung für

$$\tilde{x}_0(k) = \frac{1}{2} \int_{t_1}^{t_2} g_T(t)\,h_T^*(t - kT_S)\,dt$$

$$= \frac{1}{2}\,g_T(t) * h_T^*(-t)\,|_{t = kT_S} . \quad (6.5)$$

---

[1] Der Faktor 2 bei den Energien ist durch die Defintion der Energie von äquivalenten TP-Signalen bedingt, s. Kap 1 und die Anmerkungen dort.

Das bedeutet, dass der erste Schritt auf der Empfangsseite darin bestehen kann, ein Empfangsfilter mit der Stoßantwort $h_T^*(-t)$ zu verwenden, dessen Ausgang im Symboltakt kT_S abgetastet wird. $h_T^*(-t)$ besagt, dass es sich dabei um das Korrelationsfilter für $h_T(t)$ handelt. Da $h_T(t)$ neben dem Elementarsignal $e_T(t)$ die Stoßantwort $h_{KT}(t)$ des Kanals enthält, wird dieses Korrelationsfilter für $h_T(t)$ auch *Kanalkorrelationsfilter* oder *Kanal-Matched-Filter (KMF, engl. Channel Matched Filter, CMF)* genannt.

In der zweiten Zeile von (6.4) kommt $g_T(t)$ nicht mehr direkt vor, nur die Energie E_{g_T}. Sie ist aber für das Aufsuchen der minimalen Distanz bezüglich i irrelevant. $\tilde{x}_0(k)$ erfüllt somit die Bedingung, die zu Beginn dieses Abschnitts mit „Sufficient Statistic" umschrieben wurde. Die Folge von Abtastwerten im Symboltakt $\tilde{x}_0(k)$ enthält offenbar noch alle Information über die gesendeten Symbole, die ein optimales Empfangsverfahren benötigt. Findet man einen Algorithmus, der mit $\tilde{x}_0(k)$ den restlichen Teil der Gesamtdistanz-Berechnung durchführt, dann ist der gesamte Empfänger ein ML- bzw. *MLSE-Empfänger*. Der Algorithmus, den man auch als *Empfangsalgorithmus* bezeichnet, ist in diesem Fall ein *MLSE-Algorithmus*.

Offensichtlich ist die Aufteilung des Empfängers in ein KMF mit Symboltakt-Abtaster und einen Empfangsalgorithmus unabhängig von der Länge L der Sendefolge. Abbildung 6.3 zeigt ein Modellbild für einen hierauf basierenden Empfänger. Der Empfangsalgorithmus bestimmt also aus der Folge $\tilde{x}_0(k)$ die Folge der detektierten Symbole $\hat{x}(k)$.

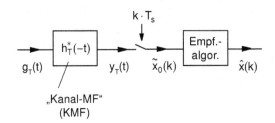

Abb. 6.3. Struktur eines optimalen Empfängers

Die Struktur des Empfängers in Abb. 6.3 ist identisch mit der Struktur eines Empfängers für den AWGR-Kanal, s. Abb. 2.14 in Kap. 2. Anstelle des MF befindet sich hier das KMF und anstelle des Entscheiders (ENT) der Empfangsalgorithmus. Zu den Abtastzeitpunkten bildet das KMF die Energie des resultierenden neuen Elementarsignals $h_T(t)$, in Analogie zum MF beim einfachen AWGR-Kanal. Hinzu kommt lediglich die mögliche ISI. Das bedeutet, dass in diesem ersten Schritt auf der Empfangsseite auch hier zunächst das SNR_a maximiert wird. Dem sich anschließenden Empfangsalgorithmus verbleibt in dieser Betrachtungsweise die Aufgabe, die noch vorhandene ISI so gut wie möglich bei der Detektion der Symbole $\hat{x}(k)$ zu berücksichtigen.

Mit dieser Vorbetrachtung ist es nun möglich, ein einfaches zeitdiskretes Übertragungsmodell abzuleiten. Am Ausgang des KMF ergibt sich das Signal

$$y_T(t) = \frac{1}{2} g_T(t) * h_T^*(-t)$$

$$= \frac{1}{2} \left[\sum_i x(i)\, h_T(t - iT_S) + n_T(t) \right] * h_T^*(-t)$$

$$= \sum_i x(i)\, \varphi_{h_T h_T}^E(t - iT_S) + \frac{1}{2} n_T(t) * h_T^*(-t) \,. \tag{6.6}$$

$\varphi_{h_T h_T}^E(t)$ ist hierbei die AKF des neuen resultierenden Elementarsignals $h_T(t)$:

$$\varphi_{h_T h_T}^E(t) = \frac{1}{2} h_T^*(-t) * h_T(t)$$

$$= \frac{1}{2} \left[\frac{1}{2} e_T^*(-t) * h_{KT}^*(-t) \right] * \left[\frac{1}{2} e_T(t) * h_{KT}(t) \right]$$

$$= \frac{1}{2} \varphi_{e_T e_T}^E(t) * \varphi_{h_{KT} h_{KT}}^E(t) \,. \tag{6.7}$$

Bezeichnet man – wie im Kap. 2 – den additiven Rauschterm in (6.6) mit $n_{Te}(t)$, dann ergibt sich nach der Abtastung im Symbolraster:

$$\tilde{x}_0(k) = y_T(kT_S)$$

$$= \sum_i x(i)\, \varphi_{h_T h_T}^E(kT_S - iT_S) + n_{Te}(kT_S)$$

$$= \sum_i x(i)\, r(k - i) + n_e(k) \,. \tag{6.8}$$

Hierbei sind die folgenden Abkürzungen verwendet worden:

$$r(k) = \varphi_{h_T h_T}^E(kT_S)$$

$$= \frac{1}{2} \varphi_{e_T e_T}^E(t) * \varphi_{h_{KT} h_{KT}}^E(t) \,|_{t=kT_S}$$

$$n_e(k) = n_{Te}(kT_S) \,. \tag{6.9}$$

$n_e(k)$ ist nun eine Folge von Abtastwerten von farbigem Rauschen. Die Summe in (6.8) stellt ein diskretes Faltungsprodukt dar, d. h.:

$$\tilde{x}_0(k) = x(k) * r(k) + n_e(k) \,. \tag{6.10}$$

Diese Gleichung definiert ein zeitdiskretes Übertragungsmodell, s. Abb. 6.4. Entscheidend für den Empfangsalgorithmus ist die Stoßantwort $r(k)$ des *zeitdiskreten Ersatzkanals auf Symbolbasis*. Wenn das Elementarsignal das erste Nyquist-Kriterium erfüllt und des Weiteren der zeitkontinuierliche Kanal ideal ist, d. h. $h_{KT}(t) = \delta_T(t)$ gilt, dann ergibt sich ein idealer zeitdiskreter Ersatzkanal. Wenn darüber hinaus $e_T(t)$ die Energie $E_{e_T} = 1$ besitzt führt dies zu

$r(k) = \delta(k)$. $\delta(k)$ ist hierbei der zeitdiskrete Diracstoß oder Einsimpuls. Der Empfangsalgorithmus entartet in diesem Spezialfall zu einem reinen Entscheider (ENT). Dies war zu erwarten, da in diesem Fall eine einfache Übertragung über einen AWGR-Kanal vorliegt, mit einem Elementarsignal, das das erste Nyquist-Kriterium erfüllt.

In der Praxis sind im Falle von $r(k) \neq \delta(k)$ bzw. dem hiermit verwandten Fall $r(k) \neq \text{const} \cdot \delta(k)$ auch suboptimale Empfangsalgorithmen üblich. Sie erfordern in der Regel einen kleineren Realisierungsaufwand als optimale Algorithmen.

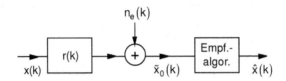

Abb. 6.4. Zeitdiskretes Übertragungsmodell auf Symbolbasis

6.2 Adaptive Entzerrung

Bei suboptimalen Empfangsalgorithmen besteht ein Ansatz häufig darin, aus der Folge $\tilde{x}_0(k)$ zunächst eine neue Folge $\tilde{x}(k)$ zu bestimmen, bei der die ISI und – je nach Typ des Empfangsalgorithmus – auch der Einfluss des additiven Rauschanteils minimiert wird.[2] Abbildung 6.5 veranschaulicht diesen Ansatz. Der Algorithmus muss freie Parameter enthalten, die dienen dazu, das Minimierungs-Ziel zu erreichen. Die Symbole $\tilde{x}(k)$ werden anschließend einem einfachen Entscheider zugeführt, so wie bei einem reinen AWGR-Kanal.

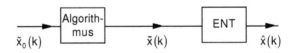

Abb. 6.5. Empfänger: üblicher Ansatz bei suboptimalen Empfangsalgorithmen

---

[2] ISI = Intersymbol-Interferenz. Die Bezeichnug wurde in Kap. 2 eingeführt und dort auch bereits diskutiert.

Minimiert man die ISI ohne Rücksicht auf den additiven Rauschanteil, dann entspricht dies dem Versuch, den zeitdiskreten Ersatzkanal so gut wie möglich zu invertieren, sofern man für die Abbildung $\tilde{x}_0(k) \to \tilde{x}(k)$ einen linearen Ansatz macht. Die linearen Verzerrungen des zeitdiskreten Ersatzkanals werden dann soweit wie möglich wieder rückgängig gemacht, der Kanal wird *entzerrt*. Die Namensgebung *Entzerrer* kommt von dieser Vorstellung, die sich mit der Entzerrung bei zeitkontinuierlichen Systemen deckt. Diese Übereinstimmung gilt aber nicht generell für Entzerrer im Kontext einer digitalen Übertragung. Insbesondere gilt sie nicht für optimale Entzerrer, die ihre Entscheidungen im ML-Sinn treffen. Des Weiteren ist es im Kontext von digitalen Übertragungen zweckmäßig, die Entscheidung über die gesendeten Symbole als Teil des Entzerrers zu verstehen.

Mit dem Zusatz *adaptiv* will man betonen, dass der Entzerrer (bzw. der Empfangsalgorithmus) seine freien Parameter, s. Abb. 6.5, an den aktuellen unbekannten Kanal anpassen muss. Mit dem zeitdiskreten Übertragungsmodell nach Abb. 6.4 bedeutet dies eine Anpassung oder *Adaption* an die aktuelle Stoßantwort $r(k)$ des diskreten Ersatzkanals, wozu Adaptionsverfahren notwendig sind, die in Abschn. 6.4 separat behandelt werden. Zuvor sollen nun die Empfangsalgorithmen selbst im Vordergrund stehen, zunächst suboptimale Varianten, dann der im MLSE-Sinn optimale Viterbi-Algorithmus.

6.2.1 Ansätze für Nicht-ML-Empfangsalgorithmen

In den vorhergehenden Kapiteln war das Optimierungskriterium bei einer digitalen Übertragung eine kleinstmögliche Wahrscheinlichkeit für eine Fehlentscheidung. Mit der Annahme, dass auf der Sendeseite alle Sendesymbole und Folgen von Sendesymbolen mit gleicher A-Priori-Wahrscheinlichkeit auftreten, ergab sich daraus das ML-Prinzip und für ganze Folgen von Sendesymbolen das MLSE-Prinzip. Ein MLSE-Empfänger bestimmt demnach die Folge von Sendesymbolen, die mit der größten Wahrscheinlichkeit gesendet wurde.

Bei Empfängern dagegen, die in diesem Sinne nicht optimal sind, kann man andere Optimierungskriterien verwenden. Zwei derartige Optimierungskriterien sollen hier kurz erläutert werden: das *Minimum-Mean-Square-Error-Kriterium* (*MMSE-Kriterium*) und das *Zero-Forcing-Kriterium* (*ZF-Kriterium*). Der Ansatz nach dem MMSE-Kriterium besteht darin, den mittleren quadratischen Fehler zwischen $\tilde{x}(k)$ und dem zugehörigen gesendeten Symbol $x(k)$ zu minimieren:

$$\mathrm{MSE} = \overline{|\tilde{x}(k) - x(k)|^2} = \min_{\text{(freie Parameter)}} . \tag{6.11}$$

Die zu variierenden freien Parameter sind in der Abbildung $\tilde{x}_0(k) \to \tilde{x}(k)$ enthalten, s. Abb. 6.5. Mit diesem Ansatz wird der in $\tilde{x}(k)$ noch enthaltene Rauschanteil ebenso minimiert wie die verbleibende ISI, was aber in der Regel einen Kompromiss bedeutet. Mit den zuvor bereits erwähnten Adaptionsverfahren, die im Abschn. 6.4 separat behandelt werden, wird diese Minimierung durchgeführt.

Abbildung 6.6 veranschaulicht die Bedeutung des MMSE-Ansatzes in der Ebene der komplexen Symbole $\tilde{x}(k)$ am Beispiel einer 4 PSK-Übertragung. $\tilde{x}_R(k)$ ist der Realteil, $\tilde{x}_R(k)$ der Imaginärteil. Wegen der ISI ist die zu erwartende Verteilungdichte der gesamten Störung (ISI und Rauschen) i. Allg. nicht gaußförmig, häufig ergeben sich regelmäßige Muster wie in Abb. 6.6. Ein hier ermitteltes SNR darf deshalb nicht direkt dazu genutzt werden, um Fehlerwahrscheinlichkeiten aus AWGR-Fehlerwahrscheinlichkeitskurven zu ermitteln.

Der Ansatz nach dem ZF-Kriterium bedeutet, den MSE ebenfalls entsprechend (6.11) zu minimieren, jedoch mit der Randbedingung, dass kein AWGR vorhanden ist. Diskutiert wird dies auch noch im Abschn. 6.2.4.

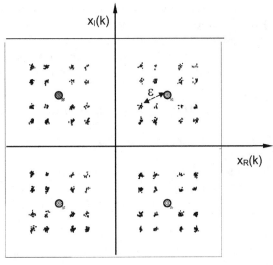

Abb. 6.6. Zur Bedeutung des MSE-Ansatzes, Beispiel: 4 PSK

6.2.2 Transversalentzerrer (TE)

Beim optimalen ML- bzw. MLSE-Ansatz konnte die zu minimierende Funktion direkt angegeben werden, was bei den Optimierungskriterien MMSE und ZF nicht möglich ist. Man muss vielmehr zunächst eine Struktur oder eine prinzipielle Form der Abbildung $\tilde{x}_0(k) \to \tilde{x}(k)$ mit genügend vielen freien Parametern vorgeben. Erst dann kann der MSE berechnet werden. In diesem

Abschnitt soll $\tilde{x}_0(k) \to \tilde{x}(k)$ – der Algorithmus in Abb. 6.5 – eine lineare zeitinvariante Abbildung sein, d. h. ein zeitdiskretes LTI-System mit der Stoßantwort $c(k)$. Die freien Parameter entsprechen in diesem Fall der Stoßantwort $c(k)$. Sie muss so eingestellt werden, dass der MSE minimiert wird. Abbildung 6.7 zeigt ein hier mögliches zeitdiskretes LTI-System: ein *zeitdiskretes Transversalfilter* (oder *FIR-Filter*; FIR: Finite Impulse Response). Der *Transversalentzerrer* (TE, engl. *Transversal Equalizer*) besteht aus einem zeitdiskreten Transversalfilter und einem Entscheider – s. Abb. 6.7 und Abb. 6.8.

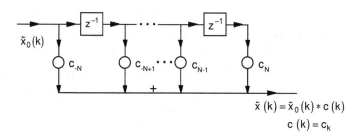

$$\tilde{x}(k) = \tilde{x}_0(k) * c(k)$$
$$c(k) = c_k$$

Abb. 6.7. Beispiel 1: FIR-Filter, zeitdiskretes Transversalfilter

Wählt man die Zahl $2N + 1$ der Koeffizienten groß genug, dann ist bekannt, dass ein zeitdiskretes *rekursives* Filter (*IIR-Filter*; IIR: Infinite Impulse Response) anstelle des FIR-Filters keinen kleineren MSE ergibt. IIR-Filter werden deswegen hier nicht weiter betrachtet. Der im nächsten Abschnitt zu behandelnde *Entzerrer mit Entscheidungsrückführung* (engl. *Decision Feedback Equalizer*, DFE) kann als Verallgemeinerung des TE aufgefasst werden, weshalb es sich anbietet, die optimalen Koeffizienten des TE zusammen mit denen für den DFE berechnen, s. Abschn. 6.2.4.

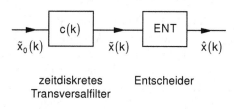

zeitdiskretes   Entscheider
Transversalfilter

Abb. 6.8. Transversalentzerrer

6.2.3 Entzerrer mit Entscheidungsrückführung (DFE)

Abbildung 6.9 zeigt die Struktur eines *Entzerrers mit Entscheidungsrückführung* (*Decision Feedback Equalizer*, DFE). Zu sehen ist ein zeitdiskretes Transversalfilter (TF$_V$) im sog. *Vorwärtszweig* und ein weiteres (TF$_R$) im sog. *Rückführungszweig*, sowie ein Entscheider (ENT). TF$_V$ besitzt $NV + 1$ Koeffizienten, TF$_R$ NR Koeffizienten. Die Koeffizienten sind mit den Werten der Stoßantworten $c_V(k)$ und $c_R(k)$ identisch.

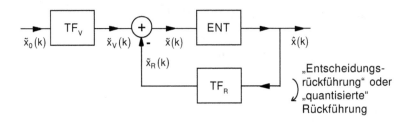

Abb. 6.9. Entzerrer mit Entscheidungsrückführung (Decision Feedback Equalizer, DFE)

Die Namensgebung des DFE geht darauf zurück, dass die Symbole, über die bereits entschieden wurde, zurückgeführt werden. Die Wirkungsweise des DFE wird am besten verständlich, wenn man $\tilde{x}(k)$ berechnet:

$$\tilde{x}(k) = \tilde{x}_0(k) * c_V(k) - \hat{x}(k) * c_R(k) . \tag{6.12}$$

$\tilde{x}_0(k)$ berechnet sich aus $x(k)$ über das zeitdiskrete Ersatzmodell – s. Abb. 6.4. Setzt man dieses $\tilde{x}_0(k)$ in (6.12) ein, dann ergibt sich:

$$\tilde{x}(k) = [x(k) * r(k) + n_e(k)] * c_V(k) - \hat{x}(k) * c_R(k) . \tag{6.13}$$

Der erste Summand ist die mit $\tilde{x}_V(k)$ bezeichnete Folge am Ausgang von TF$_V$, der zweite die mit $\tilde{x}_R(k)$ bezeichnete am Ausgang von TF$_R$.[3] Mit Abb. 6.10 soll nun das DFE-Prinzip näher erläutert werden. Die additiven Störungen $n_e(k)$ werden hierbei zu Null gesetzt. Als zusätzliche Abkürzung tritt die resultierende Stoßantwort $w(k)$ der Kettenschaltung von diskretem Ersatzkanal und Vorwärts-Transversalfilter auf. Damit ergibt sich $\tilde{x}_V(k)$ zu

$$\tilde{x}_V(k) = x(k) * w(k) \tag{6.14}$$

$$\text{mit} \quad w(k) = r(k) * c_V(k) .$$

---

[3] Die Faltungsprodukte in den beiden letzten Gleichungen sind zeitdiskret. Im Anhang 6.6.1 sind einige hier zum Verständnis vorteilhafte Anmerkungen zur Berechnung von derartigen diskreten Faltungsprodukten zu finden.

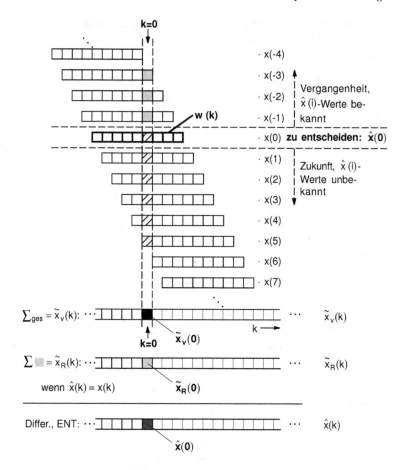

Abb. 6.10. Zum DFE-Prinzip

Diese Faltungsoperation ist im oberen Teil von Abb. 6.10 dargestellt. In senkrechter Richtung werden die mit den zugehörigen $x(k)$ multiplizierten $w(k)$-Werte aufsummiert, wobei als Ergebnis Werte der Folge $\tilde{x}_V(k)$ resultieren. Schwarz hervorgehoben in $\tilde{x}_V(k)$ ist der betrachtete Zeitpunkt $k = 0$. In dem senkrechten Streifen darüber sind die Werte von $w(k)$ und die Symbole $x(k)$ zu erkennen, die zu diesem Wert $\tilde{x}_V(0)$ führen: Es sind dies alle Werte von $w(k)$ jeweils gewichtet mit den Symbolwerten $x(-3)$ bis $x(5)$. Die Symbole $x(-3)$, $x(-2)$ und $x(-1)$ gehören der Vergangenheit an, über sie ist bereits entschieden worden. Damit sind die Symbole $\hat{x}(-3)$, $\hat{x}(-2)$ und $\hat{x}(-1)$ bereits bekannt. Nimmt man nun an, dass die Entscheidungen korrekt waren, dass also $\hat{x}(k) = x(k)$ gilt, dann kann man den Anteil an ISI von $\tilde{x}_V(0)$ subtrahieren, der durch die Vergangenheit bedingt ist. Dieser zu subtrahierende Anteil ist mit $\tilde{x}_R(0)$ identisch. Er ist in Abb. 6.10 etwas feiner schraffiert als der prinzipiell nicht zu eliminierende, durch künftige Symbole gekennzeichnete Anteil. Die Differenz zwischen $\tilde{x}_V(0)$ und $\tilde{x}_R(0)$ ergibt $\tilde{x}(0)$, und aus $\tilde{x}(0)$ folgt nach der Entscheidung $\hat{x}(0)$. Aus dieser Betrachtung folgt:

- Wenn die Entscheidungen richtig sind, d. h. wenn $\hat{x}(k) = x(k)$ gilt, dann kann der Teil der ISI, der durch die Vergangenheit bedingt ist, völlig eliminiert werden.
- Da aber $\hat{x}(k) \neq x(k)$ mit der Symbolfehlerwahrscheinlichkeit P_s vorkommen kann, wird dieser ISI-Anteil nicht immer korrekt eliminiert, es ist ein Verlust in $\frac{E_b}{N_0}$ zu erwarten.
- $c_R(k)$ ist vollständig durch $w(k) = r(k) * c_V(k)$ bestimmt – s. hierzu auch Abb. 6.11. Damit ist auch die Zahl NR der Koeffizienten im Rückführungszweig nicht frei wählbar, sie ist ebenfalls durch $w(k)$ festgelegt. Wenn die Stoßantwort $r(k)$ des zeitdiskreten Ersatzkanals auf Symbolbasis aus $2L_r + 1$ Werten besteht, dann ist $c_R(k)$ mit den L_r Werten $w(k > 0)$ identisch. Für L_r gilt wiederum:

$$L_r = \left\lfloor \frac{\text{Dauer}\,[h_T(t) = e_T(t) * h_{KT}(t)]}{T_S} \right\rfloor \gtrapprox \left\lfloor \frac{\text{Dauer}\,[h_{KT}(t)]}{T_S} \right\rfloor .$$

$\lfloor . \rfloor$ bedeutet hierbei ein Abrunden. Der Zusammenhang zwischen der Dauer von $h_T(t)$ und der Dauer der Kanalstoßantwort lässt sich leider nicht allgemein angeben.

Vorausgesetzt ist bei diesen Betrachtungen, dass $h_T(t)$ eine endliche Dauer besitzt, zumindest näherungsweise.

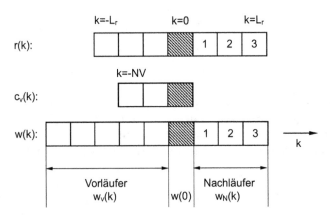

Abb. 6.11. Vor- und Nachläufer beim DFE, Einfluss des Kanals auf die Gesamt-Stoßantwort $w(k)$

6.2.4 Optimale Koeffizienten beim DFE und TE

In diesem Abschnitt sollen die optimalen Koeffizienten des DFE berechnet werden, wobei zur Optimierung das zuvor erläuterte MMSE-Kriterium herangezogen werden soll:

$$J = \mathrm{MSE} = \overline{|\tilde{x}(k) - x(k)|^2} = \min_{c_V(k),\, c_R(k)} .$$ (6.15)

$\tilde{x}(k)$ wird im Folgenden so definiert, dass sich aus der Koeffizienten-Berechnung für den DFE die optimalen Koeffizienten des TE leicht ableiten lassen. Folgende Annahmen sollen gelten:

Annahme a): Die Entscheidungen über die Symbole sind korrekt
d. h. $\hat{x}(k) = x(k)$.

Annahme b): Die Sendefolge ist weiß
oder: Die Sendesymbole sind unkorreliert
d. h. $\overline{x^*(i) \cdot x(i + k)} = \sigma_x^2 \cdot \delta(k)$

Annahme c): Der AWGR-Prozess des Kanals und der
Sendefolgen-Prozess sind nicht korreliert

In Annahme b) ist σ_x^2 die Streuung der Sendefolge. Da die Sendefolge weiß ist, ist σ_x^2 auch gleichzeitig die mittlere Leistung von $x(k)$. Für die folgende mathematische Formulierung bietet sich eine Schreibweise mit Vektoren und Matrizen an, wobei die Definition der beiden folgenden Zeilenvektoren als Ausgangspunkt dient:

$$\begin{aligned}
\underline{z}_k &= [\; \tilde{x}_0(k + NV) \;\cdots\; \tilde{x}_0(k) \;|\; -\hat{x}(k - 1) \quad\cdots\quad -\hat{x}(k - NR) \;] \\
\underline{c} &= [\quad c(-NV) \;\cdots\; c(0) \;|\quad c(1) \qquad\cdots\qquad c(NR) \qquad]
\end{aligned}$$ (6.16)

$$|\quad \text{Zukunft} \quad|\; \text{Gegen-} \;|\; \text{Vergangenheit, bereits entschieden} \;|$$
$$\text{wart}$$

Das Skalarprodukt dieser beiden Vektoren ergibt den Symbolwert $\tilde{x}(k)$ zum Zeitpunkt k:

$$\tilde{x}(k) = \underline{c} \cdot \underline{z}_k^T .$$ (6.17)

Zu beachten ist, dass die Vektoren hier als Zeilenvektoren definiert werden. $(.)^T$ bedeutet die Transponierung. Da der Vektor $\underline{c}$ die Werte von $c_V(k)$ und $c_R(k)$ zusammenfasst, ist das Funktional J in (6.15) bezüglich dieses Vektors zu minimieren. Hierzu muss der Gradientenvektor $\nabla_c J$ von J bezüglich $\underline{c}$ gebildet und zu Null gesetzt werden. Die detaillierte Rechnung besitzt keine Besonderheiten und soll deshalb hier nicht durchgeführt werden. Das Ergebnis lautet:

$$\nabla_c J = 2 \, \overline{[\tilde{x}(k) - x(k)] \cdot \underline{z}_k^*} = \underline{0} .$$ (6.18)

$\underline{0}$ ist der Nullvektor. Diese Gleichnung wird in der Literatur auch das *Orthogonalitätsprinzip* genannt, was aussagen soll, dass der Fehler

$$\varepsilon(k) = \tilde{x}(k) - x(k) \tag{6.19}$$

im statistischen Sinn orthogonal zum Vektor $\underline{z}_k$ ist, der Ausschnitte aus den Folgen $\tilde{x}_0(k)$ bzw. $\hat{x}(k)$ enthält. Für den Sendefolgen-Prozesses soll Stationarität vorausgesetzt werden, so wie dies beim AWGR auch gegeben ist. Damit werden alle Mittelwerte im Folgenden nicht mehr von der diskreten Zeitvariablen k abhängen, weshalb k nach der Mittelwertbildung auch weglassen werden kann. Durch Einsetzen von (6.17) in (6.18) erhält man:

$$\underline{c}_{opt} \cdot \overline{\underline{z}_k^T \cdot \underline{z}^*} = \overline{x(k) \cdot \underline{z}_k^*}$$

$$\underline{c}_{opt} \cdot R_{z_k z_k} = \overline{x(k) \cdot \underline{z}_k^*} . \tag{6.20}$$

$\underline{c}_{opt}$ ist der gesuchte optimale Koeffizientenvektor und R_{zz} die Korrelationsmatrix der Vektoren $\underline{z}_k$. Sie lässt sich als Scharmittel über dyadische Produkte darstellen. Ein *dyadisches Produkt* zwischen zwei Zeilenvektoren $\underline{a}$ und $\underline{b}$ mit n Komponenten ist die folgende singuläre Matrix mit dem Rang 1:

$$\underline{a}^T \cdot \underline{b} = \begin{bmatrix} a_1 \cdot b_1 & a_1 \cdot b_2 & \cdots & a_1 \cdot b_n \\ a_2 \cdot b_1 & a_1 \cdot b_2 & \cdots & a_1 \cdot b_n \\ \vdots & & \ddots & \vdots \\ a_n \cdot b_1 & a_1 \cdot b_2 & \cdots & a_n \cdot b_n \end{bmatrix} . \tag{6.21}$$

Die Mittelwertbildung über die dyadischen Produkte sorgt dafür, dass R_{zz} vollen Rang hat. Aus (6.20) lässt sich nun der gesuchte optimale Koeffizientenvektor $\underline{c}_{opt}$ bestimmen:

$$\underline{c}_{opt} = \overline{[x(k) \cdot \underline{z}_k^*]} \cdot R_{z_k z_k}^{-1} . \tag{6.22}$$

Die beiden in dieser Gleichung auftretenden Terme sollen im Folgenden explizit berechnet werden. Für den Vektor $\underline{z}_k$ gilt damit, s. (6.16)

$$\underline{z}_k = [\quad \tilde{\underline{x}}_{0k} \quad | \quad -\hat{\underline{x}}_{Rk} \quad] . \tag{6.23}$$

$\tilde{\underline{x}}_0$ besitzt $NV + 1$ Komponenten, $\hat{\underline{x}}_{Rk}$ NR Komponenten. Mit der Struktur von $\underline{z}_k$ folgt die Struktur der Matrix R_{zz}:

$$R_{zz} = \overline{\underline{z}_k^T \underline{z}_k^*} = \begin{bmatrix} \text{Teilmatrix A} & | & \text{Teilmatrix C} \\ \overline{\tilde{\underline{x}}_{0k}^T \tilde{\underline{x}}_{0k}^*} & | & -\overline{\tilde{\underline{x}}_{0k}^T \hat{\underline{x}}_{Rk}^*} \\ \text{- - - - - - - -} & | & \text{- - - - - -} \\ \text{Teilmatrix B} & | & \text{Teilmatrix D} \\ -\overline{\hat{\underline{x}}_{Rk}^T \tilde{\underline{x}}_{0k}^*} & | & \overline{\hat{\underline{x}}_{Rk}^T \hat{\underline{x}}_{Rk}^*} \end{bmatrix} . \tag{6.24}$$

Alle vier Teilmatrizen stellen Scharmittelwerte über dyadische Produkte dar. Sie sollen nun berechnet werden, wobei die folgenden Konventionen gelten sollen: Zeilen-Nummern der dyadischen Produkte werden mit i bezeichnet, sie laufen von $i = 1$ bis $i = NZ$. Für die Spalten-Nummern gilt: $l = 1, ..., NS$. NZ und NS sind unterschiedlich bei den einzelnen Teilmatrizen. Für die Teilmatrix D in (6.24) folgt mit Annahme a):

$$D = \overline{\begin{bmatrix} x(k-1) \\ \vdots \\ x(k-NR) \end{bmatrix} \cdot \begin{bmatrix} x^*(k-1) & \cdots & x^*(k-NR) \end{bmatrix}} . \qquad (6.25)$$

Bei dieser Matrix gilt offensichtlich $NS = NZ = NR$. Das Element d_{il} in der i-ten Zeile und l-ten Spalte dieser Matrix lässt sich mit der Annahme einer weißen Sendesymbolfolge (Annahme b) oben) wie folgt berechnen:

$$d_{il} = \overline{x(k-i) \cdot x^*(k-l)}$$
$$= \sigma_x^2 \cdot \delta(i-l) . \qquad (6.26)$$

Dieses Ergebnis besagt, dass D eine mit σ_x^2 multiplizierte Einheitsmatrix ist:

$$D = \sigma_x^2 \cdot I . \qquad (6.27)$$

Die $NR \times NR$-Einheitsmatrix ist hier mit I bezeichnet. Für die Teilmatrix B folgt in gleicher Weise:

$$B = \overline{\begin{bmatrix} -x(k-1) \\ \vdots \\ -x(k-NR) \end{bmatrix} \cdot \begin{bmatrix} \tilde{x}_0^*(k+NV) & \cdots & \tilde{x}_0^*(k) \end{bmatrix}} . \qquad (6.28)$$

Hier ist $NZ = NR$ und $NS = NV + 1$. Für die Elemente b_{il} dieser Matrix gilt:

$$b_{il} = \overline{-x(k-i) \cdot \tilde{x}_0^*(k+NV+1-l)} . \qquad (6.29)$$

$\tilde{x}_0^*(k+NV+1-l)$ ergibt sich mit Hilfe des zeitdiskreten Ersatzkanals:

$$\tilde{x}_0^*(k+NV+1-l) = \sum_m x^*(m) \cdot r^*(k+NV+1-l-m) + n_e(\cdot) .$$

Eingesetzt in (6.29) folgt:

$$b_{il} = -\sum_m \overline{x(k-i) \cdot x^*(m)} \cdot r^*(k+NV+1-l-m) - \overline{x(k-i) \cdot n_e(\cdot)} . \quad (6.30)$$

Die Scharmittelwertbildung über das Produkt von Sendesymbolen ergibt mit der Annahme b) von oben nur für $m = k - i$ den Beitrag σ_x^2 und sonst den

Wert Null. Mit der Annahme c) folgt schließlich, dass der Scharmittelwert über das Produkt von Sendesymbolen und Rauschwerten im zweiten Term dieser Gleichung ebenfalls verschwindet. Damit ergibt sich:

$$b_{il} = -\sigma_x^2 \cdot r^*(NV + 1 + i - l).$$ (6.31)

Für die $(NV + 1) \times (NV + 1)$-Teilmatrix A ergeben sich in vergleichbarer Weise die Elemente:

$$a_{il} = \sigma_x^2 \cdot \varphi_{rr}^E(l - i) + \varphi_{n_e n_e}(l - i).$$ (6.32)

Hier treten neben dem „Nutzanteil" $\sigma_x^2 \cdot \varphi_{rr}^E(l-i)$ noch die Rausch-Korrelationswerte $\varphi_{n_e n_e}(l - i)$ auf. $\varphi_{rr}^E(k)$ ist die AKF der Stoßantwort $r(k)$ des zeitdiskreten Ersatzkanals, d. h.:

$$\varphi_{rr}^E(k) = r^*(-k) * r(k).$$ (6.33)

Anzumerken ist, dass für die Korrelationsfunktionen generell Folgendes gilt:

$$\begin{aligned} \varphi_{rr}^E(-k) &= \varphi_{rr}^{E*}(k) \\ \varphi_{n_e n_e}(-k) &= \varphi_{n_e n_e}^*(k). \end{aligned}$$ (6.34)

Für die Rauschfolgen-AKF $\varphi_{n_e n_e}(k)$ ergibt sich damit:

$$\begin{aligned} \varphi_{n_e n_e}(k) &= \overline{n_e^*(i) \cdot n_e(i + k)} & \text{schwache Stationarität} \\ &= \frac{1}{2} \overline{n_{Te}^*(iT_S) \cdot n_{Te}\left[(i + k)T_S\right]} & \text{Definition} \\ &= \frac{1}{2} \overline{n_{Te}^*(t) \cdot n_{Te}(t + kT_S)} & \text{schwache Stationarität} \\ &= \varphi_{n_{Te} n_{Te}}(kT_S). \end{aligned}$$ (6.35)

Der Faktor $\frac{1}{2}$ ist durch die Definition der AKF von stochastischen Prozessen bedingt, s. (1.146) in Kap. 1. In der letzten Zeile dieser Gleichung steht rechts die AKF des Rauschens hinter dem KMF zu den Abtastzeitpunkten kT_S. Mit der Wiener-Lee-Beziehung (1.153), die ebenfalls in Kap. 1 eingeführt wurde, erhält man schließlich:

$$\varphi_{n_{Te} n_{Te}}(\tau) = \frac{1}{2} \varphi_{n_T n_T}(\tau) * \varphi_{h_{\mathrm{KMF}} h_{\mathrm{KMF}}}^E(\tau).$$ (6.36)

$\varphi_{n_T n_T}(\tau)$ ist hier die AKF des äquivalenten TP-Rauschprozesses, für die gilt:

$$\varphi_{n_T n_T}(\tau) = N_0 \cdot \delta_T(\tau) = N_0 \cdot 2h_{TP}(\tau).$$ (6.37)

$\delta_T(\tau)$ ist der äquivalente TP-„Diracstoß", der in Kap. 1 als $2h_{TP}(t)$ definiert wurde. Er ist Teil der BP-TP-Transformation. Die Rauschleistungen im BP- und äquivalenten TP-Bereich sind damit identisch. $\varphi_{h_{\mathrm{KMF}} h_{\mathrm{KMF}}}^E(\tau)$ in (6.36) ist die AKF der KMF-Stoßantwort, woraus sich mit $h_{\mathrm{KMF}}(\tau) = h_T^*(-\tau)$ direkt

$$\varphi^E_{h_{\mathrm{KMF}} h_{\mathrm{KMF}}}(\tau) = \frac{1}{2} h^*_{\mathrm{KMF}}(-\tau) * h_{\mathrm{KMF}}(\tau) = \frac{1}{2} h^*_T(-\tau) * h_T(\tau) = \varphi^E_{h_T h_T}(\tau)$$

ergibt. Für $\varphi_{n_e n_e}(k)$ folgt schließlich durch Einsetzen dieser Zwischenergebnisse:

$$\varphi_{n_e n_e}(k) = N_0 \cdot \varphi^E_{h_T h_T}(kT_S) = N_0 \cdot r(k). \tag{6.38}$$

Der letzte Schritt ergibt sich mit der Definition der Stoßantwort $r(k)$ des zeitdiskreten Ersatzkanals. Für die in der Teilmatrix A vorkommende AKF $\varphi^E_{rr}(k)$ gilt allgemein:

$$\varphi^E_{rr}(k) = r^*(-k) * r(k)$$
$$\varphi^E_{rr}(-k) = \varphi^{E*}_{rr}(-k) \tag{6.39}$$

Eine analoge Beziehung gilt ebenfalls für $r(k)$. Die gesamte Korrelationsmatrix R_{zz} besitzt damit die folgende Struktur

$$R_{zz} = \sigma_x^2 \cdot \begin{bmatrix} \mathrm{toeplitz}(\underline{\varphi}^E_{rr+}) & \big| & -F^{*T} \\ {\scriptstyle NV \times NV} & {\scriptstyle \big|} & {\scriptstyle NV \times NR} \\ \hline {\scriptstyle -} {\scriptstyle -} {\scriptstyle -} {\scriptstyle -} {\scriptstyle -} {\scriptstyle -} {\scriptstyle -} {\scriptstyle -} {\scriptstyle -} & {\scriptstyle \big|} & {\scriptstyle -} {\scriptstyle -} {\scriptstyle -} {\scriptstyle -} \\ -F & \big| & I \\ {\scriptstyle NR \times NV} & {\scriptstyle \big|} & {\scriptstyle NR \times NR} \end{bmatrix} + N_0 \cdot \begin{bmatrix} \mathrm{toeplitz}(\underline{r}_+) & \big| & 0 \\ {\scriptstyle NV \times NV} & {\scriptstyle \big|} & {\scriptstyle NV \times NR} \\ \hline {\scriptstyle -} {\scriptstyle -} {\scriptstyle -} {\scriptstyle -} {\scriptstyle -} {\scriptstyle -} {\scriptstyle -} {\scriptstyle -} {\scriptstyle -} & {\scriptstyle \big|} & {\scriptstyle -} {\scriptstyle -} {\scriptstyle -} {\scriptstyle -} \\ 0 & \big| & 0 \\ {\scriptstyle NR \times NV} & {\scriptstyle \big|} & {\scriptstyle NR \times NR} \end{bmatrix}$$

$$F = \begin{bmatrix} 0 \cdots 0\, r^*(NR) & \cdots & r^*(2) & r^*(1) \\ 0 & 0 & r^*(NR) & \cdots & r^*(2) \\ \vdots & \ddots & \ddots & \vdots \\ 0 \cdots & \cdots & 0 & r^*(NR) \end{bmatrix} \tag{6.40}$$

I ist hierbei eine Einheitsmatrix, 0 eine Null-Matrix. Die Zahl der Zeilen und Spalten ist jeweils angegeben. Die *Toeplitz-Matrix* $\mathrm{toeplitz}(\underline{a})$ wird folgt aus dem Zeilenvektor $\underline{a} = [a_0, a_1, ..., a_m]$ gebildet:

$$\mathrm{toeplitz}(\underline{a}) = \begin{bmatrix} a_0 & a_1 & \cdots & a_m \\ a_1^* & a_0 & a_1 & \cdots \\ \vdots & & & \ddots \\ a_m^* & a_{m-1}^* & \cdots & a_0 \end{bmatrix} \tag{6.41}$$

Hierbei ist $m = NV$. Zu bachten ist, dass die Toeplitz-Matrizen nur mit den Werten von $\underline{\varphi}^E_{rr}(k)$ bzw. $r(k)$ für $k \geq 0$ gebildet werden, was durch den Index-Zusatz $+$ ausgedrückt werden soll. Die konjugiert komplexen Werte für $k < 0$ werden durch toeplitz(.) ergänzt. Damit sind die entstehenden Toeplitz-Matrizen gleichzeitig *Hermite-Matrizen*, d. h. es gilt

$$\mathrm{toeplitz}(\underline{a}) = \mathrm{toeplitz}(\underline{a})^{T*}.$$

Zur Lösung des Gleichungssystems ist es nun noch notwendig, die rechte Seite von (6.20) zu bestimmen, d. h. den Vektor

$$\overset{\wavy}{x(k) \cdot \underline{z}_k^*} = x(k) \cdot \left[\overset{\wavy}{\tilde{x}_0^*(k+NV)} \cdots \tilde{x}_0^*(k) \; \hat{x}^*(k-1) \cdots \hat{x}^*(k-NR) \right].$$
$$(6.42)$$

Für die rechts stehenden Komponenten dieses Vektors ergibt sich mit den Annahmen a) und b) von oben:

$$\overset{\wavy}{x(k) \cdot \hat{x}^*(k-i)} = \overset{\wavy}{x(k) \cdot x^*(k-i)}; \quad i = 1, 2, ..., NR$$
$$= 0.$$
$$(6.43)$$

Die übrigen Komponenten lassen sich ebenfalls leicht berechnen:

$$\overset{\wavy}{x(k) \cdot \tilde{x}_0^*(k+NV-i)} = \sum_l \overset{\wavy}{x(k) \, x^*(l)} \, r^*(k+NV+1-i-l) + \overset{\wavy}{x(k) \, n_e(k)}$$
$$= \sigma_x^2 \cdot r^*(NV+1-i).$$
$$(6.44)$$

Für den gesuchten Vektor folgt damit:

$$\overset{\wavy}{x(k) \cdot \underline{z}_k^*} = \sigma_x^2 \cdot \left[r^*(NV) \, r^*(NV-1) \cdots r^*(0) \; 0 \cdots 0 \right].$$
$$(6.45)$$

Im linken Teil, d. h. dem von Null verschiedenen Teil dieses Vektors, steht der linke Teil der Stoßantwort des zeitdiskreten Ersatzkanals:

$$\underline{r} = \left[r^*(NV) \cdots r^*(1) \, r(0) \, r(1) \cdots r(NV) \right].$$
$$(6.46)$$

Hierbei gilt: $r(0) = r^*(0) = E_r$. Das gesamte Gleichungssystem lässt sich mit den entsprechenden Teilmatrizen und Teilvektoren mit diesen Ergebnissen nun wie folgt schreiben:

$$\underline{c}_V \cdot A + \underline{c}_R \cdot B = \sigma_x^2 \cdot \underline{r}_-$$
$$\underline{c}_V \cdot B^{*T} + \underline{c}_R \cdot \sigma_x^2 = 0.$$
$$(6.47)$$

$\underline{r}_-$ ist der in (6.46) auftretende linke Teil des Vektors $\underline{r}$ einschließlich $r(0)$. Für die optimalen Koeffizientenvektoren folgt schließlich:

$$\underline{c}_{V\,opt} = \sigma_x^2 \cdot \underline{r}_- \cdot \left[A - \frac{1}{\sigma_x^2} B^{*T} B \right]^{-1}$$

$$\underline{c}_{R\,opt} = -\underline{c}_{V\,opt} \cdot B^{*T} \cdot \frac{1}{\sigma_x^2} = -\underline{r}_- \cdot \left[A - \frac{1}{\sigma_x^2} B^{*T} B \right]^{-1} \cdot B^{*T}.$$
$$(6.48)$$

Für den TE muss die gesamte Rechnung nicht noch einmal durchgeführt werden. Vielmehr lässt sich leicht einsehen, dass sich in diesem Fall eine Korrelationsmatrix ergibt, die mit der Matrix A in (6.24) identisch ist, wenn man sie auf die gesamte Größe $m \times m$ mit $m = 2N + 1$ ausdehnt:

$$R_{zz} = \sigma_x^2 \begin{bmatrix} \cdot & & \\ & \varphi_{\underline{rr}}^E & \\ & & \cdot \end{bmatrix}_{m \times m} + N_0 \begin{bmatrix} \cdot & & \\ & \underline{r} & \\ & & \cdot \end{bmatrix}_{m \times m}.$$
$$(6.49)$$

Beide hier vorkommende Matrizen haben die gleiche Toeplitz-Struktur wie die Matrix A, s (6.41). Der Vektor $\underline{z}_k$ in (6.17) enthält jetzt im rechten Teil (Vergangenheits) ebenfalls Schätzwerte $\tilde{x}_0(k)$ als Komponenten:

$$\underline{z}_k = \left[\tilde{x}_0(k - N) \cdots \tilde{x}_0(k) \cdots \tilde{x}_0(k + N) \right] . \tag{6.50}$$

Das Gleichungssystem für den TE lautet damit:

$$\underline{c} \cdot R_{zz} = \sigma_x^2 \cdot \underline{r} . \tag{6.51}$$

Im Gegensatz zu (6.48) steht hier auf der rechten Seite der vollständige Vektor $\underline{r}$. Für den optimalen Koeffizientenvektor des TE folgt:

$$\underline{c}_{opt} = \sigma_x^2 \cdot \underline{r} \cdot R_{zz}^{-1} . \tag{6.52}$$

Setzt man die gefundenen Lösungen für die optimalen Koeffizientenvektoren in die Gleichung zur Berechnung des MSE ein, dann ergeben sich die minimalen MSE-Werte für den DFE und den TE:

$$\text{DFE:} \quad J_{\min} = \sigma_x^2 \left[1 - \sum_{i=-NV}^{0} c_V(i) r(-i) \right]; \quad \hat{x}(k) = x(k)$$

$$\text{TE:} \quad J_{\min} = \sigma_x^2 \left[1 - \sum_{i=-N}^{N} c(i) r(-i) \right] . \tag{6.53}$$

$J_{\min}$ für den DFE ist in jedem Falle kleiner als $J_{\min}$ für den TE, obwohl beim TE scheinbar mehr von 1 subtrahiert wird als beim DFE. Man muss jedoch beachten, dass die Koeffizientenvektoren für den DFE und TE unterschiedlich sind. Bei idealen oder nahezu idealen Kanälen sind gleiche minimale MSE-Werte zu erwarten.

Die Fehlerwahrscheinlichkeiten für den DFE und TE werden in Abschn. 6.5 zusammen mit denen für MLSE-Empfänger diskutiert.

Anmerkung: Eine Besonderheit des MMSE-Ansatzes bei starken Störungen soll kurz am Beispiel des TE diskutiert werden. Deutlich wird diese Besonderheit bereits für den Spezialfall eines idealen Kanals, bei dem gilt

$$R_{zz} = \left[\sigma_x^2 E_r + N_0 r(0) \right] \cdot I$$
$$r(k) = r(0) \cdot \delta(k); \quad r(0) = E_{h_T} = E_{e_T}$$
$$E_r = |r(0)|^2 .$$

E_{h_T} ist hierbei die Energie der resultierenden Stoßantwort $h_T(t)$, die bei einem idealen Kanal mit dem Elementarsignal identisch ist, s. Abb. 6.1. Der optimale Koeffizientenvektor für den TE ergibt sich aus (6.52):

TE, idealer Kanal $\underline{c}_{opt} = \sigma_x^2 \cdot \underline{r} \cdot R_{zz}^{-1}$

$$= \sigma_x^2 \cdot \underline{r} \cdot \frac{1}{[\sigma_x^2 E_r + N_0 \, r(0)]} \cdot I$$

$$= \frac{\sigma_x^2}{\sigma_x^2 E_{e_T}^2 + N_0 E_{e_T}} \cdot [0, ..., 0, E_{e_T}, 0...., 0]$$

$$= \frac{\sigma_x^2}{\sigma_x^2 E_{e_T} + N_0} \cdot [0, ..., 0, 1, 0...., 0] \, .$$

Zu erkennen ist, dass – wie zu erwarten – nur der mittlere Entzerrer-Koeffizient von Null verschieden ist. Für den Wert $c_{opt}(0)$ ergibt sich aber eine Besonderheit. Zwei Fälle sind dabei zu unterscheiden:

Fall 1: $N_0 = 0 \qquad \Longrightarrow \quad$ keinRauschen
$$c_{opt}(0) = \tfrac{1}{E_{e_T}}$$

Fall 2: $N_0 \gg \sigma_x^2 E_{e_T} \Longrightarrow$ starkesRauschen
$$c_{opt}(0) \approx \tfrac{\sigma_x^2}{N_0}$$

Fall 1 entspricht dem Ergebnis für den AWGR-Kanal aus Kap. 2. Fall 2 unterscheidet sich aber davon. In Kap. 2 gab es auf der Empfangsseite keinen derartigen vom Rauschen abhängigen Skalierungsfaktor $c_{opt}(0)$. Er bedeutet hier, dass bei stärker werdendem Rauschen $c_{opt}(0)$ gegen Null geht. Der Grund liegt beim MMSE-Ansatz. Mit stärker werdendem Rauschen wird der mittlere quadratische Fehler einfach dadurch minimiert, dass $\tilde{x}(k) = c_{opt}(0) \cdot \tilde{x}_0(k)$ selbst verkleinert wird. Bei einer bipolaren Übertragung wie 2PSK ist dies bedeutungslos. Liegt jedoch eine Übertragung mit allgemeineren Symbolalphabeten vor, dann müssen – da sich die Sollwerte für $x(k)$ verschieben – die Entscheidungs-Schwellen ebenfalls entsprechend $c_{opt}(0)$ mit verschoben werden. Will man diese Auswirkungen des MMSE-Ansatzes vermeiden, dann bietet es sich an, den Vektor $\underline{c}_{opt}$ immer so zu normieren, dass $c_{opt}(0) = 1$ gilt. Die hier für den TE angestellten Überlegungen gelten in analoger Weise auch für den DFE.◄

6.2.5 MLSE-Entzerrung mit dem Viterbi-Algorithmus (VA)

Nutzt man als Optimierungskriterium kleinste Fehlerwahrscheinlichkeiten – wie dies bei einer digitalen Übertragung naheliegend ist – dann sind die zuvor behandelten Empfangsalgorithmen TE und DFE i. Allg. suboptimal. Das MLSE-Prinzip, bei dem die wahrscheinlichst gesendete Folge von Sendesymbolen bestimmt wird, wurde am Beginn dieses Kapitels bereits erläutert, s. Abschn. 6.1.1. Dieses Prinzip soll im Folgenden vorausgesetzt werden. Anstelle der in Abschn. 6.1.1 beschriebenen MF-Bank, bei der der Realisierungsaufwand sehr schnell unrealistisch groß wird, soll wieder die in Abschn. 6.1.2 abgeleitete Struktur verwendet werden, jetzt mit dem bereits erwähnten *Viterbi-*

Algorithmus (VA) als optimalem Empfangsalgorithmus. Der VA ist ein MLSE-Algorithmus, bei dem der Realisierungsaufwand zwar auch noch exponentiell wächst, aber nicht mit der Länge der betrachteten Symbolfolgen sondern nur mit $NH-1$. NH ist das *Gedächtnis des Kanals* bzw. die in Symbolen gezählte Dauer der Kanalstoßantwort. Den Ausgangspunkt für den VA bildet das zeitdiskrete Übertragungsmodell auf Symbol-Basis, das durch (6.10) charakterisiert ist:

$$\tilde{x}_0(k) = x(k) * r(k) + n_e(k).$$

Die Folge $\tilde{x}_0(k)$ ist die Eingangsfolge für den VA, für den es im hier vorliegenden Entzerrer-Kontext zwei Varianten gibt:[4]

- Variante nach Forney:
  Sie verlangt, dass die additive Gauß-Rauschfolge am Eingang des VA weiß ist, was bei $n_e(k)$ nicht der Fall ist.
- Variante nach Ungerböck:
  Sie kann direkt als Empfangsalgorithmus eingesetzt werden, da die additive Gauß-Rauschfolge am Eingang dieser VA-Variante keine weiße Rauschfolge sein muss.

Obwohl die VA-Variante nach Ungerböck, die am Ende dieses Abschnitts noch einmal angesprochen wird, besser zu den bisherigen Betrachtungen passt, soll im Folgenden zunächst die einfacher verständliche Variante nach Forney erläutert werden. Abbildung 6.12 zeigt den hierzu notwendigen Zwischenschritt:

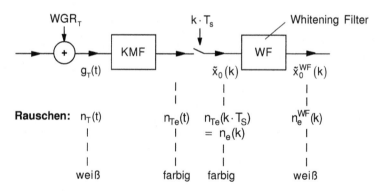

Abb. 6.12. Zum Viterbi-Algorithmus, Variante nach Forney

Aus $\tilde{x}_0(k)$ wird mit Hilfe eines *Whitening Filters (WF)* eine Folge $\tilde{x}_0^{\mathrm{WF}}(k)$ erzeugt, deren additiver Rauschanteil weiß ist. Es lässt sich zeigen, dass ein solches Filter realisiert werden kann und dass aus der neuen Folge $\tilde{x}_0^{\mathrm{WF}}(k)$

---

[4] Es ist auch üblich, den VA in diesem Kontext als Viterbi-Entzerrer (VE) zu bezeichnen.

am Ausgang die wahrscheinlichste Sendefolge ebenfalls noch bestimmt werden kann. Der VA in der Variante nach Forney ist damit hinter dem WF als MLSE-Algorithmus einsetzbar. Ähnlich wie zuvor kann auch hier ein zeitdiskretes Ersatzmodell abgeleitet werden. Es beinhaltet das WF – s. Abb. 6.13.

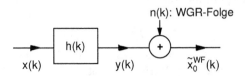

Abb. 6.13. Kanalmodell bei der VA-Variante nach Forney

Für die hier auftretende WGR-Folge $n(k)$ gilt per Definition: $n(k) = n_e^{\mathrm{WF}}(k)$ mit $n_e^{\mathrm{WF}}(k)$ aus Abb. 6.12. Ausgehend von diesem Modell lässt sich das MLSE-Prinzip wie in Abb. 6.14 veranschaulichen.

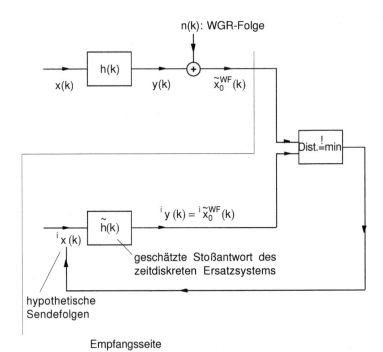

Abb. 6.14. MLSE und VA, generelles Prinzip

Zur einlaufenden Folge $\tilde{x}_0^{\mathrm{WF}}(k)$ wird im Empfänger parallel eine hypothetische Folge ${}^i y(k) = {}^i \tilde{x}_0^{\mathrm{WF}}(k)$ laufend so „konstruiert", dass sie eine minimale euklidische Distanz zu $\tilde{x}_0^{\mathrm{WF}}(k)$ besitzt. Der Hochindex i soll hierbei wieder als Nummerierung von gesamten Folgen oder Signalen verwendet werden, so wie dies in Abschn. 6.1.1 eingeführt wurde. Offensichtlich ist in Abb. 6.14, dass es zur Konstruktion der ${}^i y(k)$ notwendig ist, $h(k)$ auf der Empfangsseite zu kennen. Setzt man diese Kenntnis voraus, dann können zu jeder *hypothetischen Sendefolge* ${}^i x(k)$ am Eingang des Modellkanals die zugehörigen Ausgangsfolgen ${}^i y(k)$ berechnet werden. Variiert oder konstruiert wird nur ${}^i x(k)$. Dass in der Regel das wirklich vorliegende $h(k)$ dabei nicht bekannt ist, sondern nur eine Schätzung vorliegt, ist in Abb. 6.14 durch die Bezeichnung $\tilde{h}(k)$ verdeutlicht. Es wird sich im Folgenden zeigen, dass zu einem festen Zeitpunkt i. Allg. mehrere hypothetische Sendefolgen ${}^i x(k)$ bzw. Folgen ${}^i y(k)$ laufend in *rekursiver* Weise konstruiert werden müssen. Der VA sorgt dabei dafür, dass deren Anzahl so klein wie möglich ist.

Zum Verständnis des VA benötigt man eine *Zustandsraum-Darstellung* für das zeitdiskrete LTI-System mit der Stoßantwort $h(k)$. Sie soll in der folgenden Zwischenbemerkung kurz erläutert werden. Der Übersichtlichkeit wegen wird dabei der Hochindex i bei ${}^i x(k)$ und ${}^i y(k)$, der die vollständigen Folgen explizit nummeriert, weggelassen.

Zwischenbemerkung: Zustandsraum-Darstellung bei FIR-Filtern
Abbildung 6.15 zeigt die Zustandsraum-Darstellung bei allgemeinen zeitdiskreten linearen Systemen mit vektorwertigen Ein- und Ausgangssignalen.

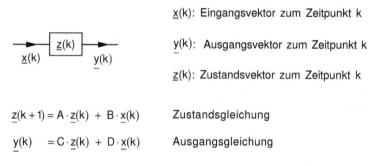

$\underline{x}(k)$: Eingangsvektor zum Zeitpunkt k

$\underline{y}(k)$: Ausgangsvektor zum Zeitpunkt k

$\underline{z}(k)$: Zustandsvektor zum Zeitpunkt k

$$\underline{z}(k+1) = A \cdot \underline{z}(k) + B \cdot \underline{x}(k) \qquad \text{Zustandsgleichung}$$

$$\underline{y}(k) = C \cdot \underline{z}(k) + D \cdot \underline{x}(k) \qquad \text{Ausgangsgleichung}$$

Abb. 6.15. Zustandsraum-Darstellung bei zeitdiskreten LTI-Systemen

Im Gegensatz zur Black-Box-Darstellung von LTI-Systemen, bei der die Stoßantwort das System kennzeichnet, gibt es hier die Matrizen A, B, C und D sowie den *Zustandsvektor* $\underline{z}(k)$. Die *Zustandsgleichung* gibt an, wie aus dem alten Zustandsvektor zum Zeitpunkt k der neue zum Zeitpunkt $k+1$ berechnet wird. Neben dem alten Zustandsvektor ist hierzu auch noch der Eingangsvektor zum Zeitpunkt k notwendig. Mit der *Ausgangsgleichung* berechnet man aus dem Zustandsvektor und dem Eingangsvektor den zugehörigen Ausgangsvektor zum Zeitpunkt k. Ein gegebener Zustandsvektor steht für einen *Zustand* des Systems, was dazu führt, dass die Bezeichnungen Zustandsvektor und Zustand gerne synonym verwendet werden.

Nimmt man an, dass ein FIR-Filter mit NH Koeffizienten vorliegt, d. h. ein zeitdiskretes LTI-System mit einer zeitbegrenzten Stoßantwort, dann zeigt Abb. 6.16 den hier benötigten Spezialfall. Die Eingangs- und Ausgangsvektoren sind nun Skalare, und der Zustandsvektor fasst die Werte der Eingangsfolge zusammen, die sich innerhalb des FIR-Filters befinden. Die Matrix A ist eine Verschiebematrix. Sie sorgt dafür, dass beim Übergang von einem Zeitpunkt zum nächsten sich die Komponenten des Zustandsvektors um eine Position nach rechts schieben, s. Abb. 6.16. Das aktuelle Eingangssymbol $x(k)$ kommt als neue Komponente dazu. Die Ausgangsgleichung bildet schließlich das Skalarprodukt zwischen dem Zustandsvektor und dem Koeffizientenvektor, wobei das aktuelle Eingangssymbol wieder separat berücksichtigt wird.◄

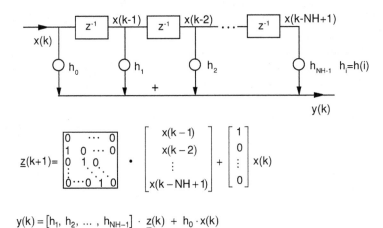

$$\underline{z}(k+1) = \begin{bmatrix} 0 & \cdots & & 0 \\ 1 & 0 & \cdots & 0 \\ 0 & 1 & 0 & \\ \vdots & & \ddots & \\ 0 & \cdots & 0 & 1 & 0 \end{bmatrix} \bullet \begin{bmatrix} x(k-1) \\ x(k-2) \\ \vdots \\ x(k-NH+1) \end{bmatrix} + \begin{bmatrix} 1 \\ 0 \\ \vdots \\ 0 \end{bmatrix} x(k)$$

$$y(k) = [h_1, h_2, \ldots, h_{NH-1}] \cdot \underline{z}(k) + h_0 \cdot x(k)$$

Abb. 6.16. Zustandsraum-Darstellung bei einem zeitdiskreten Transversalfilter

Für den VA ist es nun wichtig, die zentrale Bedeutung der Zustandsfolge $\underline{z}(k)$ zu erkennen, s. Tabelle 6.1. Dargestellt ist als Beispiel ein Ausschnitt für $-2 \le k \le 1$.

Der Vektor $\underline{h}$ ist ein Zeilenvektor, der die Werte der Stoßantwort des Kanal-FIR-Filters als Komponenten enthält. Aus der Folge von Zuständen ist offensichtlich die Folge $x(k)$ am Eingang zu rekonstruieren und – sofern $\underline{h}$ gegeben ist – ebenso die Folge $y(k)$ am Ausgang. Zu Beginn muss lediglich ein *Anfangszustand* vorgegeben werden. Für das Verständnis ist es weiter wichtig, zu erkennen, dass gleiche Zustände mit gleichem $x(k)$ am Eingang zum gleichen $y(k)$ führen. Für die maximal mögliche Zahl von Zustandsvektoren bzw. Zuständen gilt:

Tabelle 6.1. Zentrale Bedeutung der Zustandsfolge

Zeit	Eingangsfolge		Zustandsfolge		Ausgangsfolge
k	$x(k)$		$\underline{z}^T(k)$		$y(k)$
-2	$x(-2)$		$[x(-3), x(-4), ...]$		$\underline{h}\,\underline{z}(-2) + h_0\,x(-2)$
-1	$x(-1)$	$\leftrightarrow$	$[x(-2), x(-3), ...]$	$\rightarrow$	$\underline{h}\,\underline{z}(-1) + h_0\,x(-1)$
0	$x(0)$		$[x(-1), x(-2), ...]$		$\underline{h}\,\underline{z}(0) + h_0\,x(0)$
1	$x(1)$		$[x(0), x(-1), ...]$		$\underline{h}\,\underline{z}(1) + h_0\,x(1)$

$$N_{Zust} = M^{NH-1} \,. \tag{6.54}$$

M ist hierbei die Wertigkeit des Symbolalphabets A_x. Diese Erläuterungen sollten deutlich machen, dass man aus einer gegebenen Folge von Zuständen die zugehörige Eingangsfolge und ebenso die zugehörige Ausgangsfolge des Kanals (ohne Rauschen) bestimmen kann.

Mit diesem Verständnis kann man nun die Folge der Zustände des Kanals mit Hilfe des VA konstruieren. Zur bildlichen Darstellung bietet sich das bereits in Kap. 3 eingeführte Trellisdiagramm an. Wie in Kap. 3 bereits beschrieben, stellt es die möglichen Folgen von Zuständen in ihrer zeitlichen Abfolge dar. Abbildung 6.17 zeigt am Beispiel $M = 4$ und $NH = 3$, welche Grundprinzipien im Trellisdiagramm zu beachten sind.

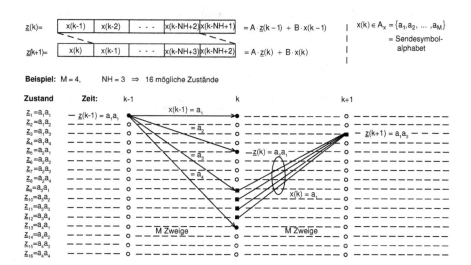

Abb. 6.17. Mögliche Zweige im Trellisdiagramm

Aus $M = 4$ und $NH = 3$ folgt, dass es $4^{3-1} = 16$ mögliche Zustände für dieses Beispiel geben muss. Diese 16 Zustände sind in Abb. 6.17 in senkrechter Richtung aufgetragen. Sie korrespondieren mit den links stehenden Zustandsvektoren. Eine Folge von Zuständen bedeutet in dieser Darstellung eine Verbindungslinie, die Zustände zu den aufeinander folgenden Zeitpunkten verbindet. Alle erlaubten Folgen von Zuständen werden in einem Trellisdiagramm wiedergegeben. In Abb. 6.17 sind für zwei Zeitpunkte nur die Übergänge eingezeichnet, die von einem Zustand ausgehen bzw. in einen Zustand einmünden. Ausgehen können von einem Zustand in diesem Beispiel offensichtlich nur $M = 4$ *Zweige*. Jeder dieser Zweige korrespondiert direkt mit einem Eingangssymbol. Die Zahl der Zweige, die in einen Zustand einmünden, ist offenbar ebenfalls $M = 4$.

Ein Beispiel mit einem vollständigeren Trellisdiagramm soll dies vertiefen – s. Abb. 6.18 und Abb. 6.19. Der zeitdiskrete Ersatzkanal besteht in diesem

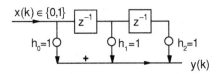

Abb. 6.18. Beispiel-Kanal; ohne Rauschen

Beispiel ebenfalls aus einem FIR-Filter mit $NH = 3$ Koeffizienten. Vorausgesetzt werden soll eine unipolare Übertragung, womit jetzt $M = 2$ gilt. Das Trellisdiagramm besitzt somit vier Zustände – s. Abb. 6.19. Als Anfangszu-

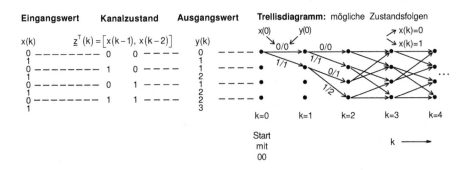

Abb. 6.19. Trellisdigramm für den Beispiel-Kanal aus Bild 6.18

stand wurde in Abb. 6.19 der Nullvektor gewählt. Praktisch bedeutet dies, dass man zu Beginn der Übertragung zweimal das Nullsymbol senden muss. Ausgehend von diesem Anfangszustand sind nun alle jeweils möglichen Zustandsübergänge durch Zweige gekennzeichnet. Sobald alle Zustände vorkommen können, ist das Trellisdiagramm „eingeschwungen", im Beispiel bei $k = 2$. Erst nach dem Einschwingen sind sämtliche Zustandsübergänge zu erkennen. Wie oben bereits erläutert, gehen von jedem Zustand genau $M = 2$ Zweige aus und in jeden Zustand münden $M = 2$ Zweige ein. Jedem Zweig ist wiederum genau ein Symbol $x(k)$ am Eingang des Kanals zuzuordnen. Mit Hilfe des Zustandes, aus dem dieser Zweig entspringt, und dem Eingangssymbol $x(k)$ liegt auch genau ein Ausgangssymbol $y(k)$ fest.

Im Folgenden ist es zweckmäßig, die zuvor weggelassene explizite Nummerierung der Symbolfolgen wieder hinzuzunehmen. Mit den Erläuterungen von zuvor sind folgende Aussagen möglich:

- Eine endliche gegebene Folge von Sendesymbolen $^i x(0), ..., ^i x(k_0)$, die zum Zeitpunkt $k = 0$ beginnt und zum Zeitpunkt $k = k_0$ endet, ergibt genau einen *Pfad* im Trellisdiagramm. Der gesamte Pfad besteht aus Zweigen, an denen die Symbole $^i x(i)$ abzulesen sind.

- Zu der Folge $^i x(0), ..., ^i x(k_0)$ gehört eindeutig eine Folge $^i y(0), ..., ^i y(k_0)$, die ebenfalls an den Zweigen des Pfades abzulesen ist.

- Jede Folge $^i y(0), ..., ^i y(k_0)$ besitzt eine euklidische Distanz $d_i(k_0)$ zu der Folge von empfangenen Symbolen $\tilde{x}_0^{WF}(0), ..., \tilde{x}_0^{WF}(k_0)$:

$$d_i^2(k_0) = \sum_{k=0}^{k_0} \left| \tilde{x}_0^{WF}(k) - {}^i y(k) \right|^2 . \qquad (6.55)$$

Diese euklidische Distanz gehört eindeutig zu dem betrachteten Pfad im Trellisdiagramm. Dass die euklidische Distanz hier verwendet werden darf, liegt an der additiven WGR-Folge in $\tilde{x}_0^{WF}(k)$.

- Die MLSE-Aufgabe ist als Aufsuchen des wahrscheinlichsten Pfades im Trellisdiagramm zu deuten. Dies ist gleichbedeutend mit dem Aufsuchen desjenigen Pfades, der zur minimalen euklidischen Distanz im Sinne von (6.55) führt.

- Die Distanz eines Pfades lässt sich rekursiv berechnen. Für den oben betrachteten Pfad ergibt sich zum Zeitpunkt $k_1 = k_0 + 1$:

$$d_i^2(k_1) = d_i^2(k_0) + \triangle d_i^2(k_1)$$
$$\triangle d_i^2(k_1) = \left| \tilde{x}_0^{WF}(k_1) - {}^i y(k_1) \right|^2 . \qquad (6.56)$$

$\triangle d_i^2(k_1)$ ist die sog. (quadratische) *Zweigmetrik*. Die Gesamtmetriken $d_i^2(k_1)$ und $d_i^2(k_0)$ können somit auch als akkumulierte Zweigmetriken aufgefasst werden.

- Zwei parallele Pfade, d. h. solche, die zum Zeitpunkt k_0 in den gleichen Zustand einmünden, können gleiche oder verschiedene Distanzen besitzen. Der Pfad mit der größeren Distanz kann im nächsten Rekursionsschritt weggelassen werden, da er nie mehr zur kleinsten Gesamtdistanz führen kann. Man kann ihn aus der Liste der Pfade streichen. Es gibt somit für jeden Zustand zum Zeitpunkt k **genau einen** einmündenden Pfad, der die bis hierher kleinste Distanz ergibt. Siehe hierzu auch Abb. 6.19.

Damit ist das Prinzip des VA beschrieben. Kurz zusammengefasst lautet der Algorithmus somit:

- Start ($k = 0$): Anfangszustand setzen, akkumulierte Metriken für jeden Zustand = Null.
- Alle Zweigmetriken im Trellisdiagramm zwischen $k = 0$ und $k = 1$ berechnen.
- Neue akkumulierte Metriken für $k = 1$ aus alten Metriken ($k = 0$) und Zweigmetriken berechnen.
- Für jeden Zustand bei $k = 1$ nur den Pfad speichern, der die kleinste akkumulierte Metrik besitzt.
- Alle Zweigmetriken im Trellisdiagramm zwischen $k = 1$ und $k = 2$ berechnen.
- Neue akkumulierte Metriken, usw.

Zu jedem Zeitpunkt k gibt es somit im eingeschwungenen Trellisdiagramm für jeden der M^{NH-1} Zustände jeweils einen Pfad mit der kleinsten Distanz, der in diesen Zustand einmündet. Diese Pfade heißen die *Survivor* (oder *Survivor-Pfade*). Während ihre Anzahl sich nicht ändert, wächst ihre Länge und damit der nötige Speicheraufwand linear mit k. Wenn eine endliche, nicht zu lange Folge von Sendesymbolen gesendet wird, kann man die Sendung mit $NH - 1$ dem Empfänger bekannten Symbolen abschließen und so einen definierten Endzustand erzwingen. Dann bleibt per Definition nur ein Survivor übrig, nämlich der gesuchte mit der kleinsten Distanz. Die zugehörige Folge von Symbolen $\hat{x}(k) = {}^{i}x(k)$ ist die wahrscheinlichste im MLSE-Sinn.

Ein Problem tritt erst dann auf, wenn sehr lange Folgen von Symbolen gesendet werden. Dann können der Speicheraufwand und/oder die Verzögerung bis zur Ausgabe von $\hat{x}(k)$ praktisch untragbar hoch werden. In diesem Fall stellt sich die Frage, ob man evtl. auch mit kürzeren Längen der Survivor-Pfade auskommt. Hier kommt eine Beobachtung zur Hilfe: Je weiter man die Survivor in der Vergangenheit betrachtet, desto mehr bemerkt man, dass sie zu einem einzigen Pfad „zusammenfließen". Man kann zeigen, dass die Wahrscheinlichkeit dafür mit wachsender Tiefe in Richtung Vergangenheit ansteigt, und dass es praktisch ausreicht, die Survivor bis zu einer Länge von etwa dem $a = 5 - 7$ -fachen der Gedächtnislänge NH des Kanals zu speichern. Geht man noch weiter zurück in die Vergangenheit, dann wird die Wahrscheinlichkeit sehr groß, dass nur noch ein Survivor existiert. Damit ist der Einfluss dieser Vereinfachung auf die Fehlerwahrscheinlichkeit praktisch vernachlässigbar und man kann zum Zeitpunkt k das Symbol $x(k - a \cdot NH)$ als endgültig detektiertes Symbol $\hat{x}(k - a \cdot NH)$ ausgeben. Im Gegensatz zu Algorithmen wie TE oder DFE kann die Verzögerungszeit von $a \cdot NH$ Symbolen aber noch zu Problemen führen, wenn die erkannten Symbole in einem Synchronisations- oder Trägerfrequenz-Regelkreis verwendet werden. Die Totzeit ist dann meist zu groß. In diesem Fall behilft man sich mit früher zur Verfügung stehenden vorläufigen Entscheidungen.

Auf Fehlerwahrscheinlichkeiten beim MLSE-Empfang wird separat in Abschn. 6.5 eingegangen.

Anmerkung:

Die zuvor kurz erwähnte Ungerböck-Variante des VA nutzt direkt die Folge $\tilde{x}_0(k)$ am Ausgang des KMF und benötigt daher kein Whitening-Filter. Es zeigt sich, dass der VA in der gleichen Weise wie gerade beschrieben abgearbeitet werden kann, lediglich die Zweigmetik ändert sich. Statt (6.56) muss nun

$$\triangle d_i^2(k_1) = 2\,\mathrm{Re}\left\{{}^ix^*(k_1)\left[{}^iy_+(k_1) - \tilde{x}_0(k_1)\right]\right\}$$
$${}^iy_+(k) = \tilde{r}_+(k) * {}^ix(k)$$

verwendet werden. ${}^iy_+(k)$ ist die hypothetische Folge am Ausgang des geschätzten zeitdiskreten Ersatzkanals, die mit Hilfe der Stoßantwort $\tilde{r}_+(k)$ aus ${}^ix(k)$ berechnet wird. $\tilde{r}_+(k)$ wiederum ist die rechte Hälfte der Stoßantwort $\tilde{r}(k)$ inklusiv dem Wert $\frac{1}{2}\tilde{r}(0)$. Die Stoßantwort $\tilde{r}_+(k)$ des zeitdiskreten Ersatzkanals kann als Gegenstück zu der beim VA nach Forney verwendeten Stoßantwort $\tilde{h}(k)$ gesehen werden. ◄

6.3 Adaptive Echokompensation

Die *adaptive Echokompensation* ist sehr eng mit der adaptiven Entzerrung verwandt und ergibt ein weiteres Beipiel für den Einsatz des MMSE-Prinzips. Sie wird notwendig, wenn Daten über eine sog. *Zweidrahtleitung* gleichzeitig in beiden Richtungen übertragen werden, so wie man dies von einer konventionellen analogen Sprachübertragung über ein Fernsprechnetz kennt. Bei Sprachsignalen ist eine Entkopplung der beiden Richtungen mit relativ geringem Aufwand möglich. Man verwendet hierzu seit langer Zeit in der Praxis eine spezielle Brückenschaltung, die sog. Gabelschaltung – s. Abb. 6.20.

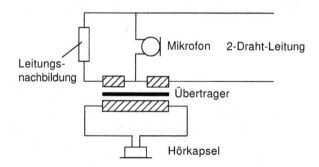

Abb. 6.20. Gabelschaltung beim konventionellen analogen Telefon

Will man über das gleiche Fernsprechnetz mit Hilfe eines Modems Daten übertragen, dann reicht die Entkopplung nicht mehr aus. Ein sendendes Modem stört mit seinem Sendesignal den gleichzeitig laufenden Empfang der Daten von der Gegenseite. Darüber hinaus muss damit gerechnet werden, dass sich innerhalb der gesamten Übertragungsstrecke bei jedem sog. *Zweidraht-Vierdraht-Übergang* noch weitere Gabelschaltungen befinden. Auch die letzte Gabelschaltung beim Modem auf der Gegenseite kann noch diesen unerwünschten Effekt bewirken. Abbildung 6.21 zeigt ein Modell für eine derartige Übertragung.

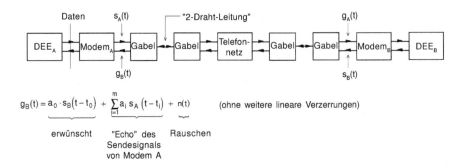

Abb. 6.21. Modell für eine Datenübertragung über konventionelle Fernsprechnetze; DEE: Daten-Endeinrichtung

Für das Empfangssignal $g_B(t)$ auf der Seite A gilt:

$$g_B(t) = a_0 \cdot s_B(t) + \sum_{i=1}^{m} a_i \cdot s_A(t - t_i) + n(t)\,. \qquad (6.57)$$

Der erste Summand auf der rechten Seite ist das erwünschte Sendesignal von der Seite B, die Summe hingegen ist das unerwünschte Übersprechen des Sendesignals der Seite A, das sog. *Echosignal*. Die a_i sind Amplitudenfaktoren, die t_i die zugehörigen Laufzeiten, m die Anzahl der *Echopfade,* und $n(t)$ ist ein additiver Rauschterm. Dieses Modell ist vereinfacht, weitere lineare sowie nichtlineare Verzerrungen sind ebenso nicht berücksichtigt wie die praktisch vorkommenden (kleinen) Frequenzverschiebungen. Zur Erläuterung des Grundprinzips der Echokompensation ist es jedoch ausreichend.

Die Maßnahme gegen den Einfluss der Echos besteht darin, einen möglichst genauen Schätzwert für das gesamte Echosignal zu gewinnen und diesen dann von $g_B(t)$ zu subtrahieren. Bezeichnet man diesen Schätzwert für die Summe in (6.57) mit $\tilde{s}_{AEcho}(t)$, dann bedeutet dies:

$$g_{Bkomp}(t) = g_B(t) - \tilde{s}_{AEcho}(t)\,. \qquad (6.58)$$

$g_{Bkomp}(t)$ ist das kompensierte Empfangssignal, das dem Modememempfänger zugeführt wird. Für $\tilde{s}_{AEcho}(t)$ gilt:

$$\tilde{s}_{AEcho}(t) = s_A(t) * \tilde{h}_{KEcho}(t).$$ (6.59)

Da auf der Seite A das Sendesignal $s_A(t)$ zur Verfügung steht, benötigt man nur noch die Schätzung $\tilde{h}_{KEcho}(t)$ für die Stoßantwort des Echokanals. Hierfür kann man einen Transversalfiter-Ansatz machen:

$$\tilde{h}_{KEcho}(t) = h_{TP}(t) * \sum_{i=1}^{\tilde{m}} c(i)\delta(t - iT).$$ (6.60)

$h_{TP}(t)$ ist in dieser Gleichung ein idealer TP mit einer passend gewählten Grenzfrequenz und T ein passendes zugehöriges Abtastintervall. Die Zahl $\tilde{m}$ der Transversalfilter-Koeffizienten muss genügend groß sein, damit alle real vorkommenden Echo-Stoßantworten nachgebildet werden können. Mit Hilfe eines MMSE-Ansatzes lassen sich die Koeffizienten bestimmen:

$$\min_{\underline{c}} \left\{ \overline{|g_B(t) - \tilde{s}_{AEcho}(t)|^2} \right\} \Longrightarrow \underline{c}.$$ (6.61)

Der so definierte mittlere quadratische Fehler kann nie Null werden. Das Minimum ist vielmehr mit der mittleren Leistung des perfekt kompensierten Empfangssignals identisch – s. (6.58). Abbildung 6.22 zeigt als Blockbild, wie man eine bestehende Gabelschaltung um die Echokompensation ergänzen muss. Als Adaptionsalgorithmus können Verfahren verwendet werden, die im kommenden Abschnitt erläutert werden, z. B. der LMS-Algorithmus. Zu beachten ist bei allen Algorithmen, dass das Echosignal in seiner Leistung bis zu 40 dB(!) über dem gewünschten Empfangssignal liegen kann.

6.4 Adaptionsverfahren, Kanalschätzung

Bei der Berechnung der Koeffizienten für den TE und DFE in Abschn. 6.2.4 war die explizite Kenntnis der Stoßantwort $r(k)$ des zeitdiskreten Ersatzkanals eine Voraussetzung. Das galt ebenso bei der MLSE-Entzerrung mit dem VA. Naheliegend ist deshalb, $r(k)$ mit geeigneten Methoden zu messen oder zu schätzen, was man als *Kanalschätzung* bezeichnet. Beim TE und DFE wären somit zwei Schritte notwendig: die Kanalschätzung und die anschließende Berechnung der Koeffizienten aus dem geschätzten $r(k)$. Damit stellt sich die Frage, ob die Anpassung an den aktuellen Kanal nicht auch direkt in einem Schritt möglich ist. Die im Folgenden behandelten *Adaptionsverfahren* erlauben dies. Darüber hinaus können sie aber auch zur Kanalschätzung verwendet werden.

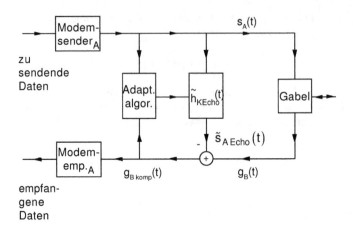

Abb. 6.22. Adaptive Echokompensation

6.4.1 Gradientenverfahren bei DFE und TE

Beim TE und DFE lautete das MMSE-Kriterium wie folgt, s. (6.15):

$$J = \overline{|\tilde{x}(k) - x(k)|^2} = \min_{\underline{c}} .$$

$\underline{c}$ ist der gesuchte TE- oder DFE-Koeffizientenvektor. Wie im Abschn. 6.2.4 bereits deutlich wurde, ist diese Funktion eine quadratische Funktion in den Koeffizienten-Variablen. Sie besitzt somit ein eindeutiges Minimum. Damit ist ein einfaches *Gradientenverfahren* anwendbar, bei dem man – ausgehend von einem Startpunkt – sich schrittweise dem gesuchten Minimum von J nähert. Man bestimmt hierzu für einen Koeffizientenvektor $\underline{c}_i$ den Gradientenvektor $\nabla_{\underline{c}_i} J$ im Schritt i. Er zeigt in die Richtung des steilsten Anstiegs und der negative Vektor damit in die Richtung des steilsten Abstiegs. Dies ist aber auch die Richtung, in die man auf der (hochdimensionalen) Oberfläche der Funktion J „gehen" muss, um zum Minimum von J zu gelangen. Der folgende Ansatz bewirkt ein solches „Gehen" mit der sog. *Schrittweite* Δ und der Schritt-Nr. i:

$$\underline{c}_{i+1} = \underline{c}_i - \Delta \cdot \nabla_{\underline{c}_i} J \quad ; \quad i = 0, 1, \dots . \tag{6.62}$$

$\underline{c}_0$ ist ein im Prinzip willkürlich vorzugebender Startvektor. Zu beachten ist nur, dass die Schrittweite Δ nicht zu groß gewählt wird, aber auch nicht zu klein. Zu große Werte können zu einem deutlichen Pendeln um das Minimum oder gar zu einer Divergenz führen, zu kleine Δ hingegen zu sehr vielen Schritten, d. h. einer sehr langsamen Konvergenz. Der Gradientenvektor lässt sich explizit angeben – s. (6.18):

$$\nabla_{\underline{c}} J(\underline{c}_i) = 2 \left[\overline{\tilde{x}(k) - x(k)} \right] \cdot \underline{z}_k^* . \tag{6.63}$$

Diese Gleichung wurde auch bereits als Orthogonalitätsprinzip eingeführt, sofern man fordert, dass der Gradientenvektor Null wird. $\underline{z}_k$ ist der Vektor mit aktuellen geschätzten sowie bereits erkannten Sendesymbolen beim DFE, s. (6.16). Die Differenz zwischen den geschätzten Symbolwerten $\tilde{x}(k)$ und den wirklich gesendeten $x(k)$ wurde zuvor bereits als Fehler $\varepsilon_k = \tilde{x}(k) - x(k)$ benannt. Die Mittelwertbildung in (6.63), die bezüglich der Statistik der Sendesymbole und bezüglich des additiven Rauschens vorgenommen werden muss, stellt einen praktischen Nachteil dar: In der Regel steht keine Schar von Musterfunktionen zur Verfügung. Nimmt man aber Ergodizität an, dann genügt eine einzelne zur Verfügung stehende Realisierung. Damit könnte man in k-Richtung genügend lange mitteln um einen hinreichend guten Schätzwert für den wahren Gradientenvektor zu erhalten. Von Nachteil ist hierbei aber noch die Zeit, die man für diese Mittelwertbildung prinzipiell benötigt. Macht man nun einfach den Ansatz, nur den aktuell zur Verfügung stehenden Term dieser Mittelwertbildung als Schätzwert für den wahren Mittelwert zu verwenden, ergibt sich ein neues, abgewandeltes Verfahren, das sog. *stochastische Gradientenverfahren:*

$$\underline{\tilde{c}}_{k+1} = \underline{\tilde{c}}_k - 2\Delta \cdot \varepsilon_k \cdot \underline{z}_k^* \quad ; \quad k = 0, 1, \dots . \tag{6.64}$$

Da der hier verwendete Schätzwert für den Gradientenvektor auch stark von dem wahren Gradientenvektor abweichen kann, führt der Weg über einen mehr oder weniger ausgeprägten „Zick-Zack-Kurs" zum Minimum von J. Die Koeffizientenvekoren sind jetzt – je nach Störungen bzw. momentaner Statistik der Sendesymbole – nicht mehr mit denen aus (6.62) identisch. Es handelt sich vielmehr eher um Schätzwerte, was durch die Tilde angedeutet werden soll. Dass das Minimum in dieser Weise ebenfalls erreicht werden kann, lässt sich vermuten, wenn man beachtet, dass (6.64) mit laufendem k auch so etwas wie eine Mittelwertbildung beinhaltet:

$$\lim_{n \to \infty} \frac{1}{n} \sum_{k=1}^{n} \varepsilon_k = 0$$

$$\text{für} \quad 0 < \Delta < \frac{1}{\lambda_{\max}} . \tag{6.65}$$

$\lambda_{\max}$ ist hierbei der größte vorkommende Eigenwert der Korrelationsmatrix R_{zz}. Da R_{zz} eine AKF-Matrix ist, sind alle Eigenwerte λ_i nicht negativ, was zur Folge hat, dass $\lambda_{\max}$ immer kleiner ist als die Summe aller Eigenwerte λ_i. Damit gilt

$$\frac{1}{\lambda_{\max}} > \frac{1}{\sum_i \lambda_i} , \tag{6.66}$$

und man kann die Schrittweite auch kleiner als eigentlich möglich mit Hilfe der Summe der Eigenwerte festlegen. Dies ist insofern von Vorteil, als man die Eigenwerte nicht berechnen muss. Es gilt nämlich:

$$\sum_i \lambda_i = \text{Spur}\{R_{zz}\}$$

$$\sum_i \lambda_i(\text{DFE}) = (NV + 1) \cdot \left[\sigma_x^2 \cdot E_r + N_0 \cdot r(0)\right] + NR \cdot \sigma_x^2$$

$$\sum_i \lambda_i(\text{TE}) = (2N + 1) \cdot \left[\sigma_x^2 \cdot E_r + N_0 \cdot r(0)\right] . \tag{6.67}$$

Anmerkungen: Bei einer großen Streuung der Eigenwerte, wie dies im Beispiel von Funkkanälen mit Mehrwegeausbreitung meist gegeben ist, ergibt sich beim Gradientenverfahren eine langsame Konvergenz. Kleine Streuungen, wie sie z. B. bei analogen Telefonkanälen in der Regel vorliegen, führen dagegen zu einer schnellen Konvergenz. Eine große Schrittweite wiederum bedeutet eine größere Reststreuung beim verbleibenden Fehler, eine kleine Schrittweite eine kleinere Reststreuung, aber auch eine langsamere Konvergenz. Besonders wichtig ist eine möglichst große Konvergenzgeschwindigkeit, wenn der Übertragungskanal sich zeitlich schnell ändert und wenn man möchte, dass die Werte der Koeffizientenvektoren $\tilde{c}_i$ diesen Änderungen folgen.

Das stochastische Gradientenverfahren wird auch *LMS-Verfahren* (LMS: *Least Mean Square*) genannt. Es gibt eine Reihe von Varianten bzw. Abwandlungen des LMS-Algorithmus, z. B. den Least-Squares-Lattice-Algorithmus oder den RLS (Recursive Least Squares)-Algorithmus. Der RLS-Algorithmus besitzt besonders bei Kanälen mit einer großen Streuung der Eigenwerte Vorteile. Siehe hierzu auch „Zusammenfassung und bibliographische Anmerkungen" am Ende dieses Kapitels.◄

6.4.2 Kanalschätzung

Die Kanalschätzung hat zum Ziel, aus dem Empfangssignal die Stoßantwort des Kanals möglichst genau zu ermitteln, wobei meist die zeitdiskrete Variante auf Symbolbasis $r(k)$ wirklich benötigt wird. Eine einfache Möglichkeit zur Kanalschätzung besteht darin, mit Hilfe von besonderen Testsignalen die Stoßantwort zu messen, so wie dies mit der Korrelationsmethode möglich ist, die in Kap. 5 bereits behandelt wurde.

Betrachtet werden soll im Folgenden eine weitere Möglichkeit, die keine derartige direkte Messung verwendet, sondern das zuvor eingeführte MMSE-Prinzip. Abbildung 6.23 zeigt hierfür ein Modellbild. Der mittlere quadratische Fehler zwischen dem Ausgangssignal der Kanalnachbildung und dem wirklich vorhandenen Empfangssignal wird hier minimiert, woraus sich $\tilde{h}_T(t)$ ergibt:

$$\min_{\tilde{h}_T(t)} \left\{ \overbrace{\left| g_T(t - t_0) - \tilde{g}_T(t - t_0) \right|^2} \right\} \Longrightarrow \tilde{h}_T(t). \tag{6.68}$$

Durch Variation von $\tilde{h}_T(t)$ wird das Ausgangssignal der Kanalnachbildung im quadratischen Mittel an das real vorliegende Empfangssignal angepasst. Der Vorteil gegenüber dem Senden von Testsignalen ist, dass hierbei detektierte

Symbole verwendet werden können und die gesamte Zeit Daten übertragen werden. Als Nachteil ergibt sich – da $\hat{x}(k)$ anstelle von $x(k)$ verwendet wird – dass bei stärkeren Störungen die Adaption „weglaufen" kann und die Stoßantwort $\tilde{h}_T(t)$ kaum noch mit der des realen Kanals übereinstimmt. Bei Kanälen, bei denen zeitweilige stärkere Störungen nicht auszuschließen sind, verwendet man deshalb besser eine Kombination aus einer Messung und der hier beschriebenen Adaption, oder aber eine periodische Messung mit einer Interpolation zwischen den gemessenen Stoßantworten.

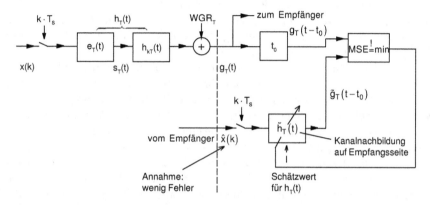

Abb. 6.23. Zur Kanalschätzung

6.4.3 Besonderheiten bei zeitvarianten Kanälen

Bisher wurde vorausgesetzt, dass die Kanäle zeitinvariant sind. In der Praxis ist dies häufig nicht gegeben – oft liegen die in Kap. 5 behandelten stochastisch zeitvarianten Kanäle vor. In diesem Fall muss man wissen wie schnell sich die Kanäle ändern, um Details des Übertragungsverfahrens entsprechend festlegen zu können.

Wird z. B. die Stoßantwort des Kanals mit Hilfe der Korrelationsmethode – s. Kap. 5 – periodisch gemessen, dann sollte die Änderung des Kanals zwischen zwei Messungen klein genug sein. Welcher Verlust im Signal-/ Rauschleistungsverhältnis dabei noch tolerierbar ist, hängt vom betrachteten Übertragungssystem ab. Üblich ist in der Praxis, die Symbolfolge zur Messung des Kanals in der Mitte eines Blocks von Sendesymbolen anzuordnen. Man nennt die Mess-Symbolfolge dann auch *Midamble*.[5] Bei den Änderungen des Ka-

---

[5] Generell sind für derartige Blöcke von Symbolen, die dem Emfänger bekannt sind und in die laufende Folge von Sendesymbolen eingefügt werden, unterschiedliche Namen üblich, z. B. auch die Bezeichnungen *Testfolge* oder *Testsequenz*.

nals muss in diesem Fall nur ein Zeitintervall beachtet werden, das der halben Blocklänge entspricht.

Wenn der Kanal sich zwischen zwei benachbarten Messungen nur wenig ändert, kann eine Interpolation sinnvoll sein. Bei nicht zu stark gestörten Kanälen bietet es sich darüber hinaus an, die detektierten Sendesymbole zur laufenden Anpassung an den Kanal mit zu verwenden (zum sog. *Tracking*).

In Kap. 5 wurde deutlich, dass die Dopplerbandbreite die Änderungsgeschwindigkeit eines stochastisch zeitvarianten Kanals bestimmt. Dabei muss man aber unbedingt die Form des Doppler-Leistungsdichtespektrums beachten. Bei dem in Kap. 5 als Beispiel angeführten Kurzwellen-Funkkanal hat das Doppler-Leistungsdichtespektrum die Form einer Gauß-Glocke. Das bedeutet, dass auch größere Änderungsgeschwindigkeiten als durch die Dopplerbandbreite vorgegeben vorkommen können.

Ein Beispiel für den Kurzwellen-Funkkanal soll die Zusammenhänge veranschaulichen: Wenn eine Dopplerbandbreite von $\sigma_d = 8\,\text{Hz}$ vorgegeben wird, stellt sich die Frage, in welchen Zeitintervallen man die Stoßantwort messen muss. σ_d ist ein statistischer Mittelwert. Nimmt man aber vereinfachend einmal an, dass über eine gewisse Zeit gerade eine konstante Dopplerverschiebung von σ_d vorliegt, dann bedeuten 8 Hz, dass sich die Phase in 125 ms um 2π gedreht hat. Ein Mess-Zeitintervall von 125 ms ist sicher nicht ausreichend, wenn man nur die Messungen heranzieht. Angebracht wären kürzere Zeitintervalle oder aber eine Interpolation zwischen jeweils benachbarten Messungen. Der Empfangsalgorithmus muss natürlich immer die aktuellste Kanalstoßantwort verwenden. Da auch größere Dopplerverschiebungen statistisch vorkommen können und der Einfluss einer ungenauen Kanalkenntnis auf der Empfangsseite stark vom konkreten Übertragungssystem abhängt, nutzt man in diesem Fall gern Simulationen zur Ermittlung der Verluste im Signal-/Rauschleistungsverhältnis gegenüber dem zeitinvarianten Fall.

Ob ein Übertragungskanal sich zu „schnell" ändert, hängt offenbar – s. oben – von σ_d und der Zeit zwischen zwei Kanalstoßantwort-Messungen ab. Etwas neutraler kann man zur Quantifizierung der Änderungsgeschwindigkeit auch das Inverse der Dopplerbandbreite auf die Symboldauer T_S normieren:

$$\frac{1}{\sigma_d \cdot T_S}\,. \tag{6.69}$$

Ergibt sich ein Wert in der Größenordnung von 1, dann kann sich der Kanal bereits beträchtlich innerhalb einer Symboldauer ändern. Wenn man im Beispiel von oben eine Symboldauer von 0,5 ms annimmt, ergibt sich $(\sigma_d \cdot T_S)^{-1} = 250$. Das bedeutet, dass sich der Kanal innerhalb einer Symboldauer kaum ändert. Eine von T_S und dem speziellen Übertragungsverfahren unabhängige, nur vom Übertragungsmedium abhängige Kennzahl ergibt sich, wenn man das Produkt

$$\sigma_d \cdot T_m \tag{6.70}$$

heranzieht. T_m ist hierbei das Gegenstück zu σ_d im Zeitbereich, d. h. die mittlere Dauer einer Stoßantwort. Das Produkt (6.70) wird manchmal auch als „Spreizfaktor" des Übertragungsmediums bezeichnet. Beim ionoshärischen Kurzwellen-Funkkanal ergeben sich typische Werte im Bereich von 10^{-4} bis ≈ 1, abhängig vom Sender-/Empfänger-Standort und von der Tageszeit. Der Wert $\sigma_d \cdot T_m = 1$ ist insofern ein Extremfall, als sich die Stoßantwort innerhalb ihrer Dauer bereits ändert, d. h. die absolute Zeit und die Verzögerungszeit besitzen die gleiche Zeitskala.

Beim Mobilfunk ist das Übertragungsmedium selbst nicht zeitvariant. Erst durch bewegte Sender, Empfänger und/oder Reflektoren entsteht eine Zeitvarianz. Will man eine zu (6.70) korrespondierende Größe für diesen Fall berechnen, dann kann man als Beispiel das Jakes-Doppler-Leistungsdichtespektrum heranziehen, s. (5.55). Bei einer BP-Mittenfrequenz von 1 GHz und einer Relativgeschwindigkeit von $150 \, \text{km/h}$ ergibt sich dann z. B. ein Wert in der Größenordnung von 10^{-3} oder etwas mehr. Verglichen mit Werten von bis zu 1 für den Kurzwellen-Funkkanal ist dies ein kleiner Wert.

6.5 Fehlerwahrscheinlichkeiten

Abbildung 6.24 zeigt als Beispiel Symbolfehlerwahrscheinlichkeiten für eine 4PSK-Übertragung, wobei ein TE, ein DFE und ein MLSE-Entzerrer mit dem VA auf der Empfangsseite verwendet wurden.

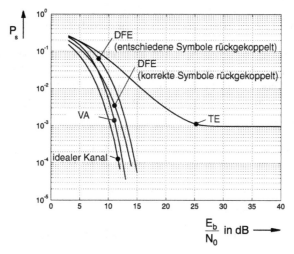

Abb. 6.24. Symbolfehlerwahrscheinlichkeiten bei einer Übertragung mit 4 PSK; Kanal: $\underline{r}=(1,2,1)$

Die Kurven wurden durch Simulation ermittelt. Der Kanal war zeitinvariant, wobei die Stoßantwort $r(k)$ des zeitdiskreten Ersatzkanals vorgegeben wurde.

Dieses $r(k)$ ist für den TE „schwierig": Während die Kurven für den DFE mit steigendem $\frac{E_b}{N_0}$ weiter abfallen, ergibt sich beim TE ein sog. *Error Floor*, d. h. die Kurve läuft asymptotisch parallel zur $\frac{E_b}{N_0}$-Achse. Der Grund hierfür sind die zu $\underline{r} = (1, 2, 1)$ gehörigen Nullstellen in der Übertragungsfunktion des Kanals. Im Zeitbereich äußert sich dies dadurch, dass es Sendesymbolfolgen $x(k)$ gibt, bei denen der TE keine richtigen Entscheidungen treffen kann. Hierzu gehört die $x(k)$-Folge mit abwechselnd $+1/-1$ im Real- und/oder Imaginärteil. Der DFE hat dieses Problem nicht, weil die rückgeführten Entscheidungen derartige Mehrdeutigkeiten beseitigen können. Beim DFE ist darüber hinaus zu erkennen, dass der Unterschied zwischen korrekt angenommenen zurückgeführten Symbolen und wirklich entschiedenen nur relativ klein ist.

Zur Bestimmung der Koeffizienten wurde in diesem Beispiel beim TE und DFE das MMSE-Kriterium verwendet. Beim VA wurde das vorgegebene $r(k)$ verwendet.

Ein Vergleich der DFE-Kurven mit der VA-Kurve zeigt, dass der DFE in diesem Beispiel bereits bis auf etwa 2 dB an den bestmöglichen Entzerrer herankommt. Wegen der korrekt angenommenen Entscheidungen in der Rückführung ist die entsprechende DFE-Kurve bei kleinen Werten von $\frac{E_b}{N_0}$ besser als der VA.

6.6 Anhang

6.6.1 Anmerkung zu diskreten Faltungsprodukten

Bei der Berechnung von diskreten Faltungsprodukten lässt sich ein Schema vorteilhaft zur Illustration verwenden, das dem einer Multiplikation von Zahlen entspricht. Dies gilt insbesondere für den Fall, in dem die beiden zu faltenden zeitdiskreten Signale endliche Dauer haben. Zwei Beispiele soll dies veranschaulichen:

```
  3  4  5  6  *   1 2 3              3  2  1  *  1 2 3
 ─────────────────────             ──────────────────
  3  4  5  6                        3  2  1
     6  8 10 12                        6  4  2
        9 12 15 18                        9  6  3
 ─────────────────────             ──────────────────
  3 10 22 28 27 18                  3  8 14  8  3
```

In etwas anderer Schreibweise gilt für diese beiden Beispiele :

$$[3, 4, 5, 6] * [1, 2, 3] = [3, 10, 22, 28, 27, 18]$$
$$[3, 2, 1] * [1, 2, 3] = [3, 8, 14, 8, 3]$$

Bei beiden Schreibweisen ist nicht ersichtlich, welche Lage die Signale auf der diskreten Zeitachse haben. Notwendig ist deshalb zusätzlich, den jeweiligen Zeitpunkt 0 zu kennzeichnen. Für das erste Beispiel könnte Folgendes gelten:

$$[3\ 4\ 5\ 6] * [1\ 2\ 3] = [3\ 10\ 22\ 28\ 27\ 18]$$
$$k = \quad 0 \qquad\quad 0 \qquad\qquad 0$$

Das Schema oben ähnelt dem, das man elementar bei einer Multiplikation von Zahlen verwendet. Der Unterschied ist jedoch, dass hier die „Ziffern" größer als 9 werden können und keine Überträge zu den linken Stellen erfolgen dürfen. Negative „Ziffern" sind hier ebenfalls möglich. Die Verwandschaft der diskreten Faltungsoperation mit der Multiplikation ist nicht zufällig. Transformiert man Faltungsprodukte mit Hilfe der z-Transformation in den z-Bildbereich, dann ergeben sich Polynome in z, wobei die Koeffizienten den vorgegebenen Werten der zeitdiskreten Signale entsprechen. Die Faltungsoperation geht wiederum in eine Multiplikation im z-Bildbereich über. Das bedeutet, dass im Bildbereich zwei Polynome multipliziert werden. Wenn man nun beachtet, dass Zahlen mathematisch ebenfalls Polynome bedeuten, bei denen die Basis (z. B. 10) als Variablenwert eingesetzt werden muss, dann ist die Analogie verständlich.

6.7 Zusammenfassung und bibliographische Anmerkungen

Dieses Kapitel behandelte Verfahren zur digitalen Übertragung über linear verzerrende Kanäle. Die von solchen Kanälen verursachte Intersymbol-Interferenz (ISI) kann eine digitale Übertragung erschweren oder gar unmöglich machen, sofern keine Gegenmaßnahmen getroffen werden. Vorausgesetzt wurden lineare Modulationsverfahren, die in der Praxis die größte Bedeutung besitzen. Zwei „klassische" Gegenmaßnahmen wurden behandelt, die Transversal-Entzerrung (TE) und die Entzerrung mit Entscheidungsrückführung (DFE, Decision Feedback Equalization). Als Kriterium zur Einstellung der Koeffizienten wurde der minimale mittlere quadratische Fehler (MMSE, Minimum Mean Square Error) zwischen den gesendeten Symbolen und den Symbolen vor der endgültigen Entscheidung genutzt. TE und DFE sind i. Allg. suboptimale Verfahren im Hinblick auf eine minimale Anzahl von Fehlentscheidungen. Sie haben zwar den Vorteil, dass der Aufwand bei einer praktischen Realisierung relativ klein ist, aber auch den Nachteil, dass insbesondere bei Funkkanälen mit Mehrwegeausbreitung doch noch relativ große Bitfehlerwahrscheinlichkeiten resultieren können. Deutlich wurde, dass der DFE hierbei aber wesentlich besser als der TE sein kann, bei etwa gleicher Realisierungskomplexität.

Nutzt man als Optimierungskriterium die minimale Wahrscheinlichkeit für Fehlentscheidungen über die gesendeten Symbole, dann ergibt sich – wie bereits in Kap. 2 für den einfacheren AWGR-Kanal – ein ML-Empfänger. Wenn darüber hinaus das Ziel darin besteht, die wahrscheinlichst gesendete gesamte Folge von Sendesymbolen zu bestimmen, dann bietet sich hierfür der Viterbi-Algorithmus (VA) als MLSE-Algorithmus an, der ebenfalls in diesem Kapitel erläutert wurde. Der VA wurde ursprünglich von Viterbi nur zur Decodierung von Faltungscodes (die im nächsten Kapitel behandelt werden) vorgeschlagen [107]. Forney konnte 1972 zeigen, dass der VA auch ein MLSE-Algorithmus für Kanäle mit ISI ist [32], [33]. Bemerkenswert ist dabei sein Ausgangspunkt: Er erkannte, dass das Kanal-LTI-System, das für die ISI verantwortlich ist, eine der Faltungscodierung äquivalente Operation ausführt. Ungerböck hat kurz danach eine Variante des VA beschrieben, die auch eine farbige Rauschfolge zulässt [102]. Sie wurde im Anhang beschrieben.

Alle Entzerrer-Algorithmen benötigen Kenntnis über den aktuell vorliegenden Kanal. Während der VA eine gemessene Kanalstoßantwort direkt nutzen kann, muss beim TE ebenso wie beim DFE noch eine hieraus gebildete Matrix invertiert werden. Da dies in der Praxis einen untragbaren Aufwand darstellen kann, werden als Alternative Adaptionsalgorithmen verwendet, die z. B. über eine Minimierung des MSE die Koeffizienten iterativ ermitteln. Als Beispiel wurden Verfahren behandelt, die den Gradientenvektor nutzen (stochastischer Gradientenalgorithmus bzw. Least-Mean-Square-Algorithmus, LMS-Algorithmus). Der LMS-Algorithmus wurde zuerst von Widrow angegeben [112]. Auf das Problem der expliziten Schätzung der Kanalstoßantwort wurde kurz eingegangen, ebenso auf die in diesem Kontext passende Echokompensation.

Um die Prinzipien besser verstehen zu können, wurden zunächst zeitinvariante Kanäle angenommen. Die diskutierten Verfahren können dann auf zeitvariante Kanäle übertragen werden, wenn die Kanäle sich nicht zu schnell ändern, d. h. wenn sie über einige Symbolintervalle als zeitinvariant angesehen werden können. In der Praxis ist dies sehr häufig gegeben, wobei man aber darauf achten muss, dass die Adaptionsverfahren den Änderungen des Kanals auch folgen können. Bei schnell zeitvarianten Kanälen sind andere Algorithmen als der LMS-Algorithmus besser geeignet, z. B. der Recursive-LMS-Algorithmus (RLS) [43].

Der in diesem Kapitel behandelte Stoff kann zum Teil auch in anderen Büchern nachgelesen werden, s. z. B. [84], [12], [95].

6.8 Aufgaben

Aufgabe 6.1

Über einen linear verzerrenden AWGR-Kanal mit der Stoßantwort

$$h_K(t) = \sum_{i=-1}^{1} a_i \delta(t - iT); \qquad a_{-1} = a_1 = 1, \, a_0 = 4$$

sollen Daten kontinuierlich übertragen werden. Das Übertragungsverfahren soll bipolar sein, mit der Symboldauer $T_S = T$ und dem Elementsignal $e(t) = \text{rect}\left(\frac{t}{T_S}\right)$. Auf der Empfangsseite soll ein suboptimaler Empfänger verwendet werden, der lediglich mit einem KMF, einem Abtaster, sowie einem Entscheider arbeitet, sonst aber keine weiteren Empfangsalgorithmen verwendet.

a) Skizzieren Sie ein Blockbild für die gesamte Übertragung.
b) Berechnen Sie die auftretende Intersymbolinterferenz hinter dem Abtaster auf der Empfangsseite (WGR = 0), d. h. geben Sie $\tilde{x}(k)$ in Abhängigkeit von den Sendesymbolen $x(k)$ an.
c) Wie groß ist die kleinste vorkommende Augenöffnung? Ist eine fehlerfreie Übertragung möglich? Vergleichen Sie das Ergebnis mit dem aus Aufgabe 5.1.

Aufgabe 6.2

Der in Aufgabe 6.1 untersuchten kontinuierlichen Übertragung soll nun eine blockweise Übertragung gegenübergestellt werden. Hierzu sollen zwischen den Blöcken Pausen vorgesehen werden, die so groß sind, dass keine Intersymbolinterferenz (ISI) *zwischen den Blöcken* auftritt:

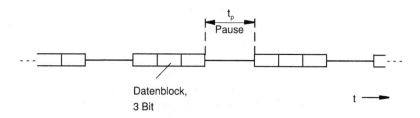

Das Übertragungsverfahren und der Kanal sollen wie in Aufgabe 6.1 angenommen werden.

a) Wie groß muss die relative Pause $\frac{t_p}{T_S}$ mindestens gewählt werden?

Im Folgenden soll vorausgesetzt werden, dass die Pause so groß ist, dass keine ISI zwischen den Blöcken auftritt.

b) Um welchen Faktor ist die Datenrate durch die blockweise Übertragung reduziert, verglichen mit einer kontinuierlichen, durchgehenden Übertragung?
c) Skizzieren Sie das Blockbild eines optimalen Empfängers ($\to$ „MF-Bank"). Wie lauten die auftretenden Stoßantworten der Korrelationsfilter?
d) Berechnen Sie die minimale Distanz zwischen den möglichen Empfangssignalen ${}^k g(t)$, die zu den Blöcken gehören (WGR = 0). Bestimmen Sie anschließend mit Hilfe des „Union Bound", s. Kap. 3, eine obere Schranke für die Symbolfehlerwahrscheinlichkeit P_s in Abhängigkeit von $\frac{E_h}{N_0}$.

Hinweis: E_h ist die Energie der Stoßantwort $h(t) = e(t) * h_K(t)$. Das Verhältnis $\frac{E_h}{N_0}$ ist jetzt zweckmäßiger als $\frac{E_e}{N_0}$ ($= \frac{E_h}{N_0}$ hier), da der Kanal das Sendesignal „verstärkt". $\frac{E_h}{N_0}$ enthält diese „Leistungsverstärkung des Kanals", und es sollte beim Vergleich von Übertragungsverfahren anstelle von $\frac{E_e}{N_0}$ verwendet werden.

Aufgabe 6.3

Die in Aufgabe 6.1 untersuchte Übertragung mit KMF, Abtaster und Entscheider soll nun um einen Transversalentzerrer (TE) mit 9 Koeffizienten erweitert werden.

a) Skizzieren Sie das Modellbild des Empfängers, d. h. von $g(t)$ bis $\hat{x}(k)$, sowie das gesamte zeitdiskrete Modell der Übertragung. Wie lautet die Stoßantwort $r(k)$ des zeitdiskreten Ersatzkanals?

b) Der optimale Koeffizientenvektor $\underline{c}_{\mathrm{opt}}$, der bei WGR = 0 zum minimalen MSE führt, wurde durch Matrixinversion bestimmt:

$$\frac{\underline{c}_{\mathrm{opt}} \cdot T_S}{1000} = \big[\, 1,54 \mid -6,23 \mid 18,6 \mid -48 \mid 96,1 \mid -48 \mid 18,6 \mid -6,23 \mid 1,54 \,\big].$$

Berechnen Sie den minimalen mittleren quadratischen Fehler.

c) Schätzen Sie die Bitfehlerwahrscheinlichkeit P_b ab, indem Sie annehmen (eigentlich nicht zutreffend), dass der MSE einem zusätzlichen gaußschen Rauschen entspricht.

d) Der TE-Empfänger soll nun vollständig mit Hilfe analoger Technik realisiert werden. Geben Sie ein Modellbild an.

e) Wie müßte das Blockbild des Empfängers aus a) modifiziert werden, wenn statt der bipolaren Übertragung ein Verfahren mit 4 PSK eingesetzt werden soll und ein allgemeiner BP-Kanal vorliegt, also $h_{KT}(t)$ komplexwertig ist? Wie viele *reelle* Koeffizienten müßte ein TE haben, der dem in a) bis c) behandelten entspricht?

Aufgabe 6.4

Gegeben sei ein linear verzerrender Kanal mit der Stoßantwort

$$h_K(t) = \delta(t) + \delta(t - T).$$

Mit Hilfe eines bipolaren Übertragungsverfahrens sollen Daten über diesen Kanal übertragen werden, wobei als Empfangsalgorithmus ein Transversalentzerrer mit $2N + 1 = 9$ Koeffizienten verwendet werden soll. Es gelte:

- $e(t)$ erfüllt das 1. Nyquist-Kriteruim; $E_e = 1$
- $T_S = T$
- $\varphi_{xx}(k) = \delta(k)$ („weiße" Sendefolge mit $\sigma_x^2 = 1$)

a) Bestimmen Sie die Stoßantwort $r(k)$ des zeitdiskreten Ersatzkanals.

Im Folgenden wird das WGR zu Null angenommen.

b) Wie lautet das Gleichungssystem zur Bestimmung des optimalen Koeffizientenvektors $\underline{c}_{opt}$? Geben Sie die auftretenden Größen (Korrelationsmatrix, ...) vollständig an.

c) Berechnen Sie $\underline{c}_{opt}$ durch Lösen des Gleichungssystems aus b).
   Hinweis: Zum Beispiel mittels PC.

d) Welcher minimale MSE ergibt sich bei optimaler Einstellung des Entzerrers?

Anstelle der bipolaren Übertragung soll nun bei sonst gleichen Gegebenheiten eine 8 ASK-Übertragung mit dem Symbolalphabet $A_x = \{\pm 1, \pm 3, \pm 5, \pm 7\}$ eingesetzt werden.

e) Wie ändert sich die Einstellung des Entzerrers ($\underline{c}_{opt}$)? Welcher minimale MSE ergibt sich jetzt?

f) Ist eine fehlerfreie Übertragung bei sonst störungsfreiem Kanal (d. h. $N_0 = 0$) mit 8 ASK möglich? Begründen Sie Ihre Antwort.

Aufgabe 6.5

Lösen Sie die Punkte a) bis f) aus Aufgabe 6.4 für einen DFE-Empfangsalgorithmus anstelle des TE.

Aufgabe 6.6

Über einen linear verzerrenden BP-AWGR-Kanal mit der Stoßantwort

$$h_K(t) = h_{BP}(t) * [\delta(t) + \delta(t - T)]$$

sollen Daten mittels 4PSK übertragen werden. $h_{BP}(t)$ ist die Stoßantwort eines idealen Bandpasses mit der Mittenfrequenz f_0 und der Bandbreite $f_\Delta = \frac{1}{T}$. Für das Elementarsignal und die Symboldauer soll gelten:

$$e_T(t) = \mathrm{si}\left(\pi \frac{t}{T_S}\right) \quad \text{mit} \quad T_S = T.$$

Die auftretende ISI soll mit einem TE mit 9 Koeffizienten minimiert werden.

a) Skizzieren Sie ein Modell der gesamten Übertragung von $x(k)$ bis $\hat{x}(k)$, in dem eine TP-BP-Transformation auf der Sendeseite und eine BP-TP-Transformation auf der Empfangsseite verwendet werden. Die linearen Verzerrungen des Kanals sollen durch ein Transversalfilter beschrieben werden.

b) Skizzieren Sie das Kanalmodell $s_T(t) \rightarrow g_T(t)$. Wie lauten jetzt die Koeffizienten des Transversalfilters im äquivalenten TP-Bereich?

c) Welche Stoßantwort $h_{KMFT}(t)$ muss auf der Empfangsseite vorgesehen werden?

d) Wie lautet die zeitdiskrete Stoßantwort $r(k)$ des Ersatzkanals und wie lautet $\underline{c}_{\text{opt}}$? Beachten Sie die Ergebnisse von Aufgabe 6.4.

e) Das bisher vorausgesetzte kohärente Übertragungsverfahren soll nun so modifiziert werden, dass kleine Frequenzabweichungen zwischen Sende- und Empfangsoszillator bei der BP-TP-Transformation zugelassen werden können, ohne eine Nachregelung des Empfangsoszillators. Beschreiben Sie eine mögliche Modifikation des Übertragverfahrens. Welche Genauigkeit $\frac{f_\Delta}{f_0}$ muss zwischen Sende- und Empfangsozillator gegeben sein, wenn mit 4 DPSK gearbeitet wird und die maximale Winkelabweichung zwischen zwei aufeinanderfolgenden Symbolen $10°$ nicht überschreiten soll? Es gelte:

$$f_0 = 10 \text{ MHz} \qquad \frac{1}{T_S} = 2 \cdot 10^3 \text{ Symbole/s}.$$

Welche Nachteile ergeben sich durch diese Modifikation?

Aufgabe 6.7

Vorgegeben sei ein Rayleigh-Kanal, über den Daten mittels 4 PSK übertragen werden sollen. Der Kanal sei durch folgende Angaben beschrieben:

$$f_0 = 400 \text{ MHz}, \ f_\Delta = 25 \text{ kHz}.$$

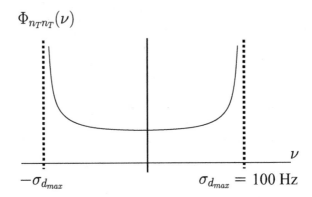

Als Elementarsignal werde ein „Raised Cosine"-Impuls mit $\alpha = 1$ und der Symboldauer T_S verwendet.

a) Welche maximale Übertragungsrate $r_{\ddot{u}}$ in bit/s ist möglich, wenn das Leistungsdichtespektrum des Sendesignals die vorgegebene Bandbreite f_Δ gerade ausnutzt und das 1. Nyquist-Kriterium erfüllt sein soll?

b) Skizzieren Sie das gesamte Modell der Übertragung im äquivalenten TP-Bereich von $x(k)$ nach $\hat{x}(k)$.

c) Skizzieren Sie mögliche Werte für $\tilde{x}(k)$ in der komplexen Ebene, wenn keine Trägerregelung auf der Empfangsseite vorgesehen ist. Kennzeichnen Sie die Sollpunkte $x(k)$.

d) Ohne eine Trägerrückgewinnung und -regelung ist keine kohärente Übertragung über den Rayleigh-Kanal möglich, s. c). Beschreiben Sie eine mögliche Modifikation der Übertragung, die die stochastischen Phasen- und Frequenzschwankungen toleriert. Siehe hierzu auch Aufgabe 6.6. Skizzieren Sie mögliche Werte für $\tilde{x}(k)$ in der komplexen Ebene nach der Modifikation des Übertragungsverfahrens.

Aufgabe 6.8

Bei einer Datenübertragung über einen Satelliten treffen auf der Empfangsseite zwei Signale auf die Antenne, das erste über einen direkten Weg, der als ideal angenommen werden darf, und das zweite über eine Reflexion an der Meeresoberfläche. Der Wegunterschied beträgt 150 m. Durch die Bewegung der Meeresoberfläche bedingt wird der zweite Weg stochastisch-zeitvariant. Messungen ergaben, dass eine Rayleigh-Statistik als näherungsweise Beschreibung ausreichend ist. Die Dopplerbandbreite σ_d wurde mit 30 Hz ermittelt, und die Leistungen, die über beide Wege empfangen werden, sollen gleich angenommen werden.

a) Geben Sie ein passendes Kanalmodell im äquivalenten TP-Bereich an. Das additive Rauschen am Eingang des Empfängers darf innerhalb der Bandbreite des Nutzsignals als WGR angenommen werden.

Als Übertragungsverfahren sei 4 PSK mit einer Datenrate von 20 Mbit/s und einem „Raised Cosine"-Elementarsignal mit $\alpha = 1$ vorgegeben. Um die ISI zu minimieren, soll ein DFE eingesetzt werden. Der vorliegende Übertragungskanal ist als „langsam" zeitvariant einzustufen. Man darf daher annehmen, dass der Kanal während der Dauer einer Kanalstoßantwort zeitinvariant ist.

b) Wie lautet die zeitvariante Stoßantwort $r(k,t)$ des zeitdiskreten Ersatzkanals? Die Zeit t kann jetzt wie ein zusätzlicher Parameter aufgefasst werden.

c) Wie groß muss die Zahl NR der Koeffizienten des Rückführungs-Transversalfilters gewählt werden?

Um die (langsame) Zeitvarianz auf der Empfangsseite berücksichtigen zu können, soll in regelmäßigen Abständen Δt die Stoßantwort des Kanals gemessen werden.

d) Welchen Wert darf Δt maximal haben, wenn sichergestellt werden soll, dass die maximale Winkelabweichung zwischen den Werten $r(k,t)$ und $r(k,t+\Delta t)$ nicht größer als 5° sein soll? Nehmen Sie für diese Abschätzung an, dass im Intervall $[t, t+\Delta t]$ kurzzeitig im Rayleigh-Pfad eine konstante Dopplerverschiebung von $f_d = 2\sigma_d$ auftritt.

e) Schätzen Sie die Zahl der Rechenoperationen ab, die notwendig sind, um einen optimalen Koeffizientenvektor $\underline{c}_{opt}$ aus $r(k, t)$ bei WGR$= 0$ zu bestimmen. Es gelte $NV = 10$. Verteilt auf das in d) berechnete Zeitintervall Δt_{max} ergibt sich eine Erhöhung der für den Empfang notwendigen Rechenoperationen pro Symboldauer. Wie groß ist der Faktor?

Aufgabe 6.9

Die in Aufgabe 6.8 d) und e) betrachtete Messung der Kanalstoßantwort und die Matrixinversion in regelmäßigen Zeitabständen Δt soll nun durch ein stochastisches Gradientenverfahren (LMS-Algorithmus) ersetzt werden.

a) Wie lautet die Rekursionsvorschrift zur Bestimmung von Schätzwerten für den Koeffizientenvektor $\underline{c}_{opt}$?
b) Schätzen Sie die mögliche Schrittweite Δ ab, die noch sicherstellt, dass die Folge der quadratischen Fehlerwerte $|\epsilon_i|^2$ bei WGR $= 0$ nicht divergiert. Nehmen Sie an, dass $|n_T(t)| \leq 4\sigma$ für die Abschätzung ausreichend ist.
c) Welche Nachteile besitzt das stochastische Gradientenverfahren gegenüber der Matrixinversion? Welche Vorteile ergeben sich bei zeitvarianten Kanälen?
d) Wie könnte eine Realisierung des stochastischen Gradientenverfahrens zusammen mit dem DFE aussehen? Leiten Sie aus der Vorschrift aus a) ein Bockbild ab, in dem Summierer (Akkumulatoren), Multiplizierer, Addierer und zeitdiskrete Laufzeitglieder vorkommen.

Aufgabe 6.10

Gegeben sei das folgende Modell einer digitalen Übertragung über einen linear verzerrenden AWGR-Kanal:

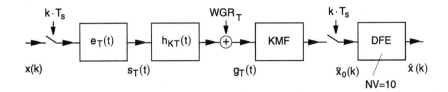

a) Welche Stoßantwort besitzt das KMF? Skizzieren Sie das zeitdiskrete Modell der Übertragung. Wie berechnet man $r(k)$ aus $e_T(t)$ und $h_{KT}(t)$?

Mit $r(k)$ kann bei gegebenem N_0 die optimale Einstellung des DFE berechnet werden, jedoch muss hierzu neben $e_T(t)$ die Kanalstoßantwort $h_{KT}(t)$ bekannt sein. Häufig ist $h_{KT}(t)$ nicht bekannt, kann aber unter bestimmten Voraussetzungen aus dem Empfangssignal $g_T(t)$ ermittelt werden. Man definiert als „Fehler" jetzt zweckmäßig die normierte Distanz zwischen dem Empfangssignal $g_T(t)$ und dem nachgebildeten Empfangssignal $\tilde{g}_T(t)$. Somit gilt

$$\epsilon^2 = \lim_{T \to \infty} \frac{1}{2T} \int\limits_{-T}^{T} |g_T(t) - \tilde{g}_T(t)|^2 \, dt$$

$$\mathrm{MSE} = \widetilde{\epsilon^2} = \overline{|g_T(t) - \tilde{g}_T(t)|^2}.$$

Die Scharmittelwertbildung bezieht sich jetzt auf die Statistik des Sendefolgen-Prozesses. Wenn hier Ergodizität angenommen werden darf – und dies soll im Folgenden so sein – dann darf das Scharmittelwertzeichen weggelassen werden, sofern man unter dem verbleibenden Zeitmittel auch die gleichzeitige Mittelung über die möglichen Sendesymbole $x(k)$ versteht.

b) Wie lautet jetzt der MSE-Ansatz, der als Ausgangspunkt zur Schätzung der unbekannten Stoßantwort $h_T(t) = \frac{1}{2} e_T(t) * h_{KT}(t)$ dienen kann? Skizzieren Sie ein zugehöriges Modellbild. Wie groß ist t_0?

In dem MSE-Ansatz aus b) ist die detektierte Folge von Sendesymbolen $\hat{x}(k)$ enthalten. Im Folgenden soll angenommen werden, dass $\hat{x}(k) = x(k - k_0)$ gilt.

c) Wie groß ist k_0?

Im Folgenden soll gelten, dass alle beteiligten Signale auf f_g bandbegrenzt sind und das Abtasttheorem angewendet werden darf. Des Weiteren soll $h_T(t)$ durch ein Transversalfilter mit N_h Koeffizienten darstellbar sein. Das Verhältnis von Symboldauer zu Abtastintervall betrage $\frac{T_S}{T} = 4$.

d) Bestimmen Sie aus dem MSE-Ansatz in b) den Gradientenvektor $\nabla_{\tilde{h}_T} J$. Wie lautet das Gleichungssystem, mit dem eine Schätzung $\tilde{h}_T(t)$ für $h_T(t)$ berechnet werden kann?
   Hinweis: Höherer Schwierigkeitsgrad.

e) Berechnen Sie $\tilde{h}_T(t)$ für eine als „weiß" angenommene Sendefolge $x(k)$ sowie ein vorgegebenes Empfangssignal $g_T(t)$.

f) $\tilde{h}_T(t)$ soll nun mit Hilfe eines LMS-Algorithmus („stochastisches Gradientenverfahren") rekursiv bestimmt werden. Geben Sie eine passende Vorschrift sowie ein zugehöriges Modellbild an.

Aufgabe 6.11

Bei einer Vollduplex-Übertragung über ein analoges Fernsprechnetz sollen die störenden „Echos" des eigenen Sendesignals durch Echokompensation genügend weit unterdrückt werden. Folgendes Modell soll gelten:
Für die Gabeln A bis D gilt: • Übersprechdämpfungen
                               beide Richtungen: 20 dB

                               • Durchlassdämpfungen (vereinfachend): 0 dB .

Das vorausgesetzte digitale Übertragungsverfahren erfordert, dass das Echosignal in seiner Leistung um 20 dB unter dem empfangenen Nutzsignal liegt.

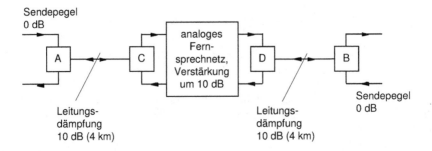

Die Laufzeit eines Signals von A nach B betrage maximal 10 ms, und die Grenzfrequenz der Signale soll mit 3,4 kHz angenommen werden. Alle Übertragungsfunktionen sollen – mit Ausnahme der durch die Gabeln verursachten Effekte – in ihrer Form der eines idealen Tiefpasses mit der Grenzfrequenz 4 kHz entsprechen.

a) Ermitteln Sie den prinzipiellen Verlauf der Stoßantwort $h_{\text{K Echo}}(t)$ des „Echokanals". Hierbei sollen Mehrfachreflexionen nicht berücksichtigt werden.

b) Geben Sie das Blockbild einer digital realisierten Schaltung zur Echokompensation an. Wählen Sie als Abtastrate 8 kHz.

Zur Nachbildung des Echokanals soll ein Transversalfilter vorgesehen werden.

c) Wie viele Koeffizienten muss das Transversalfilter besitzen, wenn beliebige $h_{\text{K Echo}}(t)$ mit einer maximalen Dauer entsprechend a) angenommen werden sollen?

d) Wie lautet das MSE-Kriterium zur Bestimmung des Transversalfilter-Koeffizientenvektors $\underline{c}$?

e) Leiten Sie aus d) den Gradientenvektor ab. Wie müßte ein passender LMS-Algorithmus formuliert werden?

Aufgabe 6.12

Über einen zeitinvarianten Kanal mit einer Dreiwege-Ausbreitung sollen Daten mit Hilfe eines bipolaren Verfahrens übertragen werden. Auf der Empfangsseite soll ein MLSE-Verfahren, bestehend aus „Whitening Matched Filter" und Viterbi-Algorithmus verwendet werden. Die folgende Abbildung zeigt das resultierende zeitdiskrete Übertragungsmodell.
Gesendet wird die Folge:

$$k: \quad -2 \quad -1 \quad 0 \quad 1 \quad 2 \quad 3 \quad 4 \quad 5 \dots$$
$$x(k): \quad -1 \quad -1 \quad -1 \quad 1 \quad -1 \quad -1 \quad 1 \quad -1 \dots$$

Die Startsymbole $[x(-2)$ und $x(-1)]$ sollen zur Definition eines Anfangs-Kanalzustandes dienen. Es gelte zunächst $n(k) = 0$.

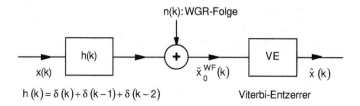

a) Skizzieren Sie das Trellisdiagramm für die möglichen Sendefolgen $^i x(k)$ bis $k = 5$ und heben Sie den Zustandspfad hervor, der zur gesendeten Folge $x(k)$ gehört. Schreiben Sie die Werte von $\tilde{x}_0^{WF}(k)$ für $n(k) = 0$ über das Trellisdiagramm.

b) Berechnen Sie die Distanzen zwischen $\tilde{x}_0^{WF}(k)$ und den zum Zeitpunkt $k = 5$ noch möglichen, hypothetischen Sendefolgen $^i x(k)$ rekursiv mit Hilfe des Viterbi-Algorithmus (VA).

c) Wie verändern sich die unter b) berechneten Distanzen, wenn für $n(k)$ gilt:

$$k: \quad 0 \quad\ 1 \quad\ \ 2 \quad\ 3 \quad\ \ 4 \quad\ \ 5$$
$$n(k): \ 0{,}7 \ \ -0{,}4 \ \ 0{,}8 \ \ 0{,}2 \ \ -0{,}5 \ \ 0{,}6$$

Wird immer noch auf die richtige Folge entschieden? Wie groß dürfte die Summe über die Quadrate der $n(k)$-Werte bis $k = 5$ maximal sein, damit noch keine Fehlentscheidung vorkommt?

Aufgabe 6.13

Die in Aufgabe 6.12 behandelte Übertragung soll im Folgenden etwas verallgemeinert betrachtet werden.

a) Wie verändert sich das Trellisdiagramm, wenn statt $M = 2$ ein allgemeineres Alphabet mit $M \neq 2$ Sendesymbolen vorliegt?

b) Wenn statt $\underline{h} = (1, 1, 1)$ eine allgemeinere Kanalstoßantwort der „Länge" N_H vorliegt, ändert sich das Trellisdiagramm ebenfalls. In welcher Weise?

c) Folgender Fall liege vor:

- Gesendete Folge: $^i x(k)$
- Entscheidung auf Folge: $^j x(k)$, $j \neq i$
- Störungen auf dem Kanal so, dass erste Fehlentscheidungen gerade möglich sind

Muss man i. Allg. erwarten, dass $^i x(k)$ und $^j x(k)$ sich in *allen* Symbolen voneinander unterscheiden? Was würden Sie bei Aufgabe 6.12 c) erwarten, wenn der hier angenommene Fall eintritt?

Aufgabe 6.14: zur Vertiefung, erhöhter Schwierigkeitgrad

Die am Ende von Abschn. 6.2.5 kurz angegebene Ungerböck-Variante des Viterbi-Algorithmus (VA) kann direkt die Abtastwerte am Ausgang des KMF verwenden. Ein zusätzliches Whitening-Filter ist nicht erforderlich. Leiten Sie diese Variante her, indem Sie annehmen, dass der Empfänger den Kanal kennt und dass perfekte Synchonisation vorliegt. Nutzen Sie die Erläuterungen in Abschn. 6.1.2 und die dort bereits berechnete quadratische euklidische Distanz zwischen den möglichen zeitkontinuierlichen Signalen $^i g_T(t)$ am Ausgang des Kanals – bevor das AWGR hinzugefügt wird – und einem empfangenen Signal $g_T(t)$, s. (6.4). Gehen Sie folgendermaßen vor:

- Berechnen Sie die Energien $E_{^i g_{TL}}$ der Signale $^i g_T(t)$ so weit, bis nur noch Symbole $^i x(k)$ und die Stoßantwort $r(k)$ des zeitdiskreten Ersatzkanals vorkommen. Betrachten Sie dazu einen Ausschnitt aus einer unendlich andauernden Übertragung.
- Berechnen Sie den quadratischen Distanz-Zuwachs, für den Fall, dass der Ausschnitt um ein Symbol nach rechts vergrößert wird. Das Resultat ist die in der Ungerböck-Variante des VA zu verwendende quadratische Zweigmetrik.
- Zeigen Sie, dass die Zahl der Rechenoperationen zur Berechnung dieser Zweigmetrik nicht wesentlich anders ist als beim VA in der Forney-Variante.

7

Informationstheorie, Quellen- und Kanalcodierung

Seit der grundlegenden Arbeit von Shannon im Jahre 1948 – s. Anmerkungen am Ende dieses Kapitels – ist die Informationstheorie stetig weiterentwickelt worden. Dies gilt in besonderem Maße für die aus ihr entstandenen Spezialgebiete der Quellencodierung und der Kanalcodierung. Inzwischen existiert eine umfangreiche Literatur, die sich speziell mit diesen Gebieten befasst. Das folgende Kapitel würde den hier abgesteckten Rahmen bei weitem sprengen, wenn es den Stoff in Tiefe und Breite abhandeln wollte. Die Absicht ist vielmehr, nur solches Wissen in einführender Weise aufzubereiten, das zum Verständnis moderner digitaler Übertragungsverfahren notwendig ist.

7.1 Grundlagen der Informationstheorie

In diesem Abschnitt werden für Quellen mit diskretem Wertebereich wichtige Begriffe der Informationstheorie eingeführt, und darauf aufbauend wird der Satz von Shannon erläutert. Er sagt aus, das es prinzipiell Verfahren gibt, mit denen man eine fehlerfreie Übertragung über gestörte Kanäle erreichen kann. Am Ende des Abschnitts wird der allgemeinere Fall von Kanälen mit kontinuierlichem Ein- und Ausgangsalphabet behandelt. Die folgende Vorbetrachtung soll eine Verbindung mit den vorhergehenden Kapiteln herstellen und einige Begriffe und Denkweisen einführend erläutern.

7.1.1 Vorbetrachtung

Abbildung 7.1 zeigt ein Übertragungsmodell, das der bisherigen Betrachtungsweise entspricht. Der Kanal darf ein beliebiger Übertragungskanal für zeit- und wertkontinuierliche Signale sein, auch bei der Störung sind keine Einschränkungen notwendig. Das bedeutet aber auch, dass ein AWGR-Kanal ebenso möglich ist wie ein linear verzerrender AWGR-Kanal. Die mit *Sender* und *Empfänger* bezeichneten Blöcke beinhalten das zum Kanal passende digitale

Übertragungsverfahren. Die Abbildung der Quellenfolge $q(k)$ in die detektierte Quellenfolge $\hat{q}(k)$ wird als *diskreter Kanal* bezeichnet. „Diskret" bezieht sich hierbei auf die Zeit, $q(k)$ und $\hat{q}(k)$ sind zeitdiskrete Signale. Da der Kanal, der sich innerhalb des diskreten Kanals befindet, gestört ist, wird $\hat{q}(k)$ i. Allg. nicht mit $q(k)$ identisch sein. Die Informationstheorie geht von solchen gestörten diskreten Kanälen aus und betrachtet Verfahren, die man in Abb. 7.1 zwischen Quelle und diskretem Kanal sowie diskretem Kanal und Senke einfügt. Das Ziel ist dabei, eine möglichst fehlerfreie Übertragung von der Quelle zur Senke zu erreichen, bei gleichzeitig möglichst vielen Quellensymbolen pro Sekunde. Abbildung 7.2 zeigt jeweils zwei eingefügte Blöcke vor und nach dem diskreten Kanal. Sie sind mit *Quellencodierung* und *Kanalcodierung* sowie *Kanaldecodierung* und *Quellendecodierung* benannt. Auf die hier enthaltenen Verfahren wird in den folgenden Abschnitten eingegangen, wobei auch der Sinn dieser Aufteilung – d. h. das Entfernen von Redundanz durch die Quellencodierung und das anschließende Hinzufügen von Redundanz durch die Kanalcodierung – verständlich wird.

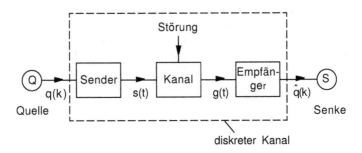

Abb. 7.1. Definition des diskreten Kanals

Der Wertebereich der Eingangs- und Ausgangssignale von diskreten Kanälen kann kontinuierlich oder diskret sein. Im Folgenden wird es zweckmäßig sein, hierbei auch eine Unsymmetrie zuzulassen. Ein diskreter Wertebereich am Eingang und ein kontinuierlicher am Ausgang können für die Kanaldecodierung z. B. von großem Vorteil sein. Die kontinuierlichen Werte am Eingang der Kanaldecodierung, die auch „Soft Decision"-Werte genannt werden, führen zusammen mit passenden Decodieralgorithmen zu kleineren Fehlerwahrscheinlichkeiten als die zu einem diskreten Wertebereich gehörigen sog. „Hard Decision"-Werte. Im Abschnitt Kanalcodierung wird dies näher erläutert.

Der Wertebereich von zeitdiskreten Signalen wird in der Informationstheorie auch mit *Alphabet* bezeichnet. In diesem Fall wäre ein diskretes Alphabet z. B. eine Teilmenge der Menge der ganzen Zahlen. Wenn man das Alphabet – ausgehend von dieser Definition – verallgemeinert und sich der Umgangssprache nähert, dann gelangt man auch zu Alphabeten, die z. B. Buchstaben

enthalten. Dies ist in der Informationstheorie auch erlaubt. Statt Zahlenfolgen
können auch Buchstabenfolgen vorkommen oder noch allgemeinere Folgen von
Elementen aus Mengen. Dies wird in den kommenden Abschnitten noch besser verständlich werden. Diskrete Alphabete sind damit solche, die abzählbare
Elemente enthalten, meist endlich viele wie das Buchstaben-Alphabet. Die Bezeichnung „Alphabet" wurde in den vorhergehenden Kapiteln bereits in diesem
allgemeinen Sinn verwendet, ohne nähere Erläuterung. Die Elemente von Alphabeten werden auch als *Symbole* bezeichnet. Bis auf das „Elementarsignal-
Alphabet" entspricht dies ebenfalls dem Verständnis aus den vorhergehenden
Kapiteln.

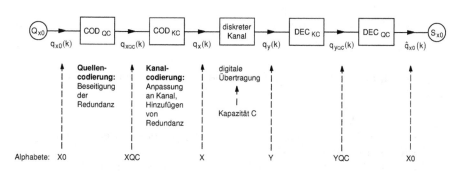

Abb. 7.2. Erweiterung der Übertragung über einen diskreten um eine Quellencodierung und eine Kanalcodierung

In Abb. 7.3 ist ein allgemeiner diskreter Kanal mit einer Quelle am Eingang
und einer Senke am Ausgang dargestellt. Das Eingangsalphabet soll mit X und
das Ausgangsalphabet mit Y bezeichnet werden. Für die diskreten Alphabete
soll gelten:

$$X = \{x_1, x_2, ..., x_{MX}\}$$
$$Y = \{y_1, y_2, ..., y_{MY}\} \ . \tag{7.1}$$

MX ist die Zahl der Symbole im Alphabet X, MY die im Alphabet Y. Abbildung 7.3 zeigt bereits eine Denkweise, die im Folgenden wichtig ist: Die
Quelle Q_x lässt sich mit dem diskreten Kanal zu einer neuen Quelle Q_y zusammenfassen. Auch bei einer Kette von Systemen, die mit einer Quelle links
verbunden ist, lässt sich so zur linken Seite hin eine neue Quelle definieren.
Damit wird es möglich, ein Übertragungssystem nur durch Quellen zu beschreiben. Die Quellen wiederum sind durch ihre statistischen Eigenschaften
gekennzeichnet, ihr Ausgangssignal kann als Musterfunktion eines zeitdiskreten stochastischen Prozesses aufgefasst werden. Die Informationstheorie, die
die Übertragung von Quellensignalen zum Gegenstand hat, basiert deshalb
auf der Theorie stochastischer Prozesse.

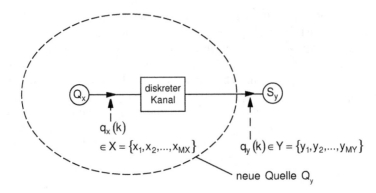

Abb. 7.3. Diskretes Übertragungsmodell: Definition einer neuen Quelle

Bei Quellen gibt es aus diesem Grund die gleichen Namensgebungen wie bei stochastischen Prozessen (s. Kap. 1):

- **Stationäre Quellen:**
  Die statistische Beschreibung hängt nicht von der (diskreten) Zeit ab.
- **Ergodische Quellen:**
  Die statistische Beschreibung über ein Ensemble von Quellenfolgen (in „Scharrichtung") ist identisch mit der Statistik, die man aus den Werten einer einzigen Musterquellenfolge erhält.
- **Quellen ohne Gedächtnis:**
  Die Verbundverteilung für eine Kette von Symbolen ist identisch mit dem Produkt der Randverteilungen.
- **Markov-Quellen i-ter Ordnung:**
  $q(k)$ hängt nur von $q(k-1), q(k-2), ..., q(k-i)$ ab.

Der zeitdiskrete WGR-Prozess mit den Musterfunktionen $n(k)$, der in den vorhergehenden Kapiteln verwendet wurde, kann demnach als ein Beispiel für eine ergodische Quelle ohne Gedächtnis aufgefasst werden. *Ohne Gedächtnis* bedeutet wiederum, dass diese Quelle auch als Markov-Quelle 0-ter Ordnung bezeichnet werden kann. Setzt man für den diskreten Kanal in Abb. 7.3 beispielsweise ein zeitdiskretes Transversalfilter (oder FIR-Filter) mit $i+1$ Koeffizienten ein, dann ist die neue Quelle Q_y eine Markov-Quelle i-ter Ordnung. Die hierbei erzeugten Abhängigkeiten sind linear, weil das zeitdiskrete Transversalfilter ein lineares System ist.

7.1.2 Informationsgehalt und Entropie

Die folgenden Definitionen von Informationsgehalt und Entropie sind eng verwandt mit dem Konzept, das wir bei der ersten grundlegenden Betrachtung einer digitalen Übertragung in Kap. 2 kennengelernt haben: Übertragen wird die **Nummer** eines Elementarsignals. Wenn M die Zahl der möglichen Elementarsignale ist, kann man diese Nummer wiederum binär mit $\log_2 M$ Binärziffern darstellen. In Kap. 2 wurde deutlich, dass sich beispielsweise mit $M = 4$ Elementarsignalen zwei Bit übertragen lassen, nämlich die zwei Binärziffern, die mit der Elementarsignal-Nummer identisch sind. Die digitale Quelle war in Kap. 2 für die Auswahl der Elementarsignale zuständig. Dies führte dazu, dass die Nummern der Elementarsignale mit den Werten der Quellensymbole gleichgesetzt werden konnten. Angenommen wurde stets, dass die Quelle kein Elementarsignal statistisch bevorzugt, d. h. alle Quellensymbole und damit auch Elementarsignale wurden mit gleicher Wahrscheinlichkeit ausgewählt. Dies ist sicher ein Spezialfall. Die folgenden Definitionen berücksichtigen nun den allgemeineren Fall, bei dem nicht alle Quellensymbolwerte bzw. Elementarsignale mit gleicher Wahrscheinlichkeit vorkommen.

Im Folgenden sei eine Quelle mit dem Alphabet $X = \{x_1, x_2, ..., x_{MX}\}$ angenommen, die mit der Wahrscheinlichkeit $P(x_i)$ das Symbol x_i aus X auswählt.

Definition: Informationsgehalt

Der *Informationsgehalt* $I(x_i)$, der bei einer stationären gedächtnislosen Quelle mit der Auswahl eines Quellensymbols $x_i \in X$ verbunden ist, ist definiert als

$$I(x_i) = \log_2 \frac{1}{P(x_i)}$$
$$= -\log_2 P(x_i). \tag{7.2}$$

Die Einheit für den Informationsgehalt ist *bit/Symbol*. $I(x_i)$ wird umso größer, je unwahrscheinlicher das Symbol x_i ist. Eine anschauliche, oft zitierte Vorstellung ist in diesem Zusammenhang, dass der „Überraschungseffekt" oder der „Neuigkeitswert" groß wird, wenn die Quelle ein Symbol auswählt, das man – weil es im Mittel so selten vorkommt – nicht erwartet hat. Derartige Deutungen des Informationsgehalts sind in der Vergangenheit intensiv diskutiert worden. Inzwischen ist aber deutlich geworden, dass $I(x_i)$ allein im Hinblick auf praktische Anwendungen keine Bedeutung besitzt, und dass man hiermit dem Informationsbegriff der Umgangssprache kaum näher kommt, was aus technischer Sicht aber auch nicht notwendig ist. Von großer praktischer Bedeutung ist aber der Mittelwert über alle $I(x_i)$.

Definition: Entropie

Der *mittlere Informationsgehalt* oder die *Entropie* einer Quelle ist wie folgt definiert:

$$H(X) = \sum_{i=1}^{MX} P(x_i)\, I(x_i)$$
$$= -\sum_{i=1}^{MX} P(x_i) \log_2 P(x_i). \tag{7.3}$$

Die Einheit der Entropie ist somit ebenfalls *bit/Symbol*. Die maximale Entropie ist bei einer Quelle gegeben, wenn alle Symbole mit gleicher Wahrscheinlichkeit vorkommen:

$$P(x_i) = \frac{1}{MX} \Longrightarrow H_{\max}(X) = \log_2 MX \qquad (7.4)$$

$H_{\max}(X)$ wird auch der *Entscheidungsgehalt* der Quelle genannt. Er entspricht der Zahl der Bit, die in den vorangegangenen Abschnitten zur Nummerierung der Elementarsignale verwendet wurden. Die Entropie ist hingegen als die Anzahl der Bit zu deuten, die man im **Mittel** zur Nummerierung der Elementarsignale benötigt. Bei dieser Mittelwertbildung – s. Definition der Entropie oben – kommen die A-Priori-Wahrscheinlichkeiten ins Spiel, mit denen die Quelle bestimmte Symbole auswählt. Wie man sich diesem Mittelwert in der Praxis durch geschickte Zuordnung annähern kann, ist Thema der *Quellencodierung*, die in Abschn. 7.2 behandelt wird. Die Differenz zwischen $H_{\max}(X)$ und $H(X)$ ist offenbar das, was im Mittel zur Nummerierung nicht notwendig ist.

Definition: Redundanz
Die *Redundanz* $R(X)$ einer Quelle ist wie folgt definiert:

$$\begin{aligned} R(X) &= H_{\max}(X) - H(X) \\ &= \log_2 MX - H(X). \end{aligned} \qquad (7.5)$$

$R(X) \neq 0$ bedeutet somit, dass einige Quellensymbole im Mittel häufiger vorkommen als andere. Ein Beispiel soll die Definitionen von oben noch etwas beleuchten. Modelliert man deutschen Text als stationäre Quelle ohne Gedächtnis, dann benötigt man als Näherung für die Wahrscheinlichkeiten $P(x_i)$ nur die relativen Häufigkeiten, mit der bestimmte Buchstaben vorkommen. Durch Auszählen kann man diese Häufigkeiten leicht bestimmen. Für den Buchstaben q ergibt sich so eine geschätzte Wahrscheinlichkeit $P(q) = 0{,}05\,\%$. Hierbei wurde keine Unterscheidung zwischen kleinen und großen Buchstaben gemacht und das Leerzeichen wurde als 27. Buchstabe aufgefasst. Mit dem Auftreten des Buchstabens q ist somit ein Informationsgehalt von

$$\begin{aligned} I(q) &= \log_2 \frac{1}{P(q)} \\ &= \log_2 (2000) \ \text{bit/Buchstabe} \\ &= 10{,}97 \ \text{bit/Buchstabe} \end{aligned} \qquad (7.6)$$

verbunden. Ein Symbol entspricht in diesem Beispiel einem Buchstaben. Für die Entropie ergibt sich unter Berücksichtigung aller Wahrscheinlichkeiten:

$$\begin{aligned} H(X) &= P(a)\,I(a) + P(b)\,I(b) + ... + P(z)\,I(z) + P(\_)\,I(\_) \\ &= 4{,}04 \ \text{bit/Buchstabe}. \end{aligned} \qquad (7.7)$$

Das Leerzeichen ist hier mit dem Zeichen „_" abgekürzt. Für den Entscheidungsgehalt gilt:

$$H_{\max}(X) = \log_2(27) \text{ bit/Buchstabe}$$
$$= 4{,}75 \text{ bit/Buchstabe}. \tag{7.8}$$

Für die Redundanz folgt somit:

$$R(X) = 0{,}71 \text{ bit/Buchstabe}. \tag{7.9}$$

Den Entscheidungsgehalt kann man durch einen *Entscheidungsbaum* veranschaulichen – s. Abb. 7.4. Er zeigt binäre Entscheidungsschritte, die man sich bei der Quelle vorstellen kann, wenn sie die Buchstaben auswählt. Man startet hierzu in der Wurzel und schreitet mit jeder Entscheidung eine Ebene tiefer, bis man bei dem entsprechenden Buchstaben angelangt ist. Eine Entscheidung zur linken Seite bedeutet die Binärziffer 0, eine zur rechten die 1. Nach 5 Schritten oder 5 bit hat man jeweils einen Buchstaben erreicht. Der Entscheidungsbaum lässt 32 Möglichkeiten zu, von denen nur 27 mit Buchstaben belegt sind. Nicht sofort offensichtlich ist, wie man die Binärziffern vergeben muss, um $H_{\max}(X) = 4{,}75$ bit/Buchstabe zu erreichen und auch nicht, wie man zu dem Mittelwert $H(X) = 4{,}04$ bit/Symbol gelangt. Im Abschn. 7.2 werden Methoden besprochen, die dies versuchen.

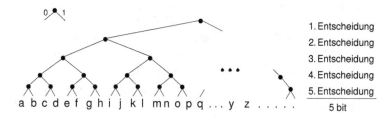

Abb. 7.4. Entscheidungsbaum; zum Beispiel im Text gehörig

Informationsgehalt, Entropie, Entscheidungsgehalt und Redundanz beziehen sich auf den Auswahlvorgang, mit dem eine Quelle ein bestimmtes Symbol auswählt. Im Kontext von stochastischen Prozessen definiert man diesen Auswahlvorgang zweckmäßig in Schar-Richtung über das Ensemble von Musterfunktionen zu einem bestimmten diskreten Zeitpunkt k, womit die Statistik eine Schar-Statistik ist. Eine kontinuierliche Übertragung von Quellensymbolen lässt sich dann so verstehen, dass k läuft – mit jedem k wählt die Quelle ein Symbol entsprechend der Schar-Statistik aus. Bezeichnet man die Zeitdauer zwischen zwei aufeinander folgenden Auswahlvorgängen mit T_q, dann lässt sich eine *zeitbezogene Entropie* definieren, die wiederum mit Übertragungsraten (in bit/s) in Verbindung gebracht werden kann:

$$\text{zeitbezogene Entropie:} \quad \frac{H(X)}{T_q} \text{ in bit/s}. \qquad (7.10)$$

Anmerkung 1: Die bisherigen Betrachtungen und Definitionen gingen von einzelnen Symbolen aus. Folgen oder Ketten von Symbolen zu betrachten, schien nicht notwendig, da gedächtnislose Quellen vorausgesetzt wurden. Bei Quellen mit Gedächtnis kann es dagegen zweckmäßig sein, Ketten von Symbolen mit endlicher Länge als neue Symbole aufzufassen. So mag es bei einer Binärquelle z. B. sinnvoll sein, 8 bit zu einem Byte zusammenzufassen, wenn man weiß, dass die Bit zu Zeichen eines 8 bit-ASCII-Codes gehören. Statt eines binären Alphabets hat die neue Quelle dann ein Alphabet mit 256 Symbolen, wobei sicher nicht alle 256 Symbole mit der gleichen Wahrscheinlichkeit vorkommen. Diese neue Quelle als gedächtnislos anzunehmen, trifft sicher etwas besser die Realität, als die Annahme einer gedächtnislosen Binärquelle.

Je nach Betrachtungsweise kann man so die Entropie mit der Einheit „bit/Symbolkette" versehen, oder mit „bit/Symbol" als Mittelwert über die Symbolkette, sofern man durch die Länge der Symbolkette dividiert. Die im Beispiel zuvor verwendete Bezeichnung „bit/Buchstabe" bietet sich an, wenn die Quellensymbole explizit benannt werden können. Wichtig ist in jedem Fall, dass der Wertebereich der Quelle bzw. das Symbolalphabet definiert ist.

Kontinuierliche Quellen besitzen einen kontinuierlichen Wertebereich, d. h. das Symbolalphabet enthält überabzählbar viele mögliche Symbolwerte. Die Definitionen von Informationsgehalt und Entropie entsprechend (7.2) und (7.3) sind hier nicht mehr anwendbar. Eine Erweiterung auf kontinuierliche Quellen ist möglich, sie hat aber nur eine Bedeutung bei der Berechnung der Kanalkapazität von diskreten Kanälen mit kontinuierlichen Alphabeten am Eingang und Ausgang, weshalb sie auch nur in diesem Zusammenhang in Abschn. 7.1.5 noch einmal angesprochen wird. ◄

Anmerkung 2: Die Schreibweisen in diesem Kapitel unterscheiden sich etwas von den bisher verwendeten. X ist hier eine Zufallsvariable, d. h. eine Abbildung von einer Menge von möglichen *Ereignissen* $\{\omega_1, \omega_2, ..., \omega_M\}$ in eine Menge $\{x_1, x_2, ..., x_M\}$. Das Ereignis ω_i bedeutet z. B., dass eine Quelle das Symbol x_i aus dem Alphabet $\{x_1, x_2, ..., x_M\}$ auswählt. Man schreibt für das Ereignis kurz $X = x_i$ und meint damit, dass das Ereignis ω_i eintritt und die Zufallsvariable X den Wert x_i annimmt. Des Weiteren ist jedem Ereignis eine Wahrscheinlichkeit als *Maß* zugeordnet, die mit P bezeichnet wird. $P(X = x_i)$ ist damit die Wahrscheinlichkeit für das Ereignis ω_i bzw. $X = x_i$. In Kap. 1 bzw. 2 wurden hierfür die folgenden Schreibweisen eingeführt:

$$
\begin{aligned}
A_x &= \{x_1, x_2, ..., x_M\} \\
\text{Prob}\,\{\omega_i\} &= \text{Prob}\,\{\omega_i \text{ tritt ein}\} \\
&= P_X(x_i) && \text{mit } X = x_i \in A_x \\
&= P_i && \text{Abkürzung} \\
&= P(X = x_i) && \text{in diesem Kapitel}
\end{aligned}
$$

Die Zufallsvariable X war dabei meist noch identisch mit der Quellenfolge $q(k)$ zum diskreten Zeitpunkt k, d.h. $X = q(k) \in A_x$. Üblich ist – dies wurde im Text zuvor bereits verwendet – A_x und X gleichzusetzen und für $P(X = x_i)$ auch $P(x_i)$ zu schreiben. ◄

7.1.3 Codierung

Der Begriff *Codierung* wurde bisher schon verwendet, aber noch nicht explizit definiert. Man bezeichnet damit generell den Vorgang, Symbolfolgen $q_x(k)$ in andere Symbolfolgen $q_y(k)$ abzubilden:

$$\text{COD:} \quad q_x(k) \in X^{NX} \leftrightarrow q_y(k) \in Y^{NY} . \tag{7.11}$$

Der Definitionsbereich X^{NX} dieser Abbildung ist hierbei die Menge der Symbolfolgen mit der Länge NX (über dem Alphabet X) und der Wertebereich Y^{NY} entsprechend die Menge der Symbolfolgen der Länge NY. Wenn die Abbildung, wie in (7.11) angenommen, *umkehrbar eindeutig* ist, spricht man auch von einer *verlustfreien Codierung*. Nicht umkehrbar eindeutige Abbildungen sind ebenfalls üblich, man spricht dann von *verlustbehafteter Codierung*. Die inverse Abbildung zu (7.11) wird als *Decodierung* bezeichnet.

Die Folge von Symbolen der Länge NY, die sich nach der Codierung ergibt, bezeichnet man auch als *Codewort*. Bei kleinen Längen NX und NY kann man (7.11) als einfache Tabelle angeben. Ein Beispiel hierfür ist die in der Praxis häufig verwendete ASCII-Tabelle, die Buchstaben, Zahlen und anderen Symbolen umkehrbar eindeutig eine Kombination von 8 bit zuweist. In diesem Falle gilt:

$$
\begin{aligned}
\text{ASCII-Tabelle:} \quad & X = \{\text{Buchstaben, Zahlen, Sonderzeichen}\} \\
& Y = \{0, 1\} \\
& NX = 1; \quad NY = 8 .
\end{aligned}
\tag{7.12}
$$

Der Begriff „Codierung" nach (7.11) ist sehr allgemein. Abhängig vom jeweiligen Kontext ist es deshalb üblich, auch andere Bezeichnungen zu verwenden. Ein zeitdiskretes LTI-System mit einer Eingangsfolge $x(k)$, einer Stoßantwort $h(k)$ und einer Ausgangsfolge $y(k) = x(k) * h(k)$ bezeichnet man üblicherweise nicht als Codierer. Andererseits kann ein solches System aber auch als Codierer verstanden werden, was u.U. zu neuen Erkenntnissen führt – s. Anmerkungen zum Viterbi-Entzerrer am Ende des vorhergehenden Kapitels.

Neben einfachen Tabellen besitzen vor allem zwei Gruppen von Codierungen große praktische Bedeutung: Die *Quellencodierung* und die *Kanalcodierung*. Beide sollen in den separaten Abschnitten 7.2 und 7.3 später behandelt werden.

Die Quellencodierung hat das Ziel, die Abbildung COD_{QC} – s. Abb. 7.2 – derart zu definieren, dass die neue Quelle Q_y maximale Entropie besitzt, d.h. dass sämtliche Redundanz entfernt ist. Praktisch verwendete Quellencodierungsverfahren entfernen darüber hinaus häufig auch noch Irrelevanz, d.h.

Details, deren Fehlen der Empfänger nicht bemerkt oder aber akzeptiert. Dies gilt insbesondere bei der Codierung von kontinuierlichen Audio- und Videoquellen.

Die Kanalcodierung hat dagegen das Ziel, zu erreichen, dass bei einer Übertragung von Symbolfolgen über gestörte Kanäle Fehler erkannt und/oder korrigiert werden können. Hierzu ist es notwendig, künstlich wieder Redundanz hinzuzufügen, womit die Entropie wieder verkleinert wird. Das Geschick ist dabei, diese künstliche Redundanz auf der Sendeseite derart zu definieren, dass das Ziel der Fehlererkennung und/oder Korrektur auf der Empfangsseite erreicht werden kann.

7.1.4 Diskrete Kanäle, Kanalkapazität

In diesem Unterabschnitt soll gezeigt werden, dass man prinzipiell fehlerfrei über einen gestörten diskreten Kanal übertragen kann, sofern nur die Entropie am Eingang des Kanals einen gewissen Maximalwert – die sog. „Kanalkapazität" – nicht überschreitet. Hierzu ist es zweckmäßig, zwei Quellen zu betrachten, wozu wieder Abb. 7.3 herangezogen werden soll. Die Quelle Q_x liegt am Eingang des Kanals, und die Quelle Q_y stellt die Zusammenfassung von Q_x mit dem diskreten Kanal dar, s. Abb. 7.5. Dieser Ansatz ermöglicht es, mit Hilfe der beiden Quellen unterschiedliche Typen von diskreten Kanälen zu definieren.

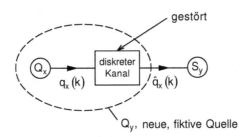

Abb. 7.5. Definition einer neuen Quelle, die den diskreten Kanal einschließt

Definitionen

- Ein Kanal wird *stationär* genannt, wenn bei einer stationären Quelle Q_x die Quelle Q_y ebenfalls stationär ist.
- Ein Kanal wird *ergodisch* genannt, wenn bei einer ergodischen Quelle Q_x die Quelle Q_y ebenfalls ergodisch ist.
- Ein Kanal *ohne Gedächtnis* liegt vor, wenn bei einer gedächtnislosen Quelle Q_x die Quelle Q_y ebenfalls gedächtnislos ist.

Die grundlegende Idee bei den folgenden Erläuterungen ist, die statistischen Zusammenhänge zwischen dem Auftreten eines Quellensymbols $q_y(k) = y_j$ und eines Quellensymbols $q_x(k) = x_i$ zu betrachten. Der diskrete Kanal wird sich dabei nur in den Eigenschaften der Quelle Q_y widerspiegeln, bei gegebener statistischer Beschreibung der Quelle Q_x. Sämtliche Überlegungen gelten dabei im Prinzip für zwei beliebige Quellen. Der diskrete Kanal könnte sogar völlig fiktiv sein!

Mit dieser kurzen Vorbetrachtung soll deutlich werden, dass es die statistischen Abhängigkeiten zwischen den beiden stochastischen Prozessen Q_x und Q_y sind, die nun im Vordergrund stehen sollen. Dabei soll zunächst für einen gedächtnislosen Kanal untersucht werden, welche „Information" sich über das Auftreten von $q_x(k) = x_i$ am Kanaleingang ergibt, wenn am Kanalausgang $q_y(k) = y_j$ beobachtet wurde. Folgende Antworten sind bereits offensichtlich:

- **Fall 1:** Sind Q_x und Q_y statistisch unabhängig voneinander, dann liefert die Beobachtung $q_y(k) = y_j$ am Ausgang des Kanals keinerlei Information über das Ereignis $q_x(k) = x_i$ am Eingang des Kanals. Es besteht kein Zusammenhang zwischen den Ereignissen, der Kanal ist informationstheoretisch nicht existent.
- **Fall 2:** Sind Q_x und Q_y statistisch voll voneinander abhängig, dann gibt es zur Beobachtung $q_y(k) = y_j$ am Ausgang des Kanals genau ein zugehöriges Ereignis $q_x(k) = x_i$ am Eingang des Kanals. Der Kanal ist informationstheoretisch ideal.

Intuitiv ist bei diesen beiden Fällen meist verständlich, was mit „Information über das Ereignis" gemeint ist. Für die folgenden Betrachtungen ist dies aber nicht ausreichend. Um die Zusammenhänge quantifizieren zu können, hat es sich als zweckmäßig herausgestellt, die folgende Rückschlusswahrscheinlichkeit

$$P(x_i \mid y_j) = \text{Prob}\left\{q_x(k) = x_i \mid q_y(k) = y_j\right\} \qquad (7.13)$$

heranzuziehen. Eine derartige Rückschlusswahrscheinlichkeit (oder A-Posteriori-Wahrscheinlichkeit) wurde bereits in Kap. 2 als Ausgangspunkt zur Ableitung des optimalen Empfängers bei einer Übertragung über AWGR-Kanäle genutzt. Wie dort steht auch hier als Bedingung rechts in (7.13) eine vorgegebene Beobachtung, d. h. $q_y(k) = y_j$. Links stehen die möglichen Ereignisse, die zur Wahrscheinlichkeit Prob{.} führen, d. h. zu $q_x(k) = x_i$. Hiermit lässt sich ein geeignetes Maß für die „Information über" definieren:

Definition:
Die Information, die das Ereignis $q_y(k) = y_j$ am Ausgang des Kanals über das Ereignis $q_x(k) = x_i$ am Eingang des Kanals liefert, ist definiert als

$$I(x_i; y_j) = \log_2 \frac{P(x_i|y_j)}{P(x_i)} \qquad \text{in bit}. \qquad (7.14)$$

Sie wird auch *gegenseitige Information* oder *wechselseitige Information* genannt (engl. *Mutual Information*). Den Mittelwert über alle $x_i \in X$ und

$y_j \in Y$ bezeichnet man als *Transinformation* $T(X;Y)$. Sie berechnet sich damit wie folgt:

$$T(X;Y) = \sum_{i=1}^{MX} \sum_{j=1}^{MY} P(x_i, y_j)\, I(x_i; y_j) \qquad \text{in bit}. \tag{7.15}$$

$P(x_i, y_j)$ ist hierbei die Verbundwahrscheinlichkeit für das Paar (x_i, y_j). Die Normierung in (7.14) ist zweckmäßig gewählt.◄

Mit dieser Definition erreicht man, dass die oben bereits angesprochenen zwei Grenzfälle zu vernünftigen Ergebnissen führen:

$$\begin{aligned}
&\text{Fall 1: } P(x_i|y_j) = P(x_i) \implies I(x_i; y_j) = 0 \\
&\qquad\qquad\qquad\qquad\qquad\ T(X;Y) = 0
\end{aligned}$$

$$\begin{aligned}
&\text{Fall 2: } P(x_i|y_j) = \delta_{ij} \implies I(x_i; y_j) = I(x_i) \\
&\qquad\qquad\qquad\qquad\qquad\ T(X;Y) = H(X) \\
&\qquad\qquad\qquad\qquad\qquad\ P(x_i, y_j) = P(x_i).
\end{aligned} \tag{7.16}$$

$I(x_i)$ ist hierbei der zuvor mit (7.2) definierte Informationsgehalt, $H(X)$ die Entropie nach (7.3) und δ_{ij} das Kronecker-Symbol, d. h. $\delta_{ij} = 1$ für $i = j$ und $\delta_{ij} = 0$ sonst.

Anmerkung: Die Zuordnung der Symbole x_i am Kanaleingang zu den Symbolen y_j am Kanalausgang ist willkürlich. So sind die beiden Binärkanäle

$$\begin{aligned}
&\text{Kanal 1: } 0 \to 0 \quad \text{Kanal 2: } 0 \to 1 \\
&\qquad\qquad\ \ 1 \to 1 \qquad\qquad\qquad 1 \to 0
\end{aligned}$$

aus Sicht der Informationstheorie identisch. ◄

Eine wichtige Eigenschaft von $I(x_i; y_j)$ und damit auch von $T(X;Y)$ folgt mit dem *Satz von Bayes*. Er lautet im hier vorliegenden Kontext, s. auch (2.8) in Kap. 2:

$$P(x_i \,|\, y_j) = P(x_i)\, \frac{P(y_j \,|\, x_i)}{P(y_j)}. \tag{7.17}$$

Hieraus folgt zusammen mit (7.14) und (7.15)

$$I(x_i; y_j) = \log_2 \frac{P(x_i|y_j)}{P(x_i)} = \log_2 \frac{P(y_j \,|\, x_i)}{P(y_j)} = I(y_j; x_i)$$

$$T(X;Y) = T(Y;X). \tag{7.18}$$

Die Interpretation dieser Symmetrie ist für den binären Beispiel-Kanal von oben wie folgt: Wenn das Ereignis $X = x_1 = 0$ am Eingang des Kanals beobachtet wird und man daraus die wechselseitige Information für das Ereignis $Y = y_2 = 1$ am Ausgang berechnet, dann ergibt sich der gleiche Wert wie für den Fall, dass $Y = y_2 = 1$ beobachtet wurde und man daraus die wechselseitige Information für den Fall $X = x_1 = 0$ am Eingang berechnet. Dies ist plausibel, denn die wechselseitige Information ist ja für zwei Quellen definiert, von denen keine gegenüber der anderen ausgezeichnet ist.

Zusammenfassend ergeben sich folgende Entropien bei diskreten Kanälen:

Entropie am Eingang: $H(X) \quad = -\sum_i P(x_i) \log_2 P(x_i)$

Entropie am Ausgang: $H(Y) \quad = -\sum_i P(y_i) \log_2 P(y_i)$

Transinformation: $T(X;Y) = \quad \sum_i \sum_j P(x_i, y_j)\, I(x_i; y_j)$

Äquivokation: $H(X|Y) = -\sum_i \sum_j P(x_i, y_j) \log_2 P(x_i|y_j)$

Irrelevanz, Streuentropie: $H(Y|X) = -\sum_i \sum_j P(x_i, y_j) \log_2 P(y_j|x_i)\,.$

$$(7.19)$$

Die letzten beiden Zeilen enthalten zwei neue Namen. Die *Äquivokation* (der Name bedeutet soviel wie „klingt gleich" oder „mehrdeutig") kann als der Anteil der Eingangsentropie angesehen werden, der im Kanal verlorengeht. Die *Irrelevanz* oder *Streuentropie* hingegen ist eine Entropie, die zwar in der Ausgangsentropie enthalten ist, die aber nicht vom Eingang stammt. Sie wird durch die Störungen des Kanals bewirkt. Sie ist damit aufzufassen als die im Mittel in einem Ausgangssymbol enthaltene zusätzliche Information, die ein Beobachter erhält, der die zugehörigen Eingangssymbole kennt. Folgende Beziehungen gelten:

$$T(X;Y) = H(X) - H(X|Y)$$
$$H(Y) = T(X;Y) + H(Y|X)\,. \qquad (7.20)$$

Abbildung 7.6 veranschaulicht diese Zusammenhänge.

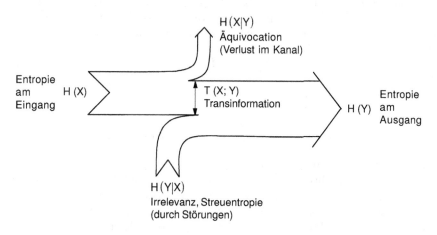

Abb. 7.6. Entropien bei Kanälen

Anmerkung: In manchen Abhandlungen zur Informationstheorie wird die Bezeichnung „Transinformation" nicht verwendet, sondern nur „Mutual Information" bzw. „gegenseitige Information". Im hier vorliegenden Kontext von digitalen Übertragungen ist die Bezeichnung „Transinformation" insofern zweckmäßig, weil sie darauf hinweist, dass die Transinformation $T(X;Y)$ als der Anteil der Quellen-Entropie $H(X)$ am Eingang des Kanals aufgefasst werden kann, der über den Kanal „übertragen" wird. ◄

Die bedingten Wahrscheinlichkeiten $P(y_j|x_i)$ in der Definition der Irrelevanz bzw. Streuentropie hängen nur vom Kanal ab. $P(y_j|x_i)$ gibt die Wahrscheinlichkeit an, mit der ein Quellensymbolwert x_i am Eingang des Kanals in einen Quellensymbolwert y_j abgebildet wird. Es ist naheliegend, diese Wahrscheinlichkeiten auch als *Übergangswahrscheinlichkeiten* des diskreten Kanals zu bezeichnen. Bei einem ungestörten Kanal treten natürlich nur die Wahrscheinlichkeiten 0 oder 1 auf, während im gestörten Fall sämtliche Werte zwischen 0 und 1 möglich sind. Die Matrix

$$P(Y|X) = \begin{bmatrix} P(y_1|x_1) & P(y_2|x_1) & \cdots & P(y_{MY}|x_1) \\ \vdots & \ddots & & \vdots \\ P(y_1|x_{MX}) & P(y_2|x_{MX}) & \cdots & P(y_{MY}|x_{MX}) \end{bmatrix} \tag{7.21}$$

wird in diesem Zusammenhang als *Kanalmatrix* bezeichnet. Wie man sofort einsehen kann, muss die Summe der Wahrscheinlichkeiten in den Zeilen gleich 1 sein, d. h.

$$\sum_j P(y_j|x_i) = 1 \,. \tag{7.22}$$

Der einfachste diskrete Kanal ist der sog. *symmetrische Binärkanal* (engl. BSC, *Binary Symmetric Channel*), an dessen Eingang und Ausgang binäre Symbolalphabete vorliegen. Häufig schreibt man für die beiden möglichen Symbole 0 und 1, obwohl damit eine Verwechselungsgefahr mit den Bits der Nummerierung der Symbole besteht (s. Erläuterungen zuvor):

$$X = Y = \{0, 1\} \,. \tag{7.23}$$

Die Kanalmatrix des BSC lautet

$$P(Y|X) = \begin{bmatrix} 1 - P_b & P_b \\ P_b & 1 - P_b \end{bmatrix} \,. \tag{7.24}$$

Die Wahrscheinlichkeiten $P(y_1|x_1)$ und $P(y_2|x_2)$ geben damit an, wie wahrscheinlich ein Bit richtig übertragen wird. $P(y_1|x_2)$ und $P(y_2|x_1)$ sind dagegen Wahrscheinlichkeiten für eine fehlerhafte Übertragung. Die Bitfehlerwahrscheinlichkeit P_b ist somit die einzige zum BSC gehörige Angabe. In Tabelle 7.1 sind die beim BSC vorkommenden Wahrscheinlichkeiten und Entropien zusammengestellt.

Tabelle 7.1. Wahrscheinlichkeiten und Entropien beim BSC

Verbund- und Ausgangswahrscheinlichkeiten

$P(x_1, y_1) = P(x_1)P(y_1|x_1) = P(x_1)(1 - P_b)$

$P(x_2, y_1) = P(x_2)P(y_1|x_2) = P(x_2)P_b = (1 - P(x_1))P_b$

$P(x_1, y_2) = P(x_1)P(y_2|x_1) = P(x_1)P_b$

$P(x_2, y_2) = P(x_2)P(y_2|x_2) = P(x_2)(1 - P_b) = (1 - P(x_1))(1 - P_b)$

$P(y_1) = \sum_{i=1}^{2} P(x_i, y_1) = P(x_1)(1 - P_b) + P(x_2)P_b$

$\qquad = P(x_1)(1 - 2P_b) + P_b$

$P(y_2) = \sum_{i=1}^{2} P(x_i, y_2) = P(x_1)P_b + P(x_2)(1 - P_b)$

$\qquad = P(x_1)(2P_b - 1) + 1 - P_b$

Eingangs- und Ausgangsentropie, Transinformation

$H(X) = -\sum_{i=1}^{2} P(x_i)\log_2(x_i) = -P(x_1)\log_2(x_1) - P(x_2)\log_2(x_2)$

$H(Y) = -\sum_{i=1}^{2} P(y_i)\log_2(y_i) = -P(y_1)\log_2(y_1) - P(y_2)\log_2(y_2)$

$T(X;Y) = H(X) + H(Y) - H(X,Y)$

Äquivokation, Irrelevanz/Streuentropie

$H(X|Y) = H(X) - T(X;Y)$

$H(Y|X) = H(Y) - T(X;Y)$

Ein weiteres Beispiel für eine Kanalmatrix ist:

$$P(Y|X) = \begin{bmatrix} 1 - P_b - P_e & P_e & P_b \\ P_b & P_e & 1 - P_b - P_e \end{bmatrix}. \tag{7.25}$$

Hierbei handelt es sich um den sog. *symmetrischen Binärkanal mit Auslö-schungen*. Neben der Bitfehlerwahrscheinlichkeit P_b tritt hier zusätzlich die Wahrscheinlichkeit P_e für Auslöschungen (engl. *Erasures*) auf. Offensichtlich besitzt dieser Kanal ein binäres Eingangsalphabet und ein dreistufiges Ausgangsalphabet, d. h.

$$X = \{0, 1\}; \quad Y = \{0, e, 1\}. \tag{7.26}$$

Um den Wert e praktisch deuten zu können, muss man sich daran erinnern, dass der diskrete Kanal das digitale Übertragungsverfahren enthält. Wenn eine Entscheidung auf 0 oder 1 nicht sicher genug möglich ist – weil z. B. der

Wert von $\tilde{x}(k)$ zu nahe bei der Entscheidungsschwelle liegt – kann ein e ausgegeben werden. Eine Kanaldecodierung am Ausgang des diskreten Kanals, die in Abschn. 7.3 behandelt wird, kann den Wert e vorteilhaft nutzen. Abbildung 7.7 zeigt eine übliche grafische Darstellung des BSC und des BSC mit Auslöschungen.

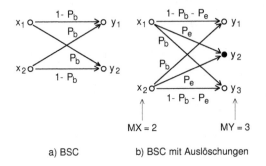

a) BSC   b) BSC mit Auslöschungen

Abb. 7.7. Beispiel für zwei Kanalmatrizen, Darstellung als Graph

In Tabelle 7.2 sind die Verbund- und Ausgangswahrscheinlichkeiten für einem weiteren Kanal, den *unsymmetrisch gestörten Binärkanal* aufgelistet. Er unterscheidet sich vom BSC dadurch, dass die Wahrscheinlichkeiten für die Störung der Symbole nicht gleich sind. Wird die 0 gesendet, gilt die Wahrscheinlichkeit P_{b1}, wird die 1 gesendet gilt P_{b2}.

Mit Hilfe dieses unsymmetrisch gestörten Binärkanals soll nun der Verlauf der Transinformation diskutiert werden. Als unabhängige Variable tritt dabei die A-Priori-Wahrscheinlichkeit $P(x_1) = 1 - P(x_2)$ des Quellensymbols x_1 auf. Parameter sind P_{b1} und P_{b2}. Es wird sich dabei zeigen, dass es für jede Störung auf dem Kanal (P_{b1}, P_{b2}) ein Maximum der Transinformation gibt, zu dem wiederum eine bestimmte Wahrscheinlichkeit $P(x_1)$ gehört. Abbildung 7.8 zeigt den Verlauf von $T(X;Y)$ für drei Fälle:

$$P_{b1} = P_{b2} = 10^{-2}$$
$$P_{b1} = 10^{-1}; \quad P_{b2} = 10^{-2}$$
$$P_{b1} = 0{,}5; \quad P_{b2} = 0 . \tag{7.27}$$

Da bei ungestörtem Kanal $H(Y) = T(X;Y) = H(X)$ gilt – s. Abb. 7.6 – ist zum Vergleich die Entropie $H(X)$ mit eingezeichnet. Wie zu erwarten war, wird die Transinformation mit zunehmenden Fehlerwahrscheinlichkeiten kleiner, wobei die Unsymmetrie im Falle von $P_{b1} = 0{,}5$ und $P_{b2} = 0$ sehr deutlich zeigt, dass das Maximum der Transinformation nicht mehr bei $P(x_1) = 0{,}5$ liegt.

Tabelle 7.2. Zum unsymmetrisch gestörten Binärkanal

Verbund- und Ausgangswahrscheinlichkeiten

$$P(x_1, y_1) = P(x_1)P(y_1|x_1) = P(x_1)(1 - P_{b1})$$

$$P(x_2, y_1) = P(x_2)P(y_1|x_2) = P(x_2)P_{b2}$$

$$P(x_1, y_2) = P(x_1)P(y_2|x_1) = P(x_1)P_{b1}$$

$$P(x_2, y_2) = P(x_2)P(y_2|x_2) = P(x_2)(1 - P_{b2})$$

$$P(y_1) \quad = \sum_{i=1}^{2} P(x_i, y_1) = P(x_1)(1 - P_{b1}) + P(x_2)P_{b2}$$

$$P(y_2) \quad = \sum_{i=1}^{2} P(x_i, y_2) = P(x_1)P_{b1} + P(x_2)(1 - P_{b2})$$

Aus der Betrachtung dieses Beispiels folgt zusammenfassend:

- Um das Maximum der Transinformation zu erreichen, muss die Statistik der Quelle – im Beispiel nur $P(x_1)$ – an den Kanal angepasst werden.
- Die Anpassung bedeutet anschaulich, dass diejenigen Symbolwerte im Mittel häufiger gesendet werden müssen, die im Mittel weniger gestört werden als andere.
- Bei symmetrischen Kanälen liegt das Maximum bei gleichwahrscheinlichen Symbolen.

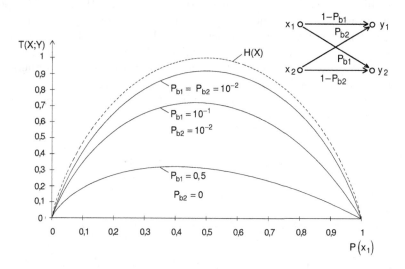

Abb. 7.8. Transinformation des unsymmetrisch gestörten Binärkanals

- Die maximale Transinformation wird umso kleiner, je stärker der Kanal gestört ist.

Vor dem Hintergund dieses Beispiels ist die folgende Definition der Kanalkapazität einleuchtend.

Definition:

Die *Kapazität eines Kanals* C wird definiert als die maximal erreichbare Transinformation:

$$C = \max_{(Q_x)} \{T(X;Y)\} \,. \tag{7.28}$$

Das Maximum ist hierbei bezüglich der möglichen Wahrscheinlichkeitsverteilungen der Quelle zu bestimmen.◄

Die Anpassung der Quellen-Statistik an den Kanal wird dabei durch eine Codierung bewirkt, die zwischen Quelle und Kanal eingefügt wird, die Kanalcodierung, s. Abb. 7.2. Mit dieser Definition gilt der folgende Satz.

Satz

Für einen Kanal mit der Kapazität C und eine Quelle mit der Entropie $H(X) \le C$ existiert eine Codierung am Eingang des Kanals, die es ermöglicht, dass die Quellenfolgen $q_x(k)$ mit beliebig kleiner Fehlerwahrscheinlichkeit zur Senke übertragen werden können. Des Weiteren gilt: Bei $H(X) \ge C$ existiert ebenfalls eine Codierung derart, dass die Äquivokation kleiner als $H(X)-C+\varepsilon$ ist, bei beliebig kleinem ε. Es gibt keine Codierung, die eine kleinere Äquivokation erreichen kann.◄

Dieser fundamentale Satz mit seiner weitreichenden Bedeutung für die Theorie und Praxis der Informationsübertragung wurde 1948 von Shannon formuliert und bewiesen. Leider ist der Beweis nicht konstruktiv, d. h. man kann keine passende Codierungsvorschrift aus ihm ableiten. In der Zeit nach 1948 entstand deshalb das Gebiet der *Kanalcodierung*, die sich das Ziel setzte, Codierungen zu finden, deren Existenz der Satz von Shannon vorhersagt. Im Kapitel „Kanalcodierung" wird hierauf noch eingegangen. Der Satz soll hier nicht bewiesen werden. Beweise sind in Informationstheorie-Lehrbüchern ebenso zu finden wie in der Originalarbeit von Shannon – s. Literatur-Anmerkungen am Ende des Kapitels.

Als Beispiel soll die Kanalkapazität des BSC nun berechnet werden. Hierzu ist es zweckmäßig, sofern man die Zwischenrechnungen aus Tabelle 7.2 verwenden will, eine Alternative Form für die Transinformation heranzuziehen:

$$C = \max_{(Q_x)} \left\{ \sum_{i=1}^{2} \sum_{j=1}^{2} P(x_i, y_j) \log_2 \frac{P(x_i, y_j)}{P(x_i)\,P(y_i)} \right\} \,. \tag{7.29}$$

Man erhält sie durch Umformung der Definition (7.15) mit Hilfe des Satzes von Bayes (7.17). Beim BSC liegt eine Symmetrie vor, die die Rechnung und die Maximierung vereinfacht. Das Maximum ist bei $P(x_1) = P(x_2) = \frac{1}{2}$, und für die vorkommenden Wahrscheinlichkeiten gilt mit Tabelle 7.1

$$P(x_1, y_1) = P(x_2, y_2) = \frac{1}{2}(1 - P_b)$$

$$P(x_1, y_2) = P(x_2, y_1) = \frac{1}{2}P_b$$

$$P(y_1) = P(y_2) = \frac{1}{2}.$$

Daraus ergibt sich für die Kanalkapazität des BSC

$$C = 1 + P_b \log_2 (P_b) + (1 - P_b) \log_2 (1 - P_b). \tag{7.30}$$

Abbildung 7.9 zeigt den Verlauf von C über P_b. Wie zu erwarten war, ergibt sich für $P_b = 0.5$ die Kanalkapazität Null.

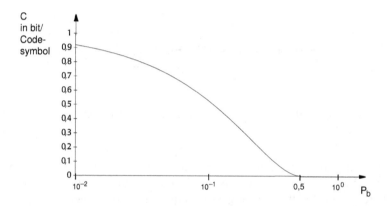

Abb. 7.9. Kapazität eines symmetrischen Binärkanals (BSC)

Anmerkungen: Die Kanalkapazität hat die Einheit „bit", wie die Transinformation. Eine anschauliche, praktische Bedeutung erhält man, wenn man die vorausgesetzte Schar-Betrachtungsweise beachtet. Die Transinformation ist dann zwangsläufig ein Scharmittelwert, was man auch so deuten kann, dass im Mittel $T(X; Y)$ bit pro „Kanalzugriff" (zu einer festen Zeit t_0) fehlerfrei übertragen werden können. Wenn man diesen Kanalzugriff periodisch zu den Zeitpunkten kT_S vornimmt, kann man eine zeitbezogene Kanalkapazität $\frac{C}{T_S}$ definieren, die die Einheit „bit/s" hat.

Die hier angenommenen diskreten Kanäle sind ohne Gedächtnis. Andernfalls wäre die Beschreibung durch eine Kanalmatrix, s. (7.21), nicht ausreichend. Sie werden deshalb auch genauer als *diskrete Kanäle ohne Gedächtnis* (engl. *Discrete Memoryless Channel*, DMC) bezeichnet. Der BSC ist somit der einfachste DMC.◄

7.1.5 Kapazität von kontinuierlichen Kanälen

Abbildung 7.10 zeigt den im Folgenden angenommenen bandbegrenzten AWGR-Kanal. Für ihn soll nun die Kanalkapazität berechnet werden, d. h. die maximal mögliche Transinformation. Am Eingang des Kanals liegt das Signal $s(t)$ und an seinem Ausgang das Signal $g(t)$ mit

$$g(t) = s(t) + n(t). \tag{7.31}$$

$n(t)$ ist Musterfunktion eines WGR-Prozesses, womit auch $g(t)$ Musterfunktion eines stochastischen Prozesses ist. Für $s(t)$ soll dies in gleicher Weise gelten.

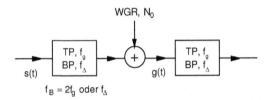

Abb. 7.10. Bandbegrenzter AWGR-Kanal

Zunächst ist es notwendig, aus diesem zeitkontinuierlichen Kanal (engl. *Waveform Channel*) einen äquivalenten zeitdiskreten Kanal abzuleiten. Wegen der angenommenen Bandbegrenzung ist dies mit dem Abtasttheorem leicht möglich. Bei $s(t)$ ist sofort einsichtig, dass nur Signale sinnvoll sind, die in der gleichen Weise bandbegrenzt sind wie der Kanal. Des Weiteren kann man sofort einsehen, dass die Kapazität des Kanals sich nicht ändert, wenn man an seinem Ausgang einen weiteren idealen TP mit der gleichen Grenzfrequenz wie die des Kanals einfügt. Er wird nur irrelevantes Rauschen wegfiltern, s. Abb. 7.10. Somit können $s(t)$ und die Musterfunktionen des nun bandbegrenzten WGR-Prozesses durch Folgen von Abtastwerten ersetzt werden. Der Kanal ist damit zum zeitdiskreten Kanal geworden. Im nächsten Schritt geht man zweckmäßig zu einer Schar-Betrachtung zu einem festen Abtastzeitpunkt i über. Die bei allen Prozessen angenommene Stationarität erlaubt darüber hinaus, i auch wegzulassen. Damit liegen nur noch drei einfache Zufallsvariablen mit kontinuierlichen Wertebereichen vor. Sie werden hier – korrespondierend mit den Signalen $s(t)$, $g(t)$, $n(t)$ – mit s, g und n bezeichnet. Somit gilt das einfache Modell

$$g = s + n. \tag{7.32}$$

Die Verteilungsdichte der Zufallsvariablen n ist wegen des WGR eine Gauß-Verteilungsdichte mit dem Mittelwert Null und der Streuung σ_n^2. Für diesen zeitdiskreten Gauß-Kanal soll nun die Kanalkapazität berechnet werden.

Da am Eingang und am Ausgang dieses Kanals kontinuierliche Alphabete vorliegen, muss die zuvor für diskrete Alphabete definierte Entropie verallgemeinert werden. Die Summe von zuvor muss durch ein Integral ersetzt werden und die diskreten Wahrscheinlichkeitsverteilungen $P(x_i)$ durch Wahrscheinlichkeitsdichtefunktionen (=Verteilungsdichtefunktionen) $p(x)$. Für die Entropie am Eingang des Kanals ergibt sich somit:

$$H_s(X) = \int_{-\infty}^{\infty} p_s(x) \log_2 \frac{1}{p_s(x)} \, dx. \tag{7.33}$$

Man nennt diese Entropie *differentielle Entropie*. X ist das kontinuierliche Alphabet am Eingang des Kanals. Am Ausgang des Kanals lässt sich in gleicher Weise die differentielle Entropie $H_g(Y)$ definieren. Ein Problem besteht bei diesen differentiellen Entropien darin, dass die Verteilungsdichtefunktion auch Werte annehmen kann, die größer als 1 sind, und dass sie keine generelle physikalische Interpretation zulässt. Bildet man dagegen Differenzen von differentiellen Entropien, dann ergeben sich wieder Interpretationen wie bei diskreten Alphabeten. Da die Transinformation auch als eine solche Differenz dargestellt werden kann – s. Abb. 7.6 – gilt dies auch für ihre Verallgemeinerung:

$$T(X;Y) = H_g(Y) - H_{g|s}(Y|X). \tag{7.34}$$

Für die hier vorkommende bedingte differentielle Entropie, die differentielle Streuentropie $H_{g|s}(Y|X)$, gilt:

$$
\begin{aligned}
H_{g|s}(Y|X) &= -\int_{-\infty}^{\infty}\int_{-\infty}^{\infty} p_{sg}(x,y) \log_2 \left[p_{g|s}(y|x) \right] \, dx\, dy \\
&= -\int_{-\infty}^{\infty}\int_{-\infty}^{\infty} p_{g|s}(y|x)\, p_s(x) \log_2 \left[p_{g|s}(y|x) \right] \, dx\, dy.
\end{aligned}
\tag{7.35}
$$

Die hier zu lösende Aufgabe besteht nun darin, die Verteilungsdichte $p_s(x)$ zu bestimmen, bei der die Transinformation $T(X;Y)$ maximal wird. Abbildung 7.6 zeigte bereits, dass $H_{g|s}(Y|X)$ eine Entropie ist, die nur zum Rauschen gehört und daher nicht von $p_s(x)$ abhängt. Die Frage lautet somit: Welche Verteilungsdichte $p_g(y)$ am Ausgang maximiert $H_g(Y)$? Die Antwort auf diese Frage ist seit Shannons grundlegenden Arbeiten bekannt: $p_g(y)$ muss eine Gauß-Verteilungsdichte sein. Dass diese Aussage richtig ist, wird im Anhang 7.4.1 gezeigt.

Mit $p_g(y)$ ist aber die Verteilungsdichte $p_s(x)$ am Eingang noch nicht bekannt. Der nächste Schritt muss deshalb darin bestehen, aus der Gauß-Verteilungdichte am Ausgang des Kanals und der Gauß-Verteilungsdichte der additiven Störung die Verteilungsdichte am Eingang zu bestimmen. Dieses Problem wird im Anhang 7.4.2 gelöst. Das Ergebnis ist, dass sich für $p_s(x)$ ebenfalls eine Gauß-Verteilungsdichte ergibt. Sie hat den Mittelwert Null und die Streuung $\sigma_s^2 = \sigma_g^2 - \sigma_n^2$, wobei σ_g^2 die Streuung am Kanalausgang ist und σ_n^2 die des Rauschens.

Damit sind alle zur maximalen Transinformation führenden Verteilungsdichten bekannt und die Kanalkapazität C ergibt sich direkt, wenn man die
Verteilungsdichten in die Berechnung einsetzt. Hierbei können die ebenfalls in
den Anhängen 7.4.1 und 7.4.2 berechneten differentiellen Entropien $H_{\max}(Y)$
und $H(Y|X)$ direkt in (7.34) eingesetzt werden:

$$
\begin{aligned}
C &= \max_{p_s(x)} T(Y;Y) = H_{\max}(Y) - H(Y|X) \\
&= \frac{1}{2} \log_2 \left(2\pi\sigma_g^2 e \right) - \frac{1}{2} \log_2 \left(2\pi\sigma_n^2 e \right) = \frac{1}{2} \log_2 \left(\frac{\sigma_g^2}{\sigma_n^2} \right) \\
&= \frac{1}{2} \log_2 \left(\frac{\sigma_s^2 + \sigma_n^2}{\sigma_n^2} \right) = \frac{1}{2} \log_2 \left(1 + \frac{\sigma_s^2}{\sigma_n^2} \right) \\
&= \frac{1}{2} \log_2 \left(1 + SNR \right) .
\end{aligned}
\tag{7.36}
$$

Dies ist die Kapazität pro *Kanalzugriff* in bit, die sich über die Schar-
Betrachtungsweise zum Zeitpunkt i ergeben hat. SNR ist das Signal- zu
Rauschleistungsverhältnis

$$
SNR = \frac{\sigma_s^2}{\sigma_n^2} ,
\tag{7.37}
$$

das man innerhalb der Bandbreite des Nutzsignals messen kann. Aus dieser
Kapazität pro Kanalzugriff kann man die größtmögliche Bandbreiteausnutzung in bit/s/Hz ableiten. Wenn man bei einer kontinuierlichen Übertragung
mit dem Symbolintervallarbeitet, dann bedeutet dies pro Symbol einen Kanalzugriff. Es ist üblich, aus dieser Kapazität pro Kanalzugriff zwei weitere
Kapazitätsangaben abzuleiten, die einen besseren Bezug zu realen digitalen
Übertragungen herstellen. Die *zeitbezogene Kanalkapazität* ist definiert als

$$
C^* = \frac{C}{T_S} ; \quad \text{kleinstmögliches } T_S
\tag{7.38}
$$

T_S ist das kleinstmögliche Symbolintervall, dass bei einer digitalen Übertragung genutzt werden kann, und C^* kann man als maximal mögliche Übertragungsrate in bit/s deuten. Für die *zeit- und bandbreite-bezogene Kanalkapazität* gilt

$$
C^{**} = \frac{C^*}{f_B} = \frac{C}{T_S f_B} ; \quad \text{kleinstmögliche } T_S \text{ und } f_B .
\tag{7.39}
$$

f_B ist eine Bezugs-Bandbreite, auf die unten eingegangen wird. C^{**} kann
man als maximal möglichen Wert für die Bandbreiteausnutzung in bit/s/Hz
ansehen. Der zur Ableitung von C vorausgesetzte diskrete Kanal war aus dem
zeitkontinuierlichen Kanal über das Abtasttheorem entstanden, was zur Folge
hat, dass der kleinstmögliche Wert für T_S das kleinstmögliche Abtastintervall
Δt ist. Bei f_B muss man drei Fälle unterscheiden.

Relative Kapazitäten des bandbegrenzten AWGR-Kanals

Der zum bandbegrenzten AWGR-Kanal gehörige ideale TP mit der Grenzfrequenz f_g ergibt mit den Definitionen von C^* und C^{**}

$$C^* = f_g \log_2 (1 + SNR) \quad T_S = \Delta t = \frac{1}{2f_g}$$
$$C^{**} = \log_2 (1 + SNR) \quad f_B = f_g \,. \tag{7.40}$$

Wenn man real mit größeren Symboldauern arbeitet, weil z. B. ein Raised-Cosine-Elementarsignal anstelle der hier vorausgesetzten si-Funktion verwendet, sinkt die noch verbleibende mögliche Bandbreiteausnutzung mit dem Roll-Off-Faktor.

Relative Kapazitäten eines äquivalenten TP-AWGR-Kanals

Da im äquivalenten TP-Bereich beide Quadraturkomponenten unabhängig voneinander genutzt werden können, ergeben sich zwei Kanalzugriffe pro T_S. Damit steht die doppelte Kapazität für jedes Symbol zur Verfügung und es folgt

$$C^* = 2 \cdot f_g \log_2 (1 + SNR); \quad T_S = \Delta t = \frac{1}{2f_g}$$
$$C^{**} = \log_2 (1 + SNR) \quad f_B = 2f_g \,. \tag{7.41}$$

Dies ist der gleiche Wert für den bandbegrenzten AWGR-Kanals, mit dem Unterschied, dass hier die Bezugs-Bandbreite $2f_g$ ist.

Relative Kapazitäten eines BP-AWGR-Kanals

Für den BP-AWGR-Kanal, der zum äquivalenten TP-AWGR-Kanal von zuvor gehört, ergibt sich

$$C^* = f_\Delta \log_2 (1 + SNR); \quad T_S = \Delta t = \frac{1}{f_\Delta}$$
$$C^{**} = \log_2 (1 + SNR) \quad f_B = f_\Delta \,. \tag{7.42}$$

f_Δ ist hierbei die Bandbreite des BP-Kanals. Wenn bei der notwendigen BP-TP-Transformation ein TP mit minimaler Grenzfrequenz f_g verwendet wird, dann gilt $f_\Delta = 2f_g$. In diesem Fall gilt, wie zu erwarten, dass die Kapazitäten des äquivalenten TP-Kanals und des BP-Kanals gleich sind.

Anmerkung: Eine direkte Berechnung der Kapazität C_{BP} des BP-Kanals ergäbe ein C, das doppelt so groß ist wie das in (7.36), d. h es gilt $C_{BP} = 2C$ mit C aus (7.36). Damit sind die relativen Kapazitäten in (7.41) und (7.42) identisch mit C_{BP}. Da in den Anwendungen BP-Kanäle dominierend sind, ist es üblich, die Kapazität C eines Kanals (in bit/Kanalzugriff) und die relative Kapazität C^{**} (in bit/s/Hz) gleichzusetzen und nur den Variablennamen C zu verwenden (ohne BP als Index) . Zu beachten ist dabei aber, dass dies nur für BP-Kanäle und die zugehörigen äquivalenten TP-Kanäle korrekt ist.

Abbildung 7.11 zeigt den Verlauf von C^{**} über SNR. Bei großem SNR kommt der nachteilige Effekt zum tragen, dass der Kapazitätszuwachs nur logarithmisch ist. Für jedes weitere bit/s/Hz muss man die Leistung des Sendesignals verdoppeln. Da SNR auch in einer logarithmischen Skala aufgetragen ist (in dB) ergibt sich bei großem SNR eine Gerade. Bei $SNR = 0\,\mathrm{dB}$

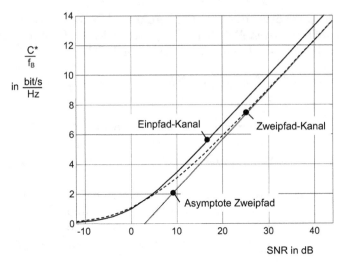

Abb. 7.11. Kapazität $C^{**} = \frac{C_*}{f_B}$ des BP-AWGR-Kanals (Einpfad, Zweipfad)

(d. h. SNR = 1) folgt 1 bit/s/Hz. Bemerkenswert ist, dass die Kanalkapazität bei gleichbleibender Leistung des Sendesignals auch bei beliebig starkem Rauschen nur asymptotisch gegen Null geht.

Die Kapazitätsberechnung für Kanäle mit nicht konstantem $H(f)$ innerhalb der Bandbreite, d. h. für Kanäle mit linearen Verzerrungen, erfordert weitergehende Betrachtungen, die den hier vorgesehen Rahmen sprengen würden. Für die meisten derartigen Kanäle ergeben sich aber nicht völlig andere Ergebnisse als das hier diskutierte. Zum Beleg für diese Aussage ist in Abb. 7.11 die Kapazitätskurve für einen Kanal mit einer Zweiwegeausbreitung („Zweipfad") eingezeichnet. Man erkennt, dass im Bereich um $SNR = 10$ dB z. B. nur ein Verlust von weniger als 1 dB vorliegt.

Für den Vergleich von Übertragungsverfahren wurde in den vorangegangenen Kapiteln die Energie pro Bit bezogen auf die Rauschleistungsdichte herangezogen. Dieses Verhältnis kann man auch hier anstelle von SNR verwenden. Dazu ist es notwendig, SNR durch E_b/N_0 auszudrücken. Für den **BP-AWGR-Kanal** ergibt sich:

$$SNR = \frac{\sigma_s^2}{\sigma_n^2} = \frac{E_b}{N_0} \cdot \frac{1}{2} \cdot \frac{r_{\ddot{u}}}{f_\Delta} = \frac{E_b}{N_0} \cdot \frac{1}{2} \cdot \eta$$
$$\leq \frac{E_b}{N_0} \cdot \frac{1}{2} \cdot C^{**}. \tag{7.43}$$

Hierbei sind die allgemein gültigen Beziehungen $\sigma_s^2 = E_b r_{\ddot{u}}$ sowie $\sigma_n^2 = N_0\, 2 f_\Delta$ verwendet worden. $r_{\ddot{u}}$ ist eine Übertragungsrate in bit/s und die Division durch f_Δ ergibt die Bandbreiteausnutzung η in bit/s/Hz. Setzt man für η den größtmöglichen Wert ein, d. h. $\eta = C^{**}$ mit C^{**} nach (7.42), dann ergibt sich

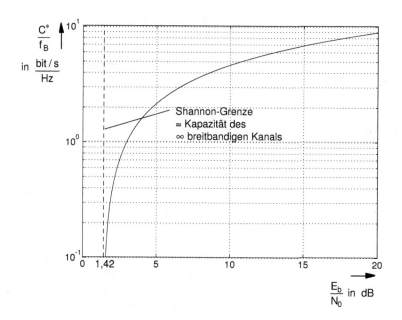

Abb. 7.12. Kapazität $C^{**} = \frac{C_*}{f_B}$ des BP-AWGR-Kanals in Abhängigkeit von $\frac{E_b}{N_0}$

die zweite Zeile von (7.43). Beim maximal möglichen η gilt das Gleichheitszeichen, und es folgt mit (7.36) für den BP-AWGR-Kanal:

$$C^{**} = \log_2 (1 + SNR) = \log_2 \left(1 + \frac{E_b}{N_0} \cdot \frac{1}{2} \cdot C^{**}\right) \qquad (7.44)$$

Diese Beziehung läßt sich nicht explizit nach C^{**} auflösen. Die einfachste Möglichkeit, zu einer Abbildung $C^{**}(\frac{E_b}{N_0})$ zu gelangen, besteht darin, die Umkehrfunktion $\frac{E_b}{N_0}(C^{**})$ zu berechnen und darzustellen. Abbildung 7.12 zeigt das Ergebnis.

Vertikal ist nun auch C^{**} in einem logarithmischen Maßstab aufgetragen. Deutlich wird bei dieser Darstellung, dass bei kleinem $\frac{E_b}{N_0}$ (< 10 dB) die Kapazität C^{**} sehr schnell kleine Werte annimmt und sich als Asymptote die Shannon-Grenze für den unendlich breitbandigen Kanal ergibt, die bereits in Kap. 2 diskutiert wurde. Reale Übertragungsverfahren ergeben für alle Werte von $\frac{E_b}{N_0}$ Punkte in dieser Darstellung, die unterhalb dieser Kurve liegen.

Anmerkung: In der Ableitung der Kanalkapazität des bandbegrenzten AWGR-Kanals ist die plausible Annahme enthalten, dass die Zugriffe auf den Kanal im Abtastintervall erfolgen und dass sie zu unterschiedlichen Zeitpunkten statistisch unabhängig voneinander sind. Shannon hat folgende Definition für die Kapazität eines solchen Kanals genutzt:

$$C^* = \lim_{T \to \infty} \max_{p_s(x)} \left\{ \frac{1}{T} T(X;Y) \right\} .$$

T ist hierbei ein Zeitintervall, dass – verglichen mit der Ableitung oben – viele Abtastintervalle enthält, im Grenzfall unendlich viele. Bei dieser Definition ergibt sich der gleiche Ausdruck für C wie in (7.36). ◄

7.2 Einführung in die Quellencodierung

Wie zuvor bereits erwähnt, ist das Ziel der *Quellencodierung*, die Redundanz einer Quelle möglichst weitgehend zu entfernen und, wenn erforderlich, auch Irrelevanz. Text- und allgemeinere Datenquellen sind von Natur aus in ihrem Wertebereich diskret. Sie liefern Symbole aus einem Alphabet mit endlichem Umfang. Bei derartigen Quellen ist nur eine verlustlose Quellencodierung sinnvoll, die Folge der übertragenen Symbole sollte nicht verändert werden. Der Versuch, Redundanz zu eliminieren ist aber immer möglich. Dieser Fall soll im kommenden Unterabschnitt betrachtet werden. Im darauf folgenden Unterabschnitt wird die Codierung von kontinuierlichen Quellen erläutert, die in der Realität bei Sprach-, Bild-, Musik- oder allgemeinen zeit- und wertkontinuierlichen Signale auftreten. Die Ausführungen in diesem Abschnitt sollen nur in das Thema Quellencodierung einführen und Grundprinzipien ansprechen. Auf weiterführende Literatur wird im Abschnitt „Zusammenfassung und bibliographische Anmerkungen" am Ende des Kapitels eingegangen.

7.2.1 Codierung von diskreten Quellen

Eine Minimierung der Redundanz bedeutet, dass die Entropie nach der Quellencodierung maximiert wird. Zu beachten ist dabei, dass sich diese Entropie nach der Quellencodierung auf die Symbole des Alphabets **nach** der Quellencodierung beziehen muss. Nimmt man als Bezugsalphabet dagegen das **vor** der Quellencodierung, dann kann man die Wirksamkeit eines Quellencodierungsverfahrens auch direkt mit der Entropie der gegebenen Quelle vergleichen. Der kleinstmögliche Wert ist dann die Entropie selbst.

Zunächst soll hier die verlustlose Codierung einer diskreten Quelle ohne Gedächtnis betrachtet werden, wobei deutschsprachiger Text als Beispiel dienen soll. Mit der vereinfachenden Annahme der Gedächtnislosigkeit, die bei Texten natürlich nur in einer groben Annäherung gilt, benötigt man zur Beschreibung der Quelle nur die Wahrscheinlichkeiten $P(x_i)$ der einzelnen Buchstaben. Diese Wahrscheinlichkeiten kann man wiederum mit Hilfe von genügend vielen Texten über die relativen Häufigkeiten näherungsweise bestimmen. Tabelle 7.3 zeigt auszugsweise einige so ermittelte Häufigkeiten. Zwischen Groß- und Kleinbuchstaben wurde hier nicht unterschieden, Satzzeichen sind nicht mit erfasst, lediglich das Leerzeichen.

Tabelle 7.3. Beispiele für die Codierung des deutschen Alphabetes

Buch-stabe	Häufigkeit in %	Bacon 1623 Baudot 1874	Morse 1844	Huffman 1952
Leer-zeichen	14,42	0 0 1 0 0	0 0	0 0 0
E	14,40	1 0 0 0 0	1 0 0	0 0 1
N	8,65	0 0 1 1 0	0 1 1 0 0	0 1 0
S	6,46	1 0 1 0 0	1 1 1 0 0	0 1 1 0
I	6,28	0 1 1 0 0	1 1 0 0	0 1 1 1
R	6,22	0 1 0 1 0	1 0 1 1 0 0	1 0 0 0
⋮				
M	1,72	0 0 1 1 1	0 1 0 1 0 0	1 1 1 0 1 0
⋮				
X	0,08	1 0 1 1 1	0 1 1 1 0 1 0 0	1 1 1 1 1 1 1 1 0
Q	0,05	1 1 1 0 1	0 1 0 1 1 0 1 0 0	1 1 1 1 1 1 1 1 1 0
Mittelwert nach QC in bit/Buchstabe:		5	4,79	4,13

Setzt man die relativen Häufigkeiten mit den Wahrscheinlichkeiten gleich, dann erhält man für die Entropie dieser Quelle, wie zuvor bereits berechnet, s. (7.3):

$$H(X) = -\sum_{i=1}^{27} P(x_i) \log_2 P(x_i)$$

$$= 4{,}04 \text{ bit/Buchstabe}. \tag{7.45}$$

In den rechten Spalten von Tabelle 7.3 ist die Zahl der Bit aufgelistet, die sich bei einfachsten Formen einer Quellencodierung ergeben. Von Bacon und Baudot stammt der 5 bit-Code, der keine Redundanzreduktion beinhaltet und mit der heute üblichen ASCII-Zeichentabelle vergleichbar ist. Der Morse-Code, der mit Punkten, Strichen und Zwischenräumen arbeitet, ist dagegen bereits ein Code, der Redundanz eliminiert. Um einen Vergleich zu ermöglichen, wurden die Punkte mit einem 1-Bit, die Striche mit der Bitkombination 01 und der Zwischenraum mit 00 dargestellt. Die Grundidee des Morsecodes ist, die am häufigsten vorkommenden Zeichen besonders kurz darzustellen. Der Morseco-de erreicht damit bereits im Mittel einen Wert von 4,79 bit/Buchstabe. Mit 4,13 bit/Buchstabe erreicht der sog. *Huffman-Code* ein noch besseres Ergeb-nis. Der Huffman-Code erfüllt zusätzlich die in der Praxis wichtige *Präfix-Bedingung*. Sie besagt, dass kein kürzeres Codewort als Anfang eines längeren Codeworts auftreten darf. Ist sie erfüllt, entfällt das Synchronisationsproblem; eine eindeutige Decodierung ist dann auch ohne Trennzeichen zwischen den

Codeworten möglich. Auf die Huffman-Codierung wird weiter unten noch eingegangen.

Lesbare Texte weisen immer statistische Abhängigkeiten zwischen den Buchstaben, Worten und Sätzen auf, so dass die Annahme einer gedächtnislosen Quelle sicher nicht gerechtfertigt ist. Küpfmüller hat 1954 bereits unter Berücksichtigung des Gedächtnisses für deutsche Texte eine Entropie von etwa 1,5 bit/Buchstabe abgeschätzt.

Wie man bei einer Binärquelle ohne Gedächtnis eine Redundanzreduktion erreichen kann, soll nun an einem Beispiel gezeigt werden. Für die Alphabete am Ein- und Ausgang der Quellencodierung gelte:

$$X = \{x_1, x_2\}$$
$$Y = \{0, 1\} \, . \tag{7.46}$$

Für die Symbolwahrscheinlichkeiten soll in diesem Beispiel gelten:

$$P(x_1) = 0{,}9$$
$$P(x_2) = 1 - P(x_1) = 0{,}1 \, . \tag{7.47}$$

Die Entropie dieser Binärquelle kann damit berechnet werden:

$$H(X) = -\left[P(x_1) \log_2 P(x_1) + P(x_2) \log_2 P(x_2) \right]$$
$$= 0{,}468 \text{ bit/Symbol} \, . \tag{7.48}$$

Wählt man als Quellencodierungsvorschrift zunächst die einfachste Möglichkeit einer Abbildung d. h.

$$x_1 \leftrightarrow 0$$
$$x_2 \leftrightarrow 1 \, . \tag{7.49}$$

dann ist sofort ersichtlich, dass dies sicher nicht zu einer Redundanzreduktion führen kann. Formal würde man die mittlere Zahl $\bar{l}_y$ von Bit pro Quellensymbol wie folgt berechnen:

$$\bar{l}_y = P(x_1) \, l_0 + P(x_2) \, l_1$$
$$= 0{,}9 \cdot 1 \text{ bit/(Symbol } x_1) + 0{,}1 \cdot 1 \text{ bit/(Symbol } x_2)$$
$$= 1 \text{ bit/Symbol} \tag{7.50}$$

Dies war also zu erwarten. l_0 und l_1 sind die Längen in Bit für die Nummerierung von x_1 und x_2, die hier beide 1 sind. Offenbar ist die Zahl der Quellensymbole im Alphabet X bei diesem Beispiel zu klein, um so vorzugehen zu können wie beim Morse- oder Huffman-Code in Tabelle 7.3. Ein neues, größeres Alphabet kann man nun aber einfach dadurch bilden, dass man Ketten von Symbolen x_i als neue Symbole definiert. Fasst man z. B. jeweils zwei Quellensymbole zu einer Kette zusammen, dann folgt:

Symbolkette	Wahrschein- lichkeit	Entropie in bit/Symbolkette	Code- wort	$\bar{l}_y$ in bit/Symbol- kette (nach QC)
$x_1 x_1$	0,81		0	1
$x_1 x_2$	0,09	0,936	10	2
$x_2 x_1$	0,09		110	3
$x_2 x_2$	0,01		111	3

Als Entropie ergibt sich jetzt natürlich der doppelte Wert von zuvor, d. h.

$$H(X^2) = 0{,}936 \text{ bit/Symbolkette}. \tag{7.51}$$

In der Tabelle sind bereits die Codeworte aufgelistet, die man mit dem *Huffman-Algorithmus* erhält – s. Tabelle 7.3. Der Huffman-Algorithmus, s. Abb. 7.13, ist leicht zu verstehen: Man sucht beim vorliegenden Beispiel

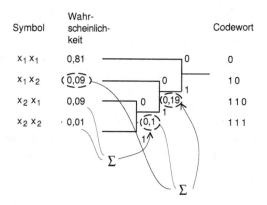

Abb. 7.13. Beispiel zum Huffman-Algorithmus

die zwei Symbolketten heraus, die die kleinsten Wahrscheinlichkeiten besitzen (0,01 und 0,09) und fasst sie über zwei Zweige eines binären Codebaumes zusammen. Es ergibt sich an der so entstehenden Wurzel die neue Gesamtwahrscheinlichkeit als Summe der beiden Einzelwahrscheinlichkeiten (0,1). Auf diese Weise ist ein neues, fiktives Alphabet mit drei Symbolen und drei zugehörigen Wahrscheinlichkeiten (0,81/0,09/0,1) entstanden. Nun fasst man wieder – wie zuvor – die zwei kleinsten Wahrscheinlichkeiten zusammen (0,09 + 0,1 = 0,19). Im nächsten Schritt sind nur noch 2 Wahrscheinlichkeiten übrig, sie bilden die letzten beiden Zweige des Codebaumes. Liest man nun, beginnend von der Wurzel des Codebaumes die Binärziffern an den Zweigen, dann erhält man die vier rechts in Abb. 7.13 angegebenen Codeworte. Für die mittlere Zahl $\bar{l}_y$ von Bit pro Symbolkette ergibt sich damit:

$$\bar{l}_y = (0{,}81 \cdot 1 + 0{,}09 \cdot 2 + 0{,}09 \cdot 3 + 0{,}01 \cdot 3) \quad \text{bit/Symbolkette}$$
$$= 1{,}29 \quad \text{bit/Symbolkette}. \tag{7.52}$$

Bezogen auf ein einzelnes Quellensymbol ergibt sich der Wert $0{,}645$ bit/Quellensymbol, d. h. ein Wert, der zwar noch nicht der Entropie entspricht, aber bereits wesentlich kleiner als 1 bit/Quellensymbol ist. Durch Bilden von längeren Symbolketten und damit mehr Codeworten kann man mit einer Huffman-Codierung die Entropie vollständig oder nahezu vollständig erreichen; die Huffman-Codierung ist eine *Entropiecodierung*.

7.2.2 Codierung von kontinuierlichen Quellen

Bei kontinuierlichen Quellen, wie sie bei Sprach-, Bild-, Musik- oder allgemeinen zeit- und wertkontinuierlichen Signalen vorliegen, läßt sich die Entropie nach (7.3) nicht berechnen. Jeder Versuch, den kontinuierlichen Wertebereich zu diskretisieren, führt – zumindest theoretisch – zu einem Verlust. Dies gilt sogar, wenn man die Zahl der Wertestufen gegen unendlich gehen läßt, womit die Entropie nach (7.3) aber auch bereits gegen unendlich streben würde. Darüber hinaus sind analoge Quellensignale zweifach kontinuierlich: in Zeit- und Wertrichtung. Kontinuierliche Quellensignale wären demnach prinzipiell ohne Verfälschungen über keinen physikalischen Kanal übertragbar. Dass dies praktisch doch geht, liegt in der Natur der Senke. Bei Sprachsignalen z. B. ist die Senke in der Regel ein Mensch, dessen akustische Wahrnehmungsfähigkeit Grenzen besitzt. Nicht wahrnehmbare Feinheiten eines Sprachsignals müssen nicht übertragen werden. Darüber hinaus ist es üblich, noch einen Schritt weiter zu gehen. Man läßt auch noch solche Details weg, deren Fehlen der Empfänger zwar bemerkt, die für ihn aber bedeutungslos oder *irrelevant* sind. Das kann im Extremfall bedeuten, dass man bei einer Sprach-Quellencodierung auf die Möglichkeit verzichtet, den Sprecher auf der Empfangsseite noch wiedererkennen zu können. Damit sind Quellenraten von 2400 bit/s und darunter gut erreichbar.

Bei Sprachsignalen ist die Annahme einer Bandbegrenzung üblich und gerechtfertigt, womit das Abtasttheorem anwendbar ist – für Telefonqualität reichen 8000 Abtastwerte/s. Hiermit ergibt sich bereits eine zeitdiskrete Quelle, so wie sie bisher in diesem Kapitel vorausgesetzt wurde. Leider besitzt sie aber noch ein kontinuierliches Alphabet. Eine zusätzliche Diskretisierung (oder *Quantisierung*) des Wertebereichs ist noch notwendig. Für das Beispiel von Sprachsignalen hat sich in der Vergangenheit herausgestellt, dass 256 Stufen (bzw. 8 bit) bereits völlig ausreichend sind. Der auftretende Fehler ist dann kaum bemerkbar. Mit 8000 Abtastwerten pro Sekunde ergibt sich somit eine Quellen-Datenrate von 64 kbit/s. Diese Rate kann mit heute üblichen Quellencodierungsalgorithmen noch weiter verkleinert werden – s. auch "Zusammenfassung und bibliographische Anmerkungen" am Ende des Kapitels.

Abbildung 7.14 zeigt die zwei Schritte, die bei einer Codierung von analogen Quellensignalen notwendig sind. Im ersten Schritt wird aus dem zeit- und wertkontinuierlichen Quellensignal die Irrelevanz entfernt: mittels Abtastung, Quantisierung und evtl. komplizierteren Algorithmen. Im zweiten Schritt wird dann die Redundanz möglichst weitgehend eliminiert, z. B. mit dem zuvor behandelten Huffman-Algorithmus. Leider ist die Trennung in Irrelevanzreduktion und Redundanzreduktion nicht immer so klar vorzunehmen. Häufig wird auch im ersten Schritt bereits Redundanz eliminiert.

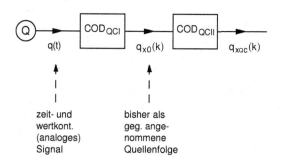

Abb. 7.14. Zur Codierung kontinuierlicher Quellen

Ziel der Verfahren im ersten Schritt ist, die Vielfalt der vorkommenden Quellensignale $q(t)$ hinreichend gut zu beschreiben. Was „hinreichend gut" hierbei bedeutet, hängt von der Art der Quelle ab und von dem, was der Empfänger noch toleriert. Während bei Sprachsignalen die erwähnte Abtastrate von 8 kHz und die Quantisierung mit 8 bit/Abtastwert meist ausreichen, sind bei Musiksignalen 44,1 kHz und 16 bit/Abtastwert üblich. Danach werden auf die resultierenden zeit- und wertdiskreten Signale unterschiedlichste Quellencodierungsverfahren angewendet. Einige Grundprinzipien lassen sich dabei unterscheiden:

- Skalar-/Vektorquantisierung
- Codierung von Änderungen oder Differenzen
- Prädiktion
- Transformationscodierung
- Modellierung der Quellensignal-Erzeugung

Welche dieser Grundprizipien zum Einsatz kommen, hängt von der Art des Quellensignals ab und vom zulässigen Realisierungsaufwand. Während bei der *skalaren Quantisierung* jeder Abtastwert unabhängig vom vorhergehenden und nachfolgenden quantisiert wird, bildet man bei der *Vektorquantisierung* zunächst einen Vektor von Abtastwerten. Anschließend bestimmt man mit Hilfe eines *Codebuchs* einen Vektor mit quantisierten Komponenten und kleinstem euklidischen Abstand zu dem aktuell vorliegenden. Das Codebuch enthält dabei alle erlaubten Vektoren mit quantisierten Komponenten.

Die *Codierung von Änderungen* ist ebenfalls ein allgemeines Prinzip. So werden bei Verfahren zur Videocodierung z. B. nur Änderungen von einem Bild zum nächsten codiert, was im Mittel eine erhebliche Reduktion der Datenrate zur Folge hat. Eine *Prädiktion* auf der Basis einer bekannten Vergangenheit kann bei vielen Quellensignalen eine Vorhersage für kommende Abtastwerte machen. Übertragen wird dann nur noch die Differenz zwischen dem vorhergesagten und dem wirklich vorliegenden Wert.

Die *Transformationscodierung* hat vor allem bei der Bild- und Videocodierung eine große Bedeutung erlangt. Hierbei wird ein Bild in kleine quadratische Blöcke von Abtastwerten (Bildpunkten, Pixeln) zerlegt. Diese Blöcke werden anschließend mit einer 2-dimensionalen Transformation in einen Bildbereich transformiert, meist mit einer diskreten "Cosinus-Transformation" (DCT) oder einer Wavelet-Transformation. Von den Koeffizienten im Bildbereich werden anschließend nur die wichtigsten übertragen. Die verwendeten Transformationen sind Orthogonal-Transformationen, bei denen die Basisfunktionen so gewählt sind, dass eine möglichst kompakte Beschreibung der Quellensignale resultiert. Eine gewisse Sonderstellung besitzt dabei das System der Eigenfunktionen der Korrelationsmatrizen des Quellenprozesses. Die resultierende Transformation ist die Hauptachsentransformation, die in diesem Kontext hier auch Karhunen-Loeve-Transformation (KL-Transformation) genannt wird. Sie liefert die kompakteste Beschreibung. Die DCT kann als gute Approximation der KL-Transformation angesehen werden, mit dem Vorteil, dass die Basisfunktionen nicht erst aus der Quellen-Statistik berechnet werden müssen. Ein Nachteil der DCT ist, dass sie aus Aufwandsgründen in der Praxis immer nur auf relativ kleine Blöcke von Pixeln angewendet wird und bei stärkerer Irrelevanzreduktion die Blockgrenzen zu stark sichtbar werden. Die Wavelet-Transformation bietet in dieser Hinsicht Vorteile.

Die *Modellierung* der Quellensignal-Erzeugung ist vor allem bei Sprachsignalen üblich. Abbildung 7.15 zeigt ein solches Modell. Der wichtigste Teil Sprechtrakts, der Mund-Rachen-Raum, wird durch ein zeitvariantes Filter mit der Übertragungsfunktion $H(f, t)$ nachgebildet. Es ist für die spektrale Formung des Sprachsignals zuständig. Dazu muss $H(f, t)$ laufend so eingestellt werden, das sich das aktuelle Sprachsignal ergibt. Die Zeitabhängigkeit entspricht dabei der zeitlichen Variation des Klangs eines Sprachsignals, d. h. Änderungen müssen in Zeitintervallen vorgenommen werden, die in der Größenordnung von einigen 10 ms liegen. Beim Eingangssignal muss man zwei Fälle unterscheiden: den stimmhaften, bei dem Vokale erzeugt werden, und den stimmlosen, bei dem Zischlaute vorliegen. In den Anwendungen wird für das Filter eine Struktur mit genügend vielen Koeffizienten vorgegeben, wobei die Koeffizienten zur Einstellung der aktuell notwendigen Übertragungsfunktion dienen. Genutzt wird dieses Modell z. B. beim *LPC-Vocoder* (LPC: Linear Predictive Coding; Vocoder: Voice Coder). Die Filter-Koeffizienten werden beim LPC-Vocoder meist in Intervallen von 20 ms mit Hilfe passender Algorithmen aus dem aktuellen Ausschnitt des Sprachsignals ermittelt, mit möglicht wenig Bit quantisiert und zur Empfangsseite übertragen. Neben den aktuellen Fil-

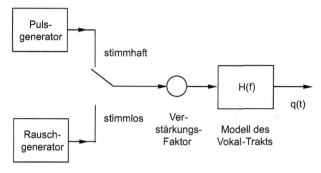

Abb. 7.15. Modell zur Erzeugung von Sprachsignalen

terkoeffizienten muss dem LPC-Decoder auf der Empfangsseite noch Angaben über das Eingangssignal des Filters mitgeteilt werden, d. h. ob ein stimmhafter oder stimmloser Abschnitt vorliegt. Beim einem stimmhaften Abschnitt benötigt der Decoder auch noch den zeitlichen Abstand der Anregungsimpulse. Inzwischen sind eine Vielzahl von Varianten und Weiterentwicklungen dieses Prinzips üblich, die sich in der Sprachqualität, der notwendigen Übertragungsrate und der erforderlichen Rechenleistung unterscheiden. Ein gutes Beispiel stellt der Standard G.729 dar, bei dem mit 8 kbit/s eine relativ gute Spachqualität erreicht wird.

Verfahren zur Quellencodierung werden häufig auch *Kompressionsverfahren* genannt. Dabei muss man aber beachten, dass die *Kompressionsfaktoren* sich auf digitale Signale beziehen. Bei Sprachsignalen nimmt man als Referenz gerne 64 kbit/s, was bei dem zuvor angeführten Standard G.729 zu einem Kompressionsfaktor 8 führt. Als Referenz bei Bildern verwendet man meist 24 bit/Pixel, 8 bit für jede Grundfarbe (Rot, Grün, Blau). Der JPEG-Standard (JPEG: Joint Picture Expert Group), der eine DCT- oder eine Wavelet-Transformation und eine Huffman-Codierung verwendet, ergibt – je nach tolerierter Qualität – Kompressionsfaktoren von 10 bis 100 oder sogar mehr.

Sämtliche Verfahren zur Codierung von kontinuierlichen Quellen sind verlustbehaftet. *Verlustbehaftet* bedeutet hier, dass Irrelevanz entfernt wird und das Original-Quellsignal nicht exakt wieder aus dem komprimierten Digitalsignal rekonstruiert werden kann. Liegen dagegen bereits digitale Quellensignale vor, dann sind – bezogen auf das digitale Signal – auch verlustlose Codierungen möglich. Verlustlose Codierungen entfernen aber immer nur Redundanz und entsprechen dem zweiten Schritt in Abb. 7.14. Die mehrfach erwähnte und zuvor erläuterte Huffman-Codierung ist ein Beispiel für eine verlustlose Quellencodierung.

Wenn mehrfach codiert und wieder decodiert wird, ergibt sich ein Problem bei verlustbehafteten Codierungen: Bei jedem erneuten Codier-/Decodier-Vorgang verschlechtert sich die Qualität des Quellensignals. In der Praxis muss man dies bei Übertragungssystemen für Sprache, Bilder und Video unbedingt beachten. Die Zahl der Codier-/Decodier-Vorgänge sollte so klein wie möglich sein.

Anmerkung: Eine allgemeine Theorie zur Codierung kontinuierlicher Quellen ist die *Rate-Distortion-Theorie*, die versucht, den Zusammenhang zwischen den auftretenden Ungenauigkeiten (Verzerrungen, Distortion) in Abhängigkeit von der erforderlichen Übertragungsrate zu quantifizieren. Bei gegebenen kontinuierlichen Quellen ergibt sich dabei das Problem, ein passendes mathematisch handhabbares Maß für die Verzerrungen zu definieren. Der naheliegende und häufig auch verwendete mittlere quadratische Fehler ist in der Regel nicht ausreichend, weshalb sich bei Audio- und Videosignalen sowie bei Bildern Gütetests mit Versuchspersonen praktisch nicht umgehen lassen.◀

7.3 Einführung in die Kanalcodierung

Wie zuvor bereits deutlich wurde, hat die *Kanalcodierung* zusammen mit der zugehörigen Decodierung das Ziel, bei einer Übertragung von Symbolfolgen über gestörte Kanäle eine möglichst große Übertragungsrate zu erzielen, bei praktisch nahezu Fehlerfreiheit. Die Schranke, die dabei nicht zu überschreiten ist, ist durch die Kanalkapazität vorgegeben (s. Abschn. 7.1.4). Wenn die Redundanz der Quelle völlig eliminiert ist, muss die Kanalcodierung künstlich wieder so viel Redundanz hinzufügen, dass die Entropie kleiner wird als die Kanalkapazität. Das Geschick ist dabei, diese künstliche Redundanz auf der Sendeseite derart zu definieren, dass das Ziel der Fehlererkennung und/oder Korrektur auf der Empfangsseite durch die Decodierung möglichst gut erreicht werden kann.

Generell sollen im Folgenden Quellen mit maximaler Entropie vorausgesetzt werden, d. h. es wird angenommen, dass die Quellencodierung sämtliche Redundanz bereits in idealer Weise eliminiert hat. Die Quellen sind damit gedächtnislos und alle Symbole treten mit gleicher Wahrscheinlichkeit auf.

Das Gebiet der Kanalcodierung ist inzwischen sehr umfangreich und es existiert detailreiches Spezialwissen. Ebenso wie im Abschn. „Einführung in die Quellencodierung" ist die Absicht hier, nur ein Verständnis der Grundprinzipien und der grundlegenden Zusammenhänge zu vermitteln. Auf weiterführende Literatur wird im Abschn. „Zusammenfassung und bibliographische Anmerkungen" am Ende dieses Kapitels eingegangen.

7.3.1 Grundlagen

Betrachtet wird zunächst das Übertragungsmodell nach Abb. 7.16: Eine gedächtnislose Binärquelle liefert die Symbolfolge $q_{xQC}(k)$ an den Kanalcodierer. Die Symbole treten mit der Wahrscheinlichkeit $p(x_1) = 0{,}5$ auf. Der Kanalcodierer erzeugt aus $q_{xQC}(k)$ am Eingang die Folge $q_x(k)$ am Ausgang, die wiederum an einen BSC weitergeleitet wird. Der BSC soll hier vorausgesetzt werden, um die Grundprinzipien besser erläutern zu können. Mit der Folge $q_y(k)$ am Ausgang des BSC bestimmt der Kanaldecodierer auf der Empfangsseite die Folge $q_{yQC}(k)$, die im Idealfall mit $q_{xQC}(k)$ übereinstimmt. Bei realen Kanalcodierungsverfahren und einer BSC-Bitfehlerwahrscheinlichkeit $P_b > 0$ werden jedoch hin und wieder noch Fehlentscheidungen vorkommen. $q_{yQC}(k)$ unterscheidet sich dann von $q_{xQC}(k)$. Beschreiben kann man dies durch die verbleibende *Rest-Bitfehlerwahrscheinlichkeit* P_{bRest}. Für die Entropie der

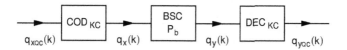

Abb. 7.16. Zur Kanalcodierung am Beispiel eines BSC

Quelle gilt mit den Annahmen von zuvor:

$$H(X_{QC}) = 1 \text{ bit/Symbol}. \tag{7.53}$$

Die Kapazität des BSC ist bereits zuvor berechnet worden, s. (7.30):

$$C = P_b \log_2 (P_b) + (1 - P_b) \log_2 (1 - P_b). \tag{7.54}$$

Eine fehlerfreie Übertragung über den BSC ist nach dem Satz von Shannon prinzipiell nur möglich, wenn die Entropie $H(X)$ am Eingang des BSC kleiner als C ist. Die Kanalcodierung muss deshalb die Quellenentropie mindestens um den Wert $H(X_{QC}) - H(X)$ verkleinern, sie muss Redundanz hinzufügen. Ausdrücken lässt sich dies durch einen Skalierungsfaktor r_c:

$$H(X) = r_c \cdot H(X_{QC}) < C. \tag{7.55}$$

r_c wird auch *Coderate* genannt. Für die hinzugefügte Redundanz gilt somit

$$\begin{aligned} R(X) &= H(X_{QC}) - r_c \cdot H(X_{QC}) \\ &= (1 - r_c) \cdot H(X_{QC}). \end{aligned} \tag{7.56}$$

Abbildung 7.17 zeigt als Beispiel ein einfaches Schema, mit dem man die erforderliche Coderate r_c einstellen kann: Die Quellenfolge $q_{xQC}(k)$ wird zunächst in Blöcke der Länge k bit aufgeteilt. Anschließend wird jeder dieser Blöcke durch die Kanalcodierung in Blöcke mit n bit Länge umgewandelt. Die Kanalcodierung ist – wie jede Codierung – mathematisch eine Abbildung, die man sich als Tabelle vorstellen kann. In der ersten Spalte der Tabelle stehen die möglichen Symbolblöcke der Länge k am Eingang, in der zweiten die korrespondierenden Blöcke der Länge n am Ausgang. Bei einer einfachen Kanalcodierung kann eine solche Tabelle auch praktisch verwendet werden. Wenn die Länge k jedoch zu groß ist, wird eine Tabelle in der Praxis schnell unrealistisch. Bei $k = 127$ z. B. – einem Wert der in der Praxis nicht groß ist – ergeben sich bei den hier angenommenen binären Symbolen bereits $2^{127} > 10^{36}$ mögliche Blöcke in der linken Spalte. In diesen Fällen ist es notwendig, eine

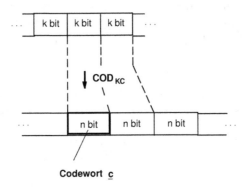

Abb. 7.17. Zur Kanalcodierung: Codeworte und Coderate

geeignete mathematische Vorschrift zur Berechnung der Blöcke am Ausgang der Codierung zu verwenden. In den beiden kommenden Abschnitten soll dies etwas vertieft werden werden.

Mit den Blockgrößen k und n ergibt sich für die Coderate

$$r_c = \frac{k}{n}. \qquad (7.57)$$

Die Art der hier betrachteten Codierung – s. auch Abb. 7.17 – nennt man *Blockcodierung*. Die Blöcke von n *Codesymbolen* am Ausgang der Codierung sind die *Codeworte*. Codeworte können natürlich auch als Vektoren aufgefasst werden; sie werden im Folgenden mit $\underline{c}$ bezeichnet.

Die Coderate r_c richtig festzulegen, ist nur eine notwendige Bedingung, die der Satz von Shannon auferlegt, sofern man fehlerfrei übertragen möchte. Wie aber muss man die Codeworte wählen? Diese Frage ist nur zu beantworten, wenn man bereits weiß, nach welchen Kriterien die Decodierung zweckmäßig vorzunehmen ist, was wiederum vom Kanal und dessen Störungen abhängt. Die Aufgabenstellung ist vergleichbar mit der, die beim Empfang von gestörten Elementarsignalen in Kap. 2 behandelt wurde, jedoch ist die Störung beim hier vorgegebenen BSC kein additives WGR.

In völliger Analogie zu Kap. 2 ergeben sich aber auch hier wieder die Prinzipien „Maximum-A-Posteriori" (MAP) und „Maximum-Likelihood" (ML). ML bedeutete in Kap. 2:

$$\text{ML (Kap. 2):} \quad \max_{(i=1,\dots,M)} \left\{ p_{\underline{g}}(\underline{x} \,|\, \underline{e}_i) \right\} = \max_{(i=1,\dots,M)} \left\{ p_{\underline{n}}(\underline{x} - \underline{e}_i) \right\} \qquad (7.58)$$

M war die Anzahl der Elementarsignale und $p_g(\underline{x}\,|\,\underline{e}_i)$ die N-dimensionale bedingte Wahrscheinlichkeitsdichte, die zum Prozess $\underline{g}$ der Empfangsvektoren gehört. Die Bedingung in (7.58) sagt, dass der Elementarsignalvektor $\underline{e}_i$ gesendet wurde und sich daraus ein Empfangsvektor $\underline{g} = \underline{x}$ ergab. $p_{\underline{n}}(.)$ ist die Wahrscheinlichkeitsdichte der N-dimensionalen Gauß-Verteilung, die mit größer werdendem euklidischen Abstand $d(\underline{x}, \underline{e}_i) = \|\underline{x} - \underline{e}_i\|$ zwischen dem Variablen-Vektor $\underline{x}$ und dem vorgegebenen Vektor $\underline{e}_i$ monoton abfällt. Als Folge davon konnte bei der Maximum-Suche entsprechend (7.58) auch der minimale euklidische Abstand als Kriterium verwendet werden.

Die linke Seite von (7.58) kann nun auch hier als Ausgangspunkt gewählt werden, wenn man die Elementarsignalvektoren $\underline{e}_i$ durch die Codevektoren $\underline{c}_i$ ersetzt:

$$\text{ML:} \quad \max_{(i=1,\ldots,M)} \left\{ P_{\underline{g}}(\underline{x}\,|\,\underline{c}_i) \right\}. \tag{7.59}$$

Außerdem ist die Verteilungsdichtefunktion in (7.58) durch die hier passende diskrete Wahrscheinlichkeitsverteilung $P_{\underline{g}}(\underline{x}\,|\,\underline{c}_i)$ ersetzt. $\underline{g}$ steht für den Vektor-Prozess am Ausgang des BSC und $\underline{x}$ ist der zugehörige Variablen-Vektor. Wegen des BSC können die Komponenten aller Vektoren nur zwei Werte annehmen, die hier mit 0 und 1 bezeichnet werden sollen. $\underline{g}$ lässt sich deshalb wie folgt schreiben:

$$\underline{g} = \underline{c}_i \oplus \underline{e}. \tag{7.60}$$

$\underline{c}_i$ ist der Codevektor am Eingang des BSC und $\underline{e}$ im Vergleich zu Kap. 2 ein ganz spezieller „Rauschvektor", dessen Komponenten ebenfalls nur die Werte 0 oder 1 annehmen können. $\oplus$ ist die Modulo-2-Addition. Eine Komponente von $\underline{e}$ mit dem Wert 1 bedeutet, dass der BSC an dieser Stelle einen Bitfehler verursacht hat. $\underline{e}$ wird deshalb auch als *Fehlervektor* oder *Fehlermuster* bezeichnet (engl. *Error Vector, Error Pattern*). Die diskrete Wahrscheinlichkeitsverteilung für eine Komponente e_l von $\underline{e}$ lässt sich wie folgt ausdrücken:

$$P_{e_l}(x_l) = (1 - P_b)\,(x_l \oplus 1) + P_b x_l. \tag{7.61}$$

P_b ist die Bitfehlerwahrscheinlichkeit des BSC. Der linke Summand in (7.61) ist $(1 - P_b)$ wenn kein Fehler in der entsprechenden Vektorkomponente x_i vorliegt (d. h. wenn $x_l = 0$ gilt), während der rechte Summand im Falle eines Fehlers (d. h. bei $x_l = 1$) den Wert P_b hat. Im Hinblick auf den Vektor-Prozess sind die $P_{e_l}(x_l)$ Randverteilungen. Aus der Definition des BSC folgt nun, dass die einzelnen Bitfehler statistisch unabhängig voneinander entstehen, womit die n-dimensionale diskrete Verbund-Wahrscheinlichkeitsverteilung des Vektor-Prozesses $\underline{e}$ als Produkt dieser Randverteilungen berechnet werden kann:

$$P_{\underline{e}}(\underline{x}) = \prod_{l=1}^{n} \left[(1 - P_b)\,(x_l \oplus 1) + P_b x_l \right]. \tag{7.62}$$

Bezeichnet man die Zahl der Eins-Komponenten im Variablenvektor $\underline{x}$ mit m, was gleichbedeutend mit der Zahl der Bitfehler ist, dann lässt sich (7.62) kompakter ausdrücken:

$$P_{\underline{e}}(\underline{x}) = (1 - P_b)^{n-m} P_b^m = (1 - P_b)^n \left[\frac{P_b}{(1 - P_b)} \right]^m$$

$$= (1 - P_b)^n \left[\left(\frac{1}{P_b} - 1 \right) \right]^{-m} \tag{7.63}$$

$$\text{mit} \quad m = \sum_{l=1}^{n} x_l \, .$$

Hierbei ist von der Tatsache Gebrauch gemacht, dass nur jeweils einer der beiden Summanden von Null verschieden sein kann. Zu beachten ist, dass nur der Faktor in eckigen Klammern in (7.63) von der Zahl m der Bitfehler abhängig ist. Außerdem ist die Bitfehlerwahrscheinlichkeit P_b immer kleiner oder gleich $\frac{1}{2}$. Nimmt man den praktisch uninteressanten Fall $P_b = \frac{1}{2}$ aus der Betrachtung heraus, dann besitzt die n-dimensionale Verbundwahrscheinlichkeit ihr Maximum immer bei minimalem m:

$$\max_{(\underline{x})} \left\{ P_{\underline{e}}(\underline{x}) \right\} \Longleftrightarrow \min_{(\underline{x})} \left\{ m(\underline{x}) \right\} \, . \tag{7.64}$$

Nun kann die ML-Regel nach (7.59) und (7.58) für den BSC detaillierter angegeben werden:

$$\text{ML:} \quad \max_{(i=1,...,M)} \left\{ p_{\underline{g}}(\underline{x}|\underline{c}_i) \right\} = \max_{(i=1,...,M)} \left\{ p_{\underline{e}}(\underline{x} \oplus \underline{c}_i) \right\}$$
$$\Longleftrightarrow \tag{7.65}$$
$$\min_{(i=1,...,M)} \left\{ m(\underline{x} \oplus \underline{c}_i) \right\} \, .$$

Die letzte Zeile in (7.65) ist, ähnlich wie das Resultat in Kap. 2 auch, eine Minimaldistanz-Regel, sofern man $m(.)$ als Distanz auffasst. Dass $m(.)$ wirklich alle Eigenschaften einer Distanz oder *Metrik* besitzt, lässt sich leicht einsehen. Man bezeichnet sie als Hamming-Distanz (oder Hamming-Metrik) d_H:

$$d_H(\underline{x}, \underline{c}_i) = m(\underline{x} \oplus \underline{c}_i) \tag{7.66}$$

$d_H(\underline{x}, \underline{c}_i)$ ist damit die Anzahl der Symbole, in denen sich der aktuelle Empfangsvektor $\underline{x}$ vom Codewort $\underline{c}_i$ unterscheidet. Mit der Ableitung von zuvor ist sie das BSC-Äquivalent zur euklidischen Distanz beim AWGR-Kanal.

Beispiel:
Die Zusammenhänge sollen nun an einem einfachen Beispiel etwas verdeutlicht werden. Abbildung 7.18 zeigt zwei Codevektoren $\underline{c}_1 = (0, 1, 1)$ und $\underline{c}_2 = (1, 0, 0)$ im dreidimensionalen Raum. Für den Code gelten somit folgende Parameter:

$$k = 1, \quad n = 3 \Longrightarrow M = 2, \quad r_c = \frac{1}{3} \tag{7.67}$$

Noch nicht festgelegt ist hiermit die Zuordnung der Eingangssymbol-Blöcke des BSC (hier nur $k = 1$ Symbol lang) zu den Codeworten. Für die Codierung soll gelten:

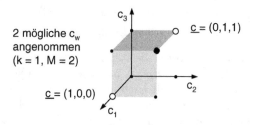

Abb. 7.18. Dreidimensionaler Coderaum

COD_{KC} : Eingangsblock $\longleftrightarrow$ Ausgangsblock, Codewort

$\qquad k$ Quellensymbole $\qquad n$ Codesymbole

$$
\begin{aligned}
x_1 && \underline{c}_1 &= (0,1,1) \\
x_2 && \underline{c}_2 &= (1,0,0)
\end{aligned}
$$

$$(7.68)$$

Eingezeichnet sind in Abb. 7.18 ebenfalls die restlichen 6 möglichen Empfangsvektoren am Ausgang des BSC. Liegt nun als Beispiel der Vektor

$$\underline{x} = (1,1,1) \tag{7.69}$$

am Ausgang des BSC vor, dann bedeutet eine ML-Decodierung nach (7.65), dass in einem ersten Schritt die Hammingdistanzen zwischen $\underline{x}$ und den beiden möglichen Codeworten berechnet werden müssen. Im zweiten Schritt wird anschließend mit Hilfe der kleineren Hammingdistanz das wahrscheinlichst gesendete Codewort bestimmt:

$$
\begin{aligned}
d_H(\underline{x}, \underline{c}_1) &= m\,[(1,1,1) \oplus (0,1,1)] = 1 \\
d_H(\underline{x}, \underline{c}_2) &= m\,[(1,1,1) \oplus (1,0,0)] = 2
\end{aligned}
\tag{7.70}
$$

Somit liegt das Codewort $\underline{c}_1$ mit größter Wahrscheinlichkeit am Eingang des BSC vor, woraus mit (7.68) folgt, dass das Quellensymbol x_1 mit größter Wahrscheinlichkeit gesendet wurde. Der Code in diesem Beispiel kann offensichtlich einen Fehler korrigieren: Betrachtet man sämtliche Empfangsvektoren in Abb. 7.18, dann wird deutlich, dass die Entscheidungen immer eindeutig sind. Zu jedem Empfangsvektor gibt es eindeutig ein Codewort mit der kleinsten Hamming-Distanz.◄

Ein Code wird durch seine Codeworte festgelegt. Man kann ihn als die Menge der erlaubten Codeworte definieren, in völliger Analogie zur Menge der Elementarsignale in Kap. 2. Berechnet man bei einem Code sämtliche vorkommenden gegenseitigen Distanzen zwischen den Codeworten, dann ergibt sich eine Häufigkeitsverteilung, die minimale und maximale Distanzen beinhaltet. Da der Code im Beispiel oben aus nur zwei Codeworten bestand, gibt es auch nur eine einzige Distanz, d. h. minimale und maximale Hamming-Distanz sind in diesem Beispiel identisch:

$$d_H(\underline{c}_1, \underline{c}_2) = m\left((0,1,1) \oplus (1,0,0)\right)$$
$$= 3 = d_{H\,\min} = d_{H\,\max}\,.\tag{7.71}$$

Ein Code mit vielen Codeworten besitzt im Gegensatz zu diesem Beispiel i. Allg. viele Distanzen zwischen $d_{H\,\min}$ und $d_{H\,\max}$. Ähnlich wie bei den euklidischen Distanzen in Kap. 2 gilt auch hier, dass bei kleinen Werten von P_b die kleinsten Hamming-Distanzen die Fehlerwahrscheinlichkeit dominieren.

Im Beispiel oben verursachte der BSC einen Bitfehler. Zu beachten ist, dass man hier eigentlich von einem Codesymbol-Fehler sprechen müsste, da der BSC ein fehlerhaftes Symbol in das gesendete CW einfügt. Das übertragene Quellen-Bit wird richtig detektiert. Da die Bitfehler beim BSC statistisch unabhängig voneinander entstehen, können natürlich auch mehr Fehler in einem Vektor am Ausgang des BSC (im *Empfangsvektor*) vorkommen. Zwei Bitfehler hätten dazu geführt, dass die ML-Entscheidung falsch gewesen wäre. Offensichtlich ist in diesem Beispiel jedoch, dass – wie im Falle von einem Bitfehler auch – ein Empfangsvektor mit zwei Bitfehlern kein gültiges Codewort ist. Das bedeutet, man kann erkennen, dass der BSC Fehler verursacht hat, obwohl man nicht weiß wie viele. Bei drei Bitfehlern wäre die Hamming-Distanz zwischen einem der beiden Codeworte und dem empfangen Vektor dagegen Null. Von der Empfangseite her könnte man in diesem Fall vermuten, dass der Kanal gar keinen Fehler verursacht hat, eine Fehlererkennung ist nicht möglich. Allgemein gilt somit Folgendes: Wenn $d_{H\,\min}$ die minimale Hamming-Distanz eines Codes ist, dann kann der Code mindestens

$$d_{H\,\min} - 1 \qquad \text{Fehler erkennen}$$
$$t = \left\lfloor \tfrac{d_{H\,\min}-1}{2} \right\rfloor \text{Fehler korrigieren}\,.\tag{7.72}$$

$\lfloor . \rfloor$ bedeutet hierbei die nächstkleinere ganze Zahl. t wird auch die *Korrekturfähigkeit* des Codes genannt. Für das Beispiel ergibt sich somit, dass der Code zwei Fehler erkennen und einen Fehler korrigieren kann.

Stellt man zwei Codeworte mit minimaler Distanz zueinander als Vektoren in einem Raum dar, dann ergibt sich z. B. eine Konstellation wie in Abb. 7.19. Für jedes Codewort kann man sog. *Korrekturkugeln* definieren, die im zweidimensionalen Beispiel in Abb. 7.19 als Kreise eingezeichnet sind. Innerhalb der Korrekturkugeln liegen alle Empfangsvektoren mit t und weniger Fehlern. Setzt man voraus, dass die Decodierung maximal nur t Fehler korrigiert, also nur alle Empfangsvektoren in einer Korrekturkugel decodiert, dann spricht man von *Bounded-Distance-Decodierung* (*BD-Decodierung*). Folgende Fehler können bei der BD-Decodierung vorkommen:

- Der empfangene Vektor liegt in keiner Korrekturkugel.
- Der empfangene Vektor liegt in einer Korrekturkugel, jedoch nicht in der zum gesendeten Codewort gehörigen.

Die Wahrscheinlichkeit für eine fehlerhafte Decodierung (beide Fälle), die Codewort-Fehlerwahrscheinlichkeit P_{CW}, lässt sich damit angeben:

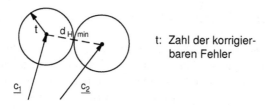

t: Zahl der korrigier-
baren Fehler

Abb. 7.19. Korrektur-Kugeln

BD-Decodierung: $P_{CW} = 1 - \sum_{i=0}^{t} \binom{n}{i} P_b^i (1 - P_b)^{n-i}.$ (7.73)

Die einzelnen Summanden in dieser Gleichung sind die Terme einer Binomial-verteilung. Der Binomialkoeffizient $\binom{n}{i}$ gibt an, wie viele Vektoren es gibt, die genau i Fehler enthalten. Die Summe ist somit die Wahrscheinlichkeit, dass ein Empfangsvektor t oder weniger Fehler enthält, also fehlerfrei decodiert werden kann. n ist die Codewortlänge, d. h. die Anzahl der Komponenten der Vektoren.

Eine ML-Decodierung liefert i. Allg. eine kleinere Codewort-Fehlerwahr-scheinlichkeit als eine BD-Decodierung, da auch Distanzen vorkommen dürfen, die größer als $d_{H\,min}$ sind und die Empfangsvektoren damit außerhalb von Korrekturkugeln liegen dürfen. Nur in dem Spezialfall, bei dem alle Distanzen gleich $d_{H\,min}$ sind und es keine Vektoren außerhalb von Korrekturkugeln gibt, ist die ML-Decodierung mit der BD-Decodierung identisch.

Der Zusammenhang zwischen Codewort-Fehlerwahrscheinlichkeit und Bit-fehlerwahrscheinlichkeit kann in allgemeiner Form leider nicht angegeben wer-den.

Das Kriterium, nach dem beim BSC die Codeworte auf der Sendeseite festgelegt werden sollten, ist somit bekannt: Es ist die Hamming-Distanz. Sie sollte möglichst groß sein. Während bei einer BD-Decodierung offenbar nur $d_{H\,min}$ von Bedeutung ist, bzw. die hieraus abgeleitete Korrekturfähigkeit t, können bei einer ML-Decodierung im Prinzip alle vorkommenden Distanzen die Codewortfehlerwahrscheinlichkeit P_{CW} beeinflussen.

Eine interessante Frage drängt sich in diesem Zusammenhang auf: Welche Distanzen sind bei einer vorgegebenen Coderate r_c möglich? Dass es für jedes $r_c < C$ Codes mit genügend großen Distanzen geben muss, sagt der Satz von Shannon. Andererseits ist sofort einzusehen, dass es in einem Code mit Codeworten der Länge n nur

$$M = 2^k = 2^{r_c n}$$ (7.74)

Codeworte gibt. Bezogen auf die Zahl $N = 2^n$ der möglichen Vektoren mit binären Komponenten folgt:

$$\frac{M}{N} = 2^{k-n} = 2^{-n(1-r_c)} .$$
(7.75)

Man erkennt, dass bei $r_c < 1$ und wachsendem n die Codeworte nur einen verschwindenden Anteil an allen Vektoren des Raumes ausmachen können. Dies legt die Vermutung nahe, dass es Codes mit genügend großen Hamming-Distanzen gibt. Betrachtet man die Rest-Bitfehlerwahrscheinlichkeit P_{bRest} für zufällig ausgewählte Codes mit der Coderate r_c und der Codewortlänge n, dann hat Shannon gezeigt, dass sich als Mittelwert über alle derartigen Codes folgendes ergibt:

$$\widetilde{P_{bRest}} \le 2^{-nE_r(r_c)} .$$
(7.76)

Das Symbol ˜ soll hierbei die Mittelung über alle kombinatorisch möglichen Codes bedeuten, bei gegebenem n und r_c. Gleichung (7.76) wird auch als *Random Coding Bound* bezeichnet und $E_r(r_c)$ ist der zugehörige, von r_c abhängige *Fehlerexponent*. Obwohl in dem von Shannon betrachteten Mittelwert auch alle denkbar schlechten Codes (d. h. mit kleinen Hamming-Distanzen) enthalten sind, ergibt sich für $E_r(r_c) > 0$ mit wachsender Codewortlänge n ein exponentieller Abfall in der mittleren Rest-Bitfehlerwahrscheinlichkeit. Das bedeutet, dass es sicher viele Codes gibt, die zu einem kleineren P_{bRest} führen. Bei Coderaten r_c nahe 1 ergibt sich leider ein sehr kleiner Fehlerexponent, was wiederum nur durch ein entsprechend größeres n aufgewogen werden kann. Abbildung 7.20 zeigt den prinzipiellen Verlauf von $E_r(r_c)$. Man sieht auch hier wieder die Bedeutung der Kanalkapazität C.

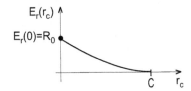

Abb. 7.20. Fehlerexponent (Random Coding Bound)

Ein weiteres Beispiel soll an die Übertragung mit orthogonalen Elementarsignalen in Kap. 2 anknüpfen und die grundlegenden Betrachtungen dieses Abschnitts abschließen.

Beispiel: Bi-Orthogonal-Code
Der Code in diesem Beispiel sei durch die folgende Matrix H gegeben:

$$
H = \begin{array}{|cccc|}
\hline
1\,1\,1\,1 & 1\,1\,1\,1 & 1\,1\,1\,1 & 1\,1\,1\,1 \\
1\,0\,1\,0 & 1\,0\,1\,0 & 1\,0\,1\,0 & 1\,0\,1\,0 \\
1\,1\,0\,0 & 1\,1\,0\,0 & 1\,1\,0\,0 & 1\,1\,0\,0 \\
1\,0\,0\,1 & 1\,0\,0\,1 & 1\,0\,0\,1 & 1\,0\,0\,1 \\
\hline
1\,1\,1\,1 & 0\,0\,0\,0 & 1\,1\,1\,1 & 0\,0\,0\,0 \\
1\,0\,1\,0 & 0\,1\,0\,1 & 1\,0\,1\,0 & 0\,1\,0\,1 \\
1\,1\,0\,0 & 0\,0\,1\,1 & 1\,1\,0\,0 & 0\,0\,1\,1 \\
1\,0\,0\,1 & 0\,1\,1\,0 & 1\,0\,0\,1 & 0\,1\,1\,0 \\
\hline
1\,1\,1\,1 & 1\,1\,1\,1 & 0\,0\,0\,0 & 0\,0\,0\,0 \\
1\,0\,1\,0 & 1\,0\,1\,0 & 0\,1\,0\,1 & 0\,1\,0\,1 \\
1\,1\,0\,0 & 1\,1\,0\,0 & 0\,0\,1\,1 & 0\,0\,1\,1 \\
1\,0\,0\,1 & 1\,0\,0\,1 & 0\,1\,1\,0 & 0\,1\,1\,0 \\
\hline
1\,1\,1\,1 & 0\,0\,0\,0 & 0\,0\,0\,0 & 1\,1\,1\,1 \\
1\,0\,1\,0 & 0\,1\,0\,1 & 0\,1\,0\,1 & 1\,0\,1\,0 \\
1\,1\,0\,0 & 0\,0\,1\,1 & 0\,0\,1\,1 & 1\,1\,0\,0 \\
1\,0\,0\,1 & 0\,1\,1\,0 & 0\,1\,1\,0 & 1\,0\,0\,1 \\
\hline
\end{array} \qquad . \qquad (7.77)
$$

Jede Zeile in dieser Matrix soll als Codewort genutzt werden. Mit den so verfügbaren $M = 16$ Codeworten können $k = 4$ bit pro Codewort übertragen werden, nämlich die Nummern des jeweiligen Codeworts in Binär-Notation. Dies entspricht völlig der Betrachtungsweise in Kap. 2. Anstelle der dort vorliegenden Elementarsignale gibt es hier Codeworte. Für die Coderate folgt damit

$$
r_c = \frac{\log_2(M)}{M} = \frac{1}{4}.
$$

Die minimale Hamming-Distanz kann erst angegeben werden, wenn man d_H für alle Codewort-Paare bestimmt und anschließend das Minimum bestimmt. Wenn man aber weiß, dass es sich bei H um eine binäre Orthogonalmatrix handelt, dann sind alle Paare von Zeilenvektoren mit unterschiedlichen Zeilen-Nummern orthogonal zueinander. Um dies überprüfen zu können, muss man die 0-Einträge als -1 interpretieren, womit das übliche Skalarprodukt aus dem Körper der reellen Zahlen verwendet werden kann. Wenn man als Beispiel die ersten beiden Zeilen von H heranzieht, erkennt man sofort, dass sich für das Skalarprodukt Null ergibt. Das Skalarprodukt Null ist offenbar immer gegeben, wenn sich die Codeworte in $\frac{M}{2} = 8$ Stellen voneinander unterscheiden. Dies ist bei allen Paaren von Zeilenvektoren der Matrix H gegeben. Für die Hamming-Distanz gilt somit

$$
d_H = d_{H\,\min} = d_{H\,\max} = 8 \, .
$$

Der Code kann somit nach (7.72) mindestens $t = 3$ Fehler korrigieren und mindestens 7 Fehler erkennen. Was bedeutet nun eine ML-Decodierung? Da eine vollständige Analogie zu Kap. 2 gegeben ist – der einzige Unterschied besteht im hier vorliegenden BSC und der damit verbundenen anderen Distanzberechnung – gilt es, den Codevektor zu bestimmen, der die minimale

Hamming-Distanz zum empfangenen Vektor besitzt. Als Beispiel soll angenommen werden, dass der BSC an seinem Ausgang den folgenden Vektor liefert:

$$\underline{g} = \underline{x} = [1\,1\,1\,1\,0\,1\,1\,1\,1\,0\,0\,0\,0\,1\,1].$$

Die Hamming-Distanzen zu den 16 möglichen Codeworten am Eingang des BSC können leicht berechnet und zu einem Vektor zusammengefasst werden:

$$\underline{d}_H = [5\,9\,9\,9\,7\,7\,3\,7\,5\,9\,9\,9\,7\,7\,11\,7].$$

Die minimale Hamming-Distanz zwischen $\underline{g}$ bzw. $\underline{x}$ und den möglichen Codeworten ist beim 7. Codewort gegeben. Dort gilt $d_H = 3$. Das wahrscheinlichste gesendetete Codewort ist damit

$$\underline{c}_7 = [1\,1\,0\,0\,0\,0\,1\,1\,1\,1\,0\,0\,0\,0\,1\,1].$$

Für den Fehlervektor ergibt sich

$$\underline{e} = [0\,0\,1\,1\,0\,1\,0\,0\,0\,0\,0\,0\,0\,0\,0\,0].$$

Ohne die Allgemeingültigkeit einzuschränken kann man die Zeilen-Nummern in binärer Darstellung als übertragenen Block von $k = 4$ Informationsbit verstehen. Wegen $i = 7$ lautet der Block: 0111.

Ähnlich wie bei der Übertragung mit orthogonalen Elementarsignalen in Kap. 2 läßt sich der Orthogonalcode leicht zu einem Bi-Orthogonalcode erweitern, indem man die zu H komplementäre Matrix unten anfügt:

$$H_{bi-\perp} = \begin{bmatrix} H \\ \overline{H} \end{bmatrix}$$

$\overline{H}$ entsteht aus H dadurch, dass man sämtliche Nullen durch Einsen ersetzt und sämtliche Einsen durch Nullen. Damit stehen doppelt so viele Codeworte zur Verfügung und der Block von zu übertragenden Informationsbit vergrößert sich von 4 bit auf 5 bit.◄

Abbildung 7.21 zeigt Codewort-Fehlerwahrscheinlichkeiten in Abhängigkeit von der Bitfehlerwahrscheinlichkeit P_b des BSC für die drei Bi-Orthogonalcodes mit $n = 16$, $n = 64$ und $n = 256$. Deutlich zu erkennen ist, dass mit wachsender Codewortlänge die Kurven immer steiler verlaufen. Dies ist ein generelles, bei allen Codes zu erwartendes Verhalten. Zum Vergleich ist die Kurve für einen sog. BCH-Code mit nahezu gleicher Länge eingezeichnet und man erkennt die etwa parallelen Verläufe. Offensichtlich ist ebenfalls, dass Bi-Orthogonalcodes (und auch Orthogonalcodes) den Nachteil haben, dass die Coderate mit wachsender Länge gegen Null strebt. Dieses Verhalten entspricht dem bei der Übertragung mit bi-orthogonalen (bzw. orthogonalen) Elementarsignalen in Kap. 2. Dort ergab sich, dass die Bandbreiteausnutzung (in bit/s/Hz) mit wachsender Zahl von Elementarsignalen ebenfalls gegen Null strebt.

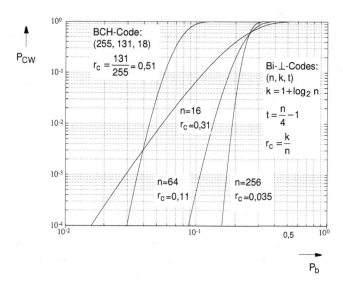

Abb. 7.21. BSC-Fehlerwahrscheinlichkeiten für einige Codes

Interessant ist ein Vergleich mit der Kapazität des BSC, s. Abb. 7.9. Die Kurve sagt aus, dass sich bei einer BSC-Bitfehlerwahrscheinlichkeit von $P_b = 0,1$ z. B. für die Kapazität ein Wert von etwa $C = 0,53$ bit/Codesymbol ergibt. Die Coderate r_c müsste damit für beliebig kleine Bitfehlerwahrscheinlichkeiten eigentlich nur kleiner sein als 0,53 sein. Der Bi-Orthogonalcode mit $n = 64$ besitzt bei $P_{CW} = 4 \cdot 10^{-4}$ im Vergleich dazu eine Coderate von $r_c = 0,11$. Der BCH-Code läßt vermuten, dass es evtl. bessere Codes gibt. Seine P_{CW}-Kurve beginnt im oberen Bereich mit dem Abfall bei etwa $P_b = 0,1$. Nimmt man an, das es bei unveränderter Coderate und Korrekturfähigkeit Codes mit sehr großer Länge gibt, dann ergäbe sich bei $P_b = 0,1$ ein sehr steiler Abfall und der BSC würde nahe an der Kapazitätsgrenze genutzt. Leider verschlechtert sich bei den BCH-Codes das Verhältnis $\frac{t}{n}$ mit wachsendem n. Dies wird im kommenden Abschnitt noch einmal kurz angesprochen.

Abschließend sollen noch einige Begriffe kurz erläutert werden, die für die beiden kommenden Abschnitte von Bedeutung sind.

Blockcodes

Blockcodes sind in diesem Abschnitt bisher vorausgesetzt worden. Sie sind dadurch gekennzeichnet, dass Blöcke von k Quellensymbolen in Blöcke mit n Codesymbolen abgebildet werden. Hierbei muss die Abbildung (d. h. die Codierungsvorschrift) so gestaltet werden, dass zum einen die Coderate kleiner als die Kanalkapazität ist und zum anderen genügend große Distanzen zwischen den einzelnen Codeworten vorliegen. Diese gegenseitigen Distanzen ermöglichen dem Kanaldecodierer die Korrektur von Übertragungsfehlern. Die einzelnen Codewort-Blöcke werden als statistisch unabhängig voneinander verstanden, es gibt kein Gedächtnis über die Blockgrenzen hinweg.

Faltungscodes

Faltungscodes (engl. *Convolutional Codes*) sind in den praktischen Anwendungen ebenfalls von großer Bedeutung. Im Gegensatz zu den Blockcodes gibt es bei ihnen keine Blockstruktur. Die grundlegenden Zusammenhänge zwischen Kanalkapazität und Entropie der Quelle führen natürlich auch hier – ähnlich wie zuvor bei den Blockcodes – zu einer Coderate r_c. Die Abbildung von k Quellensymbolen in n Codesymbole wird aber bei Faltungscodes kontinuierlich in einer Weise vorgenommen, die einer Faltungsoperation entspricht – daher auch der Name dieser Art von Codierung. Bemerkenswert ist, dass bei Faltungscodes eine relativ einfache ML-Decodierung möglich ist, und zwar mit dem Viterbi-Algorithmus, der in Kap. 6 bereits als MLSE-Entzerrer verwendet wurde. Bei Faltungscodes ist es darüber hinaus üblich, Polynome zur Beschreibung heranzuziehen, da die Polynom-Multiplikation einer Faltungsoperationen der Polynom-Koeffizienten entspricht.

Binärcodes

Bei Binärcodes sind die Codesymbole binär. Es bietet sich daher an, den Körper mit den Zahlen 0 und 1, das Galois-Feld GF(2), zur mathematischen Beschreibung zu nutzen. Die Codesymbole sind dann Elemente aus GF(2) und der n-dimensionale Raum der Vektoren ist der Vektorraum $GF(2)^n$ über dem Körper GF(2). Die Quellensymbole werden bei Binärcodes meist auch als binär und ebenfalls aus GF(2) vorausgesetzt. Die bei Faltungscodes übliche Beschreibung durch Polynome kann auch im binären Fall verwendet werden.

Höherwertige Codes

Bei höherwertigen Codes sind die Codesymbole nicht binär. Üblich ist in diesem Fall, den Körper $GF(2^m)$ als mathematische Grundlage heranzuziehen, so wie den Körper GF(2) bei Binärcodes. Die in der Praxis wichtigen *Reed-Solomon*-Codes gehören z. B. zu dieser Gruppe von Codes. Sie werden im nächsten Abschnitt behandelt.

Hard Decision, Soft Decision

Hard Decision bedeutet, dass bei einer digitalen Übertragung zunächst auf die Werte aus dem Sendesymbolalphabet A_x hin entschieden wird – so wie dies in den vorhergehenden Kapiteln vorausgesetzt wurde. Die Entscheidungen werden anschließend an den Decodierer weitergeleitet. Bei einer Binärübertragung bedeutet dies z. B. eine Entscheidung auf 0 oder 1. Der informationstheoretische diskrete Kanal ist somit ein Binärkanal (z. B. der oben verwendete BSC). Nach der Entscheidung ist den Werten 0 oder 1 nicht mehr anzusehen, ob es sich um eine sichere Entscheidung gehandelt hat (betragsmäßig große Werte vor dem Entscheider), oder eine unsichere (kleine Beträge vor dem Entscheider). Eine *Soft-Decision-Decodierung* bedeutet, dass man der Decodierung die Entscheidungen (z. B. 0 oder 1) zusammen mit den zugehörigen Beträgen vor dem Entscheider übergibt. Diese zusätzlichen Werte können als *Zuverlässigkeitswerte* aufgefasst werden. Mit ihrer Hilfe kann der Decodierer besser entscheiden, und man darf i. Allg. kleinere Rest-Fehlerwahrscheinlichkeiten erwarten als bei Hard Decision. Natürlich kann man der Decodierung auch direkt die Sendesymbolwerte $\tilde{x}(k)$ vor dem Entscheider übergeben. Der diskrete Kanal wird dann – trotz der Binärübertragung – zu einem Kanal mit binärem Eingangsalphabet und kontinuierlichem Ausgangsalphabet. Dieser neue Kanal besitzt eine größere Kanalkapazität als ein Kanal mit binärem Ausgangsalphabet, womit plausibel wird, warum bei gleicher Coderate mit einer passenden Soft-Decision-Decodierung eine kleinere Rest-Bitfehlerwahrscheinlichkeit erzielt werden kann.

Interleaving

Bei realen Übertragungsmedien treten häufig Störungen auf, die vom Charakter her eher durch eine nicht-stationäre Statistik beschieben werden können. Als Beispiel seien Gewitterstörungen angeführt, die eine digitale Funkübertragung im Bereich unterhalb von 30 MHz stark beeinträchtigen können. Wenn eine solche impulsartige Störung (engl. *Burst Interference*) z. B. ein ganzes Codewort eines Blockcodes betrifft, dann kann auch die beste Decodierung nicht mehr helfen. Es ergibt sich zwangsläufig ein Codewortfehler, auch dann, wenn davor und danach lange störungsfreie Zeitabschnitte vorliegen. Es liegt deshalb nahe, solche *Bündelfehler* oder *Burstfehler* auf mehrere Codeworte derart zu verteilen, dass alle Codeworte nur bis zu ihrer Korrekturfähigkeit t beansprucht werden.

Praktisch realisiert man ein sog. *Blockinterleaving* wie in Abb. 7.22 dargestellt. Auf der Sendeseite werden die Codeworte eines Blockcodes zeilenweise in eine Matrix geschrieben. Danach wird die Matrix spaltenweise ausgelesen und die Codesymbole werden digital übertragen. Auf der Empfangsseite wird in komplementärer Weise zunächst eine Matrix spaltenweise mit den empfangenen Symbolen gefüllt, anschließend werden die Worte zeilenweise ausgelesen und decodiert. Ein Bündelfehler bei der Übertragung der Codesymbole wirkt sich nur auf eine oder mehrere Spalten aus, abhängig von der Anzahl der Zeilen der Matrix – der *Interleavingtiefe* – und der Länge des Bündelfehlers. Beschränkt sich der Bündelfehler auf eine Spalte der Matrix, dann reicht ein Code aus, der einen Fehler korrigieren kann. Natürlich dürfen die Bündelfehler nicht in zu dichter Folge auf dem Kanal vorkommen, sonst sind u. U. zu viele Codesymbole in einer Matrix betroffen und einzelne Codeworte enthalten mehr Fehler als korrigiert werden können. Die gesamte beim Blockinterleaving auftretende Verzögerungszeit ist das doppelte der Zeit, die man zum Auffüllen einer Matrix benötigt. Neben dem hier beschriebenen Blockinterleaving sind weitere Verfahren in der Praxis üblich, um Bündelfehler auf dem Kanal möglichst so zu verteilen, dass sie wie statistisch verteilte, unabhängige Einzelfehler erscheinen. Als Beispiel sei nur noch der sog. *Faltungsinterleaver* (engl. *Convolutional Interleaver*) angeführt, bei dem die Verzögerungszeit nur halb so groß ist wie beim Blockinterleaver.

Abb. 7.22. Block-Interleaving

Bei einem BSC ist Interleaving wirkungslos, da per Definition die Fehler bereits statistisch unabhängig voneinander auftreten. Ein Einsatz von Interleaving ist aber nicht nur vom Übertragungskanal abhängig. So ist es bei Übertragungsverfahren mit ARQ (*Automatic Repeat Request*) in der Regel nicht zweckmäßig, Interleaving zu verwenden. Bei ARQ werden auf der Empfangsseite Fehler in einem Block (bestehend aus einem Codewort oder auch mehreren) erkannt, und mit Hilfe einer Quittung werden fehlerhafte Codeworte noch einmal von der Sendeseite angefordert. Wenn die Wahrscheinlichkeit groß ist, dass durch die Burst-Störungen auf dem Kanal ganze Codeworte betroffen sind, ist es sinnvoll, die Fehler innerhalb der Codeworte zu belassen und betroffene Codeworte durch das ARQ noch einmal zu übertragen.

Spezielle Codes und Codefamilien, Konstruktionsvorschriften

Eine Konstruktionsvorschrift für Codes kann – wie bereits betont – leider nicht in völlig allgemeiner Form angegeben werden. Nachdem die Informationstheorie im Jahre 1948 mit der grundlegenden Arbeit von Shannon sich zu einem eigenen Forschungsgebiet entwickelt hatte, gab es sehr viele Arbeiten, die sich mit Codes und Code-Konstruktionen befassten. Dabei sind einige Codes oder sogar Familien von Codes gefunden worden, die bis heute praktische Bedeutung haben. Es ist üblich auf diesem Gebiet, die Namen der Personen, die den Code oder die Code-Familie zuerst veröffentlicht haben, zur Namensgebung zu verwenden. So gibt es Hamming-Codes, Reed-Muller-Codes, Reed-Solomon-Codes, usw.. Bei Blockcodes ist das klassische Design-Kriterium die minimale Hamming-Distanz in Abhängigkeit von der Coderate und Codewortlänge. Die Suche nach möglichst guten Codes ist auch heute noch nicht völlig abgeschlossen. Inzwischen hat man sich aber wieder stärker darauf besonnen, dass es eigentlich Alphabete von Elementarsignalen im euklidischen Raum sind, die man zur Übertragung über einen physikalischen Kanal benötigt, s. Kap. 2. Die Codes dienen in diesem Sinn in einem Zwischenschritt nur dazu, große Elementarsignal-Alphabete mit möglichst großen euklidischen Distanzen zu konstruieren. Als Randbedingung gilt dabei, dass der Empfang mit einem realistischen Realisierungsaufwand möglich ist und die Leistungsfähigkeit der eines ML-Empfängers nahe kommt.

Codeverkettung

Eine Möglichkeit, aus zwei Codes mit kleinen Codewortlängen einen Code mit größerer Codewortlänge zu konstruieren, besteht darin, die zwei Codes zu verketten. Man gelangt so zu *verketteten Codes* (engl. *Concatenated Codes*). Im einfachsten Fall bedeutet dies, dass man z. B. mit einem Code, dem *inneren Code*, über einen BSC überträgt. Die hierbei übertragenen Informationsbit sind die Codesymbole eines *äußeren Codes*, mit dem die wirklichen Informationsbit übertragen werden. Als resultierende Gesamt-Codewortlänge ergibt sich damit zwangsläufig der Quotient zwischen der Codewortlänge des äußeren Codes und der inneren Coderate. Für die Gesamt-Coderate gilt das Produkt der Einzel-Coderaten. Natürlich kann man das Prinzip mit weiteren Codes fortführen, wobei aber die kleiner werdende Coderate den Zuwachs an Korrekturfähigkeit und das bessere Verhalten wegen der größeren Codewortlänge nicht immer aufwiegt.

Eine in praktischen Anwendungen häufig vorkommende Verkettung verwendet innen einen Binärcode und außen einen *Reed-Solomon-Code* (RS-Code). Wenn die Korrekturfähigkeit des inneren Binärcodes überfordert ist, entstehen Bündelfehler, die der RS-Code außen gut korrigieren kann, s. Erläuterungen zu RS-Codes im kommenden Abschnitt. Ergänzende allgemeine Anmerkungen zur Codeverkettung sind auch noch in Abschn. 7.3.4 zu finden.

7.3.2 Blockcodes

In diesem Abschnitt sollen zunächst einige weitere Begriffe und Definitionen kurz erläutert werden, die bei Blockcodes von Bedeutung sind. Anschließend werden als Beispiele einige Codefamilien vorgestellt, die in praktischen Anwendungen häufiger vorkommen.

Beschreibung von Blockcodes

Bei Blockcodes wird in der Regel eine BD-Decodierung vorausgesetzt. Neben der Codewortlänge n und der mit jedem Codewort übertragbaren Anzahl k von Quellensymbolen muss damit nur noch die Korrekturfähigkeit t oder die Mindest-Hamming-Distanz $d_{H\,min}$ zur Kennzeichnung eines Blockcodes angegeben werden. Hierauf basiert die abgekürzte Schreibweise (n, k, t) oder alternativ $(n, k, d_{H\,min})$. k nennt man häufig auch die Zahl der *Informationssymbole* (binär: *Informationsbit*). Alle drei Angaben, d. h. $n, k, d_{H\,min}$, sind abhängig vom speziellen Code bzw. von der Klasse von Codes.

Lineare Codes

Die Codeworte eines linearen Codes bilden einen k-dimensionalen Unterraum des n-dimensionalen Vektorraumes. Jedes Codewort kann damit als Linearkombination von Basisvektoren dargestellt werden. Damit gilt aber auch, dass

jede Linearkombination von Codeworten wieder ein Codewort ist. Der Vektorraum wird gewöhnlich über einem endlichen Körper, dem Galois-Feld GF(a)
definiert, wobei a die Zahl der Elemente im Galois-Feld ist. Bei $a = 2$ bzw.
GF(2) ergeben sich Binärcodes. Die Matrix mit den Basisvektoren in den
Zeilen wird als *Generatormatrix* G bezeichnet:

$$G = \begin{bmatrix} k \text{ Zeilen } \times \ n \text{ Spalten.} \end{bmatrix} \tag{7.78}$$

Für die Codeworte $\underline{c}_i$ gilt somit:

$$\underline{c}_i = \underline{q}_i G, \quad i = 1, ..., a^k. \tag{7.79}$$

Die $\underline{q}_i$ sind hierbei die Quellensymbolvektoren mit den k Informationssym-
bolen (Informationsbit bei $a = 2$) als Komponenten. Bei der Festlegung der
Basisvektoren des Unterraums besteht ein Freiheitsgrad, womit die Generatormatrix nicht eindeutig ist.

Zyklische Codes
Dies sind lineare Codes, bei denen jede zyklische Verschiebung der Komponenten eines Codevektors wieder ein gültiges Codewort ergibt.

Systematische Codes
Dies sind Codes, bei denen sich die Codeworte wie folgt darstellen lassen:

$$\underline{c}_i = | \qquad k \text{ Symbole} \qquad | \qquad n - k \text{ Symbole} \qquad |$$

$$\text{Informationssymbole} \qquad \text{Redundanzsymbole} \tag{7.80}$$

$$\left(\text{Vektor } \underline{q}_i \right)$$

Die k Informationssymbole stehen damit explizit in jedem Codewort, wobei
der zusammenhängende Block ein meistens vorausgesetzter Spezialfall ist. Jedes der $n - k$ Redundanzsymbole wird durch eine andere Linearkombination
der k Informationssymbole bestimmt, womit sich jedes Codewort eines linearen Codes in dieser Form darstellen lässt. Für die Generatormatrix ergibt sich
daraus ebenfalls eine systematische Struktur:

$$G = \begin{bmatrix} I & | & \widetilde{G} \end{bmatrix}. \tag{7.81}$$

I ist dabei die Einheitsmatrix.

Hamming-Codes
Bei dieser Familie von Codes gilt für die Parameter:

$$n = 2^m - 1; \quad m \in \mathbb{N}; \quad m \geq 2$$
$$k = n - m; \qquad t = 1. \tag{7.82}$$

Mit m kann die Codewortlänge variiert werden und/oder die Coderate. Der
Hamming-Code kann einen Fehler korrigieren. Er kann in zyklischer oder

nicht-zyklischer Form angegeben werden; es gibt binäre und nicht-binäre Hamming-Codes. Als Beispiel soll ein binärer Hamming-Code mit $m = 3$ angeführt werden, bei dem sich $n = 7$ und $k = 4$ ergibt. Die Codeworte sind

$$
\begin{aligned}
&\underline{c}_1 = (0000000) && \underline{c}_{09} = (1000101) \\
&\underline{c}_2 = (0001011) && \underline{c}_{10} = (1001110) \\
&\underline{c}_3 = (0010110) && \underline{c}_{11} = (1010011) \\
&\underline{c}_4 = (0011101) && \underline{c}_{12} = (1011000) \\
&\underline{c}_5 = (0100111) && \underline{c}_{13} = (1100010) \\
&\underline{c}_5 = (0101100) && \underline{c}_{14} = (1101001) \\
&\underline{c}_6 = (0110001) && \underline{c}_{15} = (1110100) \\
&\underline{c}_7 = (0111010) && \underline{c}_{16} = (1111111)
\end{aligned}
\tag{7.83}
$$

Wie man leicht überprüfen kann, gilt für die minimale Hamming-Distanz $d_{H\,min} = 3$ (z. B. bei $\underline{c}_3$ und $\underline{c}_4$), woraus $t = 1$ folgt. Die systematische Form der Generatormatrix lautet für dieses Beispiel:

$$
G = \begin{bmatrix} 1\,0\,0\,0 & | & 1\,0\,1 \\ 0\,1\,0\,0 & | & 1\,1\,1 \\ 0\,0\,1\,0 & | & 1\,1\,0 \\ 0\,0\,0\,1 & | & 0\,1\,1 \end{bmatrix}.
$$

Mit G können die 16 Codeworte (7.83) aus den 16 möglichen Informationssymbol-Vektoren entspechend (7.79) erzeugt werden.

Bose-Chaudhuri-Hocquenghem-Codes (BCH-Codes)

BCH-Codes sind zyklische Codes, sie können binär oder nicht-binär sein. Die binären BCH-Codes besitzen folgende Parameter:

$$
n = 2^m - 1; \quad m \in \mathbb{N}; \quad m \geq 3
$$
$$
n - k = m \cdot t. \tag{7.84}
$$

Die zyklische Variante der Hamming-Codes ist Teil dieser großen Familie von Codes. Am Beispiel der BCH-Codes kann man verdeutlichen, was für die meisten Codes gilt: die Korrekturfähigkeit t, bezogen auf die Zahl $n - k$ der Redundanzsymbole, wird mit wachsendem n kleiner:

n	k	t	$\frac{t}{n-k}$
7	4	1	0,33
15	11	1	0,25
15	7	2	0,25
15	5	3	0,3
31	26	1	0,2
31	6	7	0,28
255	247	1	0,125
255	191	8	0,125
255	131	18	0,145
255	9	63	0,256

$$\tag{7.85}$$

Das bedeutet, dass der Einsatz von Redundanzsymbolen im Hinblick auf die Korrekturfähigkeit mit steigender Codewortlänge immer weniger effektiv wird. Andererseits ist eine große Codewortlänge aber notwendig, um einen möglichst steilen Abfall der Fehlerwahrscheinlichkeitskurven zu erreichen, s. Abb. 7.21 und die Diskussion des Beispiels dort.

Reed-Solomon-Codes (RS-Codes)

RS-Codes sind nicht-binär und zyklisch, und sie können als spezielle BCH-Codes aufgefasst werden. Für sie gilt:

$$n = 2^m - 1; \quad m \in \mathbb{N}; \quad m \geq 3$$

$$k = 1, 2, ..., n-1; \qquad t = \left\lfloor \frac{n-k}{2} \right\rfloor . \tag{7.86}$$

Der Parameter m hat bei RS-Codes eine besondere Bedeutung. Er stellt die Zahl der Bit dar, die ein Codesymbol bilden. Beim zuvor als Beispiel bereits erwähnten RS-Code war $m = 8$, d.h. ein Codesymbol kann als Byte aufgefasst werden. Das Besondere an RS-Codes ist, dass die oben bei binären BCH-Codes bereits betrachtete Korrekturfähigkeit pro Redundanzsymbol bei geradem $n - k$ immer 0,5 ist. Bei ungeradem $n - k$ tritt lediglich eine kleine Verschlechterung durch das aus (7.72) ersichtliche Abrunden ein. Beispiele:

$$
\begin{array}{cccccc}
n & k & t & m & \frac{t}{n-k} \\
\hline
31 & 15 & 8 & 5 & 0,5 \\
255 & 131 & 62 & 8 & 0,5 \\
\end{array}
\qquad . \tag{7.87}
$$

Die minimale Hamming-Distanz $d_{H\,min}$ und damit auch die Korrekturfähigkeit t erreichen bei RS-Codes das theoretische Optimum. Zu beachten ist aber, dass es sich um nicht-binäre Codes handelt. Bei einem BSC z.B. wird ein RS-Code in der Regel zu größeren Rest-Fehlerwahrscheinlichkeiten führen als ein Binärcode, bei dem $\frac{t}{n-k}$ meist kleiner als 0,25 ist. Für eine BD-Decodierung gilt nämlich auch (7.73), wobei jedoch anstelle von P_b hier die Symbolfehlerwahrscheinlichkeit P_s einzusetzen ist:

$$\text{BD-Decodierung (RS-Codes):} \quad P_{CW} = 1 - \sum_{i=0}^{t} \binom{n}{i} P_s^i (1 - P_s)^{n-i}$$

$$P_s = 1 - (1 - P_b)^m \tag{7.88}$$

Ein Symbolfehler kann durch m Bitfehler verursacht werden, aber auch durch einen einzigen. Für P_b-Werte im Prozentbereich und kleiner gilt näherungsweise $P_s \approx m \cdot P_b$. Das bedeutet, dass P_s bei gegebenem P_b schnell relativ große Werte annehmen kann.

Wenn der Übertragungskanal dagegen nur oder nahezu nur Symbolfehler verursacht, dann ist der Einsatz von RS-Codes sicher gerechtfertigt. Als Beispiel kann die zuvor bereits angeführte Audio-CD gelten. Hier sind es Fingerabdrücke oder Kratzer, die längere Fehlerbündel erzeugen. Durch Einsatz von

Interleaving auf Codesymbol-Basis werden hieraus statistisch verteilte einzelne Symbolfehler und keine Bitfehler, was den Einsatz von RS-Codes nahelegt.

Decodierung von Blockcodes

Für die *Decodierung von Blockcodes* gibt es eine Vielzahl von Verfahren und Algorithmen, die sich im Rechenaufwand und in den Voraussetzungen unterscheiden. Die Voraussetzungen können z. B. darin bestehen, dass ein BSC vorliegt und ein Binärcode mit einer relativ kleinen Anzahl von Codeworten. Der Hamming-Code mit $n = 7$ und $k = 4$ kann hier als Beispiel dienen, s. (7.83). In diesem Fall ist eine ML-Decodierung meist kein Problem. Man muss nur zwischen den 16 möglichen Codeworten und dem empfangenen Vektor die Hammingdistanzen bestimmen und anschließend den kleinsten Wert suchen. Die kleinste Hammingdistanz ergibt das wahrscheinlichst gesendete Codewort. Über die Zuordnungsvorschrift zwischen den Informationsbits und den Codeworten erhält man daraus den wahrscheinlichst gesendeten Block mit Informationsbits. Diese Art von Decodierung wurde auch im Orthogonalcode-Beispiel zuvor genutzt, s. (7.77). Wenn die Zahl der Codeworte groß ist, ist dieses Verfahren praktisch nicht mehr einsetzbar.

Auch die Erzeugungsvorschrift bzw. Struktur des Codes kann auf der Empfangsseite genutzt werden. Bei einem BSC und einem linearen Code versucht man z. B. den Fehlervektor $\underline{e}$ zu bestimmen, der mit größter Wahrscheinlichkeit zum empfangenen Codevektor geführt hat, was gleichbedeutend mit dem Aufsuchen eines Vektors $\underline{e}$ mit der kleinsten Anzahl von Fehlern ist. Kennt man $\underline{e}$, dann folgt durch die passende Modulo-Addition zum empfangenen Codevektor das wahrscheinlichste Codewort. Die Formulierung im Detail führt hier auf ein lineares Gleichungssystem im GF(a), wobei a die Zahl der möglichen Codesymbol-Werte ist. Eine *algebraische Decodierung* versucht das Gleichungssysten mit möglichst kleinem Aufwand zu lösen. Der *Berlekamp-Massey-Algorithmus* muss in diesem Zusammenhang genannt werden. Ein anderer Ansatz versucht, für Blockcodes eine Trellisdiagramm-Darstellung zu finden, die es dann erlaubt, den Viterbi-Algorithmus so wie bei Faltungscodes zur Decodierung zu verwenden.

Eine weitergehende Behandlung von Decodier-Verfahren für Blockcodes würde den hier für die Kanalcodierung vorgesehen Rahmen sprengen. Am Ende dieses Kapitels wird aber noch auf weiterführende Literatur hingewiesen, in der auch Decodieralgorithmen für Blockcodes behandelt werden.

7.3.3 Faltungscodes

Anders als bei Blockcodes werden bei Faltungscodes (oder Convolutional Codes) die Redundanzsymbole durch eine Faltungsoperation laufend in den Strom von Codesymbolen eingestreut. Dies soll an einem einfachen binären Faltungscode erläutert werden, s. Abb. 7.23. Dargestellt ist hier ein Schieberegister, in das sich die Quellenbits von links hineinschieben. Die erste Zelle soll dabei das aktuelle Bit enthalten, die zweite das von einem Takt zuvor, usw.. Mit jedem Takt schiebt sich der Inhalt des Schieberegisters nach rechts.

Ganz rechts fällt ein Bit weg, ganz links kommt ein neues hinzu. Zu jedem Schiebetakt gibt es am Ausgang zwei Takte und damit zwei Codebits pro Quellenbit. Zum ersten Takt am Ausgang gehört eine Linearkombination von Quellenbits (im GF(2)) und zum zweiten eine andere. Dies ist ähnlich wie bei einem linearen Blockcode. Im Unterschied dazu wird aber hier jedes Quellenbit u. U. mehrfach zeitlich nacheinander zur Berechnung der Codesymbole verwendet, was zu einer „Verschmierung" in Zeitrichtung führt. Dies ist vergleichbar mit der Faltungsoperation bei einem LTI-System: Hier werden Werte des Eingangssignals durch die Faltung mit der Stoßantwort in ähnlicher Weise zeitlich „verschmiert". Im Faltungscodierer-Beispiel werden – wenn man diesen Vergleich fortführt – zwei Stoßantworten genutzt und entsprechend auch zwei Werte am Ausgang für einen Wert am Eingang berechnet. Die Werte am Ausgang werden zeitlich nacheinander zu einer Gesamt-Ausgangsfolge zusammengefügt.

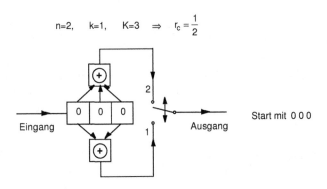

Abb. 7.23. Faltungscodierer, einfaches Beispiel

Da für das Beispiel auf ein Quellensymbol am Eingang jeweils zwei Codesymbole am Ausgang folgen, ergibt sich für die Coderate $r_c = \frac{1}{2}$. Eine weitere wichtige Größe ist die *Einflusslänge* (engl. *constraint length*) K, für die in diesem Beispiel $K = 3$ gilt. K gibt an, wie viele Quellensymbole zur Berechnung eines Codesymbols am Ausgang des Faltungscodierers herangezogen werden. Damit entspricht K der Länge der Stoßantwort bei dem LTI-System-Vergleich. Alternativ kann man auch das *Gedächtnis* (engl. *memory*) angeben, das um Eins kleiner ist als die Einflusslänge. Mit einem willkürlich gewählten Ausschnitt aus einer Quellenfolge am Eingang ergibt sich für den in Abb. 7.23 dargestellten Codierer die Tabelle 7.4.

Der Faltungscodierer nach Abb. 7.23 lässt sich mathematisch wie folgt beschreiben:

$$\begin{bmatrix} c_1(l) \\ c_2(l) \end{bmatrix} = \begin{bmatrix} g_1(l) \\ g_2(l) \end{bmatrix} \circledast q(l) . \tag{7.89}$$

Tabelle 7.4. Beispiel zum Faltungscodierer

Zeit-punkt	Eingang	SR-Inhalt	Ausgang c_1 c_2	
0	0	0 0 0	0	0
1	1	1 0 0	1	1
2	0	0 1 0	0	1
3	1	1 0 1	0	0
4	1	1 1 0	1	0
5	0	0 1 1	1	0

$c_1(l)$ und $c_2(l)$ sind hierbei die beiden Codesymbolfolgen am Ausgang des Codiereres, die – wie in Abb. 7.23 dargestellt – üblicherweise zu einer einzigen Folge von Codesymbolen verschachtelt werden und $q(l)$ ist die Folge von Quellensymbolen am Eingang des Codierers. $g_1(l)$ und $g_2(l)$ sind zwei zeitdiskrete „Stoßantworten", die die Eigenschaften des Faltungscodes festlegen. Das Symbol ⊛ bedeutet schließlich eine Faltungsoperation im GF(2) (bezüglich l). Gleichung (7.89) kann leicht verallgemeinert werden:

$$
\begin{bmatrix} c_1(l) \\ c_2(l) \\ \vdots \\ c_n(l) \end{bmatrix} = \begin{bmatrix} g_{11}(l) & g_{12}(l) & \cdots & g_{1k}(l) \\ g_{21}(l) & g_{22}(l) & \cdots & g_{2k}(l) \\ \vdots & \vdots & \cdots & \vdots \\ g_{n1}(l) & g_{n2}(l) & \cdots & g_{nk}(l) \end{bmatrix} \circledast \begin{bmatrix} q_1(l) \\ q_2(l) \\ \vdots \\ q_k(l) \end{bmatrix}. \tag{7.90}
$$

Da es sich hier um ein Matrix-Vektor-Faltungsprodukt handelt, kann diese Gleichung auch noch kürzer geschrieben werden:

$$
\underline{c}(l) = G(l) \circledast \underline{q}(l). \tag{7.91}
$$

Der Faltungscode, der nach dieser Vorschrift erzeugt wird, hat die Parameter

$$
\text{Coderate}: \quad r_c = \frac{k}{n}
$$
$$
\text{Einflusslänge}: \quad k \cdot K. \tag{7.92}
$$

Abbildung 7.24 zeigt eine Darstellung von (7.91), die als Verallgemeinerung von Abb. 7.23 aufgefasst werden kann. Mit jedem Takt wird jetzt der ganze Quellensymbolvektor mit seinen k Komponenten nach rechts geschoben. Die n Ausgangsfolgen $c_i(l)$ werden, wie im Beispiel zu Beginn dieses Abschnitts zu einer Folge von Codesymbolen verschachtelt. Abbildung 7.24 ist insofern noch speziell, als bei den Teil-Schieberegistern auch unterschiedliche Längen verwendet werden können.

Eine häufig verwendete Alternative zur Einstellung einer gewünschten Coderate ist, einen Faltungscode zu *punktieren*. Das bedeutet, dass man einen Code mit der Rate $\frac{1}{n}$ verwendet, aber weniger Codesymbole überträgt als eigentlich notwendig. Welche Codesymbole dabei übertragen werden, ist in der

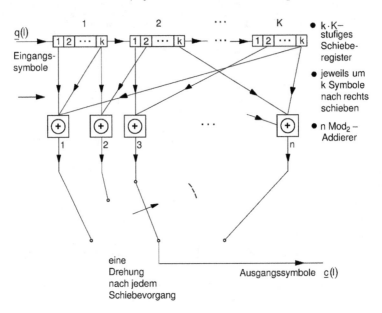

Abb. 7.24. Allgemeiner Faltungscodierer

sog. *Punktierungsmatrix* festgelegt. Diese Matrix wird beim Senden der Codesymbole spaltenweise gelesen. Ein Codesymbol wird nur gesendet, wenn in
der Matrix eine 1 steht. Nach dem Lesen aller Einträge, beginnt man wieder
mit der ersten Spalte. Bei einem Faltungscode der Rate $r_p = \frac{k_p}{n_p}$ besitzt die
Punktierungsmatrix n Zeilen und k_p Spalten. Wählt man z.B. einen Code
mit der Rate $\frac{1}{2}$ als Ausgangspunkt, dann erhält man hieraus mit der Punktierungsmatrix

$$\begin{bmatrix} 1 & 1 & 0 \\ 1 & 0 & 1 \end{bmatrix}$$

einen Code mit der Rate $r_p = \frac{3}{4}$. Die Folge ...111001100101... ohne Punktierung ergibt mit dieser Matrix beispielsweise die Folge ...11111001... nach
der Punktierung. Von jeweils 6 Codesymbolen wird stets die vierte und fünfte
Stelle nicht übertragen. Auf der Empfangsseite muss die Punktierungsmatrix
bekannt sein, damit der Decodieralgorithmus berücksichtigen kann, welche
Codesymbole nicht gesendet wurden. Die hier als Beispiel verwendete Punktierungsmatrix ist dem Aufsatz [61] entnommen. Eine einfache generelle Vorschrift zu Konstruktion von Punktierungsmatrizen ist leider nicht bekannt.

Ähnlich wie bei Blockcodes kann man auch bei Faltungscodes keine generelle Vorschrift zur Code-Konstruktion angeben. Der sog. *ESA-NASA-
Faltungscode*, der im Punktierungsbeispiel gerade verwendet wurde, hat insofern einen größeren Bekanntheitsgrad erreicht, als er sehr gute Distanz-
Eigenschaften besitzt, praktisch gut einsetzbar ist und Punktierungsmatrizen

bekannt sind. Er hat die Rate $\frac{1}{2}$, das Gedächtnis 6 und ist durch die Angabe (131,171) beschrieben. Die beiden Zahlen stellen je ein Generatorpolynom in oktaler Schreibweise dar. Die Struktur des Codierers entspricht damit der in Abb. 7.23.

Decodierung von Faltungscodes

Zur Decodierung von Faltungscodes verwendet man meist den *Viterbi-Algorithmus* (VA), der in Kap. 6 für Kanäle mit ISI bereits als optimales MLSE-Empfangsverfahren behandelt wurde. Dort wurde der ISI-Kanal als einfacher Zustandsautomat aufgefasst, und MLSE bedeutete, im Trellisdiagramm die Folge von Zuständen zu bestimmen, die zur kleinsten euklidischen Gesamtdistanz führt. Der VA kann hier in der gleichen Weise verwendet werden, wobei das Trellisdiagramm nun durch den Faltungscodierer vorgegeben ist, nicht durch den Kanal. Die Länge der zeitdiskreten Ersatzkanal-Stoßantwort war in Kap. 6 ein entscheidender Parameter im Hinblick auf die Komplexität des VA. Hier entspricht dies dem Parameter K. Für die Zahl der Zustände n_{Zust} des Trellisdiagramms ergibt sich deshalb:

$$n_{\text{Zust}} = a^{K-1} \,. \tag{7.93}$$

a ist hierbei die Wertigkeit der Codesymbole. Das Beispiel von oben ergibt mit $a = 2$ und $K = 3$ für die Zahl der Zustände: $n_{\text{Zust}} = 4$. Nimmt man einen BSC als diskreten Kanal an, dann ist die zu verwendende Metrik die Hamming-Metrik, und der VA bestimmt den Pfad im Trellisdiagramm mit der kleinsten Gesamt-Hamming-Distanz. Verwendet man Soft-Decision, dann ist bei additivem WGR dagegen eine euklidische Metrik angebracht. Hier zeigt sich ein Vorteil von Faltungscodes: Der VA ist auch in diesem Fall direkt ein ML-Decodierer.

7.3.4 Anmerkungen zur Kanalcodierung

Bei realen physikalischen Kanälen liegen immer Analogsignale an den Ein- und Ausgängen vor, d. h. zeit- und wertkontinuierliche Signale. Dies war zu Beginn in Kap. 2 der Ausgangspunkt, und dort wurde deutlich, dass das additive WGR der Grund dafür ist, das die Elementarsignale eine möglichst große euklidische Distanz zueinander haben sollten. Bei der Übertragung mit orthogonalen Elementarsignalen wurde bereits diskutiert, dass es sich um eine codierte Übertragung handelt, mit der man sich der Kanalkapazität („Shannon-Grenze") des unendlich breitbandigen AWGR-Kanals nähern kann. Der ML-Empfänger für eine Übertragung mit orthogonalen Elementarsignalen kann somit auch als ML-Decodierer aufgefasst werden, der eine euklidische Metrik verwendet. Es ist in dieser Betrachtungsweise dann nur konsequent, Konstruktionsvorschriften für Codes als Konstruktionsvorschriften für Elementarsignale zu verstehen. Das Besondere ist dabei, dass die Konstruktionsvorschriften für Codes zu einer sehr großen Zahl von Codeworten und damit auch Elementarsignalen führen können und die Decodierung bzw. der Empfang der

Elementarsignale dennoch realisierbar ist. Als Beispiel sei ein Reed-Solomon-Code mit 8 bit-Codesymbolen genannt. Die Codewortlänge ist hier 255 Symbole, d. h. 2040 bit. Bei einer Coderate von etwa 0,5 gibt es ca. $2^{1000} \approx 10^{300}$ verschiedene Codeworte! Trotz dieser Vielfalt ist eine Decodierung möglich – jeder Audio-CD-Abspieler führt sie in Echtzeit durch.

Die konventionelle Verbindung zwischen Kanalcodierung und Modulation, d. h. zwischen Codesymbolen und den Sendesymbolen $x(k)$, ist die in Kap. 2 eingeführte modulationsspezifische Codierung. Als Beispiel wurde dort die häufig verwendete Gray-Codierung erläutert. Es gibt aber auch andere Möglichkeiten. Verbindet man an dieser Stelle z. B. eine Faltungscodierung in geschickterer Weise mit den $x(k)$, dann kann man zusammen mit einer VA-Soft-Decision-Decodierung – abhängig vom Faltungscode – noch beachtliche Gewinne im SNR bei einer vorgegebenen Rest-Bitfehlerwahrscheinlichkeit erzielen. Eine Idee ist, ein QAM-Sendesymbol-Alpabet so zu *partitionieren*, dass Teilalphabete entstehen, bei denen größere minimale euklidische Abstände vorliegen als im QAM-Alphabet, von dem man ausgeht. Die Nummern der Partitionierungen werden anschließend in passender Weise codiert und übertragen, wobei wichtige Partitionierungen stärker geschützt werden. Ungerböck hat mit seinen Arbeiten Anfang der 80-Jahre einen Anstoß für die Beschäftigung mit diesem Thema gegeben, s. z. B. seinen späteren Übersichtsaufsatz [103]. Vorarbeiten mit ähnlichen Ideen wurden schon 1977 von Imai und Hirakawa veröffentlicht [46]. Die hieraus hervorgegangenen *Multilevelcodes* werden z. B. bei DRM, dem Standard für den digitalen Rundfunk in den LW- MW- und KW-Frequenzbändern genutzt. Da Codierung und Modulation in diesen Fällen enger miteinander verbunden sind, nutzt man die Bezeichnung *codierte Modulation*. Entsprechend den Möglichkeiten bei der Kanalcodierung unterscheidet man dabei noch zwischen *Trellis-codierter Modulation* (engl. *Trellis Coded Modulation*, TCM) und *Block-codierter Modulation* (engl. *Block Coded Modulation*, BCM). Generell kann man solche Verfahren dem Gebiet der *Codeverkettungen* zurechnen. Hier wurde mit den Arbeiten von Berrou und Koautoren Anfang der 90-er Jahre eine stürmische Entwicklung eingeleitet, und die codierte Modulation wurde wieder etwas in den Hintergrund gedrängt [8]. Die von Berrou vorgeschlagenen *Turbo-Codes* werden iterativ decodiert, daher der Name „Turbo". Bei einfachen bandbegrenzten AWGR-Kanälen erreicht man damit praktisch die Kanalkapazität, während bei linear verzerrenden AWGR-Kanälen, bei denen die Entzerrung und die Decodierung gemeinsam ebenfalls iterativ durchgeführt werden kann, die Entwicklung noch nicht abgeschlossen ist, s. auch Kap. 8, Abschn. 8.3.8.

7.4 Anhang

7.4.1 Zur differentiellen Entropie der Gauß-Verteilung

Gezeigt werden soll, dass die Gauß-Verteilungsdichte bei gegebenem Mittelwert und gegebener Streuung die maximale differentielle Entropie besitzt. Hierzu benötigt man die sog. *IT-Ungleichung*

$$\log_2(x) \leq (x-1)\log_2(e). \tag{7.94}$$

Das Gleichheitszeichen gilt dabei für $x = 1$. Die Gültigkeit dieser Beziehung erkennt man, wenn man an den Verlauf der natürlichen Logarithmus-Funktion $\ln(x)$ die Tangente $x - 1$ im Punkt $x = 1$ anfügt. Der Faktor $\log_2(e)$ ergibt sich, weil hier der Logarithmus zur Basis 2 erforderlich ist.

Nun macht man folgendes Gedankenexperiment: $p_{\text{ref}}(y)$ sei eine Gauß-Verteilungdichte und $p_g(y)$ eine zunächst unbekannte Verteilungsdichte mit gleichem Mittelwert und gleicher Streuung. Wenn es kein $p_g(y)$ gibt, das zu einer Differenz der beiden Entropien führt, die größer als Null ist, dann ist gezeigt, dass $p_g(y) = p_{\text{ref}}(y)$ gelten muss. Es gilt

$$\begin{aligned}
H_g(Y) - H_{\text{ref}}(Y) &= \int_{-\infty}^{\infty} p_g(y)\log_2 \frac{1}{p_g(y)}\, dy - \int_{-\infty}^{\infty} p_{\text{ref}}(y)\log_2 \frac{1}{p_{\text{ref}}(y)}\, dy \\
&= \int_{-\infty}^{\infty} p_g(y)\log_2 \frac{1}{p_g(y)}\, dy - \int_{-\infty}^{\infty} p_g(y)\log_2 \frac{1}{p_{\text{ref}}(y)}\, dy \\
&= \int_{-\infty}^{\infty} p_g(y)\log_2 \frac{p_{\text{ref}}(y)}{p_g(y)}\, dy \\
&\leq \int_{-\infty}^{\infty} p_g(y)\left[\frac{p_{\text{ref}}(y)}{p_g(y)} - 1\right]\log_2(e)\, dy. \tag{7.95}
\end{aligned}$$

Da das Gleichheitszeichen in (7.94) nur für $x = 1$ gilt, folgt $p_g(y) = p_{\text{ref}}(y)$. Der Schritt von der ersten zur zweiten Zeile in (7.95) ist nicht sofort einsichtig. Hierbei ist eine Beziehung verwendet worden, die für eine Gauß-Verteilungdichte $p_{\text{ref}}(y)$ gilt:

$$\int_{-\infty}^{\infty} p_a(y)\log_2 \frac{1}{p_{\text{ref}}(y)}\, dy = \int_{-\infty}^{\infty} p_b(y)\log_2 \frac{1}{p_{\text{ref}}(y)}\, dy. \tag{7.96}$$

Voraussetzung ist dabei, dass $p_a(y)$ und $p_b(y)$ Verteilungsdichten sind, die den gleichen Mittelwert und die gleiche Streuung wie $p_{\text{ref}}(y)$ besitzen. Die Gültigkeit von (7.96) kann man ebenfalls leicht zeigen. Dazu muss man $p_{\text{ref}}(y)$ explizit vorgeben:

$$p_{\text{ref}}(y) = \frac{1}{\sqrt{2\pi\sigma^2}} e^{-\frac{(y-m)^2}{2\sigma^2}}. \tag{7.97}$$

Hiermit folgt

$$\int_{-\infty}^{\infty} p_a(y) \log_2 \frac{1}{p_{\text{ref}}(y)} \, dy = \log_2 \sqrt{2\pi\sigma^2} + \frac{1}{2\sigma^2} \int_{-\infty}^{\infty} p_a(y) \, (y-m)^2 \, dy \,.$$

$$(7.98)$$

Bezeichnet man das Integral auf der rechten Seite dieser Gleichung mit A, dann gilt:

$$A = \int_{-\infty}^{\infty} y^2 \, p_a(y) \, dy - 2m \int_{-\infty}^{\infty} y \, p_a(y) \, dy + m^2 \int_{-\infty}^{\infty} p_a(y) \, dy$$

$$= \left(m_a^2 + \sigma_a^2\right) - 2m \, m_a + m^2 \,.$$

$$(7.99)$$

Da die Annahmen $m_a = m$ und $\sigma_a^2 = \sigma^2$ waren, folgt, dass die Form der Verteilungsdichtefunktion $p_a(y)$ beliebig gewählt werden darf, lediglich der Mittelwert und die Streuung müssen mit denen der Gauß-Verteilung übereinstimmen. Für die differentielle Entropie ergibt sich schließlich

$$H_g(Y) = \int_{-\infty}^{\infty} p_g(y) \log_2 \frac{1}{p_g(y)} \, dy$$

$$= \int_{-\infty}^{\infty} \frac{1}{\sqrt{2\pi\sigma^2}} e^{-\frac{(y-m)^2}{2\sigma^2}} \left[\log_2 \left(\sqrt{2\pi\sigma^2} \right) + \log_2(e) \frac{(y-m)^2}{2\sigma^2} \right] \, dy$$

$$= \frac{1}{2} \log_2 \left(2\pi\sigma^2 \right) + \frac{\log_2(e)}{2\sigma^2} \int_{-\infty}^{\infty} (y-m)^2 \frac{1}{\sqrt{2\pi\sigma^2}} e^{-\frac{(y-m)^2}{2\sigma^2}} \, dy$$

$$= \frac{1}{2} \log_2 \left(2\pi\sigma^2 \right) + \frac{\log_2(e)}{2\sigma^2} \cdot \sigma^2$$

$$= \frac{1}{2} \log_2 \left(2\pi\sigma^2 e \right) \,.$$

$$(7.100)$$

Eine Gauß-Verteilung führt somit bei vorgegebenem Mittelwert und vorgegebener Streuung immer zur größten differentiellen Entropie. Es gibt keine Verteilungsdichtefunktion mit gleichem Mittelwert und gleicher Streuung, die eine größere differentielle Entropie besitzt. Anschaulich kann man daraus schließen, dass Rauschen mit einer Gauß-Amplitudendichte so etwas wie eine maximale „Regellosigkeit" beinhaltet.

7.4.2 Additiver Gauß-Kanal:Verteilungsdichten, Entropien

Gegeben sei ein zeitdiskreter additiver Gauß-Kanal, der durch

$$g = s + n \qquad (7.101)$$

beschrieben wird. g, s und n sind kontinuierliche Zufallsvariablen mit den Verteilungsdichten $p_g(x)$, $p_s(x)$ und $p_n(x)$, wobei $p_g(x)$ und $p_n(x)$ Gauß-Verteilungsdichten mit dem Mittelwert Null sein sollen. s liegt am Eingang des Kanals an, n steht für das Rauschen und g ergibt sich am Ausgang. Gezeigt werden soll nun, dass mit diesen Voraussetzungen die Verteilungsdichte am Eingang, d. h. $p_s(x)$, zwangsläufig auch eine Gauß-Verteilungsdichte ist.

Hierzu muss man sich daran erinnern, dass generell gilt, s. Kap. 1

$$p_g(y) = p_s(y) * p_n(y) \,, \tag{7.102}$$

sofern s und n statistisch unabhängig voneinander sind. In den Anwendungen ist s mit Abtastwerten eines Kanal-Eingangssignals identisch und n mit Abtastwerten eines bandbegrenzten WGR, womit diese Voraussetzung erfüllt ist. Gleichung (7.102) kann man in den Frequenzbereich transformieren, womit sich

$$Q_g(f) = Q_s(f) \cdot Q_n(f) \tag{7.103}$$

ergibt. Um Verwechselungen mit Wahrscheinlichkeiten P zu vermeiden, ist hier Q für die Fouriertransformierten verwendet worden. Da die Verläufe von $p_g(y)$ und $p_n(y)$ Gauß-Glockenkurven sind, folgt mit den in Kap. 1 diskutierten Fourier-Korrespondenzen, dass $Q_g(f)$ und $Q_n(f)$ ebenfalls Gauß-Glockenkurven sein müssen. Mit der Beziehung

$$\frac{1}{\sqrt{2\pi\sigma^2}}e^{-\frac{x^2}{2\sigma^2}} = \frac{1}{\sqrt{2\pi\sigma^2}}e^{-\pi\left(\frac{x}{\sqrt{2\pi\sigma^2}}\right)^2} \circ\!\!-\!\!\bullet\; e^{-\pi\left(f\sqrt{2\pi\sigma^2}\right)^2} \tag{7.104}$$

erhält man

$$\begin{aligned}
Q_s(f) = \frac{Q_g(f)}{Q_n(f)} &= e^{-\pi\left(f\sqrt{2\pi\sigma_g^2}\right)^2} e^{\pi\left(f\sqrt{2\pi\sigma_n^2}\right)^2} \\
&= e^{-\pi\left(f\sqrt{2\pi\left[\sigma_g^2 - \sigma_n^2\right]}\right)^2} = e^{-\pi\left(f\sqrt{2\pi\sigma_s^2}\right)^2} \,,
\end{aligned} \tag{7.105}$$

woraus sich durch die Fourier-Rücktransformation für $p_s(x)$ ebenfalls eine Gauß-Verteilung ergibt:

$$p_s(x) = \frac{1}{\sqrt{2\pi\sigma_s^2}}e^{-\frac{x^2}{2\sigma_s^2}} \,. \tag{7.106}$$

$\sigma_s^2 = \sigma_g^2 - \sigma_n^2$ ist dabei die Streuung des Eingangsprozesses. Wenn die Mittelwerte ungleich Null sind, dann ist mit (7.102) sofort einzusehen, dass

$$m_s = m_g - m_n \tag{7.107}$$

gelten muss. Das Gesamtergebnis bedeutet, dass eine Gauß-Verteilungdichte von s und n zu einer Gauß-Verteilungdichte in der Summe g führen und dass sich dabei die Streuungen und Mittelwerte addieren. Dies wurde in Kap. 1 bereits erläutert und in den vorhergehenden Kapiteln genutzt. Neu ist hier, dass dies auch in der Umkehrung gilt, d. h. wenn man von $p_g(x)$ über $p_n(x)$ auf $p_s(x)$ schließen will.

Diese Beziehung wurde – in anderer Form als hier – zuerst von Cramer [23] gezeigt, s. auch [20]. Die differentielle Entropie der Gauß-Verteilung wurde in (7.100) bereits allgemein berechnet. Damit sind die differentiellen Entropien

am Eingang und am Ausgang des zeitdiskreten additiven Gauß-Kanal explizit
bekannt. Die zusätzlich auftretende bedingte differentielle Entropie $H_{g|s}(Y|X)$
lässt sich ebenfalls leicht berechnen:

$$
\begin{aligned}
H_{g|s}(Y|X) &= -\int_{-\infty}^{\infty} \int_{-\infty}^{\infty} p_{g|s}(y|x)\, p_s(x) \log_2 \left[p_{g|s}(y|x) \right]\, dx\, dy \\
&= -\int_{-\infty}^{\infty} \int_{-\infty}^{\infty} p_n(y-x)\, p_s(x) \log_2 \left[p_n(y-x) \right]\, dx\, dy \\
&= \int_{-\infty}^{\infty} p_s(x) \left[-\int_{-\infty}^{\infty} p_n(y-x)\, \log_2 \left[p_n(y-x) \right]\, dy \right]\, dx \\
&= \int_{-\infty}^{\infty} p_s(x) \left[-\int_{-\infty}^{\infty} p_n(z)\, \log_2 \left[p_n(z) \right]\, dz \right]\, dx \\
&= \int_{-\infty}^{\infty} p_s(x) H(Z) dx = H(Z) = \frac{1}{2} \log_2 \left(2\pi \sigma_n^2 e \right) .
\end{aligned}
\tag{7.108}
$$

Das Ergebnis war zu erwarten: Die differentielle Streuentropie ist identisch
mit der differentiellen Entropie des Rauschens.

7.5 Zusammenfassung und bibliographische Anmerkungen

In diesem Kapitel wurden die Informationstheorie behandelt und die hiermit
eng zusammenhängenden Themen Quellen- und Kanalcodierung. Mit dem
Verständnis der digitalen Übertragungsverfahren aus den vorhergehenden Kapiteln wurde deutlich, dass die Informationstheorie abstrahiert. Sie rückt die
statistische Beschreibung von Informationsübertragungen in den Mittelpunkt.
Stochastische Prozesse konnten deshalb in der gleichen Weise wie in den vorangegangenen Kapiteln als Modelle die vorkommenden Zufallssignale genutzt
werden. Als Unterschied stellte sich hier jedoch heraus, dass in der Informationstheorie ausschließlich die stochastischen Prozesse von Bedeutung sind,
nicht der zeitliche Verlauf von Signalen oder die Form von Spektren. Die
Musterfunktionen konnten dabei zeit- und wertdiskrete Signale (d. h. digitale
Signale) oder zeitdiskrete, wertkontinuierliche Signale sind. Über das Abtasttheorem war es aber möglich, auch zeit- und wertkontinuierliche Signale (d. h.
analoge Signale) einzuschließen. „Diskrete Kanäle" mit zeitdiskreten Signalen oder Folgen am Ein- und Ausgang stellten sich als wichtiges und gut
passendes Konzept heraus. Deutlich wurde, dass ein diskreter Kanal eine Zusammenfassung von Modulation, physikalischem Kanal, Demodulation inkl.
Symboltakt-Abastung und Entzerrung (sofern notwendig) sein kann. Wenn
auch die Entscheidung noch mit hinzugenommen wird und eine Binärübertragung voliegt, dann ergibt sich der einfachste diskrete Kanal, der „Binary
Symmetric Channel" (BSC). Obwohl der BSC in der Vergangenheit bei der
Kanalcodierung sehr häufig angenommen wurde, lässt die Informationstheorie

auch höherstufige bis kontinuierliche Symbolalphabete zu, auch unterschiedliche Alphabete am Eingang und Ausgang des diskreten Kanals. Als informationstheoretisches Übertragungsmodell resultierte die Kette: diskrete Quelle – diskreter Kanal – diskrete Senke. Der diskrete Kanal wird hierbei nur durch eine „Kanalmatrix" beschrieben, deren Einträge Wahrscheinlichkeiten für die Übertragung der Symbolwerte vom Eingang zum Ausgang sind.

Nach der Definition des mittleren Informationsgehalts von Quellen, d. h. der Entropie von Quellen, wurde deutlich, dass es bei einer Informationsübertragung darum geht, aus den Symbolfolgen am Ausgang des diskreten Kanals mit größter Wahrscheinlichkeit auf die Symbolfolgen am Eingang zurückzuschließen. Auf dieser Basis wurde die Kanalkapazität definiert und für einfache Beispiele berechnet. Der Satz von Shannon wurde erläutert. Er besagt, dass man bei einer geeigneten Anpassung der Statistik der Quelle an den Kanal – d. h. mit einer geeigneten Kanalcodierung – prinzipiell fehlerfrei über einen gestörten Kanal übertragen kann, sofern nur die Entropie am Eingang des Kanals kleiner ist als die Kanalkapazität.

Beim Thema „Quellencodierung„ wurde deutlich, dass das Ziel ist, die Redundanz einer Quelle soweit wie möglich zu reduzieren, damit die Kanalcodierung gezielt wieder Redundanz hinzufügen kann um die notwendige Anpassung an der diskreten Kanal vornehmen zu können. Neben grundlegenden Betrachtungen wurde die für wertdiskrete Quellen geeignete Huffman-Codierung erläutert. Ebenfalls betrachtet wurden Quellen mit kontinuierlichem Symbolalphabet, deren Entropie unendlich ist und bei denen man nur mit einer „Irrelevanz"-Reduktion erreichen kann, dass die Quellensignale digital übertragen werden können. Wegen der Irrelevanz-Reduktion, sind geeignete Algorithmen stark mit der Art der Quelle verknüpft. So werden bei Audioquellen andere Algorithmen verwendet als bei Videoquellen. Darüber hinaus sind Kombinationen von Methoden und Algorithmen üblich. So wird die Huffman-Codierung z. B. häufig als letzte Stufe bei der Codierung von kontinierlichen Quellen verwendet. Gerade bei kontinuierlichen Quellen ist die Entwicklung von Algorithmen kaum endgültig abzuschließen, da es immer gilt, Methoden zu finden, die zum einen zu möglichst kleinen Datenraten führen und zum anderen zu möglichst guten „Qualitäten" (bei Audio- und Videosignalen z. B.). In der Praxis kommt in der Regel hinzu, dass die Verfahren standardisiert werden müssen, was umfangreiche Beschreibungen erfordert. Auf Details bei der Quellencodierung von speziellen Quellensignalen wurde im Rahmen dieser Einführung nicht eingegangen.

Beim Thema „Kanalcodierung" war das Ziel, ein grundlegendes Verständnis der Zusammenhänge zu erreichen, ohne auf Details – wie z. B. Decodieralgorithmen für Blockcodes – einzugehen. Deutlich wurde, dass das gezielte Hinzufügen von Redundanz nicht nur dazu diente, dass die Kanalkapazitätsgrenze nicht überschritten wird, sondern vor allem auch, dass die Decodierung die Möglichkeit bekommt, bei tragbarem Aufwand die Quellensymbole so fehlerfrei wie möglich wiederzugewinnen. Betrachtet wurden die zwei Gruppen von Kanalcodes, die Blockcodes und die Faltungscodes. Es zeigte sich, dass die in Kap. 2 erläuterten ML- und MAP-Prinzipien bei der Decodierung hier wieder genutzt werden können. Zum Verständnis war dabei wichtig, zu erkennen, dass eine Übertragung mit Blockcodes direkt einer Übertragung mit Elementarsignalen nach Kap. 2 enspricht. Während in Kap. 2 mit dem dort vorausgesetzten AWGR-Kanal die minimale euklidische Distanz aus dem ML-Ansatz folgte, ergab sich hier für den einfachen BSC die Hamming-Distanz. Erläutert wurden die wichtigsten auf dem Gebiet der Kanalcodierung verwendeten Begriffe, sowie die Eigenschaften einiger Blockcodes. Faltungscodes wurden mit einem einfachen Beispiel eingeführt und es wurde auf der Basis von Kap. 6 gezeigt, wie der VA hier als optimaler Decoder einsetzbar ist.

Zu allen drei in diesem Kapitel behandelten Themen, d. h. zur Informationstheorie, Quellencodierung und Kanalcodierung, gibt es viel umfangreichere und tiefergehende Abhandlungen. Stellvertretend seien nur einige genannt: [4], [11], [15], [35], [22], [48], [49]. Als Startpunkt für die Entwicklung der Informationstheorie kann die Arbeit von Shannon aus dem Jahre 1948 angesehen werden[93], die 1949 auch als Buch veröffentlicht wurde[94].

7.6 Aufgaben

Aufgabe 7.1

Bei einer digitalen Übertragung liege folgendes Modell vor:

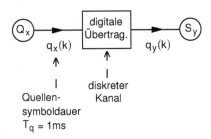

Q_x sei eine stationäre Markov-Quelle nullter Ordnung mit $q_x(k) \in X = \{x_1, x_2\}$ und $x_1 = 0$, $x_2 = 1$. Für die Symbolwahrscheinlichkeit gelte zunächst: $P(x_1) = P(x_2) = \frac{1}{2}$.

a) Sind Aussagen über das digitale Übertragungsverfahren möglich? Wenn ja, welche?

b) Besitzt die Quelle Q_x ein Gedächtnis? Was bedeutet ein Quellen-Gedächtnis im Hinblick auf die statistische Beschreibung?

c) Berechnen Sie die Entropie $H(X)$ und die Redundanz $R(X)$ der Quelle Q_x. Welche Übertragungsrate in bit/s muss das digitale Übertragungsverfahren bereitstellen?

Es gelte nun: $P(x_1) = 0{,}1$ und $P(x_2) = 0{,}9$.

d) Beantworten Sie die Fragen unter c) entsprechend. Wie kann man erreichen, dass das digitale Übertragungsverfahren wirklich nur die minimal notwendige Übertragungsrate bereitstellen muss?

Betrachtet werde im Folgenden die Quelle Q_y, die entsteht, wenn man die Quelle Q_x mit dem digitalen Übertragungsverfahren zusammenfasst. Das digitale Übertragungsverfahren definiert einen „diskreten" Kanal, der als symmetrisch, stationär und ohne Gedächtnis angenommen werden soll. Für das Ausgangsalphabet gelte $Y = X$, und die mittlere Bitfehlerwahrscheinlichkeit sei $P_b = 0{,}1$.

e) Welcher spezielle diskrete Kanal ist hier als Modell passend? Ist Q_y stationär und ohne Gedächtnis?

f) Berechnen Sie die Entropie, Redundanz und Irrelevanz der Quelle Q_y. Was bedeutet die Irrelevanz in $q_y(k)$?

Aufgabe 7.2

Mit Hilfe einer bipolaren Übertragung sollen Quellensymbole $q(k) \in \{0,1\}$ übertragen werden. Auf der Empfangsseite sei bei der bipolaren Übertragung die Entscheidungsschwelle verstellt, so dass ungleiche Bitfehlerwahrscheinlichkeiten resultieren:

$$q(k) = x_1 = 0 \quad \Rightarrow \quad P_{b1} = 10^{-2}$$
$$q(k) = x_2 = 1 \quad \Rightarrow \quad P_{b2} = 10^{-1}.$$

Der resultierende diskrete Kanal sei ohne Gedächtnis.

a) Geben Sie die Kanalmatrix $P(Y|X)$ an. Welcher bekannte diskrete Kanal ist als Modell passend?

Die Quelle am Eingang des Kanals sei eine stationäre Binärquelle ohne Gedächtnis mit $P(x_1) = 0{,}2$.

b) Berechnen Sie die Entropie am Kanaleingang, sowie die Entropie, die Transinformation und die Irrelevanz am Ausgang des Kanals.

c) Wie groß ist die Kanalkapazität C dieses Kanals?

d) Welche Maßnahmen sind erforderlich, damit die vorgegebene Quelle die Kapazität des Kanals auch nutzen kann?

Aufgabe 7.3

Gegeben sei ein BSC mit $P_b = 10^{-1}$.

a) Wie viel bit/s könnte man prinzipiell über diesen Kanal *fehlerfrei* übertragen, wenn die Kanalzugriffe mit den kleinstmöglichen zeitlichen Abständen von $T_{\text{Kan}} = 1\,\mu s$ erfolgen?

b) Skizzieren Sie ein Blockbild der in a) angesprochenen Übertragung.

c) Die Quelle sei binär und ohne Gedächtnis und es gelte $P(x_1) = 0,4$. Welche Redundanz muss der Quellencodierer entfernen und wie viel muss der Kanalcodierer wieder hinzufügen, wenn man optimale Codierungsvorschriften voraussetzt?

Aufgabe 7.4

Folgende Kanalmatrix sei gegeben:

$$P(Y|X) = \begin{pmatrix} 1 & 0 & 0 \\ 0 & \frac{1}{2} & \frac{1}{2} \end{pmatrix}.$$

a) Handelt es sich um einen gestörten oder ungestörten Kanal?
b) Berechnen Sie die Kanalkapazität und die zugehörige Quellenstatistik.

Aufgabe 7.5

Über einen bandbegrenzten AWGR-Kanal sollen Daten mit einer Rate von $r_{ü} = 10$ Mbit/s übertragen werden. Die Mittenfrequenz des BP-Kanals sei $f_0 = 4$ GHz und für die Bandbreite gelte $f_\Delta = 5$ MHz. Als Übertragungsverfahren soll QAM mit einem „Raised Cosine"-Elementarsignal und $\alpha = 1$ angenommen werden.

a) Welche Bandbreiteausnutzung η in bit/(s Hz) ist mindestens erforderlich?
b) Welche konkreten QAM-Verfahren könnte man einsetzen?
c) Geben Sie das theoretisch für eine *fehlerfreie* Übertragung minimal notwendige *SNR* an. Welche Bitfehlerwahrscheinlichkeit ergibt sich für das konkrete, unter b) von Ihnen vorgeschlagene Verfahren, wenn man das minimal notwendige *SNR* annimmt? Warum ist diese Bitfehlerwahrscheinlichkeit ungleich Null?

Aufgabe 7.6

Eine stationäre, gedächtnislose Quelle mit einem 4-wertigen Symbolalphabet x_i, $(i = 1, \ldots, 4)$ und den Wahrscheinlichkeiten

$$P(x_1) = 0,5 \quad P(x_2) = 0,25 \quad P(x_3) = 0,125 \quad P(x_4) = 0,125$$

soll so codiert werden, dass möglichst viel Redundanz entfernt wird.

a) Berechnen Sie Entropie und Redundanz der Quelle.
b) Konstruieren Sie mit Hilfe des Huffman-Algorithmus einen passenden Code zur Entropiecodierung.
c) Wie groß ist die verbleibende Redundanz nach der unter b) bestimmten Codierung? Wie viel bit/Codesymbol ergeben sich nach der Codierung?

Aufgabe 7.7

Gegeben seien zwei orthogonale Vektoren im $\mathbb{R}^n$, die eine Ebene aufspannen:

$$\underline{c}_1 = (1, 1, \ldots, 1, \ 1, \ldots, 1)$$
$$\underline{c}_2 = (\underbrace{1, 1, \ldots, 1}_{\frac{n}{2} \text{ mal } 1}, \ \underbrace{-1, \ldots, -1}_{\frac{n}{2} \text{ mal } -1})$$

a) Skizzieren Sie die Ebene mit den Basisvektoren $\underline{c}_1$ und $\underline{c}_2$. Wie groß ist die euklidische Distanz zwischen $\underline{c}_1$ und $\underline{c}_2$?

Es gelte nun $\underline{c}_{1e} = \underline{c}_1 + \underline{e}$ (Addition im $\mathbb{R}^n$). Mit dem Fehlervektor $\underline{e}$ bestehend aus n um den Mittelwert 0 gaußverteilten Komponenten. $\underline{c}_1$ und $\underline{c}_2$ sollen im Folgenden als Codevektoren aufgefasst werden, die mit gleicher Wahrscheinlichkeit gesendet und von einem zeitdiskreten Kanal übertragen werden. Das Ausgangsalphabet des Kanals sei $\mathbb{R}$.

b) Wie groß darf der Betrag des Vektors $\underline{e}$ maximal sein, wenn keine Fehlentscheidung vorkommen soll (ML-Entscheidung)? Ist bei größerem $|\underline{e}|$ immer eine falsche Entscheidung zu erwarten? Wo liegt die Entscheidungsgrenze in der unter a) skizzierten Ebene? Welchem Übertragungverfahren entspricht das hier betrachtete?

Die Werte -1 in $\underline{c}_1$ und $\underline{c}_2$ sollen nun durch die Werte 0 ersetzt werden und $\underline{c}_1$, $\underline{c}_2$ und $\underline{e}$ seien Vektoren aus dem n-dimensionalen Vektorraum über dem Körper GF(2).

c) Berechnen Sie die Hamming-Distanz zwischen $\underline{c}_1$ und $\underline{c}_2$. Was bedeutet die Orthogonalität jetzt?

Der Fehlervektor $\underline{e}$ soll nun mit dem „Fehlermuster" identisch sein, das ein BSC in den empfangenen Codeworten erzeugt.

d) Beantworten Sie die Fragen unter b) entsprechend.
e) Wenn sämtliche weiteren $n - 2$ orthogonalen Basisvektoren hinzugenommen werden, entsteht ein Orthogonalcode. Welchem Übertragungsverfahren entspricht die zugehörige Übertragung von Codeworten?
f) Der Orthogonalcode spannt den gesamten Vektorraum auf. Wäre auch ein Code vorstellbar, der nur einen Unterraum aufspannt? Welche Vorteile hätte dieser Code?

Aufgabe 7.8

Vorgegeben sei ein bereits realisiertes digitales Übertragungssystem, das zur Übertragung von Messdaten verwendet werden soll:

Abb. 7.25. Zu Aufgabe 7.8: Modell des Übertragungssystems

Für die digitale Übertragung gelte:

- 2 PSK, AWGR-Kanal

- $P_b = 10^{-2}$
- $r_{\ddot{u}} = 10$ Mbit/s

Für die Messdaten ist eine Bitfehlerwahrscheinlichkeit von $P_{b\mathrm{Rest}} = 10^{-4}$ gerade noch tragbar. Es soll nun untersucht werden, wie man dieses Ziel mittels Kanalcodierung erreichen kann.

a) Welches Kanalmodell ist hier passend? Wie groß ist die Kanalkapazität?

In einem ersten Ansatz soll ein Bi-⊥-Code mit $n = 8$ auf seine Brauchbarkeit untersucht werden.

b) Welche Coderate r_c besitzt der Code? Ist mit dieser Coderate *prinzipiell* ein $P_{b\mathrm{Rest}} < P_b$ zu erreichen ($\rightarrow$ Satz von Shannon)?

c) Welcher wahrscheinlichst gesendete Codevektor $\underline{c}_i$ ergibt sich, wenn der empfangene Vektor folgendermaßen lautet:

$$\underline{c}_e = (1, 1, 0, 1, 0, 0, 1, 1)$$

Kann man sagen, ob die Entscheidung in jedem Fall richtig ist?

d) Wie viele Fehler kann der Code sicher korrigieren? Wie groß ist die relative Korrekturfähigkeit $\frac{t}{n}$? Warum treten trotz $P_b < \frac{t}{n}$ Fehlentscheidungen auf?

e) Welche Coderate r_c, welche relative Korrekturfähigkeit $\frac{t}{n}$ und welche Restbitfehlerwahrscheinlichkeit $P_{b\,\mathrm{Rest}}$ ergeben sich, wenn man einen Bi-⊥-Code mit $n = 16$ in Betracht zieht?

f) Suchen Sie aus den in diesem Kapitel angesprochenen Codes den aus, der das Ziel $P_{b\,\mathrm{Rest}} \leq 10^{-4}$ bei größter noch verbleibender „Nutzdatenrate" erreicht. Wie groß ist diese Datenrate?

Aufgabe 7.9

Vorgegeben sei ein AWGR-Kanal mit der Rauschleistungsdichte N_0, über den Daten mittels 2 PSK übertragen werden sollen. Durch den Einsatz von Kanalcodierung soll die Sendeleistung verkleinert werden, die man für $P_b \leq 10^{-6}$ benötigt. Vorausgesetzt werden soll, dass „harte Entscheidungen" („Hard Decisions") auf der Empfangsseite an die Decodierung weitergegeben werden.

a) Welches diskrete Kanalmodell ist passend?

b) Wie groß ist die Sendeleistung S_{uncod}, die man bei uncodierter Übertragung benötigt (bei gegebenen N_0, $P_b = 10^{-6}$)?

c) Welches P_b ist zulässig, wenn man einen (255, 131, 18)-BCH-Code verwendet um $P_{b\,\mathrm{Rest}} = 10^{-6}$ zu erreichen? Wie viel dB an Sendeleistung können damit auf Kosten der Datenrate eingespart werden? Welche Reduktion tritt bei der Datenrate auf?

Aufgabe 7.10

Ein bereits realisiertes digitales Übertragungverfahren soll zur Übertragung von Daten über einen Kanal verwendet werden, für den das Verfahren eigentlich nicht vorgesehen war. Das Modell der Übertragung ist das gleiche wie in Abb. 7.25. Die Übertragungsrate ist $r_{\ddot{u}} = 10\,\text{Mbit/s}$. Umfangreiche Messungen bestätigen, dass zu hohe Fehlerhäufigkeiten resultieren, wobei die Fehler aber in „Bündeln" („Bursts") auftreten.

Innerhalb der Bündel liegt eine vollständig gestörte Binärübertragung vor. Erste Vorüberlegungen führten zu dem Ergebnis, dass mit einer passenden Kanalcodierung und dem Einsatz von Interleaving das Ziel einer quasi fehlerfreien Übertragung wahrscheinlich erreicht werden kann. Vorausgesetzt werden soll ein binärer Blockcode.

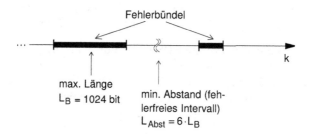

Welche *mittlere* Bitfehlerwahrscheinlichkeit P_b ist im ungünstigsten Fall zu erwarten?

b) Die Matrix eines Blockinterleavers wird spaltenweise beschrieben. Wie viele Zeilen $l_{\max}$ muss die Matrix des Blockinterleavers mindestens besitzen, wenn man die Fehlerbündel in jedem Fall in binäre Symbole „zerstückeln" will? Zeichnen Sie den ungünstigsten Fall bezüglich der Fehlerbündel in eine Deinterleaver-Matrix mit großer CW-Länge n ein. Für die Zahl der Zeilen soll $l = l_{\max}$ gelten.

c) Will man einen Code verwenden, der einen Fehler korrigieren kann, dann lässt sich die Interleavermatrix so dimensionieren, dass alle Fehler bei der Decodierung korrigiert werden können. Wie groß ist dabei die maximale Codewortlänge n_1? Welche Länge n ist maximal möglich, wenn man einen Code verwenden will, der t Fehler korrigieren kann? Wie groß ist die erforderliche relative Korrekturfähigkeit $\frac{t}{n}$?

d) Bestimmen Sie den BCH-Code, der die gewünschte Korrekturfähigkeit besitzt und bei dem die größte verbleibende Nutzdatenrate resultiert.

Aufgabe 7.11

Mit der gleichen Aufgabenstellung wie in Aufgabe 7.10 soll nun ein RS-Code mit 8 bit/Codesymbol betrachtet werden. RS-Codes erreichen das theoretische Optimum bezüglich der minimalen Hamming-Distanz $d_{\min} = n - k + 1$.

a) Welche Codewortlänge n (in 8 bit-Symbolen!) ergibt sich? Wie groß ist die Korrekturfähigkeit?

Nehmen Sie im Folgenden vereinfachend an, dass ein Fehlerburst immer am Beginn eines Codesymbols anfängt.

b) Welche mittlere Symbolfehlerhäufigkeit P_s resultiert im ungünstigsten Fall?
c) Ist Interleaving auf Bit- oder Symbolebene sinnvoller?
d) Lösen Sie Punkte b) bis d) aus Aufgabe 7.10 für die hier vorausgesetzten RS-Codes.

Ein „verkürzter" Code entsteht dadurch, dass man bei einem systematischen linearen Blockcode die ersten l Codesymbole zu Null setzt. Da diese Nullsymbole dem Decoder bekannt sind, braucht man sie nicht übertragen, womit der verkürzte Code die Parameter $n' = n - l$ und $k' = k - l$ besitzt.

e) Bestimmen Sie den verkürzten RS-Code mit 8 bit/Symbol, der bei kürzester Codewortlänge n' in jedem Fall eine fehlerfreie Übertragung garantiert. Wie groß sind die Codewortlänge, die Coderate und die resultierende Nutzdatenrate? Welche Zeitverzögerung verursacht das Interleaving insgesamt bei der Übertragung?

Aufgabe 7.12

Ein „verketteter" („concatenated") Code entsteht, wenn man eine Kanalcodierung doppelt anwendet.

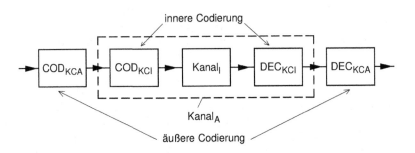

Der folgende verkettete Code soll auf seine Eigenschaften hin untersucht werden:

- Innerer Code: Bi–⊥, $k_{Bi} = 8$
- äußerer Code: RS, $n_{RS} = 64$, $k_{RS} = 48$.

Die Verkettung soll derart sein, dass *ein* RS-Codesymbol über den inneren Kanal durch *ein* Bi–⊥–Codewort übertragen wird.

a) Betrachtet werde zunächst der innere Code. Wie groß ist die Codewortlänge $n_{\text{Bi-}\perp}$? Welche Coderate $r_{c\,\text{Bi-}\perp}$ liegt vor? Wie viele Fehler $t_{\text{Bi-}\perp}$ können mindestens korrigiert werden?

b) Betrachtet werde nun der äußere Code. Wie viele bit/Codesymbol müssen vorgesehen werden? Geben Sie die maximal mögliche Codewortlänge $n_{\text{RS\,max}}$ an. Um welche spezielle Variante von Code handelt es sich bei $n_{\text{RS}} = 64$ (s. Aufgabe 7.11)? Wie viele Fehler t_{RS} (in Symbolen) können mindestens korrigiert werden?

c) Schließlich werde der verkettete Code betrachtet. Welche Codewortlänge n_{ges} in bit ergibt sich? Wie groß ist die resultierende Coderate $r_{c\,\text{ges}}$? Wie viele Bitfehler t_{ges} (vom Kanal$_I$ verursacht) kann der Code mindestens korrigieren? Welche maximale Länge L_B und welcher minimale Abstand L_{Abst} in bit dürfen bei Bündelfehlern vorliegen, ohne dass die Korrekturfähigkeit überfordert ist? Könnte man mit Interleaving die Korrekturfähigkeit bei Bündelfehlern verbessern? An welcher Stelle wäre Interleaving sinnvoll? Wie berechnet man die Gesamt-CW-Fehlerwahrscheinlichkeit, wenn beim inneren und äußeren Code eine BD-Decodierung angenommen wird?

8

Teilungsverfahren, Multiplex

Übertragungsmedien stehen in der Praxis nur in seltenen Fällen einem Sender-Empfänger-Paar zur Verfügung. Die Regel ist vielmehr, dass mehrere *Nutzer* oder *Teilnehmer* ein gegebenes Übertragungsmedium gemeinsam zur Informationsübertragung nutzen müssen. Das Übertragungsmedium kann z. B. eine Leitung sein, eine Glasfaser, aber auch ein Bündel von Leitungen oder ein Funk-Übertragungskanal. Dabei ergeben sich sofort zwei Aspekte:

- **Aspekt 1:** Zunächst muss man dafür sorgen, dass es genügend viele parallele Übertragungsmöglichkeiten gibt. Sind z. B. genügend viele parallele Leitungen vorhanden, dann beeinhaltet dieser Aspekt kein Problem. Häufig liegt aber ein physikalisches Übertragungsmedium vor, bei dem diese parallelen Wege nicht a priori gegeben sind, z. B. ein Funkkanal. Dann ist es notwendig, *Teilungsverfahren* oder *Multiplexverfahren* einzusetzen, die diese parallelen Übertragungsmöglichkeiten, die man auch *Subkanäle* nennt, schaffen[1].

- **Aspekt 2:** Wenn den Nutzern durch Multiplex derartige Subkanäle zur Verfügung stehen, ist das Problem noch nicht gelöst. Notwendig sind noch Vereinbarungen oder Absprachen, die regeln, wie einzelne Nutzer auf die Subkanäle zugreifen dürfen. Die hier einzusetzenden Verfahren bezeichnet man generell als *Vielfachzugriffsverfahren* (engl. *Multiple Access Methods*, kurz MA). Sie sind zum einen sehr eng mit den Multiplexverfahren verknüpft, aber auch mit dem zufälligen Verhalten und den Wünschen der Nutzer. Die Regeln, nach denen der Zugriff der Nutzer auf das Übertragungsmedium schließlich erfolgt, werden als *Vielfachzugriffs-Protokolle* (engl. *Multiple Access Protocols*) bezeichnet.

---

[1] Die Bezeichnung *Subkanäle* deutet darauf hin, dass ein „Gesamtkanal" oder *Kanal* existiert, der mittels Multiplexverfahren aufgeteilt worden ist. Die Unterscheidung zwischen *Subkanal* und *Kanal* in diesem Sinn lässt sich aber nicht immer konsequent durchhalten. Aus dem Kontext geht aber immer hervor, was gemeint ist.

Multiplexverfahren (Aspekt 1) werden in diesem Kapitel behandelt, Vielfachzugriffsverfahren und Vielfachzugriffs-Protokolle (Aspekt 2) separat in Kap. 9.2.

8.1 Grundlegende Multiplexverfahren

Frequenzmultiplex (Frequency Division Multiplexing, *FDM*) und *Zeitmultiplex* (Time Division Multiplexing, *TDM*) sind zwei grundlegende, seit langem bekannte Multiplexverfahren. Sie sollen als erstes erläutert werden. Angenommen wird dabei zunächst ein gemeinsam zur Verfügung stehender AWGR-Kanal. Der allgemeinere Fall wird anschließend behandelt.

8.1.1 Frequenzmultiplex (FDM)

Abbildung 8.1 zeigt das Prinzip von FDM. Angenommen sind M Sender, die **BP-Sendesignale** $s_1(t)$ bis $s_M(t)$ erzeugen. Das Übertragungsverfahren, das sich in diesen einzelnen Signalen verbirgt, darf beliebig sein.

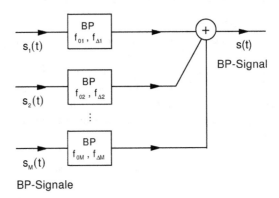

Abb. 8.1. Frequenzmultiplex, FDM

Denkbar sind analoge und/oder digitale Übertragungen. Sichergestellt sein muss nur, dass $s_1(t)$ bis $s_M(t)$ BP-Signale sind, deren Spektren sich nicht überlappen. Auf der Empfangsseite können damit Bandpässe mit passenden Mittenfrequenzen f_{0i} und Bandbreiten $f_{\Delta i}$ dazu genutzt werden, die Signale der einzelnen FDM-Subkanäle aus dem Summensignal $g(t)$ wieder *auszufiltern*:

$$s(t) = \sum_{i=1}^{M} s_i(t)$$

$$g(t) = s(t) + n(t)$$

$$g_l(t) = g(t) * h_{BPl}(t) = s_i(t) + n_l(t).$$ (8.1)

Hierbei ist ein AWGR-Kanal angenommen worden, an dessen Eingang sich die Subkanal-Signale überlagern. $n(t)$ repräsentiert den WGR-Prozess. Offensichtlich zerlegt FDM den gesamten AWGR-Kanal in M bandbegrenzte AWGR-Subkanäle mit den individuellen Stoßantworten $h_{BPi}(t)$ und den bandbegrenzten Rauschprozessen $n_i(t)$.

Hinter den nicht überlappenden Spektren der Signale $s_i(t)$ und den zugehörigen, nicht überlappenden Übertragungsfunktionen der Empfangs-Bandpässe verbirgt sich ein allgemeines Prinzip, das in den vorherigen Kapiteln bereits mehrfach vorkam: die Orthogonalität von Signalen. Wie man leicht einsehen kann, gilt mit den Voraussetzungen von oben:

$$\int_{-\infty}^{\infty} s_i(t)\, s_l(t)\, dt = 0; \quad i \neq l.$$ (8.2)

In gleicher Weise ergibt sich für die Empfangssignale nach (8.1)

$$\int_{-\infty}^{\infty} g_i(t)\, g_l(t)\, dt = 0; \quad i \neq l.$$ (8.3)

Ein gemeinsamer AWGR-Kanal führt somit dazu, dass die Orthogonalität bis zur Empfangsseite erhalten bleibt. In Abschn. 8.1.3 wird gezeigt, dass dies bei FDM auch für linear verzerrende AWGR-Kanäle gilt. Bei zeitvarianten Kanälen gilt (8.3) in der Praxis meist auch, da die Dopplerbandbreiten in der Regel klein gegenüber den Bandbreiten der Signale sind und bei den realen, nicht-idealen Bandpässen üblicherweise ein genügend großer *Schutzabstand* zwischen den FDM-Subkanälen vorgesehen wird. Bei FDM-Verfahren mit sehr vielen Subkanälen und kleinstmöglichen Abständen kann die Zeitvarianz des Kanals jedoch ein nicht zu vernachlässigendes Übersprechen zwischen den Subkanälen bewirken. Dies ist z. B. bei OFDM der Fall, einem in Abschn. 8.2.4 näher erläuterten speziellen FDM-Verfahren.

Die nicht überlappenden FDM-Spektren haben eine bemerkenswerte Besonderheit zur Folge: Die Gleichungen (8.1) bis (8.3) gelten auch für den Fall, dass die Signale **beliebig zeitlich gegeneinander** verschoben sind. Die Orthogonalität bleibt erhalten. Mit dem Verschiebesatz der Fouriertranformation und dem Parseval-Theorem ist dies leicht einzusehen:

$$\int\limits_{-\infty}^{\infty} s_i(t - t_i)\, s_l(t - t_l)\, dt$$

$$\int\limits_{-\infty}^{\infty} S_i(f)e^{-j2\pi f t_i}\, S_l(f)e^{-j2\pi f t_l}\, df$$

$$= \int\limits_{-\infty}^{\infty} S_i(f)e^{-j2\pi f t_i}\operatorname{rect}(\frac{f_{0i}}{f_{\Delta_i}})\, S_l(f)e^{-j2\pi f t_l}\operatorname{rect}(\frac{f_{0l}}{f_{\Delta_l}})\, df$$

$$= 0 \text{ für } i \neq l\,. \tag{8.4}$$

In der Praxis bedeutet dies, dass die einzelnen FDM-Sender nicht gegeneinander synchronisiert werden müssen. Neben der Übereinkunft, keine überlappenden Spektren zuzulassen, sind keine weiteren Absprachen notwendig. FDM ist nicht zuletzt aus diesem Grund ein in der Praxis seit langer Zeit übliches Verfahren. Als typisches Beispiel kann man den Rundfunk nennen, bei dem die Sender unabhängig voneinander bestimmte Frequenzbänder (d. h. Mittenfrequenzen und Bandbreiten) zur Übertragung ihrer Programme verwenden. In einem Rundfunkempfänger wird die Mittenfrequenz des Empfangs-BP auf den Sender eingestellt, den man empfangen will, s. auch Kap. 4. Welcher Sender welches Frequenzband nutzen darf, ist beim Rundfunk weltweit von allen Nationen gemeinsam geregelt. Geändert wird diese Regelung nur relativ selten, frühestens in Abständen von einigen Jahren. Spezielle Vielfachzugriffsverfahren oder Protokolle sind beim Rundfunk nicht notwendig, weil die Frequenzbänder in der Regel exklusiv zugeteilt werden. Bei Mehrfach-Zuweisungen und/oder nicht vorgesehenen Ausbreitungsbedingungen müssen die Beteiligten mit gegenseitigen Störungen zurechtkommen. Abbildung 8.2 zeigt eine FDM-Variante, bei der mehrere an einem Ort verfügbare äquivalente TP-Signale zu einem äquivalenten TP-FDM-Sendesignal $s_T(t)$ zusammengesetzt werden. Diese Variante wird z. B. dazu genutzt, genügend breitbandige Kabel in Subkanäle aufzuteilen.

8.1.2 Zeitmultiplex (TDM)

Die zeitliche Aufteilung eines Übertragungsmediums bedeutet, dass jedem Nutzer das Übertragungsmedium eine gewisse Zeit ausschließlich zur Verfügung steht. Mit der Bezeichnung TDM (*Time Division Multiplexing*) verbindet man meist, dass die hiermit verbundenen Zeitintervalle oder *Zeitschlitze* für alle Nutzer gleich sind und sich für einen Nutzer zyklisch wiederholen, s. Abb. 8.3. TDM ist insofern allgemeiner als FDM, als es auch in solchen Fällen einsetzbar ist, in denen kein analoger Übertragungskanal vorliegt.

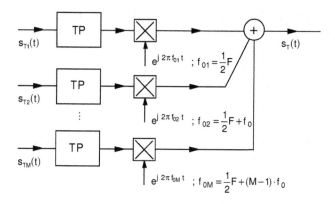

Abb. 8.2. Frequenzmultiplex im äquivalenten TP-Bereich

So kann man bei einer vorgegebenen digitalen Übertragungseinrichtung ebenfalls zeitlich nacheinander jeweils Blöcke mit Bits von M Nutzern übertragen. Auf der Empfangsseite muss man dabei nur wissen, wann die einzelnen Blöcke beginnen, wie lang sie sind und zu welchen Nutzern sie gehören.

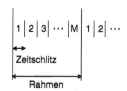

Abb. 8.3. Zeitmultiplex; Rahmen und Zeitschlitze

Beim FDM wurde im vorhergehenden Abschnitt ein AWGR-Kanal angenommen. Er kann mittels TDM ebenfalls in analoge Subkanäle aufgeteilt werden, die – wie beim konventionellen Rundfunk – auch zur Übertragung analoger Signale verwendet werden können. Der praktische Aufwand ist hierbei aber in der Regel erheblich größer als bei FDM. Während bei FDM die Analogsignale der einzelnen Sender gleichzeitig oder *parallel* übertragen werden, müssen sie bei TDM in Blöcke zerteilt, zwischengespeichert und im passenden Zeitschlitz gesendet werden. Auf der Empfangsseite müssen die Blöcke wieder aus den Zeitschlitzen entnommen und zu kontinuierlichen Zeitfunktionen zusammengefügt werden. Die Blöcke der einzelnen Sender (oder Nutzer) werden damit bei TDM nacheinander oder *seriell* übertragen.

Wegen des relativ großen Aufwands ist diese allgemeine Form von TDM für analoge Signalübertragung in der Praxis kaum üblich. Für einen Spezialfall ergibt sich aber eine große Vereinfachung: Wenn die Analogsignale in den

Zeitschlitzen jeweils duch einen einzelnen Abtastwert repräsentiert werden können, dann ist kein analoger Zwischenspeicher notwendig, s. Abb. 8.4.

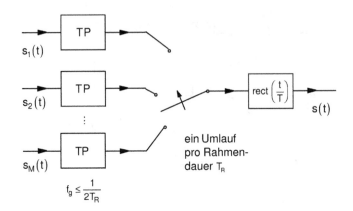

Abb. 8.4. Zeitmultiplex; Darstellung mit umlaufendem Abtaster

Der umlaufende TDM-Abtaster ist dann – bezogen auf die Sendesignale $s_{Ti}(t)$ der einzelnen Nutzer – mit dem Abtaster nach dem Abtasttheorem identisch. Für die zu übertragenden individuellen Analogsignale muss damit nur vorausgesetzt werden, dass sie bandbegrenzt sind und die Grenzfrequenz

$$f_g \leq \frac{1}{2T_R} \tag{8.5}$$

besitzen. T_R ist hierbei die sog. *Rahmendauer*, das ist der zeitliche Abstand, in dem ein einzelner Nutzer seine Abtastwerte senden darf. Wenn, wie dies praktisch immer der Fall ist, insgesamt ein bandbegrenzter AWGR-Kanal vorgegeben ist, dann müssen bei TDM genügend große Pausen (oder *Schutzzeiten*) zwischen den Zeitschlitzen vorgesehen werden, damit die Kanalstoßantwort abklingen kann. Hiermit wird aber die erforderliche Bandbreite des Übertragungskanals in meist unakzeptabler Weise größer als die Summe der Bandbreiten der zu übertragenden Analogsignale. Eng verwandt mit dieser Übertragung von Abtastwerten ist das Multiplex bei digitaler Übertragung mit linearen Modulationsverfahren, das in Abschn. 8.2 separat behandelt wird.

Bei digitalen Übertragungen ist TDM dagegen eine übliche Multiplexmethode. Hier macht man den Zeitschlitz für jeden Teilnehmer so lang, dass die Schutzzeiten zwischen den Zeitschlitzen kaum ins Gewicht fallen.

Das TDM-Prinzip erfordert in jedem Fall eine *Rahmensynchronisation* in jedem Empfänger. Sie muss sicherstellen, dass der Empfänger weiß, wann er auf seinen Zeitschlitz zugreifen darf. Innerhalb eines Rahmens ist es darüber hinaus auch üblich, zusätzlich eine Zeitschlitz-Synchronisation zu nutzen. Dies ist vor allem dann notwendig, wenn ein Empfänger auf unterschiedliche Zeitschlitze zugreifen muss und die Lage der Zeitschlitze gegenüber dem Rahmen um einen Mittelwert schwanken kann. In der Praxis ist dies z. B. bei digitalen Satelliten-Übertragungen der Fall.

Ebenso wie FDM basiert auch TDM auf der Orthogonalität der Signale der einzelnen Nutzer. Wenn die Nutzersignale bei TDM ohne Überlappungen verschachtelt sind – s. Abb. 8.4 – dann ist die Orthogonalität offensichtlich. In diesem Fall ist bereits das Produkt zwischen den Signalen unterschiedlicher Teilnehmer Null. So wie bei FDM die zeitliche Lage der einzelnen Subkanal-Signale keinen Einfluss auf die Orthogonalität hat, ist es bei TDM-Übertragungen eine Frequenzverschiebung.

8.1.3 Multiplex bei räumlich verteilten Nutzern

Bei den Erläuterungen von FDM und TDM wurde ein AWGR-Gesamtkanal angenommen, bei dem sich die Einzelsignale zusammen mit dem AWGR zum Empfangssignal überlagern. Ob die Überlagerung der $s_i(t)$ auf der Sendeseite erfolgt oder am Eingang eines Empfängers war dabei unerheblich. Wenn die einzelnen Sender (oder Nutzer) dagegen räumlich verteilt sind, dann ist die Annahme angebracht, dass die Überlagerung am Empfänger-Eingang erfolgt. Beim Rundfunk-Beispiel im FDM-Abschnitt ist dies sicher eine vernünftige Annahme. Wenn man der Realität noch etwas mehr gerecht werden will, dann ergibt sich eine weitere Annahme: Die Einzelkanäle vom Sender bis zum Überlagerungspunkt am Empfänger werden i. Allg. unterschiedliche lineare Verzerrungen beinhalten. Damit ergibt sich bei FDM als Verallgemeinerung von (8.1):

$$g(t) = \sum_{i=1}^{M} s_i(t) * h_i(t) + n(t)$$

$$g_l(t) = g(t) * h_{\mathrm{BP}l}(t)$$

$$= \sum_{i=1}^{M} s_i(t) * h_i(t) * h_{\mathrm{BP}l}(t) + n_l(t) \tag{8.6}$$

Die Stoßantworten $h_i(t)$ beschreiben die individuellen linear verzerrenden Kanäle vom jeweiligen Sender bis zum Eingang des Empfängers und $g_l(t)$ ist das Ausgangssignal des l-ten Bandpasses auf der Empfangsseite. Berücksichtigt man, dass die $s_i(t)$ per Definition für $i \neq l$ nicht überlappende Spektren besitzen, dann müssen alle Summanden in (8.6) für $i \neq l$ identisch Null sein. Damit folgt für FDM:

$$g_l(t) = s_l(t) * h_{Kl}(t) + n_l(t)$$

$$h_{Kl}(t) = h_i(t) * h_{\mathrm{BP}l}(t) \,.$$

$h_{Kl}(t)$ ist die Stoßantwort und $n_l(t)$ das Rauschen des individuellen FDM-Subkanals. Bei TDM muss man beachten, dass die individuellen Stoßantworten $h_i(t)$ i. Allg. dazu führen, dass die Dauer der Subkanal-Sendesignale $s_i(t)$

größer wird. Die Orthogonalität wird daher i. Allg. auf der Empfangsseite nicht mehr gegeben sein. Wenn man die Zeitschlitze jedoch um eine der Dauer von $h_i(t)$ entsprechende Schutzzeit vergrößert, dann ist die Orthogonalität auch auf der Empfangseite wieder gegeben. Dies wurde im TDM-Abschnitt zuvor bereits angesprochen. Für die TDM-Subkanäle gilt dann

$$g_l(t) = s_l(t) * h_{Kl}(t) + n_l(t)$$
$$h_{Kl}(t) = h_i(t) \,.$$

Im Gegensatz zu FDM tritt hier die vollständige Stoßantwort $h_i(t)$ als Subkanal-Stoßantwort auf.

8.2 Multiplex bei linearen Modulationsverfahren

In diesem Abschnitt soll die Kombination von digitaler Übertragung und Multiplex näher betrachtet werden. FDM und TDM stellen sich dabei als Spezialfälle eines allgemeineren Multiplex mit orthogonalen Elementarsignalen heraus. Vorausgesetzt werden bei dieser Betrachtung lineare Modulationsverfahren und ein Übertragungsmedium für analoge Signale. Damit die grundlegenden Zusammenhänge deutlich werden, wird zunächst jeweils ein AWGR-Kanal angenommen. Auf linear verzerrende AWGR-Kanäle wird, falls angebracht, kurz eingegangen. In allgemeiner Form wird dieses Thema im separaten Abschnitt 8.3 behandelt, auch der Fall räumlich verteilter Sender.

8.2.1 Allgemeiner Fall

Gegeben sei eine Menge A_e von orthogonalen Elementarsignalen:

$$A_e = \{e_1(t), e_2(t), ..., e_M(t)\} \,. \tag{8.7}$$

In Kap. 2 wurden derartige Signale zur digitalen „Übertragung mit orthogonalen Elementarsignalen" verwendet. Dabei wählte der Sender **ein einzelnes** Elementarsignal aus der Menge A_e aus, schickte es über den Kanal zum Empfänger, und der Empfänger entschied anschließend darüber, welches der M Elementarsignale gesendet wurde. Hierbei wurden $\log_2(M)$ bit mit jedem Elementarsignal und damit pro Symbolintervall T_S übertragen. Im Gegensatz zu dieser Art von Übertragung sollen nun die orthogonalen Elementarsignale für eine Multiplex-Übertragung verwendet werden. Dazu müssen **alle** M Elementarsignale $e_i(t)$ **gleichzeitig** (parallel) gesendet werden. Für eine digitale Übertragung mit linearen Modulationsverfahren bedeutet dies, dass jedes einzelne Sendesignal wie folgt erzeugt wird:

$$s_i(t) = \sum_k x_i(k) \, e_i(t - k T_S); \quad i = 1, 2, ..., M \,. \tag{8.8}$$

$x_i(k)$ ist hierbei die Folge von Sendesymbolen des i-ten Subkanals und $e_i(t)$ das hierfür genutzte Elementarsignal. Die Symboldauer T_S soll für alle Subkanäle die gleiche sein. Des Weiteren werde zunächst angenommen, dass alle Sendesignale synchron erzeugt werden, d. h. im gleichen Symbol-Zeitraster $k\,T_S$. Die Zahl der pro T_S übertragenen Bit berechnet sich nun als Summe aller in den M Subkanälen übertragenen Bit, wobei die jeweiligen Sendesymbol-Alphabete A_{x_i} eingehen. Am Ausgang des AWGR-Kanals ergibt sich das Empfangs-Summensignal

$$g(t) = \sum_{i=1}^{M} s_i(t) + n(t)$$

$$= \sum_{i=1}^{M} \sum_{k} x_i(k)\, e_i(t - k\,T_S) + n(t)\,. \qquad (8.9)$$

$n(t)$ repräsentiert hierbei den WGR-Prozess. Der optimale Empfänger für dieses Multiplex-Signal ist im ersten Teil der gleiche wie der Empfänger, der bei der Übertragung mit orthogonalen Elementarsignalen in Kap. 2 erläutert wurde, s. Abb. 8.5.

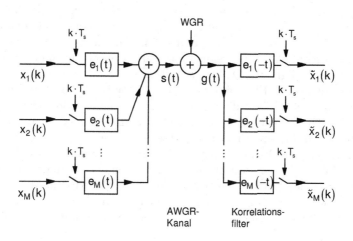

Abb. 8.5. Multiplex mit orthogonalen Elementarsignalen

Auf der Sendeseite besteht der Unterschied nur darin, dass nun nicht nur ein Elementarsignal gesendet wird, sondern M Elementarsignale gleichzeitig, mit dem jeweiligen Sendesymbol als Amplitudenfaktor. Auf der Empfangsseite ergibt sich am Ausgang der MF-Bank zum Abtastzeitpunkt an jedem MF ein zur Sendeseite korrespondierender Symbol-Schätzwert. Am Ausgang des l-ten MF ergibt sich somit:

$$y_l(t) = e_l(-t) * g(t)$$

$$= e_l(-t) * \left[\sum_{i=1}^{M} \sum_{k} x_i(k)\, e_i(t - k\,T_S) + n(t) \right]$$

$$= \sum_{i=1}^{M} \sum_{k} x_i(k)\, e_l(-t) * e_i(t - k\,T_S) + e_l(-t) * n(t)$$

$$= \sum_{i=1}^{M} \sum_{k} x_i(k)\, \varphi^{E}_{e_l e_i}(t - k\,T_S) + n_{el}(t)\,. \tag{8.10}$$

$\varphi^{E}_{e_l e_i}$ ist die KKF zwischen dem l-ten und dem i-ten Elementarsignal. Wenn man fordert, dass die Elementarsignale die Bedingung

$$\varphi^{E}_{e_l e_i}(k \cdot T_S) = \delta(k) \cdot \delta(l - i) \cdot E_{el}, \quad i, l = 0, 1, ..., M - 1 \tag{8.11}$$

erfüllen sollen, dann folgt nach einer Abtastung im Symboltakt:

$$y_l(k\,T_S) = E_l \cdot x_l(k) + n_{el}(k\,T_S)\,. \tag{8.12}$$

E_l ist die Energie des l-ten Elementarsignals, $\delta(.)$ das Kronecker-Symbol. Gleichung (8.11) ist das in Kap. 2 bereits diskutierte verallgemeinerte erste Nyquist-Kriterium, das sich auch hier als sinnvolle Forderung herausstellt. Wenn dieses Kriterium erfüllt ist, ergibt sich im rauschfreien Fall die vom l-ten Sender gesendete Sendesymbolefolge $x_l(k)$ am l-ten MF nach der Abtastung wieder zurück. Lediglich der Faktor E_l tritt auf, der bei Verwendung eines *Orthonormalsystems* von Elementarsignalen 1 ist. Zu beachten ist, wie in Kap. 2 diskutiert, dass (8.11) über die Forderung nach einfacher Orthogonalität hinausgeht. Die Orthogonalität muss für beliebig um lT_S gegeneinander zeitlich verschobene verschiedene Elementarsignale aus A_e gelten.

Wenn allgemeine Orthogonalsysteme verwendet werden und ein linear verzerrender AWGR-Kanal vorliegt, muss man davon ausgehen, dass die Orthogonalität durch den Kanal zerstört wird. In diesem Fall wird aus der MF-Bank eine KMF-Bank, in völliger Analogie zu dem in Kap. 6 eingeführten KMF. Im Abschn. 8.3 wird dieses Thema in allgemeiner Form mit behandelt.

8.2.2 Spezialfälle FDM und TDM

Die Erläuterungen im Abschn. 8.1 können direkt auf den Fall einer Übertragung mit linearen Modulationsverfahren übertragen werden. Abbildung 8.6 zeigt hier vorstellbare Orthogonalsysteme im Zeit- bzw. Frequenzbereich. Die rect-Verläufe definieren spezielle FDM- und TDM-Systeme.

Bei FDM und auch bei TDM sind im Kontext einer Übertragung mit linearen Modulationsverfahren auch Varianten mit Orthogonalsystemen denkbar, bei denen sich die Elementarsignale überlappen. Für FDM wird ein solcher weiterer Spezialfall im übernächsten Abschnitt erläutert, bei dem ein System

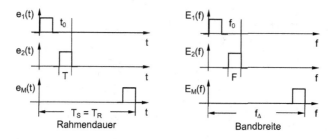

Abb. 8.6. Elementarsignale bei Zeitmultiplex (links) und Frequenzmuliplex (rechts)

von gegeneinander verschobenen si-Funktionen im Frequenzbereich genutzt wird (s. Spezialfall 3, OFDM). Das gleiche Funktionensystem im Zeitbereich ergibt bei TDM die konventionelle Methode, Symbole zeitlich nacheinander über TP-Kanäle zu übertragen, was auch dem Abtasttheorem für bandbegrenzte Signale entspricht. Die Symbole sind in diesem Fall die Abtastwerte des bandbegrenzten Analogsignals.

8.2.3 Spezialfall CDM

Codemultiplex (CDM, *Code Division Multiplexing*) ist insofern eine Verallgemeinerung von TDM und FDM, als allgemeinere Orthogonalsysteme von Elementarsignalen zugelassen sind. Die von Null verschiedenen Werte der Signale müssen sich weder in der Zeit noch in der Frequenz in bestimmten Bereichen konzentrieren, so wie dies in den Abbildungen 8.6 der Fall ist. Von der großen möglichen Vielfalt an derartigen allgemeinen Orthogonalsystemen sind aber nur wenige in der Praxis üblich. Im Folgenden soll stellvertretend das Verfahren kurz erläutert werden, das in der Praxis die größte Bedeutung besitzt, das sog. *Direct-Sequence*-CDM (DS-CDM).

Beim DS-CDM-Verfahren in der ursprünglichen Form verwendet man Elementarsignale, die aus Rechteckimpulsen mit den Gewichtsfaktoren 1 und -1 zusammengesetzt sind. Die Rechteckimpulse bezeichnet man dabei auch als *Chips*. Für die $i = 1, 2, ..., M$ Elementarsignale und deren Spektren gilt somit bei DS-CDM:

$$e_i(t) = \sum_{l=1}^{N} c_i(l)\, s_{\text{chip}}(t - l\,T_c) = \sum_{l=1}^{N} c_i(l)\, \text{rect}(\frac{t - l\,T_c}{T_c}) \qquad (8.13)$$

$$E_i(f) = \sum_{l=1}^{N} c_i(l)\, S_{\text{chip}}(f)\, e^{-j2\pi f l T_c} = \sum_{l=1}^{N} c_i(l)\, T_c\, \text{si}(\pi f T_c)\, e^{-j2\pi f l T_c}\,.$$

$c_i(l)$ ist hierbei die ± 1-Folge der Chip-Gewichtsfaktoren, $s_{\text{chip}}(t) = \text{rect}(\frac{t}{T_c})$ die Chip-Zeitfunktion, T_c die Chipdauer und $S_{\text{chip}}(f)$ das zu $s_{\text{chip}}(t)$ gehörige Spektrum. Für die zugehörigen AKF und Energiedichtespektren folgt:

$$\varphi^E_{e_i e_i}(t) = \sum_{l=-N-1}^{N-1} \varphi^E_{c_i c_i}(l)\, \varphi^E_{s_{\text{chip}} s_{\text{chip}}}(t - l\,T_c) \qquad (8.14)$$

$$= \sum_{l=-N-1}^{N-1} \varphi^E_{c_i c_i}(l)\, \Lambda\!\left(\frac{t - l\,T_c}{T_c}\right)$$

$$|E_i(f)|^2 = \sum_{l=-N-1}^{N-1} \varphi^E_{c_i c_i}(l)\, |S_{\text{chip}}(f)|^2\, e^{-j2\pi f l\, T_c}$$

$$= \sum_{l=-N-1}^{N-1} \varphi^E_{c_i c_i}(l)\, T_c^2\, \mathrm{si}^2(\pi f T_c)\, e^{-j2\pi f l\, T_c}\,.$$

Die Bandbreite eines Elementarsignals ist bei DS-CDM durch die $c_i(l)$ bzw. deren AKF $\varphi^E_{c_i c_i}(l)$ bestimmt. Wenn die $c_i(l)$ nur „zufällig" genug gewählt werden, führt dies zu Autokorrelationsfunktionen, bei denen die Werte für $l \neq 0$ – die sog. *Nebenwerte* (engl. *Sidelobes*) – klein sind, was wiederum den zeitdiskreten Diracstoß annähert. Das Spektrum ist in diesem Fall um den Faktor N aufgeweitet oder *gespreizt*. Man nennt die $c_i(l)$ deshalb auch *Spreizfolgen*, *Spreizsequenzen* oder *Spreizcodes*. Die Bezeichnung „Spreizen" beinhaltet dabei, dass zwei Fälle verglichen werden: der ungespreizte Fall, bei dem eine durchgehene Folge von Einsen benutzt wird, mit dem gespreizten. Der *Spreizfaktor* misst hierbei das Verhältnis der beiden Bandbreiten und er ist – eine passende Spreizfolge vorausgesetzt – mit der Anzahl N von Chips pro Symbolintervall T_S identisch. Wie man leicht einsehen kann, erfordern M orthogonale Elementarsignale auch M orthogonale Spreizfolgen, was wiederum zu $N \geq M$ Chips pro T_S führt. Bei kleinstmöglicher erforderlicher Bandbreite auf dem Übertragungskanal gilt natürlich $N = M$.

Es ist üblich, die Spreizfolgen als Zeilen in eine Matrix zu schreiben, so wie in den beiden folgenden Beispielen:

$$C_1 = \begin{bmatrix} 1 & 1 & 1 & -1 \\ -1 & 1 & 1 & 1 \\ 1 & -1 & 1 & 1 \\ 1 & 1 & -1 & 1 \end{bmatrix} \qquad C_2 = \begin{bmatrix} 1 & 1 & 1 & 1 \\ 1 & -1 & 1 & -1 \\ 1 & 1 & -1 & -1 \\ 1 & -1 & -1 & 1 \end{bmatrix}. \qquad (8.15)$$

Beide Matrizen enthalten in ihren Zeilen $M = N = 4$ vier Folgen, die jeweils paarweise zueinander orthogonal sind. C_1 ist insofern ein Spezialfall, als sämtliche Zeilen durch zyklische Verschiebung aus einer einzigen Zeile hervorgehen. Die periodischen AKF aller Zeilen sind daher identisch und es gilt

$$\varphi^{E\,\text{per}}_{c_{1i} c_{1i}}(l) = 4\,\delta(l)\,.$$

Hierbei ist i die Zeilen-Nummer. Bei den aperiodischen AKF ergibt sich, dass ihre Nebenwerte 0 oder -1 sind, was kleinstmöglich ist. Die Angabe des Spreizfaktors $N = 4$ ist damit gerechtfertigt und die vier Spreizfolgen sind gewissermaßen gleichwertig. In praktischen Anwendungen ist dies in der Regel erwünscht. Abbildung 8.7 zeigt die aus C_1 resultierenden vier Elementarsignale.

C_2 ist ebenfalls eine Orthogonal-Matrix, die man *Walsh-Hadamard*-Matrix (WH-Matrix) nennt[2]. Die mit rect-Chips resultierenden vier Elementarsignale sind die Walsh-Funktionen, die bereits in Kap. 2 in anderer Reihenfolge als Beispiel für eine Übertragung mit vier Elementarsignalen verwendet wurden. Im Gegensatz zu C_1 sind die AKF (periodisch und aperiodisch) der Zeilen von C_2 nicht gleich. Die Folge in der ersten Zeile bedeutet kein Spreizen und die AKF-Nebenwerte sind maximal.

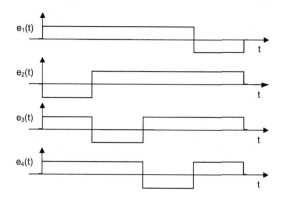

Abb. 8.7. Elementarsignale bei Codemultiplex; Beispiel

Bei einem AWGR-Kanal sind die Unterschiede zwischen C_1 und C_2 im Prinzip ohne Bedeutung, da die Orthogonalität bis zur Empfangsseite erhalten bleibt. Wenn jedoch lineare Verzerrungen auf dem Kanal hinzukommen (z. B. durch Mehrwegeausbreitung bewirkt), dann können die aus C_2 gebildeten Elementarsignale unterschiedlich vom frequenzselektiven Verhalten des Kanals betroffen sein, was bei den C_1-Elementarsignalen nicht der Fall ist. Bei der ersten Zeile von C_2 muss man eher von einem Flat-Fading ausgegehen als von frequenzselektivem Fading. Mit (8.13) kann man die M Subkanal-Sendesignal bei CDM wie folgt beschreiben:

$$s_i(t) = \sum_k x_i(k)\, e_i(t - k\, T_S); \quad i = 1, 2, ..., M$$

$$= \sum_k \sum_{l=1}^{N} x_i(k)\, c_i(l)\, s_{\mathrm{chip}}(t - k\, T_S - l\, T_c)$$

$$= \sum_l x_i^{\mathrm{chip}}(l)\, c_i^{\mathrm{per}}(l)\, s_{\mathrm{chip}}(t - l\, T_c); \quad x_i^{\mathrm{chip}}(l) = x_i\left(\left\lfloor \frac{l}{N} \right\rfloor\right). \quad (8.16)$$

---

[2] Eine solche WH-Matrix wurde auch in Kap. 7 genutzt, um die Codeworte eines Bi-Orthogonalcodes zu erzeugen. Anstelle der Einträge mit -1 waren dort die Einträge 0.

$\lfloor \frac{l}{N} \rfloor$ bezeichnet in dieser Gleichung die nächste ganze Zahl, die kleiner oder gleich $\frac{l}{N}$ ist, und $c_i^{\mathrm{per}}(l)$ ist die periodisch wiederholte Spreizfolge. $x_i^{\mathrm{chip}}(l)$ ist die zu übertragende Sendfolge im Chip-Taktraster, womit (8.16) die folgende Interpretation zulässt: Durch eine Multiplikation mit $c_i^{\mathrm{per}}(l)$ wird die Sende-folge $x_i(k)$ zunächst (zeitdiskret) gespreizt und anschließend entsteht durch Interpolation mit den Chip-Impulsen $s_{\mathrm{chip}}(t)$ das Sendesignal des i-ten Subka-nals. Diese Darstellung eröffnet die Möglichkeit, auch andere Periodenlängen als $N = M$ zu wählen, insbesondere größere. An dem Verfahren ändert sich dann nur insofern etwas, als der Spreizcode $c_i(l)$ ein von der Symbolintervall-Nummer k abhängiger Ausschnitt aus $c_i^{per}(l)$ ist. Man spricht in diesem all-gemeinen Fall auch von einem *Long Code* und bei der Periodenlänge N von einem *Short Code*, s. Abb. 8.8.

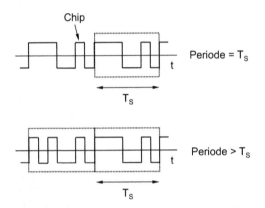

Abb. 8.8. CDM, unterschiedliche Periodenlängen von Spreizcodes: Periode $= T_S$ (Short Code oben), Periode $> T_S$ (Long Code, unten)

Anmerkungen: Der Ursprung von DS liegt auf dem Gebiet der sog. *Spread-Spectrum*-Verfahren, bei dem die zur Übertragung verwendete Bandbreite (wesentlich) größer ist als eigentlich notwendig. Damit erreicht man eine Re-sistenz gegen schmalbandige (absichtliche) Störungen auf dem Übertragungs-kanal, die auch als *Jamming* bezeichnet werden. Wenn die Spreizfolgen nur lang und zufällig genug sind, ergibt sich eine recht gute Quasi-Orthogonalität zu allen denkbaren Störungen auf dem Übertragungskanal, insbesondere bei schmalbandigem Jamming. Trotz großer Störleistungen sind so beliebig kleine Fehlerwahrscheinlichkeiten bei einer digitalen Übertragung möglich. Wichtig ist hier, den Unterschied zum Multiplex zu erkennen. Bei Spread-Spectrum in seiner ursprünglichen Form wird die gesamte Bandbreite auf dem Übertra-gungskanal nur von einer einzigen Übertragung belegt – die Resistenz gegen Schmalband-Störungen ist das Ziel der Spreizung. Beim Multiplex dagegen ist der Grund für die Spreizung, für $M - 1$ weitere Subkanäle „Platz zu schaffen".

Größere Periodenlängen für $c_i^{\mathrm{per}}(l)$ zu verwenden (Long Code), hat seinen Ursprung ebenfalls auf dem Gebiet der Spread-Spectrum-Verfahren. Die rect-Chips, die hier bisher angenommen wurden, sind ebenfalls auf die Denkweise bei Spread-Spectrum-Verfahren zurückzuführen, bei denen die Bandbreiteausnutzung generell nicht im Vordergrund steht. Beim Multiplex ist die Bandbreiteausnutzung dagegen wichtig, insbesondere bei Funkkanälen. Deshalb werden beim Multiplex eher Raised-Cosine-Impulse als Chip verwendet (zu Raised-Cosine-Impulsen s. Kap. 3).◄

Der Empfänger bei CDM entspricht im Prinzip dem, der zuvor für den allgemeinen Fall besprochen wurde. Er besteht aus einer MF-Bank mit anschließender Abtastung im Symboltakt und nachfolgenden Entscheidern. Wenn ein linear verzerrender AWGR-Kanal vorliegt, ist es in der Praxis üblich, einen sog. *Rake-Empfänger* zu verwenden. Die MF der MF-Bank sind dabei durch sog. *Rake-Filter* ersetzt. Anschaulich wird die Wirkungsweise bei einem Kanal mit Mehrwegeausbreitung. Dann fügt ein Rake-Filter die Anteile des Empfangssignals zum Abtastzeitpunkt kohärent zusammen, die über verschiedene Wege zum Empfänger gelangen. Damit ist das Rake-Filter direkt identisch mit dem Kanal-MF (KMF), das in Kap. 6 als erste Stufe eines optimalen Empfängers eingeführt wurde. Wählt man statt eines Rake-Filters mit Abtaster die andere in Kap. 2 erläuterte Möglichkeit der Skalarprodukt-Bildung, d. h. die Multiplikation und Integration, dann ergeben sich für jeden Mehrweg-Pfad die sog. *Rake-Finger*. Jeder Finger bildet ein Skalarprodukt, das zu einem Mehrwege-Pfad gehört, und anschließend werden die Skalarprodukte mit den Gewichtsfaktoren der Mehrwege-Pfade aufsummiert. Dieser Empfänger entspricht aber auch wieder der ersten Stufe des in Kap. 6 behandelten KMF-Empfängers. Beim Rake-Empfänger geht man davon aus, dass die sich anschließende Detektion nur aus einer Decodierung besteht, die Entzerrung wird weggelassen, was bei großen Spreizfaktoren näherungsweise möglich ist. Der Rake-Empfänger ist damit aber generell ein suboptimaler Empfänger. Allgemeine optimale und suboptimale Empfänger – auch für CDM – werden im Abschn. 8.3 behandelt.

8.2.4 Spezialfall OFDM

OFDM (*Orthogonal Frequency Division Multiplexing*) ist ein Verfahren, das in der Praxis große Bedeutung erlangt hat. Der Grund ist vor allem in der Flexibilität zu sehen, der guten Bandbreiteausnutzung und dem relativ kleinen Realisierungsaufwand. Verwendet werden Elementarsignale, die sich am einfachsten im äquivalenten TP-Bereich beschreiben lassen:

$$e_{Ti}(t) = \mathrm{rect}(\frac{t}{T})\, e^{j2\pi f_i t}; \quad i = 1, 2, ..., M. \tag{8.17}$$

Damit sich ein Orthogonalsystem ergibt, müssen die Frequenzen f_i in passender Relation zur Dauer T stehen:

$$f_i = f_{00} + i\frac{1}{T} \, . \tag{8.18}$$

f_{00} ist hierbei eine frei wählbare Frequenz. Gleichung (8.18) ist insofern bereits speziell, als auch Vielfache von $\frac{1}{T}$ eingesetzt werden könnten, was aber in der Praxis nicht üblich ist, da sich hiermit die Bandbreiteausnutzung verkleinern würde. Wenn T_S das Symbolintervall ist und $T \leq T_S$ gilt, dann führt dies zusammen mit der Orthogonalität dazu, dass die $e_{Ti}(t)$ das verallgemeinerte erste Nyquist-Kriterium erfüllen. Abbildung 8.9 zeigt die zu (8.17) gehörigen Elementarsignale im Frequenzbereich. Hier handelt es sich um ein System von gegeneinander verschobenen si-Funktionen. Dies ist identisch mit dem Orthogonalsystem, das beim Abtasttheorem im Zeitbereich verwendet wird (s. Kap. 1).

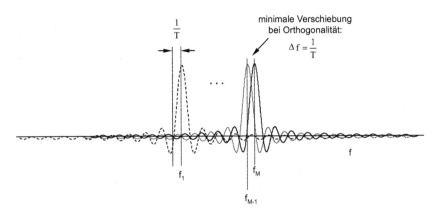

Abb. 8.9. OFDM-Elementarsignale im Frequenzbereich

Überträgt man die OFDM-Elementarsignale über einen linear verzerrenden Kanal, dann tritt bei der wünschenswerten möglichst großen Dauer, d. h. bei $T = T_S$, ISI auf. Der Grund ist darin zu sehen, dass bei einer Stoßantwort des Kanals, für die $h_{KT}(t) \neq \delta_T(t)$ gilt, das neue resultierende Elementarsignal $\frac{1}{2}h_{KT}(t) * e_{Ti}(t)$ das erste Nyquist-Kriterium nicht erfüllt (eine ähnliche Betrachtung wurde in Kap. 6 angestellt). Nun gibt es aber bei LTI-Systemen eine bemerkenswerte Besonderheit, die zur Wahl der komplexen Exponentialfunktionen in (8.17) geführt hat. Komplexe Exponentialfunktionen sind *Eigenfunktionen* von LTI-Systemen, d. h. auch Eigenfunktionen des Kanal-LTI-Systems mit der Stoßantwort $h_{KT}(t)$. Eine unendlich andauernde komplexe Exponentialfunktion am Eingang wird damit wie folgt in das Ausgangssignal abgebildet:

$$\text{LTI:} \quad s(t) = e^{j2\pi f_i t} \rightarrow H_{KT}(f_i) \cdot e^{j2\pi f_i t} \, . \tag{8.19}$$

Der hier auftretende *Eigenwert* ist identisch mit der Übertragungsfunktion $H_{KT}(f)$ an der Stelle f_i. Diese Tatsache kann nun geschickt dazu genutzt werden, ISI auf der Empfangsseite zu vermeiden und damit den ansonsten notwendigen Entzerrer. Die Eigenfunktionen in (8.19) dauern von $-\infty$ bis ∞ an. Abbildung 8.10 zeigt, was im Falle eines Kanals mit einer Zweiwegeausbreitung geschieht, wenn man ein OFDM-Elementarsignal $e_{Ti}(t)$ nach (8.17) überträgt.

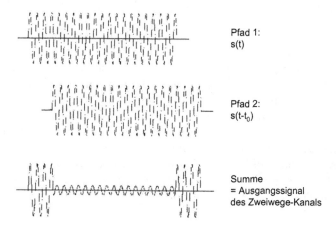

Pfad 1:
s(t)

Pfad 2:
s(t-t$_0$)

Summe
= Ausgangssignal
des Zweiwege-Kanals

Abb. 8.10. Übertragung eines OFDM-Elementarsignals über einen Kanal mit Zweiwegeausbreitung

Dabei ist der rauschfreie Fall angenommen, und es ist nur der Imaginärteil dargestellt. Im Empfangssignal ergibt sich am Anfang ein vom LTI-System verursachter *Einschwingvorgang* und am Ende ein *Ausschwingvorgang*:

$$e_{Ti}(t) = \text{rect}(\frac{t}{T})\, e^{j2\pi f_i t} \rightarrow g_T(t)$$

$$g_T(t) = \text{rect}(\frac{t}{T})\, e^{j2\pi f_i t} + \text{rect}(\frac{t-t_0}{T})\, e^{j2\pi f_i(t-t_0)}\,. \tag{8.20}$$

In der Mitte befindet sich in Abb. 8.10 ein stationäres Intervall, das exakt mit dem übereinstimmt, was (8.19) für unendlich andauernde komplexe Exponentialfunktionen aussagt. Das Signal in diesem Ausschnitt der Dauer T_a erhält man, wenn man $g_T(t)$ mit einer passend verschobenen rect-Funktion multipliziert:

$$g_{Ta}(t) = \text{rect}(\frac{t-t_1}{T_a}) \cdot g_T(t)\,. \tag{8.21}$$

Setzt man

$$t_1 = t_0\,; \quad T_a = T - t_0\,, \tag{8.22}$$

dann ist $g_{Ta}(t)$ dieser gewünschte stationäre Anteil:

$$g_{Ta}(t) = H_{KT}(f_i) \, \text{rect}(\frac{t - t_1}{T}) \, e^{j2\pi f_i t} \, . \qquad (8.23)$$

t_0 ist hierbei die Laufzeit des zweiten Pfades. Für die Fouriertransformierte von $h_{KT}(t) = \delta(t) + \delta(t - t_0)$ an der Stelle $f = f_i$ gilt dabei (s. Anmerkung am Ende dieses Abschnitts):

$$H_{KT}(f_i) = 1 + e^{-j2\pi f_i t_0} \, . \qquad (8.24)$$

Das bedeutet, dass man auch in diesem Fall ein Elementarsignal empfangen kann, welches dem gesendeten in seiner prinzipiellen Form entspricht. Lediglich die Dauer ist um t_0 kleiner und es tritt der komplexe Faktor $H_{KT}(f_i)$ auf. Mit einem Trick kann man es nun noch erreichen, dass $T_a = T$ gilt, d. h. dass der Ausschnitt (der stationäre Anteil) aus dem Empfangssignal die gleiche Dauer hat wie die Dauer der Elementarsignale. Hierzu setzt man das zu sendende Elementarsignal periodisch über eine Dauer fort, die der Dauer der Kanalstoßantwort entspricht, im Beispiel oben also über die Dauer t_0. Die Elementarsignale dürfen dann bei einer kontinuierlichen Übertragung direkt zeitlich nacheinander gesendet werden. Für das OFDM-Sendesignal im äquivalenten TP-Bereich ergibt sich somit

$$\begin{aligned}
s_T(t) &= \sum_{i=1}^{M} \sum_{k} x_i(k) \, e_{Ti}(t - k \, T_S) \\
&= \sum_{i=1}^{M} \sum_{k} x_i(k) \, \text{rect}(\frac{t - kT_S}{T_S}) \, e^{j2\pi f_i t} \, ; \qquad T_S = T + T_G \, . \qquad (8.25)
\end{aligned}$$

T_G ist die sog. *OFDM-Schutzzeit* (OFDM *Guard Time*), die durch die periodische Fortsetzung überbrückt wird. Im Beispiel kann $T_G = t_0$ gelten. Allgemein muss T_G größer sein als die zu erwartende maximale Dauer von $h_{KT}(t)$.
Abbildung 8.11 veranschaulicht die Zusammenhänge am obigen Beispiel der Übertragung über einen Zweiwege-Übertragungskanal.
Geht man davon aus, dass dem Empfänger die richtige Lage des Ausschnitts bekannt ist – dies entspricht der Symbol-Synchronisation – dann genügt es zum Verständnis des weiteren Empfangsvorgangs, nur einen einzigen derartigen Ausschnitt zu betrachten. Die Schutzzeit verhindert ein Übersprechen (ISI) zwischen den aufeinander folgenden Ausschnitten. Zweckmäßig ist für die nun folgenden Betrachtungen, den Zeit-Nullpunkt auf die Mitte des Ausschnitts zu legen. Dann gilt für den Ausschnitt

$$g_{Ta0}(t) = \sum_{i=1}^{M} H(f_i) \, x_i(0) \, \text{rect}(\frac{t}{T}) \, e^{j2\pi f_i t} + n_T(t) \, . \qquad (8.26)$$

Der Ausschnitt enthält jetzt nur einen stationären Anteil, der mit einem entsprechenden Ausschnitt aus der Antwort des Kanals auf unendlich ausgedehnte komplexe Exponentialfunktionen am Eingang identisch ist, s. (8.19). Der

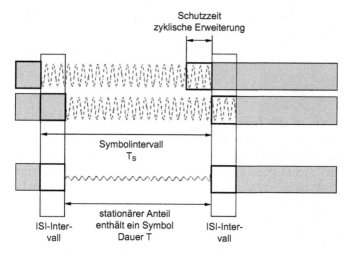

Abb. 8.11. OFDM-Übertragung über einen Zweiwege-Kanal, Schutzzeit und zyklische Erweiterung

Index 0 bei $g_{Ta0}(t)$ soll bedeuten, dass der Ausschnitt betrachtet wird, der zu den Sendesymbolen $x_i(k)$ für $k = 0$ gehört. $n_T(t)$ repräsentiert den TP-Rauschprozess, der aus dem BP-AWGR-Prozess resultiert. Mit der Definition der folgenden Ersatz-Elementarsignale

$$e_{Ti\mathrm{Ersatz}}(t) = H(f_i)\,\mathrm{rect}(\frac{t}{T})\,e^{j2\pi f_i t} \qquad (8.27)$$

folgt aus (8.26):

$$g_{Ta0}(t) = \sum_{i=1}^{M} x_i(0)\,e_{Ti\mathrm{Ersatz}}(t) + n_T(t)\,. \qquad (8.28)$$

Dies entspricht der einmaligen parallelen Übertragung von Elementarsignalen über einen AWGR-Kanal, wobei die Ersatz-Elementarsignale wieder ein Orthogonalsystem bilden. Damit tritt kein Übersprechen zwischen den Subkanälen auf. Die i. Allg. notwendige MF-Bank (s. Abb. 8.5) besteht hier aus Filtern mit den Stoßantworten

$$w_{Ti}(t) = e_{Ti\mathrm{Ersatz}}^*(-t)$$
$$= H^*(f_i)\,\mathrm{rect}(\frac{t}{T})\,e^{j2\pi f_i t}\,. \qquad (8.29)$$

Zu bemerken ist an dieser Gleichung, dass die Konjugiert-Komplex-Operation zusammen mit der Zeitinversion wieder zu einem positiven Exponenten bei der komplexen Exponentialfunktion führt. Nach der Abtastung im Symboltakt –

hier stellvertretend nur für $k = 0$ – ergibt sich das jeweilige gesendete Symbol mit einem Faktor, der der Energie des Ersatz-Elementarsignals entspricht:

$$y_i(0) = E_{e_{TiErsatz}}\, x_i(0) + n_{Tei}(0)$$

$$= \frac{T}{2}\, |H(f_i)|^2\, x_i(0) + n_{Tei}(0)\,. \tag{8.30}$$

$n_{Tei}(0)$ ist, wie in den Erläuterungen früher auch, der Abtastwert des Rauschens am Ausgang des i-ten MF zum Zeitpunkt $t = 0$. Der Faktor $\frac{1}{2}$ in der Energie tritt auf, weil hier äquivalente TP-Signale vorliegen. Die Übertragung der einzelnen Symbole $x_i(0)$ geschieht ohne gegenseitiges Übersprechen, die Orthogonalität bleibt erhalten. $H^*(f_i)$ in (8.29) hat insofern keine Bedeutung, als das Nutzsignal und das Rauschen in gleicher Weise von diesem Faktor betroffen sind. Wenn man ihn weglässt, erhält man den bei OFDM in der Praxis üblichen Ansatz auf der Empfangsseite:

$$w_{TiOFDM}(t) = \mathrm{rect}(\frac{t}{T})\, e^{j2\pi f_i t}$$

$$\Longrightarrow$$

$$y_{iOFDM}(0) = \frac{T}{2}\, H(f_i)\, x_i(0) + n_{Tei}(0)\,. \tag{8.31}$$

Während $\frac{T}{2}$ in dieser Gleichung ein für das Prinzip unwichtiger Skalierungsfaktor ist, muss die komplexe Zahl $H(f_i)$ natürlich bekannt sein, wenn man $x_i(0)$ wieder zurückgewinnen will. Umgehen kann man dies, wenn man DPSK-Verfahren einsetzt. Wie in Kap. 3 erläutert, ist es dann lediglich erforderlich, dass sich die Werte $H(f_i)$ zwischen zwei aufeinander folgenden Symbolen nicht ändern. Bei allgemeinen QAM-Alphabeten ist es in der Praxis üblich, die Übertragungsfunktion $H(f)$ an den Stellen f_i mit Hilfe von sog. *Pilot-Trägern* zu ermitteln. Die Pilot-Träger werden dabei nicht zur Datenübertragung genutzt. Die Division von $y_{iOFDM}(0)$ durch $H(f_i)$ bedeutet dann eine Zero-Forcing-Entzerrung, s. 6. $y_{iOFDM}(0)$ berechnet sich explizit wie folgt

$$y_{iOFDM}(0) = \frac{1}{2} g_{Ta0}(t) * w_{TiOFDM}(t)|_{t=0} = \int\limits_{-\infty}^{\infty} g_{Ta0}(\tau)\, w_{TiOFDM}(-\tau)\, d\tau$$

$$= \int\limits_{-\infty}^{\infty} g_{Ta0}(\tau)\, \mathrm{rect}(\frac{\tau}{T})\, e^{-j2\pi f_i \tau}\, d\tau = \int\limits_{-\frac{T}{2}}^{\frac{T}{2}} g_{Ta0}(\tau)\, e^{-j2\pi f_i \tau}\, d\tau\,. \tag{8.32}$$

Das resultierende Integral ist die Vorschrift, die man zur Bestimmung der Fourier-Koeffizienten verwendet, wenn man $g_{Ta0}(t)$ in eine Fourier-Reihe entwickeln will. Die $y_{iOFDM}(0)$ und damit auch die $x_i(0)$ sind somit auch als Fourierkoeffizienten zu deuten. In der Praxis verwendet man zur Berechnung des

Integrals die diskrete Fouriertransformation (DFT) bzw. die aufwandsgüns-
tigere *schnelle Fouriertransformation* (engl. *Fast Fourier Transform, FFT*).
Hierzu muss eine passende Abtastung nach dem Abtasttheorem vorgenommen werden. Da $g_{Ta0}(t)$ nur näherungsweise als bandbegrenzt angenommen
werden kann, s. Abb. 8.9, muss das Abtastintervall $\triangle t$ genügend klein gewählt
werden. Auf der Sendeseite führt (8.17) in ähnlicher Weise auf die inverse DFT
oder inverse FFT. Abbildung 8.12 zeigt ein hierauf basierendes Blockbild für
eine OFDM-Übertragung.

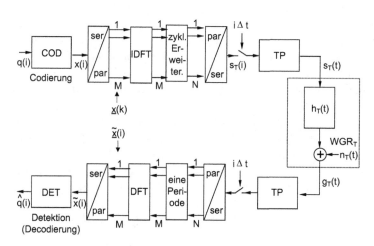

Abb. 8.12. Modell für eine OFDM-Übertragung

Aus der Quellenfolge $q(i)$ wird über den mit Codierung (COD) bezeichneten
Block eine Sendefolge $x(i)$ gebildet. Dabei beinhaltet COD neben der Kanalcodierung auch die Zuordnung der Codesymbole (Bits) zu den Sendesymbolen $x(i)$, die in Kap. 2 als modulationsspezifische Codierung bezeichnet wurde.
Die sich anschließende Seriell-Parallel-Wandlung erzeugt daraus die Folge $\underline{x}(k)$
von Sendesymbolvektoren im Symboltaktraster. Nach der inversen diskreten
Fouriertransformation (IDFT) folgt die periodische (oder zyklische) Erweite-
rung über das OFDM-Schutzzeit-Intervall, und die Parallel-Seriell-Wandlung
liefert die Abtastwerte des Sendesignals. Mit dem passenden Interpolations-
Tiefpass ergibt sich das zeitkontinuierliche Sendesignal $s_T(t)$. Es folgt der
Übertragungskanal und anschließend die zur Sendeseite korrespondierenden
Operationen im Empfänger. Da die Orthogonalität wegen der Schutzzeit erhalten bleibt, ergeben sich im Hinblick auf die Übertragung der Vektoren
$\underline{x}(k)$ M Subkanäle ohne gegenseitiges Übersprechen. Darüber hinaus sorgt
die Schutzzeit auch dafür, dass keine Eigeninterferenzen zwischen aufeinander
folgenden Blöcken entstehen. Die Übertragung der Sendesymbolfolge $x_i(k)$ im
i-ten Subkanal lässt sich somit nach (8.31) sehr einfach beschreiben:

$$\tilde{x}_i(k) = y_{i\text{OFDM}}(k) = \frac{T_S}{2} H_T(f_i) x_i(k) + \tilde{n}_{ei}(k); \quad i = 1, 2, ..., M \quad (8.33)$$

$$\tilde{n}_{ei}(k) = n_{Tei}(k\,T_S).$$

Für die Detektion (DET) in Abb. 8.12 bedeuten diese Voraussetzungen, dass sie z. B. aus einer ZF-Entzerrung (Division durch $H_T(f_i)$ und $\frac{T_S}{2}$), einer modulationsspezifischen Decodierung sowie einer konventionellen Kanaldecodierung (Soft oder Hard Decision) besteht.

Anmerkung 1: Um die Erläuterungen nicht unnötig kompliziert zu machen, wurde im Beispiel oben ein Zweipfad-Übertragungskanal verwendet, der weder ein BP-Kanal ist, noch ein äquivalenter TP-Kanal. Dies ändert aber nichts an den erläuterten Prinzpien. Nimmt man beim Kanal eine passende Bandbegrenzung vor, dann existiert ein zugehöriger äquivalenter TP-Kanal. Setzt man ihn in die Ableitungen ein, dann ergibt sich in (8.33) der zusätzliche, zum Kanal gehörige Faktor $e^{-j2\pi f_0 t_0}$. f_0 ist hierbei die angenommene BP-Mittenfrequenz.◄

Anmerkung 2: Häufig lässt man einige Subkanäle am oberen Ende des OFDM-Frequenzbandes ungenutzt. Der Grund hierfür ist, dass man bei der Interpolation im Sender – s. Abb. 8.12 – einen einfachen TP mit praktikabler Flankensteilheit verwenden möchte. Das bedeutet, dass man die korrespondierenden $x_i(k)$ auf der Sendeseite zu Null setzt. Damit gilt

$$N = \frac{1}{\Delta t\,\Delta f}; \quad \Delta f = \frac{1}{T_S}; \quad f_g = \frac{1}{2\Delta t}; \quad M < N$$

N ist die DFT- bzw. FFT-Fensterlänge, Δt das Sendesignal-Abtastintervall, Δf der minimale Abstand der OFDM-Unterträger und f_g die Grenzfrequenz der Tiefpässe auf der Sende- und Empfangseite (Interpolation/Anti-Aliasing). Geht man von der Zahl M der zu nutzenden OFDM-Subkanäle und der Symboldauer T_S aus, dann müssen die übrigen Größen ensprechend berechnet werden, wobei noch ein Freiheitsgrad bei $N > M$ besteht. $N - M$ ist dann die Zahl der nicht genutzten Subkanäle.◄

Anmerkung 3: Bei Mehrwegekanälen und dem hieraus resultierenden frequenzselektiven Verhalten von $H(f)$ können einige $H_T(f_i)$ in (8.33) kleine Werte annehmen oder sogar Null werden. Deshalb ist es in solchen Fällen bei OFDM unerlässlich, eine passende Kanalcodierung und ein passendes Interleaving vorzusehen, wobei oft eine Coderate von etwa $\frac{1}{2}$ gewählt wird. Das Interleaving wird häufig dadurch unterstützt, dass man die Zuordnung zwischen den zu übertragenden Sendesymbolen und den OFDM-Frequenzen f_i zyklisch variiert. Um zu betonen, dass reines OFDM bei praktisch genutzten Funkkanälen in der Regel nicht sinnvoll ist, verwendet man die Bezeichnung *COFDM* (*codiertes OFDM*).◄

Anmerkung 4: Das OFDM-Prinzip basiert darauf, dass ein zeitinvarianter Kanal vorliegt. In der Praxis ist dies in vielen Fällen nicht gegeben. Dann macht man die Annahme, dass der Kanal sich zumindest innerhalb eines Symbolintervalls nicht wesentlich ändert. Ist die Änderungsgeschwindigkeit jedoch zu groß, dann geht die Orthogonalität verloren, und es tritt ein Übersprechen zwischen den Subkanälen auf.◄

8.2.5 Multiplex-Übertragung von Analogsignalen

Auch Analogsignale können bei einem Multiplex mit orthogonalen Elementarsignalen übertragen werden – s. Abb. 8.13.

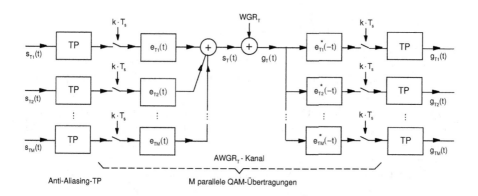

Abb. 8.13. Multiplex-Übertragung von Analogsignalen

In dieser Abbildung werden bandbegrenzte analoge Quellensignale vorausgesetzt, die nach dem Abtasttheorem abgetastet werden können.

Nutzt man anschließend die bereits in Kap. 4 verwendete Tatsache, dass auch kontinuierliche Symbolalphabete bei einer Übertragung mit linearen Modulationsverfahren zulässig sind, dann folgt sofort, dass der optimale Empfänger in diesem Fall aus einer Bank von MF mit Abtastern und sich anschließenden Interpolationstiefpässen bestehen muss. Das Abtastintervall muss nur noch mit dem Symbolintervall T_S gleichsetzt werden. Wenn die $e_{Ti}(t)$ das verallgemeinerte erste Nyquist-Kriterium erfüllen, d. h. wenn

$$\varphi^E_{e_{Ti}e_{Tl}}(kT_S) = \begin{cases} E_i \text{ für } k=0 \ \wedge \ i=l \\ \quad 0 \quad \text{sonst} \end{cases} \tag{8.34}$$

gilt, dann folgt für die empfangenen Analogsignale $g_{Ti}(t)$, s. 8.13:

$$g_{Ti}(t) = E_i \, s_{Ti}(t) + n_{Ti}(t)\,.$$

Bis auf den Skalierungsfaktor E_i und das vom AWGR-Kanal stammende additive Rauschen $n_{Ti}(t)$ erhält man auf der Empfangseite die gesendeten bandbegrenzten Signale $s_{Ti}(t)$ wieder zurück. Da die gesamte Übertragung hier im äquivalenten TP-Bereich modelliert ist, dürfen die Signale $s_{Ti}(t)$ natürlich auch komplexwertig sein.

Genutzt werden kann jedes Multiplex mit orthogonalen Elementarsignalen, d. h. auch alle zuvor besprochenen Spezialfälle sind erlaubt. Liegen nur Quasi-orthogonale Elementarsignale vor – (8.34) ist dann nicht erfüllt – dann ergibt sich ein *Übersprechen* zwischen den Multiplex-Subkanälen. Kanäle mit linearen Verzerrungen können dies ebenfalls bewirken, auch eine Zeitvarianz im Falle von OFDM.

8.3 Vektorwertige Übertragung mit linearen Modulationsverfahren

Die Beschreibungen in den vorhergehenden Kapiteln basierten, ohne dass dies explizit erwähnt wurde, auf einer Denkweise, bei der ein einzelnes Sender-Empfänger-Paar im Mittelpunkt steht. Auch bei den Multiplexverfahren war die Vorstellung, dass Subkanäle gebildet werden, die möglichst unabhängig von einander genutzt werden können. Bei CDM wurde aber bereits deutlich, dass man auch mit einem Übersprechen zwischen den Subkanälen rechnen muss, vor allem wenn linear verzerrende Kanäle vorliegen. Das konventionelle Vorgehen ist bei CDM, weniger aktive Subkanäle (oder Nutzer) zuzulassen und die Kanalcodierung so auszulegen, dass sich die Übersprech-Störungen praktisch nicht auswirken. Beim zellularen Mobilfunk verschärft sich das Problem dadurch, dass Übersprechen von weiter entfernten Zellen zugelassen wird, um die Ausnutzung von Frequenzbändern zu optimieren. Die erreichbaren Bitfehlerwahrscheinlichkeiten sind dann nur durch das Übersprechen bedingt. Man nennt derartige Systeme *interferenzbegrenzt*.

Eine weiterführende Sichtweise besteht darin, alle Subkanal-Signale grundsätzlich als Nutzsignale aufzufassen, auch die, die das gewünschte Signal stören. Für die Empfangsseite bedeutet dies, dass hier Verfahren notwendig sind, die alle Subkanal-Signale gemeinsam empfangen und gegenseitige Abhängigkeiten ebenso nutzen wie das Wissen über die Erzeugung der einzelnen Sendesignale. Vor diesem Hintergrund ist es naheliegend, die Subkanal-Signale und ebenso die Subkanal-Symbolfolgen zu Vektoren zusammenzufassen.

Die folgenden Erläuterungen beschränken sich auf eine digitale Übertragung mit linearen Modulationsverfahren. Sie können als Verallgemeinerung von Abschn. 8.2 aufgefasst werden. Um die Schreibweisen nicht unnötig kompliziert zu machen, wird auf eine Unterscheidung zwischen BP-Signalen und äqivalenten TP-Signalen verzichtet. In der Terminologie ist insoweit ein kleiner Unterschied zu den vorhergehenden Kapiteln, als hier für Elementarsignale $u(t)$ statt $e(t)$ verwendet wird.

8.3.1 Skalare Übertragung

Zum besseren Verständnis und als Vorbereitung auf die anschließend zu behandelnde vektorwertige Übertragung soll hier zunächst Abschn. 6.1.2 noch einmal in kompakter Form wiederholt werden. Neu ist hier lediglich der Einschluss der Kanalcodierung, s. Abb. 8.14.

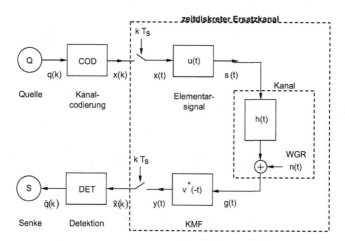

Abb. 8.14. Zeitkontinuierliches Modell für eine digitale Übertragung mit linearen Modulationsverfahren

Dargestellt ist ein konventionelles Modell für eine digitale Übertragung mit linearen Modulationsverfahren. Die Quelle erzeugt eine Folge $q(k)$ von Quellensymbolen, die zur Kanalcodierung weitergeleitet werden. Die Kanalcodierung wiederum gibt eine Folge $x(k)$ von Sendesymbolen aus, die auch komplexwertig sein dürfen. Im Fall von 4PSK gilt z. B: $x(k)\epsilon\{\pm1\pm j\}$. Das bedeutet, dass die modulationsspezifische Codierung (z. B. eine Gray-Codierung, s. Kap. 3) in dem Block COD mit enthalten ist.

Der Rest des Sender-Blockdiagramms ist eine Beschreibung der linearen Modulation wie sie bereits in den vorherigen Kapiteln verwendet wurde. Für das Sendesignal $s(t)$ gilt somit

$$s(t) = \sum_k x(k)\,u(t - k\,T_S)\,. \tag{8.35}$$

$u(t)$ ist in dieser Gleichung das zur Übertragung verwendete Elementarsignal und T_S das Symbol-Intervall. Der Übertragungskanal soll als zeitinvariant, aber linear verzerrend angenommen werden, mit additivem WGR an seinem Ausgang. Der untere Teil in Abbildung 8.14 zeigt den Empfänger. Er besteht im ersten Teil aus einem Kanal-MF (KMF), das an $v(t) = h(t)*u(t)$ angepasst ist. Die anschließende Abtastung im Symbol-Taktraster liefert

$$\tilde{x}(k) = y(k\,T_S) = r(k) * x(k) + \tilde{n}(k)\,. \tag{8.36}$$

$r(k)$ ist die Stoßantwort des zeitdiskreten Ersatzkanals auf Symbol-Basis, $\tilde{n}(k)$ die Folge von Rausch-Abtastwerten am Ausgang des KMF und der $*$ bedeutet eine diskrete Faltungsoperation. Der zeitdiskrete Ersatzkanal beinhaltet somit den physikalischen Kanal ebenso wie das Elementarsignal $u(t)$:

$$r(k) = v^*(-t) * v(t)\,|_{t=k\cdot T_S}\,. \tag{8.37}$$

Wenn das Elementarsignal $u(t)$ das erste Nyquist-Kriterium erfüllt und für den Kanal $h(t) = \delta(t)$ gilt, dann ergibt sich für $r(k)$ der Idealfall:

$$\text{Idealfall:} \quad r(k) = \delta(k)\,. \tag{8.38}$$

Die AKF des $\tilde{n}(k)$-Prozesses lässt sich aus $r(k)$ und der spektralen Leistungsdichte des WGR-Prozesses berechnen:

$$\varphi_{\tilde{n}\tilde{n}}(k) = N_0\, r(k)\,. \tag{8.39}$$

Abb. 8.15 zeigt das resultierende zeitdiskrete Übertragungsmodell auf Symbol-Basis. Anzumerken ist, dass die Folge von Schätzwerten $\tilde{x}(k)$ in den Abbil-

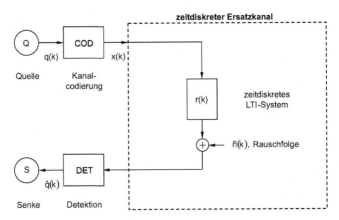

Abb. 8.15. Zeitdiskretes Übertragungsmodell auf Symbolbasis

dungen 8.15 und 8.14 wegen des KMF eine *Sufficient Statistic* ergibt, s. auch Abschn. 6.1.2. Das bedeutet, dass im Hinblick auf einen ML-Empfang noch keine Information verloren gegangen ist. Wenn der mit DET (= Detektion) bezeichnete Block in den Abbildungen 8.14 bzw. 8.15 einen ML-Algorithmus enthält, dann ist auch der gesamte Empfänger ein ML-Empfänger. Hierbei muss man beachten, dass DET die Zusammenfassung von Entzerrung und Decodierung darstellt. Sie bilden eine Einheit, die man i. Allg. nicht a priori in zwei Einzelblöcke aufteilen kann, sofern man nicht an Leistungsfähigkeit verlieren will.

8.3.2 MIMO-Kanäle

In Abb. 8.16 ist ein Beispiel für eine Funk-Übertragung mit $M = 2$ Sendern und einem Empfänger dargestellt, der $L = 3$ Empfangsantennen besitzt. Zwischen den Sendern und dem Empfänger liegt ein Übertragungskanal mit zwei Eingängen und drei Ausgängen, den man *MIMO-Kanal* nennt. MIMO steht dabei für *Multiple-Input-Multiple-Output*. Fasst man nun in einer Abstraktion die zwei Sender zu einem Sender mit zwei Sendesignalen zusammen, dann ergibt sich wieder ein einfaches Modell, das aus der vertrauten Kette Sender-Kanal-Empfänger besteht. Die Bezeichnung MIMO-Kanal sagt noch nichts darüber aus, wie die Sendesignale entstehen und die Empfangsignale verarbeitet werden. So wären bei dem MIMO-Kanal im Beispiel auch ein Sender mit zwei Sendeantennen und drei separate Empfänger möglich. In diesem Fall müsste man auf der Empfangsseite abstrahieren und sich einen Empfänger vorstellen, der die drei separaten Empfänger zusammenfasst.

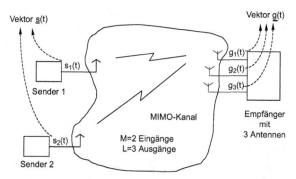

Abb. 8.16. Übertragung über einen MIMO-Kanal

Mehrere Sender und ein Empfänger mit einer Antenne wurden bereits in Abschn. 8.1.3 angesprochen. Dieser MIMO-Spezialfall wird *MISO* (Multiple-Input-Single-Output) genannt. *SIMO* (Single-Input-Multiple-Output) ist in dieser Terminologie ein Kanal mit einem Eingang um mehreren Ausgängen, und *SISO* (Single-Input-Single-Output) schließlich der skalare Spezialfall. Naheliegend ist, die individuellen Sendesignale ebenso wie die individuellen Empfangsignale zu Signalvektoren zusammenzufassen, s. auch Abb. 8.16. Allgemein ist ein MIMO-Kanal somit folgende Abbildung:

$$\underline{s}(t) = \begin{bmatrix} s_1(t) \\ s_2(t) \\ \vdots \\ s_M(t) \end{bmatrix} \rightarrow \underline{g}(t) = \begin{bmatrix} g_1(t) \\ g_2(t) \\ \vdots \\ g_L(t) \end{bmatrix} \tag{8.40}$$

Wie beim skalaren Modell auch soll hier angenommen werden, dass zeitinvariante lineare Verzerrungen vorliegen. Bei den zwei Eingängen und drei Ausgängen in Abb. 8.16 bedeutet dies, dass 2×3=6 individuelle Stoßantworten berücksichtigt werden müssen. Sie lassen sich zu einer Matrix $H(t)$ zusammenfassen, die man als Stoßantwort eines *MIMO-LTI-Systems* auffassen kann.[3] Mit M Eingängen und L Ausgängen gilt allgemein

$$H(t) = \begin{bmatrix} h_{11}(t) & \cdots & h_{1M}(t) \\ \vdots & \ddots & \vdots \\ h_{L1}(t) & \cdots & h_{LM}(t) \end{bmatrix}. \tag{8.41}$$

Für die individuellen Empfangssignale $g_l(t)$ ergibt sich

$$g_l(t) = \sum_{m=1}^{M} h_{lm}(t) * s_m(t) + n_l(t); \quad l = 1, 2, ..., L. \tag{8.42}$$

Zu jedem der L Empfangssignale gehört ein additiver WGR-Prozess, der durch die Musterfunktion $n_l(t)$ repräsentiert wird. Er modelliert die auf der Empfangsseite vorhandenen Störungen. Nutzt man die zuvor eingeführte Vektor-Schreibweise für die Sende- und Empfangssignale dann folgt

$$\underline{g}(t) = H(t) * \underline{s}(t) + \underline{n}(t). \tag{8.43}$$

Diese Gleichung kann als Definition eines *linear verzerrenden MIMO-Kanals* aufgefasst werden. Das auftretende *Matrix-Vektor-Faltungsprodukt* beschreibt die Eingangs-Ausgangs-Beziehung des MIMO-LTI-Systems ohne Rauschen. Die Komponenten am Ausgang berechnen sich dabei wie in (8.42). Schematisch kann man dabei so wie bei einer Matrix-Vektor-Multiplikation vorgehen. Statt des Multiplikationszeichens muss man nur den Faltungsstern $*$ schreiben. Der additive WGR-Prozess des skalaren Falls ist nun zu einem additiven *WGR-Vektor-Prozess* mit den Vektor-Musterfunktionen $\underline{n}(t)$ geworden.

Die Beschreibung des MIMO-Kanals ist, bis auf die Linearität und Zeitinvarianz des MIMO-LTI-Systems, allgemein. Insbesondere sind am Eingang beliebige Signale erlaubt. In den Anwendungen werden aber – wie im folgenden Abschnitt auch – häufig Systeme modelliert, bei denen die Sendesignale von gleicher Art sind, z. B. Sendesignale, die alle einzeln zu Übertragungen mit einem linearen Modulationverfahren gehören. In der Regel ist hierbei auch das Symbolintervall T_S das gleiche. Lediglich Synchronität oder Asynchronität zu unterscheiden kann sinnvoll sein. Asynchronität bedeutet, dass die Symboltakt-Raster kT_S, die in zu jedem einzelnen Sendesignal gehören, gegeneinander zeitlich verschoben sind. Es ist leicht einzusehen, dass man diesen Fall direkt auf den synchronen Fall mit entsprechend gegeneinander verschobenen Kanalstoßantworten $h_{lm}(t)$ zurückführen kann. Laufzeitunterschiede zwischen

---

[3] Für Matrizen werden hier im Kontext von vektorwertigen Übertragungsverfahren große Buchstaben verwendet.

den einzelnen Sendern lassen sich somit in den MIMO-Kanal verschieben. Damit ist es bei der Modellierung keine Einschränkung, wenn man annimmt, dass alle Komponenten des Sendesignalvektors das gleiche Symbol-Raster kT_S besitzen. Die MIMO-Übertragung wurde hier am Beispiel von Funkkanälen erläutert. Sie gilt aber natürlich allgemein, z. B. auch für eine leitungsgebundene Übertragung über ein Kabel mit $M = L$ einzelnen Aderpaaren.

Eine Übertragung von Signalen über MIMO-Kanäle bedeutet, Signalvektoren zu übertragen, weshalb von nun an die Bezeichnung *vektorwertige Übertragung* verwendet werden soll.

8.3.3 Vektor-Übertragungsmodell

Abb. 8.17 zeigt ein Blockbild für eine vektorwertige Übertragung mit linearen Modulationsverfahren über einen MIMO-Kanal. Das Blockbild hat die gleiche Struktur wie das skalare Gegenstück in Abb. 8.14.

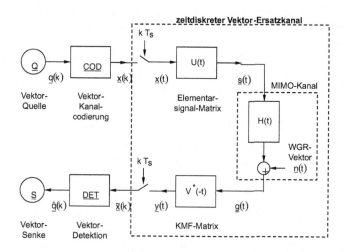

Abb. 8.17. Zeitkontinuierliches Modell für eine vektorwertige Übertragung mit linearen Modulationsverfahren

Statt skalarer Folgen und Signale gibt es jetzt Vektor-Folgen und Vektor-Signale, was an den Unterstrichen zu erkennen ist. Auf der Sendeseite können die Komponenten von $\underline{q}(k)$ und $\underline{x}(k)$ z. B. Folgen entsprechen, die zu einzelnen Sendern gehören. Ebenfalls möglich ist aber auch der Fall von Subkanälen, die alle zu einem einzelnen Sender gehören, wie z. B. im Fall von OFDM. Auch Kombinationen von beiden Fällen sind erlaubt. Das Modell schränkt den Bezug zu verschiedenen realen System nicht ein. Ebenfalls mit einbezogen werden können die Fälle, in denen ein Sender mit mehr als einer Antenne sendet, auch ein Empfänger mit mehreren Empfangsantennen ist erfasst. Näher erläutert werden diese Aussagen im Abschn. 8.3.6.

Die *Vektor-Codierung* <u>COD</u> kann – abhängig vom modellierten System – verschiedene Ausprägungen besitzen. Wenn die Komponenten von $\underline{q}(k)$ zu separaten Sendern gehören, besteht nur die Möglichkeit in k-Richtung (d. h. in Zeitrichtung) zu codieren. Die Vektor-Codierung entartet dann zu M parallelen skalaren Codierern. Im Falle von OFDM dagegen kann in Vektorkomponenten-Richtung und in k-Richtung codiert werden.

Die Stoßantworten $u(t)$ und $h(t)$ des skalaren Modells sind in dem Vektor-Übertragungsmodell zu Stoßantwort-Matrizen $U(t)$ und $H(t)$ geworden. $U(t)$ ist eine $M \times M$ Diagonalmatrix mit Elementarsignalen auf der Hauptdiagonalen:

$$U(t) = \text{diag}\,[u_1(t), ..., u_M(t)]\ . \tag{8.44}$$

Die Elementarsignale $u_1(t)$ sind hierbei individuellen Sendern, Subkanälen und/oder Mehrfachsendeantennen zugeordnet. Wie in Abschn. 8.2 bereits erläutert, legen sie das Multiplexverfahren fest. Im Falle von CDM sind die $u_i(t)$ Spreizfunktionen und bei OFDM im äquivalenten TP-Bereich die komplexen, durch rect-Funktionen zeitbegrenzten Exponentialfunktionen mit der Frequenz des jeweiligen Subträgers, s. (8.17).

$H(t)$ ist die $M \times L$ -MIMO-Kanalstoßantwort-Matrix mit. Das KMF des skalaren Falls wird hier zu einer KMF-Matrix, die auf $V(t) = H(t) * U(t)$ angepasst ist. Gleichung (8.36) vom skalaren Fall wird jetzt verallgemeinert zu

$$\tilde{\underline{x}}(k) = \underline{y}(k \cdot T_S) = R(k) * \underline{x}(k) + \tilde{\underline{n}}(k)\ . \tag{8.45}$$

$R(k)$ ist in dieser Gleichung eine Matrix mit zeitdiskreten Ersatzkanal-Stoßantworten $r_{li}(k)$ mit $i, l = 1, ..., M$. Für sie gilt:

$$R(k) = V^{T*}(-t) * V(t)\ |_{t=k \cdot T_S}\ . \tag{8.46}$$

Das additive Rauschen führt am Ausgang der KMF-Matrix nach der Symbol-takt-Abtastung zu einer Folge von Rauschvektoren $\tilde{\underline{n}}(k)$, bei denen die Komponenten untereinander ebenso korreliert sein können wie die Werte der Folgen in k-Richtung. Dies lässt sich durch eine von k abhängige Korrelationsmatrix ausdrücken. Mit dem hier passenden zeitdiskreten Wiener-Lee-Theorem folgt in Verallgemeinerung von (8.39):

$$\Phi_{\tilde{n}\tilde{n}}(k) = N_0 \cdot R(k)\ . \tag{8.47}$$

Abb. 8.18 zeigt ein Blockbild für das zeitdiskrete Vektor-Übertragungsmodell auf Symbolbasis entsprechend (8.45). In Verallgemeinerung von $r(k) = \delta(k)$ für den skalaren Fall – s. (8.38) – folgt jetzt für den Vektor-Idealfall:

$$\text{Idealfall:}\quad R(k) = I \cdot \delta(k)\ . \tag{8.48}$$

I ist hierbei die $M\text{x}M$-Einheitsmatrix und $\delta(k)$ der zeitdiskrete Diracstoß. Dieser Idealfall bedeutet, dass der MIMO-Kanal verzerrungsfrei ist, d. h. es muss $H(t) = I \cdot \delta(t)$ gelten. Darüber hinaus muss natürlich auch noch das verallgemeinerte erste Nyquist-Kriterium erfüllt sein.

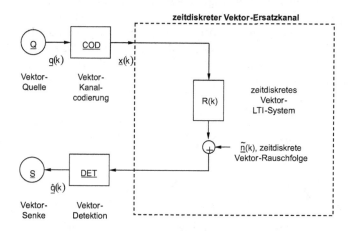

Abb. 8.18. Zeitdiskretes Vektor-Übertragungsmodell auf Symbol-Basis

Die Nebendiagonal-Elemente von $R(k)$ repräsentieren für festes k das Übersprechen zwischen den Vektorkomponenten von $\underline{x}(k)$. Einzelne Einträge auf den Hauptdiagonalen (d. h. $r_{ii}(k)$) bedeuten in Abhängigkeit von k dagegen skalare Intersymbol-Interferenz. Von der Nullmatrix verschiedene Matrizen $R(k)$ für $k \neq 0$ stellen somit eine Verallgemeinerung der skalaren Intersymbol-Interferenz dar. Auf die Arten von Störungen, die man aus $R(k)$ ablesen kann, wird in Abschn. 8.3.5 eingegangen.

Der mit <u>DET</u> bezeichnete Block in Abb. 8.18 ist die Verallgemeinerung der skalaren Detektion DET aus Abb. 8.15. Statt einer skalaren Entzerrung und Decodierung bedeutet <u>DET</u> nun eine *Vektor-Entzerrung* und *Vektor-Decodierung*. Sie soll von nun an auch mit *Vektor-Detektion* (VED) bezeichnet werden. Die Folge $\underline{\tilde{x}}(k)$ am Eingang der VED besitzt – analog zum skalaren Fall – eine „Sufficient Statistic" im Hinblick auf einen ML-Empfang. Auch hier muss beachtet werden, dass die VED eine Einheit darstellt, die man i. Allg. nicht ohne Verlust an Leistungsfähigkeit a priori in Vektor-Entzerrung und Vektor-Decodierung aufteilen kann. Wenn der Idealfall nach (8.48) vorliegt, entfällt die Vektor-Entzerrung, und es ist nur eine zu <u>COD</u> passende Vektor-Decodierung erforderlich. Generell muss man aber damit rechnen, dass $R(k)$ nicht ideal ist. In diesem Fall besitzt die VED eine Entzerrungs- und eine Decodierungs-Komponente. Wie aufwendig die VED sein muss, hängt von $R(k)$ ab. Je näher $R(k)$ dem Idealfall (8.48) kommt, desto kleiner wird der Realisierungsaufwand für die VED sein. Dies soll in Abschn. 8.3.8 später noch etwas näher betrachtet werden.

8.3.4 Vektor-Übertragungsmodell bei SISO-Kanälen

Das Vektor-Übertragungsmodell kann mit den bisherigen Erläuterungen noch nicht direkt bei solchen Übertragungssystemen verwendet werden, bei denen das Multiplex-Signal $s(t)$ innerhalb eines einzelnen Senders gebildet wird. Das beim Rundfunk verwendetete OFDM ist hierfür ein passendes Beispiel: Gesendet wird nur ein einzelnes Sendesignal $s(t)$, das die OFDM-Subkanäle beinhaltet. Besitzt der Empfänger ebenfalls nur einen einzelnen Eingang, so wie dies beim Empfang von OFDM-Rundfunk üblich ist, dann liegt zwischen der Sende- und der Empfangsseite ein SISO-Kanal mit einer einzelnen Stoßantwort $h(t)$. Das Sendesignal $s(t)$ berechnet sich in diesem Fall wie folgt:

$$\underline{s}(t) = U(t) * \underline{x}(t) = U(t) * \sum_k \underline{x}(k)\,\delta(t - kT_S) = \sum_k U(t - kT_S)\underline{x}(k)$$

$$= \sum_k \sum_{i=1}^{M} x_i(k)\,u_i(t - kT_S) = \sum_{i=1}^{M} s_i(t)\,. \tag{8.49}$$

Das Vektor-Sendesignal $\underline{s}(t)$ ist in diesem Fall nur eine im Sender intern vorkommende Größe. Wirklich gesendet wird die Summe der Komponenten. $\underline{x}(k)$ ist wieder die Folge der zu übertragenden Sendesymbolvektoren mit den Komponenten $x_i(k)$, wobei jede Komponente einen Multiplex-Subkanal repräsentiert. Die Matrix $U(t)$ enthält, wie im allgemeinen Fall auch, die zu den Subkanälen gehörenden Elementarsignale $u_i(t)$ auf ihrer Hauptdiagonalen. Die $s_i(t)$ sind damit die einzelnen Subkanal-Sendesignale. Wenn der Übertragungskanal die Stoßantwort $h(t)$ besitzt, dann gilt für das Empfangssignal

$$g(t) = h(t) * s(t) + n(t) = \sum_{i=1}^{M} h(t) * s_i(t) + n(t) = H(t) * \underline{s}(t) + n(t)$$

$$H(t) = \begin{bmatrix} h(t)\ h(t)\ \cdots\ h(t) \end{bmatrix}$$

$$\underline{s}(t) = \begin{bmatrix} s_1(t)\ s_2(t)\ \cdots\ s_M(t) \end{bmatrix}^T\,. \tag{8.50}$$

Die $H(t)$-Matrix des SISO-Kanals kann in diesem Fall auch als Matrix eines MISO-Kanals aufgefasst werden, bei dem alle Einzel-Stoßantworten identisch sind. Das Vektor-Sendesignal $\underline{s}(t)$ muss real nicht explizit zugänglich sein, wirklich gesendet wird $s(t)$. Trotzdem ist es möglich, eine Übertragung wie OFDM mit einem vektorwertigen Modell zu beschreiben. Die KMF-Matrix muss in diesem Spezialfall angepasst sein an

$$V(t) = H(t) * U(t) = \begin{bmatrix} h(t) * u_1(t)\ \ h(t) * u_2(t)\ \ \cdots\ \ h(t) * u_M(t) \end{bmatrix} \tag{8.51}$$

und lautet daher

$$V^{T*}(-t) = \begin{bmatrix} h^*(-t) * u_1^*(-t) \\ h^*(-t) * u_2^*(-t) \\ \vdots \\ h^*(-t) * u_M^*(-t) \end{bmatrix}\,. \tag{8.52}$$

$V^{T*}(-t)$ repräsentiert die zu erwartende *KMF-Bank*. Für die Matrix $R(k)$ gilt schließlich:

$$R(k) = V^{T*}(-t) * V(t)\,|_{t=k\cdot T_S}$$

$$= \begin{bmatrix} h^*(-t) * u_1^*(-t) \\ \vdots \\ h^*(-t) * u_M^*(-t) \end{bmatrix} * \begin{bmatrix} h(t) * u_1(t) & \cdots & h(t) * u_M(t) \end{bmatrix} \Bigg|_{t=k\cdot T_S}$$

$$= \begin{bmatrix} \varphi_{hh}^E(t) * \varphi_{u_i u_m}^E(t)|_{t=k\cdot T_S} \end{bmatrix}_{i=1,\dots,M;\quad m=1,\dots,M} \tag{8.53}$$

In der $M \times M$-Matrix $R(k)$ stehen, wie zuvor allgemein beschrieben, Faltungsprodukte von Korrelationsfunktionen, die nach der Faltung mit kT_S abgetastet werden. Damit sind auch solche Verfahren durch ein zeitdiskretes Vektor-Übertragungsmodell nach Abb. 8.18 beschreibbar, bei denen das Subkanal-Summensignal $s(t)$ bereits im Sender gebildet wird.

Auch gänzlich skalare Übertragungen lassen sich in dieser Weise beschreiben. Wenn für das Sendesignal

$$s(t) = \sum_k x(k)\, u(t - kT_S)$$

gilt, dann definiert man die folgende Matrix mit Elementarsignalen:

$$U(t) = \begin{bmatrix} u(t) & & & \\ & u(t - T_S) & & \\ & & \ddots & \\ & & & u(t - (M-1)\,T_S) \end{bmatrix}. \tag{8.54}$$

Erfüllt $u(t)$ das erste Nyquist-Kriterium, dann erfüllen die Elementarsignale in $U(t)$ das verallgemeinerte erste Nyquist-Kriterium. Hiermit ist eine parallele Übertragung mit M Subkanälen definiert, die real einer seriellen Übertragung entspricht. Übertragen wird auf diese Weise ein Block bzw. Vektor $\underline{x}(k)$ mit M Komponenten. Um Interblock-Interferenz zu vermeiden, verwendet man in der Praxis Schutzzeiten zwischen den Blöcken, die durch Sendesymbole aufgefüllt werden, die dem Empfänger bekannt sind, s. Abschn. 8.3.5. Damit gilt auch in diesem rein skalaren Fall das zeitdiskrete Vektor-Übertragungsmodell nach Abb. 8.18 und es können die Abschn. 8.3.8 noch zu läuterten allgemeinen Vektor-Detektionsverfahren vorteilhaft eingesetzt werden.

8.3.5 Multiplexverfahren und Strukturen von R(k)

Das zeitdiskrete Vektor-Übertragungsmodell nach Abb. 8.18 lässt offen, wie die Komponenten von $\underline{x}(k)$ genutzt werden. Möglich ist, dass sie zu unterschiedlichen Nutzern gehören, oder aber – wie im Falle von OFDM – zu Subkanälen eines Nutzers. Kombinationen dieser beiden Fälle sind ebenfalls erlaubt. Hiermit verknüpft ist die Interpretation der Einträge in $R(k)$. Um dem

Idealfall möglichst nahe zu kommen, sollten auf der Hauptdiagonalen von $R(0)$ möglichst gleiche Werte stehen und im übrigen Teil von $R(0)$ möglichst die Werte Null. Für alle $k \neq 0$ sollten die Matrizen $R(k)$ an allen Stellen die Einträge Null enthalten, s. (8.48). Abweichungen vom Idealfall bedeuten ein Übersprechen zwischen Vektorkomponenten und/oder zwischen aufeinander folgenden Vektoren. Folgende Arten von Interferenz kann man unterscheiden:

- Interblock-Interferenz, IBI
  Hiermit ist das Übersprechen zwischen Vektoren $\underline{x}(k)$ mit unterschiedlichem k gemeint. Die IBI ist die Verallgemeinerung der ISI des skalaren Falls.
- Intersubkanal-Interferenz, ISCI (Intersubchannel Interference)
  Dies bedeutet generell ein Übersprechen zwischen den Vektorkomponenten für beliebige k.
- Internutzer-Interferenz (IUI, Interuser Interference)
  Wenn die Vektorkomponenten zu unterschiedlichen Nutzern gehören, wird die ISCI zu IUI. Hierfür sind weitere Bezeichnungen üblich: Multiple Access Interference (MAI), Multiuser Interference (MUI)

Abb. 8.19 zeigt einige typische Strukturen von $R(k)$ für unterschiedliche Kombinationen von Multiplexverfahren. Graue Felder besagen, dass die Matrizen in diesen Bereichen von Null verschiedene Einträge besitzen können.[4]

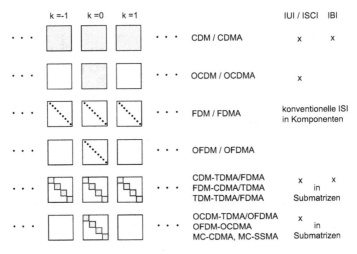

Abb. 8.19. Matrizen $R(k)$ für unterschiedliche Multiplex- bzw. Vielfachzugriffsverfahren

---

[4] Die zum jeweiligen Multiplexverfahren gehörigen Vielfachzugriffsverfahren (Endung „MA") sind in dieser Abbildung mit aufgelistet. Auf sie wird in Kap. 9.2 eingegangen.

Die Realisierungskomplexität und die Leistungsfähigkeit von VED hängen nur von $R(k)$ ab. Je mehr und je größere Einträge für $k = 0$ auf den Nebendiagonalen vorhanden sind, d. h. je größer die ISCI ist, desto größer wird der notwendige Entzerrungsaufwand in VED sein. Der Aufwand steigt ebenfalls, wenn IBI auftritt. Da unterschiedliche Verfahren zu gleichen Matrix-Strukturen führen können, sind solche Verfahren aus Sicht der VED auch gleichwertig oder nahezu gleichwertig.

OFDM scheint im Sinne von (8.48) zum Idealfall zu führen. Wegen der Schutzzeit tritt keine IBI auf, und da Eigenfunktionen des Kanals genutzt werden, bleibt die Orthogonalität der Elementarsignale bei der Übertragung über den Kanal erhalten. Mit (8.53) lässt sich $R_{OFDM} = R(0)$ berechnen. Die bei OFDM vorliegende Besonderheit der periodischen Wiederholung lässt sich durch eine periodische Wiederholung der KKF $\varphi^E_{u_i u_m}(t)$ ausdrücken. Für $\varphi^{Eper}_{u_i u_m}(t)$ gilt wiederum

$$\varphi^{Eper}_{u_i u_m}(t) = \delta(i - m)\, T_S\, e^{j2\pi f_i t}\,. \tag{8.55}$$

Das bedeutet, dass nur auf der Hauptdiagonalen von R_{OFDM} von Null verschiedene Einträge stehen können. Für das Skalarprodukt gilt mit dem Parseval-Theorem

$$r_{OFDMii} = \varphi^E_{hh}(t) * \varphi^{Eper}_{u_i u_i}(t)|_{t=0} = T_S \int_{-\infty}^{\infty} \varphi^E_{hh}(t)\, e^{j2\pi f_i t}\, dt$$

$$= T_S \int_{-\infty}^{\infty} |H(f)|^2\, \delta(f - f_i)\, df = T_S\, |H(f_i)|^2\,. \tag{8.56}$$

Im Falle von Funkkanälen mit Mehrwegeausbreitung kann es vorkommen, dass $H(f_i)$ kleine Werte oder gar den Wert Null annimmt. Die korrespondierenden Vektorkomponenten in $\tilde{\underline{x}}(k)$ auf der Empfangsseite sind dann klein oder ausgelöscht und das Rauschen dominiert. In diesem Fall ist die konventionelle Abhilfe bei OFDM, die Kanalcodierung so zu dimensionieren, dass die resultierenden Fehler korrigiert werden können, s. auch (8.33) in Abschn. 8.2.4 und die Anmerkungen dort.[5]

Alle anderen Verfahren führen, auch im Falle von Funkkanälen mit Mehrwegeausbreitung, nicht zu Auslöschungen von Vektorkomponenten. Die Kosten dafür sind, dass – verglichen mit OFDM – ein Vektor-Entzerrungsanteil in VED benötigt wird, was den Realisierungsaufwand erhöht.

CDM führt bei $R(k)$ zum allgemeinsten Fall. Unterschiede ergeben sich dabei aber in Abhängigkeit vom MIMO-Kanal und der Synchronität von Nutzern. Wenn die Spreiz-Elementarsignale das verallgemeinerte erste Nyquist-Kriterium erfüllen und zeitlich gegeneinander unverschoben zum Empfänger

---

[5] Zu beachten ist bei (8.56), dass bei OFDM der Faktor $H^*(f_i)$ üblicherweise weggelassen wird. In (8.33) steht deshalb nur $H(f_i)$ und nicht $|H(f_i)|^2$. Für theoretische Ableitungen ist dieser Unterschied jedoch unerheblich.

gelangen, dann ergibt sich für $R(k)$ der Idealfall, d. h. $R(k) = E_{u_i} \cdot \delta(k)^6$. Werden bei idealem MIMO-Kanal die Signale der CDM-Sender zeitlich gegeneinander verschoben empfangen, dann ergeben sich für $R(k)$ drei von Null verschiedene Matrizen: $R(-1)$, $R(0)$ und $R(1)$. Der allgemeinste Fall des asynchronen CDM mit nicht idealen Kanälen ist in Abb. 8.19 dargestellt. Verglichen mit OFDM ergibt sich in diesem Fall der größte Diversitätseffekt. Das bedeutet, dass man auf der Empfangsseite auch im Falle von frequenzselektiven Übertragungskanälen keine ausgelöschten Vektorkomponenten erhält, da Energieanteile eines Sendesymbols sich noch in allen anderen Vektorkomponenten befinden, auch über die Blockgrenzen hinweg (d. h. bezügl k). Diese Diversität zu nutzen kostet, wie zuvor bereits betont, einen Entzerrungsaufwand in der VED. Die Größe der Matrizen geht dabei ebenfalls in den Aufwand mit ein.

Deshalb ist es naheliegend, Kombinationen zu suchen, die bei noch tragbarem Aufwand genügend Diversität ergeben. Eine derartige Kombination ist *Multicarrier-CDM*. Hierbei dient OFDM als Ausgangspunkt. Auf der Sendeseite werden die zu übertragenden Sendesymbolvektoren vor der OFDM-Übertragung mit einer Spreizmatrix U_0 multipliziert, s. Abb. 8.20. Dies bewirkt, dass sich die Symbole nach der Multiplikation in mehr als einer Vektorkomponente befinden.

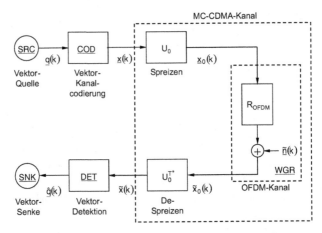

Abb. 8.20. Zeitdiskretes Modell für eine MC-CDM -Übertragung

Wenn Vektorkomponenten bei der OFDM-Übertragung ausgelöscht werden sollten, kann der Entzerrer auf der Empfangsseite noch die Sendesymbolbeiträge in den anderen Vektorkomponenten nutzen. Die Größe der Sub-

---

[6] Auch im Fall eines nicht idealen Übertragungskanals lässt sich zumindest eine IBI-freie Übertragung immer realisieren. Dazu muss man nur eine Schutzzeit wie bei OFDM einführen und das Sendesignal zyklisch fortsetzen. Das in Abb. 8.19 mit OCDM bezeichnete Verfahren arbeitet so.

Spreizmatrizen – s. Abb. 8.21 – wird dabei so festgelegt, dass sich gerade die maximale Diversität ergibt.

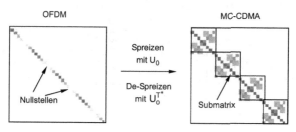

Abb. 8.21. Matrizen R(0) für OFDM und MC-CDM

Auf der Empfangsseite führt die nun neue KMF-Matrix zu einer De-Spreizmatrix, die das konjugiert komplexe der Spreizmatrix ist. Wählt man für U_0 eine *unitäre Matrix* (komplexwertig-orthogonal), dann ist die De-Spreizmatrix mit der Inversen von U_0 identisch. Für die Matrix $R(0)$ gilt somit im Fall von MC-CDM:

$$R_{\text{MC-CDM}} = U_0^{T*} R_{\text{OFDM}} U_0 \qquad (8.57)$$

Abb. 8.21 zeigt am Beispiel eines Übertragungskanals mit frequenzselektivem Verhalten, wie durch die Spreizung die neue Matrix $R_{\text{MC-CDM}}$ entsteht, die auf der Hauptdiagonalen keine Nullen mehr aufweist. Entstanden sind dagegen Submatrizen, deren Größe der der Spreizmatrizen entspricht. Die Submatrizen besitzen überall von Null verschiedene Werte, was ISCI bedeutet, d. h. im Gegensatz zu OFDM ist ein Vektor-Entzerrer erforderlich.

Abb. 8.22 erläutert die Wirkung der Spreizung an einem sehr einfachen Beispiel. Angenommen ist ein OFDM-Kanal mit nur zwei Subkanälen, von denen einer ausgelöscht ist. Überträgt man nun direkt über diesen Kanal in beiden Subkanälen z. B. mit einem bipolaren Sendesymbolalphabet, dann wird der zweite Subkanal an seinem Ausgang immer Null liefern, was einer Bitfehlerwahrscheinlichkeit von 0,5 entspricht. Der auf der Sendeseite aufgespannte Kubus ist in einer Dimension kollabiert.

Im unteren Teil der Abbildung sieht man, das die Spreizung mit der Orthonormal-Matrix (eine solche wird üblicherweise verwendet) bewirkt, dass am Ausgang des Kanals noch vier Punkte zu unterscheiden sind – obwohl eine Dimension des Signalraumes kollabiert ist. Die entstehende ASK kann mit einem genügend großen Signal-/Rauschleistungsverhältnis zu beliebig kleinen Bitfehlerwahrscheinlichkeiten führen. Der Grund ist darin zu sehen, dass die Orthonormaltransformation eine Drehung im Raum bedeutet und dass mit dieser Drehung Symbolenergie auf die Achsen des Raumes verteilt wird. Wenn dann eine Raumdimension (d. h. hier ein OFDM-Subträger) ausgelöscht wird,

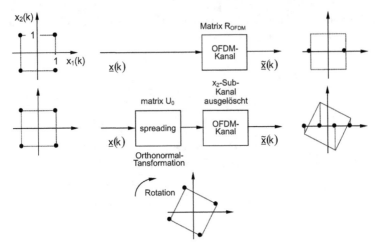

Abb. 8.22. Spreizen und Diversität

bleiben dem Empfänger noch die Anteile in den übrigen Raumachsen. Diesen Effekt bezeichnet man als Diversität.[7]

Abb. 8.23 soll verdeutlichen, wie bei einem MC-CDM-System die Nutzer auf die zur Verfügung stehenden Vektorkomponenten verteilt werden. Über jede der vier Submatrizen werden die Symbole von allen acht Nutzern in CDM-Weise übertragen. Die Submatrizen repräsentieren damit für jeden Nutzer vier Subkanäle. Es sind auch andere Zuordnungen von Nutzern zu Vektorkomponenten vorstellbar, was an dem Übertragungsmodell nichts ändert, aber trotzdem praktische Auswirkungen haben kann. So ist es auch möglich, alle Vektorkomponenten, die über eine Submatix übertragen werden, einem Nutzer zuzuordnen und die vier Submatrizen vier verschiedenen Nutzern. Die Nutzer sind dann durch OFDM getrennt und die Vektorkomponenten eines Nutzers durch CDM.

8.3.6 Zerlegung von R(k)

Die folgenden Erläuterungen sollen zeigen, wie mehrere Empfangsantennen bei einer drahtlosen Übertragung die Matrix $R(k)$ in Richtung Idealfall verbessern können. Für $R(k)$ gilt

$$R(k) = U^{T*}(-t) * H^{T*}(-t) * H(t) * U(t) \mid_{t=k \cdot T_S} . \qquad (8.58)$$

Der l-te Zeilenvektor von $H(t)$ in dieser Gleichung korrespondiert mit der l-ten Komponente von $\underline{g}(t)$ (oder der l-ten Empfangsantenne):

---

[7] Hierfür wurde von Boutros [16] die Bezeichnung *Signal Space Diversity* vorgeschlagen, d. h. *Signalraumdiversität* – eine sehr gut passende Bezeichnung.

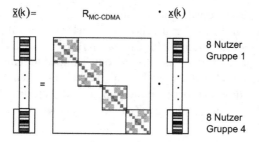

Abb. 8.23. Bedeutung der Vektorkomponenten bei MC-CDMA

$$\underline{h}_l(t) = [h_{l1}(t), h_{l2}(t), ..., h_{lM}(t)] \,. \tag{8.59}$$

Jedes Produkt von Matrizen kann in eine Summe von dyadischen Produkten zerlegt werden, was hier zu einer Summe von dyadischen Faltungsoperationen führt:

$$H^{T*}(-t) * H(t) = \sum_{l=1}^{L} \underline{h}_l^T(-t) * \underline{h}_l(t) \,. \tag{8.60}$$

Aus (8.58) wird damit:

$$R(k) = \sum_{l=1}^{L} U^{T*}(-t) * \underline{h}_l^T(-t) * \underline{h}_l(t) * U(t) \mid_{t=k \cdot T_S}$$

$$= \sum_{l=1}^{L} R_l(k) \,. \tag{8.61}$$

Jeder Term $R_l(k)$ in dieser Summe korrespondiert mit einer Komponente des Empfangssignal-Vektors $\underline{g}(t)$, oder, im Fall eines Empfängers mit mehreren Empfangsantennen, mit einer Empfangsantenne. Wenn die Abstände zwischen den Empfangsantennen groß genug sind, ist zu erwarten, dass die Stoßantworten in $H(t)$ unterschiedlich genug sind, was zusammen mit $U(t)$ bewirkt, dass auch die Einträge in den einzelnen Matrizen $R_l(k)$ in (8.61) unterschiedlich sind. Bei den Nebendiagonal-Einträgen in $R(k)$ ist zu erwarten, dass sich mit wachsender Zahl von Antennen immer besser der Wert Null ergibt – die Einträge mitteln sich aus. Bei den Hauptdiagonal-Einträgen ist jedoch zu beachten, dass es sich bei den einzelnen Matrizen $R_l(k)$ um AKF-Matrizen handelt. Die Hauptdiagonal-Einträge sind Energien und damit immer positiv. Kleine und größere Werte werden jedoch an unterschiedlichen Stellen stehen, womit eine wachsende Zahl von Empfangsantennen bei der Hauptdiagonalen von $R(k)$ zu einer Summe führt, die immer besser für alle Diagonal-Einträge den gleichen Wert ergibt. Zusammenfassend besteht die Tendenz, dass, unabhängig vom Multiplex- bzw. Vielfachzugriffsverfahren, $R(k)$ mit einer wachsenden Zahl von Empfangsantennen gegen eine Einheitsmatrix strebt, wenn man eine Normierung auf den größten Hauptdiagonal-Eintrag vornimmt.

Im Hinblick auf die Hauptdiagonale ist dieser Effekt lange als *Empfangs-Diversität* bekannt und die hierzu gehörige gewichtete Aufsummierung durch die KMF-Matrix als *Maximum Ratio Combining* (MRC). MRC bedeutet, dass das Signal-/Rauschleistungsverhältnis bei den Hauptdiagonal-Einträgen maximiert wird. Darüber hinaus wird hier aber auch deutlich, dass das Übersprechen zwischen den Vektorkomponenten und damit die ISCI/IUI durch eine wachsende Zahl von Empfangsantennen verkleinert wird.

8.3.7 Diversität, räumliches Multiplex, Kanalkapazitäten

Die Kanalkapazität C für den bandbegrenzten AWGR-Kanal wurde in Kap. 7 berechnet. Als Resultat ergab sich

$$C_{1 \times 1} = \log_2 \left(1 + SNR \right) . \tag{8.62}$$

Im hier vorliegenden Kontext ist C die Kapazität eines SISO-Kanals, d. h. eines Kanals mit einem Eingang und einem Ausgang, was mit dem Index 1×1 ausgedrückt werden soll. Im Folgenden sollen weiterhin Funkkanäle vorausgesetzt werden, was bedeutet, dass (8.62) die Kapazität eines Funkkanals mit einer Sende- und einer Empfangsantenne ist. SNR ist das Signal-/Rauschleistungs-Verhältnis am Eingang des Empfängers. Bei MIMO-Kanälen ist es zweckmäßig, die folgende Definition zu verwenden:

- SNR = Gesamt-Sendeleistung/Rauschleistung pro Empfangsantenne

Wenn der Kanal den Verstärkungsfaktor 1 besitzt, gilt (8.62) auch mit dieser Definition. Im MIMO-Fall ergibt sich für M Sendeantennen und L Empfangsantennen die Kanalkapazität

$$C_{M \times L} = \max_{\sigma_{si}^2} \left\{ \sum_{i=1}^{M} \log_2 \left(1 + \frac{\sigma_{si}^2}{\sigma_n^2} \lambda_i \right) \right\} ; \quad \sum_i \sigma_{si}^2 \leq \sigma_s . \tag{8.63}$$

σ_s^2 ist die gesamte Sendeleistung, σ_{si}^2 sind Teil-Leistungen, die zu den Eigenwerten λ_i gehören, und σ_n^2 ist die Rauschleistung an einer Empfangsantenne. Für SNR gilt also

$$SNR = \frac{\sigma_s^2}{\sigma_n^2}; \quad \sigma_s^2 = \sum_{i=1}^{M} \sigma_{si}^2 . \tag{8.64}$$

Die λ_i sind die Eigenwerte der Matrix $H^{T*}H$, wobei die Matrix H wiederum den MIMO-Kanal beschreibt. Im Rahmen dieser kurzen Einführung soll nur der Fall betrachtet werden, dass ideale bandbegrenzte Einzel-AWGR-Kanäle zwischen den Sende- und Empfangsantennen vorliegen, so wie dies auch in (8.62) Voraussetzung war. H ist eine $L \times M$-Matrix, die dann nur die Verstärkungsfaktoren h_{li} für die einzelnen Pfade von der i-ten Sendeantenne zur l-ten Empfangsantenne enthält. Es gilt somit

$$H = \begin{bmatrix} h_{11} & \cdots & h_{1M} \\ \vdots & \ddots & \vdots \\ h_{L1} & \cdots & h_{LM} \end{bmatrix} . \tag{8.65}$$

Die Summe in (8.63) ist eine Transinformation, deren Maximierung die Kanal-kapazität ergibt. Variiert wird dabei die Verteilung der Einzel-Sendeleistungen. Dabei gilt die Nebenbedingung, dass die Summe der Einzel-Sendeleistungen kleiner oder gleich der vorgegeben maximalen Gesamt-Sendeleistung sein muss. Diese Aufgabe kommt in gleicher Form vor, wenn man bei frequenz-selektiven Übertragungskanälen eine OFDM-Übertragung voraussetzt und dann das Maximum der Transinformation bestimmt. Bei kontinuierlichen Kanal-Übertragungsfunktionen berechnet man die Kanalkapazität ebenfalls in ähnlicher Weise, wobei die Summe zum Integral wird. Die Lösung derarti-ger Aufgaben führt zu einem Prinzip, dass man mit *Water Filling* (WF) oder *Water Pouring* bezeichnet. Es besagt im hier vorliegenden Fall, dass man sich eine Treppenfunktion vorstellen muss, die mit Wasser gefüllt wird. Die Trep-penfunktion wird dabei durch die inversen Eigenwerte λ_i in Abhängigkeit von i gebildet. Die gesamte Wassermenge entspricht der Gesamt-Sendeleistung und die Wassertiefen über den Stufen den Einzel-Sendeleistungen. Die größ-ten Eigenwerte erhalten somit auch die größte Sendeleistung. Um die Einzel-Sendeleistungen real auch entsprechend verteilen zu können, muss man die Sendesignale im Sender über eine Transformationsmatrix leiten, die den Sen-denantennen vorgeschaltet ist. Im Folgenden sollen einfache Fälle diskutiert werden, wobei die Zahl der Sende- und Empfangsantennen jeweils 1 oder 4 sein soll. Die Verstärkungsfaktoren sollen jeweils alle betragsmäßig als 1 angenom-men werden. Die Summe in (8.63) kann so aufgefasst werden, dass über die Eigenwerte λ_i Subkanäle definiert werden, über die man parallel übertragen kann. Ist ein Eigenwert Null, so gibt es keinen zugehörigen Subkanal.

SIMO-Fall

Abb. 8.24 zeigt links den SIMO-Fall, bei dem eine Sendeantenne eine Ver-bindung zu allen vier Empfangsantennen hat. Hiermit ist das Potenzial für Empfangsdiversität gegeben[8].

Ein Empfänger, der alle vier Empfangssignale gemeinsam verarbeitet, kann diese Diversität nutzen. Mit den Verstärkungsfaktoren 1 ist die H-Matrix in diesem Spezialfall ein Spaltenvektor mit vier Eins-Einträgen. Da es sich bei $H^{T*}H$ in diesem Spezialfall um ein Skalarprodukt handelt, folgt eine 1×1-Matrix mit dem Eintrag 4 (d. h. ein Skalar). Der hierzu gehörige eine Eigenwert ist 4. Die optimale Verteilung der Sendeleistungen entsprechend den Eigenwer-ten (WF!) bedeutet damit in diesem Trivialfall, dass der Sender die verfügbare

---

[8] Der Begriff Diversität wird hier in sehr allgemeiner Form verwendet. Empfangs-diversität soll z. B. gegeben sein, wenn man ein Signal mit mehreren Empfangsan-tennen mehrfach empfängt, deren Rauschen unkorreliert ist, unabhängig vom wei-teren Verhalten des Kanals. Diversität im engeren Sinn wird meist nur im Zusam-menhang mit stochastisch-zeitvarianten Kanälen verwendet, z.B. bei Rayleigh-Kanälen.

$$C_{1\times4} = \max_{\sigma_{si}^2}\left\{\sum_{i=1}^{1}\log_2\left(1+\frac{\sigma_{si}^2}{\sigma_n^2}\lambda_i\right)\right\}$$

$$= \log_2\left(1+\frac{\sigma_s^2}{\sigma_n^2}\cdot4\right)$$

$$= \log_2\left(1+SNR\cdot4\right) \qquad \text{SIMO}$$

$$C_{4\times1} = \max_{\sigma_{si}^2}\left\{\sum_{i=1}^{4}\log_2\left(1+\frac{\sigma_{si}^2}{\sigma_n^2}\lambda_i\right)\right\}$$

$$= \log_2\left(1+\frac{\sigma_s^2}{\sigma_n^2}\cdot4\right)$$

$$= \log_2\left(1+SNR\cdot4\right) \qquad \text{MISO}$$

$$H = \begin{bmatrix} 1 \\ 1 \\ 1 \\ 1 \end{bmatrix} \qquad H^{T*}H = [4]$$

$$H = \begin{bmatrix} 1 & 1 & 1 & 1 \end{bmatrix} \qquad H^{T*}H = \begin{bmatrix} 1 & 1 & 1 & 1 \\ 1 & 1 & 1 & 1 \\ 1 & 1 & 1 & 1 \\ 1 & 1 & 1 & 1 \end{bmatrix}$$

i	=	1
λ_i	=	4
σ_{si}^2	=	σ_s^2

i	=	1	2	3	4
λ_i	=	4	0	0	0
σ_{si}^2	=	σ_s^2	0	0	0

Abb. 8.24. SIMO- und MISO- Kanalkapazitäten bei idealen Einzelkanälen

Sendeleistung auf die eine vorhandene Antenne leiten sollte. Wichtig ist, dass auf der Empfangsseite die vier Empfangssignale richtig mit Maximum Ratio Combining (MRC, s. auch 8.3.6) zusammengeführt werden, damit der Diversitätsgewinn von 6 dB (Faktor 4) entsteht. Dies bedeutet – verglichen mit dem SISO-Fall (8.62) eine Verschiebung der Kapazitätskurve um 6 dB nach links.

MISO-Fall

Auf der rechten Seite ist in Abb. 8.24 der MISO-Fall dargestellt. Es ergibt sich hier der gleiche Wert für die Kanalkapazität wie im SIMO-Fall! Für die praktische Anwendung ist dies von erheblicher Bedeutung. An einem kleinen tragbaren Mobilterminal kann evtl. nur eine einzelne Antenne angebracht werden, während es bei einer Basisstation meist unproblematisch ist, mehrere Antennen anzuordnen. Der MISO-Fall ist aber nicht so einfach in der Realisierung wie der SIMO-Fall. Während beim SIMO-Fall nur die Signale der Empfangsantennen richtig kombiniert werden müssen, genügt es im MISO-Fall nicht, gleiche Signale von den einzelnen Sendeantennen abzustrahlen. Es ist vielmehr notwendig, die individuellen Sendesignale der vier Sendeantennen so gegeneinander zeitlich zu verzögern, dass sich an der einen vorhandenen Empfangsantenne die Feldstärken der vier elektromagnetischen Wellen algebraisch addieren. Dann ergibt sich die 4-fache Gesamtfeldstärke und damit die 16-fache Leistung verglichen mit der Leistung eines Beitrags. Da der Sender aber auch seine Gesamtleistung auf die vier Sendenantennen verteilen muss (im vorliegenden gleichmäßig), bedeutet dies auch nur die halbe Feldstärke für den Beitrag auf der Empfangsseite (verglichen mit dem Fall, dass der Sender seine gesamte Leistung über eine Antenne abstrahlt). Für die Nutzleistung auf der Empfangsseite bedeutet dies, dass der Faktor 16 noch durch

$$C_{4\times4} = \max_{\sigma_{si}^2}\left\{\sum_{i=1}^{4}\log_2\left(1+\frac{\sigma_{si}^2}{\sigma_n^2}\lambda_i\right)\right\}$$

$$= \log_2\left(1+\frac{\sigma_s^2}{\sigma_n^2}\cdot 16\right)$$

$$= \log_2\left(1+SNR\cdot 16\right)$$

MIMO

$$C_{4\times4} = \max_{\sigma_{si}^2}\left\{\sum_{i=1}^{4}\log_2\left(1+\frac{\sigma_{si}^2}{\sigma_n^2}\lambda_i\right)\right\}$$

$$= 4\cdot\log_2\left(1+\frac{\sigma_s^2}{4\sigma_n^2}\cdot 4\right)$$

$$= 4\cdot\log_2\left(1+SNR\right)$$

MIMO

$$H = \begin{bmatrix} 1 & 1 & 1 & 1 \\ 1 & 1 & 1 & 1 \\ 1 & 1 & 1 & 1 \\ 1 & 1 & 1 & 1 \end{bmatrix} \quad H^{T*}H = \begin{bmatrix} 4 & 4 & 4 & 4 \\ 4 & 4 & 4 & 4 \\ 4 & 4 & 4 & 4 \\ 4 & 4 & 4 & 4 \end{bmatrix}$$

$$H = \begin{bmatrix} 1 & 1 & 1 & 1 \\ 1 & 1 & -1 & -1 \\ 1 & -1 & -1 & 1 \\ 1 & -1 & 1 & -1 \end{bmatrix} \quad H^{T*}H = \begin{bmatrix} 4 & 0 & 0 & 0 \\ 0 & 4 & 0 & 0 \\ 0 & 0 & 4 & 0 \\ 0 & 0 & 0 & 4 \end{bmatrix}$$

i	=	1	2	3	4
λ_i	=	16	0	0	0
σ_{si}^2	=	σ_s^2	0	0	0

i	=	1	2	3	4
λ_i	=	4	4	4	4
σ_{si}^2	=	$\dfrac{\sigma_s^2}{4}$	$\dfrac{\sigma_s^2}{4}$	$\dfrac{\sigma_s^2}{4}$	$\dfrac{\sigma_s^2}{4}$

Abb. 8.25. MIMO-Kapazitäten für ideale Kanäle, rechts Orthogonalmatrix

4 dividiert werden muss. Der verbleibende Faktor 4 bedeutet einen Gewinn von 6 dB gegenüber dem SISO-Fall. Die hier beschriebene anschauliche Erklärung für den Gewinn von 6 dB ist verwandt mit dem was konventionell unter *Beamforming* verstanden wird, wobei beim Beamforming die Abstände der Sendeantennen aber der halben Wellenlänge entsprechen. Eine derartige Einschränkung ist hier nicht notwendig. Hier bilden sich bei einer dem WF-Prinzip entsprechenden Matrix auf der Sendeseite sog. *Eigenbeams* aus, die die gewünschte algebraische Addition der Feldstärken an der Empfangsantenne ergeben.

MIMO-Fall 1

Im MIMO-Fall gibt es beim hier angenommen Beispiel jeweils 4 Sendeantennen und 4 Empfangsantennen. Zunächst soll der Fall betrachtet werden, bei dem alle Verbindungspfade zwischen den Antennen die Verstärkungsfaktoren 1 besitzen. Die Matrix H ist damit voll besetzt und alle Einträge sind 1, s. Abb. 8.25 links. Da diese Matrix ebenfalls nur den Rang 1 besitzt, ergibt sich auch nur ein einziger von Null verschiedener Eigenwert, jetzt aber mit dem Wert 16. Die gesamte Sendeleistung muss nur mit Hilfe der Matrix auf der Sendeseite so auf die Sendeantennen verteilt werden, dass auch nur dieser eine Eigenwert genutzt wird. Damit ergibt sich ein Gewinn im SNR von 12 dB gegenüber dem SISO-Fall. Die anschauliche Deutung dieses Gewinns ist ähnlich wie im MISO-Fall. Hier ist jedoch ein Eigenbeam-Diagramm möglich, das einzelne Eigenbeams enthält, in deren Maximum sich die einzelnen Sendeantennen befinden. Die 4 Empfangsantennen ergeben den zusätzlichen Gewinn von 6 dB gegenüber dem MISO-Fall. Dieser MIMO-Fall kann damit auch als Kombination des des SIMO- und MISO-Falls aufgefasst werden.

MIMO-Fall 2

Dieser MIMO-Beispiel-Fall ist rechts in Abb. 8.25 dargestellt. Hier ist der angenommen, dass die einzelnen Verstärkungsfaktoren der Pfade zwischen den Sende- und Empfangsantennen nur dem Betrag nach alle gleich 1 sind (wie zuvor). In der Phase sollen einige Pfade zufällig eine Phasendrehung von 180 Grad (negatives Vorzeichen) besitzen. Darüber hinaus soll der Extremfall angenommen werden, dass dies gerade so ist, dass sich für die Matrix H eine Orthogonalmatrix ergibt. In Abb. 8.25 ist eine von vielen möglichen binären Matrizen dieser Art als Beispiel angenommen. Nun hat die Matrix H vollen Rang und es ergeben sich für $H^T * H$ vier gleiche Eigenwerte mit dem Wert 4. Die gesamte Sendeleistung muss also entsprechend dem WF-Prinzip zu je $\frac{1}{4}$ auf diese Eigenwerte verteilt werden. Jede Sendeantenne bekommt in diesem Fall ebenfalls $\frac{1}{4}$ der Gesamt-Sendeleistung. In der Kanalkapazitäts-Summe führt dies zu vier gleichen Beiträgen, was den Faktor 4 vor dem Logarithmus ergibt. Diesen Kapazitätszuwachs bezeichnet man als *räumlichen Multiplexgewinn*. Die praktische Bedeutung ist, dass räumlich vier parallele Übertragungen im gleichen Frequenzband und zur gleichen Zeit möglich sind. Der Faktor 4 beim SNR ist auf die zusätzlich vorhandene Empfangsdiversität zurückzuführen. Er wird jedoch wieder aufgehoben durch den Faktor $\frac{1}{4}$ bei der Aufteilung der Sendeleistung auf die Eigenwerte. ◄

Abb. 8.26 zeigt die Kapazitätskurven für die beiden MIMO-Fälle (mit 4×4 gekennzeichnet) über dem SNR. Zum Vergleich ist die SISO-Kurve (1×1) ebenfalls eingezeichnet und der Gewinn von 12 dB.

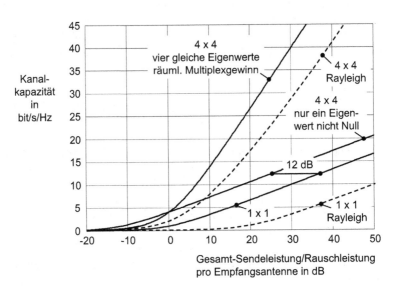

Abb. 8.26. MIMO- und SISO-Kanalkapazitäten

Deutlich wird, dass im SNR-Bereich oberhalb von 0 dB im MIMO-Fall 2 der räumliche Multiplexgewinn zum Tragen kommt. Für SNR-Werte, die kleiner sind als ungefähr 0 dB, erkennt man, dass dort Kanäle günstiger sind, bei den nur ein einziger Eigenwert von Null verschieden ist und damit kein Potenzial für einen räumlichen Multiplexgewinn vorliegt.

Eingezeichnet sind zusätzlich Kapazitätskurven für den Rayleigh-SISO-sowie den Rayleigh-MIMO-Kanal. Hierbei sind die Kanäle (d. h. die Matrizen H) entsprechend einer Rayleigh-Statistik variiert worden. Für jeden Pfad wurde die mittlere Verstärkung so eingestellt, dass sich der Wert 1 ergibt und eine Vergleichbarkeit mit den Beispielen von zuvor gegeben ist. Die Rayleigh-Statistik erzeugt auch sehr kleine Verstärkungsfaktoren, was zur Folge hat, dass sich in der Statistik auch sehr kleine Kapazitätswerte ergeben. Üblich ist es bei solchen Kanälen, eine *Outagerate* festzulegen, z.B. von 1%. Anschließend gibt man eine die Kurve an, bei der nur 1% aller statistisch vorkommenden Kanalkapazitäten kleiner sind als die angegebene Kurve. Für die 4×4-Rayleigh-Kurve besagt Abb. 8.26 z. B. bei SNR = 20 dB, dass in 99 % aller Fälle die Rayleigh-Kanalkapazität größer oder gleich 17 bit/s/Hz ist. Das bedeutet, dass in 99 % aller Fälle auch ein deutlicher räumlicher Multiplexgewinn vorliegt. Vollständig singuläre Matrizen kommen sehr selten vor, sie müssen sich in den restlichen 1 % aller Fälle befinden. Für die Praxis bedeutet dies, dass auch im Falle von direkten Sichtverbindungen räumliche Multiplexgewinne und damit das Potential für räumlich parallele Übertragungen die Regel sein wird, auch für den Fall der zuvor diskutierten zeitinvarianten Kanäle.

Anmerkung 1:

Mit mehreren Sendeantennen kann man auch *Sende-Diversität* erzeugen, was sich bei Rayleigh-Kanälen deutlich auswirkt. Das bekannteste Beispiel hat Alamouti angegeben [3]. Er hat einen MISO-Kanal mit zwei Sendeantennen betrachtet, womit für die Matrix H folgt

$$H = \begin{bmatrix} h_{11} \\ h_{12} \end{bmatrix} .$$ (8.66)

Alamouti hat gezeigt, dass man für Blöcke von jeweils zwei Sendesymbolen folgendes erreichen kann:

$$\begin{bmatrix} \tilde{x}(k) \\ \tilde{x}(k+1) \end{bmatrix} = \begin{bmatrix} r_{11} & 0 \\ 0 & r_{22} \end{bmatrix} \begin{bmatrix} x(k) \\ x(k+1) \end{bmatrix} + \begin{bmatrix} \tilde{n}(k) \\ \tilde{n}(k+1) \end{bmatrix}$$ (8.67)

$$\text{mit } r_{11} = r_{22} = |h_{11}|^2 + |h_{12}|^2$$

$x(k)$ ist die Folge der zu übertragenden Sendesymbole, $\tilde{n}(k)$ eine durch das additive Rauschen auf dem Kanal verursachte Rauschfolge. Dies bedeutet volle Diversität, was insbesondere bei stochastisch-zeitvarianten Kanälen sehr vorteilhaft ist. Wenn ein Pfad, z. B. der mit h_{11}, gerade ein Fading aufweist, kann der andere die Symbole evtl. noch gut übertragen. Voraussetzung ist nur, dass die Schwankungsvorgänge der beiden Pfade möglichst unkorreliert sind, was praktisch bedeutet, dass die beiden Sendeantennen nur weit genug voneinander entfernt sein müssen (z. B. das Sechsfache der Wellenlänge oder mehr). Um die Beziehung (8.67) zu erhalten, müssen die Sendesymbole wie folgt in zwei aufeinander folgenden Symbolintervallen über die beiden Antennen gesendet werden:

$$\begin{bmatrix} \text{Antenne 1:} & x(k) & -x^*(k+1) \\ \text{Antenne 2:} & x(k+1) & x^*(k) \end{bmatrix}. \tag{8.68}$$

Angenommen wird nun, dass der Kanal sich innerhalb der zwei Symbolintervalle nicht ändert. Auf der Empfangsseite kombiniert man die Schätzwerte $\tilde{x}_0(k)$ (= Abtastwerte hinter dem Empfangs-MF) wie folgt:

$$\begin{bmatrix} \tilde{x}(k) \\ \tilde{x}(k+1) \end{bmatrix} = \begin{bmatrix} h_{11}^* & h_{12} \\ h_{12}^* & -h_{11} \end{bmatrix} \begin{bmatrix} \tilde{x}_0(k) \\ \tilde{x}_0(k+1) \end{bmatrix}. \tag{8.69}$$

Durch Einsetzen von (8.68) in ergibt sich (8.67). Die Vorschrift (8.68) kann man leider nicht direkt als Matrix-Vektor-Produkt schreiben. Wenn man jedoch eine rellwertige Notation einführt, dann stellt sich heraus, dass diese Vorschrift als spezielle räumliche Spreizmatrix aufgefasst werden kann, s. auch Abbschn. 8.3.5. Die Vorschrift zum Erzeugen der Sendediversität (8.68) bezeichnet man allgemein auch als *Space-Time-Coding* (STC). ◄

Anmerkung 2:
Wenn auf der Sendeseite keine Kenntnis über den aktuellen Kanal vorliegt, kann das WF-Prinzip nicht angewendet werden. In diesem Fall ist es zweckmäßig, allen Antennen die gleiche Sendeleistung zukommen zu lassen. Mit dieser Voraussetzung kann man die MIMO-Kanalkapaziät explizit angeben. Es lässt sich zeigen, dass dann gilt:

$$C_{M \times L} = \log_2 \det \left[I_M + \frac{SNR}{M} \cdot H^{T*}H \right] \tag{8.70}$$

det ist hierbei die Determinante und I_M eine $M \times M$-Einheitsmatrix. ◄

8.3.8 Vektordetektion

Die Vektordetektion (VED) hat die Aufgabe, aus der Folge von empfangenen Sendesymbol-Schätzvektoren $\underline{\tilde{x}}(k)$ die Vektor-Quellenfolge $\hat{\underline{q}}(k)$ zu bestimmen, die mit der größten Wahrscheinlichkeit gesendet wurde, s. Abb. 8.18. Diese Aufgabe ist eine direkte Verallgemeinerung der in Kap. 6 behandelten Entzerrungsverfahren, mit dem Unterschied, dass hier auch die Kanaldecodierung mit einbezogen wird. Aus Aufwandsgründen nimmt man häufig eine Trennung in Entzerrung und Decodierung vor, obwohl neuere Arbeiten zeigen, dass mit einer richtigen Verbindung von beiden durch iterative (oder Turbo-) Verfahren bei noch realistischem Aufwand Bitfehlerwahrscheinlichkeiten resultieren, die denen eines ML-Empfängers sehr nahe kommen.

Im Folgenden soll in einführender Weise nur eine isolierte vektorwertige Entzerrung betrachtet werden, wobei auch verständlich wird, wie eine Decodierung mit einbezogen werden kann. Es ist naheliegend, zunächst die Entzerrer aus Kap. 6 zu betrachten, die für den skalaren Fall optimal sind. Dabei stellt sich heraus, dass der im skalaren Fall u. U. schon große Rechenaufwand hier mit der Zahl der Vektorkomponenten nochmals exponentiell wächst. Wie zuvor bereits betont, spielt dabei aber die Matrix $R(k)$ eine zentrale Rolle. Kommt sie dem Idealfall sehr nahe, dann ist keine Entzerrung notwendig. Dies enspricht im skalaren Fall einem idealen $r(k)$, s. auch Abb. 6.4 in Kap. 6, sowie Abb. 8.15 in diesem Kapitel. Inzwischen sind eine Reihe von suboptimalen Verfahren erarbeitet worden, die eine Verallgemeinerung der suboptimalen skalaren Verfahren darstellen. Zu nennen ist vor allem der MMSE-Vektor-Entzerrer, der an seine Grenzen stößt, wenn die Matrix $R(k)$ auf sehr viel Übersprechen zwischen den Vektorkomponenten. Wenn IBI vorhanden ist, macht man häufig den Ansatz, die aufeinander folgenden Vektoren $\underline{x}(k)$ zu größeren Vektoren (oder Blöcken) zusammenzufassen und zwischen den Blöcken eine Schutzzeit vorzusehen. Damit gibt es nur noch eine entsprechend größere Matrix $R_{\text{Block}} = R_{\text{Block}}(0)$ und statt der Vektor-Matrix-Faltung nur noch eine Vektor-Matrix-Multiplikation:

$$
\underline{\tilde{x}}_{\text{Block}}(k) = \begin{bmatrix} R(0) & \cdots & R(L_R) & 0 & 0 \\ R(-1) & R(0) & \cdots & R(L_R) & 0 \\ \vdots & \ddots & \ddots & \vdots & \vdots \\ R(-L_R) & \ddots & R(-1) & R(0) & \\ 0 & R(-L_R) & \cdots & R(-1) & R(0) \end{bmatrix} \cdot \underline{x}_{\text{Block}}(k) + \underline{\tilde{n}}_{\text{Block}}(k)
$$
$$
= R_{\text{Block}} \cdot \underline{x}_{\text{Block}}(k) + \underline{\tilde{n}}_{\text{Block}}(k) \tag{8.71}
$$

Die Matrix R_{Block} besitzt eine sog. *Block-Toeplitz-Struktur*, was im skalaren Fall einer normalen Toeplitz-Matrix entspricht, die wiederum zur Beschreibung von diskreten Faltungsprodukten verwendet werden kann. Verglichen mit dem skalaren Fall ist L_R die Verallgemeinerung der Länge der Stoßantwort des Kanals in Symbolintervallen gezählt. Mit einer zyklischen Erweiterung an den Blockgrenzen wird diese Matrix zu einer zyklischen Blockmatrix. Liegt ein zeitvarianter Übertragungskanal vor, der sich innerhalb der Dauer des gesamten Blocks ändert, dann ändern sich die Matrizen von links oben nach rechts unten entsprechend.

Generell gilt, dass man eine Struktur wie die Block-Toeplitz-Struktur natürlich bei der Entzerrung dazu nutzen kann, den Aufwand zu reduzieren. Andererseits kann man aber auch die Freiheitgrade beim Entwurf eines Vektor-Übertragungssystems Systems dazu nutzen, bei den Submatrizen $R(k)$ in (8.71) dem Idealfall bereits möglichst nahe zu kommen. All diese Maßnahmen beeinflussen den im Empfänger notwendigen Aufwand für die Vektor-Entzerrung.

Abb. 8.27 zeigt einen im Prinzip einfach verständlichen Vektor-Entzerrer für eine Blockübertragung wie sie gerade beschrieben wurde. Er hat seinen

Ursprung auf dem Gebiet der künstlichen neuronalen Netze und wird deshalb *RNN-Entzerrer* genannt. RNN steht dabei für „Recurrent Neural Network".

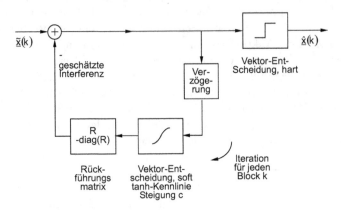

Abb. 8.27. RNN-Entzerrer

Man kann den RNN-Entzerrer in gewisser Weise auch als Verallgemeinerung des skalaren DFE ansehen, aber mit dem Unterschied, dass er über eine nichtlineare Kennlinie (tanh) weiche Entscheidungen in der Rückführung nutzt. Wichtiger ist aber noch, dass er keine Unterscheidung zwischen Zukunft und Vergangenheit macht. Der empfangene Block wird als Ganzes verarbeitet. Die grundsätzliche Funktionweise besteht darin, dass die zurückgeführten, zu subtrahierenden Vektoren – s. Abb. 8.27 – als eine Schätzung der ISCI/IBI angesehen werden können. Die ISCI/IBI stammt von den Nebendiagonal-Einträgen in der Matrix $R(0)$ bzw. R_{Block}, s. (8.71). Da diese Schätzungen aus dem gerade empfangenen $\underline{\tilde{x}}(k)$ gebildet werden, ist verständlich, dass sie im Prinzip besser werden, wenn man bereits gute Schätzwerte für die Interferenz subtrahiert hat. Eine Iteration für jeden empfangen Vektor $\underline{\tilde{x}}(k)$ ist deshalb naheliegend. Theoretisch zu zeigen, dass dieses Prinzip auch zum gewünschten Ergebnis führt, ist nicht so einfach. Greift man auf die RNN-Vorarbeiten zurück, dann zeigt sich, dass die auf diesem Gebiet definierte „Energiefunktion" der negativen Likelihood-Funktion entspricht, bei der im hier vorliegenden Fall das Maximum gesucht wird. Leider kann die Iteration dabei auch in ein lokales Maximum laufen. Abhängig von $R(k)$ haben Simulationen aber ergeben, dass in vielen Fällen kaum ein Unterschied zu einer ML-Entzerrung besteht. Um lokale Maxima zu vermeiden, sollte man die Steigung der tanh-Nichtlinearität während der Iteration von flach zu immer steiler werdend verändern. Der RNN-Entzerrer nutzt in seinem Rückführung-zweig direkt die Matrix $R = R(0)$, die direkt aus einer gemessenen MIMO-Stoßantwort $H(t)$ gebildet werden kann. Es muss lediglich die Hauptdiagonale entfernt werden. Nicht notwendig ist, wie beim MMSE-Vektor-Entzerrer, eine Matrix zu invertieren. Ein weiterer Vorteil ergibt sich durch die bereits

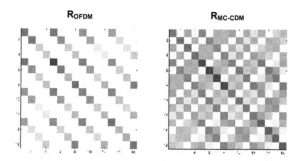

Abb. 8.28. Matrizen R für 4x4-MIMO mit OFDM und MC-CDM

vorhandene Rückführungs-Struktur, wenn eine Decodierung mit einbezogen werden soll. Man muss dazu jedoch einen sog. *Soft-In-Soft-Out-Decoder* anstatt der tanh-Nichtlinearität verwenden. Will man eine obere Schranke für die Leistungsfähigkeit des RNN-Entzerrers angeben, dann bietet sich an, anzunehmen, dass jegliche Interferenz ideal subtrahiert werden kann, was zum sog. Matched-Filter-Bound führt. Auch ein ML-Entzerrer kann diese Schranke nicht überschreiten. Da sie mit wesentlich weniger Aufwand bestimmt werden kann als die Bitfehlerwahrscheinlichkeiten für eine ML-Simulation – die aus Aufwandsgründen häufig nicht durchführbar ist – wird sie gern genutzt um die Leistungsfähigkeit von Empfangsalgorithmen zu messen.

Abbildung 8.28 zeigt zwei $R(0)$-Matrizen, die zu einer Übertragung über einen 4×4-MIMO-Kanal gehören. Die Matrix auf der linken Seite gehört zu einer OFDM-Übertragung, die rechte zu einer Übertragung mittels MC-CDM. Die H-Matrix – s. Abschnitt 8.3.7 – wurde hierbei durch einen Zufallsprozess erzeugt. Anders als in Abschn. 8.3.7 wurden anstelle der einzelnen Pfade hier jeweils Zweiwegeausbreitungen angenommen, so dass das Übertragungsverhalten von einer Sendeantenne zu einer Empfangsantenne ein frequenzselektives Verhalten zeigt. In Abb. 8.29 sind Bitfehlerhäufigkeiten über $\frac{E_b}{N_0}$ aufgetragen. Sie sind durch Simulation ermittelt worden und zeigen, dass trotz der sehr starken Interferenz sich die Kurven dem Fall nähern, bei denen ein einfacher AWGR-Kanal vorliegt.

Als Sendesymbolalphabet wurde 8 QAM verwendet und für die Kanalcodierung der in Abb. 7.23 beschriebene Faltungscode. Er hat das Gedächtnis 2 und die Rate $\frac{1}{4}$, die durch Punktierung auf $\frac{3}{4}$ vergrößert wurde. Die Entzerrung wurde mit zusammen mit der Decodierung iterativ durchgeführt, wobei ein Vektor-Entzerrer eingesetzt wurde. Die Zahl der Iterationen betrug 10. Der eingesetzte Vektor-Entzerrer ist bei starker ISCI noch leistungsfähiger als der oben erläuterte RNN-Entzerrer und ist mit SCE abgekürzt (SCE: Soft Cholesky Equalizer, [30], [29], [28]). Die mit SCE* bezeichnete Kurve beinhaltet ein zusätzliches iteratives Demapping [24]. Zu erkennen ist, dass die Spreizung bei MC-CDM vorteilhaft ist und dass ein linearer Vektor-MMSE um einige dB schlechter ist als der SCE. Die Bandbreiteausnutzung bei dieser simulierten Übertragung war 9 bit/s/Hz.

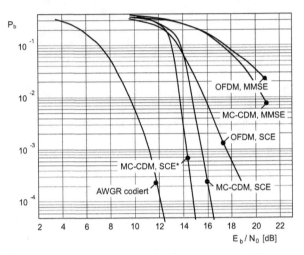

Abb. 8.29. Bitfehlerhäufigkeiten für einen 4x4MIMO-Kanal (MMSE: linear); alle Kurven beinhalten einen Verlust von ca. 1 dB durch die OFDM-Schutzzeit

8.4 Zusammenfassung und bibliographische Anmerkungen

In diesem Kapitel standen Multiplexverfahren im Vordergrund. Erläutert wurden zunächst die „klassischen" Methoden Frequenz- und Zeitmultiplex (FDM, TDM), von denen insbesondere TDM universell einsetzbar ist. Ausführlich wurde anschließend auf die Kombination von Multiplex mit linearen Modulationsverfahren eingegangen, die in der Theorie und Praxis inzwischen sehr wichtig geworden ist. Deutlich wurde dabei die zentrale Bedeutung der Orthogonalität. Die Spezialfälle TDM und FDM wurden in diesem Zusammenhang noch einmal beschrieben, und es wurde auf Codemultiplex (CDM) sowie den wichtigen FDM-Spezialfall OFDM eingegangen. Multiplexverfahren werden in einigen Lehrbüchern behandelt, z. B. in [70], [85], [95], [96], die Kombination mit den linearen Modulationsverfahren in der hier vorliegenden Form kaum.

Zu OFDM ist anzumerken, dass die Wurzeln dieses Verfahrens bis in die 50-er Jahre zurückreichen, als die ersten sog. „parallelen" Übertragungen über KW-Funkkanäle unter Nutzung von FDM realisiert wurden. Das in [26] beschriebene „Kineplex"-System wurde militärisch genutzt. Zum später entwickelten „Kathryn"-Modem gibt es einige ausführlichere Veröffentlichungen [6], [83], [116]. Der Name OFDM wurde von Chang zum ersten Mal benutzt

[19], [18]. Weinstein und Ebert haben 1971 die heute übliche diskrete Fouriertransformation zur Signalverarbeitung vorgeschlagen [111]. Von Peled und Ruiz wurde 1980 der Vorschlag für die periodische Wiederholung innerhalb der Schutzzeit veröffentlicht, womit bei linear verzerrenden Kanälen die nahezu perfekte Orthogonalität auch im Empfangssignal erreicht werden konnte [81].

Mit dem letzten Abschnitt dieses Kapitels („Vektorwertige Übertragung") wurden Themen angesprochen, bei denen die Entwicklung noch nicht abgeschlossen ist. Es basiert in vielen Details auf [63] sowie den dort zitierten Vorarbeiten. Die als Beispiel diskutierten Simulationsergebnisse für eine MIMO-Übertragung sind in [24] ausführlicher beschrieben. In [87] wurde das Spreizen in Zeitrichtung und die damit bewirkte Signalraum-Diversität („Signal Space Diversity") bereits genutzt, um Rayleigh-Kanäle in Gauß-Kanäle zu transformieren. Darüber hinaus gibt es zur Vektordektion umfangreiche Arbeiten der Ulmer Arbeitsgruppe, die bis zum Beginn der 90-er Jahre zurückreichen, s. z.B. [31], [28], [86] und die dort zitierten Vorarbeiten. Bücher zum Thema MIMO und Space-Time-Coding und gute Übersichts-Darstellung sind z.B. in [79], [69], [78], [39], [59] zu finden.

Die vektorwertige Übertragung ergab sich als Verallgemeinerung einer skalaren Übertragung, sowie aus den Erläuterungen zum Thema Multiplex in den vorhergehenden Abschnitten. Erste Arbeiten zum Multiplex mit orthogonalen Funktionen, die bereits in diese Richtung weisen, liegen lange zurück, z.B. die frühen Arbeiten von Lüke [65]. Die vektorwertige Übertragung im hier definierten Sinn hat van Etten bereits behandelt [104]. Hervorzuheben sind aber insbesondere die Arbeiten von Verdu. Er hat das Thema „Multiuser Detection" (MUD) einer breiteren fachlichen Öffentlichkeit zugänglich gemacht und die vorhandenen Vorarbeiten verallgemeinert [105]. Bemerkenswert ist aber auch, dass van Etten etwa 10 Jahre zuvor bereits für eine synchrone Übertragung über MIMO-Kanäle den vektorwertigen Viterbi-Algorithmus als optimalen MUD-Algorithmus beschrieben hat.

8.5 Aufgaben

Aufgabe 8.1

Betrachtet werden soll eine Multiplexübertragung mit vier orthogonalen Elementarsignalen:
Jeder Multiplex-Subkanal soll für eine digitale Übertragung mittels 4 PSK genutzt werden.

a) Skizzieren Sie ein Blockbild der gesamten Multiplexübertragung von $x_i(k)$ bis $\hat{x}_i(k)$ über einen (genügend breiten) AWGR-Bandpasskanal.

b) Zu welcher Art von Phasenumtastung (hart oder weich) führen die rect-„Chips"?

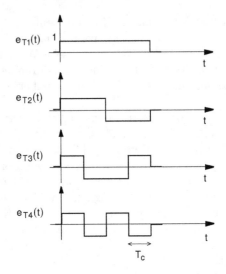

c) Wäre auch eine bandbegrenzte Übertragung möglich, ohne dass sich an der notwendigen Orthogonalität etwas ändert? Wie müßte man z. B. „Raised Cosine"-Elementarsignale einführen?

d) Skizzieren Sie die Abtastwerte $\tilde{x}_i(k)$ auf der Empfangsseite, wenn auf der Sendeseite gilt:

$$x_i(k)\begin{cases} \neq 0 \text{ für } i = 1 \\ = 0 \text{ für } i = 2, 3, 4. \end{cases}$$

Hierbei soll der Kanal als störungsfrei angenommen werden, und für die Energie der Elementarsignale gelte $E_{e_T} = 1$.

e) Was ändert sich an dem Ergebnis von d), wenn Störungen auf dem Kanal vorliegen?

f) Bearbeiten Sie d) für den Fall, dass $e_{T1}(t)$ um eine Chipdauer T_c gegenüber der richtigen Lage zeitlich verzögert ist und dies auf der Empfangsseite im Empfangszweig mit $e_{T1}^*(-t)$ berücksichtigt wird (d. h. in diesem Kanal stimmt die Taktsynchronisation). Welche Forderung müßte man an die $e_{Ti}(t)$ stellen, damit solche Verschiebungen gegeneinander tolerierbar sind?

Aufgabe 8.2

Entwickelt werden soll ein FDM-System zur Übertragung von analogen Sprachsignalen („Trägerfrequenztechnik"). Folgende Angaben bzw. Forderungen seien vorgegeben:

- Leistungsdichtespektrum der Sprachsignale: 300 Hz bis 3400 Hz
- Übertragung der unteren Seitenbänder
- Verfügbare Gesamtbandbreite: $f_\Delta = 48\,\text{kHz}$
- Mittenfrequenz des Multiplexsignals: $f_0 = 84\,\text{kHz}$

- Schutzabstand (Guard Band): 900 Hz

a) Wie viele Sprachsignale sind möglich? Skizzieren Sie das Spektrum des BP-Multiplexsignals.

b) Skizzieren Sie ein Blockbild, aus dem hervorgeht, wie das Multiplexsignal $s(t)$ aus den Sprachsignalen $s_1(t)$ bis $s_M(t)$ gebildet wird.

c) Skizzieren Sie das Blockbild eines Empfangszweiges. Ist dieser Empfangszweig optimal im Sinne eines bestmöglichen SNR am Ausgang, wenn ein AWGR-Kanal vorausgesetzt wird? Welche Art von Synchronisation ist notwendig?

Aufgabe 8.3

Gegeben ist eine Multiplexübertragung mit M orthogonalen Elementarsignalen über einen AWGR-Tiefpass-Kanal. Jeder Multiplex-Kanal wird für eine digitale Übertragung mittels 4 PSK verwendet.

a) Skizzieren Sie ein Blockbild der gesamten Multiplexübertragung von $x_i(k)$ bis $\hat{x}_i(k)$.

Die verfügbare Gesamtbandbreite beträgt $f_\Delta = 200\,\text{kHz}$, und für die Datenrate je Multiplexkanal gilt $r_t = 50\,\frac{\text{kbit}}{\text{s}}$. Schutzzeiten und Schutzbänder sollen im folgenden vernachlässigt werden, und es soll keine Außerbandstrahlung auftreten.

b) Welches Elementarsignal muss vorausgesetzt werden, um die größte spektrale Effizienz zu erreichen ?
Wieviele Frequenzmultiplex-Kanäle (FDM) können in der gegebenen Gesamtbandbreite f_Δ maximal untergebracht werden ?

c) Betrachten Sie nun das Zeitmultiplex-Verfahren (TDM).
Welche Bandbreite steht jetzt jedem Multiplex-Kanal zur Verfügung ?
Welches Elementarsignal müssen Sie verwenden, um die zur Verfügung stehende Bandbreite möglichst effizient auszunutzen (größte spektrale Effizienz) ? Wieviele TDM-Kanäle ergeben sich dann maximal ?

d) Geben Sie ein orthogonales Funktionssystem an, mit dem ein Codemultiplex-Verfahren (CDM) realisiert werden kann. Welche Signalform müssen die einzelnen „Chips" bei größtmöglicher spektraler Effizienz besitzen ? Wieviele orthogonale CDM-Kanäle können maximal realisiert werden ?

9
Vielfachzugriffsverfahren, Netze, Kommunikationssysteme

9.1 Vielfachzugriff

9.1.1 Problemstellung

Am Anfang des vorhergehenden Kapitel wurde bereits kurz erläutert, dass *Vielfachzugriffsverfahren* dazu dienen, den einzelnen Nutzern eines Übertragungsmediums eine Möglichkeit zur Übertragung zu schaffen. Abbildung 9.1 skizziert die Problemstellung. Gegeben sei ein Übertragungssystem mit M_K Vollduplex-Kanälen, bei dem die einzelnen Kanäle z. B. mittels Multiplexverfahren aus einem einzelnen Gesamtkanal erzeugt worden sind.[1] Wie dies geschehen kann, wurde im vorhergehenden Kapitel erläutert. *Vollduplex* bedeutet, dass jeder Kanal in beiden Richtungen übertragen kann. Die Frage ist nun, wie einzelne Nutzer auf der linken und der rechten Seite mit dem Übertragungssystem verbunden werden können. Beachtet werden muss dabei, dass in der Regel mehr Nutzer vorhanden sind als Kanäle – es gibt ein *Wettbewerbs-Problem* (engl. *Contention Problem*).

Abbildung 9.2 zeigt eine mögliche Lösung. Wenn die Nutzer auf der linken und auf der rechten Seite räumlich einander genügend nah sind, können sie über eine Matrix von Schaltern (auch Koppelfeld genannt) mit den Kanälen verbunden werden. Das Koppelfeld muss mit Hilfe einer geeigneten Steuerung dafür sorgen, dass ein Nutzer auf der linken Seite über einen der M_K Kanäle mit dem gewünschten Nutzer auf der rechten Seite verbunden wird. Diese Lösung wird seit langer Zeit bei konventionellen analogen Fernsprechnetzen eingesetzt. Da die Nutzer, die man bei Fernsprechnetzen auch als Teilnehmer bezeichnet, bei diesen Netzen über große Flächen verteilt sind, müssen Hierarchien von Koppelfeldern eingesetzt: Auf der untersten Hierarchiestufe werden räumlich nicht zu weit voneinander entfernte Nutzer zu Gruppen

---

[1] Bei der Erläuterung von Multiplexverfahren wurde die Bezeichnung "Kanal" für den Gesamtkanal verwendet und mit "Subkanal" sollte betont werden, dass der Kanal in Teilkanäle zerlegt wurde. Im Folgenden sollen, wie allgemein üblich, auch Subkanäle einfach als Kanäle bezeichnet werden.

zusammengefasst. In der nächst höheren Hierarchiestufe werden diese Gruppen zu größeren Gruppen zusammengefasst. Man kann dieses Schema weiter fortsetzen, wobei das Ziel ist, die Zahl der Leitungen oder physikalisch notwendigen Übertragungsmedien zu minimieren. Hierbei kann es von großem

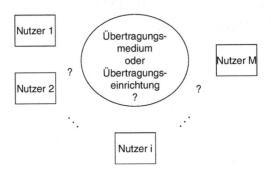

Abb. 9.1. Vielfachzugriffs-Problem

Vorteil sein, Multiplexverfahren einzusetzen, die es erlauben, dass viele Teilnehmer gleichzeitig ihre Nachrichten z. B. über ein einziges Kabel übertragen können – s. Abb. 9.2.

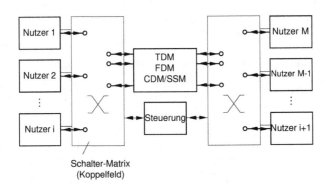

Abb. 9.2. Eine mögliche Lösung des Vielfachzugriffs-Problems

Je höher die Hierarchiestufe, desto größer muss natürlich die Zahl der zur Verfügung stehen Kanäle sein. Bei Fernsprechnetzen ist die höchste Hierarchiestufe in der Regel die globale, d. h. auf der Ebene der Nationen, während die unterste einer Zusammenfassung von räumlich näher zusammenliegenden Teilnehmern in einem Ort oder einer Stadt entspricht. Diese Art der Minimierung des Realisierungsaufwands schließt einen wünschenswerten Effekt mit ein. Bei einem Fernsprechnetz ist die Verbindung der Teilnehmer mit der nächstgelegenen *Vermittlungseinrichtung* auf der untersten Hierarchieebene im statistischen Mittel sicher nicht sehr gut ausgenutzt. Die notwendigen individuellen einzelnen Leitungen bis zum Teilnehmeranschluss werden in der Regel nur zu einem Bruchteil der Zeit eines Tages für Gespräche genutzt. Die Bündel von Kanälen auf höheren Hiearchiestufen können dagegen im statistischen Mittel wesentlich besser ausgelastet sein, da sich hier das unterschiedliche Verhalten vieler Teilnehmer ausmittelt.

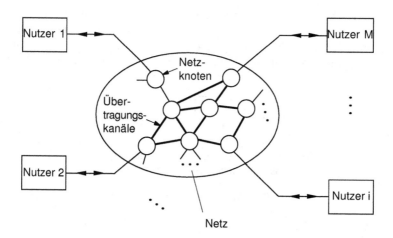

Abb. 9.3. Allgemeine Lösung des Vielfachzugriffs-Problems

Abbildung 9.3 zeigt, wie eine allgemeinere Lösung des Vielfachzugriffsproblems aussehen kann. Die Teilnehmer oder Nutzer sind über ein *Netz* miteinander verbunden, das innen so organisiert sein kann, wie zuvor beschrieben. Die *Netzknoten* führen in diesem Fall die Gruppenbildungen durch. Auf der untersten Hierarchiestufe liegen dabei die Netzknoten, die direkt mit den Nutzern verbunden sind. Abbildung 9.3 ist insofern eine Abstraktion bzw. Verallgemeinerung, weil auch eine sog. *Paketvermittlung* mit eingeschlossen ist. Sie ist bei digitaler Übertragung sinnvoll und bedeutet, dass *Datenpakete* von einem Nutzer durch das Netz zu einem anderen Nutzer geleitet werden. Dabei ist es nicht unbedingt erforderlich, dass eine Verbindung von einem Nutzer zu einem anderen über die Dauer einer gesamten Übertragung aufrecht erhalten wird. Die Aufgabe der Netzknoten ist es, anhand der Paketadresse zu entscheiden, zu welchem Netzknoten ein Paket weiterzuleiten ist. Naheliegend und praktisch üblich ist es, in den Netzknoten Rechner einzusetzen. Während in digitalen Fernsprechnetzen diese Rechner hoch spezialisiert sind, ist es insbesondere beim Internet üblich, eher allgemeinere Rechner oder Workstations mit spezieller Software zu verwenden. Die Übertragungskanäle zwischen den Netzknoten sind in der Regel Bündel von einzelnen Kanälen, wobei die einzelnen Kanäle wiederum aus wenigen physikalischen Übertragungsmedien mittels Multiplex gebildet werden.

Bevor im übernächsten Abschnitt dieses Thema etwas weiter vertieft wird, soll nun die Theorie in ihren Grundzügen erläutert werden, die seit langer Zeit genutzt wird, um Vielfachzugriffs-Probleme zu lösen.

9.1.2 Theorie der Warteschlangen

Eine Theorie, die man bei der Auslegung derartiger Netze nutzen kann, ist die *Theorie der Warteschlangen*. Sie wurde in der Vergangenheit bereits bei der Entwicklung der ersten Fernsprechnetze verwendet. Aber auch beim Entwurf und der Optimierung heutiger digitaler Netze spielt sie eine zentrale Rolle.

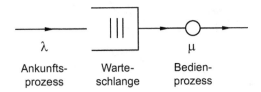

Abb. 9.4. Modell einer Warteschlange

Abbildung 9.4 zeigt ein Modellbild für eine Warteschlange. Am Eingang der Warteschlange befindet sich der *Ankunftsprozess* mit der *mittleren Ankunftsrate* λ. Wenn der Ankunftsprozess z. B. ankommende Datenpakete beschreibt, dann bedeutet die mittlere Ankunftsrate die im Mittel ankommende Zahl von Datenpaketen. Die Warteschlangen-Theorie ist aber auch allgemein anwendbar. So kann ein Ankunftsprozess ebenso beschreiben, wie viele Kunden sich im Mittel an einer Supermarkt-Kasse am Ende der Schlange anstellen. Einsichtig ist bereits, dass mit steigender mittlerer Ankunftsrate sicher auch die Länge der Schlange wächst, sofern sich bei der „Abfertigung" nichts ändert. Üblich ist es, die „Abfertigung" durch den *Bedienprozess* zu beschreiben, d. h. auch hier gibt es einen Mittelwert, die mittlere *Bedienrate* μ. Es gelten nun weiter folgende Definitionen:

$$\rho = \frac{\lambda}{\mu} : \quad \textit{Verkehrsangebot} \text{ in Erlang}$$

$$T_A = \frac{1}{\mu} : \quad \textit{mittlere Bedienzeit} \text{ in Sekunden} \,. \tag{9.1}$$

Die Einheit *Erlang* ist hierbei eine Pseudoeinheit, die zu Ehren des dänischen Mathematikers Erlang verwendet wird. Erlang, der von 1878 bis 1929 lebte, hat als erster die Warteschlangentheorie für die Berechnung und Konzeption von Fernsprechnetzen genutzt und ausgebaut.

Von Bedeutung ist aus praktischer Sicht natürlich die mittlere Wartezeit oder, damit verbunden, die mittlere Länge der Warteschlange. Man könnte nun unbefangen vermuten, dass sich kein Problem ergibt, wenn die mittlere Ankunftsrate nur kleiner oder gleich der mittleren Bedienzeit ist (oder für das Verkehrsangebot $\frac{\lambda}{\mu} \leq 1$ gilt). Dass dem nicht so ist, erkennt man, wenn man nicht nur die Mittelwerte, sondern die gesamte statistische Beschreibung des Ankunfts- und Bedienprozesses beachtet. Bei den Ankunftsprozessen hat sich herausgestellt, dass ein *Markov*- oder *Poisson*-Prozess für sehr viele praktische Fälle gut zur Beschreibung geeignet ist. Hiermit kann man die Schlange von Fahrzeugen an einer Verkehrsampel und die Schlange von Kunden an einer Supermarktkasse ebenso gut modellieren wie das Einlaufen von Datenpaketen in den Pufferspeicher einer Netzknotens bei einer Paketübertragung. Eine solche Prozess-Beschreibung ist auch beim konventionellen Fernsprechnetz passend: Hier bedeutet eine Ankunft das Abheben des Telefonhörers und den damit verbundenen Gesprächswunsch.

Beim Markov- oder Poisson-Prozess wird in diesem Zusammenhang in der Regel vorausgesetzt, dass er stationär ist, d. h. dass die Statistik sich nicht mit der Zeit ändert. Die Angabe einer Verteilungsdichte ist dann ausreichend, wobei man üblicherweise die Verteilungsdichtefunktion der *Ankunftszeit-Differenzen* τ angibt:

$$p_\tau(x) = \varepsilon(x)\,\lambda\,e^{-\lambda x} . \tag{9.2}$$

τ ist in dieser Schreibweise wieder die Zufallsvariable und x der Wert den sie annimmt. Der Mittelwert λ wurde zuvor bereits eingeführt, und $\varepsilon(.)$ ist die Sprungfunktion, die hier dafür sorgt, dass $p_\tau(x) = 0$ für $x < 0$ gilt. Die Wahrscheinlichkeit, dass sich innerhalb eines Zeitintervalls T_A eine Ankunft ereignet, ist damit die Verteilungsfunktion an der Stelle T_A:

$$P_\tau(T_A) = \int\limits_0^{T_A} p_\tau(\vartheta)\,d\vartheta = \int\limits_0^{T_A} \lambda\,e^{-\lambda\vartheta}\,d\vartheta = 1 - e^{-\lambda T_A} . \tag{9.3}$$

In der Warteschlangen-Theorie ist es üblich, Abkürzungen für die stochastischen Prozesse zu verwenden:

- Markov/Poisson - Abkürzung: M
- „Determininiert" - Abkürzung: D .

„Determiniert" steht dabei für den Sonderfall eines stochastischen Prozesses, bei dem keine Schwankungen vorliegen. Für eine kompakte Beschreibung einer Warteschlange wird die folgende Terminologie verwendet:

- Ankunftsprozess/Bedienprozess/Zahl der Bedieneinrichtungen .

M/M/1 ist in dieser Schreibweise somit eine Warteschlange mit einem Markov-Ankunftsprozess, einem Markov-Bedienprozess und einer einzelnen Bedieneinrichtung. Bei M/D/4 liegen dagegen 4 Bedieneinrichtungen mit konstanter (determinierter) Bedienrate vor.

Wichtig ist natürlich, den Bezug zu realen Anwendungen zu sehen. Bei einer Paket-Datenübertragung entspricht der Bedienprozess der Weiterleitung der Datenpakete. Wenn hier beispielsweise eine feste Datenrate vorgegeben ist und die Länge der Datenpakete nicht variiert, dann ist D sicher eine passende Beschreibung des Bedienprozesses. Mit der Datenrate $r_{ü}$ in bit/s und der Länge L_{DP} der Datenpakete in bit folgt bei diesem Beispiel für die mittlere Bedienrate $\mu = \frac{r_{ü}}{L_{DP}}$ bzw. für die mittlere Bedienzeit $\frac{1}{\mu} = \frac{L_{DP}}{r_{ü}}$. Die Zahl der Bedieneinrichtungen ist in diesem Fall mit der Zahl der Leitungen identisch, die die Datenpakete übertragen (in diesem Beispiel = 1). Um die Wartschlangen-Theorie möglichst umfassend verwenden zu können, sind weitere Arten von stochastischen Prozessen (mit weiteren Abkürzungen) üblich, worauf aber hier nicht weiter eingegangen werden soll.

Abbildung 9.5 zeigt das Modellbild für eine Warteschlange mit M_K Bedieneinrichtungen, wobei eine Terminologie verwendet wird, die sich auf eine Nachrichtenübertragung bezieht. Das Modell beschreibt eine Gruppe von Teilnehmern, die an eine Vermittlungseinrichtung mit M_K abgehenden Kanälen angeschlossen ist. Am Eingang liegt ein Summenprozess vor, bei dem sich die gesamte mittlere Ankunftsrate als Summe der mittleren Einzelraten ergibt. Ähnlich ist die gesamte mittlere Bedienrate die Summe der Einzelbedienraten. Für M Nutzer gilt somit:

$$\lambda_{ges} = \sum_{i=1}^{M} \lambda_i \,; \quad \mu_{ges} = M_K\,\mu$$

$$\rho = \frac{\lambda_{ges}}{\mu} = \lambda_{ges}\,T_A \,. \tag{9.4}$$

Zu beachten ist, dass beim gesamten Verkehrsangebot nur μ zur Normierung verwendet wird. Das maximal handhabbare Verkehrsangebot entspricht damit der Zahl der Kanäle M_K (in der Einheit Erlang).

Geht man davon aus, dass es in vielen praktischen Anwendungen auch sinnvoll sein kann, einen gewissen Verlust bei der Abfertigung der Ankünfte zu berücksichtigen, dann kommt man zu dem sog. *Verlustsystem*, im Gegensatz zu dem bisher vorausgesetzten *Wartesystem*. Während bei einem Wartesystem die Warteschlange auch unendlich lang werden kann, werden bei einem Verlustsystem Ankünfte abgewiesen, wenn die Warteschlange eine gewisse Länge erreicht hat. Bei einer Paket-Datenübertragung kann dies z. B. deshalb sinnvoll sein, weil real immer nur ein endlich großer Pufferspeicher zur Verfügung steht. Wenn der Puffer voll ist, können keine weiteren Pakete mehr aufgenommen werden. Wie man generell in diesem Fall verfahren sollte, hängt vom realen System ab. Vorstellbar ist z. B. auch eine Strategie, die solche Pakete

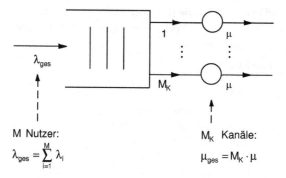

Abb. 9.5. Modell einer Warteschlange mit M_K Bedieneinrichtungen

aus dem Puffer entfernt, die bereits die längste Zeit warten und deren Daten inzwischen zu sehr veraltet sind. Bei einem Verlustsystem gilt:

$$\rho_A = \rho\,(1 - P_V) : \text{Verkehrsbelastung}. \qquad (9.5)$$

P_V ist hierbei die *Verlust-Wahrscheinlichkeit*. Für die maximal mögliche Verkehrsbelastung gilt

$$\rho_{A\,\max} = \frac{\mu_{ges}}{\mu} = M_K \qquad (9.6)$$

Abbildung 9.6 zeigt ein in der Praxis übliches Blockbild, für das das Warteschlangen-Modellbild in Abb. 9.5 gilt.

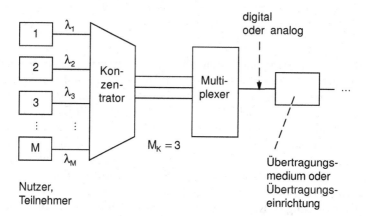

Abb. 9.6. Zum Modell nach Bild 9.5 gehöriges Blockbild

Die bis hierher erläuterte Theorie der Warteschlangen wird bereits seit langem bei der Konzeption von Fernsprechnetzen verwendet. Im Folgenden soll ein Beispiel hierzu betrachtet werden.

Beispiel: Fernsprechnetz

gegeben: $M = 800$ Teilnehmer

$M_K = 100$ Sprachkanäle

$\lambda_i = \lambda = 2$ Anrufe/h

$T_A = 3$ Minuten/Anruf

gesucht: μ :   mittlere Belegungsrate pro Sprachkanal

$\rho_{A\,max}$:   maximal mögliche Verkehrsbelastung

ρ :   Verkehrsangebot

Für die mittlere Belegungsrate pro Sprachkanal – dies ist die mittlere Bedienrate bei allgemeinen Warteschlangen – ergibt sich aus den Vorgaben für dieses Beispiel:

$$\mu = \frac{1}{T_A} = 20 \text{ Anrufe/h} . \tag{9.7}$$

Für die maximal mögliche Verkehrsbelastung gilt:

$$\rho_{A\,max} = \frac{\mu_{ges}}{\mu} \; ; \quad \mu_{ges} = \mu\, M_K = 2000 \text{ Anrufe/h}$$

$$= M_K = 100 \text{ Erlang} . \tag{9.8}$$

Im Vergleich dazu gilt für das Verkehrsangebot:

$$\rho = \frac{\lambda_{ges}}{\mu} \; ; \quad \lambda_{ges} = \lambda\, M = 1600 \text{ Anrufe/h}$$

$$= 80 \text{ Erlang} . \tag{9.9}$$

Ein Fernsprech-Übertragungssystem ist ein Verlustsystem, d. h. wenn keine Leitung frei ist, legt man üblicherweise den Hörer wieder auf und versucht es später noch einmal. Einem Verkehrsangebot von 80 Erlang steht in diesem Beispiel eine maximal mögliche Verkehrsbelastung von 100 Erlang gegenüber. Die Erläuterungen von zuvor legen die Vermutung nahe, dass man – wegen des zufälligen Verhaltens der Anrufenden – mit einer von Null verschiedenen Verlustwahrscheinlichkeit P_V rechnen muss. Um den genauen Wert von P_V bestimmen zu können muss man über die Verteilungsdichte-Funktion integrieren, ähnlich wie bei der Bestimmung von Fehlerwahrscheinlichkeiten für eine digitale Übertragung in Kap. 2. Hierbei ergibt sich die sog. Erlang-B-Formel, auf die hier aber nicht mehr eingegangen werden soll. Weitere Anmerkungen hierzu finden sich am Ende dieses Kapitels.◄

Bei einfachen Wartesystemen kann man die mittlere normierte *Verzögerungszeit* $\mu\, T_V$ berechnen, was hier ohne Herleitung wiedergegeben werden soll:

$$\begin{aligned}
\text{M/M/1:} \quad & \mu\, T_V = \tfrac{1}{1-\rho} \\
\text{M/M/2:} \quad & \mu\, T_V = \tfrac{1}{1-\left(\tfrac{\rho}{2}\right)^2} \\
\text{M/D/1:} \quad & \mu\, T_V = \tfrac{1-\tfrac{\rho}{2}}{1-\rho}
\end{aligned} \tag{9.10}$$

9.1.3 Vielfachzugriff und Protokolle

Die Theorie der Warteschlangen sagt nichts darüber aus, wie man die in (9.10) angegebenen Verzögerungszeiten in realen Systemen auch erreichen kann. Notwendig sind in jedem Fall Regeln oder Vereinbarungen, die zwischen den Nutzern oder Teilnehmern abgesprochen sind und an die sich alle halten. Beim konventionellen Telefon bedurfte es keiner expliziten Absprache. Den Hörer bei „Besetzt" wieder aufzulegen und es später noch einmal zu versuchen, scheint für Menschen ohne weitere Erklärung ein intuitives Verhalten zu sein. Überträgt man den Verbindungsaufbau jedoch einem Rechner, dann ist sofort klar, dass dies nicht ohne explizite Regeln/Vereinbarungen und/oder Strategien geht. Die Regeln oder Vereinbarungen für den Zugriff auf gemeinsam zur Verfügung stehende Übertragungskanäle werden *Vielfachzugriffs-Protokolle* genannt. Einige Varianten von solchen Protokollen sollen nun kurz betrachtet werden. Zum besseren Verständnis werden zuvor einige historisch gewachsene Namensgebungen bei den *Vielfachzugriffsverfahren* erläutert.

FDMA, TDMA, CDMA

Die ersten beiden Buchstaben haben bei diesen Abkürzungen die gleiche Bedeutung wie bei den Multiplexverfahren. Die letzen beiden Buchstaben (MA) stehen für *Multiple Access* (= Vielfachzugriff). FDMA ist somit die Abkürzung für *Frequency Division Multiple Access* und damit für das Vielfachzugriffsverfahren, das auf FDM basiert. In praktischen Anwendungen wird manchmal kaum ein Unterschied gemacht zwischen den Multiplexverfahren und den dazugehörigen Vielfachzugriffsverfahren. Die Endung „MA" soll jedoch betonen, dass hier mehrere Nutzer im Spiel sind und ein Protokoll den Vielfachzugriff steuern muss. FDMA, TDMA und auch CDMA sind als erstes im Zusammenhang mit Satelliten-Übertragungssystemen in der 60-er Jahren definiert worden, wobei der Vielfachzugriff sehr einfach war. Die Verbindung der Nutzer mit dem Satelliten-Übertragungssystem wurde einmal festgelegt und dann für längere Zeiträume nicht verändert. Damit lag keine zufällige oder „dynamische" Komponente vor und auch kein Protokoll im heute üblichen Sinn. Die Verfahren entsprachen eher einem Multiplex.

Bei Intelsat II und Intelsat III wurde ein solches FDM-ähnliches FDMA-System genutzt um Sprachsignale analog mittels FM global zu übertragen.[2] Mit Intelsat V wurden TDMA und digitale Sprachübertragung kombiniert, wobei die TDM-Zeitschlitze aber auch zunächst starr auf einzelne Länder verteilt wurden. Wegen der unterschiedlichen Laufzeiten war keine beliebig genaue Synchronisation der Bodenstationen möglich, weshalb zwischen

---

[2] Intelsat: International Telecommunications Satellite Consortium, 1964 gegr. Konsortium zur Schaffung eines globalen Kommunikationssatellitennetzes.

den Zeitschlitzen genügend große Schutzzeiten vorgesehen wurden. Die bei TDM/TDMA notwendige Rahmensynchronisation wurde mit einem Signal von einer Referenz-Bodenstation erreicht.

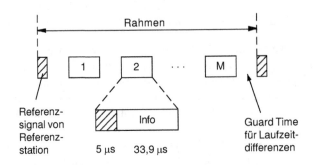

Abb. 9.7. Beispiel: TDMA-Rahmen bei Intelsat V

Abbildung 9.7 zeigt den Aufbau eines TDM/TDMA-Rahmens bei Intelsat V. In jedem Info-Block befanden sich 16×256 bit $= 4096$ bit, was 16 Abtastwerten mit je 8 bit von 32 PCM-Kanälen entspricht.

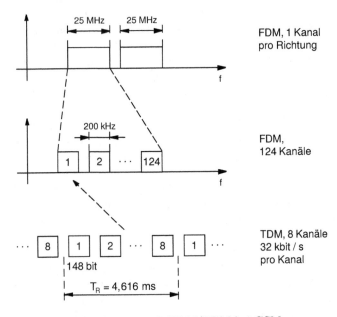

Abb. 9.8. Beipiel: FDM/TDM bei GSM

Heute übliche Vielfachzugriffsverfahren beinhalten im Gegensatz zu den ersten Varianten bei Satelliten-Übertragungssystemen mehr oder weniger ausgeprägte dynamische Komponenten. Beim Mobilfunksystem GSM wird z. B. eine Kombination von FDMA und TDMA verwendet. Abbildung 9.8 zeigt die Multiplexbildung. Für ein Gespräch wird in jeder Gesprächsrichtung ein Zeitschlitz verwendet, wobei vom Mobilterminal zur Basisstation (*Uplink*) eine Frequenz aus dem unteren 25 MHz-Band verwendet wird, in umgekehrter Richtung (*Downlink*) eine aus dem oberen 25 MHz-Band.[3] Die Zuteilung der verfügbaren Ressourcen wird dabei vor dem Beginn eines Gesprächs festgelegt und während des Gesprächs beibehalten.

Zusammenfassend lässt sich damit festhalten, dass bei diesen Beispielen lediglich beim GSM-System für den Verbindungsaufbau ein Vielfachzugriffs-Protokoll erforderlich ist. Verwendet wird dazu bei GSM das sog. *Slotted ALOHA*, das weiter unten kurz erläutert wird.◄

Man kann folgende Gruppen von Vielfachzugriffsverfahren bzw. Vielfachzugriffsprotokollen unterscheiden:

- **Verfahren mit vorher festgelegter Kanalzuweisung**
  Hierzu gehören die ursprünglichen Verfahren FDMA, TDMA und CDMA
- **Von der Nachfrage abhängige Verfahren**
  Zu dieser Gruppe gehören Verfahren, bei denen eine Reservierung vorgenommen wird, wie beim oben kurz diskutierten GSM-Beispiel. Man zählt hierzu aber auch sog. *Polling-Verfahren*, bei denen eine Zentralstation alle anderen Stationenen fragt, ob sie etwas zu übertragen haben. Die Zentralstation (oder Basisstation) kann dies in starrer Weise zyklisch tun. Sie kann aber auch einen sog. *Token* (= Marke, Zeichen) vergeben. Besitzt eine Station den Token, dann darf sie senden, das Übertragungsmedium steht ihr zur Verfügung. Der Token hat eine von der Zentralstation vergebene maximale Gültigkeitsdauer. Von diesem Prinzip kann man vielfältige Varianten bilden, insbesondere auch solche ohne Zentralstation. Alle Varianten haben das Ziel, ein gegebenes Übertragungsmedium so gut und flexibel wie möglich allen Nutzern zugänglich zu machen. „Flexibel" bedeutet dabei, dass die Token-Zuteilung von der Nachfrage abhängt.
- **Auf Wettbewerb bzw. wahlfreiem Zugriff basierende Verfahren**
  Der *wahlfreier Zugriff* (engl. *random access*) geht einen Schritt weiter. Er bedeutet, dass ein Nutzer ohne vorherige Absprache mit anderen das gemeinsam zur Verfügung stehende Übertragungsmedium zu nutzen versucht. Hierbei können *Kollisionen* auftreten, wenn zwei oder mehrere Nutzer gleichzeitig auf das Übertragungsmedium zugreifen. Die zu dieser Gruppe gehörenden Protokolle unterscheiden sich durch die Art der Kollisionsauflösung.

---

[3] Die Trennung der Richtungen erfolgt damit beim GSM-System, wie bei vielen anderen Funk-Übertragungssystemen auch, mittels *Frequenz-Duplex* (engl. *Frequency Division Duplex, FDD*).

Im Folgenden soll das *ALOHA-Protokoll* näher betrachtet werden. Es gehört zur Gruppe der Verfahren mit wahlfreiem Zugriff und besitzt insofern große Bedeutung, als es das erste Protokoll für wahlfreien Zugriff war. Alle heute üblichen Protokolle dieser Gruppe basieren auf ALOHA oder sind zumindest damit verwandt.

ALOHA-Protokoll

Das ALOHA-Protokoll wurde 1970 von Abramson an der Universität von Hawaii entwickelt, um per Satellit weiter voneinander entfernt auf verschiedenen Inseln liegende Rechner bzw. Terminals (im Folgenden Stationen genannt) zu vernetzen [1]. Hierbei stand eine Frequenz zur Verfügung, die zu einem Zeitpunkt nur von einer sendenden Station für die Übertragung von Datenpaketen belegt werden konnte. Das Prinzip ist durch die folgenden drei Schritte gekennzeichnet:

- Jede Station sendet ein Datenpaket wann sie will. Zur Fehlererkennung wird Kanalcodierung verwendet.
- Eine Kollision zwischen zwei oder mehreren Sendungen muss entdeckt werden. Hierbei kann die Kollision durch eine überwachende Zentralstation erfolgen, oder auch durch die sendende Station selbst (Empfang des eigenen Datenpakets).
- Wenn die sendende Station eine Kollision entdeckt oder wenn keine Quittung empfangen wird, muss die Sendung wiederholt werden. Damit sich nicht immer wieder die gleiche Kollisionssituation ergibt, muss ein erneutes Senden in jedem Fall zufällig erfolgen. Wichtig ist dabei, dass die einzelnen Stationen unterschiedliche oder unterschiedlich gestartete Zufallsgeneratoren verwenden.

Dieses einfache, erste Random-Access-Protokoll war funktionsfähig, und es wird bis heute in vielen weiterentwickelten Varianten verwendet. Leider kann das Verkehrsangebot beim ALOHA-Protokoll den Wert von 0,18 nicht überschreiten, und es liegt damit sehr weit links von der theoretischen Grenzkurve M/D/1. Dies soll im Folgenden gezeigt werden. Abbildung 9.9 zeigt hierzu ein Warteschlangen-Modell für das ALOHA-Protokoll. Die gesamte Ankunftsrate setzt sich aus zwei Anteilen zusammen:

$$\lambda_{ges} = M\left(\lambda + x\right). \tag{9.11}$$

Die Ankunftsraten λ der einzelnen Stationen sind hierbei als gleich angenommen. Der Anteil $M \cdot \lambda$ von λ_{ges} stammt somit von den ankommenden Datenpaketen der M Stationen, und x ist ein zunächst unbekannter, durch Wiederholungen bedingter Anteil. Vereinfachend soll nun weiter angenommen werden, dass der Summen-Ankunftsprozess durch eine Markov-Statistik beschrieben werden kann. Obwohl dies wegen der Wiederholungen sicher nicht ganz korrekt sein wird, hat sich diese Näherung praktisch als sehr gut herausgestellt. Die Dauern aller Datenpakete soll gleich T_A sein, woraus sich die Bedienrate $\mu = \frac{1}{T_A}$ ergibt.

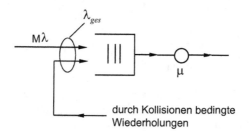

Abb. 9.9. Warteschlangen-Modell für das ALOHA-Protokoll

Den Ausgangspunkt für die Berechnung der Wartezeit bildet die Überlegung, dass die fehlerfreie Übertragung eines Datenpakets der Dauer T_A nur dann möglich ist, wenn ein Zeitintervall von $2T_A$ frei ist. Der Grund für den Faktor 2 ist darin zu sehen, dass jede Station per Definition senden darf, sobald ein Paket vorliegt. Wenn die betrachtete Station zu senden beginnt, darf eine andere Station **nicht später als** T_A **vor** diesem Zeitpunkt bereits mit der Sendung eines Datenpakets begonnen haben. Zusätzlich ist notwendig, dass keine andere Station **früher als** T_A **nach dem Beginn** der Sendung durch die betrachtete Station mit ihrer eigenen Sendung beginnt. Die Wahrscheinlichkeit für ein freies Zeitintervall der Dauer $2T_A$ muss aus der Markov-Statistik des Eingangsprozesses berechnet werden. Mit (9.3) kann man die Wahrscheinlichkeit dafür berechnen, dass kein Paket innerhalb von $2T_A$ einläuft und das Intervall frei ist:

$$P_{\text{frei}} = 1 - P_\tau(2T_A) = e^{-\lambda_{ges}\,2T_A} = e^{-2\rho_{ges}}. \tag{9.12}$$

ρ_{ges} ist hierbei das gesamte Verkehrsangebot:

$$\rho_{ges} = \frac{\lambda_{ges}}{\mu} = \frac{M\,(\lambda + x)}{\mu}. \tag{9.13}$$

Die Paketwiederholungen sind damit eingeschlossen. Da ein Wartesystem vorliegt, müssen alle einlaufenden Pakete auch gesendet werden. Im stationären Zustand gilt deshalb für die Verkehrsbelastung:

$$\rho_A = \rho_{ges}. \tag{9.14}$$

Aus (9.13) und (9.12) folgt für die relative Anzahl erfolgreicher Paketübertragungen:

$$\frac{M\,\lambda}{M\,\lambda_{ges}} = \frac{\rho}{\rho_A}. \tag{9.15}$$

Wenn die Warteschlange sich in einem stationären Zustand befindet, muss die relative Anzahl erfolgreicher Paketübertragungen mit der Wahrscheinlichkeit für ein freies Intervall der Dauer T_A übereinstimmen. Mit (9.12) und (9.13) ergibt sich daraus schließlich die gesuchte Beziehung zwischen ρ und ρ_A:

$$\frac{\rho}{\rho_A} = P_{\text{frei}} = e^{-2\rho_{ges}} = e^{-2\rho_A}$$

$$\Longrightarrow$$

$$\rho = \rho_A\, e^{-2\rho_A}\,. \tag{9.16}$$

In Abb. 9.10 ist der Zusammenhang zwischen ρ_A und ρ dargestellt. Es handelt sich hierbei offensichtlich um keine Funktion: zu einem Wert ρ gehören zwei Werte von ρ_A. Wenn sich der Arbeitspunkt von kleinen Werten ρ her kommend dem Wert von $\rho_{max} = \frac{1}{2e} = 0{,}18$ nähert, besteht zunehmend die Gefahr, dass das ALOHA-Protokoll in den zweiten möglichen Zustand wechselt, was ein instabiles Verhalten bedeutet. Ein Arbeitpunkt im oberen Bereich der Kurve führt beim Absinken von ρ zu einem Ansteigen von ρ_A. Das Protokoll ist dann zunehmend nur noch damit beschäftigt, die Wiederholung von Paketen abzuwickeln. Die Länge der Warteschlange steigt, das Protokoll befindet sich in keinem stationären Zustand mehr. Durch die Statistik der einlaufenden Pakete bedingt, kann bei genügend kleinem Verkehrsangebot auch wieder ein stationärer Zustand auf dem unteren Ast der Kurve erreicht werden. Die Folgerung aus diesem Verhalten ist, dass das ALOHA-Protokoll nur bei kleinen Verkehrsangeboten genutzt werden sollte.

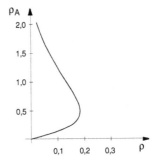

Abb. 9.10. $\rho_A(\rho)$ beim ALOHA-Protokoll

Slotted ALOHA

Vergleicht man das maximal mögliche Verkehrsangebot beim ALOHA-Protokoll $\rho_{max} = 0{,}18$ mit der M/D/1-Asymptote von $\rho_{max} = 1$, dann ist der Wert 0,18 sehr klein. Bei noch praktikablen Verkehrsangebot-Werten ergibt sich ein Verlust von fast 80%. Durch eine relativ einfache Maßnahme lässt sich das ALOHA-Protokoll jedoch verbessern. Wenn man eine TDM-Rahmenstruktur einführt, mit Zeitschlitzdauern, die einer Datenpaketlänge entsprechen, dann ist das notwendige kollisionsfreie Intervall von $2\,T_A$ auf T_A reduziert. Voraussetzung ist dabei, dass alle Stationen nur noch dann senden, wenn ein Zeitschlitz beginnt, d. h. alle Stationen müssen auf die TDM-Struktur synchronisiert sein. Der Nutzen dieser Synchronisation ist mit der obigen Ableitung sofort anzugeben: $2\,\rho_A$ muss oben lediglich durch ρ_A ersetzt werden. Die Konsequenz ist, dass der Wert $\rho_{max} \approx 0{,}18$ sich verdoppelt. Verglichen mit dem reinen ALOHA ist damit bei diesem *Slotted ALOHA* also ein doppelt so großes Verkehrsangebot möglich. Die Kosten für die Verbesserung liegen in der nun notwendigen Synchronisation.

CSMA

Man kann das ALOHA-Protokoll auch dadurch verbessern, dass man vor dem Senden eines Datenpakets prüft, ob auf dem Übertragungskanal bereits die Übertragung eines Datenpakets läuft. Die Station, die gerade ein Datenpaket senden möchte wenn der Kanal belegt ist, muss ihre Sendung auf einen späteren Zeitpunkt verschieben und dann wieder prüfen, ob der Kanal belegt ist. Kritisch ist bei dieser Strategie, dass das Wissen um eine bereits laufende Übertragung veraltet sein kann, wenn der potentielle Sender prüft, ob der Kanal frei ist. Der Grund ist in den physikalisch notwendigen Laufzeiten der Signale zu sehen. Eine Station kann bereits mit der Sendung begonnen haben, obwohl auf dem Kanal in größerer Entfernung noch kein Signal zu messen ist. Wichtig ist hierbei der folgende Parameter:

$$\alpha = \frac{\tau}{T_A} \, . \tag{9.17}$$

T_A ist wieder die Dauer eines Datenpakets und τ die Laufzeit von der entfernten, bereits sendenden Station zu der betrachteten, die eine Sendung beginnen möchte. Es ist leicht einzusehen, dass bei $\alpha \gg 1$ ein derartiges Protokoll zu einem reinen ALOHA-Protokoll entartet und bei $\alpha \ll 1$ sich das bestmögliche M/D/1-Verhalten ergibt. Diese Variante des ALOHA-Prokolls wird mit *CSMA (Carrier Sense Multiple Access)* bezeichnet.

CSMA/CD

Eine Verbesserung des CSMA-Protokolls erhält man, wenn eine Station das Entdecken einer Kollision möglichst schnell allen anderen Stationen mitteilt. Hierzu sendet diese Station ein *Jamming*-Signal, das bewirkt, dass alle Stationen sich für eine gewisse Zeit mit dem Senden zurückhalten. Hierbei muss natürlich wieder sichergestellt sein, dass nicht alle Stationen zur gleichen Zeit wieder mit einer Sendung beginnen. Es gibt verschiedene Varianten dieses Protokolls, die sich im zeitlichen Verhalten beim Senden nach einer Kollisions-Detektion (CD: *Collision Detection*) unterscheiden.

Abbildung 9.11 zeigt für einige der gerade erläuterten Protokolle den Verlauf der Verzögerungszeit über dem Verkehrsangebot. Dass CSMA-Protokoll ist bei $\alpha = 0,05$ wesentlich besser als das Slotted-ALOHA-Protokoll, aber doch noch relativ weit von der theoretischen Grenzkurve M/D/1 entfernt. Die Kurve für das CSMA/CD-Protokoll, die in Abb. 9.11 nicht eingezeichnet ist, verläuft rechts von der CSMA-Kurve.

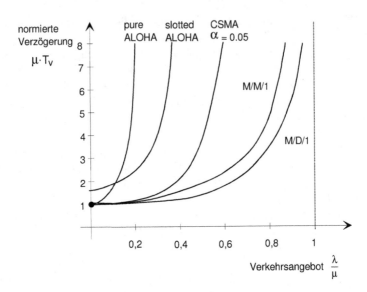

Abb. 9.11. Normierte Verzögerungszeit in Abhängigkeit vom Verkehrsangebot für einige Protokolle

Vielfachzugriff bei Lokalen Netzen

Protokolle für den wahlfreien Zugriff und Token-Protokolle werden vor allem bei *Lokalen Netzen* (*LAN: Local Area Network*) verwendet, die üblicherweise räumliche Ausdehnungen von bis zu mehreren 100 m besitzen. Beim häufig vorkommenden CSMA/CD-Protokoll ist ein möglichst kleiner Wert für den Parameter α entscheidend, s. (9.17). Damit die Leistungsfähigkeit nicht zu schlecht wird, beschränkt man die räumliche Ausdehnung eines Netz-Segments beim *Ethernet* z. B. auf 300 m. Ein Segment ist dabei ein Kabel, an das Rechner (Workstations, PCs) direkt angeschlossen sind. Die größte vorkommende Laufzeit ist damit durch die Länge des Kabels gegeben. Wichtig ist dabei, dass die Enden des Kabels richtig terminiert sind. Ist dies nicht der Fall, dann werden die Signale reflektiert, laufen mehrfach über das Kabel und täuschen größere räumliche Ausdehnungen vor, womit die Leistungsfähigkeit des Protokolls sinkt. Um zu etwas größeren Flächenabdeckungen zu kommen, werden in der Praxis verschiedene Segmente miteinander verbunden. Diese Verbindung oder Kopplung bedeutet bereits eine Kopplung von Netzen, für die es unterschiedliche Möglichkeiten gibt und die ein eigenständiges Thema darstellen. In Abschn. 9.2 wird kurz darauf eingegangen.

Das Kabel beim Ethernet stellt eine Bus-Struktur dar. Eine weitere in der Praxis genutzte Struktur ist der Ring. Hier werden die Signale durch die angeschlossenen Stationen geleitet. Jede Station entscheidet, ob ein Datenpaket für sie bestimmt ist oder nicht. Wenn nicht, leitet sie das Datenpaket über den Ring weiter zur nächsten Station. Als Protokolle eignen sich hier sehr gut solche, die auf Token basieren. Stern-Strukturen werden häufig dazu verwendet, LANs zu koppeln.

Anmerkung: Von den in Kommunikationssystemen vorkommenden Protokollen bilden die Vielfachzugriffs-Protokolle nur eine Untergruppe. Protokolle regeln generell den Informationsaustausch zwischen zwei oder mehreren Kommunikationspartnern. So gibt es beispielsweise *ARQ-Protokolle* (ARQ: *Automatic Repeat Request*), die dafür sorgen, dass fehlerhafte Datenpakete automatisch wieder gesendet werden. Auch die erwähnten Duplex-Verfahren erfordern Protokolle, insbesondere, wenn *Zeitduplex* (eng. *Time Division Duplex, TDD*) zur Trennung der Übertragungsrichtungen verwendet wird. Im kommenden Abschnitt 9.2 wird auch hierauf noch einmal kurz eingegangen.◀

9.2 Kommunikationssysteme: Eine kurze Einführung

Im Hinblick auf reale Kommunikationssysteme haben die vorhergehenden Kapitel und auch die vorhergehenden Abschnitte dieses Kapitels nur Teilaspekte behandelt. Der folgende Abschnitt hat zum Ziel, in kurzer, einführender Weise umfassendere Zusammenhänge etwas zu beleuchten. Auf weiterführende Literatur wird am Ende des Kapitels eingegangen.

9.2.1 Kommunikationssysteme – Kommunikationsnetze

Der Begriff *Kommunikationssystem* wird nicht einheitlich verwendet. Häufig unterscheidet man zwischen dem *Netz* und den *Nutzern*, s. Abb. 9.12. Während das Netz für die Verbindung der Nutzer und/oder den „Transport" von Daten zuständig ist, können die mit „Nutzer" bezeichneten Blöcke einen Rechner (Workstation, PC) oder aber auch ein beliebiges anderes *Endgerät* bedeuten. Ein menschlicher Nutzer, der vor seinem PC sitzt und eine E-Mail liest, wird dabei manchmal mit einbezogen. Den Begriff „Kommunikationssystem" kann man im Zusammenhang mit analogen Fernsprechnetzen – bei dem das Endgerät ein Telefonapparat ist – ebenso verwenden, wie bei digitalen Netzen, z. B. beim Internet. Das Internet zusammen mit den angeschlossenen Endgeräten wäre demnach, ähnlich wie das ältere Fernsprechnetz mit den angeschlossenen Telefonapparaten, ein umfassendes globales Kommunikationssystem. Im Kontext von Fernsprechnetzen ist es üblich, anstelle von „Nutzer" den Begriff „Teilnehmer" zu verwenden.

Das Kommunikationssystem stellt *Dienste* zur Verfügung, z. B. Sprachübertragung, Fax, E-Mail, Dateitransfer oder die Übertragung von Web-Seiten. Verbunden mit der Bereitstellung solcher Dienste ist eine *Dienstgüte*. Bei einer Sprachübertragung z. B. muss der *Netzbetreiber* dafür sorgen, dass keine zu großen Verzögerungen auftreten und die Sprachverständlichkeit bei allen vorgesehenen Verbindungen im Netz akzeptabel bleibt. Beim Dateitransfer wiederum darf eine Rest-Bitfehlerwahrscheinlichkeit aus praktischer Sicht nicht bemerkbar sein.

Bei den Verbindungen von Nutzern oder Teilnehmern durch das Netz kann man zwei Gruppen von *Verbindungsarten* unterscheiden:

- *Leitungsvermittlung (Circuit Switching)*
- *Paketvermittlung (Packet Switching)*

Die Abb. 9.13 und 9.14 zeigen die grundlegenden Prinzipien. Bei beiden Methoden gibt es i. Allg. einen *Verbindungsaufbau* und einen *Verbindungsabbau*. Während die Leitungsvermittlung in ihrer ursprünglichen Form eine durch-

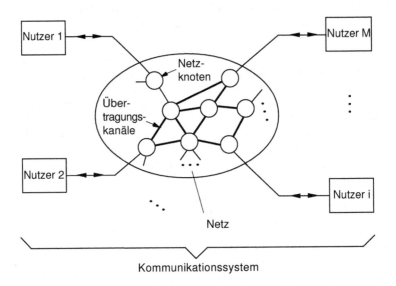

Abb. 9.12. Kommunikationssystem

geschaltete Leitung zwischen zwei Teilnehmern bedeutet, über die analoge Signale wie Sprachsignale direkt übertragen werden können, werden bei einer Paketvermittlung Datenpakete übertragen.

Abb. 9.13. Leitungsvermittlung

Für einen Nutzer müssen die Pausen, die bei einer Paketvermittlung zwischen den Datenpaketen auftreten, nicht unbedingt bemerkbar sein.

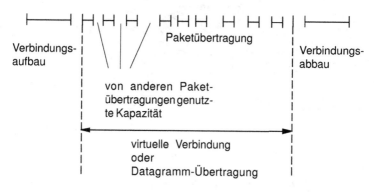

Abb. 9.14. Paketvermittlung

Man kann eine *virtuelle Verbindung* einrichten, die sich von einer leitungsvermittelten Verbindung kaum unterscheidet. Wenn bei einer paketvermittelten Verbindung der Verbindungsaufbau und -abbau entfällt, spricht man auch von einer *Datagramm*-Übertragung. Die Vermittlungsaufgabe liegt in jedem Fall in den *Netzknoten*. Hier werden die gewünschten Verbindungen geschaltet oder die Datenpakete anhand ihrer Adresse zu einem geeigneten nächsten Netzknoten weitergeleitet.

Die Paketvermittlung ergibt dabei in der Praxis eine größere Flexibilität und die gewünschte bessere Nutzung der verfügbaren Ressourcen. Bei genügend großen verfügbaren Übertragungsraten können Verbindungen von Netzknoten gleichzeitig für den Transport von Datenpaketen mehrerer Teilnehmer genutzt werden, indem die Pakete bei der Übertragung in TDMA-Weise zeitlich verschachtelt werden. Da die Zeit hierbei i. Allg. nicht streng in Zeitschlitze aufgeteilt sein muss, ist es notwendig, dass die Pakete die Adresse des Ziels enthalten, s. Abb. 9.15. Notwendig ist des Weiteren, dass in den Netzknoten genügend Wissen über das umgebende Netz vorhanden ist, so dass bei jedem Paket entschieden werden kann, wohin es weitergeleitet werden muss. Die hierfür verwendeten Verfahren werden als *Routing*-Verfahren bezeichnet.

9.2.2 OSI-Modell

Der zunehmende Bedarf an der Vernetzung von Rechnern führte in den 70-er Jahren zu dem Wunsch, die hierfür zu verwendenden Verfahren und Protokolle zu vereinheitlichen bzw. weltweit zu standardisieren. Vor diesem Hintergrund wurde durch Arbeitsgruppen der *International Standardization Organisation* (ISO) das sog. *OSI-Architekturmodell* (manchmal auch ISO/OSI-Modell

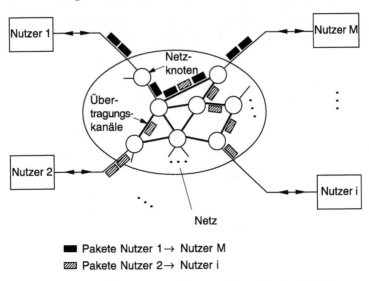

■ Pakete Nutzer 1→ Nutzer M
▨ Pakete Nutzer 2→ Nutzer i

Abb. 9.15. Transport von Datenpaketen durch ein Netz

genannt) entwickelt. OSI bedeutet dabei *Open Systems Interconnection*. Die Bezeichnung „Architekturmodell" soll verdeutlichen, dass es hierbei zunächst nicht um Details geht, sondern nur um die Architektur oder prinzipielle Struktur der Kommunikationssysteme, die miteinander verbunden werden sollen.

Abbildung 9.16 zeigt eine bildliche Darstellung dieses Modells. Die gesamten notwendigen Aufgaben beim Austausch von Daten sind in sieben Schichten aufgeteilt. Beim Teilnehmer auf der rechten Seite sind die international üblichen Bezeichnungen in englisch angegeben. Die *Verarbeitungsschicht* (Schicht 7) enthält Aufgaben, die die Nutzerschnittstelle mit einbeziehen. Sie stellt einem Nutzer Dienste zur Verfügung, z. B. E-Mail. Im Gegensatz dazu enthält die *Bitübertragungsschicht* (Schicht 1) Verfahren, die dafür sorgen, dass die Bits eines Nutzers zum anderen Nutzer übertragen werden. Alle in den vorhergehenden Kapiteln behandelten digitalen Übertragungsverfahren sind dieser Schicht zuzuordnen. Die darüber liegende *Sicherungsschicht* ist dafür zuständig, dass die Übertragung in zuverlässiger Weise geschieht. Die *Vermittlungsschicht* wiederum bearbeitet Aufgaben, die auf das Netz bezogen sind, z. B. das oben erwähnte Routing. Während die ersten drei Schichten sich nur auf ein einzelnes Netz beziehen, sorgt die Transportschicht für die Übertragung von Datenpaketen über verschiedene miteinander verbundene Netze hinweg. Die Transportschicht des Nutzers auf der einen Seite „sieht" die Transportschicht des Nutzers auf der anderen Seite als Kommunikationspartner. Der Netzknoten in Abb. 9.16 braucht demnach nur die Schichten 1 bis 3 enthalten. Die *Kommunikationssteuerungs-Schicht* sorgt für den Verbindungsaufbau und Verbindungsabbau aus Nutzer-Sicht und die *Darstellungsschicht* fasst Aufgaben zusammen, die mit der Zuordnung von Bits zu Informationen/Daten aus

Nutzersicht zu tun haben. Bei der Übertragung von Textdateien ist hier z. B. die übliche ASCII-Tabelle lokalisiert, die vom jeweiligen Land und der Sprache abhängig sein kann. Während die oberen drei Schichten auch als *anwendungsspezifische Schichten* bezeichnet werden, benutzt man für die unteren drei auch die Umschreibung *netz-/übertragungsspezifische Schichten*. Die Transportschicht liegt dazwischen.

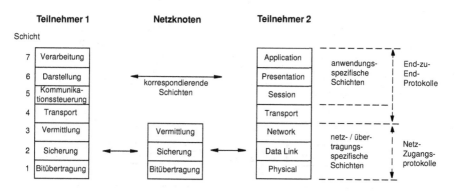

Abb. 9.16. OSI-Architekturmodell

Das OSI-Modell sagt nichts darüber aus, was sich im Detail in den Schichten befinden muss. Eine allgemeine, in jedem Fall notwendige Aufgabe ergibt sich aber bereits, wenn man beachtet, dass eine Übertragung von einem Nutzer zu einem anderen (über Teilnetze hinweg) ermöglicht werden soll. Um dies zu erreichen, muss man auf einander gegenüber liegenden Schichten, gleiche Protokolle verwenden – die Schichten müssen miteinander korrespondieren können. Anschaulich bedeutet dies z. B., dass beim Versenden einer E-Mail die Schicht 7 des E-Mail-Empfängers im Detail das gleiche E-Mail-Protokoll verwenden muss wie die des Absenders.

Zu standardisieren sind somit nur die Protokolle, d. h. die Definition von Datenpaketen zusammen mit den Regeln für deren Übertragung. Wegen der unterschiedlichen Aufgaben der Schichten werden dabei Protokolle verwendet, die der jeweiligen Schicht angepasst sind. Die Sicherungsschicht kann z. B. ein ARQ-Protokoll (ARQ: *Automatic Repeat Request*) enthalten, das bei einer fehlerhaften Übertragung ein Datenpaket oder einen Teil davon von der Gegenseite neu anfordert. Die darüber liegenden Schichten mit ihren eigenen Protokollen müssen dabei nicht mit einbezogen werden.

Abbildung 9.17 zeigt eine weitere Betrachtungsweise des OSI-Modells. Neben der bisher angesprochenen „horizontalen" Kommunikation mit Hilfe von passend definierten Protokollen gibt es die Arbeitsteilung zwischen den 7 Schichten. Eine Schicht stellt jeweils einen Dienst für die darüber liegende

Schicht zur Verfügung, der angefordert werden muss. Dies kann beispielsweise ein Verbindungsaufbau sein. Die Schichten werden in dieser Betrachtungsweise als *Instanzen* bezeichnet und die „vertikale" Kommunikation zwischen den Instanzen wird mit Hilfe von sog. *Dienstprimitiven* bewerkstelligt. Da es sich hierbei ebenfalls um eine Kommunikation handelt, sind die Dienstprimitive auch Protokolle. Im Gegensatz zu den zuvor genannten sind sie aber lokal und müssen deshalb bei beiden Nutzern nicht identisch sein.

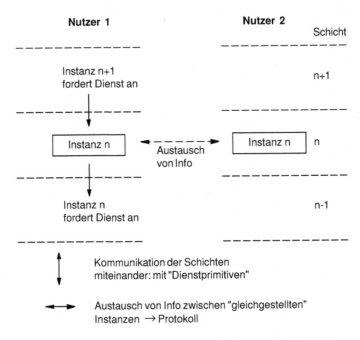

Abb. 9.17. 2 Arten von Kommunikation im OSI-Modell

Zu beachten ist beim OSI-Modell, dass es zwar weltweit akzepiert ist und auch verwendet wird, dass aber auch Abwandlungen üblich sind. Insbesondere bei LANs s. Abschn. 9.1.3 hat sich als zweckmäßig herausgestellt, die Aufgaben in der Schicht 2 noch weiter zu unterteilen.

9.2.3 Verbindung von Netzen

Die Definition des OSI-Modells nach Abb. 9.16 beinhaltete bereits die Kopplung von Netzen mit Hilfe von Netzknoten. Die Netzknoten enhalten dabei die unteren drei Schichten des OSI-Modells. Abbildung 9.18 zeigt die Verbindung von zwei Netzen etwas detaillierter. Im Allg. können die Netze unterschiedliche Protokolle verwenden, was in Abb. 9.18 durch die Bezeichnungen Netz A und Netz B hervorgehoben werden soll. Bei der Schicht 3 ist es jedoch notwendig, dass sie die Protokolle von beiden Seiten her beherrscht, wozu entweder ein einheitliches Protokoll auf der Schicht 3 notwendig ist, oder aber eine Umsetzung innerhalb des Netzknotens. Protokolle (mit den zugehörigen Datenpaketen), die oberhalb von Schicht 3 liegen, kommen im Netzknoten nicht vor. Geräte oder Rechner, die in den Netzknoten Protokolle bis zur Schicht 3 bearbeiten, werden als *Router* bezeichnet. Üblich sind in der Praxis noch weitere Varianten zur Verbindung von Netzen. Sind die Schichten 4 bis 7 beteiligt, spricht man von *Gateways*. Eine Kopplung auf der Schicht 1 bezeichnet man als *Repeater*, eine auf der Schicht 2 als *Bridge* (oder *Brücke*) – s. Abb. 9.18. Repeater und Brücken kommen vor allem in lokalen Netzen vor.

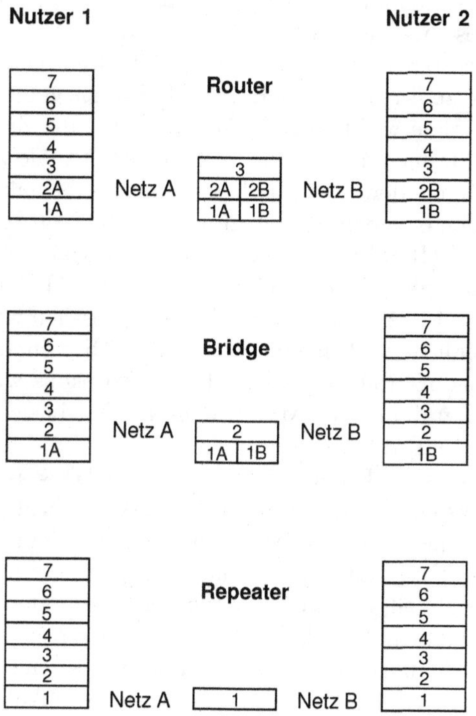

Abb. 9.18. Verbindung von Netz A mit Netz B: Router

9.3 Zusammenfassung und bibliographische Anmerkungen

Während in den vorhergehenden Kapiteln Methoden und Verfahren behandelt wurden, mit denen parallel zur Verfügung stehende Kanäle zur Informationsübertragung geschaffen werden können, stand in diesem Kapitel ihre Nutzung durch Teilnehmer im Vordergrund. Die Kanäle wurden dabei als Ressource betrachtet, womit zwangsläufig ein Wettbewerbsproblem und eine möglichst flexible, die Ressourcen schonende Nutzung in den Mittelpunkt rückte. Für das Wettbewerbsproblem stellte sich die Theorie der Warteschlangen als geeignete Basis-Theorie heraus. Mit einer Modellierung des Verhaltens der Teilnehmer durch Markov-Prozesse wurde es möglich, Aussagen über die theoretisch vorhandenen und durch keine Praxis überschreitbaren Grenzen für die Auslastung eines Bündels von Kanälen zu gewinnen. Deutlich wurde, dass es bei nur statistisch beschreibbarem Nutzer-Verhalten nicht möglich ist, die Summen-Datenrate zu erreichen, die durch alle Kanäle gemeinsam zur Verfügung gestellt wird. Eine wichtige Rolle spielen dabei die Zugriffs-Protokolle, die regeln, wie die Teilnehmer auf die verfügbaren Kanäle zugreifen dürfen. Gute Protokolle können den theoretischen Grenzen sehr nahe kommen.

Behandelt wurden einige in der Realität genutzte Protokolle für den wahlfreien Vielfachzugriff (Random Access), angefangen vom einfachen ALOHA-Protokoll bis zum komplizierteren CSMA/CD. Für das ALOHA-Protokoll, das als Ursprung für alle heute genutzen Protokolle angesehen werden kann, wurde das maximal mögliche Verkehrsangebot von 0,18 berechnet. Dieser relative kleine Wert und das instabile Verhalten dieses Protokolls wurden diskutiert. Des Weiteren wurden die auf FDM, TDM und CDM basierenden Verfahren FDMA, TDMA und CDMA erläutert.

Das zum Abschluss des Kapitels in einführender Weise behandelte Thema „Kommunikationssysteme" machte deutlich, dass der Stoff aus den vorhergehenden Kapiteln hier in einem größeren Zusammenhang gesehen werden muss. Eingegangen wurde auf das international genutzte und standardisierte OSI-Architekturmodell, das aus dem Wunsch entstanden ist, die in einem Kommunikationssystem notwendigen Aufgaben zu strukturieren und einen weltweiten, „offenen" Informationsaustausch zu ermöglichen. Die definierten sieben Schichten stehen dabei jeweils für Kategorien von Aufgaben. Neben der Strukturierung ist eine weitere Idee des OSI-Modells, dass eine jeweils höhere Schicht die Dienste der darunter liegenden Schicht nutzen kann. Als wichtige Betrachtungsweise ergab sich, dass man zwischen zwei Arten von Kommunikation unterscheiden muss: zwischen der horizontalen und der vertikalen. In beiden regeln Protokolle den zielgerichteten Informationsaustausch.

Die Vielfachzugriffs-Aspekte von FDMA, TDMA und CDMA werden in einigen Lehrbüchern behandelt, z. B. in [96], [95], wahlfreie Zugriffsverfahren, Protokolle, digitale Netze und die Warteschlangen-Theorie z. B. in [90], [9] sowie [52]. Abhandlungen zum Thema „Kommunikationssysteme" mit den dabei vorkommenden Protokollen sind meist exemplarisch mit bestimmten realen Systemen verbunden, z. B. mit dem GSM-Mobilfunksystem [27], dem ISDN [14], sowie mit Klassen von Systemen [109].

9.4 Aufgaben

Aufgabe 9.1

20 PCs sollen mit Hilfe eines lokalen Funknetzes so miteinander verbunden werden, dass ein beliebiger Austausch von kurzen Datenpaketen untereinander möglich ist. Um den Realisierungsaufwand möglichst klein zu halten, wurden einige Details bereits festgelegt:

- Mittenfrequenz: $f_0 = 18$ GHz
- Digitales Übertragungsverfahren: 2 FSK, $T_S = 50$ ns
- Kanalcodierung: RS-Code mit 8 bit/Codesymbol, 1 CW/Datenpaket, $r_c = 0.75$, nur Fehlererkennung ($\rightarrow$ Korrektur mit ARQ, „Automatic Repeat Request")
- Datenpaket auf dem Funkkanal:

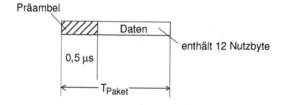

a) Wie lauten n, k und t des RS-Codes? Wie viele Fehler können erkannt werden?
b) Wie viele Pakete pro Sekunde können auf dem Funkkanal maximal übertragen werden? Welcher „Nutzdatenrate" entspricht dies?
   Hinweis: Von welchem PC das jeweilige Datenpaket stammt, ist hierbei unerheblich.

Vorausgesetzt werden soll nun ein einfaches ALOHA-Protokoll.

c) Beschreiben Sie das grundlegende Prinzip des ALOHA-Protokolls.

Als statistisches Modell für die Datenpaket-Erzeugung innerhalb der PCs soll nun eine Negex-Verteilung mit dem Parameter λ angenommen werden.

d) Was bedeutet der Parameter λ? Bestimmen Sie die weiteren Parameter des Warteschlangen-Modells.

e) Bei welchem Verkehrsangebot wächst die Wartezeit gegen unendlich große Werte? Was geschieht hier mit der Länge der Warteschlange?

f) Wie groß darf die mittlere Zahl von Datenpaketen pro Sekunde maximal sein, die jeder PC „ins Netz hinein" schicken kann? Welcher mittleren Nutzdatenrate pro PC entspricht dies? Vergleichen Sie das Ergebnis mit dem aus b).

g) Gäbe es Alternativen zum ALOHA-Protokoll mit höheren Durchsatzraten im Netz?

Aufgabe 9.2

In der Kendall-Notation bezeichnet $M/G/1$ folgende Warteschlange: Die Zeitabstände zwischen aufeinander folgenden Eingaben sind negativ exponentiell verteilt mit dem Mittelwert $\frac{1}{\lambda}$ (M), während die Bedienzeiten einer allgemeinen (G: general) Verteilungsfunktion mit linearem dem Mittelwert $\overline{X} = \frac{1}{\mu}$ und dem quadratischem Mittelwert $\overline{X^2}$ unterliegen. Die Warteschlange besitzt eine Bedienstation. Für eine derartige $M/G/1$-Warteschlange ergibt sich die mittlere Wartezeit eines Paketes zu

$$T_W = \frac{\lambda\mu\overline{X^2}}{2(\mu - \lambda)}.$$

a) Leiten Sie für eine $M/G/1$-Warteschlange aus dieser Beziehung die mittlere Wartezeit als Funktion von λ und μ ab.

Betrachten Sie folgendes Übertragungssystem:

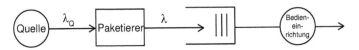

Die Quelle erzeugt mit einer Rate λ_Q Datensegmente, deren Länge s_i im Bereich $\hat{X} < s_i < 2\hat{X}$ gleichverteilt ist.

Die Aufgabe des Paketierers besteht darin, diese Segmente in Pakete zu verpacken, die anschließend von der Bedienstation übertragen werden. Diese Pakete haben eine maximale Länge $\hat{X}$. Jedes Segment wird in möglichst wenige Pakete verpackt, wobei jeweils das letzte Paket ggf. kürzer als $\hat{X}$ sein kann. Leere Pakete werden nicht verschickt.

b) Wieviele Pakete werden pro Segment benötigt, und wie groß ist dann die Eingaberate λ in die Warteschlange in Abhängigkeit von der Quellenrate λ_Q ?

c) Skizzieren Sie die Verteilungsdichtefunktion der Paketlänge X unter Angabe aller charakteristischen Werte.

d) Bestimmen Sie den linearen Mittelwert $\overline{X}$ sowie den quadratischen Mittelwert $\overline{X^2}$.

Nehmen Sie an, dass die Pakete poissonverteilt in der Warteschlange eintreffen, und dass die Bediendauer der Paketlänge X entspricht.

e) Wie groß ist die mittlere Wartezeit als Funktion von λ_Q und $\hat{X}$?

Aufgabe 9.3

Einer kleinen Dorfgemeinde stehe nur *eine* öffentliche Telefonzelle zur Verfügung. Der zeitliche Abstand zwischen zwei Telefonaten an dieser Telefonzelle sei negativ exponentiell verteilt mit durchschnittlich 4 Anrufen pro Stunde. Die Dauer der Telefonate sei ebenfalls negativ exponentiell verteilt mit einer mittleren Zeitdauer von 5 min pro Telefonat.

a) Welches Warteschlangenmodell liegt vor?
b) Wie groß sind die Bedienrate μ und das Verkehrsangebot ρ?
c) Bestimmen Sie die mittlere Verzögerungszeit T_V. Wie groß ist demnach die durchschnittliche Wartezeit vor dieser Telefonzelle?
d) Was würde im Fall $\rho \rightarrow 1$ passieren, wenn das System als verlustlos angenommen wird?
e) Wird bei einer *konstanten* Telefonat-Dauer von 5 min die durchschnittliche „Warteschlange" vor der Telefonzelle kürzer oder länger (Begründung!)?

Betrachtet wird nun eine einzelne Telefonzelle in der Großstadt, bei der das Verkehrsangebot mit $\rho = 0,8$ entsprechend höher ist. Weiterhin sei das System verlustbehaftet, d. h. warten schon $n - 1 = 2$ Personen vor der Telefonzelle, so suchen sich weitere potentielle Anrufer eine andere Telefonzelle. Für die Verlustwahrscheinlichkeit P_V gelte:

$$P_V = \frac{1 - \rho}{1 - \rho^{n+1}} \cdot \rho^n$$

f) Wie hoch ist die Verkehrsbelastung ρ_A ? Wie viele Personen suchen sich durchschnittlich pro Stunde eine andere Telefonzelle, falls die mittlere Bedienrate $\mu = 14$ Telefonate pro Stunde beträgt?
g) Sind bei der verlustbehafteten Großstadt-Telefonzelle Verkehrsangebote $\rho > 1$ zulässig (Kurze Begründung)?

Symbolverzeichnis

$a(\tau, t)$	zeitvariante Stoßantwort
$a(t)$, $a_i(t)$, $a_{iT}(t)$	Signale, Zeitfunktionen, Stoßantworten
A_e	Elementarsignal-Alphabet
A_q	Quellensymbol-Alphabet
A_x	Sendesymbol-Alphabet
$A(f)$	Spektrum von $a(t)$
$A(\nu)$	Doppler-Frequenzfunktion
AWGR	additives weißes gaußsches Rauschen
C	Kanalkpazität
$c(k)$	Stoßantwort eines FIR-Filters
$c_R(k)$	DFE, Stoßantwort im Rückführungszweig
$c_V(k)$	DFE, Stoßantwort im Vorwärtszweig
d, d_0, d_1, d_{min}	Distanzen (euklidische)
d_H, $d_{H\,min}$, $d_{H\,max}$	Hamming-Distanzen
d_i^2	MLSE, Quadrat der euklidischen Distanz
$e(t)$, $e_T(t)$, $e_i(t)$	Elementarsignale
$E_{i\,g_{TL}}$	MLSE, Energie von $^i g_{TL}(t)$
E_b	Energie pro Bit
E_{e_T}	Energie von $e_T(t)$
E_e, E_{e_T}, E_h	Energien der Signale $e(t)$, $e_T(t)$, $h(t)$
$E_r(r_c)$	Kanalcodierung, Fehlerexponent
E_s	Symbolenergie
E_{s_T}	Energie des äquivalenten TP-Signals $s_T(t)$
$E_{s_{TR}}$, $E_{s_{TI}}$	Energien der Quadraturkomponenten von $s(t)$
f	Frequenz-Variable
f_0, f_{00}	Mittenfrequenzen
f_Δ	Bandbreite eines idealen BP
f_d	Doppler-Verschiebung
f_g	Grenzfrequenz eines idealen TP
$g(t)$, $g_T(t)$	Signale am Eingang des Empfängers

$^k g(t)$	MLSE, k-tes mögliches Empfangssignal, o. Rauschen
$^i g_{TL}(t)$	$^k g(t)$, im äquivalenten TP-bereich, L Sendesymbole
$\underline{g}(t)$	Vektor-Empfangssignal
$g_{\text{Bkomp}}(t)$	Echokompensation, vorkommendes Signal
$g_B(t)$	Echokompensation, vorkommendes Signal
G	Kanalcodierung, Generatormatrix
$G(f)$	Spektrum des Signals $g(t)$
h	FM, Modulationsindex
$h(t)$, $h_T(t)$	Stoßantworten
$h(\tau,t)$, $h_T(\tau,t)$	zeitvariante Stoßantworten
$h^{per}(t)$	periodisch wiederholte Stoßantwort
$h(k)$	zeitdiskrete Stoßantwort
$\tilde{h}(k)$, $\tilde{h}_T(t)$	Schätzung für $h(k)$ bzw. $h_T(k)$
$h_{TP}(t)$, $h_{TP}(\tau)$	Stoßantworten eines idealen TP
$h_{BP}(t)$	Stoßantwort eines idealen BP
$h_{KT}(t)$	Kanal-Stoßantwort im äquivalenten TP-Bereich
$H_{BP}(f)$	Übertragungsfunktion eines idealen BP
$H_{KT}(f)$	Kanal-Übertragungsfunktion, zu $h_{KT}(t)$ gehörig
$H(f)$, $H_T(f)$	Übertragungsfunktionen
$H_{TP}(f)$	Übertragungsfunktion eines idealen TP
$H(f,t)$, $H_T(f,t)$	zeitvariante Übertragungsfunktionen
$hh(\tau,t)$	zeitvariante Stoßantwort
$Hh(f,t)$	zeitvariante Übertragungsfunktion
$hH(\tau,\nu)$	dopplervariante Stoßantwort
$HH(f,\nu)$	dopplervariante Übertragungsfunktion
$H(t)$	MIMO-Kanal, Stoßantwort-Matrix
$H(X)$, $H(Y)$, $H_g(Y)$	Entropien der Alphabete X bzw. Y
$H_{\max}(X)$	Entscheidungsgehalt des Alphabets X
$H(Y|X)$, $H_{g|s}(Y|X)$	bedingte Entropien
J	Funktional
$J_i(x)$	Besselfunktion
L	MLSE, Länge der Sendefolge
$m = \log_2(M)$	Zahl der Bit/Symbol
m_s	Mittelwert von s
$\underline{m}$	Mittelwert-Vektor
M	Zahl der Teilnehmer / Subkanäle / Elementarsignale
$M\,\lambda$	gesamtes Verkehrsangebot, M Teilnehmer
M_K	Zahl der verfügbaren Kanäle
MX, MY	Zahl der Symbole in den Alpabeten X, Y
$n(t)$	Rauschprozess, Musterfunktionen
$n_T(t)$	äquivalenter TP-Rauschprozess
$n_{BP}(t)$	BP-Rauschprozess, Musterfunktion
$n_{TR}(t)$, $n_{TI}(t)$	Quadraturkomponenten von $n_T(t)$
$n_e(t)$, $n_{Te}(t)$	Rauschsignal am Ausgang des Empfangsfilters

$n(k)$, $\tilde{n}(k)$	Rauschfolgen
$n_e(k)$	Rauschfolge hinter Empfangsfilters nach Abtastung
$\underline{n}$	Vektor-Rauschprozess, Musterfunktion
n_{Zust}	Trellis-Diagramm, Zahl der Zustände
$(n, k, d_{H\,min})$	Parameter eines Blockcodes
(n, k, t)	Parameter eines Blockcodes
N	Anzahl, allgemein
N_0	Rauschleistungsdichte
NH	Länge der zeitdiskr. Kanalstoßantwort in Symbolen
N_{PN}	Länge (Periode) einer PN-Folge
NV	DFE, Zahl der Koeffizienten im Vorwärtszweig
NR	DFE, Zahl der Koeffizienten im Rückführungszweig
$p(x)$	Wahrscheinlichkeitsdichte-Funktion
$p_s(x)$, $p_n(x)$, $p_g(y)$	Wahrscheinlichkeitsdichte-Funktion von Prozessen
$p_{sg}(x, y)$	Verbund-Verteilungsdichte
$P_s(x)$	Verteilungsfunktion von s
P, P_0, P_1	Wahrscheinlichkeiten
$P(q)$, $P(x_i)$	Wahrscheinlichkeit für das Auftreten von q bzw. x_i
$P(x_i, y_j)$	Verbund-Wahrscheinlichkeit
$P(y_j|x_i)$	bedingte Wahrscheinlichkeit
$P(Y|X)$	mittlere bedingte Wahrscheinlichkeit
P_b	Bitfehlerwahrscheinlichkeit
P_s	Symbolfehlerwahrscheinlichkeit
P_{bRest}	Rest-Bitfehlerwahrscheinlichkeit
P_{CW}	Codewort-Fehlerwahrscheinlichkeit
P_V	Warteschlangen, Verlust-Wahrscheinlichkeit
$q(t)$, $\tilde{q}(t)$	Quellensignale
$q(k)$, $q_x(k)$, $q_y(k)$	Quellensymbolfolgen
$\hat{q}(k)$	detektierte Quellensymbolfolge
$\underline{q}(k)$	Vektor-Quellensymbolfolge
$Q_g(f)$, $Q_n(f)$, Q_y	charakteristische Funktionen
$r(k)$	Stoßantwort des zeitdiskreten Ersatzkanals
$\tilde{r}(k)$	Schätzung für $r(k)$
$r_+(k)$	$r(k)$-Teil für $k \geq 0$
$\underline{r}$	$r(k)$ als Vektor geschrieben
r_c	Coderate
$r_{\ddot{u}}$	Übertragungsrate in bit/s
$rect(t)$	Rechteckimpuls
$R(k)$	Stoßantwort des zeitdiskreten Vektor-Ersatzkanals
$R(X)$	Redundanz des Alphabets X
$R_{z_k z_k}$	Korrelationsmatrix der Vektoren $\underline{z}_k$
$s(t)$	Signal, Zeitfunktion, Sendesignal
$s_a(t)$	Abtasttheorem, Ergebnis der Abtastung
$s_+(t)$	analytisches Signal
$s_H(t)$	Hilberttransformierte von $s(t)$

$s^{per}(t)$	periodisches Signal
$^k s(t)$	k-te Musterfunktion
$s_T(t)$	zu $s(t)$ gehöriges äquivalente TP-Signal
$s_{TR}(t)$, $s_{TI}(t)$	Quadraturkomponenten von $s(t)$
$\underline{s}(t)$	Vektor-Sendesignal
$si(\pi t)$	$\sin(\pi t)/\pi t$, si-Funktion
$S(f)$, $S_T(f)$	Spektren, Fouriertransformierte von $s(t)$, $s_T(t)$
$S_+(f)$	Spektrum des analytischen Signals
SNR	Signal-/Rauschleistungs-Verhältnis
SNR_a	SNR zum Abtastzeitpunkt
SNR_K	Kanal-SNR, hinter dem Empfangs-BP / TP
SNR_q	Quellensignal-SNR auf der Empfangsseite
t, t_0	Zeit-Variable, Zeit-Verzögerung
T	Dauer
T_A	Warteschlangen, mittlere Bedienzeit $= \frac{1}{\mu}$
T_S	Symbolintervall (Symboldauer)
T_V	Warteschlangen, Verzögerungszeit
$T(X;Y)$	Transinformation
$u(t)$	Elementarsignal
$U(t)$	Elementarsignal-Matrix
U_0	Spreizmatrix
v	Geschwindigkeit
$V(t)$	$V(t) = H(t) * U(t)$
$w(t)$	allgemeine Stoßantwort
$w(k)$	zeitdiskrete Stoßantwort
x	allgemeine Variable
$\underline{x}$	allgemeiner Variablenvektor
$x(t)$	zu $x(k)$ gehöriges zeitkontinuierliches Signal
$x(k)$	Sendesymbolfolge, Sendefolge
$x_R(k)$, $x_I(k)$	Real- und Imaginärteil von $x(k)$
$\tilde{x}(k)$	Schätzwert für $x(k)$, vor dem Entscheider
$\tilde{x}_0(k)$	Schätzwert für $x(k)$
$\tilde{x}_V(k)$, $\tilde{x}_R(k)$	DFE, Symbolfolgen
$\hat{x}(k)$	detektierte Sendesymbolfolge
$^i x(i)$	MLSE, i-te Sendesymbolfolge
$\underline{x}$	Vektor
$\underline{x}(k)$	Vektor-Sendefolge
x_i	diskretes Symbol, $x_i \in X$
X, Y	diskrete Alphabete
X^{NX}	diskretes Alphabet von Folgen der Länge NX
$y(t)$	meist: Ausgangssignal des Empfangsfilters
$y_T(t)$	$y(t)$ im äquivalenten TP-Bereich
$y(k)$	Symbolfolge
$^i y(k)$	MLSE, i-te Folge am Ausgang des KMF
$\underline{y}$	Vektor

Y^{NY}	s. X^{NX}
$z(k)$	Symbolfolge
$\underline{z}(k)$	DFE, Vektor mit Empfangswerten
$\delta(t)$	Diracstoß
$\delta_T(t)$	TP-Diracstoß $= 2h_{TP}(t)$
$\delta_{BP}(t)$	BP-Diracstoß $= h_{BP}(t)$
$\delta(k)$	zeitdiskreter Diracstoß
δ_{ij}	Konecker-Symbol
Δd	VA, Zweig-Distanz (Zweigmetrik)
Δf	Frequenz-Abstand
ΔF	Frequenzhub
ΔE_{g_T}	VA, Ungerböck-Variante, Energie-Differenz
Δt	Zeitdifferenz
$\Delta \tau$	Laufzeitdifferenz
$\varepsilon(t)$	Sprungfunktion
ε	akt. Fehler, $\varepsilon = x(k) - \tilde{x}(k)$
η	Bandbreiteausnutzung in bit/s/Hz
$\lambda, \lambda_i, \lambda_{\max}$	Eigenwerte
μ	Warteschlangen, Bedienrate
$\Lambda(t)$	Dreieck-Impuls
ν	Doppler-Frequenzvariable
$\varphi_{ss}(t)$	AKF des $s(t)$-Prozesses
$\Phi_{ss}(f)$	Leistungsdichtespektrum des $s(t)$-Prozesses
$\Phi_{nnT}(\nu)$	Doppler-Leistungsdichtespektrum
$\Phi_{nnT}(f)$	Rausch-Leistungsdichtespektrum
$\psi_H(f)$	Phasenwinkel von $H(f)$
$\psi(t)$	Phasenwinkel
$\Delta\psi$	Phasenwinkel-Differenz
$\rho, \rho_{\max}, \rho_{ges}$	Warteschlangen, Verkehrsangebote
$\rho_A, \rho_{A\max}$	Warteschlangen, Verkehrsbelastung, max.
σ_d	Dopplerbandbreite
$\sigma^2, \sigma_x^2, \sigma_n^2$	Streuungen, kont. und diskrete Prozesse
σ_{ne}^2	Streuung der Rauschens hinter dem Empfangsfilter
τ	Verzögerung bei zeitvarianten Systemen
τ_0	Verzögerung
$\nabla_c J$	Gradientenvektor
$\det(K)$	Determinante der Matrix K
$\perp$	orthogonal zu

Literaturverzeichnis

1. ABRAMSON, N. The aloha system - another alternative for computer communications. In *Proc. Fall Joint Comput. Conf., AFIPS Conf.* (1970), p. 37.
2. ACHILLES, D. *Die Fourier-Transformation in der Signalverarbeitung.* Springer, Berlin, Heidelberg, 1985.
3. ALAMOUTI, S. M. A simple transmit diversity technique for wireless communications. *IEEE J. Sel. Areas in Commun. JSAC-16*, 8 (October 1998), 1451–1458.
4. ANDERSON, J. B. *Source and Channel Coding.* Kluwer Academic Publishing, Norwell, Massachusetts, USA, 1991.
5. BELLO, P. A. Characterization of randomly time-variant linear channels. *IEEE Trans. Comm. Syst. CS-11*, 4 (December 1963), 360–393.
6. BELLO, P. A. Selective fading limitations of the kathryn modem and some system design considerations. *IEEE Trans. Commun. Technology 13* (September 1965), 320–333.
7. BENEDETTO, S., BIGLIERI, E., CASTELLANI, V. *Digital Transmission Theory.* Prentice-Hall, Englewood Cliffs, New Jersey, USA, 1987.
8. BERROU, C., GLAVIEUX, A., THITIMAJSHIMA, P. Near shannon limit error-correcting coding and decoding: Turbo codes. In *Proceedings of the 1993 International Conference on Communications* (1993), pp. 1064–1070.
9. BERTSEKAS, D., GALLAGHER, R. *Data Networks.* Prentice-Hall, Englewood Cliffs, New Jersey, USA, 1992.
10. BLAHUT, R. E. *Theory and Practice of Error Control Codes.* Addison-Wesley, Reading, MA, 1984.
11. BLAHUT, R. E. *Principles and Practice of Information Theory.* Addison-Wesley, Reading, MA, 1987.
12. BLAHUT, R. E. *Digital Transmission of Information.* Addison-Wesley, Reading, MA, 1990.
13. BOCKER, P. *Datenübertragung, Bd.1,2.* Springer, Berlin, Heidelberg, 1983, 1979.
14. BOCKER, P. *ISDN. Das diensteintegrierende digitale Nachrichtennetz.* Springer, Berlin, Heidelberg, 1994.
15. BOSSERT, M. *Kanalcodierung.* Teubner, Stuttgart, 1998.
16. BOUTROS, J., VITERBO, E. Signal space diversity: A power- and bandwidth-efficient diversity technique for the rayleigh fading channel. *IEEE Trans. Inf. Theory IT-44*, 4 (July 1998), 1453–1467.

17. BRACEWELL, R. M. *The Fourier-Transform and Its Applications.* McGraw-Hill, New York, 2000.

18. CHANG, R. W. Synthesis of band-limited orthogonal signals for multichannel data transmission. *Bell Syst. Techn. Journ. BSTJ-45* (December 1966), 1775–1796.

19. CHANG, R. W. Orthogonal frequency division multiplexing. U.S. Patent 3 488 445, filed November 14, 1966, issued January 6, 1970, 1970.

20. CHOW, Y. S., TEICHER, H. *Probability Theory: Independence, Interchangeability, Martingales.* Springer, New York, 1978.

21. COST 207. Digital land mobile radio communications. Abschlußbericht, Office for Official Publications of the European Communities, Luxemburg, 1989.

22. COVER, T. M., THOMAS, J. A. *Elements of Information Theory.* Wiley, New York, 1991.

23. CRAMÉR, H. *Random Variables and Probability Distributions.* Cambridge University Press, Cambridge, England, 1937.

24. DANGL, M. A., YACOUB, D., MARXMEIER, U., TEICH, W. G., LINDNER, J. Performance of joint detection techniques for coded mimo-ofdm and mimo-mc-cdm. In *Proc. COST 273 Workshop on Broadband Wireless Local Access* (Paris, France, May 2003), pp. 17/1–17/6.

25. DECOULON, F. *Signal Theory and Processing.* Artech House, Dedham, MA, 1986.

26. DOELZ, M. L., HEALD, E. T., MARTIN, D. L. Binary data transmission techniques for linear systems. *Proc. IRE 45* (May 1957), 656–661.

27. EBERSPÄCHER, J., VÖGEL, H.-J. *Global System for Mobile Communication.* Teubner, Stuttgart, 1997.

28. EGLE, J. *Detection of Power and Bandwidth Efficient Single Carrier Block Transmissions.* Fortschritt-Berichte VDI, Reihe 10, VDI-Verlag, Düsseldorf, 2004.

29. EGLE, J., LINDNER, J. Iterative joint equalization and decoding based on soft cholesky equalization for general complex valued modulation symbols. In *DSP-CS '02 - 6th Int. Symposium on DSP for Communication Systems* (Sydney-Manly, Australia, 28-31 January 2002), pp. 163–170.

30. EGLE, J., SGRAJA, C., LINDNER, J. Iterative soft cholesky block decision feedback equalizer - a promising approach to combat interference. In *IEEE VTC 53rd Vehicular Technology Conference, Vol. 3* (Rhodes, Greece, 6-9 May 2001), pp. 1604–1608.

31. ENGELHART, A. *Vector Detection Techniques with Moderate Complexity.* Fortschritt-Berichte VDI, Reihe 10, VDI-Verlag, Düsseldorf, 2003.

32. FORNEY, G. D. Maximum-likelihood sequence estimation of digital sequences in the presence of intersymbol interference. *IEEE Trans. Inform. Theory IT-18*, 3 (1972), 363–378.

33. FORNEY, G. D. The viterbi algorithm. *Proc. IEEE 61*, 3 (March 1973), 268–278.

34. FRANKS, L. E. *Signal Theory.* Prentice-Hall, Englewood Cliffs, New Jersey, USA, 1969.

35. FRIEDRICHS, B. *Kanalcodierung.* Springer, Berlin, Heidelberg, 1996.

36. FRITZSCHE, G. *Theoretische Grundlagen der Nachrichtentechnik.* Verlag Technik, Berlin, 1987.

37. GALLAGHER, R. *Information Theory and Reliable Communication.* Wiley, New York, 1968.

38. GERKE, P. R. *Digitale Kommunikationsnetze: Prinzipien, Einrichtungen, Systeme.* Springer, Berlin, 1991.

39. GESBERT, D., SHAFI, M., SHIU, D., SMITH, P. J., NAGUIB, A. From theory to practice: An overview of mimo space-time coded wireless systems. *IEEE J. Sel. Areas in Commun. Vol. 21, No. 3* (2003), 281–302.

40. HAMMING, R. W. *Coding and Information Theory.* Prentice-Hall, Englewood Cliffs, New Jersey, USA, 1986.

41. HÄNSLER, E. *Statistische Signale.* Springer, Berlin, Heidelberg, 2001.

42. HAYKIN, S. *Communication Systems.* Wiley, New York, 2001.

43. HAYKIN, S. *Adaptive Filter Theory.* Prentice-Hall, Englewood Cliffs, New Jersey, USA, 2002.

44. HEISE, W., QUATTROCCHI, P. *Informations- und Codierungstheorie.* Springer, Berlin, Heidelberg, 1995.

45. HEUSER, H., WOLF, H. *Algebra, Funktionalanalysis und Codierung: Mathem. Grundlagen der Codierungstheorie.* Teubner, Stuttgart, 1986.

46. IMAI, H., HIRAKAWA, S. A new multilevel coding method using error-correcting codes. *IEEE Trans. Inform. Theory IT-23* (1977), 371–377.

47. JAKES, W. C. *Microwave Mobile Communications.* Wiley, New York, 1974.

48. JAYANT, N. S., NOLL, P. *Digital coding of waveforms.* Prentice-Hall, Englewood Cliffs, New Jersey, USA, 1984.

49. JOHANNESSON, R. *Informationstheorie.* Addison-Wesley, Reading, MA, 1992.

50. JONDRAL, F. *Funksignalanalyse.* Teubner, Stuttgart, 1991.

51. KADERALI, F. *Digitale Kommunikationstechnik.* Vieweg, Braunschweig, 1991.

52. KADERALI, F. *Digitale Kommunikationstechnik II.* Vieweg, Braunschweig, Wiesbaden, 1995.

53. KAMMEYER, K. D. *Nachrichtenübertragung.* Teubner, Stuttgart, 1992.

54. KAMMEYER, K. D., KROSCHEL, K. *Digitale Signalverarbeitung.* Teubner, Stuttgart, 1998.

55. KORN, S. *Digital Communications.* Van Nostrand, Reinhold, 1985.

56. KROSCHEL, K. *Datenübertragung.* Springer, Berlin, Heidelberg, 1991.

57. KROSCHEL, K. *Statistische Nachrichtentheorie, Bd. 1, 2.* Springer, Berlin, Heidelberg, 1996.

58. LANGE, F. H. *Signale und Systeme, Bd. 1,3.* Verlag Technik, Berlin, 1971.

59. LARSSON, E. G., STOICA, P. *Space-Time Block Coding for Wireless Communications.* Cambridge University Press, Cambridge, England, 2003.

60. LEE, E. A., MESSERSCHMITT, D. G. *Digital Communication.* Kluwer, Boston, 1998.

61. LEE, L. H. C. New rate-compatible punctured convolutional codes for viterbi decoding. *IEEE Trans. Commun. COM-42*, 12 (December 1994), 3073–3079.

62. LIGHTHILL, M. J. *Theorie der Fourier-Analyse.* Bibliograph. Institut, Mannheim, 1966.

63. LINDNER, J. MC-CDMA in the Context of General Multiuser / Multisubchannel Transmission Methods. *ETT, European Transactions on Telecommunications* (1999), 189–194.

64. LUCKY, R. W., SALZ, J., WELDON, E. J. *Principles of Data Communication.* McGraw-Hill, New York, 1968.

65. LÜKE, H. D. Multiplexsysteme mit orthogonalen Trägerfunktionen. *NTZ 21* (1968), 672–680.

66. LÜKE, H. D. *Signalübertragung: Grundlagen der digitalen und analogen Nachrichtenübertragung.* Springer, Berlin, Heidelberg, 2000.

67. MARKO, H. *Methoden der Systemtheorie, Nachrichtentechnik, Bd. 1.* Springer, Berlin, Heidelberg, 1986.

68. MILDENBERGER, O. *Informationstheorie und Codierung.* Vieweg, Braunschweig, 1992.

69. NAGUIB, A. F., SESHADRI, N., CALDERBANK, A. R. Space-Timing Coding and Signal Processing for High Data Rate Wireless Communications. *IEEE Signal Processing Magazine Vol. 17, No. 3* (2000), 76–92.

70. OHM, J.-R., LÜKE, H. D. *Signalübertragung.* Springer, Berlin, Heidelberg, 2002.

71. OPPENHEIM, A. V., SCHAFER, R. W. *Discrete Time Signal Processing.* Prentice-Hall, Englewood Cliffs, New Jersey, USA, 1999.

72. OPPENHEIM, A. V., WILLSKY, A. S. *Signals and Systems.* Prentice-Hall, Englewood Cliffs, New Jersey, USA, 1997.

73. PAPOULIS, A. *The Fourier Integral.* McGraw-Hill, New York, 1987.

74. PAPOULIS, A. *Probability and Statistics.* Prentice-Hall, Englewood Cliffs, New Jersey, USA, 1990.

75. PAPOULIS, A. *Probability, Random Variables and Stochastic Processes.* McGraw-Hill, New York, 1991.

76. PAPOULIS, A. *Signal Analysis.* McGraw-Hill, New York, 1995.

77. PÄTZOLD, M. *Mobilfunkkanäle.* Vieweg, Braunschweig, 1999.

78. PAULRAJ, A., NABAR, R., GORE, D. *Introduction to Space-Time Wireless Communications.* Cambridge University Press, Cambridge, England, 2003.

79. PAULRAJ, A. J., PAPADIAS, C. Space-Time Processing for Wireless Communications. *IEEE Signal Processing Magazine Vol. 14, No. 6* (1997), 49–83.

80. PEEBLES, P. Z. *Digital Communication Systems.* Prentice-Hall, Englewood Cliffs, New Jersey, USA, 1987.

81. PELED, A., RUIZ, A. Frequency domain data transmission using reduced computational complexity algorithms. In *Proc. IEEE Intern. Confer. on Acoustics, Speech and Signal Processing* (Denver, USA, 1980), pp. 964–967.

82. PETERSON, W. W. *Prüfbare und korrigierbare Codes.* Oldenbourg, München, 1967.

83. PORTER, G. C. Error distribution and diversity performance of a frequency-differential psk hf modem. *IEEE Trans. Commun. Technology 16* (August 1968), 567–575.

84. PROAKIS, J. G. *Digital Communications 4th edition.* McGraw-Hill, New York, 2001.

85. PROAKIS, J. G., SALEHI, M. *Communication Systems Engineering 2nd edition.* Prentice-Hall, Englewood Cliffs, New Jersey, USA, 2002.

86. REINHARDT, M. *Kombinierte vektorielle Entzerrungs- und Decodierverfahren.* Fortschr. Ber. VDI Reihe 10 No. 519. VDI Verlag, Düsseldorf, 1997.

87. REINHARDT, M., LINDNER, J. Transformation of a Rayleigh fading channel into a set of parallel AWGN channels and its advantage for coded transmission. *Electronics Letters Vol. 31, No. 25* (1995), 2154–2155.

88. RUPPRECHT, W. *Signale und Übertragungssysteme.* Springer, Berlin, Heidelberg, 1993.

89. SCHWARTZ, M. *Information Transmission, Modulation and Noise.* McGraw-Hill, New York, 1990.

90. SCHWARTZ, M. *Telecommunication Networks; Protocols, Modeling and Analysis.* Addison-Wesley, Reading, MA, 1992.

91. SCHWARTZ, M., BENNETT, W. R., STEIN, S. *Communication System and Techniques*. McGraw Hill, New York, 1966.

92. SHANMUGAN, K. S. *Digital and Analog Communication Systems*. Wiley, New York, 1979.

93. SHANNON, C. E. A mathematical theory of communication. *Bell System Technical Journal BSTJ-27* (1948), 379–423, 623–656.

94. SHANNON, C. E., WEAVER, W. *The Mathematical Theory of Communication*. Univ. Illinois Press, Urbana, IL, 1998.

95. SIMON, M. K., HINEDI, S. M., LINDSEY, W. C. *Digital Communication Techniques*. Prentice-Hall, Englewood Cliffs, New Jersey, USA, 1995.

96. SKLAR, B. *Digital Communications, Fundamentals and Applications*. Prentice-Hall, Englewood Cliffs, New Jersey, USA, 2001.

97. SPATARU, A. *Theorie der Informationsübertragung*. Vieweg, Braunschweig, 1973.

98. STARK, H., TUTEUR, T. B. *Modern Electrical Communications*. Prentice-Hall, Englewood Cliffs, New Jersey, USA, 1988.

99. STEIN, S., JONES, J. *Modern Communication Principles*. McGraw-Hill, New York, 1967.

100. STEINBUCH, K., RUPPRECHT, W. *Nachrichtentechnik, Band 2*. Springer, Berlin, Heidelberg, 1982.

101. TAUB, H., SCHILLING, D. L. *Principles of Communication Systems*. McGraw-Hill, New York, 1989.

102. UNGERBÖCK, G. Adaptive maximum-likelihood receiver for carrier-modulated data-transmission systems. *IEEE Trans. Commun. COM-22*, 1 (Mai 1974), 624–636.

103. UNGERBÖCK, G. Trellis Coded Modulation with Redundant Signal Sets, Part I: Introduction, Part II: State of the art. *IEEE Commun. Mag. 25* (1987), 5–21.

104. VANETTEN, W. Maximum Likelihood Receiver for Multiple Channel Transmission Systems. *IEEE Trans. Commun. COM-24* (1976), 276–283.

105. VERDU, S. Minimum Probability of Error for Asynchronous Gaussian Multiple-Access Channels. *IEEE Trans. Inf. Theory IT-32* (1986), 85–96.

106. VITERBI, A. *Principles of Coherent Communication*. McGraw-Hill, New York, 1966.

107. VITERBI, A. J. Error bounds for convolutional codes and an asymptotically optimum decoding algorithm. *IEEE Trans. Inform. Theory IT-13* (April 1967), 260–269.

108. VITERBI, A. J., OMURA, J. K. *Principles of Digital Communications and Coding*. McGraw-Hill, New York, 1979.

109. WALKE, B. *Mobilfunknetze und ihre Protokolle Band 1, 2*. Teubner, Stuttgart, 1998.

110. WATTERSON, C. C. An ionospheric channel simulator. ESSA Technical Memorandum ERLTM-ITS 198, US-Department of Commerce, 1969.

111. WEINSTEIN, S. B., EBERT, P. M. Data Transmission by Frequency-Division Multiplexing Using the Discrete Fourier Transform. *IEEE Trans. Commun. Technology COM-19* (1971), pp. 628–634.

112. WIDROW, B. Adaptive filters: I: Fundamentals. Tech. Report 6764-6, Stanford Electronics Laboratory, Stanford University, Stanford, Calif., 1966.

113. WINKLER, G. *Stochastische Systeme*. Akadem. Verlagsgesellschaft, Wiesbaden, 1977.

114. WOLF, H. *Nachrichtenübertragung*. Springer, Berlin, Heidelberg, 1987.

115. WOZENCRAFT, J. M., JAKOBS, I. W. *Principles of Communication Engineering*. Wiley, New York, 1990.

116. ZIMMERMAN, M. S., KIRSH, A. L. The AN/GSC-10 (KATHRYN) Variable Data Rate Modem for HF Radio. *IEEE Trans. Commun. Technology 15* (1967), pp. 197–205.

Sachverzeichnis

A-Posteriori-Wahrscheinlichkeit, 63
A-Priori-Wahrscheinlichkeit, 59
absolute Zeit, 212, 214
Abtastung, 1
Adaption, 257
Adaptionsverfahren, 281
adaptiv, 257
adaptive Echokompensation, 279
äquivalentes TP-Signal
  Definition 31
  Inphasen-Komponente 34
  komplexe Amplitude 122
  komplexe Hüllkurve 34
  komplexer Träger 34
  Ortskurve 34
  Quadraturkomponente 34
  Zeiger 34, 120
Äquivokation, 313
äußerer Code, 349
algebraische Decodierung, 353
Aliasing, 47
ALOHA-Protokoll, 438
Alphabet, 302
Alternate Mark Inversion, AMI, 116
analoge Übertragung, 62
Ankunftsprozess, 430
Ankunftszeit-Differenzen, 431
Anti-Aliasing, 47
anwendungsspezifische Schichten,
  OSI-Modell, 447
ASK/PSK-Verfahren, 135
Augendiagramm, 81
Augenmuster, 81

Ausgangsgleichung, 273
Autokorrelationsfunktion, AKF, 5
Automatic Repeat Request, 348, 447
AWGR-Kanal
  bandbegrenzter 205
  mit linearen zeitinvarianten Verzerrungen 206

Bandbreiteausnutzung, 88, 156, 162
Bandbreitedehnung, 201
Bandpass
  -Sendefolge 126
  -Signale 29
  Bandbreite 29
  Mittenfrequenz eines BP-Signals 29,
   31
  Signale, symmetrische 36
  Systeme, symmetrische 36
BD-Decodierung, 340
Beamforming, 415
Bedienprozess, 430
Bedienrate, 430
bedingte Wahrscheinlichkeit, 63
Berlekamp-Massey-Algorithmus, 353
binäre Übertragung
  bipolar 75
  orthogonal 75, 84
  unipolar 75
Binary Symmetric Channel, 314
Biorthogonal-Übertragung, 84
Biorthogonalsystem, 90
Biphase-Code, 115
Bit, Binary Digit, 56
Bitübertragungsschicht, 446

Block-Toeplitz-Struktur, 419
Block-Übertragung, 252
Blockcodes, 346
Blockcodierung, 336
Blockinterleaving, 347
Bounded-Distance-Decodierung, 340
BP-TP-Transformation, Zeitvarianz,
    138
Bridge, 449
Bündelfehler, 347
Burstfehler, 347

Carrier Sense Multiple Access, 441
Carson-Bandbreite, 198
Chips, 383
Code Division Multiplexing, 383
Code-Verkettung, 349
Codebuch, 331
Codemultiplex, 383
Coderate, 335
Codesymbole, 336
Codewort, 309
Codierte Modulation, 358
codiertes OFDM, 394
Codierung, 309
Codierung von Änderungen, 332
COFDM, 394
Collision Detection, 441
CPFSK-, CPM-Verfahren, 152
CSMA, 441

Darstellungsschicht, 446
Datagramm, 445
Datenpakete, 429
Decision Feedback Equalizer, 259, 260
Decodierung, 309
Decodierung von Blockcodes, 353
Demodulation, 55
detektierte Quellensymbole, 109
detektierte Sendesymbole, 109
Dienste, 443
Dienstgüte, 443
Dienstprimitive, 448
differentielle Entropie, 321
Differenz-PSK, DPSK, 139
Differenz-Vorcodierung, 140
Differenzcodierung, 116
Differenzdecodierung, 140
Differenzier-BP, 197

digitale Übertragung, 61
Diractoss, Distribution, 12
Direct-Sequence, 383
diskrete Pulsamplitudenmodulation,
    PAM, 59, 133
diskrete QAM, 135
diskreter Kanal, 302
    ergodischer   310
    Kanalmatrix   314
    ohne Gedächtnis   310
    stationärer   310
    Übergangswahrscheinlichkeiten   314
diskreter Kanal ohne Gedächtnis, 319
dispersive Übertragungsmedien, 206
Dopplerbandbreite, 230, 235
Dopplerspreizung, 227
dopplervariante Stoßantwort, 225
dopplervariante Übertragungsfunktion,
    225
Downlink, 437
Dreiecksungleichung, 7
dyadisches Produkt, 264

Echopfade, 280
Echosignal, 280
Eigenbeam, 415
Eigenfunktionen, 388
Eigenwert, 388
Einflusslänge, 354
Einseitenband-Übertragung, ESB,
    digital, 119, 128
Elementarsignalalphabet, 62
Elementarsignale
    Raised-Cosine   131
    Scha-Funktion   13, 93
    si-Funktion   13
    Sprungfunktion   13
Elementarsysteme
    Definition   25
    ideales System   25
    Integrator   25
    Kurzzeitintegrator   25
Empfangs-Diversität, 412
Empfangsalgorithmus, 254
Empfangsvektor, 340
Endgerät, 443
Entropie, 305
Entropiecodierung, 330
Entscheider, 70

Entscheidungsbaum, 307
Entscheidungsgehalt, 306
Entscheidungsgrenze, 66
Entscheidungsschwelle, 72
Entscheidungsvariable, 71
Entzerrer, 257
Entzerrer mit Entscheidungsrückfüh-
    rung, 259
Entzerrers mit Entscheidungsrückfüh-
    rung, 260
ergodische Quelle, 304
Erlang, 430
Error Floor, 288
Error Function, 20
erstes Nyquist-Kriterium, 81
Ethernet, 442

Fading, 223
Faltungscodes, 346
Faltungsinterleaver, 348
Fast Fourier Transform, FFT, 393
FDM, 374
Fehlerexponent, 342
Fehlermuster, 337
Fehlervektor, 337
Fehlerwahrscheinlichkeit, 71
FIR-Filter, 259
Flat Fading, 223, 234
FM-Diskriminator, 197
FM-Schwelle, 201
Fourier
  -Hintransformation   11
  -Reihe   9
  -Rücktransformation   11
  -Transformation   10
  -koeffizienten   9
Frequency Division Multiple Access,
    435
Frequenzhub, 196
Frequenzmodulation, FM, 195
Frequenzmultiplex, 374
frequenzselektive Kanäle, 225
frequenzselektives Fading, 223
frequenzselektives Verhalten, 208
Frequenzumtastung, FSK, 146
frequenzunabhängiges Fading, 223
FSK, harte, weiche, 147

Gateway, 449

Gauß-Tiefpass, 152
Gauß-Verteilung, 19
Gebietsentscheider, 123
Gedächtnis eines Kanals, 252, 271, 354
Gedächtnis, modulationsspezifische
    Codierung, 116
gegenseitige Information, 311
Generatormatrix, 350
Geradeausempfänger, 190
geschätzte Sendefolge, 109
gespreiztes Spektrum, 384
Gewichtsfaktoren, zeitvariante, 212
Gleichverteilung, 40
GMSK, 152
Gradientenverfahren, 282
Gray-Codierung, 90
Gruppenlaufzeit, 207
Guard Time, 390

Hard Decision, 346
harte Phasenumtastung, 122
Hermite-Matrizen, 267
Hilbert-Transformation, 30
hinreichende Statistik, 252
Hüllkurvenempfänger, optimaler,
    suboptimaler, 142
Huffman-Algorithmus, 329
Huffman-Code, 327
hypothetische Sendefolge, 273

IIR-Filter, 259
Information, 56, 58, 59
Informationsbit, 349
Informationsgehalt, 58, 305
Informationssymbole, 349
Informationsübertragung, 53
innerer Code, 349
Instanzen, 448
Integrate and Dump, 69
Integrationszeit, 213, 214
Interblock-Interferenz, 406
interferenzbegrenzt, 396
Interleavingtiefe, 347
International Standardization Organisa-
    tion, 445
Internutzer-Interferenz, 406
Interpolations-TP, 47
Intersubkanal-Interferenz, 406
Intersymbolinterferenz, 80

Irrelevanz, Quellencodierung, 330
Irrelevanz, Streuentropie, 313
IT-Ungleichung, 359

Jamming, 386
Jamming, CSMA/CD, 441

Kanal
    additiver weißer gaußscher Rauschka-
        nal, AWGR-Kanal 55
    Arten von Kanälen 53
    AWGR-Kanal im äquivalenten
        TP-Bereich 124
    diskreter 55
    Kanalkapazität 318
    Kanalschätzung 281
    mit linearen Verzerrungen 206
    Subkanal 373
Kanal-Matched-Filter, KMF, 254
Kanal-Modellierung, 231
Kanalcodierung, 164, 309, 318, 334
Kanalkorrelationsfilter, 254
Kanalschätzung, 146
Kanalzugriff, 322
KMF-Bank, 405
kohärente Übertragung, 138
Kohärenzbandbreite, 230
Kohärenzzeit, 230
Kollision, 437
Kommunikationssteuerungs-Schicht,
    446
Kommunikationssystem, 443
Kompressionsfaktor, 333
Kompressionsverfahren, 333
konjugiert komplexe Ergänzung, 29
Korrekturfähigkeit eines Codes, 340
Korrekturkugeln, 340
Korrelation beim Empfang, 69
Korrelationsfilter, 69
Korrelationsfilter-Bank, 84
Korrelationsmethode, 208
Kreuzkorrelationsfunktion, KKF, 5
Kreuzkorrelationskoeffizient, 4
Kurzzeitstoßantwort, 216

Länge einer PN-Folge, 210
langsam zeitvariante Systemen, 216
Least-Mean-Square-Algorithmus, 284
Leistungsausnutzung, 88, 156, 162

Leitungscodierung, 115
Leitungsvermittlung, 444
Line of Sight, 239
Line-of-Sight, LOS, 239
lineare Modulationsverfahren, 110
LMS-Verfahren, 284
Local Area Network, LAN, 442
Log-Likelihood-Verhältnis, 67
Long Code, 386
LOS-Pfad, 239
LPC-Vocoder, 332
LTI-Systeme
    Definition 21
    Faltungsintegral 23
    Faltungsoperation, Faltungsprodukt
        24
    Stoßantwort 23
    Übertragungsfunktion 24

Manchester-Code, 115
Markov-Prozess, 431
Markov-Quelle, 304
Matched Filter, 69
Matched-Filter-Bank, 84
Matrix-Vektor-Faltungsprodukt, 400
Maximum Likelihood Sequence
    Estimation, MLSE, 252
Maximum Ratio Combining, 412
Maximum-A-Posteriori-Regel, MAP-
    Regel, 64
Maximum-Likelihood-Regel, ML-Regel,
    65
Mehrwege-Verbreiterung, 230
Mehrwegeausbreitung, 208
Messfenster, 146
Metrik, 338
Midamble, 285
Miller-Code, 117
MIMO-Kanal, 399
    linear verzerrender 400
MIMO-LTI-System, 400
Minimaldistanz-Regel, 66, 83
Minimum Shift Keying, MSK, 135
Minimum-Mean-Square-Error-
    Kriterium, MMSE, 257
MISO, 399
Mittelwert
    in Zeitrichtung 19
    linearer 16

quadratischer   16
Verbundmittelwert   16
mittlere Ankunftsrate, 430
mittlere Bedienzeit, 430
mittlerer Informationsgehalt, Entropie,
  305
MLSE-Algorithmus, 254
MLSE-Empfänger, 251, 254
MMSE-Kriterium, 257
Modulation, 55, 107
Modulationsindex, 150
modulationsspezifische Codierung, 108
Modulator, 109
Momentanfrequenz, 150
Multicarrier-CDM, 408
Multiple Access, 435
Multiple Access Interference, 406
Multiple Access Methods, 373
Multiple Access Protocols, 373
Multiple-Input-Multiple-Output, 399
Multiplexverfahren, 373
Multiplizierer, 211
Multiuser Interference, 406
Mustererkennung, 59

Nebenwerte, AKF, 384
Netz, 429, 443
Netzbetreiber, 443
Netzknoten, 429, 445
Normalverteilung, 19
Nutzer, 443
Nyquistflanke, 94, 128

Offset-QPSK, 135
Open Systems Interconnection, OSI,
  446
Orthogonal Frequency Division
  Multiplexing, OFDM, 387
Orthogonalitätsprinzip, 264
Orthogonalreihen, 9
Orthonormalsystem, 382
Outagerate, 417

Paketvermittlung, 429, 444
Parseval-Theorem, 8
periodische AKF, 210
Pfad, Trellisdiagramm, 277
Phasenhub, 195
Phasenmodulation, PM, 195

Phasenumtastung, PSK
  2 PSK, BPSK   134
  4 PSK, QPSK   58, 134
Pilot-Trägern, 392
Pilotton, 145
Poisson-Prozess, 431
Polling, 437
Präambel, 145
Prädiktion, 332
Präfix-Bedingung, 327
Pseudo-Noise-Folge, PN-Folge, 210
Puls-Code-Modulation, PCM, 181
Pulsdauermodulation, PDM, 183
Pulsfrequenzmodulation, PFM, 183
Pulslagemodulation, PPM, 182

Quadratmittel, Ähnlichkeit, 5
Quadraturkanäle, 186
Quadraturmultiplex, 186
Quantisierung, Quellencodierung, 330
Quelle ohne Gedächtnis, 304
Quellencodierung, 306, 309, 326
Quellensignal, Modellierung, 332

räumlicher Multiplexgewinn, 416
Rahmendauer, 378
Rahmensynchronisation, 378
Rake-Empfänger, 387
Rake-Filter, 387
Rake-Finger, 387
Random Coding Bound, 342
Rate-Distortion-Theorie, 334
Raum
  Basis   7
  Koordinatensystem   7
  Raum der Signalvektoren   8
  System von Basissignalen   8
  unitärer   7
  Unterraum   7
Rausch-Hyperkugeln, 89
Rauschleistungsdichte, 20
Rayleigh-Fading, 236
Rayleigh-Kanal, 232
Rayleigh-Prozess, 40
Rayleigh-Verteilung, 40
Redundanz, 306
Reed-Solomon-Codes, 346, 349
rekursiv, Viterbi-Algorithmus, 273
Repeater, 449

Rest-Bitfehlerwahrscheinlichkeit, 335
Restseitenband-Verfahren, RSB, digital,
    119, 130
Rice-Kanal, 239
RNN-Entzerrer, 420
Roll-Off-Faktor, 131
Router, 449
Routing, 445
RSB-Nyquistflanke, 130

Satz von Bayes, 64, 312
schnelle Fouriertransformation, 393
Schrittweite, Gradientenverfahren, 282
Schutzabstand, FDM, 375
Schutzzeit
    Block-Übertragung   252, 378
    OFDM   390
schwache Stationarität, 229
Schwund, Fading, 223
Seitenband, unteres, oberes, 128, 188
Semantik, 58
Sende-Diversität, 417
Sendefolge, 80, 108
Sendesymbol, 80, 108
Sendesymbolalphabet, 80
serielle Übertragung, 377
Shannon-Grenze, 89
Short Code, 386
Sicherungsschicht, 446
Signal
    äquivalentes TP-Signal   6, 29
    analytisches   29
    bandbegrenztes   45
    digitales   56
    Distanz zwischen Signalen   7
    Energie   3
    Energiesignal   3
    Koordinaten   8
    Leistung, mittlere Leistung   4
    Leistungssignal   4
    Norm eines Signals   7
    Nutzsignal   13
    orthonormale Signale   8
    Rauschsignal   13
    Signalvektoren   8
    Spektrum eines Signals   11
    stochastisches   14
    Störsignal   13
    zeitbegrenztes Energiesignal   9

    zeitdiskretes   2
    zeitdiskretes zeitbegrenztes   3
    Zufallssignal   13
Signal Space Diversity, 410
Signal-/Rauschleistungsverhältnis, 199
    Definition   74
    Energie pro
        Bit/Rauschleistungsdichte
        75
Signalraumdiversität, 410
Signalübertragung, 53
Signalverarbeitung, 47
SIMO, 399
SISO, 399
skalare Quantisierung, 331
Skalarprodukt, 4
Slotted ALOHA, 437, 441
Soft-Decision-Decodierung, 347
Soft-In-Soft-Out-Decoder, 421
Space-Time-Coding, 418
Splitphase-Code, 115
Spread-Spectrum, 386
Spreizcodes, 384
Spreizfaktor, 384
Spreizfolgen, 384
Spreizsequenzen, 384
Spreizung, 201
stationäre Quelle, 304
stochastisch-zeitvariantes System, 212
Stochastische Prozesse
    Augenblicksleistung   17
    Autokorrelationfunktion   16
    Definition   15
    Ensemblerichtung   82
    Ergodizität   19
    Ergodizitätsannahme   19
    komplexwertiger Gauß-Prozess   40
    Korrelationen   17
    Kovarianzfunktion   17
    Kreuzkorrelationsfunktion   17
    Kreuzkovarianzfunktion   17
    Kreuzleistungsdichtespektrum   17
    Leistungsdichtespektrum   17
    lineare Unabhängigkeit   17
    Orthogonalität   7, 17
    Realisierung, Musterfunktion   15
    Schar, Ensemble   15
    Scharmittelwert   16
    Scharrichtung   18

schwache Stationarität 19
Stationarität 19
statistische Bindungen, lineare 17
Unkorreliertheit 17
weißer Gauß-Rauschprozess 20
Zeitrichtung 18
Zufallsvariable 16
stochastisches Gradientenverfahren, 283
Streuentropie, 313
Sufficient Statistic, 252, 398
Survivor, 278
Survivor-Pfade, 278
Symbole, Informationstheorie, 303
Symbolfehlerwahrscheinlichkeit, 87
Symbolintervall, Symboldauer, 79
symmetrische Ergänzung, 29
symmetrischer Binärkanal, 314
symmetrischer Binärkanal mit
    Auslöschungen, 315
symmetrisches BP-Elementarsignal, 128

Taktsynchronisation, 82
TDM, 374
Teilungsverfahren, 373
Testfolge, Testsequenz ???, 285
Testfolgen, 145
Testsequenz ???, 285
Tiefpass-Kanäle, TP-Kanäle, 114
Time Division Multiplexing, TDM, 376
Toeplitz-Matrix, 267
Token, 437
Tracking, 286
Transformationscodierung, 332
Transinformation, 312
Transversalentzerrer, 259
trellis-codierte Modulation, 358

Überlagerungs-Empfänger, 190
Übersprechen, Multiplex, Vektor-
    Übertragung, 396
Übertragung digitaler Signale, 55
Übertragungsmodell, 53
    digitale Quelle 53, 108
    digitale Senke 108
    digitale Übertragung 53
    Empfänger 55
    Funktionsblöcke 53
    Kanalcodierung 54
    Modem 55

Quellencodierung 53
Quellensignal 108
Quellensymbol 108
Quellensymbolalphabet 108
Sendesignal 55
Senke 56
Übertragungskanal 55
übertragungsspezifische Schichten, 447
umkehrbar eindeutige Abbildung,
    Codierung, 309
Uncorrelated Scattering, US, 229, 242
Union-Bound, 158
unitäre Matrix, 409
unsymmetrisch gestörter Binärkanal,
    316
Uplink, 437

Varianz, 16
Vektor
    -Codierung 402
    -Decodierung 403
    -Detektion 403
    -Entzerrung 403
Vektorquantisierung, 331
vektorwertige Übertragung, 401
verallgemeinerte lineare Modulations-
    verfahren, 111
verallgemeinertes erstes Nyquist-
    Kriterium, 92
Verarbeitungsschicht, 446
Verbindungsabbau, 444
Verbindungsarten, 444
Verbindungsaufbau, 444
Verkehrsangebot, 430
Verlust-Wahrscheinlichkeit, 433
verlustbehaftete Codierung, 309
verlustbehaftete Quellencodierung, 333
verlustfreie Codierung, 309
Verlustsystem, 432
Vermittlungseinrichtung, 429
Vermittlungsschicht, 446
Verteilungdichtefunktion, 17
Verteilungsfunktion, 17
Verzögerungs-Leistungs-Spektrum, 228
Verzögerungszeit, Warteschlangen, 213,
    214, 434
Vielfachzugriffs-Protokolle, 373, 435
Vielfachzugriffs-Verfahren, 435
Vielfachzugriffsverfahren, 373, 427

virtuelle Verbindung, 445
Viterbi-Algorithmus, VA, 252, 271, 357
Vollduplex, 427

Wahrscheinlichkeit, 18, 58
Wahrscheinlichkeitstheorie, 14
Walsh-Funktionen, 9
Walsh-Hadamard-Matrix, 385
Walsh-Reihe, 10
Warteschlangentheorie, 430
Wartesystem, 432
Water Filling, 413
Water Pouring, 413
Waveform Channel, 320
wechselseitige Information, 311
Wettbewerbs-Problem, Vielfachzugriff,
    427
WGR-Prozess im äquivalenten
    TP-Bereich, 124
WGR-Vektor-Prozess, 400
Whitening Filter, 271
Wide Sense Stationarity, WSS, 229, 242
Wiener-Khintchine-Theorem, 27
Wiener-Lee-Beziehung, 27
Winkelmodulationverfahren, 194
WSSUS-Annahme, 229
WSSUS-Modell, 241

zeitbezogene Entropie, 307
zeitbezogene Kanalkapazität, 89
zeitdiskreter Ersatzkanal auf Symbolba-
    sis, 255

zeitdiskretes rekursives Filter, 259
zeitdiskretes Transversalfilter, 259
Zeitmultiplex, TDM, 374
Zeitschlitze, 376
zeitselektive Kanäle, 225
zeitvariante Faltungsoperation, 215
zeitvariante Stoßantwort, 214
zeitvariante Übertragungsfunktion, 216
zeitvariantes System, 211
zeitvariantes Transversalfilter, 212
Zeitvarianz, 211
Zero-Forcing-Kriterium, ZF-Kriterium,
    257
ZSB-AM mit Träger, 188
Zufallsprozess, s. Stochastische
    Prozesse, 15
Zustandsraum-Darstellung
    Definition   273
    Zustand   274
    Zustandsgleichung   273
    Zustandsvektor   273
Zuverlässigkeitswerte, 347
Zweidraht-Vierdraht-Übergang, 280
Zweidrahtleitung, 279
Zweigmetrik, 277
Zweiseitenband-Verfahren, ZSB, digital,
    128
Zweiwegeausbreitung, 207
Zwischenfrequenzlage, 190
zyklostationärer Prozess, 82